李梓萌 编著

iOS 8 Loading ...

iOS 8 应用开发从入门到精通

清華大学出版社
北京

内容简介

iOS 系统从诞生之日起到现在，在短短几年的时间内，凭借其硬件产品 iPhone 和 iPad 的良好用户体验，赢得了广大消费者用户和开发者用户的追捧。

本书从搭建 iOS 开发环境的入门知识讲起，依次讲解了 Objective-C 语言基础、Swift 语言基础、Cocoa Touch 框架、Storyboarding(故事板)、基本控件的应用、视图处理、界面控制器的处理、实现多场景和弹出框、屏幕旋转处理、声音服务、定位处理、与互联网接轨、与硬件之间的操作、开发通用的项目程序、游戏开发、读写应用程序数据、HealthKit 开发详解、HomeKit 开发详解、WatchKit 开发详解、多功能音乐盒系统。

本书内容全面，几乎涵盖了 iOS 8 应用开发所需要的全部内容。全书内容言简意赅，讲解细致，特别适合初学者学习和消化，并可从清华大学出版社的网站下载书中的源代码。

本书适合 iOS 初学者、iOS 爱好者、iPhone 开发人员、iPad 开发人员学习，也可以作为相关培训学校和大专院校相关专业的教学用书。

图书在版编目(CIP)数据

iOS 8 应用开发从入门到精通/李梓萌编著. --北京：清华大学出版社，2016
ISBN 978-7-302-42288-4

Ⅰ. ①i…　Ⅱ. ①李…　Ⅲ. ①移动终端—应用程序—程序设计　Ⅳ. ①TN929.53

中国版本图书馆 CIP 数据核字(2015)第 287309 号

责任编辑：魏　莹　宋延清
装帧设计：杨玉兰
责任校对：李玉萍
责任印制：何　芊
出版发行：清华大学出版社
网　　址：http://www.tup.com.cn, http://www.wqbook.com
地　　址：北京清华大学学研大厦 A 座　　邮　　编：100084
社 总 机：010-62770175　　邮　　购：010-62786544
投稿与读者服务：010-62776969, c-service@tup.tsinghua.edu.cn
质量反馈：010-62772015, zhiliang@tup.tsinghua.edu.cn
印 装 者：清华大学印刷厂
经　　销：全国新华书店
开　　本：185mm×260mm　　印　张：39.75　　字　数：958 千字
版　　次：2016 年 1 月第 1 版　　印　次：2016 年 1 月第 1 次印刷
印　　数：1～3000
定　　价：69.00 元

产品编号：063327-01

前　言

2014年6月3日，苹果公司在WWDC 2014开发者大会上正式发布了全新的iOS 8操作系统。该系统采用了一套全新的配色方案，整个界面有很明显的半透明果冻色，对拨号、天气、日历、短信等几乎所有应用的交互界面都重新进行了设计，整体看来更加动感、时尚。为了帮助读者快速掌握iOS 8应用开发的核心技术知识，作者在第一时间写作了本书。

iOS的成长历程

2007年1月9日，iOS最早在苹果Macworld展览会上公布，随后，于同年的6月，发布了第一版iOS操作系统。

2007年10月17日，苹果公司发布了第一个本地化iPhone应用程序开发包(SDK)。

2008年3月6日，苹果公司发布了第一个测试版开发包，并且将iPhone runs OS X改名为iPhone OS。

2008年9月，苹果公司将iPod touch的系统也换成了iPhone OS。

2010年2月27日，苹果公司发布iPad，iPad同样搭载了iPhone OS。

2010年6月，苹果公司将iPhone OS改名为iOS，同时获得了思科iOS的名称授权。

2010年第四季度，苹果公司的iOS占据了全球智能手机操作系统26%的市场份额。

2011年10月4日，苹果公司宣布iOS平台的应用程序已经突破50万个。

2012年2月，应用总量达到552,247个，其中，游戏应用最多，达到95,324个，占据17.26%；书籍类应用以60,604个排在第二，占据10.97%；娱乐应用排在第三，总量为56,998个，占据10.32%。

2012年6月，苹果公司在WWDC 2012开发者大会上推出了全新的iOS 6，提供了超过200项新的功能。

2013年6月10日，苹果公司在WWDC 2013开发者大会上发布了iOS 7，几乎重绘了所有的系统APP，去掉了所有的仿实物化，整体设计风格转为扁平化设计。

2013年9月10日，苹果公司在2013秋季新品发布会上正式提供iOS 7下载更新。

2014年6月3日，苹果公司在WWDC 2014开发者大会上发布了iOS 8操作系统。

2015年6月9日，苹果公司WWDC 2015开发者大会上公布的数据表明，iOS 8的安装率已经达到83%。

本书内容

本书共分21章，主要向读者讲解iOS开发入门、Objective-C语言基础、Swift语言基础、Cocoa Touch框架、Storyboarding(故事板)、基本控件的应用、视图处理、界面控制器的处理、实现多场景和弹出框、屏幕旋转处理、声音服务、定位处理、与互联网接轨、与硬件之间的操作、开发通用的项目程序、游戏开发、读写应用程序数据、HealthKit开发详解、HomeKit开发详解、WatchKit开发详解、多功能音乐盒系统，内容由浅入深，方便读者自学。

本书特色

本书内容丰富，实例覆盖全面。我们的目标是通过一本图书，提供多本图书的价值，读者可以根据自己的需要有选择地阅读。在内容的编写上，本书具有下列特色。

(1) 内容全面：本书可以称为“市面内容最全的一本 iOS 书”，无论是搭建开发环境，还是控件接口，还是网络、多媒体和动画，在本书中，都能找到解决问题的答案。

(2) Objective-C 和 Swift 双语讲解：本书中的实例不仅使用 Objective-C 语言实现，而且使用了苹果公司新推出的 Swift 语言。这样，读者可以掌握使用 Objective-C 语言和 Swift 语言开发 iOS 程序的方法。

(3) 结构合理：从用户的实际需要出发，科学安排知识结构。全书详细地讲解与 iOS 开发有关的所有知识点，内容循序渐进，由浅入深。

(4) 实用性强：本书彻底摒弃枯燥的理论和简单的操作，注重实用性和可操作性，通过实例的实现过程，详细讲解各个知识点的基本知识。

(5) 提供工程源代码：本书相关章节所需的工程源代码文件可从清华大学出版社的网站下载。

读者对象

本书适合下列人员阅读和学习：

- 初学 iOS 编程的自学者
- 大中专院校的老师和学生
- 着手毕业设计的学生
- iOS 编程爱好者
- 相关培训机构的老师和学员
- 从事 iOS 开发的程序员

由于作者水平有限，本书疏漏之处在所难免，恳请读者提出意见或建议，以便再版时修正，使之更臻完善。

编　者

目　　录

第 1 章

iOS8

iOS 开发入门

iOS 是美国苹果公司推出的一款智能设备移动操作系统，应用于苹果公司的iPhone、iPad 和 iTouch 系列产品中。iOS 系统在诞生之初，就通过苹果公司的移动设备展示了一个多点触摸界面，为消费者提供了无与伦比的用户体验。

在本章的内容中，将带领读者来认识这款神奇的 iOS 系统，为读者步入本书后面知识的学习打下基础。

1.1 iOS系统介绍

苹果公司最早于2007年1月9日在Macworld大会上公布了iOS系统，最初是供iPhone手机使用的，后来，陆续套用到iPod touch、iPad以及Apple TV等苹果产品上；随后，于同年的6月，发布了第一版iOS操作系统，当初的名称为iPhone runs OS X。当时的苹果公司CEO斯蒂夫·乔布斯先生说服了各大软件公司以及开发者，使他们可以搭建低成本的网络应用程序(Web APP)，能像iPhone的本地化程序一样来测试iPhone runs OS X平台。在本节的内容中，我们将详细讲解iOS系统的基本知识。

1.1.1 iOS的发展历程

2007年1月9日，iOS最早于苹果Macworld展览会上公布，随后，于同年的6月，发布了第一版iOS操作系统。

2007年10月17日，苹果公司发布了第一个本地化iPhone应用程序开发包(SDK)。

2008年3月6日，苹果公司发布了第一个测试版开发包，并且将iPhone runs OS X改名为iPhone OS。

2008年9月，苹果公司将iPod touch的系统也换成了iPhone OS。

2010年2月27日，苹果公司发布iPad，iPad同样搭载了iPhone OS。

2010年6月，苹果公司将iPhone OS改名为iOS，同时获得了思科iOS的名称授权。

2010年第四季度，苹果公司的iOS占据了全球智能手机操作系统26%的市场份额。

2011年10月4日，苹果公司宣布iOS平台的应用程序已经突破50万个。

2012年2月，应用总量达到552,247个，其中，游戏应用最多，达到95,324个，占据17.26%；书籍类应用以60,604个排在第二，占据10.97%；娱乐应用排在第三，总量为56,998个，占据10.32%。

2012年6月，苹果公司在WWDC 2012开发者大会上推出了全新的iOS 6，提供了超过200项新的功能。

2013年6月10日，苹果公司在WWDC 2013开发者大会上发布了iOS 7，几乎重绘了所有的系统APP，去掉了所有的仿实物化，整体设计风格转为扁平化设计。

2013年9月10日，苹果公司在2013秋季新品发布会上正式提供iOS 7下载更新。

2014年6月3日，苹果公司在WWDC 2014开发者大会上发布了iOS 8操作系统。

1.1.2 iOS 8是一个革命性的版本

北京时间2014年6月3日凌晨，苹果年度全球开发者大会WWDC 2014在美国加利福尼亚州旧金山莫斯考尼西中心(Moscone Center)拉开帷幕。本次大会上，苹果公司正式公布了最新版iOS系统版本iOS 8。新的iOS 8继续延续了iOS 7的风格，只是在原有风格的基础上做了一些局部和细节上的优化、改进和完善，使之更加令人愉悦。在iOS 8系统中，最突出的新特性如下所示。

(1) 短信界面可以发送语音。

iOS 8 有很特别的一个新功能，短信界面除了可以发送文字和图片外，还可以直接录制语音或者视频并直接发送给对方，这一功能与国内的交友软件——微信十分类似。

(2) 输入法新功能支持联想/可记忆学习。

iOS 8 内建的输入法增加了与 SwiftKey 类似的功能，这是一款在安卓手机中非常流行的输入方式。iOS 8 的全新输入功能名为 QuickType，最突出的特点就是为用户提供“预测性建议”，它会对用户的习惯进行学习，进而在其录入文字的时候为其提供建议，从而大幅提升文字输入速度。

(3) 更加实用的通知系统。

在 iOS 8 系统下，用户可以直接在通知中回复包括短信、微博等在内的所有消息，即便是在锁屏界面，也可以进行操作。另外，双击 Home 按键开启任务栏界面后，会在上方显示一行最常用的联系人，可以直接在上面给其中某人发短信、打电话或者进行 Facetime。

(4) 通过 Healthbook 进军健康市场和健身市场。

在 iOS 8 系统中内置了 Healthbook 应用，这是一款在 iOS 8 系统中运行的应用程序，苹果公司将利用它来挺进方兴未艾的健康和健身市场，这一直是可穿戴设备公司追逐多年的重要领域。苹果公司的 Healthbook 应用程序将对用户的大范围信息进行跟踪统计，其中包括步数、体重、卡路里燃烧量、心率、血压，甚至人体的水分充足状况。

(5) 开发新特性：

- 支持第三方键盘。
- 自带网页翻译功能，即在线即时翻译功能。
- 指纹识别功能开放，可以使用第三方软件来调用。
- Safari 浏览器可直接添加新的插件。
- 可以把一个网页上的所有图片打包分享到 Pinterest。
- 支持第三方输入法——将是否授权输入法的选择留给用户。
- Home Kit 智能家居——可以利用 iPhone 对家居(如灯光等)进行控制。
- 3D 图像应用 Metal——可以更充分地利用 CPU 和 GPU 的性能。
- 引入基于 C 语言的全新编程语言 Swift——更快、更安全、更好的交互、更现代。
- 全新的 Xcode。
- 相机和照片 API 也实现开放。

(6) 其他新特性。

- 消息推送新方式：用户可直接向下拉通知栏回复消息。
- 多任务管理界面：可在其上方新增最近联系人，并可直接发邮件、打电话等。
- 邮件：用户可直接在邮件界面快速调出日历，快速创建日程事项。此外，还可以在侧边栏通过手势快速处理邮件。
- 全局搜索更强大：用户可以在设备中搜索电影、新闻、音乐等。
- iMessage 功能更强大：加入群聊功能，可以添加/删除联系人，并且新增了语音发送功能。
- iPad 新增接听来电功能：iPad 也和 Mac 一样，可以接听 iPhone 上的电话了。
- 新增 iCloud Drive 云盘服务：实现在所有的 Mac 电脑和 iOS 设备甚至 Windows 电

脑之间共享文件。

- 企业服务方面：进一步增强了易用性和安全性。
- Family Sharing(家庭共享)：家庭成员间可共享日程、位置、图片和提醒事项等。另外，还可以通过该功能追踪家庭成员的具体位置。另外，家庭成员间在 iTunes 商店上所购买的东西也支持共享。
- 照片新功能：新的 Photo 加入了更多的编辑功能及更智能的分类建议。此外，还加入了 iCloud(5GB 免费空间)，实现多设备之间共享。
- Siri 进一步更新：可直接用 Hey Siri 唤醒它。
- 支持中国农历显示，增强了输入法和天气数据。

1.2 加入 iOS 开发团队

要想成为一名 iOS 开发人员，首先需要拥有一个台式苹果电脑或笔记本电脑，并运行苹果的操作系统。对于 iOS 8 开发者来说，需要升级到 Mavericks 10.9.5 系统。可能很多读者的做法是在非苹果电脑上安装苹果系统，但作者在此建议读者购买一台 Mac 电脑，因为这样开发效率会更高，更能获得苹果公司的支持，也可以避免一些因为不兼容所带来的调试错误。

接下来，需要加入 Apple 开发人员计划(Developer Program)，下载 iOS SDK(软件开发包)、编写 iOS 应用程序，并在 Apple iOS 模拟器中运行它们。但是，毕竟收费与免费之间还是存在一定区别的：免费会受到较多的限制。例如要想获得 iOS 和 SDK 的 beta 版，必须是付费成员。要将编写的应用程序加载到 iPhone 中或通过 App Store 发布它们，也需支付会员费。

本书的大多数应用程序都可在免费工具提供的模拟器中正常运行，因此，是否成为付费会员，完全由读者本身决定。

注意：如果不确定成为付费成员是否合适，建议读者先不要急于成为付费会员，而是先成为免费成员，在编写一些示例应用程序并在模拟器中运行它们后再升级为付费会员。显然，模拟器不能精确地模拟移动传感器输入和 GPS 数据等。当确定需要将便携的程序发布到 App Store 中盈利时，则必须注册成为付费会员。

如果读者准备选择付费模式，付费的开发人员计划提供了两种等级：标准计划(99 美元)和企业计划(299 美元)，前者适用于要通过 App Store 发布其应用程序的开发人员，而后者适用于开发的应用程序要在内部(而不是通过 App Store)发布的大型公司(雇员超过 500)。读者通常很可能想选择标准计划。

注意：其实，无论是公司用户还是个人用户，都可选择标准计划(99 美元)。在将应用程序发布到 App Store 时，如果需要指出公司名，则在注册期间会给出标准的“个人”或“公司”计划选项。

以开发人员的身份注册：无论是大型企业还是小型公司，无论是要成为免费成员还是付费成员，我们的 iOS 开发之旅都将从 Apple 网站开始。

首先，访问 Apple iOS 开发中心(http://www.apple.com.cn/developer/ios/index.html)，页面如图 1-1 所示。

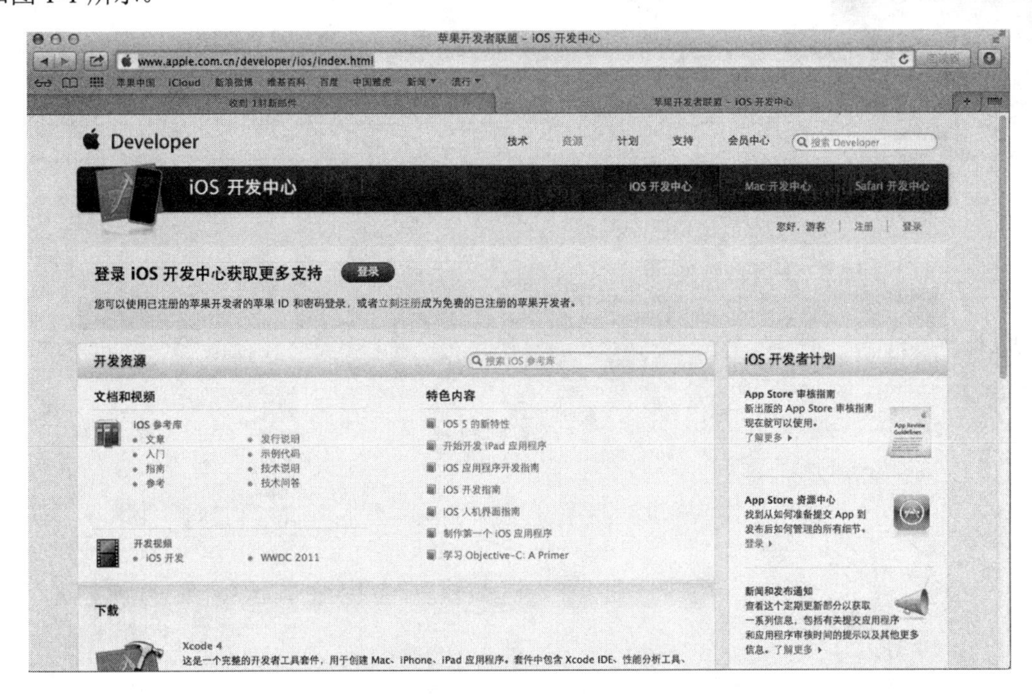

图 1-1　Apple iOS 的开发中心页面

如果通过使用 iTunes、iCloud 或其他 Apple 服务获得了 Apple ID，可将该 ID 用作开发账户。如果目前还没有 Apple ID，或者需要新注册一个专门用于开发的新 ID，可通过注册的方法创建一个新的 Apple ID。注册 Apple ID 的页面如图 1-2 所示。

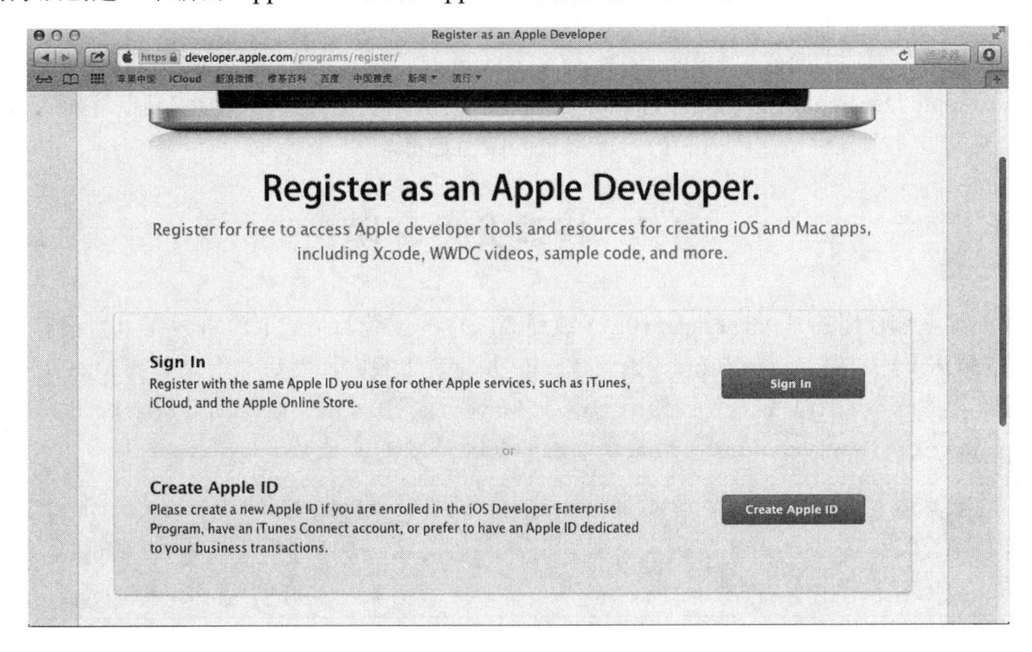

图 1-2　注册 Apple ID 的页面

单击图 1-2 中的 Create Apple ID 按钮后，可以创建一个新的 Apple ID 账号，注册成功后，输入登录信息登录，登录成功后的页面如图 1-3 所示。

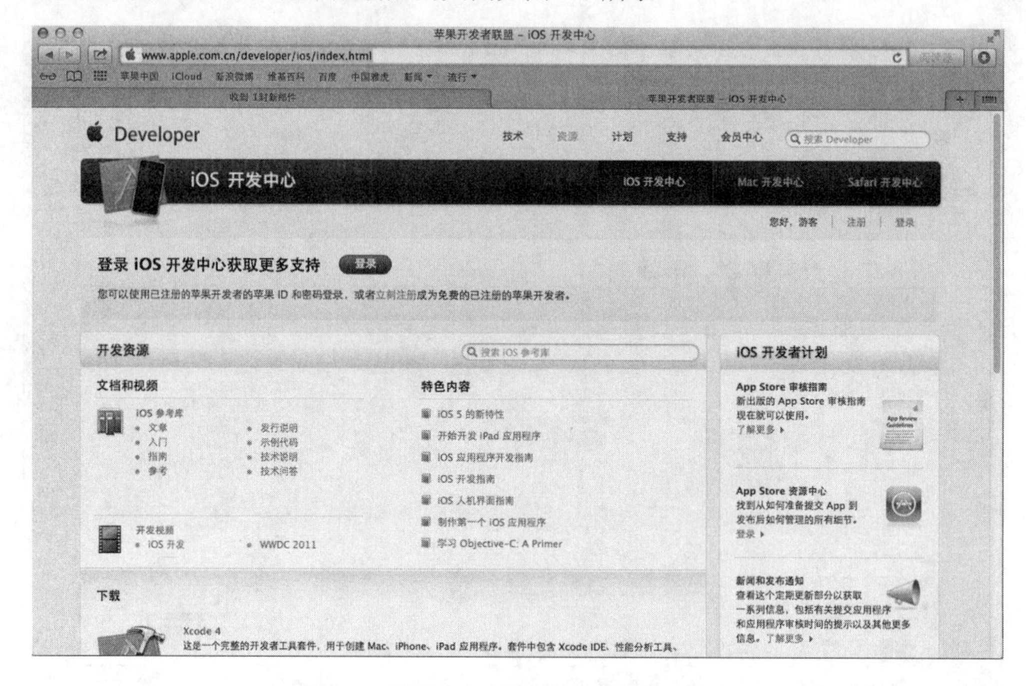

图 1-3　使用 Apple ID 账号登录后的页面

在成功登录 Apple ID 后，可以决定是加入付费的开发人员计划还是继续使用免费资源。要加入付费的开发人员计划，可再次将浏览器指向 iOS 开发计划网页(http://developer.apple.com/programs/ios/)，并单击 Enroll New 链接，就能马上加入。阅读说明性文字后，单击 Continue 按钮，开始加入流程。

在系统提示时，选择 I'm Registered as a Developer with Apple and Would Like to Enroll in a Paid Apple Developer Program，再单击 Continue 按钮。注册工具会引导我们申请加入付费的开发人员计划，包括在个人和公司选项之间做出选择。

1.3　搭建开发环境

如果我们使用的是 Mavericks 10.9.5 或更高版本的系统，下载 iOS 开发工具将很容易，只需在 Dock 中打开 Apple Store，搜索 Xcode 并免费下载它，然后坐下来等待 Mac 下载大型安装程序(约 3GB)。如果我们使用的不是 Mavericks 10.9.5 系统，则可从 iOS 开发中心(http://developer.apple.com/ios)下载最新版本的 iOS 开发工具。

注意： 如果是免费成员，登录 iOS 开发中心后，很可能只能看到一个安装程序，它可安装 Xcode 和 iOS SDK(最新版本的开发工具)；如果是付费成员，可能看到指向其他 SDK 版本(5.1、6.0 等)的链接。本书的示例必须在 6.0+系列 iOS SDK 环境中运行。

1.3.1 Xcode 介绍

Xcode 是苹果提供的开发工具集、提供了项目管理、代码编辑、创建执行程序、代码调试、代码库管理和性能调节等功能。该工具集的核心就是 Xcode 程序，提供了基本的源代码开发环境。要想开发 iOS 8 应用程序，必须有一台安装 Xcode 6 工具的 Mac OS X 电脑。

Xcode 是一款强大的专业开发工具，可以简单快速，且以我们熟悉的方式，执行绝大多数常见的软件开发任务。相对于创建单一类型的应用程序所需要的能力而言，Xcode 要强大得多，它的设计目的，是使我们可以创建任何想象得到的软件产品类型，从 Cocoa 及 Carbon 应用程序，到内核扩展及 Spotlight 导入器等各种开发任务，Xcode 都能完成。Xcode 独具特色的用户界面，可以帮助我们以各种不同的方式来漫游工具中的代码，并且可以访问工具箱下面的大量功能，包括 GCC、javac、jikes 和 GDB，这些功能都是制作软件产品时需要的。它是一个由专业人员设计的，又由专业人员使用的工具。

由于能力出众，Xcode 已经被 Mac 开发者社区广为采纳。而且随着苹果电脑向基于 Intel 的 Macintosh 迁移，转向 Xcode 变得比以往的任何时候都更加重要。这是因为，使用 Xcode 可以创建通用的二进制代码，这里所说的通用二进制代码，是一种可以把 PowerPC 和 Intel 架构下的本地代码同时放到一个程序包的执行文件格式。事实上，对于还没有采用 Xcode 的开发人员来说，转向 Xcode 是将应用程序连编为通用二进制代码的第一个必要的步骤。

Xcode 的官方地址是 https://developer.apple.com/xcode/downloads/，页面如图 1-4 所示。

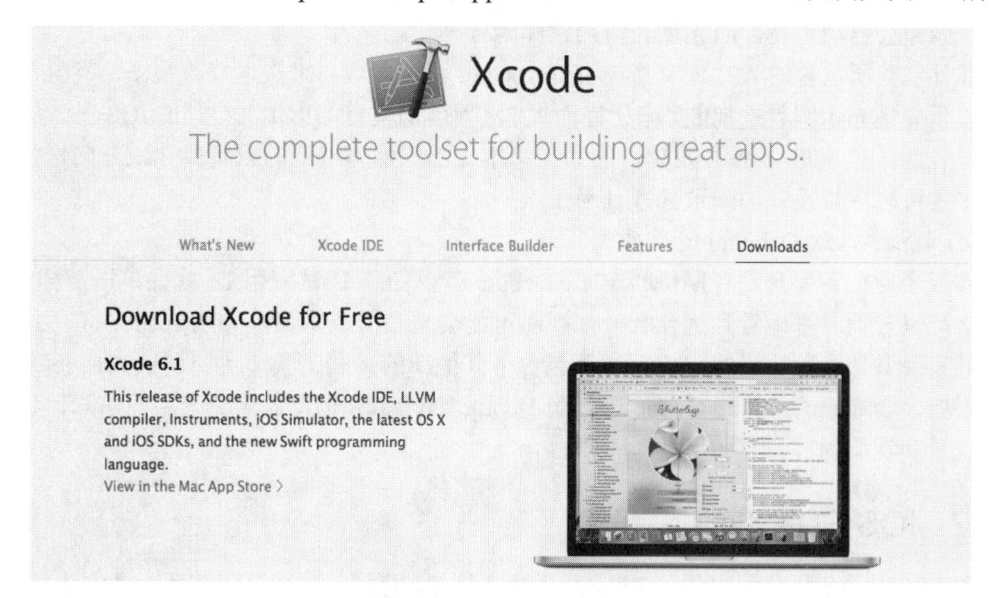

图 1-4　Xcode 的官方页面

截止到 2014 年 12 月 1 日，开发 iOS 8 应用程序的最新版本是 Xcode 6.1。其最突出的特点如下所示。

(1)　增加了一个全新的 iOS 模拟器

允许开发者根据设备调整应用尺寸，除了 Resizable iPhone 和 Resizable iPad 外，还包括 iPhone 6 / iPhone 6 Plus、iPhone 5/5S、iPad 2/Retina/Air 等具体设备，如图 1-5 所示。

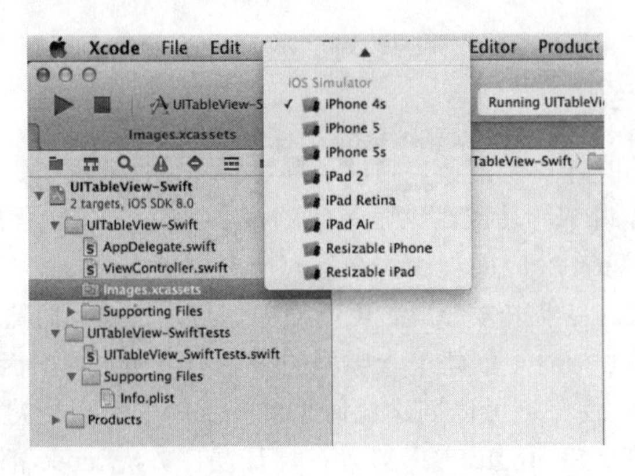

图 1-5　全新的 iOS 模拟器

(2)　完全支持 Swift 编程

为开发者引入了一种全新的设计和开发应用的方式，深度支持 Swift 编程，开发者不仅能使用 100%的 Swift 代码来创建一款崭新的应用，还可以向已存在的应用添加 Swift 代码或框架，并在 Swift 或 Objective-C 中查看文档。诸如 Jump to Definition、Open Quickly 等在 Swift 中均能很好地工作，甚至 Objective-C 的头定义在 Swift 语法中也能良好地呈现。

(3)　实时的代码效果预览

现在，开发者在使用 Interface Builder 设计界面时，能够实时地预览代码效果。当程序运行时，自定义对象将在设计时展现。当开发者修改自定义视图代码时，Interface Builder 的设计画布会自动更新，而无需任何构建和运行操作。

此外，其所包含的 API 还支持向 IB Inspector 添加参数，来快速修改视图，甚至开发者还可以预先填充示例数据视图，来让界面更加准确。而支持 UIKit 大小类的 iOS 脚本则能够让开发者为所有 iOS 设备开发单一的通用脚本，不仅能为特定的设备尺寸或方向进行行为选择，还可以保持接口的一致性，且易于维护。

(4)　新增 View Debugging 功能

实现了此前备受开发者期待的 View Debuger。现在，调试应用 UI 就像单击那样简单，开发者可以轻而易举地看到为什么一个视图可能会被裁剪或隐藏，并在 Inspector 中检查和调试约束及其他参数。当然，Xcode 还包含了其他新的调试工具，比如调试 Gauge(来监控 I/O 用法)、增强版的 iCloud Gauge 等，而 Debug Navigator 也将显示更有用的信息，包括栈框架记录和块队列等。

1.3.2　iOS SDK 介绍

iOS SDK 是苹果公司提供的 iPhone 开发工具包，包括了界面开发工具、集成开发工具、框架工具、编译器、分析工具、开发样本和一个模拟器。在 iOS SDK 中，包含了 Xcode IDE 和 iPhone 模拟器等一系列其他工具。苹果官方发布的 iOS SDK 则将这部分底层 API 进行了包装，用户的程序只能与苹果提供的 iOS SDK 中定义的类进行对话，而这些类再与底层的 API 进行对话。

最明显的例子就是 OpenGL ES，苹果官方发布的 iOS SDK 中的 OpenGL ES 实际是与底层 API 中 CoreSurface 框架进行对话，来实现渲染功能。

1. iOS SDK 的优点和缺点

(1) 苹果官方 iOS SDK 的缺点如下所示：

- ◎ CoreSurface(硬件显示设备)、Celestial(硬件音频设备)以及其他几乎所有与硬件相关的处理无法实现。
- ◎ 无法开发后台运行的程序。
- ◎ 需要代码签名才能够在真机调试。
- ◎ 只能在 Leopard 10.5.2 以上版本、Intel Mac 机器上进行开发。

(2) 苹果官方 iOS SDK 的优点如下所示：

- ◎ 开发环境几乎与开发 Mac 软件一样，一样的 XCode、Interface Builder、Instruments 工具。
- ◎ 最新版本的 iOS SDK 可以使用 Interface Builder 制作界面。
- ◎ 环境搭建非常容易。
- ◎ 需要代码签名，以避免恶意软件。

使用官方 iOS SDK 开发的软件需要经过苹果的认可，才能发布在苹果未来内置于 App Store 的程序中。用户可通过 App Store 直接下载或通过 iTunes 下载并安装到 iPhone 中。

2. iOS 程序框架

总地来说，iOS 程序有两类框架，一类是游戏框架，另一类是非游戏框架，接下来，将要介绍的是非游戏框架，即基于 iPhone 用户界面标准控件的程序框架。

典型的 iOS 程序包含一个 Window(窗口)和几个 UIViewController(视图控制器)，每个 UIViewController 可以管理多个 UIView(在 iPhone 里看到的、摸到的都是 UIView，可能是 UITableView、UIWebView、UIImageView 等)。这些 UIView 之间如何进行层次迭放、显示、隐藏、旋转、移动等，都由 UIViewController 管理，而 UIViewController 之间的切换，通常情况是通过 UINavigationController、UITabBarController 或 UISplitViewController 进行。

(1) UINavigationController

这是用于构建分层应用程序的主要工具，它维护一个视图控制器栈，任何类型的视图控制器都可以放入。它在管理以及换入和换出多个内容视图方面，与 UITabBarController(标签控制器)类似。两者间的主要不同在于 UINavigationController 是作为栈来实现的，它更适合用于处理分层数据。另外，UINavigationController 还有一个作用是用作顶部菜单。

当我们的程序具有层次化的工作流时，就比较适合使用 UINavigationController 来管理 UIViewController，即用户可从上一层界面进入下一层界面，下一层界面处理完，又可简单地返回到上一层界面，UINavigationController 使用堆栈的方式来管理 UIViewController。

(2) UITabBarController

当我们的应用程序需要分为几个相对比较独立的部分时，就比较适合使用 UITabBarController 来组织用户界面。如图 1-6 所示，屏幕底部放被划分成了两个部分。

(3) UISplitViewController

UISplitViewController 属于 iPad 特有的界面控件，适合用于主从界面的情况(Master View →Detail View)，Detail View 跟随 Master View 更新。

图 1-6　UITabBarController 的作用

如图 1-7 所示，屏幕左边(Master View)是主菜单，单击每个菜单，屏幕右边(Detail View)就进行刷新，屏幕右边的界面内容又可以通过 UINavigationController 进行组织，以便用户进入 Detail View 进行更多操作，用户界面以这样的方式进行组织，使得程序内容清晰，非常有条理，是组织用户界面导航的很好方式。

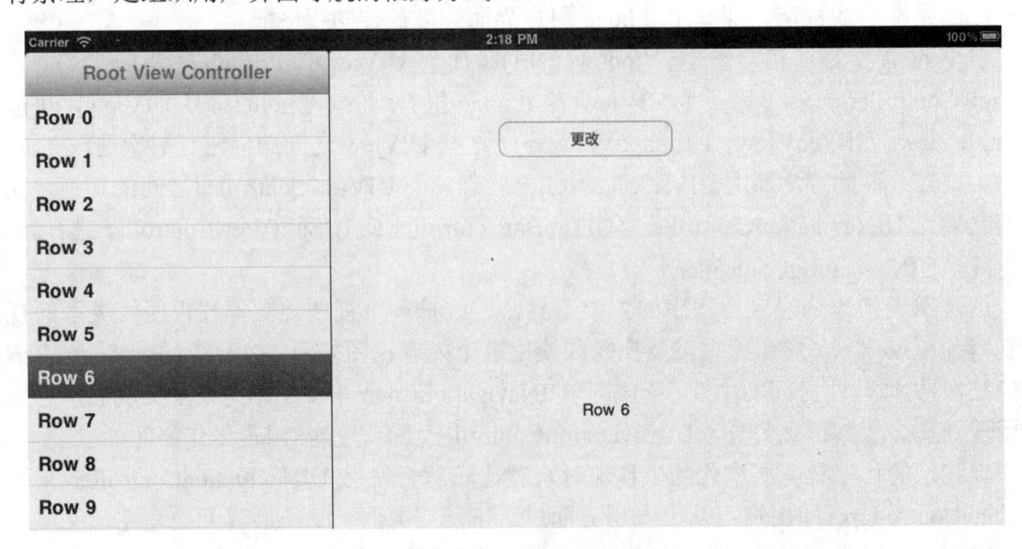

图 1-7　UISplitViewController 的作用

1.3.3　下载并安装 Xcode

其实，对于初学者来说，我们只须安装 Xcode 即可。通过使用 Xcode，既能开发 iPhone 程序，也能够开发 iPad 程序。并且 Xcode 还是完全免费的，通过它提供的模拟器就可以在电脑上测试我们的 iOS 程序。如果要发布 iOS 程序，或在真实机器上测试 iOS 程序的话，就需要花 99 美元了。

1. 下载 Xcode

(1) 下载的前提是先注册成为一名开发人员，来到苹果开发页面主页 https://developer.apple.com，如图 1-8 所示。

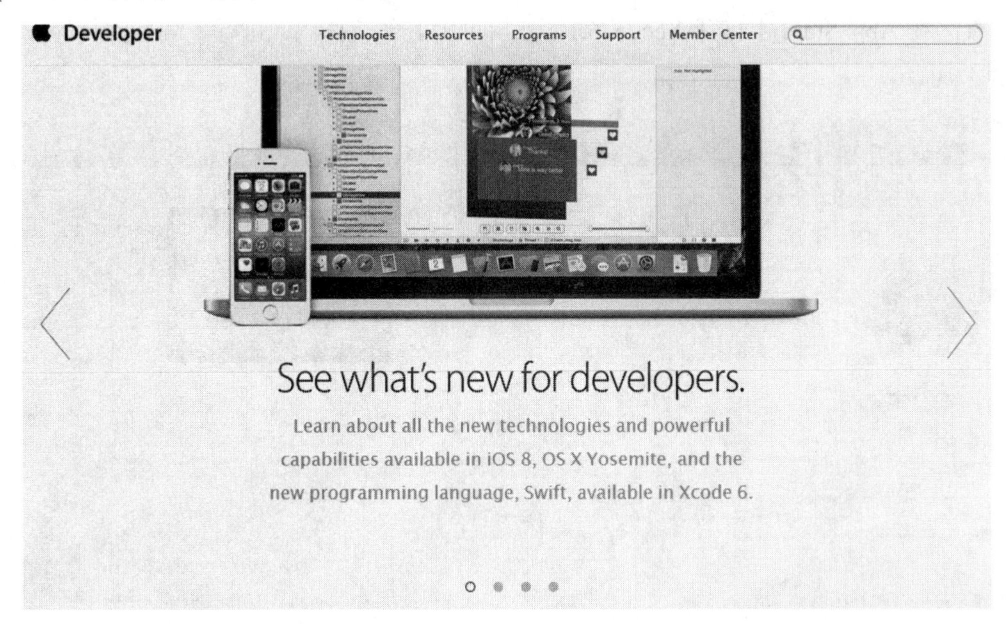

图 1-8　苹果开发页面主页

(2) 登录Xcode的下载页面https://developer.apple.com/xcode/downloads/，找到Xcode 6.1选项，如图 1-9 所示。

图 1-9　Xcode 的下载页面

(3) 如果是付费账户，可以直接在苹果官方网站中下载获得。如果不是付费会员用户，可以从网络中搜索热心网友们的共享信息，以此来达到下载 Xcode 6 的目的。

注意：我们可以使用 App Store 来获取 Xcode，这种方式的优点是完全自动，操作方便。

2. 安装 Xcode

(1) 在 App Store 中打开 Xcode 6.1，然后单击 Install 按钮，进行下载并安装的操作，如图 1-10 所示。

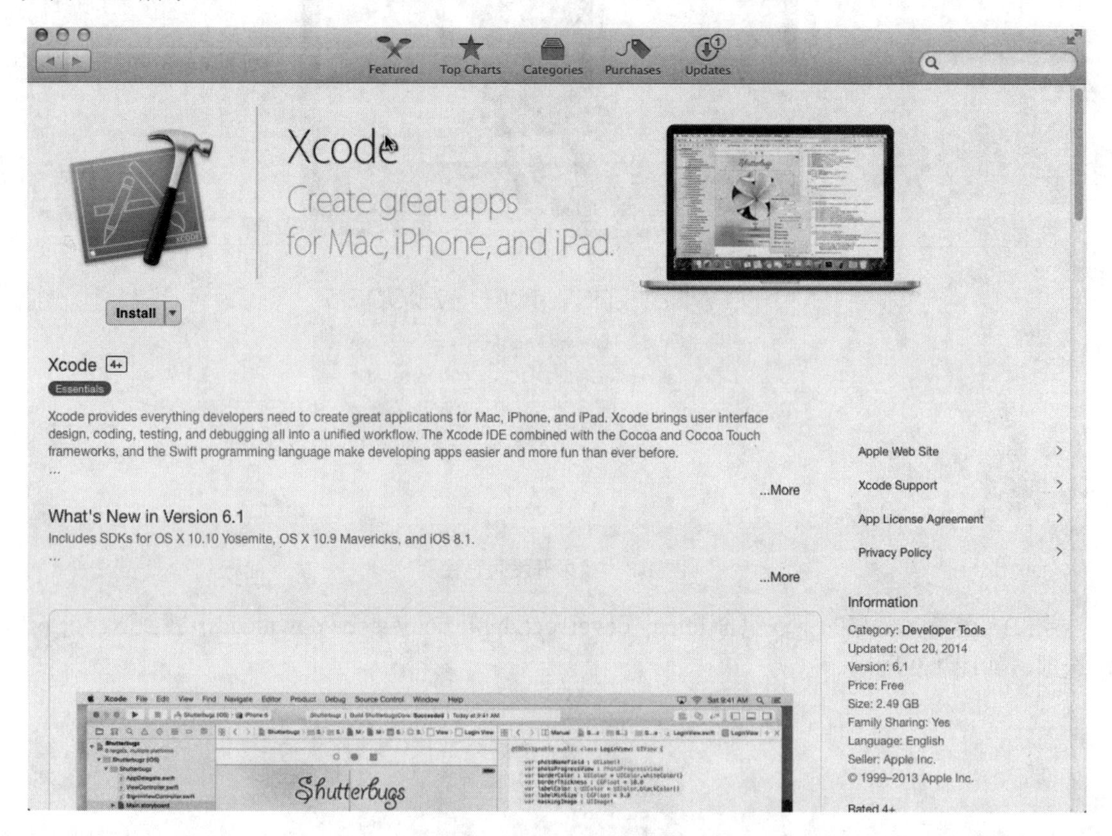

图 1-10　单击 Install 按钮

(2) 当然，也可以直接在官网下载 Xcode 6.1 安装包，双击下载到的文件开始安装，在弹出的对话框中单击 Continue 按钮，如图 1-11 所示。

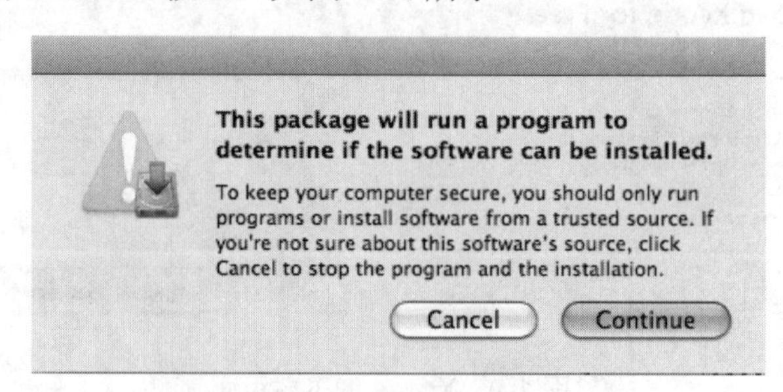

图 1-11　单击 Continue 按钮

(3) 在弹出的欢迎界面中单击 Agree 按钮，如图 1-12 所示。

图 1-12　单击 Agree 按钮

(4) 在弹出的对话框中单击 Install 按钮，如图 1-13 所示。

图 1-13　单击 Install 按钮

(5) 在弹出的对话框中输入用户名和密码，然后单击“好”按钮，如图 1-14 所示。

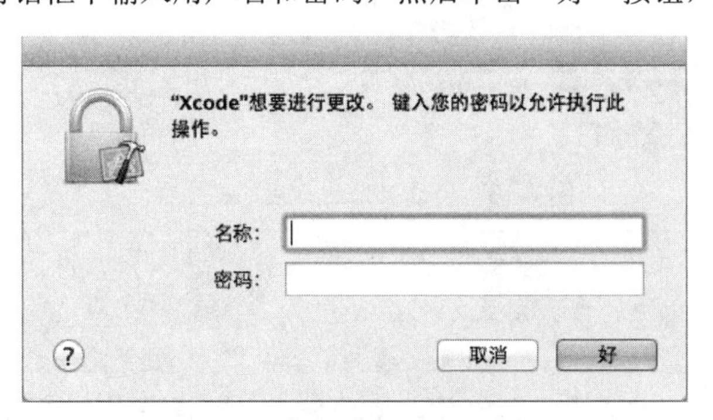

图 1-14　单击“好”按钮

(6) 在弹出的新对话框中显示安装进度，进度完成后的界面如图 1-15 所示。
(7) Xcode 6.1 的默认启动界面如图 1-16 所示。

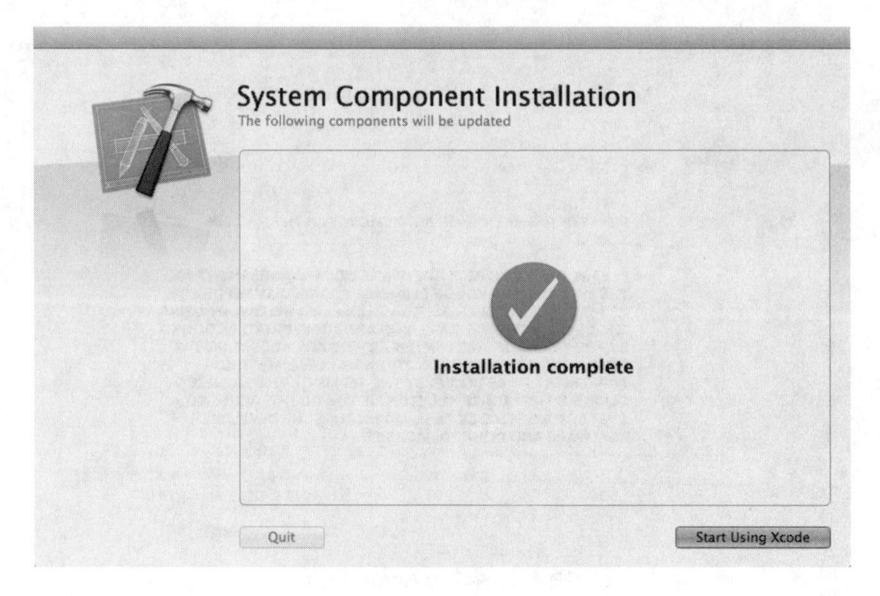

图 1-15　完成安装

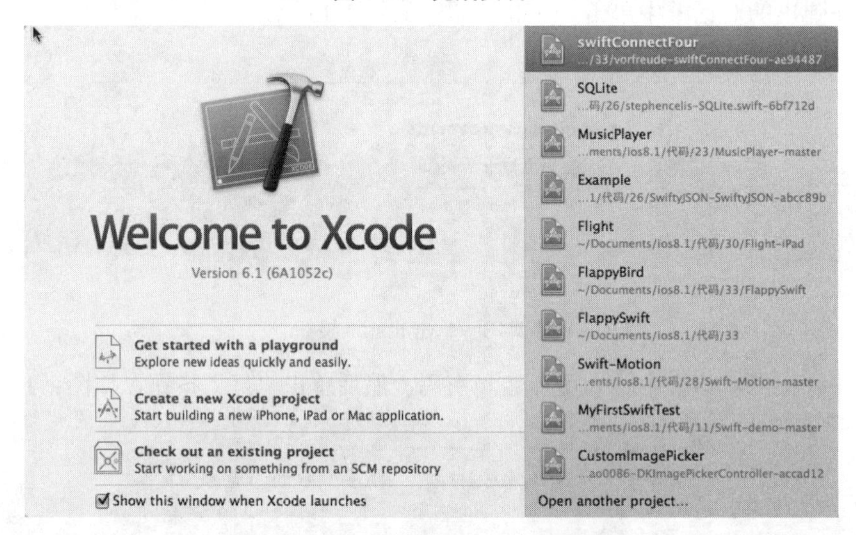

图 1-16　启动 Xcode 6 后的初始界面

注意：① 考虑到很多初学者是学生用户，如果没有购买苹果机的预算，可以在 Windows 系统上采用虚拟机的方式安装 OS X 系统。

② 无论读者是已经有一定 Xcode 经验的开发者，还是刚刚开始迁移的新用户，都需要对 Xcode 的用户界面及如何用 Xcode 组织软件工具有一些理解，这样才能真正高效地使用这个工具。这种理解可以大大加深对隐藏在 Xcode 背后的哲学的认识，并帮助我们更好地使用 Xcode。

③ 建议读者将 Xcode 安装在 OS X 的 Mac 机器上，即装有苹果系统的苹果机上。通常，苹果机器的 OS X 系统中已经内置了 Xcode，默认目录是/Developer/Applications。

1.4　创建第一个 iOS 8 项目

Xcode 是一款功能全面的应用程序，通过此工具，可以轻松输入、编译、调试并执行 Objective-C 程序。如果想在 Mac 上快速开发 iOS 应用程序，则必须学会使用这个强大的工具的方法。在接下来的内容中，将简单介绍使用 Xcode 编辑和创建第一个 iOS 项目的方法，并讲解启动 iOS 模拟器的基本方法。

(1) Xcode 位于 Developer 文件夹内的 Applications 子文件夹中，快捷图标如图 1-17 所示。

Xcode

图 1-17　Xcode 图标

(2) 启动 Xcode 6.1 后的初始界面如图 1-18 所示，在此，可以设置创建新工程还是打开一个已存在的工程。

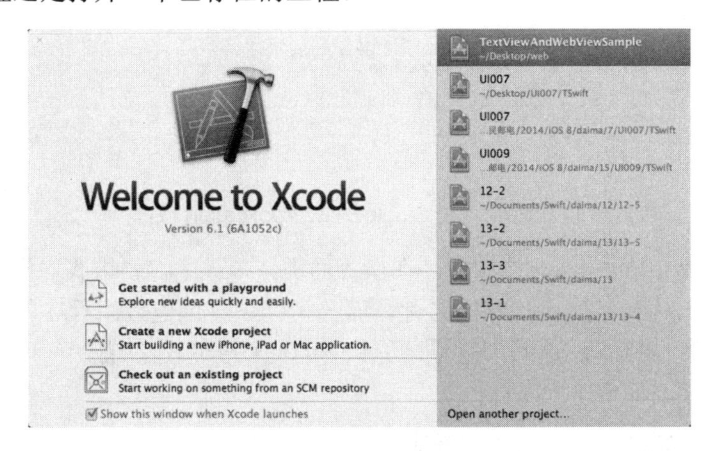

图 1-18　启动一个新项目

(3) 单击 Create a new Xcode project 后，会出现如图 1-19 所示的窗口。

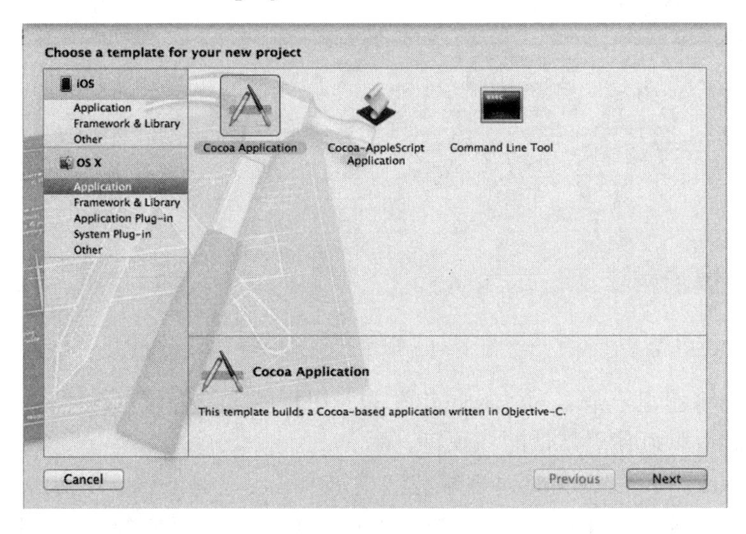

图 1-19　选择应用程序类型

(4) 在New Project窗口的左侧，显示了可供选择的模板类别，因为我们的重点是iOS Application类别，所以在此需要确保选择了它。而在右侧，显示了当前类别中的模板以及当前选定模板的描述。就这里而言，可单击Single View Application(空应用程序)模板，再单击Next(下一步)按钮。窗口界面的效果如图1-20所示。

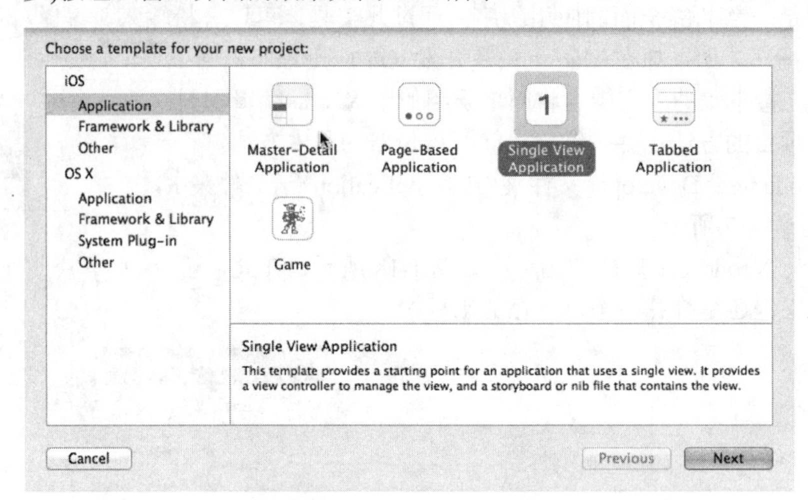

图1-20 单击Single View Application模板

(5) 选择模板并单击Next按钮后，在新界面中，Xcode将要求我们指定产品名称和公司标识符。产品名称就是应用程序的名称，而公司标识符创建应用程序的组织或个人的域名，但按相反的顺序排列。这两者组成了标识符，它将一个开发者的应用程序与其他iOS应用程序区分开来，如图1-21所示。

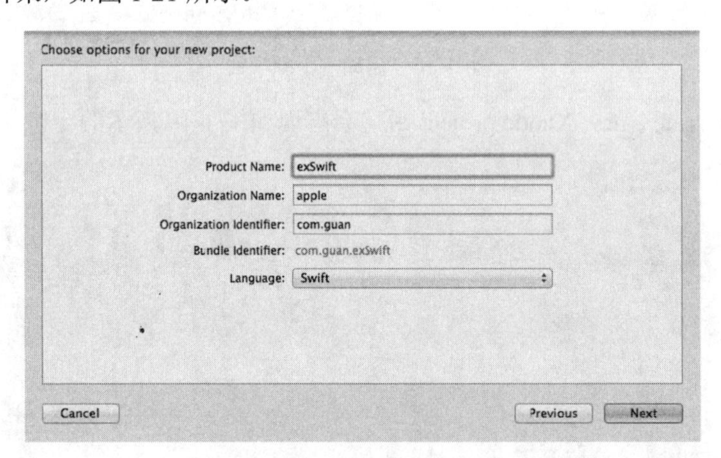

图1-21 指定产品名称等

例如，我们将创建一个名为“exSwift”的应用程序，设置域名是“apple”。如果没有域名，在开发时，可以使用默认的标识符。

(6) 单击Next按钮，Xcode将要求我们指定项目的存储位置。切换到硬盘中合适的文件夹，确保选择了Source Control复选框，再单击Create(创建)按钮。Xcode将创建一个名称与项目名相同的文件夹，并将所有相关的模板文件都放到该文件夹中，如图1-22所示。

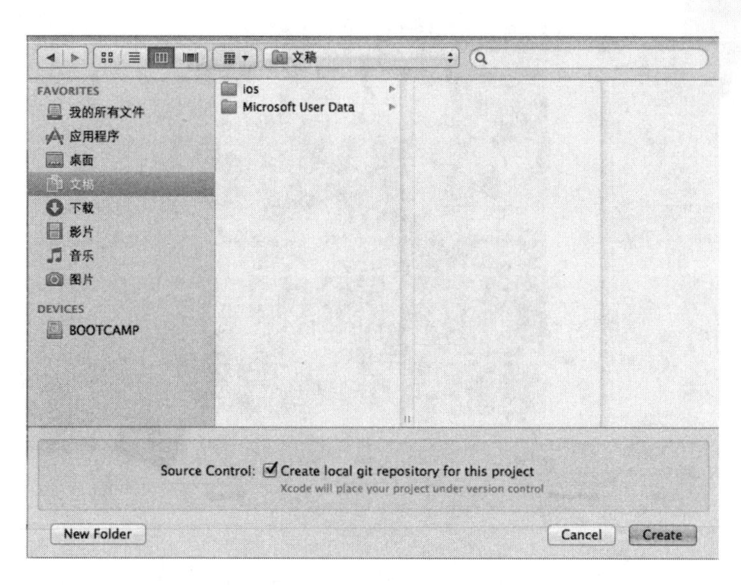

图 1-22　选择保存位置

(7) 在 Xcode 中创建或打开项目后，将出现一个类似于 iTunes 的窗口，我们将使用它来完成所有的工作，从编写代码到设计应用程序界面。如果这是第一次接触 Xcode，令人眼花缭乱的按钮、下拉列表和图标会让人感到恐惧。为让读者对这些东西有大致的认识，这里展示一下该界面的主要功能区域，如图 1-23 所示。

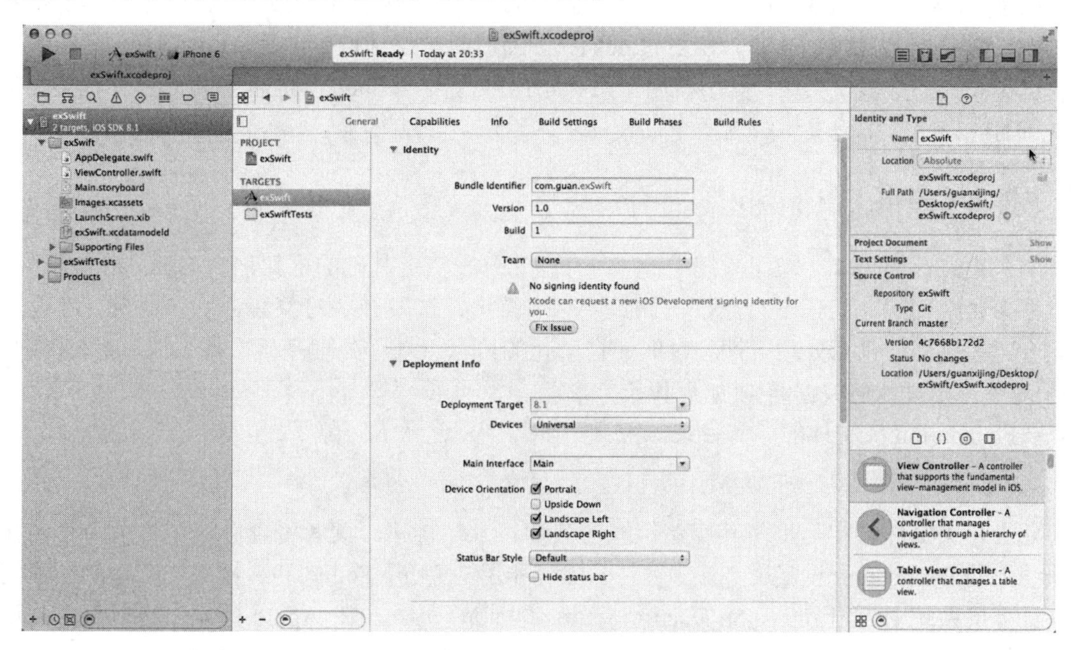

图 1-23　Xcode 的界面

(8) 运行 iOS 模拟器的方法十分简单，只需单击界面左上角的 Run 按钮即可。运行效果如图 1-24 所示。

图 1-24　iPhone 模拟器的运行效果

1.5　iOS 的常用开发框架

为了提高开发 iOS 程序的效率，除了可以使用 Xcode 集成开发工具外，还可以使用第三方提供的框架，这些框架为我们提供了完整的项目解决方案，是由许多类、方法、函数、文档按照一定的逻辑组织起来的集合，以便使研发程序变得更容易。在 OS X 下的 Mac 操作系统中，大约存在 80 个框架，这些框架可以用来开发应用程序，处理 Mac 的 Address Book 结构、刻制 CD、播放 DVD、使用 QuickTime 播放电影、播放歌曲等。

在 iOS 的众多框架中，其中有两个最为常用的框架：Foundation 框架和 Cocoa 框架。在本节的内容中，将简要讲解这两个框架的基本用法。

1.5.1　Foundation 框架简介

在 OS X 下的 Mac 操作系统中，为所有程序开发奠定基础的框架称为 Foundation 框架。该框架允许使用一些基本对象，例如数字和字符串，以及一些对象集合，如数组、字典和集合。其他功能包括处理日期和时间、自动化的内存管理，处理基础文件系统、存储(或归档)对象，处理几何数据结构(如点和长方形)。

Foundation 头文件的存储目录如下：

```
/System/Library/Frameworks/Foundation.framework/Headers
```

上述头文件，实际上与其存储位置的其他目录相链接。读者可查看这个目录中存储在系统上的 Foundation 框架文档，熟悉它的内容和用法简介。Foundation 框架文档存储在我们的计算机系统中(位于/Develop/Documentation 目录)，另外，在 Apple 网站上也提供了此说明文档。大多数文档为 HTML 格式的文件，可以通过浏览器查看，同时也提供了 Acrobat PDF 文件。这个文档中包含 Foundation 的所有类及其实现的所有方法和函数的描述。

如果正在使用 Xcode 开发程序，可以通过 Xcode 的 Help 菜单中的 Documentation 窗口轻松访问文档。通过这个窗口，可以轻松搜索和访问存储在计算机本机中或者在线的文档。如果正在 Xcode 中编辑文件并且想要快速访问某个特定的头文件、方法或类的文档，可以通过高亮显示编辑器窗口中的文本并右击的方法来实现。在出现的快捷菜单中，可以适当选择 Find Selected Text in Documentation 或者 Find Selected Text in API Reference。Xcode 将搜索文档库，并显示与查询相匹配的结果。

看一看它是如何工作的。类 NSString 是一个 Foundation 类，可以使用它来处理字符串。假设正在编辑某个使用该类的程序，并且想要获得更多关于这个类及其方法的信息，无论何时，当单词 NSString 出现在编辑窗口时，都可以将其高亮显示并右击。如果从出现的快捷菜单中选择 Find Selected Text in API Reference，会得到一个外观与图 1-25 类似的文档窗口。

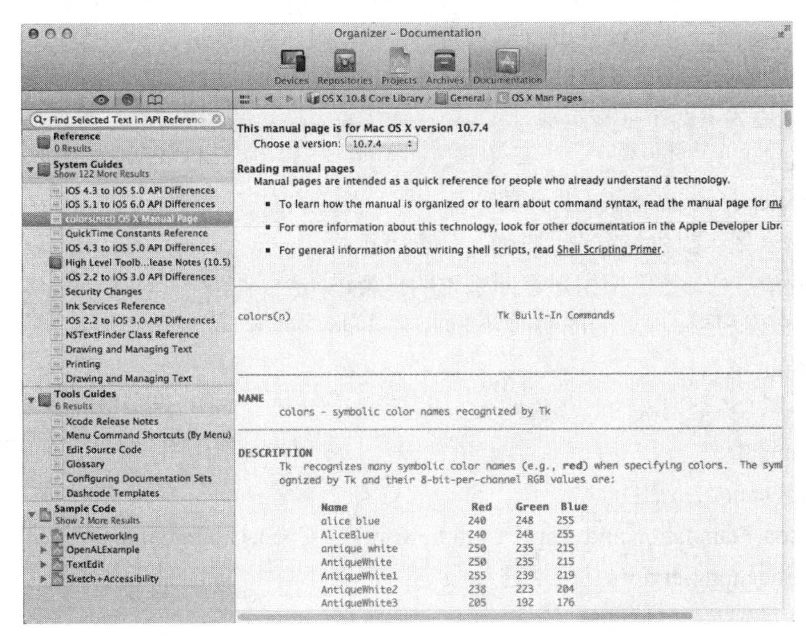

图 1-25　NSString 类的文档

如果向下滚动标有 NSString Class Reference 的面板，将发现(在其他内容中间)一个该类所支持的所有方法的列表。这是一个能够获得有关实现哪些方法等信息的便捷途径，包括它们如何工作，以及它们的预期参数。

读者可以在线访问 developer.apple.com/referencelibrary，打开 Foundation 参考文档(通过 Cocoa、Frameworks、Foundation Framework Reference 链接)，在这个站点中还能够发现一些介绍某些特定编程问题的文档，例如内存管理、字符串和文件管理。除非订阅的是某个特定的文档集，否则，在线文档要比存储在计算机硬盘中的文档从时间上讲更新。

在 Foundation 框架中，包含了大量可供使用的类、方法和函数。在 Mac OS X 上，大约有 125 个可用的头文件。作为一种简便的形式，我们可以使用如下头文件代码：

```
#import <Foundation/Foundation.h>
```

因为 Foundation.h 文件实际上导入了其他所有 Foundation 头文件，所以不必担心是否导入了正确的头文件，Xcode 会自动将这个头文件插入到程序中。虽然使用上述代码会显著地增加程序的编译时间，但是，通过使用预编译的头文件，可以避免一些额外的时间开销。预编译的头文件是经过编译器预先处理过的文件。在默认情况下，所有 Xcode 项目都会受益于预编译的头文件。在本书使用每个对象时，都会用到这些特定的头文件，这会有助于我们熟悉每个头文件所包含的内容。

1.5.2 Cocoa 框架简介

Application Kit 框架包含广泛的类和方法，它们能够开发交互式图形应用程序，使得开发文本、菜单、工具栏、表、文档、剪贴板和窗口等应用变得十分简便。

在 Mac OS X 操作系统中，术语 Cocoa 是指 Foundation 框架和 Application Kit 框架。术语 Cocoa Touch 是指 Foundation 框架和 UIKit 框架。由此可见，Cocoa 是一种支持应用程序提供丰富用户体验的框架，它实际上由如下两个框架组成：

◎ Foundation 框架。

◎ Application Kit(或 AppKit)框架。

其中。后者用于提供与窗口、按钮、列表等相关的类。在编程语言中，通常使用示意图来说明框架最顶层应用程序与底层硬件之间的层次。例如，图 1-26 就是一个这样的图。

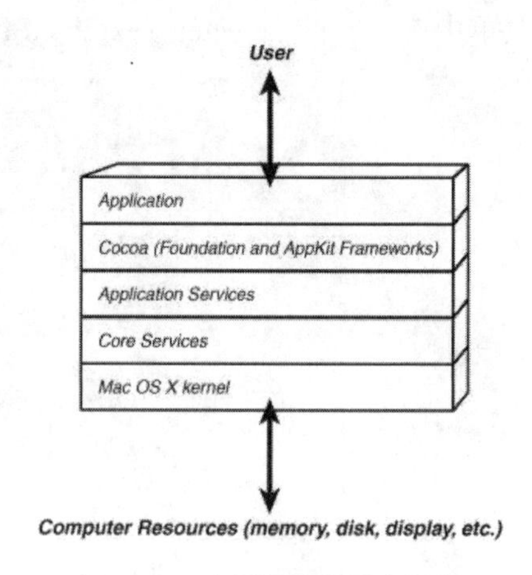

图 1-26 应用程序的层次结构

图 1-26 中，各个层次的具体说明如下所示。

◎ User：用户。

◎ Application：应用程序。

◎ Cocoa(Foundation and AppKit Frameworks)：Cocoa(Foundation 和 AppKit 框架)。

◎ Application Services：应用程序服务。

◎ Core Services：核心服务。

◎ Mac OS X kernel：Mac OS X 内核。

◎ Computer Resources(memory,disk,display,etc.)：计算机资源(内存、磁盘、显示器等)。

内核以设备驱动程序的形式提供与硬件的底层通信，它负责管理系统资源，包括调度要执行的程序、管理内存和电源，以及执行基本的 I/O 操作。

核心服务提供的支持比其上面层次更加底层，或更加“核心”。例如，在 Mac OS X 中主要有对集合、网络、调试、文件管理、文件夹、内存管理、线程、时间和电源的管理。

应用程序服务层包含对打印和图形呈现的支持，包括 Quartz、OpenGL 和 Quicktime。由此可见，Cocoa 层直接位于应用程序层之下。正如图 1-26 中指出的那样，Cocoa 包括 Foundation 和 AppKit 框架。Foundation 框架提供的类用于处理集合、字符串、内存管理、文件系统、存档等。通过 AppKit 框架中提供的类，可以管理视图、窗口、文档等用户界面。在很多情况下，Foundation 框架为底层核心服务层(主要用过程化的 C 语言编写)中定义的数据结构定义了一种面向对象的映射。

Cocoa 框架用于 Mac OS X 桌面和笔记本电脑的应用程序开发，而 Cocoa Touch 框架用于 iPhone 和 iTouch 的应用程序开发。Cocoa 和 Cocoa Touch 都有 Foundation 框架。然而在 Cocoa Touch 下，UIKit 代替了 AppKit 框架，以便为很多相同类型的对象提供支持，比如窗口、视图、按钮、文本域等。另外，Cocoa Touch 还提供使用加速器(它与 GPS 和 Wi-Fi 信号一样，都能跟踪位置)的类和触摸式界面，并且去掉了不需要的类，比如支持打印的类。

第 2 章

iOS 8

Objective-C 语言基础

在最近几年中，因为苹果产品 iPhone、iPad 在销量方面取得了重大成功，使得苹果开发语言 Objective-C 从众多编程语言中脱颖而出，以非常规的速度在编程语言排行榜中迅速攀升，取得了骄人的战绩。

在本章的内容中，将带领读者初步认识 Objective-C 这门神奇的编程语言，为步入本书后面知识的学习打下基础。

2.1 Objective-C 语言基础

在过去的几年中，Objective-C 的占有率连续攀升，截至 2014 年 5 月，成为仅次于 C、Java 之后的一门编程语言。

本节将带领读者一起探寻 Objective-C 如此火爆的秘密。

2.1.1 TIOBE 编程语言社区排行榜

在程序开发领域中，TIOBE 编程语言社区排行榜是编程语言流行趋势的一个指标，每月更新。这份排行榜的排名是基于互联网上有经验的程序员、课程和第三方厂商的数量。排名使用著名的搜索引擎(如 Google、MSN、雅虎)以及 Wikipedia 和 YouTube 进行计算。注意，这个排行榜只是反映某种编程语言的热门程度，并不能说明一门编程语言好不好，或者一门语言所编写的代码数量多少。

表 2-1 是截止到 2014 年 5 月 TIOBE 的统计数据。

表 2-1 编程语言排行榜(截止到 2014 年 5 月)

2014 年排名	2013 年排名	语 言	2012 年占有率(%)	与 2011 年相比(%)
1	1	C	17.631	−0.23
2	2	Java	17.348	−0.33
3	4	Objective-C	12.875	+3.28
4	3	C++	6.137	−3.58
5	5	C#	4.820	−1.33

从表中可以看出，与以前月份的统计数据相比，前三名的位置有所变动，例如 Objective-C 取代了 C++的第三名位置。作为 2011 年还在十名开外的 Objective-C 来说，在短时间内取得如此骄人的战绩是十分可贵的。这主要归功于 iPhone 和 iPad 的持续成功，这两种设备上的程序主要都是由 Objective-C 实现的。

2.1.2 Objective-C 介绍

Objective-C 是苹果 Mac OS X 系统上开发的首选语言。Mac OS X 技术来源于 NextStep 的 OpenStep 操作系统，而 OpenStep 的软件架构都是用 Objective-C 语言编写的。这样，Objective-C 就理所当然地成为 Mac OS X 上的最佳语言。

Objective-C 诞生于 1986 年，Brad Cox 在第一个纯面向对象语言 Smalltalk 的基础上写成了 Objective-C 语言。后来，Brad Cox 创立了 StepStone 公司，专门负责 Objective-C 语言的推广。

1988 年，Steve Jobs 的 NextStep 采用 Objective-C 作为开发语言。

1992 年，在 GNU GCC 编译器中包含了对 Objective-C 的支持。在这以后相当长的时间内，Objective-C 语言得到了很多程序员的认可，并且他们很多人是编程界的鼻祖和大碗，例如 Richard Stallman、Dennis Glating 等人。

Objective-C 通常被写为 ObjC、Objective C 或 Obj-C，是一门扩充了 C 语言的面向对象编程语言。

Objective-C 语言推出后，主要被用在如下两个使用 OpenStep 标准的平台上面：

- Mac OS X。
- GNUstep。

除此而外，在 NextStep 和 OpenStep 中，Objective-C 语言也是被作为基本语言来使用的。在 GCC 运作的系统中，可以实现 Objective-C 的编写和编译操作，因为 GCC 包含 Objective-C 的编译器。

2.1.3 iOS 选择 Objective-C 的原因

iOS 选择 Objective-C 作为开发语言，有许多方面的原因，具体来说，有如下 4 点。

(1) 面向对象

Objective-C 语言是一门面向对象的语言，功能十分强大。在 Cocoa 框架中的很多功能，只能通过面向对象的技术来呈现，所以，Objective-C 一开始就是为了满足面向对象的需求而设计的。

(2) 融合性好

从严格意义上讲，Objective-C 语言是标准 C 语言的一个超集。当前使用的 C 程序无须重新开发，就可以使用 Cocoa 软件框架，开发者可以在 Objective-C 中使用 C 的所有特性。

(3) 简单易用

Objective-C 是一种简洁的语言，它语法简单，易于学习。但是另一方面，因为易于混淆的术语以及抽象设计的重要性，对于初学者来说，可能学习面向对象编程的过程比较漫长。要想学好 Objective-C 这种结构良好的语言，需要付出很多汗水和精力。

(4) 动态机制支持

Objective-C 与其他的基于标准 C 语言的面向对象语言相比，对动态的机制支持更为彻底。专业的编译器为运行环境保留了很多对象本身的数据信息，所以在编译某些程序时，可以将选择推迟到运行时来决定。正是基于此特性，使得基于 Objective-C 的程序非常灵活和强大。例如，Objective-C 的动态机制提供了如下两个比普通面向对象语言更好的优点。

- Objective-C 语言支持开放式的动态绑定：这有助于交互式用户接口架构的简单化。例如，在 Objective-C 程序中发送消息时，不但无须考虑消息接收者的类，而且也无须考虑方法的名字。这样，可以允许用户在运行时再做出决定，也给开发人员带来了极大的设计自由。
- Objective-C 语言的动态机制成就了各种复杂的开发工具：运行环境提供了访问运行中程序数据的接口，所以使得开发工具监控 Objective-C 程序成为可能。

2.1.4 Objective-C 的优点和缺点

Objective-C 是一门非常“实际”的编程语言，它使用一个用 C 写成的很小的运行库，只会令应用程序的大小增加很小，这与大部分 OO(面向对象)系统那样使用极大的 VM(虚拟机)执行时间来取代整个系统的运作相反。Objective-C 写成的程序通常很小。

Objective-C 的最初版本并不支持垃圾回收。在当时，这是人们争论的焦点之一，很多人考虑到 Smalltalk 回收会产生漫长的“死亡时间”，从而令整个系统失去功能。Objective-C 为避免这个问题，所以不再拥有这个功能。虽然在某些第三方版本中已加入这个功能(尤是 GNUstep)，但是，Apple 在其 Mac OS X 中仍未引入这个功能。不过令人欣慰的是，在 Apple 发布的 Xcode 4 中，开始支持自动释放，虽然不敢鲁莽地说那是垃圾回收，因为毕竟两者机制不同。在 Xcode 4 中的自动释放，也就是 ARC(Automatic Reference Counting)机制，是不需要用户手动去 Release(释放)一个对象，而是在编译期间，编译器会自动帮我们添加那些以前经常写的[NSObject release]。

还有另外一个问题，Objective-C 不包含命名空间机制，取而代之的是程序设计师必须为其类别名称加上前缀，这样经常会导致冲突。在 2004 年，在 Cocoa 编程环境中，所有 Mac OS X 类和函数均有 NS 作为前缀，例如 NSObject 或 NSButton，来清楚地分辨它们属于 Mac OS X 核心；使用 NS 是由于这些类别的名称是在 NextStep 开发时定下的。

虽然 Objective-C 是 C 语言的母集，但它也不视 C 语言的基本类型为第一级的对象。与 C++不同，Objective-C 不支持运算符重载。虽然与 C++不同，但是与 Java 相同，Objective-C 只容许对象继承一个类别(不设多重继承)。Categories 和 Protocols 不但可以提供很多多重继承的好处，而且没有很多缺点，例如，额外执行时间过重和二进制不兼容。

由于 Objective-C 使用动态运行时类型，而且所有的方法都是函数调用，有时甚至连系统调用 syscalls 也是如此，所以，很多常见的编译时性能优化方法都不能应用于 Objective-C，例如内联函数、常数传播、交互式优化、纯量取代与聚集等。这使得 Objective-C 性能劣于类似的对象抽象语言，例如 C++。不过 Objective-C 的拥护者认为，既然 Objective-C 运行时消耗较大，Objective-C 本来就不应该应用于 C++或 Java 常见的底层抽象。

2.2 第一段 Objective-C 程序

在本节的内容中，将首先通过 Xcode 6.1 编写一段 Objective-C 程序，然后讲解这段程序的各个构成元素的基本知识，为读者步入本书后面知识的学习打下基础。

2.2.1 使用 Xcode 编辑代码

Xcode 是一款功能全面的应用程序开发工具，通过此工具，可以输入、编译、调试并执行 Objective-C 程序。如果想在 Mac 上快速开发 Objective-C 应用程序，则必须学会使用这个强大的工具的方法。在本章前面的章节中，已经介绍了安装并搭建 Xcode 工具环境的流程，接下来，将简单介绍使用 Xcode 编辑 Objective-C 代码的基本方法。

(1) Xcode 位于 Developer 文件夹的 Applications 子文件夹中，快捷图标如图 2-1 所示。

图 2-1　Xcode 图标

(2) 启动 Xcode，在 File 菜单下选择 New Project 命令，如图 2-2 所示。

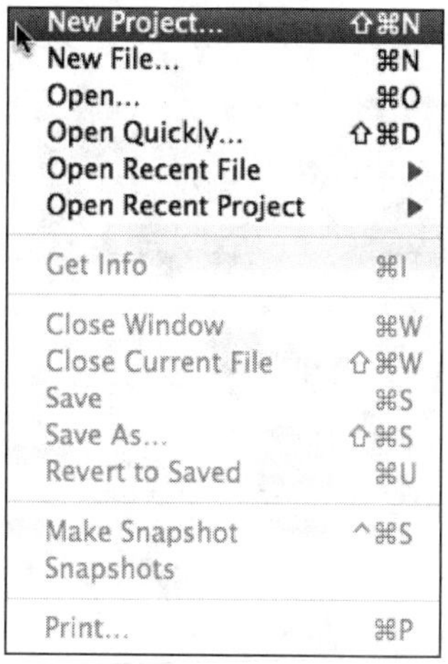

New Project...　⇧⌘N
New File...　⌘N
Open...　⌘O
Open Quickly...　⇧⌘D
Open Recent File　▶
Open Recent Project　▶
Get Info　⌘I
Close Window　⌘W
Close Current File　⇧⌘W
Save　⌘S
Save As...　⇧⌘S
Revert to Saved　⌘U
Make Snapshot　^⌘S
Snapshots
Print...　⌘P

图 2-2　新建一个项目

(3) 此时，会出现一个窗口，如图 2-3 所示。

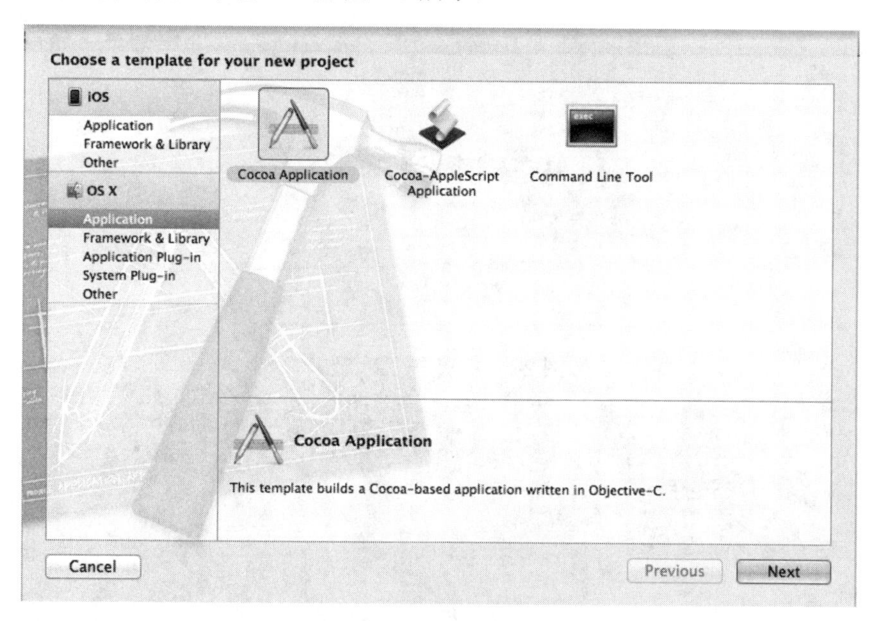

图 2-3　选择应用程序类型

(4) 在 Choose a template for your new project 窗口的左侧，显示了可供选择的模板类别，因为我们的重点是类别 iOS Application，所以在此需要确保选择了它。而在右侧，显示了当前类别中的模板以及当前选定模板的描述。就这里而言，应单击 Empty Application(空应用程序)模板，再单击 Next(下一步)按钮，如图 2-4 所示。

(5) 单击 Choose 按钮打开一个新窗口，如图 2-5 所示。

(6) 在此，将前面的程序命名为“prog1”，保存在本地机器中后，在 Xcode 中的编辑界面如图 2-6 所示。

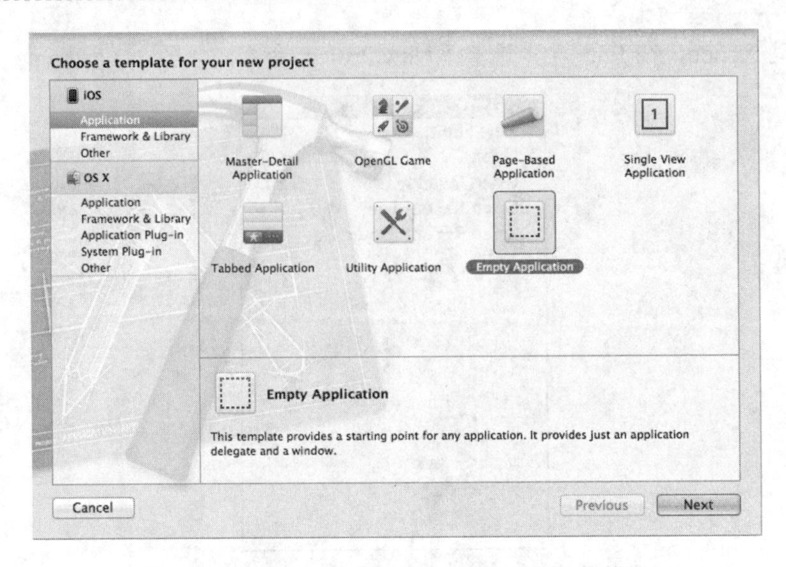

图 2-4 单击 Empty Application(空应用程序)模板

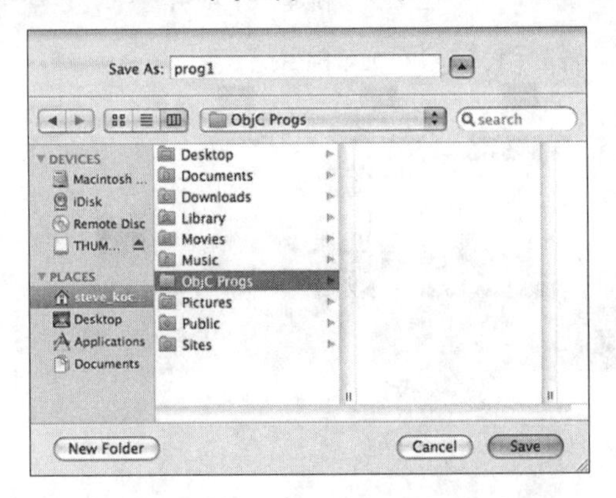

图 2-5 打开一个新窗口

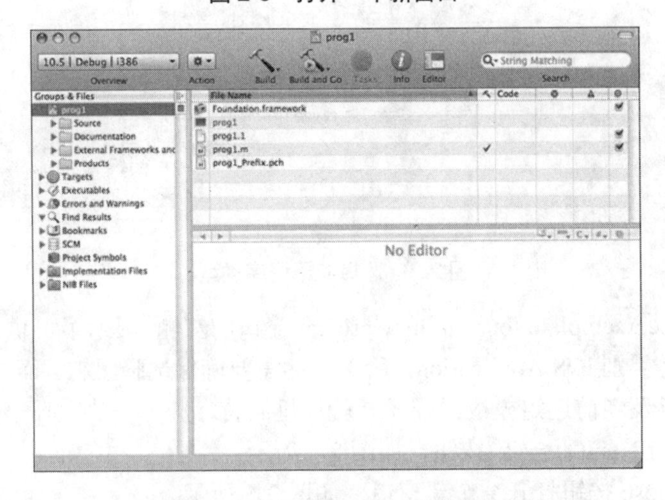

图 2-6 Xcode prog1 项目窗口

(7) 此时，在 Xcode 6.1 创建的工程中编写 Objective-C 代码，这段代码的功能是在屏幕上显示“first Programming!”短语。将这段程序保存为“prog1.m”，具体代码如下所示：

```
//显示短语
#import <Foundation/Foundation.h>
int main(int argc, const char *argv[])
{
    NSAutoreleasePool *pool = [[NSAutoreleasePool alloc]init];
    NSLog(@"first Programming!");
    [pool drain];
    return 0;
}
```

对于上述程序，我们可以使用 Xcode 编译并运行程序，或者使用 GNU Objective-C 编译器在 Terminal 窗口中编译并运行程序。Objective-C 程序最常用的扩展名是“.m”，然后可以使用 Xcode 打开。

当在 Xcode 中打开上面创建的第一段 Obiective-C 代码 first.m 时，不必关注屏幕上为文本显示的各种颜色。Xcode 使用不同的颜色指示值、保留字等内容。

(8) 接下来开始编译并运行第一个程序，但是，首先需要保存上述程序，方法是从 File 菜单中选择 Save 命令。如果在未保存文件的情况下尝试编译并运行程序，Xcode 会询问是否需要保存。在 Build 菜单下，可以选择 Build 或 Build and Run 命令。在此选择后者，因为如果构建时不会出现任何错误，则会自动运行此程序。也可点击工具栏中出现的 Build and Go 图标工具按钮。

Build and Go 意味着“构建，然后执行上次最后完成的操作”，可能是 Run、Debug、Run with Shark 或 Instruments 等。首次为项目使用此图标工具按钮时，Build and Go 意味着构建并运行程序，所以，此时使用这个操作没有问题。但是一定要知道 Build and Go 与 Build and Run 之间的区别。

如果程序中有错误，在此步骤期间，会看到列出的错误消息。如果情况如此，可回到程序中解决错误问题，然后再次重复此过程。解决程序中的所有错误后，会出现一个新窗口，其中显示 prog1 - Debugger Console。如果该窗口没有自动出现，可进入主菜单栏，并从 Run 菜单中选择 Console 命令，这样就能显示了。

注意：在 Objective-C 中，小写字母和大写字母是有区别的。Objective-C 并不关心程序行在何处开始输入，程序行的任何位置都能输入语句。基于此，我们可以开发容易阅读的程序。

在接下来的内容中，将详细讲解上述 Objective-C 程序各个构成元素的基本知识。

2.2.2 注释

接下来开始分析文件 first.m，程序的第一行是：

```
//显示短语
```

上述代码表示一段注释，在程序中使用的注释语句用于说明程序并增强程序的可读性。注释负责告诉该程序的读者，不管是程序员还是其他负责维护该程序的人，这只是程序员在编写特定程序和特定语句序列时的想法。一般首行注释用来描述整个程序的功能。

在 Objective-C 程序中，有如下两种插入注释的方式。

◎ 第一种：使用两个连续的斜杠“//”，在双斜杠后直到这行结尾的任何字符都将被编译器忽略。

◎ 第二种：使用“/*...*/”注释的形式，在斜杆和星号中间不能插入任何空格。“/*”表示开始，“*/”表示结束，在两者之间的所有字符都被视为注释语句的一部分，从而被 Objective-C 编译器忽略。

当注释需要跨越很多程序行时，通常使用这种注释格式，例如下面的代码：

```
/*
这是注释，因为很长很长很长很长很长很长的，
所以得换行，
功能是显示一行文本。
如果不明白可以联系作者：
xxxx@yahoo.com
*/
```

在编写程序或者将其键入到计算机中时，应该养成在程序中插入注释的习惯。使用注释有如下两个好处。

(1) 当特殊的程序逻辑在我们的大脑中出现时就说明程序，要比程序完成后再回来重新思考这个逻辑简单得多。

(2) 通过在工作的早期阶段把注释插入程序中，在调试阶段隔离和调试程序逻辑错误时将会受益匪浅。注释不仅可以帮助人们理解程序，而且还有助于指出逻辑错误的根源。

2.2.3 #import 指令

我们继续分析程序，看接下来的代码：

```
#import <Foundation/Foundation.h>
```

该#import 指令的功能，是告诉编译器找到并处理名为 Foundation.h 的文件，这是一个系统文件，表示这个文件不是我们创建的。

#import 表示将该文件的信息导入或包含到程序中，这个功能像把此文件的内容键入到程序中。例如上述代码可以导入文件 Foundation.h。

在 Objective-C 语言中，编译器指令以@符号开始，这个符号经常用于使用类和对象的情况。在表 2-2 中，对 Objective-C 语言中的指令进行了总结。

表 2-2 编译器指令

指 令	含 义	例 子
@“chars”	实现常量 NSSTRING 字符串对象(相邻的字符串已连接)	NSString *url = @“http://www.kochan-wood.com”;
@class c1, c2, ...	将 c1、c2…声明为类	@class Point, Rectangle;
@defs (class)	该指令为 class 返回一个结构变量的列表	struct Fract { @defs(Fraction); } *fractPtr; fractPtr = (struct Fract *) [[Fraction alloc] init];

续表

指　令	含　义	例　子
@dynamic names	用于 names 的存取器方法，可动态提供	@dynamic drawRect;
@encode(type)	将字符串编码为 type 类型	@encode(int*)
@end	结束接口部分、实现部分或协议部分	@end
@implementation	开始一个实现部分	@implementation Fraction;
@interface	开始一个接口部分	@interface Fraction: Object <Copying>
@private	定义一个或多个实例变量的作用域	例如定义实例变量
@protected	定义一个或多个实例变量的作用域	
@public	定义一个或多个实例变量的作用域	
@property(list) names	为 names 声明 list 中的属性	property(retain, nonatomic) NSSTRING *name;
@protocol(protocol)	为指定 protocol 创建一个 Protocol 对象	@protocol(Copying)]){...} if ([myObj conformsTo: (protocol)
@protocol name	开始 name 的协议定义	@protocol Copying
@selector(method)	指定 method 的 SEL(选择)对象	if ([myObj respondsTo: @selector(allocF)]) {...}
@synchronized (object)	通过单线程开始一个块的执行。Object 已知是一个互斥(mutex)的旗语	
@synthesize names	为 names 生成存取器方法，如果未提供的话	@synthesize name, email;参见“实例变量”
@try	开始执行一个块，以捕捉异常	例如“异常处理”应用
@catch(exception)	开始执行一个块，以处理 exception	
@finally	开始执行一个块，不管上面的@try块是否抛出异常，都会执行	
@throw	抛出一个异常	

2.2.4　主函数

接下来看如下剩余的代码：

```
int main(int argc, const char *argv[])
{
    NSAutoreleasePool *pool = [[NSAutoreleasePool alloc]init];
    NSLog(@"first Programming!");
    [pool drain];
    return 0;
}
```

上述代码都被包含在函数 main()中，此函数与 C 语言中的同名函数类似，是整个程序的入口函数。上述代码功能是指定程序的名称为 main，这是一个特殊的名称，功能是准确地表示程序将要在何处开始执行。在 main 前面的保留关键字 int 用于指定 main 返回值的类型，此处用 int 表示该值为整型(在本书后面的章节中，将更加详细地讨论类型问题)。

在上述 main 代码块中包含了多条语句。我们可以把程序的所有语句放入一对花括号中，最简单的情形是：一条语句是一个以分号结束的表达式。系统将把位于花括号中的所有程序语句看作 main 例程的组成部分。首先看如下第一条语句：

```
NSAutoreleasePool *pool = [[NSAutoreleasePool alloc]init];
```

上述语句为自动释放池在内存中保留了空间。作为模板的一部分，Xcode 会将这行内容自动放入程序中。

接下来的一条语句用于指定要调用名为 NSLog 的例程，传递或传送给 NSLog 例程的参数或实参是如下字符串：

```
@"first Programming!"
```

此处的符号@位于一对双引号的字符串前面，这被称为常量 NSString 对象。NSString 例程是 Objective-C 库中的一个函数，它只能显示或记录其参数。但是之前它会显示该例程的执行日期和时间、程序名以及其他在此不会介绍的数值。在本书的后面的内容中，不会列出 NSLog 在输出前面插入的这些文本。

在 Objective-C 中，所有的程序语句必须使用分号“;”结束，这也是为什么分号在 NSLog 调用的结束圆括号之后立即出现的原因。在退出 Objective-C 程序之前，应该立即释放已分配的内存池和与程序相关联的对象，例如，使用类似于下面的语句可以实现：

```
[pool drain];
```

注意：Xcode 会在程序中自动插入此行内容。

在函数 main 中的最后一条语句是：

```
return 0;
```

上述语句的功能，是终止 main 的运行，并且返回状态值 0。在 Objective-C 程序中规定，0 表示程序正常结束。任何非零值通常表示程序出现了一些问题，例如无法找到程序所需要的文件。

如果使用 Xcode 进行调试，会在 Debug Console 窗口中发现，在 NSLog 输出的行后显示下面的提示：

```
The Debugger has exited with status 0.
```

假如修改上面的程序，修改后能够同时显示文本“Objective-C OK”。要想实现这个功能，可以简单地通过添加另一个对 NSLog 例程调用的方法来实现，例如使用下面的代码：

```
#import <Foundation/Foundation.h>
int main(int argc, const char *argv[])
{
    NSAutoreleasePool *pool =  [[NSAutoreleasePool alloc]init];
    NSLog(@"first Programming!");
    NSLog(@"Objective-C OK!");
    [pool drain];
    return 0;
}
```

在编写上述代码时，必须使用分号结束每个 Objective-C 程序语句。执行后会输出：

```
first Programming!
Objective-C OK!
```

而在下面的代码中可以看到，无须为每行输出单独调用 NSLog 例程：

```
#import <Foundation/Foundation.h>
int main(int argc, const char *argv[])
{
    NSAutoreleasePool *pool = [[NSAutoreleasePool alloc]init];

    NSLog(@"look...\n..1\n...2\n....3");
    [pool drain];
    return 0;
}
```

在上述代码中，首先看看特殊的两字符序列。“\n”中的反斜杠和字母是一个整体，合起来表示换行符。换行符的功能，是通知系统要准确完成其名称所暗示的转到一个新行的工作。任何要在换行符之后输出的字符，随后将出现在显示器的下一行。其实，换行符非常类于 HTML 标记中的换行标记
。执行上述代码后，会输出：

```
look...
..1
...2
....3
```

2.2.5　显示变量的值

在 Objective-C 程序中，通过 NSLog 不仅可以显示简单的短语，而且还能显示定义的变量值并计算结果。例如，在下面的代码中，使用 NSLog 显示了 10+20 的结果：

```
#import <Foundation/Foundation.h>
int main(int argc, const char *argv[])
{
    NSAutoreleasePool *pool = [[NSAutoreleasePool alloc]init];
    int sum;

    sum = 10 + 20;

    NSLog(@"The sum of 10 and 20 is %i", sum);
    [pool drain];
    return 0;
}
```

对于上述代码的具体说明如下。

(1) 函数 main 中，第一条语句为自动释放池在内存中保留了空间。然后将变量 sum 定义为整型。在 Objective-C 程序中，使用所有程序变量前，必须先定义它们。定义变量的目的，是告诉 Objective-C 编译器程序将如何使用这些变量。编译器需要确保这些信息生成正确的指令，便于将值存储到变量中，或者从变量中检索值。被定义成 int 类型的变量只能够存储整型值，例如 3、4、-10 和 0 都是整型值，也就是说，没有小数位的值是整型值。而带有小数位的数，例如 2.34、2.456 和 27.0 等，被称为浮点数，它们都是实数。

(2) 整型变量 sum 的功能是存储整数 10+20 的和。在编写上述代码时，故意在定义这个变量的下方预留了一个空行，这样做的目的，是在视觉上区分例程的变量定义和程序语句(这种做法是一个良好的风格，在很多时候，在程序中添加单个空白行，能够使程序的可读性更强)。

(3) 代码“sum = 10 + 20;”表示 10 和 20 相加，并把结果存储(使用赋值运算符或等号)到变量 sum 中。

(4) NSLog 语句调用了圆括号中的两个参数，这两个参数用逗号隔开。NSLog 语句的第一个参数总是要显示的字符串。然而，在显示字符串的同时，通常还希望显示某些程序变量的值。在上述代码中，希望在显示字符之后还要显示变量 sum 的值：

```
The sum of 50 and 25 is %i
```

第一个参数中的百分号是一个特殊字符，它可以被函数 NSLog 识别。紧跟在百分号后的字符指定在这种情况下将要显示的值类型。在该程序中，字母 i 被 NSLog 例程识别，表示将要显示的是一个整数。只要 NSLog 例程在字符串中发现字符“%i”，都将自动显示例程第二个参数的值。因为 sum 是 NSLog 的下一个参数，所以它的值将在显示字符“The sum of 10 and 20 is ”之后自动显示。

该程序代码执行后，会输出如下内容：

```
The sum of 10 and 20 is 30
```

2.3 数据类型和常量

其实，在本章前面的第一段代码中，我们已经接触过 Objective-C 的基本数据类型 int，例如，声明为 int 类型的变量只能用于保存整型值，也就是说，没有小数位的值。其实，除了 int 类型外，在 Objective-C 中还有另外 3 种基本数据类型，分别是 float、double 和 char，具体说明如下所示。

◎ float：用于存储浮点数(即包含小数位的值)。

◎ double：与 float 类型一样，但是前者的精度约是后者精度的两倍。

◎ char：可以存储单个字符，例如字母 a，数字字符 100，或者一个分号“;”。

在 Objective-C 程序中，任何数字、单个字符或者字符串通常称为常量。例如，数字 88 表示一个常量整数值。字符串@“Programming in Objective-C”表示一个常量字符串对象。在 Objective-C 程序中，完全由常量值组成的表达式被称为常量表达式。例如，下面的表达式就是一个常量表达式，因为此表达式的每一项都是常量值：

```
128 + 1 - 2
```

如果将 i 声明为整型变量，那么，下面的表达式就不是一个常量表达式：

```
128 + 1 - i
```

在 Objective-C 中，定义了多个简单(或基本)的数据类型，例如，int 表示整数类型，这就是一种简单的数据类型，而不是复杂的对象。

注意： 虽然 Objective-C 是一门面向对象的语言，但是，简单数据类型并不是面向对象的。它们类似于其他大多数非面向对象语言(比如 C 语言)的简单数据类型。在 Objective-C 中，提供简单数据类型的原因，是出于效率方面的考虑，另外，与 Java 语言不同，Objective-C 的整数大小是根据执行环境的规定而变化的。

2.3.1　int 类型

在 Objective-C 程序中，整数常量由一个或多个数字的序列组成。序列前的负号表示该值是一个负数，例如值 88、-10 和 100 都是合法的整数常量。Objective-C 规定，在数字中间不能插入空格，并且不能用逗号来表示大于 999 的值。所以数值 12,000 就是一个非法的整数常量，写成 12000 才是正确的。

在 Objective-C 中有两种特殊的格式，它们用一种非十进数(基数 10)的基数来表示整数常量。如果整型值的第一位是 0，那么，这个整数将用八进制计数法来表示，就是说，用基数 8 来表示。在这种情况下，该值的其余位必须是合法的 8 进制数字，必须是 0~7 之间的数字。因此，在 Objective-C 中，以 8 进制表示的值 50(等价于 10 进制的值 40)，表示方式为 050。与此类似，八进制的常量 0177 表示十进制的值 127(1×64+7×8+7)。通过在 NSLog 调用的格式字符串中使用格式符号%o，可以在终端上用八进制显示整型值。在这种情况下，使用八进制显示的值不带有前导 0。而格式符号%#o 将在八进制值的前面显示前导 0。

如果整型常量以 0 和字母 x(无论是小写字母还是大写字母)开头，那么，这个值都将用十六进制(以 16 为基数)计数法来表示。紧跟在字母 x 后的是十六进制值的数字，可以由 0~9 之间的数字和 a~f(或 A~F)之间的字母组成。字母表示的数字分别为 10~15。假如要给名为 RGBColor 的整型常量指派十六进制的值 FFEF0D，则可以使用如下代码来实现：

```
RGBColor = 0xFFEF0D;
```

在程序代码中，符号%x 将用十六进制格式显示一个值，该值不带前导的 0x 并用 a~f 之间的小写字符表示十六进制数字。要使用前导 0x 显示这个值，需要使用格式字符%#x，例如下面的代码：

```
NSlog("Color is %#X\n", RGBColor);
```

该代码中，通过“%#X”中的大写字母 X 可以显示前导的 0x，然后用大写字母表示十六进制数。

无论是字符、整数还是浮点数，每个值都有与其对应的值域。此值域与为存储特定类型的值而分配的内存变量有关。大多数情况下，在 Objective-C 中都没有规定值域的具体范围，因为它通常依赖于所运行的计算机，所以叫作设备或机器相关量。例如，一个整数在计算机上既可以占用 32 位空间，也可以使用 64 位空间来存储。

另外，在任何编程语言中，都预留了一定数量的标识符，这些标识符是不能被定义变量和常量的。

表 2-3 中，列出了 Objective-C 程序中具有特殊含义的标识符。

表 2-3　特殊的预定义标识符

标 识 符	含 义
_cmd	在方法内自动定义的本地变量，它包含该方法的选择程序
__func__	在函数内或包含函数名或方法名的方法内自动定义的本地字符串变量
BOOL	Boolean 值，通常以 YES 和 NO 的方式使用
Class	类对象类型
id	通用对象类型
IMP	指向返回 id 类型值的方法的指针
nil	空对象
Nil	空类对象
NO	定义为(BOOL) 0
NSObject	定义在<Foundation/NSObject.h>中的根 Foundation 对象
Protocol	存储协议相关信息的类的名称
SEL	已编译的选择程序
self	在用于访问消息接收者的方法内自动定义的本地变量
super	消息接收者的父类
YES	定义为(BOOL) 1

2.3.2　float 类型

在 Objective-C 程序中，float 类型的变量可以存储有小数位的值。由此可见，通过查看是否包含小数点，就可以区分出一个数是否为浮点常量。

在 Objective-C 程序中，不但可以省略小数点之前的数字，而且也可以省略小数点之后的数字，但是，不能将它们全部省略。例如 3.、125.8 及-.0001 等，都是合法的浮点常量。要想显示浮点值，可用 NSLog 转换字符%f。

另外，在 Objective-C 程序中，也能使用科学计数法来表示浮点常量。例如 1.5e-4 就是使用这种计数法来表示的浮点值，它表示 1.5×10^{-4}。位于字母 e 前的值称为尾数，而位于字母 e 后的值称为指数。指数前面可以放置正号或负号，指数表示将与尾数相乘的 10 的幂。因此，在常量 2.85e-3 中，2.85 是尾数值，而-3 是指数值。该常量表示值 2.85×10^{-3}，或 0.00285。

另外，在 Objective-C 程序中，不但可用小写字母书写用于分隔尾数和指数的字母 e，而且也可以用大写字母来书写。

在 Objective-C 程序中，建议在 NSLog 格式字符串中指定格式字符%e。使用 NSLog 格式字符串%g 时，允许 NSLog 确定使用常用的浮点计数法还是使用科学计数法来显示浮点值。当值小于-4 或大于 5 时，采用%e(科学计数法)表示，否则采用%f(浮点计数法)。

十六进制的浮点常量包含前导的 0x 或 0X，在后面紧跟一个或多个十进制或十六进制数字，然后紧接着是 p 或 P，最后是可以带符号的二进制指数。例如，0x0.3p10 表示的值为 $3/16\times2^{10}=192$。

2.3.3 double 类型

在 Objective-C 程序中，类型 double 与类型 float 类似。Objective-C 规定，当在 float 变量中所提供的值域不能满足要求时，需要使用 double 变量来实现需求。声明为 double 类型的变量可以存储的位数，大概是 float 变量所能存储的两倍多。在现实应用中，大多数计算机使用 64 位来表示 double 值。除非另有特殊说明，否则，Objective-C 编译器会将全部浮点常量当作 double 值来对待。要想清楚地表示 float 常量，需要在数字的尾部添加字符 f 或 F，例如：

```
12.4f
```

要想显示 double 的值，可以使用格式符号%f、%e 或%g 来辅助实现，它们与显示 float 值所用的格式符号是相同的。其实，double 类型和 float 类型可以被称为实型。在 Objective-C 语言中，实型数据分为实型常量和实型变量。

1. 实型常量

实型常量也称为实数或者浮点数。在 Objective-C 语言中，它有两种形式，即小数形式和指数形式。

- 小数形式：由数字 0~9 和小数点组成。例如 0.0、25.0、5.789、0.13、5.0、300.、-267.8230 等，均为合法的实数。注意，必须有小数点。在 NSLog 上，使用%f 格式来输出小数形式的实数。
- 指数形式：由十进制数，加阶码标志 e 或 E 以及阶码(只能为整数，可以带符号)组成。其一般形式为 aEn(a 为十进制数，n 为十进制整数)。其值为 $a\times10^n$。在 NSLog 上，使用%e 格式来输出指数形式的实数。

例如，下面是一些合法的实数：

```
2.1E5(等于 2.1×10^5)
3.7E-2(等于 3.7×10^-2)
```

而下面是不合法的实数：

```
345(无小数点)
E7(阶码标志 E 之前无数字)
-5(无阶码标志，无小数点)
53.-E3(负号位置不对)
2.7E(无阶码)
```

Objective-C 允许浮点数使用后缀，后缀为 f 或 F 即表示该数为浮点数。例如，356.4f 和 356.4F 是等价的。

2. 实型变量

(1) 实型数据在内存中的存放形式

实型数据一般占 4 个字节(32 位)内存空间，按指数形式存储。小数部分占的位(bit)数越多，数的有效数字就越多，精度就越高。指数部分占的位数越多，则能表示的数值范围就越大。

(2) 实型变量的分类

实型变量分为单精度(float 型)、双精度(double 型)和长双精度(long double 型)三类。在大多数计算机中，单精度型占 4 个字节(32 位)内存空间，其数值范围为 3.4E-38 ~ 3.4E+38，只能提供 7 位有效数字。双精度型占 8 个字节(64 位)内存空间，其数值范围为 1.7E-308~1.7E+308，可提供 16 位有效数字。

2.3.4 char 类型

在 Objective-C 程序中，char 类型变量的功能是存储单个字符，只要将字符放到一对单引号中，就能得到字符常量。例如'a'、';'和'0'都是合法的字符常量。其中，'a'表示字母 a，';'表示分号，'0'表示字符 0(并不等同于数字 0)。

在 Objective-C 程序中，不能把字符常量与 C 风格的字符串混为一谈，字符常量是放在单引号中的单个字符；而字符串则是放在双引号中的任意个数的字符，不但要求在前面有@字符，而且要求放在双引号中的字符串才是 NSString 字符串对象。

另外，字符常量'\n'(即换行符)是一个合法的字符常量，虽然这看似与前面提到的规则相矛盾。出现这种情况的原因是，反斜杠符号是 Objective-C 中的一个特殊符号，其实并不把它看成一个字符。也就是说，Objective-C 编译器仅仅将'\n'看作是单个字符，尽管它实际上由两个字符组成。这些特殊字符都是由反斜杠字符开头的。

在 NSLog 调用中，可以使用格式字符%c 来显示 char 变量的值。例如，在下面的程序中，使用了基本的 Objective-C 数据类型：

```
#import <Foundation/Foundation.h>
int main(int argc, char *argv[])
{
    NSAutoreleasePool *pool = [[NSAutoreleasePool alloc]init];
    int   integerVar = 50;
    float  floatingVar = 331.79;
    double doubleVar = 8.44e+11;
    char   charVar = 'W';
    NSLog (@"integerVar = %i", integerVar);
    NSLog (@"floatingVar = %f", floatingVar);
    NSLog (@"doubleVar = %e", doubleVar);
    NSLog (@"doubleVar = %g", doubleVar);
    NSLog (@"charVar = %c", charVar);
    [pool drain];
    return 0;
}
```

在上述代码中，函数内第 3 行 floatingVar 的值是 331.79，但实际显示为 331.790009。这是因为，实际显示的值是由使用的特定计算机系统决定的。出现这种不准确值的原因，是计算机内部使用特殊的方式表示数字。

例如，当使用计算器处理数字时，很可能遇到这类不准确性。如果用计算器计算 1 除以 3，将得到结果.33333333，很可能结尾带有一些附加的 3。这串 3 是计算器计算 1/3 的近似值。理论上，应该存在无限个 3。然而，该计算器只能保存这些位的数字，这就是计算机的不确定性。

此处应用了相同类型的不确定性：在计算机的内存中，不能精确地表示一些浮点值。

执行上述代码后，会输出：

```
integerVar = 50
floatingVar = 331.790009
doubleVar = 8.440000e+11
doubleVar = 8.44e+11
charVar = 'W'
```

另外，使用 char 也可以表示字符变量。字符变量类型定义的格式和书写规则都与整型变量相同，例如下面的代码：

```
char a, b;
```

每个字符变量被分配一个字节的内存空间，因此，只能存放一个字符。字符值是以 ASCII 码的形式存放在变量的内存单元中的。如 x 的十进制 ASCII 码是 120，y 的十进制 ASCII 码是 121。下面的例子是为字符变量 a、b 分别赋予‘x’和‘y’：

```
a = 'x';
b = 'y';
```

这实际上是在 a、b 两个内存单元中存放 120 和 121 的二进制代码。我们可以把字符值看成是整型值。Objective-C 语言允许为整型变量赋字符值，也允许为字符变量赋整型值。在输出时，允许把字符变量按整型量输出，也允许把整型量按字符量输出。整型量为多字节量，字符量为单字节量，当整型量按字符型量处理时，只有低 8 位字节参与处理。

2.3.5　字符常量

在 Objective-C 程序中，字符常量是用单引号括起来的一个字符，例如，下面列出的都是合法的字符常量：‘a’、‘b’、‘=’、‘+’、‘?’。

Objective-C 中的字符常量有如下 4 个特点。

(1)　字符常量只能用单引号括起来，不能用双引号或其他括号。

(2)　字符常量只能是单个字符，不能是字符串。转义字符除外。

(3)　字符可以是字符集中的任意字符。但数字被定义为字符型后，就不能参与数值运算了。如‘5’和 5 是不同的。‘5’是字符常量，不能参与整数运算。

(4)　Objective-C 中的字符串形式不是“abc”，而是@“abc”。

转义字符是一种特殊的字符常量。转义字符以反斜线“\”开头，后面紧跟一个或几个字符。转义字符具有特定的含义，不同于字符原有的意义，故称“转义”字符。例如，“\n”就是一个转义字符，表示“换行”。转义字符主要用来表示那些用一般字符不便于表示的控制代码。常用的转义字符及其含义如表 2-4 所示。

表 2-4　常用的转义字符及其含义

转义字符	转义字符的意义	ASCII 码
\n	回车换行	10
\t	横向跳到下一制表位置	9
\b	退格	8

续表

转义字符	转义字符的意义	ASCII 码
\r	回车	13
\f	走纸换页	12
\\	反斜线符“\”	92
\'	单引号符	39
\"	双引号符	34
\a	鸣铃	7
\ddd	1~3 位八进制数所代表的字符	
\xhh	1~2 位十六进制数所代表的字符	

在大多数情况下，Objective-C 字符集中的任何一个字符都可以使用转义字符来表示。在上述表 2-4 中，ddd 和 hh 分别为八进制和十六进制的 ASCII 码，表中的\ddd 和\xhh 正是为此而提出的。例如，\101 表示字母 A，\102 表示字母 B，\134 表示反斜线，\XOA 表示换行等。我们来看下面的例子：

```
#import <Foundation/Foundation.h>
int main(int argc, const char *argv[])
{
    NSAutoreleasePool *pool = [[NSAutoreleasePool alloc]init];
    char a = 120;
    char b = 121;
    NSLog(@"%c, %c", a, b);
    NSLog(@"%i, %i", a, b);
    [pool drain];
    return 0;
}
```

在上述代码中，定义 a、b 为字符型，但在赋值语句中赋以整型值。从结果看，输出 a 和 b 值的形式取决于 NSLog 函数格式串中的格式符。当格式符为“%c”时，对应输出的变量值为字符，当格式符为“%i”时，对应输出的变量值为整数。执行上述代码后输出：

```
x,y
120,121
```

2.3.6 id 类型

在 Objective-C 程序中，id 是一般对象类型，id 数据类型可以存储任何类型的对象。例如，在下面的代码中，将 number 声明为 id 类型的变量：

```
id number;
```

我们可以声明一个方法，使其具有 id 类型的返回值。例如，在下面的代码中，声明了一个名为 newOb 的实例方法，它不但具有名为 type 的单个整型参数，而且还具有 id 类型的返回值：

```
- (id) newOb: (int) type;
```

在此需要注意，对返回值和参数类型声明来说，id 是默认的类型。

再如，在下面的代码中，声明了一个返回 id 类型值的类方法：

```
+ allocInit;
```

id 数据类型是本书经常使用的一种重要数据类型，是 Objective-C 中的一个十分重要的特性。在表 2-5 中，列出了基本数据类型和限定词。

表 2-5　Objective-C 的基本数据类型

类　型	常量实例	NSlog 格式字符
char	'a'，'\n'	%c
short int	-4	%hi、%hx、%ho
unsigned short int	5	%hu、%hx、%ho
int	12、-97、0xFFE0、0177	%i、%x、%o
unsigned int	12u、100u、0XFFu	%u、%x、%o
long int	12L、-2001、0xffffL	%li、%lx、%lo
unsigned long int	12UL、100ul、0xffeeUL	%lu、%lx、%lo
long long int	0xe5e5e5e5LL、500ll	%lli、%llx、%llo
unsigned long long int	12ull、0xffeeULL	%llu、%llx、%llo
float	12.34f、3.1e-5f、0x1.5p10、0x1p-1	%f、%e、%g、%a
double	12.34、3.1e-5、0x.1p3	%f、%e、%g、%a
long double	12.431、3.1e-51	%Lf、%Le、%Lg
id	nil	%p

在 Objective-C 程序中，id 类型是一个独特的数据类型，在概念上与 Java 语言中的 Object 类相似，可以被转换为任何数据类型。也就是说，在 id 类型变量中，可以存放任何数据类型的对象。在内部处理上，这种类型被定义为指向对象的指针，实际上，是一个指向这种对象的实例变量的指针。

例如，下面定义了一个 id 类型的变量和返回一个 id 类型的方法：

```
id anObject;
- (id) new: (int) type;
```

id 和 void*并非完全一样，下面是 id 在 objc.h 中的定义：

```
typedef struct objc_object {
    class isa;
} *id;
```

由此可以看出，id 是指向 struct objc_object 的一个指针。也就是说，id 是一个指向任何一个继承了 Object 或 NSObject 类的对象。因为 id 是一个指针，所以在使用 id 的时候，不需要加星号，例如下面的代码：

```
id foo = renhe;
```

上述代码定义了一个 foo 变量，这个变量是指向 NSObject 的任意一个子类的指针。而"id *foo= renhe;"所定义的 foo 变量则是指向另一个指针的指针，被指向的指针指向 NSObject 的一个子类。

2.3.7 限定词

在 Objective-C 程序中的限定词有 long、long long、short、unsigned 及 signed。

1. long

如果直接把限定词 long 放在声明 int 前，那么，所声明的整型变量在某些计算机上具有扩展的值域。例如，下面是一个上述情况的例子：

```
long int factorial;
```

通过上述代码，将变量 factorial 声明为 long 的整型变量。这就像 float 和 double 变量一样，long 变量的具体精度也是由具体的计算机系统决定的。在许多系统上，int 与 long int 具有相同的值域，而且任何一个都能存储 32 位宽($2^{31}-1$ 或 2147483647)的整型值。

在 Objective-C 程序中，long int 类型的常量值可以通过在整型常量末尾添加字母 L(大小写均可)来形成，此时，在数字和 L 之间不允许有空格出现。根据此要求，我们可以声明为如下格式：

```
long int numberOfPoints = 138881100L;
```

通过上述代码，将变量 numberOfPoints 声明为 long int 类型，而且初值为 138881100。

要想使用 NSLog 显示 long int 的值，需要使用字母 l 作为修饰符，并且将其放在整型格式符号 i、o 和 x 之前。这意味着格式符号%li 用十进制格式显示 long int 的值，符号%lo 用八进制格式显示值，而符号%lx 则用十六进制格式显示值。

2. long long

例如，在下面的代码中，使用了 long long 的整型数据类型：

```
long long int maxnum;
```

通过上述代码，将指定的变量声明为具有特定扩展精度的变量，通过该扩展精度，保证了变量至少具有 64 位的宽度。NSLog 字符串不使用单个字母 l，而使用两个 l 来显示 long long 的整数，例如“%lli”的形式。我们同样可以将 long 标识符放在 double 声明之前，例如下面的代码：

```
long double CN_NB_2012;
```

可以把 long double 常量写成其尾部带有字母 l 或 L 的浮点常量的形式，例如：

```
1.234e+5L
```

要想显示 long double 的值，需要使用修饰符 L 来帮助实现。例如，通过%Lf，用浮点计数法显示 long double 的值，通过%Le 用科学计数法显示同样的值，使用%Lg 告诉 NSLog 在%Lf 和%Le 之间任选一个使用。

3. short

如果把限定词 short 放在 int 声明之前，意思是告诉 Objective-C 编译器要声明的特定变量用来存储相当小的整数。使用 short 变量的主要好处，是节约内存空间，当程序员需要大量内存，而可用的内存量又十分有限时，可以使用 short 变量来解决内存不足的问题。

在很多计算机设备上，short int 所占用的内存空间是常规 int 变量的一半。在任何情况下，需要确保分配给 short int 的空间数量不少于 16 位。

在 Objective-C 程序中，没有其他方法可显式编写 short int 型常量。要想显示 short int 变量，可以将字母 h 放在任何普通的整型转换符号之前，例如%hi、%ho 或%hx。也就是说，可以用任何整型转换符号来显示 short int，原因是，当它作为参数传递给 NSLog 例程时，可以转换成整数。

4. unsigned

在 Objective-C 程序中，unsigned 是一种最终限定符，当整数变量只用来存储正数时，可以使用最终限定符。

例如，通过下面的代码向编译器声明，变量 counter 只用于保存正值：

```
unsigned int counter;
```

使用限制符的整型变量可以专门存储正整数，也可以扩展整型变量的精度。

将字母 u(或 U)放在常量之后，可以产生 unsigned int 常量，例如下面的代码：

```
0x00ffU
```

在编写整型常量时，可以组合使用字母 u(或 U)和 l(或 L)，例如，下面的代码可以告诉编译器将常量 10000 看作 unsigned long：

```
10000UL
```

如果整型常量之后不带有字母 u、U、l 或 L 中的任何一个，而且因为太大，所以不适合用普通大小的 int 表示，那么编译器将把它看作是 unsigned int 值。如果太小，则不适合用 unsigned int 来表示，那么，此时，编译器将把它看作 long int。如果仍然不适合用 long int 表示，编译器会把它作为 unsigned long int 来处理。

在 Objective-C 程序中，当将变量声明为 long int、short int 或 unsigned int 类型时，可以省略关键字 int，为此，变量 unsigned counter 与如下声明格式等价：

```
unsigned counter;
```

同样，也可以将变量 char 声明为 unsigned。

5. signed

在 Objective-C 程序中，限定词 signed 能够明确地告诉编译器特定变量是有符号的。signed 主要用在 char 声明之前。

2.4 字 符 串

在 Objective-C 程序中，字符串常量是由@和一对双引号括起的字符序列。比如，@“CHINA”、@“program”、@“$12.5”等都是合法的字符串常量。与 C 语言的区别是有无@。字符串常量和字符常量是不同的量，主要有如下两点区别。

(1) 字符常量由单引号括起来，字符串常量由双引号括起来。

(2) 字符常量只能是单个字符，字符串常量则可以含一个或多个字符。

在 Objective-C 语言中，字符串不是作为字符的数组被实现。在 Objective-C 中的字符串类型是 NSString，它不是一个简单数据类型，而是一个对象类型，这是与 C++语言不同的。我们会在后面的章节中详细介绍 NSString。下面是一个简单的 NSString 例子：

```
#import <Foundation/Foundation.h>
int main(int argc, const char *argv[]) {
    NSAutoreleasePool *pool = [[NSAutoreleasePool alloc]init];
    NSLog(@"Programming is fun!");
    [pool drain];
    return 0;
}
```

上述代码与本章的第一段 Objective-C 程序类似，运行后会输出：

```
Programming is fun!
```

2.5 表 达 式

在 Objective-C 程序中，联合使用表达式和运算符可以构成功能强大的程序语句。本节将详细讲解表达式的基本知识，为读者步入本书后面知识的学习打下坚实的基础。

2.5.1 算数表达式

在 Objective-C 语言中，两个数相加时使用加号(+)，两个数相减时使用减号(-)，两个数相乘时使用乘号(*)，两个数相除时使用除号(/)。因为它们运算两个值或项，所以这些运算符称为二元算术运算符。

1. 整数运算和一元负号运算符

例如，下面的代码演示了运算符的优先级，并且引入了整数运算的概念：

```
#import <Foundation/Foundation.h>
int main (int argc, char *argv[])
{
    NSAutoreleasePool *pool = [[NSAutoreleasePool alloc]init];
    int   a = 25;
    int   b = 2;
    int   result;
    float c = 25.0;
    float d = 2.0;

    NSLog (@"6 + a / 5 * b = %i", 6+a/5*b);
    NSLog (@"a / b * b = %i", a/b*b);
    NSLog (@"c / d * d = %f", c/d*d);
    NSLog (@"-a = %i", -a);

    [pool drain];
    return 0;
}
```

对上述代码的具体说明如下。

(1) 第一个 NSLog 调用中的表达式巩固了运算符优先级的概念。该表达式的计算按以下顺序执行：

- 因为除法的优先级比加法高，所以，先将 a 的值(25)除以 5。该运算将给出中间结果 5。
- 因为乘法的优先级也大于加法，所以随后，中间结果(5)将乘以 2(即 b 的值)，并获得新的中间结果(10)。
- 最后计算 6 加 10，并得出最终结果(16)。

(2) 第二条 NSLog 语句会产生一个新误区，我们希望 a 除以 b 再乘以 b 的操作返回 a(已经设置为 25)。但是，此操作并不会产生这一结果，在显示器上输出显示的是 24。其实，该问题的实际情况是：这个表达式是采用整数运算来求值的。再看变量 a 和 b 的声明，它们都是用 int 类型声明的。当包含两个整数的表达式求值时，Objective-C 系统都将使用整数运算来执行这个操作。在这种情况下，数字的所有小数部分将丢失。因此，计算 a 除以 b，即 25 除以 2 时，得到的中间结果是 12，而不是期望的 12.5。这个中间结果乘以 2，就得到最终结果 24，这样，就解释了出现“丢失”数字精度的情况。

(3) 在倒数第 2 个 NSLog 语句中，如果用浮点值代替整数来执行同样的运算，就会获得期望的结果。决定到底使用 float 变量还是 int 变量的，是基于变量的使用目的。如果无须使用任何小数位，可使用整型变量。这将使程序更加高效，也就是说，它可以在大多数计算机上更加快速地执行。另一方面，如果需要精确到小数位，很清楚应该选择什么。此时，唯一必须回答的问题是使用 float 还是 double。对此问题的回答取决于使用数据所需的精度以及它们的量级。

(4) 在最后一条 NSLog 语句中，使用一元负号运算符对变量 a 的值进行了求反处理。这个一元运算符是用于单个值的运算符，而二元运算符作用于两个值。负号实际上扮演了一个双重角色：作为二元运算符，它执行两个数相减的操作；作为一元运算符，它对一个值求反。

经过以上分析，最终运行上述代码后，会输出：

```
6 + a / 5 * b = 16
a / b * b = 24
c / d * d = 25.000000
-a = -25
```

由此可见，与其他算术运算符相比，一元负号运算符具有更高的优先级，但一元正号运算符(+)除外，它与算术运算符的优先级相同，所以表达式“c = -a * b;”将执行-a 乘以 b。

在上述代码的前三条语句中，在 int 和 a、b 及 result 的声明中插入了额外的空格，这样做的目的，是对齐每个变量的声明，这种书写语句的方法使程序更加容易阅读。另外，我们还需要养成这样一个习惯——每个运算符前后都有空格；这种做法不是必需的，仅仅是出于美观上的考虑。一般来说，在允许单个空格的任何位置都可以插入额外的空格。

2. 模运算符

在 Objective-C 程序中，使用百分号(%)表示模运算符。为了了解模运算符的工作方式，请读者看下面的代码：

```
#import <Foundation/Foundation.h>

int main(int argc, char *argv[])
{
```

```
    NSAutoreleasePool *pool = [[NSAutoreleasePool alloc]init];
    int a=25, b=5, c=10, d=7;

    NSLog(@"a %% b = %i", a%b);
    NSLog(@"a %% c = %i", a%c);
    NSLog(@"a %% d = %i", a%d);
    NSLog(@"a / d * d + a %% d = %i", a/d*d + a%d);
    [pool drain];
    return 0;
}
```

对于上述代码的具体说明如下所示。

(1) 在 main 语句中定义并初始化了 4 个变量：a、b、c 和 d，这些工作都是在一条语句内完成的。NSLog 使用百分号之后的字符来确定如何输出下一个参数。如果它后面紧跟另一个百分号，那么，NSLog 例程认为我们其实想显示百分号，并在程序输出的适当位置插入一个百分号。

(2) 模运算符%的功能是计算第一个值除以第二个值所得的余数，在上述第一个例子中，25 除以 5 所得的余数显示为 0。如果用 25 除以 10，会得到余数 5，输出中的第二行可以证实。执行 25 除以 7 将得到余数 4，它显示在输出的第三行。

(3) 最后一条是求值表达式语句。Objective-C 使用整数运算来执行两个整数间的任何运算，所以两个整数相除所产生的任何余数将被完全丢弃。如果使用表达式 a/d 表示 25 除以 7，将会得到中间结果 3。如果将这个结果乘以 d 的值(即 7)，将会产生中间结果 21。最后，加上 a 除以 d 的余数，该余数由表达式 a%d 来表示，会产生最终结果 25。这个值与变量 a 的值相同，并非巧合。一般来说，表达式“a/d*d + a%d”的值将始终与 a 的值相等，当然，这是在假定 a 和 d 都是整型值的条件下做出的。事实上，定义的模运算符%只用于处理整数。

在 Objective-C 程序中，模运算符的优先级与乘法和除法的优先级相同。由此可以得出，表达式“table + value % TABLE_SIZE”等价于表达式“table + (value % TABLE_SIZE)”。

经过上述分析，运行上述代码后会输出：

```
a % b = 0
a % c = 5
a % d = 4
a / d * d + a % d = 25
```

3. 整型值和浮点值的相互转换

要想使用 Objective-C 程序实现更复杂的功能，必须掌握浮点值和整型值之间进行隐式转换的规则。例如，下面的代码演示了数值数据类型间的一些简单转换：

```
#import <Foundation/Foundation.h>
int main(int argc, char *argv[])
{
    NSAutoreleasePool *pool = [[NSAutoreleasePool alloc]init];
    float  f1=123.125, f2;
    int    i1, i2=-150;
    i1 = f1;  // floating 转换为 integer
    NSLog(@"%f assigned to an int produces %i", f1, i1);
    f1 = i2;  // integer 转换为 floating
    NSLog(@"%i assigned to a float produces %f", i2, f1);
```

```
    f1 = i2 / 100;   // 整除 integer 类型
    NSLog(@"%i divided by 100 produces %f", i2, f1);
    f2 = i2 / 100.0;   //整除 float 类型
    NSLog(@"%i divided by 100.0 produces %f", i2, f2);
    f2 = (float)i2/100;   //类型转换操作符
    NSLog(@"(float) %i divided by 100 produces %f", i2, f2);
    [pool drain];
    return 0;
}
```

对于上述代码的具体说明如下所示。

(1) 因为在 Objective-C 中，只要将浮点值赋值给整型变量，数值的小数部分都会被删节，所以在第一个程序中，当把 f1 的值赋予 i1 时，会删除数字 123.125 的小数部分，这意味着只有整数部分(即 123)存储到了 i1 中。

(2) 当产生把整型变量指派给浮点变量的操作时，不会引起数值的任何改变，该值仅由系统转换并存储到浮点变量中。例如上述代码的第二行验证了这一情况——i2 的值(-150)进行了正确转换，并储到 float 变量 f1 中。

执行上述代码后输出：

```
123.125000 assigned to an int produces 123
-150 assigned to a float produces -150.000000
-150 divided by 100 produces -1.000000
-150 divided by 100.0 produces -1.500000
(float) -150 divided by 100 produces -1.500000
```

4. 类型转换运算符

在声明和定义方法时，将类型放入圆括号中，可以声明返回值和参数的类型。在表达式中使用类型时，括号表示一个特殊的用途。例如，上面程序中的最后一个除法运算：

```
f2 = (float) i2 / 100;
```

在上述代码中，引入了类型转换运算符。为了求表达式值，类型转换运算符将变量 i2 的值转换成 float 类型。该运算符永远不会影响变量 i2 的值；它是一元运算符，行为与其他一元运算符一样。

类型转换运算符的优先级要高于所有的算术运算符，但是，一元减号和一元加号运算符除外。如果需要，可以经常使用圆括号进行限制，以任何想要的顺序来执行一些项。例如，表达式“(int) 29.55 + (int) 21.99”在 Objective-C 中等价于“29 + 21”，因为将浮点值转换成整数的后果就是舍弃其中的浮点值。

而表达式“(float) 6 / (float) 4”得到的结果为 1.5，与表达式“(float)6 / 4”的执行效果是相同的。

类型转换运算符通常用于将一般 id 类型的对象转换成特定类的对象，例如，在下面的代码中，将 id 变量 myNumber 的值转换成一个 Fraction 对象，转换结果将指派给 Fraction 变量 myFraction：

```
id myNumber;
Fraction *myFraction;
...
myFraction = (Fraction*)myNumber;
```

2.5.2 常量表达式

在 Objective-C 程序中，常量表达式是指每一项都是常量值的表达式。其中，在下列情况下，必须使用常量表达式：

- ◎ 作为 switch 语句中 case 之后的值。
- ◎ 指定数组的大小。
- ◎ 为枚举标识符指派值。
- ◎ 在结构定义中，指定位域的大小。
- ◎ 为外部或静态变量指派初始值。
- ◎ 为全局变量指派初始值。
- ◎ 在#if 预处理程序语句中，作为#if 之后的表达式。

其中，在上述前 4 种情况下，常量表达式必须由整数常量、字符常量、枚举常量和 sizeof 表达式组成。在此，只能使用以下运算符：算术运算符、按位运算符、关系运算符、条件表达式运算符和类型强制转换运算符。

在上述第 5 和第 6 种情况中，除了上面提到的规则外，还可以显式地或隐式地使用取地址运算符。然而，它只能应用于外部或静态变量或函数。因此，假设 x 是一个外部或静态变量，表达式“&x + 10”将是合法的常量表达式。此外，表达式“&a[10] - 5”在 a 是外部或静态数组时将是合法的常量表达式。最后，因为&a[0]等价于表达式 a，所以“a + sizeof (char) * 100”也是一个合法的常量表达式。

在上述最后一种需要常量表达式(在#if 之后)的情况下，除了不能使用 sizeof 运算符、枚举常量和类型强制转换运算符以外，其余规则与前 4 种情况的规则相同。然而，它允许使用特殊的 defined 运算符。

2.5.3 条件运算符

Objective-C 中的条件运算符也被称为条件表达式，其条件表达式由 3 个子表达式组成，其语法格式如下：

```
expression1? expression2 : expression3
```

对于上述格式，有如下两点说明。

(1) 当计算条件表达式时，先计算 expression1 的值，如果值为真，则执行 expression2，并且整个表达式的值就是 expression2 的值，不会执行 expression3。

(2) 如果 expression1 为假，则执行 expression3，并且条件表达式的值是 expression3 的值，不会执行 expression2。

在 Objective-C 程序中，条件表达式通常用作一条简单的 if 语句的一种缩写形式。例如下面的代码：

```
a = (b>0)? c : d;
```

等价于下面的代码：

```
if (b > 0)
    a = c;
```

```
else
    a = d;
```

假设 a、b、c 为表达式，则表达式 a? b : c 在 a 为非 0 时，值为 b；否则为 c。只有表达式 b 或 c 其中之一被求值。

表达式 b 和 c 必须具有相同的数据类型。如果它们的类型不同，但都是算术数据类型，就要对其执行常见的算术转换以使其类型相同。如果一个是指针，另一个为 0，则后者将被看作是与前者具有相同类型的空指针。如果一个是指向 void 的指针，另一个是指向其他类型的指针，则后者将被转换成指向 void 的指针，并作为结果类型。

2.5.4　sizeof 运算符

在 Objective-C 程序中，sizeof 运算符能够获取某种类型变量的数据长度，例如，下面列出了 sizeof 运算符在如下表达式中的作用：

```
sizeof(type)            //包含特定类型值所需的字节数
sizeof a                //保存 a 的求值结果所必需的字节数
```

在上述表达式中，如果 type 为 char，则结果将被定义为 1。如果 a 是(显式地或者通过初始化隐式地)维数确定的数组名称，而不是形参或未确定维数的数组名称，那么 sizeof a 会给出将元素存储到 a 中必需的位数。

如果 a 是一个类名，则 sizeof(a)会给出保存 a 的实例所必需的数据结构大小。通过 sizeof 运算符产生的整数类型是 size_t，它在标准头文件<stddef.h>中定义。

如果 a 是长度可变的数组，则在运行时对表达式求值；否则在编译时求值，因此它可以用在常量表达式中。

虽然不应该假设程序中数据类型的大小，但是，有时候需要知道这些信息。在 Objective-C 程序中，可以使用库例程(如 malloc)实现动态内存分配功能，或者对文件读出或写入数据时，可能需要这些信息。

在 Objective-C 语言中，提供了 sizeof 运算符来确定数据类型或对象的大小。sizeof 运算符返回的是指定项的字节大小，sizeof 运算符的参数可以是变量、数组名称、基本数据类型名称、对象、派生数据类型名称或表达式。例如，下面的代码给出了存储整型数据所需的字节数，在作者的电脑上运行后的结果是 4(或 32 位)：

```
sizeof(int)
```

假如将 x 声明为包含 100 个 int 数据的数组，则下面的表达式将给出存储于 x 中的 100 个整数所需要的存储空间：

```
sizeof(x)
```

假设 myFract 是一个 Fraction 对象，它包含两个 int 实例变量(分子和分母)，那么，下面的表达式在任何使用 4 字节表示指针的系统中都会产生值 4：

```
sizeof(myFract)
```

其实，这是 sizeof 对任何对象产生的值，因为这里询问的是指向对象数据的指针大小。要获得实际存储 Fraction 对象实例的数据结构大小，可以编写下面的代码语句来实现：

```
sizeof(*myFract)
```

上述表达式在作者的电脑中输出的结果为 12，即分子和分母分别用 4 个字节，加上另外的 4 个字节存储继承来的 is a 成员。

而下面的表达式值将能够存储结构 data_entry 所需的空间总数：

```
sizeof(struct data_entry)
```

如果将 data 定义为包含 struct data_entry 元素的数组，则下面的表达式将给出包含在 data(data 必须是前面定义的，并且不是形参，也不是外部引用的数组)中的元素个数：

```
sizeof(data) / sizeof(struct data_entry)
```

下面的表达式也会产生同样的结果：

```
sizeof(data) / sizeof(data[0])
```

在 Objective-C 程序中，建议读者尽可能地使用 sizeof 运算符，这样可以避免必须在程序中计算和硬编码数据大小。

2.5.5 关系运算符

关系运算符用于比较运算，包括大于(>)、小于(<)、等于(==)、大于等于(>=)、小于等于(<=)和不等于(!=)六种，而关系运算符的结果是 BOOL 类型的数值。当运算符成立时，结果为 YES(1)，当不成立时，结果为 NO(0)。例如，下面的代码演示了关系运算符的用法：

```
#import <Foundation/Foundation.h>
int main (int argc, const char *argv[]) {
    NSAutoreleasePool *pool = [[NSAutoreleasePool alloc]init];
    NSLog(@"%i", 3>5);
    NSLog(@"%i", 3<5);
    NSLog(@"%i", 3!=5);
    [pool drain];
    return 0;
}
```

在上述代码中，根据程序中的判断，我们得知，3>5 是不成立的，所以结果是 0；3<5 是成立的，所以结果是 1；3!=5 的结果也同样成立，所以结果为 1。

运行上述代码后会输出：

```
0
1
1
```

2.5.6 强制类型转换运算符

使用强制类型转换的语法格式如下所示：

```
(类型说明符) (表达式)
```

功能是把表达式的运算结果强制转换成类型说明符所表示的类型。

例如：

```
(float)a        //把 a 转换为实型
(int)(x+y)      //把 x+y 的结果转换为整型
```

例如，下面的代码演示强制类型转换运算符的基本用法：

```
#import <Foundation/Foundation.h>
int main (int argc, const char *argv[])
{
    NSAutoreleasePool *pool = [[NSAutoreleasePool alloc]init];
    float f1=123.125, f2;
    int i1, i2=-150;
    i1 = f1;
    NSLog(@"%f 转换为整型为%i", f1, i1);
    f1 = i2;
    NSLog(@"%i 转换为浮点型为%f", i2, f1);
    f1 = i2/100;
    NSLog(@"%i 除以 100 为 %f", i2, f1);
    f2 = i2/100.0;
    NSLog(@"%i 除以 100.0 为 %f", i2, f2);
    f2 = (float)i2/100;
    NSLog(@"%i 除以 100 转换为浮点型为%f", i2, f2);
    [pool drain];
    return 0;
}
```

执行上述代码后将输出：

```
123.125000 转换为整型为 123
-150 转换为浮点型为-150.000000
-150 除以 100 为 -1.000000
-150 除以 100.0 为 -1.500000
-150 除以 100 转换为浮点型为-1.500000
```

2.5.7　运算符的优先级

运算符的优先级是指运算符的运算顺序，例如，数学中的先乘除后加减就是一种运算顺序。算数优先级用于确定拥有多个运算符的表达式如何求值。在 Objective-C 中规定，优先级较高的运算符首先求值。如果表达式包含优先级相同的运算符，可以按照从左到右或从右到左的方向来求值，运算符决定了具体按哪个方向求值。上述描述就是通常所说的“运算符结合性”。

例如，下面的代码演示了减法、乘法和除法的运算优先级：

```
#import <Foundation/Foundation.h>
int main (int argc, char *argv[])
{
    NSAutoreleasePool *pool = [[NSAutoreleasePool alloc]init];

    int   a = 100;
    int   b = 2;
    int   c = 20;
    int   d = 4;
    int   result;

    result = a - b;   //subtraction
    NSLog (@"a - b = %i", result);

    result = b * c;   //multiplication
    NSLog(@"b * c = %i", result);
```

```
    result = a / c;   //division
    NSLog(@"a / c = %i", result);

    result = a + b * c;   //precedence
    NSLog(@"a + b * c = %i", result);

    NSLog(@"a * b + c * d = %i", a*b + c*d);

    [pool drain];
    return 0;
}
```

在程序中执行的最后两个运算呈现了一个运算符比另一个运算符有更高优先级，或优先级的概念。事实上，Objective-C 中的每一个运算符都有与之相关的优先级。

对于上述代码的具体说明如下所示。

(1) 在声明整型变量 a、b、c、d 及 result 后，程序将 a-b 的结果赋值给 result，然后用恰当的 NSLog 调用来显示它的值。

(2) 语句“result = b*c;”的功能是将 b 的值和 c 的值相乘，并将其结果存储到 result 中。然后用 NSLog 调用来显示这个乘法的结果。

(3) 开始除法运算。Objective-C 中的除法运算符是“/”。执行 100 除以 25 得到结果 4，可以用 NSLog 语句在 a 除以 c 之后立即显示。在某些计算机系统上，如果将一个数除以 0，将导致程序异常终止或出现异常；即使程序没有异常终止，执行这样的除法所得的结果也毫无意义。其实，可以在执行除法运算之前检验除数是否为 0。如果除数为 0，可采用适当的操作来避免除法运算。

(4) 表达式 a+b*c 不会产生结果 2040(102×20)；实际上，相应的 NSLog 语句显示的结果为 140。这是因为 Objective-C 与其他大多数程序设计语言一样，对于表达式中多重运算或项的顺序有自己规则。通常情况下，表达式的计算按从左到右的顺序执行。然而，为乘法和除法运算指定的优先级比加法和加法的优先级要高。因此，Objective-C 将表达式 a+b*c 等价于 a+(b*c)。如果采用基本的代数规则，那么，该表达式的计算方式是相同的。如果要改变表达式中项的计算顺序，可使用圆括号。事实上，前面列出的表达式是相当合法的 Objective-C 表达式。这样，可以使用“result = a + (b * c);”来替换上述代码中的表达式，来获得同样的结果。然而，如果用“result = (a + b) * c;”来替换，则指派给 result 的值将是 2040，因为要首先将 a 的值(100)和 b 的值(2)相加，然后再将结果与 c 的值(20)相乘。圆括号也可以嵌套，在这种情况下，表达式的计算要从最里面的一对圆括号依次向外进行。只要确保结束圆括号和开始圆括号数目相等即可。

(5) 开始研究最后一条代码语句，当将 NSLog 指定的表达式作为参数时，无需将该表达式的结果先指派给一个变量，这种做法是完全合法的。表达式 a*b+c*d 可以根据以上述规则使用(a*b)+(c*d)的格式，也就是使用(100*2)+(20*4)的格式来计算，得出的结果 280 将传递给 NSLog 例程。

运行上述代码后会输出：

```
a - b = 98
b * c = 40
a / c = 5
a + b * c = 140
a * b + c * d = 280
```

第 3 章

iOS 8

Swift 语言基础

在 WWDC 2014 大会上，Apple 公司发布了一门全新的编程语言：Swift，用来编写 OS X 和 iOS 应用程序。苹果公司在设计 Swift 语言时，就有意将其与 Objective-C 共存，Objective-C 是 Apple 操作系统在导入 Swift 前使用的编程语言。

在本章中，将引领读者初步认识 Swift 语言的基本功能，为读者步入本书后面知识的学习打下基础。

3.1 Swift 基础

Swift 是一种为开发 iOS 和 OS X 应用程序而推出的全新编程语言，是建立在 C 语言和 Objective-C 语言基础之上的，并且没有 C 语言的兼容性限制。

Swift 采用安全模型的编程架构模式，并且使整个编程过程变得更容易、更灵活、更有趣。另外，Swift 完全支持市面中的主流框架：Cocoa 和 Cocoa Touch 框架，这为开发人员重构软件和提高开发效率带来了巨大的帮助。

在本节的内容中，将带领读者一起探寻 Swift 的诞生历程。

3.1.1 Swift 之父

苹果 Swift 语言的创造者是苹果开发者工具部门总监 Chris Lattner(1978 年出生)，Chris Lattner 是 LLVM 项目的主要发起人和作者之一，是 Clang 编译器的作者。Chris Lattner 开发了 LLVM，一种用于优化编译器的基础框架，能将高级语言转换为机器语言。LLVM 极大地提高了高级语言的效率，Chris Lattner 也因此获得了首届 SIGPLAN 奖。

2005 年，Chris 加入 LLVM 开发团队，正式成为苹果公司的一名员工。在苹果的 9 年间，他由一名架构师一路升职为苹果开发者工具部门总监。目前 Chris Lattner 主要负责 Xcode 项目，这也为 Swift 的开发提供了灵感。

Chris Lattner 从 2010 年 7 月才开始开发 Swift 语言，当时，它在苹果内部属于机密项目，只有很少人知道这一语言的存在。Chris Lattner 在个人博客上称，Swift 的底层架构大多是他自己开发完成的。2011 年，其他工程师开始参与项目开发，Swift 也逐渐获得苹果公司内部重视，直到 2013 年，成为苹果主推的开发工具。

Swift 的开发结合了众多工程师的心血，包括语言专家、编译器优化专家等，苹果公司的其他团队也为改进产品提供了很大的帮助。同时，Swift 也借鉴了其他语言的优点，例如 Objective-C、Rust、Ruby 等。

Swift 语言的核心吸引力在于 Xcode Playgrounds 功能和 REPL，它们使开发过程具有更好的交互性，也更容易上手。Playgrounds 在很大程度上受到了 Bret Victor 的理念和其他互动系统的启发。同样，具有实时预览功能的 Swift 使编程变得简单，学习起来也更加容易，目前已经引起了开发者的极大兴趣。这有助于苹果公司吸引更多的开发者，甚至将改变计算机科学的教学方式。图 3-1 是 Chris Lattner 在 WWDC 2014 大会上对 Swift 进行演示。

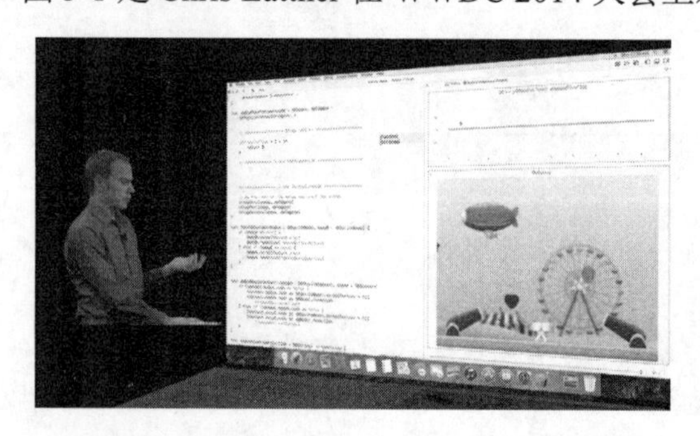

图 3-1 Chris Lattner 在 WWDC 2014 大会上对 Swift 进行演示

3.1.2　Swift 的优点

在 WWDC 2014 大会的演示过程中，苹果公司展示了如何能让开发人员更快地进行代码编写并显示结果的“Swift Playground”，在左侧输入代码的同时，可以在右侧实时显示结果。苹果公司表示 Swift 是基于 Cocoa 和 Cocoa Touch 而专门设计的。Swift 不仅可以用于基本的应用程序编写，比如各种社交网络 App，同时，还可以使用更先进的 Metal 3D 游戏图形优化工作。由于 Swift 可以与 Objective-C 兼容使用，因此，开发人员可以在开发过程中进行无缝切换。概括地说，Swift 语言的优点如下所示。

(1)　易学

作为苹果公司的一项独立发布的支持型开发语言，Swift 的语法内容混合了 Objective-C、JavaScript 和 Python，其语法简单、使用方便、易学，大大降低了开发者入门的门槛。同时，Swift 语言可以与 Objective-C 混合使用，对于用惯了高难度 Objective-C 语言的开发者来说，Swift 语言更加易学。

(2)　功能强大

Swift 允许开发者通过更简洁的代码来实现更多的内容。在 WWDC 2014 发布会上，苹果公司演示了如何只通过一行简单的代码，完成一个完整图片列表加载的过程。另外，Swift 还可以让开发人员一边编写程序，一边预览自己的应用程序，从而快速测试应用在某些特殊情况下的反应。

(3)　提升性能

对开发者来说，Swift 语言可以提升性能，同时降低开发难度，没有哪个开发者不喜欢这样的编程语言。

(4)　简洁、精良、高效

Swift 是一种非常简洁的语言。与 Python 类似，不必编写大量代码，即可实现强大的功能，并且也有利于提高应用开发速度。Swift 可以更快捷有效地编译出高质量的应用程序。

(5)　执行速度快

Swift 的执行速度比 Objective-C 应用更快，这样，会在游戏中看见更引人入胜的画面(需要苹果公司新的 Metal 界面的帮助)，而其他应用也会有更好的响应性。与此同时，消费者不用购买新手机，即可体验到这些效果。

(6)　全面融合

苹果对全新的 Swift 语言的代码进行了大量简化，在更快、更安全、更好的交互、更现代的同时，开发者们可以在同一款软件中同时用 Objective-C、Swift、C 三种语言，这样便实现了三类开发人员的完美融合。

(7)　测试工作更加便捷

能方便快捷地测试所编写的应用，将会帮助开发者更快地开发出复杂应用。以往，对规模较大的应用来说，编译和测试过程极为冗繁。如果 Swift 能在这一方面带来较大的改进，那么，应用开发者将可以更快地发布经过更彻底测试的应用。

当然，Swift 还有一些不足之处。其中，Swift 最大的问题在于，要求使用者学习一门全新的语言。程序员通常喜欢掌握最新、最优秀的语言，但关于如何指导人们编写 iPhone 应用，目前已形成了完整的产业。在苹果公司发布 Swift 后，所有一切都要被推翻重来。另外，编程语言的易学性，会让更多的开发者加入到手机应用软件开发中，这或许不是一件好事。

3.2 数据类型

Swift 语言的基本数据类型是 int，例如，声明为 int 类型的变量只能用于保存整型值，也就是说，没有小数位的值。其实，除了 int 类型外，在 Swift 中，还有另外 3 种基本数据类型，分别是 float、double 和 char，具体说明如下所示。

◎ float：用于存储浮点数(即包含小数位的值)。

◎ double：与 float 类型一样，但是前者的精度约是后者精度的两倍。

◎ char：可以存储单个字符，例如字母 a，数字字符 100，或者一个分号“;”。

在 Swift 程序中，任何数字、单个字符或者字符串通常被称为常量。例如，数字 88 表示一个常量整数值。字符串@“Programming in Swift”表示一个常量字符串对象。在 Swift 程序中，完全由常量值组成的表达式被称为常量表达式。例如，下面的表达式就是一个常量表达式，因为此表达式的每一项都是常量值：

```
128 + 1 - 2
```

如果将 i 声明为整型变量，那么，下面的表达式就不是一个常量表达式：

```
128 + 1 - i
```

在 Swift 中，定义了多个简单(或基本)的数据类型，例如，int 表示整数类型，这就是一种简单的数据类型，而不是复杂的对象。

3.2.1 int 类型

在 Swift 程序中，整数常量由一个或多个数字的序列组成。序列前的负号表示该值是一个负数，例如值 88、-10 和 100 都是合法的整数常量。Swift 规定，在数字中间不能插入空格，并且不能用逗号来表示大于 999 的值。所以数值 12,000 就是一个非法的整数常量，而如果写成 12000，就是正确的。

如果整型常量以 0 和字母 x(无论是小写字母还是大写字母)开头，那么，这个值都将用十六进制(以 16 为基数)计数法来表示。紧跟在字母 x 后的是十六进制值的数字，它可以由 0~9 之间的数字和 a~f(或 A~F)之间的字母组成。字母表示的数字分别为 10~15。假如要给名为 RGBColor 的整型常量指派十六进制的值 FFEF0D，则可以使用如下代码来实现：

```
RGBColor = 0xFFEF0D;
```

针对该代码，符号“%x”用十六进制格式显示一个值，该值不带前导的 0x，并用 a~f 之间的小写字符表示十六进制数字。要使用前导 0x 显示这个值，需用格式字符“%#x”。

3.2.2 float 类型

在 Swift 程序中，float 类型的变量可以存储小数位的值。由此可见，通过查看是否包含小数点的方法，可以区分出是否是一个浮点常量。在 Swift 程序中，不但可以省略小数点之前的数字，而且也可以省略之后的数字，但是，不能将它们全部省略。

另外，在 Swift 程序中，也能使用科学计数法来表示浮点常量。例如 1.5e4 就是使用这种计数法来表示的浮点值，它表示值 1.5×10^4。位于字母 e 前的值称为尾数，而位于字母 e 之后的值称为指数。指数前面可以放置正号或负号，指数表示将与尾数相乘的 10 的幂。因此，在常量 2.85e-3 中，2.85 是尾数值，而-3 是指数值。该常量表示值 2.85×10^{-3}，或 0.00285。

另外，在 Swift 程序中，不但可用大写字母书写用于分隔尾数和指数的字母 e，而且也可以用小写字母来书写。

3.2.3　double 类型

在 Swift 程序中，类型 double 与 float 类似。

Swift 规定，当在 float 变量中所提供的值域不能满足要求时，需要使用 double 变量来实现需求。

声明为 double 类型的变量可以存储的位数，大概是 float 变量所存储的两倍多。在现实应用中，大多数计算机使用 64 位来表示 double 值。除非另有特殊说明，否则，Swift 编译器将全部浮点常量当作 double 值来对待。要想清楚地表示 float 常量，需要在数字的尾部添加字符 f 或 F，例如：

```
12.4f
```

要想显示 double 的值，可以使用格式符号%f、%e 或%g 来辅助实现，它们与显示 float 值所用的格式符号是相同的。

3.2.4　char 类型

在 Swift 程序中，char 类型变量的功能是存储单个字符，只要将字符放到一对单引号中，就能得到字符常量。例如‘a’、‘;’和‘0’都是合法的字符常量。其中‘a’表示字母 a，‘;’表示分号，‘0’表示字符 0(并不等同于数字 0)。

3.2.5　字符常量

在 Swift 程序中，字符常量是用单引号括起来的一个字符，例如，下面列出的都是合法的字符常量：

```
'a'
'b'
'='
'+'
'?'
```

Swift 的字符常量具有如下 4 个特点。

(1) 字符常量只能用单引号括起来，不能用双引号或其他括号。

(2) 字符常量只能是单个字符，不能是字符串。转义字符除外。

(3) 字符可以是字符集中的任意字符。但数字被定义为字符型之后，就不能参与数值运算了。如‘5’和 5 是不同的。‘5’是字符常量，不能参与运算。

3.3 常量和变量

Swift 语言中的基本数据类型，按其取值可以分为常量和变量两种。在程序执行过程中，其值不发生改变的量称为常量，其值可变的量称为变量。两者可以与数据类型结合起来进行分类，例如，可以分为整型常量、整型变量、浮点常量、浮点变量、字符常量、字符变量、枚举常量、枚举变量。

3.3.1 常量

在执行程序的过程中，其值不发生改变的量称为常量。在 Swift 语言中，使用关键字 let 来定义常量。例如下面的演示代码：

```
let mm = 70
let name = guanxijing
let height = 170.0
```

在上述代码中定义了三个常量，常量名分别是 mm、name 和 height。

在 Swift 程序中，常量的值无须在编译时指定，但是，至少要赋值一次。这表示可以使用常量来命名一个值，只需进行一次确定工作，就可以将这个常量用在多个地方。

如果初始化值没有提供足够的信息(或没有初始化值)，可以在变量名后写类型，并且以冒号分隔。例如下面的演示代码：

```
let imlicitInteger = 50
let imlicitDouble = 50.0
let explicitDouble: Double = 50
```

在 Swift 程序中，常量值永远不会隐含转换到其他类型。如果需要转换一个值到另外不同的类型，需要事先明确构造一个所需类型的实例。例如下面的演示代码：

```
let label = "The width is "
let width = 94
let widthLabel = label + String(width)
```

在 Swift 程序中，可以使用简单的方法在字符串中以小括号来写一个值，或者用反斜线“\”放在小括号之前。例如下面的演示代码：

```
let apples = 3
let oranges = 5 //by gashero
let appleSummary = "I have \(apples) apples."
let fruitSummary = "I have \(apples + oranges) pieces of fruit."
```

3.3.2 变量

在 Swift 程序中，使用关键字 var 来定义变量。例如下面的演示代码：

```
var myVariable = 42
var name = "guan"
```

因为 Swift 程序中的变量和常量必须与赋值时拥有相同的类型，所以无须严格定义变量的类型，只需提供一个值，就可以创建常量或变量，并让编译器推断其类型。也就是说，

Swift 支持类型推导(Type Inference)功能，所以上面的代码不需指定类型。例如，在上面的例子中，编译器会推断 myVariable 是一个整数类型，因为其初始化值就是个整数。如果要为上述变量指定一个类型，则可以通过如下代码来实现：

```
var myVariable : Double = 42
```

在 Swift 程序中，使用如下所示的形式进行字符串格式化：

```
\(item)
```

例如下面的演示代码：

```
let apples = 3
let oranges = 5
let appleSummary = "I have \(apples) apples."
let fruitSummary = "I have \(apples + oranges) pieces of fruit."
```

另外，在 Swift 程序中使用方括号[]创建一个数组和字典，接下来，就可以通过方括号中的索引或键值来访问数组和字典中的元素了。例如下面的演示代码：

```
var shoppingList = ["catfish", "water", "tulips", "blue paint"]
shoppingList[1] = "bottle of water"
var occupations = ["Malcolm": "Captain", "Kaylee": "Mechanic",]
occupations["Jayne"] = "Public Relations"
```

在 Swift 程序中，创建一个空的数组或字典的初始化格式如下所示：

```
let emptyArray = String[]()
let emptyDictionary = Dictionary<String, Float>()
```

如果无法推断数组或字典的类型信息，可以写为空的数组格式[]或空的字典格式[:]。

另外，为了简化代码的编写工作，可以在同一行语句中声明多个常量或变量，在变量之间以逗号进行分隔，例如下面的演示代码：

```
var x=0.0, y=0.0, z=0.0
```

3.4　字符串和字符

在 Swift 程序中，String 是一个有序的字符集合，例如“hello, world”、“albatross”。

Swift 字符串通过 String 类型来表示，也可以表示为 Character 类型值的集合。在 Swift 程序中，通过 String 和 Character 类型提供了一个快速的、兼容 Unicode 的方式来处理代码中的文本信息。

在 Swift 程序中，创建和操作字符串的方法与在 C 中的操作方式相似，轻量并且易读。字符串连接操作只需要简单地通过“+”号将两个字符串相连即可。与 Swift 中的其他值一样，能否更改字符串的值，取决于其被定义为常量还是变量。

尽管 Swift 的语法很简单，但是，String 类型是一种快速、现代化的字符串实现。每一个字符串都是由独立编码的 Unicode 字符组成，并提供了用于访问这些字符在不同的 Unicode 表示的支持。在 Swift 程序中，String 也可以用于在常量、变量、字面量和表达式中进行字符串插值，这将使展示、存储和打印字符串的工作更加方便。

在 Swift 应用程序中，String 类型与 Foundation NSString 类进行了无缝桥接。如果开发者想利用 Cocoa 或 Cocoa Touch 中的 Foundation 框架实现功能，整个 NSString API 都可以调用创建的任意 String 类型的值，并且额外还可以在任意 API 中使用本节介绍的 String 特性。另外，也可以在任意要求传入 NSString 实例作为参数的 API 中使用 String 类型的值进行替换。

3.4.1 字符串字面量

在 Swift 应用程序中，可以在编写的代码中包含一段预定义的字符串值作为字符串字面量。字符串字面量是由双引号包裹着的具有固定顺序的文本字符集。Swift 中的字符串字面量可以用于为常量和变量提供初始值，例如下面的演示代码：

```
let someString = "Some string literal value"
```

在上述代码中，变量 someString 通过字符串字面量进行初始化，所以 Swift 可以推断出变量 someString 的类型为 String。

在 Swift 应用程序中，字符串字面量可以包含下列特殊字符：

◎ 转义特殊字符，如\0 (空字符)、\\(反斜线)、\t (水平制表符)、\n (换行符)、\r (回车符)、\" (双引号)、\' (单引号)。

◎ 单字节 Unicode 标量，写成\xnn，其中 nn 为两位十六进制数。

◎ 双字节 Unicode 标量，写成\unnnn，其中 nnnn 为四位十六进制数。

◎ 四字节 Unicode 标量，写成\Unnnnnnnn，其中 nnnnnnnn 为八位十六进制数。

例如，在下面的代码中，演示了各种特殊字符的使用实例：

```
let wiseWords = "\"Imagination is more important than knowledge\" - Einstein"
// "Imagination is more important than knowledge" - Einstein
let dollarSign = "\x24"        // $, Unicode scalar U+0024
let blackHeart = "\u2665"      // ♥, Unicode scalar U+2665
let sparklingHeart = "\U0001F496"  // □, Unicode scalar U+1F496
```

在上述代码中， 常量 wiseWords 包含了两个转义特殊字符(双括号)，常量 dollarSign、blackHeart 和 sparklingHeart 演示了三种不同格式的 Unicode 标量。

3.4.2 初始化空字符串

为了在 Swift 应用程序中构造一个很长的字符串，可以创建一个空字符串作为初始值，也可以将空的字符串字面量赋值给变量，还可以初始化一个新的 String 实例。例如下面的演示代码：

```
var emptyString = ""               // empty string literal
var anotherEmptyString = String()  // initializer syntax
```

在上述代码中，因为这两个字符串都为空，所以两者等价。借助于如下所示的演示代码，可以通过检查其 Boolean 类型的 isEmpty 属性来判断该字符串是否为空：

```
if emptyString.isEmpty {
    println("Nothing to see here")
}
// 打印输出“Nothing to see here”
```

3.4.3 字符串可变性

在 Swift 应用程序中，可以通过将一个特定字符串分配给一个变量的方式，来对其进行修改，或者分配给一个常量，来保证其不会被修改。例如下面的演示代码：

```
var variableString = "Horse"
variableString += " and carriage"
// variableString 现在为 "Horse and carriage"
let constantString = "Highlander"
constantString += " and another Highlander"
```

上述代码会输出一个编译错误(compile-time error)，提示我们常量不可以被修改。

其实，在 Objective-C 和 Cocoa 中，可以通过选择两个不同的类(NSString 和 NSMutableString)来指定该字符串是否可以被修改。验证 Swift 程序中的字符串是否可以修改，是通过定义的是变量还是常量来决定的，这样就实现了多种类型可变性操作的统一。

3.4.4 值类型字符串

在 Swift 应用程序中，String 类型是一个值类型。如果创建了一个新的字符串，那么，当其进行常量、变量赋值操作，或在函数/方法中传递时，会进行值拷贝。在任何情况下，都会对已有字符串值创建新副本，并对该新副本进行传递或赋值。

其 Cocoa 中的 NSString 不同，当在 Cocoa 中创建了一个 NSString 实例，并将其传递给一个函数/方法，或者赋值给一个变量时，我们永远都是传递或赋值同一个 NSString 实例的一个引用。除非特别要求其进行值拷贝，否则，字符串不会进行赋值新副本的操作。

Swift 默认字符串拷贝的方式保证了在函数/方法中传递的是字符串的值，它明确指出无论该值来自何处，都是它独自拥有的，可以放心传递字符串本身的值，而不会被更改。

在实际编译时，Swift 编译器会优化字符串的使用，使实际的复制只发生在绝对必要的情况下，这意味着我们始终可以将字符串作为值类型，同时可以获得极高的性能。

Swift 程序的 String 类型表示特定序列的字符值的集合，每一个字符值代表一个 Unicode 字符，可以利用 for-in 循环来遍历字符串中的每一个字符。例如下面的演示代码：

```
for character in "Dog! " {
    println(character)
}
```

执行上述代码后，会输出：

```
D
o
g
!
```

另外，通过标明一个 Character 类型注解并通过字符字面量进行赋值，可以建立一个独立的字符常量或变量。

例如下面的演示代码：

```
let yenSign: Character = "¥"
```

3.4.5　计算字符数量

在 Swift 应用程序中，通过调用全局函数 countElements，并将字符串作为参数进行传递的方式，可以获取该字符串的字符数量。例如下面的演示代码：

```
let unusualMenagerie = "Koala , Snail , Penguin , Dromedary "
println("unusualMenagerie has \(countElements(unusualMenagerie)) characters")
// prints "unusualMenagerie has 40 characters"
```

不同的 Unicode 字符以及相同 Unicode 字符的不同表示方式，因为可能需要不同数量的内存空间来存储，所以 Swift 中的字符在一个字符串中并不一定占用相同的内存空间。由此可见，字符串的长度不得不通过迭代字符串中每一个字符的长度来进行计算。如果正在处理一个长字符串，则需要注意函数 countElements 必须遍历字符串中的字符以精准计算字符串的长度。

另外需要注意的是，通过 countElements 返回的字符数量并不总是与包含相同字符的 NSString 的 length 属性相同。NSString 的属性 length 是基于利用 UTF-16 表示的十六位代码单元数字，而不是基于 Unicode 字符的。为了解决这个问题，NSString 的属性 length 在被 Swift 的 String 访问时，会成为 utf16count。

3.4.6　连接字符串和字符

在 Swift 应用程序中，字符串和字符的值可以通过加法运算符“+”相加在一起，并创建一个新的字符串值。例如下面的演示代码：

```
let string1 = "hello"
let string2 = " there"
let character1: Character = "!"
let character2: Character = "?"
let stringPlusCharacter = string1 + character1        // 等于"hello!"
let stringPlusString = string1 + string2            // 等于"hello there"
let characterPlusString = character1 + string1       // 等于"!hello"
let characterPlusCharacter = character1 + character2  // 等于"!?"
```

另外，也可以通过加法赋值运算符“+=”将一个字符串或者字符添加到一个已经存在的字符串变量上。例如下面的演示代码：

```
var instruction = "look over"
instruction += string2
// instruction 现在等于 "look over there"

var welcome = "good morning"
welcome += character1
// welcome 现在等于 "good morning!"
```

注意： 不能将一个字符串或者字符添加到一个已经存在的字符变量上，因为字符变量只能包含一个字符。

3.4.7　字符串插值

在 Swift 应用程序中，字符串插值是一种全新的构建字符串的方式，可以在其中包含常量、变量、字面量和表达式。其中，插入的字符串字面量中的每一项，都会被包裹在以反斜线为前缀的圆括号中。例如下面的演示代码：

```
let multiplier = 3
let message = "\(multiplier) times 2.5 is \(Double(multiplier) * 2.5)"
// message is "3 times 2.5 is 7.5"
```

在上面的演示代码中，multiplier 作为\(multiplier)被插入到一个字符串字面量中。当创建字符串执行插值计算时，此占位符会被替换为 multiplier 实际的值。multiplier 的值也作为字符串中后面表达式的一部分。该表达式计算 Double(multiplier)*2.5 的值并将结果(7.5)插入到字符串中。

在这个例子中，表达式写为\(Double(multiplier)*2.5)，并包含在字符串字面量中。

注意：插值字符串中写在括号中的表达式不能包含非转义双引号“"”和反斜杠“\”，并且不能包含回车符或换行符。

3.4.8　比较字符串

在 Swift 应用程序中，提供了三种方式来比较字符串的值，分别是字符串相等、前缀相等和后缀相等。

(1)　字符串相等

如果两个字符串以同一顺序包含完全相同的字符，则认为两者字符串相等，例如下面的演示代码：

```
let quotation = "We're a lot alike, you and I."
let sameQuotation = "We're a lot alike, you and I."
if quotation == sameQuotation {
    println("These two strings are considered equal")
}
```

执行上述代码后会输出：

```
"These two strings are considered equal"
```

(2)　前缀/后缀相等

通过调用字符串的 hasPrefix/hasSuffix 方法来检查字符串是否拥有特定前缀/后缀。两个方法均需要以字符串作为参数传入并传出 Boolean 值。两个方法均执行基本字符串和前缀/后缀字符串之间逐个字符的比较操作。例如，在下面的演示代码中，以一个字符串数组表示莎士比亚话剧《罗密欧与朱丽叶》中前两场的场景位置：

```
let romeoAndJuliet = [
   "Act 1 Scene 1: Verona, A public place",
   "Act 1 Scene 2: Capulet's mansion",
   "Act 1 Scene 3: A room in Capulet's mansion",
   "Act 1 Scene 4: A street outside Capulet's mansion",
   "Act 1 Scene 5: The Great Hall in Capulet's mansion",
   "Act 2 Scene 1: Outside Capulet's mansion",
   "Act 2 Scene 2: Capulet's orchard",
   "Act 2 Scene 3: Outside Friar Lawrence's cell",
   "Act 2 Scene 4: A street in Verona",
   "Act 2 Scene 5: Capulet's mansion",
   "Act 2 Scene 6: Friar Lawrence's cell"
```

```
]
```

此时，可以利用 hasPrefix 方法来计算话剧中第一幕的场景数，演示代码如下所示：

```
var act1SceneCount = 0
for scene in romeoAndJuliet {
    if scene.hasPrefix("Act 1 ") {
        ++act1SceneCount
    }
}
println("There are \(act1SceneCount) scenes in Act 1")
```

执行上述代码后会输出：

```
"There are 5 scenes in Act 1"
```

(3) 大写和小写字符串

可以通过字符串的 uppercaseString 和 lowercaseString 属性来访问一个字符串的大写/小写版本。例如下面的演示代码：

```
let normal = "Could you help me, please?"
let shouty = normal.uppercaseString
// shouty 值为 "COULD YOU HELP ME, PLEASE?"
let whispered = normal.lowercaseString
// whispered 值为 "could you help me, please?"
```

3.4.9 Unicode 字符

Unicode 是文本编码和表示的国际标准，通过 Unicode，可以用标准格式表示来自任意语言的几乎所有字符，并能够对文本文件或网页这样的外部资源中的字符进行读写操作。

Swift 语言中的字符串和字符类型是完全兼容 Unicode 的，它支持如下所述的一系列不同的 Unicode 编码。

(1) Unicode 的术语

Unicode 中，每一个字符都可以被解释为一个或多个 Unicode 标量。字符的 Unicode 标量是一个唯一的 21 位数字(和名称)，例如 U+0061 表示小写的拉丁字母 A(a)。

当 Unicode 字符串被写进文本文件或其他存储结构中时，这些 Unicode 标量将会按照 Unicode 定义的集中格式之一进行编码。它包括 UTF-8(以 8 位代码单元进行编码)和 UTF-16 (以 16 位代码单元进行编码)。

(2) 访问 Unicode 表示的字符串

Swift 提供了几种不同的方式来访问字符串的 Unicode 表示。例如可以利用 for-in 来对字符串进行遍历，从而以 Unicode 字符的方式访问每一个字符值。

另外，能够以如下三种 Unicode 兼容的方式访问字符串的值：

◎ UTF-8 代码单元集合(利用字符串的 utf8 属性进行访问)。

◎ UTF-16 代码单元集合(利用字符串的 utf16 属性进行访问)。

◎ 21 位的 Unicode 标量值集合(利用字符串的 unicodeScalars 属性进行访问)。

例如，在下面的演示代码中，由 Dog!和□(Unicode 标量为 U+1F436)组成的字符串中的每一个字符代表着一种不同的表示：

```
let dogString = "Dog!□"
```

(3)　UTF-8

可以通过遍历字符串的 utf8 属性来访问它的 UTF-8 表示，它是 UTF8View 类型的属性，UTF8View 是无符号 8 位(UInt8)值的集合，每一个 UIn8 都是一个字符的 UTF-8 表示。例如下面的演示代码：

```
for codeUnit in dogString.utf8 {
    print("\(codeUnit) ")
}
print("\n")
```

执行上述代码后会输出：

```
68 111 103 33 240 159 144 182
```

在上述演示代码中，前四个 10 进制代码单元值(68 111 103 33)代表了字符 D o g 和!，它们的 UTF-8 表示与 ASCII 表示相同。后四个代码单元值(240 159 144 182)是狗脸表情的 4 位 UTF-8 表示。

(4)　UTF-16

可以通过遍历字符串的 utf16 属性来访问它的 UTF-16 表示。它是 UTF16View 类型的属性，UTF16View 是无符号 16 位(UInt16)值的集合，每一个 UInt16 都是一个字符的 UTF-16 表示。例如下面的演示代码：

```
for codeUnit in dogString.utf16 {
    print("\(codeUnit) ")
}
print("\n")
```

执行上述代码后会输出：

```
68 111 103 33 55357 56374
```

同样，前四个代码单元值(68 111 103 33)代表了字符 D o g 和!，它们的 UTF-16 代码单元与 UTF-8 完全相同。第五和第六个代码单元值(55357 56374)是狗脸表情字符的 UTF-16 表示。第一个值为 U+D83D(十进制值为 55357)，第二个值为 U+DC36(十进制值为 56374)。

(5)　Unicode 标量(Scalars)

可以通过遍历字符串的 unicodeScalars 属性来访问它的 Unicode 标量表示。它是 UnicodeScalarView 类型的属性，UnicodeScalarView 是 UnicodeScalar 的集合。UnicodeScalar 是 21 位的 Unicode 代码点。每一个 UnicodeScalar 拥有一个值属性，可以返回对应的 21 位数值，用 UInt32 来表示。例如下面的演示代码：

```
for scalar in dogString.unicodeScalars {
    print("\(scalar.value) ")
}
print("\n")
```

执行上述代码后会输出：

```
68 111 103 33 128054
```

同样，前四个代码单元值(68 111 103 33)代表了字符 D o g 和!。第五位数值 128054 是一个十六进制 1F436 的十进制表示。它等同于狗脸表情的 Unicode 标量 U+1F436。

作为查询字符值属性的一种替代方法，每个 UnicodeScalar 值也可以用来构建一个新的字符串值，比如在字符串插值中使用下面的代码：

```
for scalar in dogString.unicodeScalars {
    println("\(scalar) ")
}
```

执行上述代码后会输出：

```
// D
// o
// g
// !
// □
```

3.5 流 程 控 制

在 Swift 程序中的语句是顺序执行的，除非由一个 for、while、do-while、if、switch 语句或者一个函数调用将流程导向到其他地方，去做其他的事情。在 Swift 程序中，主要包含如下所示的流程控制语句的类型：

- 一条 if 语句能够根据一个表达式的真值来有条件地执行代码。
- for、while 和 do-while 语句用于构建循环。在循环中，重复地执行相同的语句或一组语句，直到满足一个条件为止。
- switch 语句根据一个整数表达式的算术值，来选择一组语句执行。
- 函数调用跳入到函数体中的代码。当该函数返回时，程序从函数调用之后的位置继续执行。

上面列出的控制语句将在本书后面的内容中进行详细介绍，在本章，将首先讲解循环语句的基本知识。循环语句是指可以重复执行的一系列代码，Swift 程序中的循环语句主要由以下三种语句组成：

- for 语句。
- while 语句。
- do 语句。

Swift 的条件语句包含 if 和 switch，循环语句包含 for-in、for、while 和 do-while，循环/判断条件不需要括号，但循环/判断体(body)必需使用括号。例如下面的演示代码：

```
let individualScores = [75, 43, 103, 87, 12]
var teamScore = 0
for score in individualScores {
   if score > 50 {
      teamScore += 3
   } else {
      teamScore += 1
   }
}
```

在 Swift 程序中，结合 if 和 let，可以方便地处理可空变量(Nullable Variable)。对于空值，需要在类型声明后添加“?”，这样可以显式地标明该类型可以为空。

例如下面的演示代码：

```
var optionalString: String? = "Hello"
optionalString == nil

var optionalName: String? = "John Appleseed"
var gretting = "Hello!"
if let name = optionalName {
   gretting = "Hello, \(name)"
}
```

3.5.1　for 循环

for 循环可以根据设置，重复执行一个代码块多次。Swift 中提供了两种 for 循环方式。

- for-in：对于数据范围、序列、集合等中的每一个元素，都执行一次。
- for-condition-increment：一直执行，直到一个特定的条件满足，每一次循环执行，都会增加一次计数。

(1)　for-in 循环

例如，下面的演示代码能够打印 5 的倍数序列的前 5 项：

```
for index in 1...5 {
    println("\(index) times 5 is \(index * 5)")
}
//下面是输出的执行效果
// 1 times 5 is 5
// 2 times 5 is 10
// 3 times 5 is 15
// 4 times 5 is 20
// 5 times 5 is 25
```

在上述代码中，迭代的项目是一个数字序列，从 1 到 5 的闭区间，通过使用(...)来表示序列。index 被赋值为 1，然后执行循环体中的代码。在这种情况下，循环只有一条语句，也就是打印 5 的 index 倍数。在这条语句执行完毕后，index 的值被更新为序列中的下一个数值 2，println 函数再次被调用，依次循环，直到这个序列的结尾。

如果不需要序列中的每一个值，可以使用“_”来忽略它，这样，仅仅只是使用循环体本身，例如下面的演示代码：

```
let base = 3
let power = 10
var answer = 1
for _ in 1...power {
    answer *= base
}
println("\(base) to the power of \(power) is \(answer)")
```

执行后输出：

```
"3 to the power of 10 is 59049"
```

通过上述代码，计算了一个数的特定次方(在这个例子中，是 3 的 10 次方)。连续的乘法从 1(实际上是 3 的 0 次方)开始，依次累乘以 3，由于使用的是半闭区间，从 0 开始到 9 的左闭右开区间，所以是执行 10 次。在循环的时候，不需要知道实际执行到第几次了，而是要保证执行了正确的次数，因此这里不需要 index 的值。

在上面的例子中，index 在每一次循环开始前都已经被赋值，因此，不需要在每次使用前对它进行定义。每次它都隐式地被定义，就像是使用了 let 关键词一样。注意 index 是一个常量。

在 Swift 程序中，for-in 除了遍历数组，也可以用来遍历字典：

```
let interestingNumbers = [
    "Prime": [2, 3, 5, 7, 11, 13],
    "Fibonacci": [1, 1, 2, 3, 5, 8],
    "Square": [1, 4, 9, 16, 25],
]

var largest = 0
for (kind, numbers) in interestingNumbers {
    for number in numbers {
        if number > largest {
            largest = number
        }
    }
}
//largest
```

(2) for-condition-increment 循环

Swift 同样支持 C 语言样式的 for 循环，它也包括了一个条件语句和一个增量语句，具体格式如下所示：

```
for initialization; condition; increment {
    statements
}
```

分号在这里用来分隔 for 循环的三个结构，与 C 语言一样，但是，不需要用括号来包裹它们。

上述 for 循环的执行过程如下。

① 当进入循环的时候，初始化语句首先被执行，设定好循环需要的变量或常量。

② 测试条件语句，看是否满足继续循环的条件，只有在条件语句是 true 的时候才会继续执行，如果是 false，则会停止循环。

③ 在所有的循环体语句执行完毕后，增量语句执行，可能是对计数器的增加或者是减少，或者是其他的一些语句。然后返回步骤 2 继续执行。

例如下面的演示代码：

```
for var index=0; index<3; ++index {
    println("index is \(index)")
}
//执行后输出下面的结果
// index is 0
// index is 1
// index is 2
```

for 循环方式还可以被描述为如下所示的形式：

```
initialization
while condition {
    statements
    increment
}
```

在初始化语句中被定义(比如 var index = 0)的常量和变量，只在 for 循环语句范围内有效。如果想要在循环执行之后继续使用，需要在循环开始之前就定义好。例如下面的演示代码：

```
var index: Int
for index=0; index<3; ++index {
    println("index is \(index)")
}
//执行后输出下面的结果
// index is 0
// index is 1
// index is 2
println("The loop statements were executed \(index) times")
//执行后输出下面的结果
//The loop statements were executed 3 times
```

在此需要注意的是，在循环执行完毕之后，index 的值是 3，而不是 2。因为是在 index 增 1 之后，条件语句 index<3 返回 false，循环才终止，而这时，index 已经为 3 了。

3.5.2　while 循环

while 循环执行一系列代码块，直到某个条件为 false 为止。这种循环最常用于循环的次数不确定的情况。Swift 提供了如下两种 while 循环方式。

- while：在每次循环开始前测试循环条件是否成立。
- do-while：在每次循环之后测试循环条件是否成立。

(1)　while 循环

while 循环由一个条件语句开始，如果条件语句为 true，一直执行，直到条件语句变为 false。下面是 while 循环的一般形式：

```
while condition {
    statements
}
```

(2)　do-while 循环

在 do-while 循环中，循环体中的语句会先被执行一次，然后才开始检测循环条件是否满足，下面是 do-while 循环的一般形式：

```
do {
    statements
} while condition
```

例如，下面的代码演示了 while 循环和 do-while 循环的用法：

```
var n = 2
while n < 100 {
    n = n * 2
}
//n

var m = 2
do {
   m = m * 2
} while m < 100
//M
```

3.6 条件语句

在 Swift 程序中，通常需要根据不同条件来执行不同的语句。比如，当发生错误时，会执行一些错误信息的语句，告诉编程人员这个值是太大了还是太小了等，此时，就需要用到条件语句。

在 Swift 语言中，提供了两种条件分支语句的方式，分别是 if 语句和 switch 语句。一般来说，if 语句比较常用，但是只能检测少量的条件情况。switch 语句用于大量的条件可能发生时的条件语句。在本节的内容中，将详细讲解 Swift 语言中条件语句的基本知识。

3.6.1 if 语句

在最基本的 if 语句中，条件语句只有一个，若条件为 true，则执行 if 语句块中的语句：

```
var temperatureInFahrenheit = 30
if temperatureInFahrenheit <= 32 {
    println("It's very cold. Consider wearing a scarf.")
}
```

执行上述代码后输出：

```
It's very cold. Consider wearing a scarf.
```

上面这个例子检测温度是不是比 32 华氏度(32 华氏度是水的冰点，与摄氏度不一样)低，如果低的话，就会输出一行语句。如果不低，则不会输出。if 语句块是用大括号包含的部分。

当条件语句有多种可能时，就会用到 else 语句，当 if 为 false 时，else 语句开始执行。例如：

```
temperatureInFahrenheit = 40
if temperatureInFahrenheit <= 32 {
    println("It's very cold. Consider wearing a scarf.")
} else {
    println("It's not that cold. Wear a t-shirt.")
}
```

执行上述代码后输出：

```
It's not that cold. Wear a t-shirt.
```

在这种情况下，两个分支的其中一个一定会被执行。同样也可以有多个分支，多次使用 if 和 else，例如下面的演示代码：

```
temperatureInFahrenheit = 90
if temperatureInFahrenheit <= 32 {
    println("It's very cold. Consider wearing a scarf.")
} else if temperatureInFahrenheit >= 86 {
    println("It's really warm. Don't forget to wear sunscreen.")
} else {
    println("It's not that cold. Wear a t-shirt.")
}
```

执行上述代码后会输出：

```
It's really warm. Don't forget to wear sunscreen.
```

在上述代码中出现了多个 if，用来判断温度是太低还是太高，最后一个 else 表示的是温度不高不低的时候。

在 Swift 程序中可以省略掉 else，例如下面的演示代码：

```
temperatureInFahrenheit = 72
if temperatureInFahrenheit <= 32 {
    println("It's very cold. Consider wearing a scarf.")
} else if temperatureInFahrenheit >= 86 {
    println("It's really warm. Don't forget to wear sunscreen.")
}
```

在上述代码中，温度不高不低的时候不会输入任何信息。

3.6.2　switch 语句

在 Swift 程序中，switch 语句考察一个值的多种可能性，将它与多个 case 相比较，从而决定执行哪一个分支的代码。switch 语句与 if 语句不同的是，它还可以在多种情况同时匹配时，执行多个语句块。

switch 语句的一般结构是：

```
switch some value to consider {
    case value 1:
        respond to value 1
    case value 2, value 3:
        respond to value 2 or 3
    default:
        otherwise, do something else
}
```

每个 switch 语句包含有多个 case 语句块，除了直接比较值以外，Swift 还提供了多种更加复杂的模式匹配的方式来选择语句执行的分支。在 switch 语句中，每一个 case 分支都会被匹配和检测到，如果需要有一种情况包括所有 case 没有提到的条件，那么可以使用 default 关键词。注意，default 关键词必须在所有 case 的最后。

例如，在下面的演示代码中，使用 switch 语句来判断一个字符的类型：

```
let someCharacter: Character = "e"
switch someCharacter {
    case "a", "e", "i", "o", "u":
        println("\(someCharacter) is a vowel")
    case "b", "c", "d", "f", "g", "h", "j", "k", "l", "m",
         "n", "p", "q", "r", "s", "t", "v", "w", "x", "y", "z":
        println("\(someCharacter) is a consonant")
    default:
        println("\(someCharacter) is not a vowel or a consonant")
}
```

执行上述代码后会输出：

```
e is a vowel
```

在上述代码中，首先看这个字符是不是元音字母，再检测是不是辅音字母；其他的情况都用 default 来匹配。

与 C 和 Objective-C 不同，Swift 中的 switch 语句不会因为在 case 语句的结尾没有 break 就跳转到下一个 case 语句执行。switch 语句只会执行匹配的 case 里的语句，然后就会直接停止。这样，可以让 switch 语句更加安全，因为很多时候，编程人员都会忘记写 break。

每一个 case 中都需要有可以执行的语句，例如，下面的演示代码就是不正确的：

```
let anotherCharacter: Character = "a"
switch anotherCharacter {
    case "a":
    case "A":
        println("The letter A")
    default:
        println("Not the letter A")
}
```

与 C 语言不同，这里，switch 语句不会同时匹配 a 和 A，它会直接报错。但一个 case 中可以有多个条件，用逗号“,”分隔即可：

```
switch some value to consider {
    case value 1, value 2:
        statements
}
```

3.7 函　数

函数是执行特定任务的代码自包含块。给定一个函数名称标识，当执行其任务时，就可以用这个标识来进行“调用”。

Swift 的统一的功能语法足够灵活，可以表达任何东西，无论是没有参数名称的简单的 C 风格的函数表达式，还是需要为每个本地参数和外部参数设置复杂名称的 Objective-C 语言风格的函数。参数提供默认值，以简化函数调用，并通过设置输入输出参数，在函数执行完成时修改传递的变量。Swift 中的每个函数都有一个类型，包括函数的参数类型和返回类型，我们可以方便地使用这些类型。这使得它很容易将函数作为参数传递给其他函数，甚至从函数中返回函数类型。函数也可以写在其他函数中，用来封装一个嵌套函数，用以在其范围内提供有用的功能。

在本节的内容中，将详细讲解 Swift 语言中函数的基本知识。

3.7.1 函数的声明与调用

在定义一个函数时，可以为其定义一个或多个命名，定义类型值作为函数的输入(称为参数)，当该函数完成时，将传回输出定义的类型(称为返回类型)。

每一个函数都有一个函数名，用来描述函数执行的任务。要使用一个函数的功能时，通过使用它的名称进行“调用”，并通过它的输入值(称为参数)来匹配函数的参数类型。一个函数提供的参数必须始终以相同的顺序来作为函数参数列表。

例如，在下面的演示代码中，被调用的函数 greetingForPerson 需要一个人的名字作为输入，并返回一句问候给那个人：

```
func sayHello(personName: String) -> String {
    let greeting = "Hello, " + personName + "!"
    return greeting
}
```

所有这些信息都汇总到函数的定义中，并以 func 关键字为前缀。所指定的函数是以箭头->(一个连字符后跟一个右尖括号)以及随后的类型名称作为返回类型的。该定义描述了函数的作用是什么，它期望接收什么参数，以及当它完成时返回的结果是什么。

该函数定义很容易让我们的代码在其他地方以清晰、明确的方式来调用，例如下面的演示代码：

```
println(sayHello("Anna"))
// 输出 Hello, Anna!
println(sayHello("Brian"))
// 输出 Hello, Brian!
```

在上述代码中，通过在括号内传入 String 类型的参数值调用 sayHello 函数，例如 sayHello(“Anna”)。由于该函数返回一个字符串值，sayHello 可以被包裹在一个 println 函数调用中，来打印输出字符串。

在 sayHello 的函数体开始，定义了一个新的名为 greeting 的 String 常量，并将其设置为加上 personName 个人姓名，组成一句简单的问候消息。然后这个问候信息以关键字 return 来传回。只要问候函数被调用，函数执行完毕时，就会返回问候语的当前值。可以通过不同的输入值多次调用 sayHello 函数。上面的演示代码显示了如果它以“Anna”为输入值，然后以“Brian”为输入值，会发生什么。返回的结果在每种情况下都是量身定制的问候。

可以简化这个函数的主体，结合消息创建和 return 语句，用一行来表示，演示代码如下所示：

```
func sayHello(personName: String) -> String {
    return "Hello again, " + personName + "!"
}
println(sayHello("Anna"))
```

执行上述代码后，会输出：

```
Hello again, Anna!"
```

3.7.2　函数的参数和返回值

在 Swift 程序中，函数的参数和返回值是非常具有灵活性的。我们可以定义任何东西，无论是一个简单的仅仅有一个未命名的参数的函数，还是那种具有丰富的参数名称和不同的参数选项的复杂函数。

(1)　多输入参数

函数可以有多个输入参数，把它们写到函数的括号内，并用逗号加以分隔。例如，下面的函数设置了一个开始和结束索引的一个半开区间，用来计算范围内包含多少个元素：

```
func halfOpenRangeLength(start: Int, end: Int) -> Int {
    return end - start
}
println(halfOpenRangeLength(1, 10))
```

执行上述代码后会输出：

```
9
```

(2) 无参函数

函数并没有要求一定要定义输入参数。例如，下面就是一个没有输入参数的函数，任何时候调用，它总是返回相同的字符串消息：

```
func sayHelloWorld() -> String {
    return "hello, world"
}
println(sayHelloWorld())
```

执行上述代码后会输出：

```
hello, world
```

上述函数的定义在函数的名称后仍需要括号，即使它不带任何参数。当函数被调用时，函数名称也要跟着一对空括号。

(3) 没有返回值的函数

函数也不需要定义一个返回类型，例如，下面是某一个版本的 sayHello 函数，称为 sayGoodbye，它会输出自己的字符串值，而不是函数返回：

```
func sayGoodbye(personName: String) {
    println("Goodbye, \(personName)!")
}
sayGoodbye("Dave")
```

执行上述代码后会输出：

```
Goodbye, Dave!
```

因为它并不需要返回一个值，该函数的定义不包括返回箭头和返回类型。

其实，sayGoodbye 功能确实还返回一个值，即使没有返回值定义。函数没有定义返回类型，但返回了一个 void 类型的特殊值。它是一个简直是空的元组，实际上是零个元素的元组，可以写为()。当函数被调用时，它的返回值可以忽略不计。例如：

```
func printAndCount(stringToPrint: String) -> Int {
    println(stringToPrint)
    return countElements(stringToPrint)
}
func printWithoutCounting(stringToPrint: String) {
    printAndCount(stringToPrint)
}
printAndCount("hello, world")
// 打印输出hello, world 并返回12
printWithoutCounting("hello, world")
// 打印输出hello, world 但并无返回值
```

在上述演示代码中，第一个函数 printAndCount 打印了一个字符串，然后以 Int 类型返回它的字符数。第二个函数 printWithoutCounting 调用了第一个函数，但忽略它的返回值。当第二个函数被调用时，字符串消息由第一个函数打印出来，却没有使用其返回值。

注意： 返回值可以忽略不计，但对一个函数来说，它的返回值即便不使用，还是一定会返回的。如果在函数体底部 return 所返回的类型与定义的函数返回类型不一致，则将导致一个编译时错误。

(4) 多返回值函数

可以使用一个元组类型作为函数的返回类型，返回一个由多个值组成的复合体。

例如，下面的演示代码定义了一个名为 count 的函数，用它计来算字符串中基于标准的美式英语所使用的元音、辅音字符的数量等：

```
func count(string: String) -> (vowels: Int, consonants: Int, others: Int) {
    var vowels=0, consonants=0, others=0
    for character in string {
        switch String(character).lowercaseString {
            case "a", "e", "i", "o", "u":
                ++vowels
            case "b", "c", "d", "f", "g", "h", "j", "k", "l", "m",
                 "n", "p", "q", "r", "s", "t", "v", "w", "x", "y", "z":
                ++consonants
            default:
                ++others
        }
    }
    return (vowels, consonants, others)
}
```

可以使用此计数函数来对任意字符串进行字符计数：

```
let total = count("some arbitrary string!")
println("\(total.vowels) vowels and \(total.consonants) consonants")
// 将输出 6 vowels and 13 consonants
```

在此需要注意的是，元组的成员不需要被命名在该函数返回的元组中，因为它们的名字已经被指定为函数的返回类型的一部分。

3.7.3 函数参数名

在本节前面的演示代码中，都为所有函数的参数定义了参数名称：

```
func someFunction(parameterName: Int) {
    // function body goes here, and can use parameterName
    // to refer to the argument value for that parameter
}
```

然而，这些参数名仅能在函数本身的主体内使用，在调用函数时，不能使用。这些类型的参数名被称为本地参数，因为它们只适于在函数体中使用。

(1) 外部参数名

有时，当我们调用一个函数时，对每个参数进行命名是非常有用的，以表明传递给函数的每个参数的目的。如果希望用户函数调用你的函数时提供参数名称，除了设置本地的参数名称，也要为每个参数定义外部参数名称。此时，可以在它所支持的本地参数名称之前写一个外部参数名称，之间用一个空格来分隔。例如下面的演示代码：

```
func someFunction(externalParameterName localParameterName: Int) {
    // function body goes here, and can use localParameterName
    // to refer to the argument value for that parameter
}
```

如果为参数提供一个外部参数名称，调用该函数时，外部名称必须始终被使用。

作为一个例子，考虑下面的函数，它通过在两个字符串之间插入第三个 joiner 字符串来连接两个字符串：

```
func join(s1: String, s2: String, joiner: String) -> String {
    return s1 + joiner + s2
}
```

当调用这个函数时，传递给函数的三个字符串的目的并不是很清楚：

```
join("hello", "world", ", ")
// 返回 "hello, world"
```

为了使这些字符串值的目的更清晰，下面为join函数的每个参数定义外部参数名称：

```
func join(string s1: String, toString s2: String, withJoiner joiner: String)
-> String {
    return s1 + joiner + s2
}
```

在该版本的join函数中，第一个参数有一个外部名称string和一个本地名称s1；第二个参数有一个外部名称toString和一个本地名称s2；第三个参数有一个外部名称withJoiner和一个本地名称joiner。

现在可以使用这些外部参数名称，清楚明确地调用该函数了：

```
join(string: "hello", toString: "world", withJoiner: ", ")
// 返回 "hello, world"
```

由此可见，使用外部参数名称使join函数的第二个版本功能更富有表现力，因为用户习惯于使用自然语言的方式，同时还提供了一个可读的、意图明确的函数体。

(2) 外部参数名称速记

如果想为一个函数参数提供一个外部参数名，然而本地参数名已经使用了一个合适的名称了，你不需要为该参数写相同的两次名称。取而代之的是，写一次名字，并用一个hash符号(#)作为名称的前缀。这告诉Swift用该名称同时作为本地参数名称和外部参数名称。

下面的演示代码定义了一个名为containsCharacter的函数，设置了两个参数的外部参数名称，放置一个散列标志在它们本地参数名称之前：

```
func containsCharacter(#string: String, #characterToFind: Character) -> Bool {
    for character in string {
        if character == characterToFind {
            return true
        }
    }
    return false
}
```

这个函数选择的参数名称是清晰的，函数体极具可读性，函数被调用时没有歧义：

```
let containsAVee = containsCharacter(string: "aardvark", characterToFind: "v")
// containsAVee 为true，因为"aardvark"包含"v"
```

(3) 参数的默认值

可以为任何参数设定默认值，来作为函数定义的一部分。如果默认值已经定义，调用函数时就可以省略该参数的传值。

在使用时，将使用默认值的参数放在函数参数列表的末尾，这样就确保了所有调用函数的非默认参数使用相同的顺序，并明确地表示在每种情况下相同的函数调用。

例如，在下面的 join 函数中，为参数 joiner 设置了默认值：

```
func join(string s1: String, toString s2: String,
  withJoiner joiner: String=" ") -> String {
    return s1 + joiner + s2
}
```

如果在 join 函数被调用时提供给 joiner 一个字符串值，该字符串用来连接两个字符串，就跟以前一样：

```
join(string: "hello", toString: "world", withJoiner: "-")
// 返回 "hello-world"
```

但是，如果函数被调用时没有提供 joiner 值，就会使用单个空格(" ")的默认值：

```
join(string: "hello", toString: "world")
// 返回 "hello world"
```

(4) 有默认值的外部名称参数

在大多数情况下，为所有带有默认值的参数提供一个外部的名称是非常有用的。

为了使这个过程更容易，当我们没有提供外部名称时，Swift 自动为所有有默认值的参数定义了默认的外部名称。这种自动的外部名称与本地名称相同，就好像在代码中的本地名称前写了一个 hash 符号。

例如，在下面的 join 函数中，没有为任何参数提供外部名称，但仍然提供了 joiner 参数的默认值：

```
func join(s1: String, s2: String, joiner: String=" ") -> String {
    return s1 + joiner + s2
}
```

在这种情况下，Swift 自动为一个具有默认值的参数提供了外部参数名称。调用函数时，为使得参数的目的明确、毫不含糊，必须提供外部名称：

```
join("hello", "world", joiner: "-")
// 返回 "hello-world"
```

(5) 可变参数

一个可变的参数接受零个或多个指定类型的值。当函数被调用时，可以为该参数传递不同数量的输入值。定义可变参数时，需要在参数的类型名称后面加上 3 个点字符(...)。

在为可变参数传递参数值时，函数体中提供了适当类型的数组形式。例如，一个可变参数的名称为 numbers，类型为 Double...，在函数体内就作为名为 numbers，类型为 Double[]的常量数组。

例如，下面的代码演示了计算任意长度的数列的算术平均值的方法：

```
func arithmeticMean(numbers: Double...) -> Double {
    var total: Double = 0
    for number in numbers {
        total += number
    }
    return total / Double(numbers.count)
}
arithmeticMean(1, 2, 3, 4, 5)
```

```
// 返回 3.0，即这 5 个数的算术平均值
arithmeticMean(3, 8, 19)
// 返回 10.0，即这 3 个数的算术平均值
```

(6) 常量参数和变量参数

函数参数默认时都是常量。试图改变一个函数参数的值，会让这个函数体内部产生一个编译时错误。如以下代码：

```
func fun(num: Int) {
   num = num + 1   //操作常量参数是违法的!
   println(num)
}
```

在此代码中，函数参数 num 默认是一个常量，而常量的值是不能改变的，所以导致程序出现如下的错误信息：

```
Cannot assign to 'let' value 'num'
```

这意味着不能错误地改变参数的值。但是，有时，函数有一个参数的值的变量副本是非常有用的。我们可以通过指定一个或多个参数作为变量参数，而避免在函数内部为自己定义一个新的变量。

在参数名称前用关键字 var 定义变量参数，例如：

```
func alignRight(var string: String, count: Int, pad: Character) -> String {
    let amountToPad = count - countElements(string)
    for _ in 1...amountToPad {
        string = pad + string  //操作了变量参数!
    }
    return string
}
let originalString = "hello"
let paddedString = alignRight(originalString, 10, "-")
```

在上述演示代码中，定义了一个新函数，叫作 alignRight，它以一个较长的输出字符串来右对齐一个输入字符串，在左侧的空间中填充规定的字符。

在该示例中，字符串“hello”被转换为字符串“-----hello”。上述 alignRight 函数把输入参数的字符串定义成了一个变量参数。这意味着字符串现在可以作为一个局部变量，用传入的字符串值初始化，并且可以在函数体中进行相应的操作。函数首先找出有多少字符需要被添加到左边，让字符串右对齐在整个字符串中。这个值存储在本地常量 amountToPad 中。该函数然后将填充字符的 amountToPad 个字符拷贝到现有字符串的左边，并返回结果。整个过程使用字符串变量参数进行了字符串操作。

(7) 输入-输出参数

可变参数是指只能在函数本身内改变。但如果你想用一个函数来修改参数的值，并且想让这些变化在函数调用结束后仍然有效，就可以定义输入-输出参数来代替。通过在其参数定义的前面添加 inout 关键字，来标明输入-输出参数。一个输入-输出参数将把值传递给函数，由函数修改后，此参数将会拥有新的值。调用方式为：

```
函数名(&参数)
```

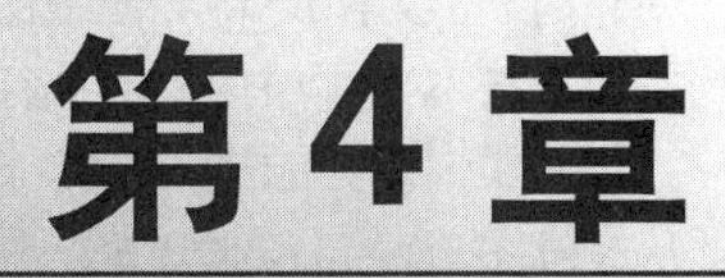

第4章

Cocoa Touch框架

iOS 8

Cocoa Touch 框架是苹果公司提供的专门用于程序开发的API，用于开发iPhone、iPod和iPad应用程序。Cocoa Touch也是苹果公司针对iPhone应用程序快速开发提供的一个类库，这个库以一系列框架库的形式存在，支持开发人员使用用户界面元素构建图形化的事件驱动的应用程序。

在本章的内容中，将详细讲解Cocoa Touch框架的基本知识，为读者步入本书后面知识的学习打下基础。

4.1 Cocoa Touch 基础

Cocoa Touch 是开发 iOS 程序的重要框架之一，在里面重用了 Mac 系统的许多成熟模式，但是，它更多地专注于触摸的接口和优化。UIKit 为我们提供了在 iOS 上实现图形、事件驱动程序的基本工具，它建立在与 Mac OS X 中一样的 Foundation 框架上，包括文件处理、网络、字符串操作等。

4.1.1 Cocoa Touch 概述

Cocoa Touch 具有与 iPhone 用户接口一致的特殊设计。通过 UIKit，可以使用 iOS 上的独特的图形接口控件、按钮，以及全屏视图功能，还可以使用加速仪和多点触摸手势来控制我们开发的应用。

Cocoa Touch 框架的主要特点如下。

大部分 Cocoa Touch 的功能是用 Objective-C 实现的，当运行应用程序时，Objective-C 运行时系统按照执行逻辑对对象进行实例化，而且不仅仅是按照编译时的定义。

例如，一个运行中的 Objective-C 应用程序能够加载一个界面(一个由 Interface Builder 创建的 nib 文件)，将界面中的 Cocoa 对象连接至我们的程序代码，然后，一旦 UI 中的某个按钮被按下，程序便能够执行对应的方法。上述过程无须重新编译。

其实，除了 UIKit 外，Cocoa Touch 包含了创建世界一流 iOS 应用程序需要的所有框架，从三维图形，到专业音效，甚至提供设备访问 API，以控制摄像头，或通过 GPS 获知当前的位置。Cocoa Touch 既包含只需要几行代码就可以完成全部任务的强大的 Objective-C 框架，也在需要时提供基础的 C 语言 API 来直接访问系统。包括下列框架。

(1) 强大的 Core Animation

通过 Core Animation，就可以通过一个基于组合独立图层的简单的编程模型来创建丰富的用户体验了。

(2) 强大的 Core Audio

Core Audio 是播放、处理和录制音频的专业技术，能够轻松地为我们的应用程序添加强大的音频功能。

(3) 强大的 Core Data

提供了一个面向对象的数据管理解决方案，它易于使用和理解，甚至可处理任何应用或大或小的数据模型。

4.1.2 Cocoa Touch 中的框架

在 Cocoa Touch 中，提供了如下几类十分常用的框架。

(1) 音频和视频：

- Core Audio。
- OpenAL。
- Media Library。

◎ AV Foundation。

(2) 数据管理：

◎ Core Data。

◎ SQLite。

(3) 图形和动画：

◎ Core Animation。

◎ OpenGL ES。

◎ Quartz 2D。

(4) 网络：

◎ Bonjour。

◎ WebKit。

◎ BSD Sockets。

(5) 用户应用：

◎ Address Book。

◎ Core Location。

◎ Map Kit。

◎ Store Kit。

4.2　iPhone 的技术层

Cocoa Touch 层由多个框架组成，它们为应用程序提供了核心功能。Apple 以一系列层的方式来描述 iOS 实现的技术，其中每层都可以使用不同的技术框架组成。在 iPhone 的技术层中，Cocoa Touch 层位于最上面。iPhone 的技术层结构如图 4-1 所示。

图 4-1　iPhone 的技术层结构

在本节的内容中，将简单介绍 iPhone 中各个技术层的基本知识。

4.2.1　Cocoa Touch 层

Cocoa Touch 层是由多个框架组成的，它们为应用程序提供核心功能(包括 iOS 4.x 中的多任务和广告功能)。在这些框架中，UIKit 是最常用的 UI 框架，能够实现各种绚丽的界面效果和功能。

Cocoa Touch 层包含了构建 iOS 程序的关键框架。在此层定义了程序的基本结构，支持如多任务、基于触摸的输入、push notification 等关键技术，以及很多上层系统服务。

1. Cocoa Touch 层的关键技术

(1) 多任务

对于 iOS SDK 4.0 及以后的 SDK 构建的程序(且运行在 iOS 4.0 和以后版本的设备上)来说，用户按下 Home 按钮的时候，程序不会结束；它们会挪到后台运行。UIKit 帮助实现的多任务支持，让程序可以平滑切换到后台，或者切换回来。

为了节省电力，大多数程序进入后台后马上就会被系统暂停。暂停的程序还在内存中，但不执行任何代码。这样，程序需要重新激活的时候，可以快速恢复，同时不浪费任何电力。然而，在如下情形中，程序也可以在后台运行：

◎ 程序可以申请有限的时间完成一些重要的任务。
◎ 程序可以声明支持某种特定的服务，需要周期性的后台运行时间。
◎ 程序可以使用本地通知，在指定的时间给用户发信息，不管程序是否在运行。

不管我们的程序在后台是被暂停还是继续运行，支持多任务都不需要我们做什么额外的事情。系统会在切换到后台或者切换回来的时候，通知程序。在这个时刻，程序可以直接执行一些重要的任务，例如保存用户数据等。

(2) 打印

从 iOS 4.2 开始，UIKit 开始引入了打印功能，允许程序把内容通过无线网络发送给附近的打印机。关于打印，大部分重体力劳动由 UIKit 承担。它管理打印接口，与我们的程序协作渲染打印的内容，管理打印机里打印作业的计划和执行。

程序提交的打印作业会被传递给打印系统，它管理真正的打印流程。设备上所有程序的打印作业会被排成队列，执行先入先出的打印。用户可以从打印中心程序看到打印作业的状态。所有这些打印细节都由系统自动处理。

注意： 仅是支持多任务的设备才支持无线打印。程序可使用 UIPrintInteractionController 对象来检测设备是否支持无线打印。

(3) 数据保护

从 iOS 4.0 起，引入了数据保护功能，需要处理敏感用户数据的应用程序可以使用某些设备内建的加密功能(某些设备不支持)。当程序指定某文件受保护的时候，系统就会把这个文件用加密的格式保存起来。设备锁定的时候，我们的程序和潜在入侵者都无法访问这些数据。然而，当设备由用户解锁后，会生成一个密钥，让我们的程序访问文件。

要想实现良好的数据保护，需要仔细考虑如何创建和管理我们需要保护的数据。应用程序必须在数据创建时确保数据安全，并适应设备上锁与否带来的文件可访问性的变化。

(4) 苹果推通知服务

从 iOS 3.0 开始，苹果公司发布了推通知服务，这一服务提供了一种机制，即使我们的程序已经退出，仍旧可以发送一些新信息给用户。使用这种服务，可以在任何时候，推送文本通知给用户的设备，可以包含程序图标作为标识，发出提示声音。这些消息提示用户，应该打开程序，接收和查看相关的信息。

从设计的角度看，要让 iOS 程序可以发送推通知，需要两部分的工作。

首先，程序必须请求通知的发送，且在送达的时候能够处理通知数据。

然后，需要提供一个服务端流程去生成这些通知。这一流程发生在我们自己的服务器上，与苹果公司的推通知服务一起触发通知。

(5) 本地通知

从 iOS 4.0 开始，苹果推出了本地通知，作为推通知机制的补充，应用程序使用这一方法，可以在本地创建通知信息，而不用依赖一个外部的服务器。运行在后台的程序可以在重要时间发生的时候利用本地通知提醒用户注意。例如，一个运行在后台的导航程序可以利用本地通知，提示用户该转弯了。程序还可以预定在未来的某个时刻发送本地通知，对于这种通知来说，即使程序已经被终止，也是可以发送的。

本地通知的优势，在于它独立于我们的程序。一旦通知被预定，系统就会来管理它的发送。在消息发送的时候，甚至不需要应用程序还在运行。

(6) 手势识别器

从 iOS 3.2 起，引入了手势识别器，可以把它附加到视图上，然后用它们检测通用的手势，如划过或者捏合。附加手势识别器到视图后，设置手势发生时执行什么操作。手势识别器会跟踪原始的触摸事件，使用系统预置的算法判断目前的手势。没有手势识别器，就必须自己做这些计算，很多计算都相当复杂。

UIKit 包含了 UIGestureRecognizer 类，定义了所有手势识别器的标准行为。

可以定义自己的定制手势识别器子类，或者是使用 UIKit 提供的手势识别器子类来处理如下标准手势：

- ◎ 点击(任何次数)。
- ◎ 捏合缩放。
- ◎ 平移或者拖动。
- ◎ 划过(任何方向)。
- ◎ 旋转(手指分别向相反方向)。
- ◎ 长按。

(7) 文件共享支持

文件共享功能是从 iOS 3.2 才开始引入的，利用它，程序可以把用户的数据文件开发给 iTunes 9.1 及以后的版本。程序一旦声明支持文件共享，那么它的“/Documents@目录下的文件就会开放给用户。用户可以使用 iTunes 将文件放进去，或者取出来。这一特性并不允许你的程序与同一设备里面的其他程序共享文件；那种行为需要用剪贴板，或者文本交互控制对象(UIDocument Interaction Controller)来实现。

要打开文件共享支持，需要做如下所示的工作：

- ◎ 在程序的 Info.ppst 文件内加入 UIFileSharingEnabled 键，值设置为 YES 键。
- ◎ 把要共享的文件放在程序的 Documents 目录中。
- ◎ 设备插到用户电脑时，iTunes 在选定设备的程序页下面显示文件共享块。
- ◎ 用户可以在桌面上增加和删除文件。

由此可以看出，要想实现支持文件共享的程序，程序必须能够识别放到 Documents 目录中的文件，并且能够正确地处理它们。例如，程序应该用自己的界面显示新出现的文件，而不是把这些文件列在目录中，问用户该如何处理这些文件。

(8) 点对点对战服务

从 iOS 3.0 起，引入的 Game Kit 框架提供了基于蓝牙的点对点对战功能。我们可以使用点对点连接与附近的设备建立通信，是实现很多多人游戏所需要的特性。虽然这主要是用于游戏的，但是，也可以用于其他类型的程序中。

(9) 标准系统 View Controller

Cocoa Touch 层的很多框架提供了用来展现标准系统接口的 View Controller。应该尽量使用这些 View Controller，以保持用户体验的一致性。任何时候，需要做如下操作的时候，我们都应该用对应框架提供的 View Controller，具体说明如下所示。

- ◎ 显示和编辑联系人信息：使用 Address Book UI 框架提供的 View Controller。
- ◎ 创建和编辑日历事件：使用 Event Kit UI 框架提供的 View Controller。
- ◎ 编写 E-mail 或者短消息：使用 Message UI 框架提供的 View Controller。
- ◎ 打开或者预览文件的内容：使用 UIKit 框架中的 UIDocumentInteractionController 类。
- ◎ 拍摄一张照片，或者从用户的照片库里面选择一张照片：使用 UIKit 框架内的 UIImagePickerController 类。
- ◎ 拍摄一段视频：使用 UIKit 框架内的 UIImagePickerController 类。

(10) 外部显示支持

从 iOS 3.2 开始，引入了外部显示支持，允许一些 iOS 设备可以通过支持的缆线连接到外部的显示器上。连接时，程序可以用对应的屏幕来显示内容。屏幕的信息(包括它支持的分辨率)，都可以用 UIKit 框架提供的接口访问。也可以用这个框架来把程序的窗口连接到一个屏幕，或另外一个屏幕。

2. Cocoa Touch 层中的框架

在 Cocoa Touch 层中，主要包含如下所示的框架。

(1) UIKit

UIKit 提供了大量的功能。它负责启动和结束应用程序、控制界面和多点触摸事件，并让我们能够访问常见的数据视图(如网页以及 Word 和 Excel 文档等)。

另外，UIKit 还负责 iOS 内部的众多集成功能。访问多媒体库、照片库和加速计也是使用 UIKit 中的类和方法来实现的。

对于 UIKitk 框架来说，其强大的功能是通过自身的一系列的 Class(类)来实现的，通过这些类实现，建立和管理 iPhone OS 应用程序的用户界面接口、应用程序对象、事件控制、绘图模型、窗口、视图，和用于控制触摸屏等的接口功能。

iOS 中的每个程序都在使用这个框架来实现如下所示的核心功能：

- ◎ 应用程序管理。
- ◎ 用户界面管理。
- ◎ 图形和窗口支持。
- ◎ 多任务支持。

◎　支持对触摸的处理以及基于动作的事件。
◎　展现标准系统 view 和控件的对象。
◎　对文本和 Web 内容的支持。
◎　剪切、复制和粘贴的支持。
◎　用户界面动画支持。
◎　通过 URL 模式与系统内的其他程序交互。
◎　支持苹果推通知。
◎　对残障人士的易用性支持。
◎　本地通知的预定和发送。
◎　创建 PDF。
◎　支持使用行为类似系统键盘的定制输入 view。
◎　支持创建与系统键盘交互定制的 text view。

除了提供程序的基础代码支持，UIKit 还包括了如下所示的设备支持特性：

◎　加速度传感器数据。
◎　内建的摄像头(如果有的话)。
◎　用户的照片库。
◎　设备名和型号信息。
◎　电池状态信息。
◎　接近传感器信息。
◎　耳机线控信息。

(2)　Map Kit

Map Kit 框架让开发人员可以在任何应用程序中添加 Google 地图视图，这包括标注、定位和事件处理功能。在 iOS 设备中使用 Map Kit 框架的效果如图 4-2 所示。

图 4-2　使用 Map Kit 框架的效果

从 iOS 3.0 开始，正式引入了 Map Kit 框架(MapKit.framework)，提供了一个可以嵌入到程序里的地图接口。基于该接口的行为，它提供了可缩放的地图 view，可标记定制的信息。

读者可以把它嵌入在程序的 view 里面，编程设置地图的属性，保存当前显示的地图区域和用户的位置。还可以定义定制标记，或者使用标准标记(大头针标记)，突出地图上的区域，显示额外的信息。

从 iOS 4.0 开始，这个框架加入了可拖动标记和定制覆盖对象的功能。可拖动标记，令我们可以通过编程或用户行为移动一个已经被放置到地图上的标记。覆盖对象提供了创建比标记点更复杂的地图标记的能力。我们可以使用覆盖对象在地图上放置信息，例如公交路线、选区图、停车区域、天气信息(如雷达数据)。

(3) Game Kit

Game Kit 框架进一步提高了 iOS 应用程序的网络交互性。Game Kit 提供了创建并使用对等网络的机制，这包括会话发现、仲裁和语音聊天。可将这些功能加入到任何应用程序中，而不仅仅是游戏中。在当前市面中，有很多利用 Game Kit 框架实现的 iOS 游戏产品，如图 4-3 所示就是其中之一。

图 4-3　用 Game Kit 框架实现的 iOS 游戏

从 iOS 3.0 版本开始，正式引入了 Game Kit 框架(GameKit.framework)，支持在程序中进行点对点的网络通信。尤其是，这个框架支持了点对点的连接和游戏内的语音通话功能。虽然这些功能主要是用于多人对战网络游戏，但是，也可以在非游戏程序中使用。这个框架提供的网络功能是构建在 Bonjour 类之上实现的，这些类抽象了很多网络细节，让没有网络编程经验的开发者也可以轻松地在程序中加入网络功能。

(4) Message UI / Address Book UI / Event Kit UI

这些框架可以实现 iOS 应用程序之间的集成功能。框架 Message UI、Address Book UI 和 Event Kit UI 让我们可以在任何应用程序中访问电子邮件、联系人和日历事件。

(5) iAd

iAd 框架是一个广告框架，通过此框架，可以在我们的应用程序中加入广告。iAd 框架是一个交互式的广告组件，通过简单的拖放操作，就可以将其加入到我们开发的软件产品中。在应用程序中，我们无须管理 iAd 交互，这些工作由 Apple 自动完成。

从 iOS 4.0 版本开始，才正式引入了 iAd 框架(iAd.framework)，支持程序中显示 banner 广告。广告由标准的 View 构成，可以把它们插入到你的用户界面中，恰当的时候显示。View 本身可以和苹果的广告服务通信，处理一切载入和展现广告内容以及响应点击等工作。

(6)　Event Kit UI 框架

从 iOS 4.0 版本开始，正式引入了 Event Kit UI 框架(EventKitUI.framework)，提供了用来显示和编辑事件的 View Controller。

4.2.2　多媒体层

当 Apple 设计计算设备时，已经考虑到了多媒体功能。iOS 设备可创建复杂的图形、播放音频和视频，甚至可生成实时的三维图形。这些功能都是由多媒体层中的框架处理的。

1．AV Foundation

AV Foundation 框架可用于播放和编辑复杂的音频和视频。该框架用于实现高级功能，如电影录制、音轨管理和音频平移。

2．Core Audio

Core Audio 框架提供了在 iPhone 中播放和录制音频的方法；它还包含了 Toolbox 框架和 AudioUnit 框架，前者可用于播放警报声或导致短暂震动，而后者可用于处理声音。

3．Core Image

使用 Core Image 框架，开发人员可在应用程序中添加高级图像和视频处理功能，而无需复杂的计算。例如，Core Image 提供了人脸识别和图像过滤功能，可轻松地将这些功能加入到任何应用程序中。

4．Core Graphics

通过使用 Core Graphics 框架，可在应用程序中添加 2D 绘画和合成功能。在本书的内容中，大部分情况下都将在应用程序中使用现有的界面类和图像，但读者可使用 Core Graphics 以编程方式操纵 iPhone 的视图。

5．Core Text

Core Text 对 iPhone 屏幕上显示的文本进行精确的定位和控制。应将 Core Text 用于移动文本、处理文字的软件中，它们需要快速显示和操作，显示高品质的样式化文本。

6．Image I/O

Image I/O 框架可用于导入和导出图像数据和图像元数据，这些数据可以是以 iOS 支持的任何文件格式存储的。

7．Media Player

Media Player 框架让开发人员能够使用典型的屏幕控件轻松地播放电影，我们可在应用程序中直接调用播放器。

8．OpenGL ES

OpenGL ES 是深受欢迎的 OpenGL 框架的子集，适用于嵌入式系统(ES)。OpenGL ES 可用于在应用程序中创建 2D 和 3D 动画。要使用 OpenGL，除 Objective-C 知识外，还需其他开发经验，但可为手持设备生成神奇的场景——类似于流行的游戏控制台。

9. Quartz Core

Quartz Core 框架用于创建这样的动画，即它们将利用设备的硬件功能。这包括被称为 Core Animation 的功能集。

4.2.3 核心服务层

核心服务层用于访问较低级的操作系统服务，如文件存取、联网和众多常见的数据对象类型。我们将通过 Foundation 框架经常使用核心服务。

1. Accounts

鉴于其始终在线的特征，iOS 设备经常用于存储众多不同服务的账户信息。Accounts 框架简化了存储账户信息以及对用户进行身份验证的过程。

2. Address Book

Address Book 框架用于直接访问和操作地址簿，该框架用于在应用程序中更新和显示通信录。

3. CFNetwork

CFNetwork 让我们能够访问 BSD 套接字，进行 HTTP 和 FTP 协议请求及 Bonjour 发现。

4. Core Data

Core Data 框架可用于创建 iOS 应用程序的数据模型，它提供了一个基于 SQLite 的关系数据库模型，可用于将数据绑定到界面对象，从而避免使用代码进行复杂的数据操纵。

5. Core Foundation

Core Foundation 提供的大部分功能与 Foundation 框架相同，但它是一个过程型 C 语言框架，因此需要采用不同的开发方法，这些方法的效率比 Objective-C 面向对象模型低。除非绝对必要，否则应避免使用 Core Foundation。

6. Foundation

Foundation 框架提供了一个 Objective-C 封装器(Wrapper)，其中封装了 Core Foundation 的功能。操纵字符串、数组和字典等都是通过 Foundation 框架进行的，还有其他必需的应用程序功能也是如此，如管理应用程序首选项、线程和本地化。

7. Event Kit

Event Kit 框架用于访问存储在 iOS 设备中的日历信息，还让开发人员能够新建事件，这包括闹钟功能。

8. Core Location

Core Location 框架可用于从 iPhone 和 iPad 3G 的 GPS(非 3G 设备支持基于 Wi-Fi 的定位服务，但精度要低得多)获取经度和维度信息，以及测量精度。

9．Core Motion

Core Motion 框架管理 iOS 平台中大部分与运动相关的事件，如使用加速计和陀螺仪。

10．Quick Look

Quick Look 框架在应用程序中实现文件浏览功能，即使应用程序不知道如何打开特定的文件类型。这旨在浏览下载到设备中的文件。

11．Store Kit

Store Kit 框架让开发人员能够在应用程序中创建购买事务，而无须退出程序。所有交互都是通过 App Store 进行的，因此无须通过 Store Kit 方法请求或传输金融数据。

12．System Configuration

System Configuration 框架用于确定设备网络配置的当前状态：连接的是哪个网络？哪些设备可达？

4.2.4　核心 OS 层

核心 OS 层由最低级的 iOS 服务组成。这些功能包括线程、复杂的数学运算、硬件配件和加密。需要访问这些框架的情况很少。

1．Accelerate

Accelerate 框架简化了计算和大数操作任务，这包括数字信号处理功能。

2．External Accessory

External Accessory 框架用于开发到配件的接口，这些配件是基座接口或蓝牙连接的。

3．Security

Security 框架提供了执行加密(加密/解密数据)的函数，这包括与 iOS 密钥链交互以添加、删除和修改密钥项。

4．System

通过使用 System 框架，让开发人员能够访问不受限制的 Unix 开发环境中的一些典型工具。

4.3　Cocoa Touch 中的框架

在 iOS 应用程序中，基础 Cocoa Touch 框架重用了许多 Mac 系统的成熟模式，但是，它更多地专注于触摸的接口和优化。UIKit 提供了在 iOS 上实现图形和事件驱动程序的基本工具，它建立在与 Mac OS X 中一样的 Foundation 框架上，包括文件处理、网络和字符串操作等。在本节的内容中，将简单讲解 Cocoa Touch 中的主要框架。

4.3.1 Core Animation(图形处理)框架

Cocoa Touch 具有与 iPhone 用户接口一致的特殊设计。同时，也拥有各色俱全的框架。除了 UIKit 外，Cocoa Touch 包含了创建世界一流 iOS 应用程序需要的所有框架，从三维图形，到专业音效，甚至提供设备访问 API 以控制摄像头，或通过 GPS 获知当前位置。Cocoa Touch 既包含只需要几行代码就可以完成全部任务的强大的 Objective-C 框架，也在需要时提供基础的 C 语言 API，来直接访问系统。

(1) Quartz 2D

Quartz 2D 是 iOS 下强大的 2D 图形 API。它提供了专业的 2D 图形功能，如贝赛尔曲线、变换和渐变等。使用 Quartz 2D 来定制接口元素可以为程序带来个性化外观。由于 Quartz 2D 是基于可移植文档格式(PDF)的图像模型，因此显示 PDF 文件也是小菜一碟。

(2) 独立的分辨率

iPhone 4 高像素密度 Retina 屏可让任意尺寸的文本和图像都显得平滑流畅。如果需要支持早期的 iPhone，则可以使用 iOS SDK 中的独立分辨率，它可让应用程序运行于不同屏幕分辨率环境。我们只需要对应用程序的图标、图形及代码稍做修改，便可确保它在各种 iOS 设备中都具有极好的视觉效果，并在 iPhone 4 设备上将达到最佳。

(3) 照片库

应用程序可以通过 UIKit 访问用户的照片库。例如，可以通过照片选取器界面浏览用户照片库，选取某张图片，然后再返回应用程序。

照片库能够控制是否允许用户对返回的图片进行拖动或编辑。另外，UIKit 还提供相机接口。通过该接口，应用程序可直加载相机拍摄的照片。

4.3.2 Core Audio(音频处理)框架

Core Audio 是一种播放、处理和录制音频的专业技术，能够轻松地为应用程序添加强大的音频功能。在 iOS 中，提供了丰富的音频和视频功能，我们可以轻松地在自己的程序中使用媒体播放框架来传输和播放全屏视频。Core Audio 能够完全控制 iPod touch 和 iPhone 的音频处理功能。对于非常复杂的效果，OpenAL 能够让我们建立 3D 音频模型。

通过使用媒体播放框架，可以让程序能够轻松地全屏播放视频。视频源可以是程序包中或者远程加载的一个文件。在影片播放完毕时，会有一个简单的回调机制通知我们的程序，从而可以进行相应的进一步操作。

1. HTTP 在线播放

HTTP 在线播放的内置支持使得程序能够轻松地在 iPhone 和 iPod touch 中播放标准 Web 服务器所提供的高质量的音频流和视频流。HTTP 在线播放在设计时就考虑了移动性的支持，它可以动态地调整播放质量，来适应 Wi-Fi 或蜂窝网络的速度。

2. AV Foundation

在 iOS 系统中，所有音频和视频播放及录制技术都源自 AV Foundation。通常情况下，应用程序可以使用媒体播放器框架(Media Player Framework)实现音乐和电影播放功能。如果所需实现的功能不止于此，而媒体播放器框架又没有相应的支持，则可考虑使用 AV Foundation。AV Foundation 对媒体项的处理和管理提供高级支持。诸如媒体资产管理、媒体编辑、电影捕捉及播放、曲目管理及立体声声像等，都在支持之列。

我们的程序可以访问 iPod touch 或 iPhone 中的音乐库，从而利用用户自己的音乐定制自己的用户体验。再例如，赛车游戏可以在赛车加速时将玩家最喜爱的播放列表变成虚拟广播电台，甚至可以让玩家直接在我们的程序中选择定制的播放列表，无须退出程序，即可直接播放。

Core Audio 是集播放、处理和录制音频于一体的专业级技术。通过 Core Audio，可以让程序同时播放一个或多个音频流，甚至录制音频。Core Audio 能透明管理音频环境，并自动适应耳机、蓝牙耳机或底座配件，同时，它也可触发振动。至于高级特效，与 OpenGL 对图形的操作类似，OpenAL API 也能播放 3D 效果的音频。

4.3.3　Core Data(数据处理)框架

Core Data 框架提供了一个面向对象的数据管理解决方案，它易于使用和理解，甚至可处理任何应用或大或小的数据模型。iOS 操作系统提供一系列用于存储、访问和共享数据的完整的工具和框架。

Core Data 是一个针对 Cocoa Touch 程序的全功能的数据模型框架，而 SQLite 非常适合用于关系数据库操作。应用程序可以通过 URL 来在整个 iOS 范围内共享数据。Web 应用程序可以利用 HTML 5 数据存储 API 在客户端缓冲保存数据。iOS 程序甚至可访问设备的全局数据，如地址簿里的联系人和照片库里的照片。

1. Core Data

Core Data 为创建基于“模型-视图-控制器(MVC)”模式的良好架构的 Cocoa 程序提供了一个灵活而强大的数据模型框架。Core Data 提供了一个通用的数据管理解决方案，用于处理所有应用程序的数据模型需求，不论程序的规模大小。我们可以在此基础上构建任何应用程序。只有我们想不到的，没有做不到的。

Core Data 让我们能够以图形化的方式快速定义程序的数据模型，并方便地在我们的代码中访问该数据模型。它提供了一套基础框架，不仅可以处理常见的功能，如保存、恢复、撤消、重做等，还可以让我们在应用程序中方便地添加新的功能。由于 Core Data 使用内置的 SQLite 数据库，因此，不需要单独安装数据库系统。

Interface Builder 是苹果公司的图形用户界面编辑器，提供了预定义的 Core Data 控制器对象，用于消除应用程序的用户界面和数据模型之间的大量粘合代码。我们不必担心 SQL 语法，不必维护逻辑树来跟踪用户行为，也不必创建一个新的持久化机制。这一切都已经在我们将应用程序的用户界面连接到 Core Data 模型时自动完成了。

2. SQLite

iOS 包含时下流行的 SQLite 库，它是一个轻量级但功能强大的关系数据库引擎，能够很容易地嵌入到应用程序中。SQLite 被多种平台上的无数应用程序所使用，事实上，它已经被认为是轻量级嵌入式 SQL 数据库编程的工业标准。与面向对象的 Core Data 框架不同，

SQLite 使用过程化的，针对 SQL 的 API 直接操作数据表。

iOS 为设备上安装的应用程序之间的信息共享提供了强大的支持。基于 URL 语法，可以像访问 Web 数据一样，将信息传递给其他应用程序，如邮件、iTunes 和 YouTube。

我们也可以为自己的程序声明一个唯一的 URL，允许其他应用程序与我们的应用程序协作和共享数据。

4.4 Cocoa 中的类

在 iOS SDK 中有数千个类，但是，编写的大部分应用程序都可以使用很少的类实现 90% 的功能。为了让读者熟悉这些类及其用途，在本节的内容中，将介绍在日常开发中常用类的基本知识。

4.4.1 核心类

在新建一个 iOS 应用程序时，即使它只支持最基本的用户交互，也将使用一系列常见的核心类。在这些类中，虽然有很多在日常编码过程中并不会用到，但是，它们仍扮演了重要的角色。在 Cocoa 中，常用的核心类如下所示。

1. 根类(NSObject)

根类是所有类的父类。面向对象编程的最大好处，是当我们创建子类时，它可以继承父类的功能。NSObject 是 Cocoa 的根类，几乎所有 Objective-C 类都是从它派生而来的。这个类定义了所有类都有的方法，如 alloc 和 init。在开发中，我们无须手工创建 NSObject 实例，但是，可以使用从这个类继承的方法来创建和管理对象。

2. 应用程序类(UIApplication)

UIApplication 的作用，是提供 iOS 程序运行期间的控制和协作工作，每一个程序在运行期必须有且仅有一个 UIApplication(或者其子类)的一个实例。在程序开始运行的时候，其中一个重要的工作，就是创建 UIApplication 的一个单例实例。

3. 窗口类(UIWindow)

UIWindow 提供了一个用于管理和显示视图的容器。在 iOS 中，视图更像是典型桌面应用程序的窗口，而 UIWindow 的实例不过是用于放置视图的容器。窗口是视图的一个子类，主要有如下两个功能：

- ◎ 提供一个区域来显示视图。
- ◎ 将事件(Event)分发给视图。

一个 iOS 应用通常只有一个窗口，但也有例外，比如，在一个 iPhone 应用中加载一个电影播放器，这个应用本身有一个窗口，而电影播放器还有另一个窗口。

iOS 设备上有很多硬件能够因用户的行为而产生数据，包括触摸屏、加速度传感器和陀螺仪。当原始数据产生后，系统的一些框架会对这些原始数据进行封装，并作为事件传递给正在运行的应用来进行处理。当应用接收到一个事件后，会先将其放在事件队列(Event

Queue)中。应用的 singleton 从事件队列中取出一个事件，并分发给关键窗口(Key Window)来处理。

如果这个事件是一个触摸事件的话，那么，窗口会将事件按照视图层次传递到最上层(用户可见)的视图对象，这个传递顺序叫作响应链(Responder Chain)向下顺序。响应链最下层(也是视图最上层)的视图对象如果不能处理这个事件，那么，响应链的上一级的视图将得到这个事件，并尝试处理这个事件，如果不能处理的话，就继续向上传递，直到找到能处理该事件的对象为止。

4．视图(UIView)

UIView 类定义了一个矩形区域，并管理该区域内的所有屏幕显示，我们将其称为视图。在现实中编写的大多数应用程序，都首先将一个视图加入到一个 UIWindow 实例中。

视图可以使用嵌套形成层次结构，例如，顶级视图可能包含按钮和文本框，这些控件被称为子视图，而包含它们的视图称为父视图。几乎所有视图都可以在 Interface Builder 中以可视化的方式创建。

通过使用 UIView 类，开发者可以指定一块矩形显示区域，大小和位置都可由开发者自行定义。UIView 类中的常用方法如下所示。

- - (id)initWithFrame:(CGRect)aRect：UIView 类最常用的初始化方法，通过一个 CGRect 对象指定其显示的矩形区域。
- @property(nonatomic) CGRect frame：显示 UIView 类的矩形区域的框架。CGRect 对象可以使用 CGRectMake(CGFloat x, CGFloat y, CGFloat width, CGFloat height)方法构造，其中前两个数值是其起始点(通常是左上角，可重定义)在父级视图中的坐标，后两个数值是其在父级视图中的显示区域的大小。一个视图的显示位置和显示大小随时可以通过其 frame 属性的重新赋值来修改。
- - (void)addSubview:(UIView*)view：在此 view 中添加子 view，当使用此方法时，新加入的 view 通常显示在屏幕的最前方。
- - (void)removeFromSuperview：在父级 view 中移除某 view 的显示。
- - (void)drawRect:(CGRect)rect：当需要手动绘制 view 界面的显示内容时，可调用此方法，在此方法中可以获得当前的 UIGraphicsGetCurrentContext 对象，并在其上进行手动的绘图工作。
- - (void)setNeedsDisplay：当需要手动更新 view 中的显示内容的时候，可以调用此方法，此方法会立刻调用 drawRect 方法重新绘制整个 view 界面。而 view 界面中的原有内容是否保留，则取决于其 clearsContextBeforeDrawing 属性设置为 YES 还是 NO。
- @property(nonatomic, copy) UIColor *backgroundColor:view 显示背景色。如要设置 view 背景色为透明，可在此属性中指定。要注意的是，如果要隐藏整个 view，包括其中的其他可视化组件，则需要把 hidden 属性设置为 YES，或者把 alpha 属性设置为 0.0。

5．响应者(UIResponder)

在 iOS 中，一个 UIResponder 类表示一个可以接收触摸屏上的触摸事件的对象，就是表示一个可以接收事件的对象。在 iOS 程序中，所有显示在界面上的对象都是从 UIResponder 直接或间接继承的。UIResponder 类让继承它的类能够响应 iOS 生成的触摸事件。UIControl 是几乎所有屏幕控件的父类，它是从 UIView 派生而来的，而后者又是从 UIResponder 派生而来的。UIResponder 的实例被称为响应者。

由于可能有多个对象响应同一个事件，iOS 将事件沿着响应者链向上传递，能够处理该事件的响应者被赋予第一响应者的称号。例如，当编辑文本框时，该文本框处于第一响应者状态，这是因为它处理用户输入，当我们离开该文本框后，便退出第一响应者状态。在大多数 iOS 编程工作中，不会在代码中直接管理响应者。

UIResponder 类中的常用方法如下所示。

◎ touchesBegan:withEvent：当用户触摸到屏幕时调用方法。

◎ tochesMoved:withEvent：当用户触摸到屏幕并移动时调用此方法。

◎ tochesEnded:withEvent：当触摸后离开屏幕时调用此方法。

◎ tochesCancelled:withEvent：当触摸被取消时调用此方法。

6．屏幕控件(UIControl)

UIControl 类是从 UIView 派生而来的，且几乎是所有屏幕控件(如按钮、文本框和滑块)的父类。这个类负责根据触摸事件(如按下按钮)触发操作。例如，可以为按钮定义几个事件，并且可以对这些事件做出响应。通过使用 Interface Builder，可以让将这些事件与编写的操作关联起来。UIControl 负责在幕后实现这种行为。

UIControl 类是 UIView 的子类，当然，也是 UIResponder 的子类。UIControl 是诸如 UIButton、UISwitch、UITextField 等控件的父类，它本身也包含了一些属性和方法，但是不能直接使用 UIControl 类，它只是定义了子类都需要使用的方法。

7．视图控制器(UIViewController)

几乎在本书的所有应用程序项目中，都将使用 UIViewController 类来管理视图的内容。此类提供了一个用于显示的 View 界面，同时包含 View 加载、卸载事件的重定义功能。在此需要注意的是，在自定义其子类实现时，必须在 Interface Builder 中手动关联 View 属性。UIViewController 类的常用方法如下所示。

◎ @property(nonatomic, retain) UIView *view：此属性为 ViewController 类的默认显示界面，可用自定义实现的 View 类替换。

◎ - (id)initWithNibName:(NSString*)nibName bundle:(NSBundle*)nibBundle：最常用的初始化方法，其中 nibName 名称必须与要调用的 Interface Builder 文件名一致，但不包括文件扩展名，比如要使用 aa.xib，则应写为[[UIViewController alloc] initWithNibName:@“aa” bundle:nil]。nibBundle 为指定在哪个文件夹中搜索指定的 nib 文件，如在项目主目录下，则可直接使用 nil。

◎ - (void)viewDidLoad：此方法在 ViewController 实例中的 View 被加载完毕后调用，如需要重定义某些要在 View 加载后立刻执行的动作或者界面修改，则应把代码写在此函数中。

◎ - (void)viewDidUnload：此方法在 ViewControll 实例中的 View 被卸载完毕后调用，如需要重定义某些要在 View 卸载后立刻执行的动作或者释放的内存等动作，则应把代码写在此函数中。

◎ - (BOOL)shouldAutorotateToInterfaceOrientation:(UIInterfaceOrientation)interfaceOrientation：这是 iPhone 的重力感应装置感应到屏幕由横向变为纵向或者由纵向变为横向时调用的方法。如返回结果为 NO，则不自动调整显示方式；如返回结果为 YES，则自动调整显示方式。

◎ @property(nonatomic, copy) NSString *title：表示当 View 中包含 NavBar 时，其中的当前 NavItem 的显示标题。当 NavBar 前进或后退时，此 title 则变为后退或前进的尖头按钮中的文字。

4.4.2　数据类型类

在 Cocoa 中，常用的数据类型类如下所示。

1．字符串(NSString/NSMutableString)

字符串是一系列字符——数字、字母和符号，在本书中，会经常使用字符串来收集用户输入，以及创建和格式化输出。与我们平常使用的众多数据类型对象一样，也是有两个字符串类：NSString、NSMutableString。两者的差别如下所示。

◎ NSMutableString：可用于创建可被修改的字符串，NSMutableString 实例是可修改的(加长、缩短、替换等)。

◎ NSString：实例在初始化后就保持不变。

在 Cocoa Touch 应用程序中，使用字符串的频率非常高，这导致 Apple 允许我们使用语法@“<my string value>”来创建并初始化 NSString 实例。例如，如果要将对象 myLabel 的 text 属性设置为字符串“Hello World!”，可使用如下代码来实现：

```
myLabel.text = @"Hello World!";
```

另外，还可使用其他变量的值(如整数、浮点数等)来初始化字符串。

2．数组(NSArray/NSMutableArray)

集合让应用程序能够在单个对象中存储多项信息。NSArray 就是一种集合数据类型，可以存储多个对象，这些对象可通过数字索引来访问。例如，我们可能创建一个数组，它包含想在应用程序中显示的所有用户反馈字符串：

```
myMessages = [[NSArray alloc] initWithObjects:@"Good boy!",@"Bad boy!",nil];
```

在初始化数组时，总是使用 nil 来结束对象列表。要访问字符串，可使用索引。索引是表示位置的数字，从 0 开始。要返回 Bad boy!，可使用方法 objectAtIndex 来实现：

```
[myMessages objectAtIndex:1];
```

与字符串一样，也有一个 NSMutableArray 类，它用于创建初始化后可被修改的数组。

通常，在创建的时候就包含了所有对象，我们不能增加或是删除其中任何一个对象，这称为 immutable。

(1) NSArray 中的常用方法如下所示。

① - (unsigned)count：得到 array 中的对象个数。

② - (id)objectAtIndex:(unsigned)i：得到索引为 i 的对象。如果 i 值超过了 array 对象数量，在程序运行到这里时，就会产生错误。

③ - (id)lastObject：得到最后一个对象，如果 NSArray 中没有任何对象存在，返回 nil。

④ - (BOOL)containsObject:(id)anObject：若 anObject 出现在 NSArray 中，则返回 YES。

⑤ - (unsigned)indexOfObject:(id)anObject：查找 NSArray 中是否存在 anObject，并返回最小的索引值。

(2) 而 NSMutableArray 继承于 NSArray，扩展了增加、删除对象的功能。可以使用 NSArray 的 mutableCopy 方法来复制，得到一个可修改的 NSMutableArray 对象。

① - (void)addObject:(id)anObject：在 reciever 最后添加 anObject，添加 nil 是非法的。

② - (void)addObjectsFromArray:(NSArray*)otherArray：在 reciever 最后把 otherArray 中的对象都依次添加进去。

③ - (void)insertObject:(id)anObject atIndex:(unsigned)index：在索引 index 处插入对象 anObject。如果 index 被占用，会把之后的 object 向后移动。index 不能大于所包含对象的个数，并且 anObject 不能为空。

④ - (void)removeAllObjects：清空 array。

⑤ - (void)removeObject:(id)anObject：删除所有与 anObject 相等的对象。

⑥ - (void)removeObjectAtIndex:(unsigned)index：删除索引为 index 的对象。后面的对象依次往前移动。如果 index 越界，将会产生错误。

3．字典(NSDictionary/NSMutableDictionary)

字典也是一种集合数据类型，但是与数组有所区别。数组中的对象可以通过数字索引进行访问，而字典以“对象.键对”的方式存储信息。键可以是任何字符串，而对象可以是任何类型，例如可以是字符串。如果使用前述数组的内容来创建一个 NSDictionary 对象，则可以用下面的代码来实现：

```
myMessages = [[NSDictionary alloc] initwithObjectsAndKeys:@"Good boy!",
            @"positive", @"Bad boy! ", @"negative", nil];
```

现在要想访问字符串，不能使用数字索引，而需使用方法 objectForKey 以及 positive 或 negative，例如下面的代码：

```
[myMessages objectForKey:@"negative"]
```

字典能够以随机的方式(而不是严格的数字顺序)存储和访问数据。通常，也可以使用字典的修改的形式：NSMutableDictionary，这种用法可在初始化后进行修改。

4．数字(NSNumber/NSDecimalNumber)

如果需要使用整数，可使用 C 语言数据类型 int 来存储。如果需要使用浮点数，可以使用 float 数据类型来存储。NSNumber 类用于将 C 语言中的数字数据类型存储为 NSNumber 对象，例如，通过下面的代码可以创建一个值为 100 的 NSNumber 对象：

```
myNumberObject = [[NSNumber alloc]numberWithInt:100];
```

这样，便可以将数字作为对象：将其加入到数组、字典中等。NSDecimalNumber 是 NSNumber 的一个子类，可用于对非常大的数字执行算术运算，但只在特殊情况下才需要。

5. 日期(NSDate)

通过使用 NSDate 后，可以用当前日期创建一个 NSDate 对象(date 方法可自动完成这项任务)。例如：

```
myDate = [NSDate date];
```

然后使用方法 earlierDate，可以找出这两个日期中哪个更早：

```
[myDate earlierDate: userDate]
```

由此可见，通过使用 NSDate 对象，可以避免进行讨厌的日期和时间操作。

类 NSDate 中的常用方法如下所示。

(1) 创建或初始化可用以下方法。

① 用于创建 NSDate 实例的类方法。

◎ + (id)date;：返回当前时间。

◎ + (id)dateWithTimeIntervalSinceNow:(NSTimeInterval)secs;：返回以当前时间为基准，然后过了 secs 秒的时间。

◎ + (id)dateWithTimeIntervalSinceReferenceDate:(NSTimeInterval)secs;：返回以 2001/01/01 GMT 为基准，然后过了 secs 秒的时间。

◎ + (id)dateWithTimeIntervalSince1970:(NSTimeInterval)secs;：返回以 1970/01/01 GMT 为基准，然后过了 secs 秒的时间。

◎ + (id)distantFuture;：返回很多年以后的未来的某一天。比如，我们需要一个比现在(Now)晚(大)很长时间的时间值，则可以调用该方法。测试返回了 4000/12/31 16:00:00。

◎ + (id)distantPast;：返回很多年以前的某一天。比如需要一个比现在(Now)早(小)很长时间的时间值，则可以调用该方法。测试返回了公元前 0001/12/31 17:00:00。

② 用于创建 NSDate 实例的实例方法。

- (id)addTimeInterval:(NSTimeInterval)secs;：返回以目前的实例中保存的时间为基准，然后过了 secs 秒的时间。

③ 用于初始化 NSDate 实例的实例方法。

◎ - (id)init;：初始化为当前时间，类似 date 方法。

◎ - (id)initWithTimeIntervalSinceReferenceDate:(NSTimeInterval)secs;：初始化为以 2001/01/01 GMT 为基准，然后过了 secs 秒的时间。类似 dateWithTimeInterval-SinceReferenceDate:方法。

◎ - (id)initWithTimeInterval:(NSTimeInterval)secs sinceDate:(NSDate*)refDate;：初始化为以 refDate 为基准，然后过了 secs 秒的时间。

◎ - (id)initWithTimeIntervalSinceNow:(NSTimeInterval)secs;：初始化为以当前时间为基准，然后过了 secs 秒的时间。

(2) 日期之间比较可用以下方法。

◎ - (BOOL)isEqualToDate:(NSDate*)otherDate;：与 otherDate 比较，相同返回 YES。

◎ - (NSDate*)earlierDate:(NSDate*)anotherDate;：与 anotherDate 比较，返回较早的那个日期。

◎ - (NSDate*)laterDate:(NSDate*)anotherDate;：与 anotherDate 比较，返回较晚的那个日期。

◎ - (NSComparisonResult)compare:(NSDate*)other;：该方法在排序时调用。
当实例保存的日期值与 anotherDate 相同时，返回 NSOrderedSame。
当实例保存的日期值晚于 anotherDate 时，返回 NSOrderedDescending。
当实例保存的日期值早于 anotherDate 时，返回 NSOrderedAscending。

(3) 取回时间间隔可用以下方法。

◎ - (NSTimeInterval)timeIntervalSinceDate:(NSDate*)refDate;：以 refDate 为基准时间，返回实例保存的时间与 refDate 的时间间隔。

◎ - (NSTimeInterval)timeIntervalSinceNow;：以当前时间(Now)为基准时间，返回实例保存的时间与当前时间(Now)的时间间隔。

◎ - (NSTimeInterval)timeIntervalSince1970;：以 1970/01/01 GMT 为基准时间，返回实例保存的时间与 1970/01/01 GMT 的时间间隔。

◎ - (NSTimeInterval)timeIntervalSinceReferenceDate;：以 2001/01/01 GMT 为基准时间，返回实例保存的时间与 2001/01/01 GMT 的时间间隔。

◎ + (NSTimeInterval)timeIntervalSinceReferenceDate;：以 2001/01/01 GMT 为基准时间，返回当前时间(Now)与 2001/01/01 GMT 的时间间隔。

(4) 将时间表示成字符串。

- (NSString*)description;：以 YYYY-MM-DD HH:MM:SS ±HHMM 的格式表示时间。其中±HHMM 表示与 GMT 存在多少小时多少分钟的时区差异。比如，若时区设置在北京，则±HHMM 显示为+0800。

6．URL(NSURL)

URL 显然不是常见的数据类型，但在诸如 iPhone 和 iPad 等连接到 Internet 的设备中，能够操纵 URL 非常方便。NSURL 类让我们能够轻松地管理 URL，例如，假设我们有 URL http://www.floraphotographs.com/index.html，并只想从中提取主机名，该如何办呢？可创建一个 NSURL 对象：

```
MyURL = [[NSURL alloc] initWithString:@"http://www.floraphotographs.com/index.html"]
```

然后使用 host 方法自动解析该 URL 并提取文本 www.floraphotographs.com：

```
[MyURL host]
```

这在创建支持 Internet 的应用程序时非常方便。当然，还有很多其他的数据类型对象。正如前面指出的，有些对象存储了自己的数据，例如，我们无须维护一个独立的字符串对象，以存储屏幕标签的文本。

注意：如果读者以前使用过 C 或类似于 C 的语言，可能发现这些数据类型对象与 Apple 框架外定义的数据类型类似。通过使用框架 Foundation，可使用大量超出了 C/C++数据类型的方法和功能。另外，还可通过 Objective-C 使用这些对象，就像使用其他对象一样。

4.4.3 UI 界面类

iPhone 和 iPad 等 iOS 设备之所以具有这么好的用户体验，其中有相当部分原因是可以在屏幕上创建触摸界面。接下来将要讲解的 UI 界面类是用来实现界面效果的，Cocoa 框架中常用的 UI 界面类如下所示。

1. 标签(UILabel)

在应用程序中添加 UILabel 标签，可以实现如下两个目的。

(1) 在屏幕上显示静态文本(这是标签的典型用途)。

(2) 将其作为可控制的文本块，必要时，程序可以对其进行修改。

对 UILabel 类的具体说明如下所示。

- @property(nonatomic, copy) NSString *text：文本中要显示的字符串内容。
- @property(nonatomic, retain) UIFont *font：文本中要显示的字符串的字体和大小。字体中包括字型、粗细、斜体、下划线等。UIFont 对象可以使用[UIFont systemFont-OfSize:10]或者[[UIFont alloc] fontWithName:@“字体名” size:10]方法初始化。
- @property(nonatomic, retain) UIColor *textColor：指定要显示的文本的颜色。
- @property(nonatomic) UILineBreakMode lineBreakMode：指定此文本如何分行和过长时如何截断。可取值如下。
  UILineBreakModeWordWrap：根据单词分行。
  UILineBreakModeCharacterWrap：根据字母分行。
  UILineBreakModeClip：当文本长度超过时，自动截断。
  UILineBreakModeHeadTruncation：文本过长时，在头部部分使用省略号。
  UILineBreakModeTailTruncation：文本过长时，在尾部部分使用省略号。
  UILineBreakModeMiddleTruncation：当文本长度过长时，在中间部分使用省略号。
- @property(nonatomic) NSInteger numberOfLines：指定文本是否需要多行显示，最多可以显示多少行。
- @property(nonatomic) BOOL adjustsFontSizeToFitWidth：指定文本是否可以根据显示空间自动调整字体大小。
- @property(nonatomic) CGFloat minimumFontSize：当显示文本可以自动调整字体大小时，可调整的最小字体是多大。

2. 按钮(UIButton)

按钮是 iOS 开发中使用的最简单的用户输入方法之一。按钮可响应众多触摸时间，还让用户能够轻松地做出选择。

3. 开关(UISwitch)

开关对象可用于从用户那里收集“开”和“关”响应。它显示为一个简单的开关，常用于启用或禁用应用程序功能。

4．分段控件(UISegmentedControl)

分段控件用于创建一个可触摸的长条，其中包含多个命名的选项：类别 1、类别 2 等。触摸选项可激活它，还可能导致应用程序执行操作，如更新屏幕以隐藏或显示。

5．滑块(UISlider)

滑块向用户提供了一个可拖曳的小球，以便从特定范围内选择一个值。例如，滑块可用于控制音量、屏幕亮度以及以模拟方式表示的其他输入。

6．步进控件(UIStepper)

步进控件(UIStepper)类似于滑块。与滑块类似，步进控件也提供了一种以可视化方式输入指定范围内值的方式。按这个控件的一边，将给一个内部属性加 1 或减 1。

7．文本框(UITextField/UITextView)

文本框用于收集用户通过屏幕(或蓝牙)键盘输入的内容。其中 UITextField 是单行文本框，类似于网页订单，包含如下所示的常用方法。

- @property(nonatomic, copy) NSString *text：输入框中的文本字符串。
- @property(nonatomic, copy) NSString *placeholder：当输入框中无输入文字时显示的灰色提示信息。

而 UITextView 类能够创建一个较大的多行文本输入区域，让用户可以输入较多的文本。此组件与 UILabel 的主要区别是，UITextView 支持编辑模式，而且 UITextView 继承自 UIScrollView，所以，当内容超出显示区域范围时，不会被自动截短或修改字体大小，而会自动添加滑动条。与 UITextField 不同的是，UITextView 中的文本可以包含换行符，所以，如果要关闭其输入键盘，应有专门的事件处理。

UITextView 类包含如下所示的常用方法。

- @property(nonatomic, copy) NSString *text：文本域中的文本内容。
- @property(nonatomic, getter=isEditable) BOOL editable：文本域中的内容是否可以编辑。

8．选择器(UIDatePicker/UIPicker)

选择器(Picker)是一种有趣的界面元素，类似于自动售货机。通过让用户修改转盘的每个部分，可输入多个值的组合。Apple 为我们实现了一个完整的选择器：UIDatePicker 类。通过这种对象，用户可以快速输入日期和时间。通过继承 UIPicker 类，还可以创建自己的选择器。

9．弹出框(UIPopoverController)

弹出框(Popover)是 iPad 特有的，它既是一个 UI 元素，又是一种显示其他 UI 元素的手段。它让我们能够在其他视图上面显示一个视图，以便用户选择其中的一个选项。例如，iPad 的 Safari 浏览器使用弹出框显示一个书签列表，供用户从中选择。

当我们创建使用整个 iPad 屏幕的应用程序时，弹出框将非常方便。这里介绍的只是我们在应用程序中使用的部分类，在接下来的几章中，将探索这些类以及其他类。

10．UIColor 类

本类用于指定 Cocoa 组件的颜色，常用方法如下所示。

- + (UIColor*)colorWithRed:(CGFloat)red green:(CGFloat)green blue:(CGFloat)blue alpha:(CGFloat)alpha：这是 UIColor 类的初始化方法，red、green、blue、alpha 的取值都是 0.0~1.0，其中，alpha 代表颜色的透明度，0.0 为完全透明。
- + (UIColor*)colorWithCGColor:(CGColorRef)cgColor：通过某个 CGColor 实例获得 UIColor 实例。
- @property(nonatomic, readonly) CGColorRef CGColor：通过某个 UIColor 获得 CGColor 的实例。CGColor 常用于使用 Quartz 的绘图中。

11．UITableView 类

用于显示列表条目。需要注意的是，iPhone 中没有二维表的概念，每行都只有一个单元格。如果一定要实现二维表的显示，则需要重定义每行的单元格，或者并列使用多个 TableView。一个 TableView 至少有一个 section，每个 section 中可以有 0 行、1 行，或者多行 cell。常用方法如下所示。

- - (UITableViewCell*)cellForRowAtIndexPath:(NSIndexPath*)indexPath：用于返回指定行的单元格。NSIndexPath 实例可以由一维整型数组构建。在使用 TableView 的时候，[index section]可以获得某行所在的 section 编号，此编号从 0 开始；[index row]可获得某行所在的 row 编号，每个 section 中的 cell 编号都是从 0 开始的。
- - (void)setEditing:(BOOL)editing animated:(BOOL)animate：如果 editing 为 YES，则进入编辑模式，为 NO 则退出编辑模式。编辑模式可显示按钮每行 cell 的设置和是否实现了 delegate 和 datasource 中的相应方法。animate 值用于指定变化时是否使用动画。
- - (void)reloadData：从 datasource 中重新加载 TableView 内容，刷新表格显示。
- @property(nonatomic, assign) id<UITableViewDataSource> dataSource：表示 TableView 的数据源、协议类，其中，定义了 TableView 加载数据时调用的相关事件和方法。
- @property(nonatomic, assign) id<UITableViewDelegate> delegate：表示 TableView 的 delegate，这是一个协议类，其中，定义了 TableView 加载显示内容时调用的相关事件和方法。

12．UITableViewDataSource

在使用 UITableView 的时候，必须实现下面的方法。

- - (UITableViewCell*)tableView: (UITableView*)tableView cellForRowAtIndexPath:(NSIndexPath*)indexPath：通过此方法，指定了如何定义 tableView 中每行的 cell 如何显示，显示什么内容。需要注意的是，tableView 中的 cell 都是自动释放对象，未在页面上显示出来的 cell 实例会被立刻释放掉，只有当一个 cell 显示时，tableView 才会调用此事件方法初始化或者找回某个 cell 实例。
- - (NSInteger)numberOfSectionsInTableView:(UITableView*)tableView：当 TableView

初始化或者重新加载时使用，返回此 table 共有多少个 section。注意，返回值应是最小为 1 的正整数。如返回 0，会导致意外崩溃。

◎ - (NSInteger)tableView:(UITableView*)tableView numberOfRowsInSection:(NSInteger)section：当 TableView 初始化或者重新加载时使用，返回某 section 中共有多少行。返回值可为 0。

◎ - (NSString*)tableView:(UITableView*)tableView titleForFooterInSection:(NSInteger)section：表示返回某 section 的 header 或者 footer 文本，只有未重定义 section header/footer view 的时候才有用。

◎ - (void)tableView:(UITableView*)tableViewcommitEditingStyle: (UITableViewCellEditingStyle) editingStyle forRowAtIndexPath:(NSIndexPath*)indexPath：表示当提交 table 编辑结果的时候调用此方法。当一个 table 可以进入编辑模式删除数据的时候，可在此方法中添加删除逻辑。

◎ - (void)tableView:(UITableView*)tableView moveRowAtIndexPath:(NSIndexPath*) fromIndexPath toIndexPath:(NSIndexPath*)toIndexPath：当完成 table 中的单元格移动的时候，调用此方法。当通过移动单元格修改了某 table 的内部排序的时候，可在此方法中更新排序逻辑。

4.5 国　际　化

在开发 iOS 项目时，开发者无须关注显示语言的问题，在代码中任何地方要显示文字，都这样调用下面格式的代码：

```
NSLocalizedString(@"aaa", @"bbb");
```

这里的 aaa 相当于关键字，它用于以后从文件中取出相应语言对应的文字。bbb 相当于注释，翻译人员可以根据 bbb 的内容来翻译 aaa，这里的 aaa 与显示的内容可以一点关系也没有，只要程序员自己能看懂就行。比如，一个页面用于显示联系人列表，这里的调用可以用如下所示的写法：

```
NSLocalizedString(@"shit_or_anything_you_want", @"联系人列表标题");
```

写好项目后，取出全部的文字内容送给翻译去翻译。这里取出所有的文字列表很简单。使用 Mac 的 genstrings 命令。具体方法如下所示。

(1) 打开控制台，切换到项目所在的目录。

(2) 输入命令：genstrings ./Classes/*.m。

(3) 这时，在项目目录中会有一个 Localizable.strings 文件。其中的内容如下：

```
/* 联系人列表标题 */
"shit_or_anything_you_want" = "shit_or_anything_you_want"
```

(4) 翻译只需将等号右边改好就行了。这里如果是英文，修改后的代码如下：

```
/* 联系人列表标题 */
"shit_or_anything_you_want" = "Buddies";
```

如果是法文，翻译后如下：

```
/* 联系人列表标题 */
"shit_or_anything_you_want" = "Copains";
```

翻译好语言文件以后，将英语文件拖入项目中，然后右击，从弹出的快捷菜单中，选择 Get Info → Make Localization 命令。此时，Xcode 会自动拷贝文件到 English.lproj 目录下。再添加其他语言。编译程序后，运行在 iPhone 上时，程序会根据当前系统设置的语言，来自动选择相应的语言包。

注意： genstrings 产生的文件拖入 Xcode 中可能会乱码，这时，只要在 Xcode 中右击文件，从快捷菜单中选择 Get Info→General→File Encoding→UTF-16 命令后即可解决。

4.6　使用 Xcode 学习 iOS 框架

经过本章前面内容的学习，了解到 iOS 的框架非常多，而每个框架都可能包含数十个类，每个类都可能有数百个方法。信息量非常大，非常不利于我们学习并记忆。为更深入地学习它们，最有效的方法之一是选择一个读者感兴趣的对象或框架，并借助 Xcode 文档系统地进行学习。Xcode 让我们能够访问浩瀚的 Apple 开发库，可通过类似于浏览器的可搜索界面进行快速访问，也可使用上下文敏感的搜索助手(Research Assistant)。

在接下来的内容中，将简要介绍这两种功能，提高读者的学习效率。

4.6.1　使用 Xcode 文档

打开 Xcode 文档的方法非常简单，依次选择菜单栏中的 Help → Documentation → API Reference 命令后，将启动帮助系统，如图 4-4 所示。

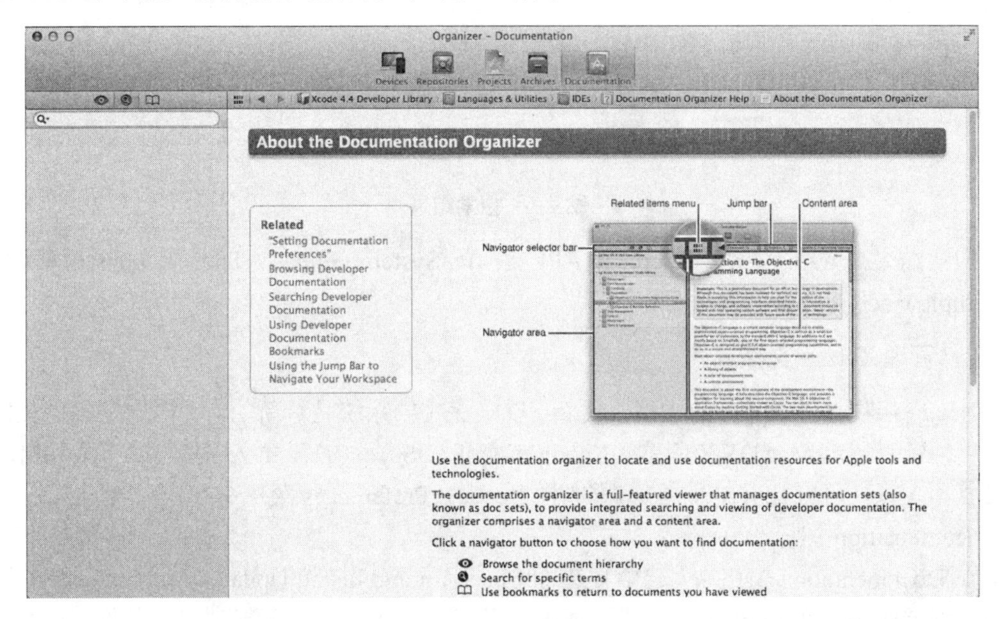

图 4-4　Xcode 的帮助系统

单击眼睛图标以探索所有的文档。导航器左边显示主题和文档列表，而右边显示相应的内容，就像 Xcode 项目窗口一样。进入感兴趣的文档后，就可阅读它并使用蓝色链接在文档中导航了。我们还可以使用内容窗格上方的箭头按钮在文档之间切换，就像浏览网页一样。事实上，确实很像浏览网页，因为我们可以添加书签，以便以后阅读。要创建书签，可右击导航器中的列表项或内容本身，从上下文(快捷)菜单中选择 Add Bookmark 命令。还可访问所有的文档标签，方法是单击导航器顶部的书籍图标。

1．在文档库中搜索

浏览是一种不错的探索方式，但对于查找有关特定主题的内容(如类方法或属性)来说，并不那么有用。要在 Xcode 文档中搜索，可单击放大镜图标按钮，再在搜索文本框中输入要查找的内容。可以输入类、方法或属性的名称，也可输入我们感兴趣的概念的名称。例如，当输入“UILabel”时，Xcode 将在搜索文本框下方返回结果，如图 4-5 所示。

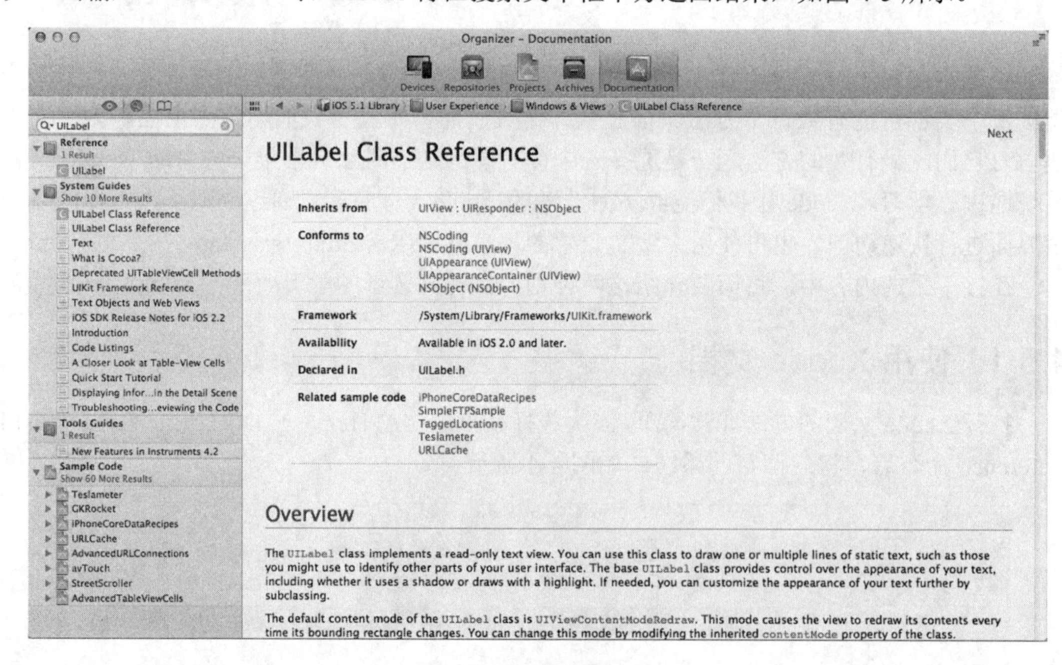

图 4-5　搜索结果

搜索结果被分组，包括 Reference(API 文档)、System Guides / Tools Guides(解释/教程)和 Sample Code(Xcode 示例项目)。

2．管理 Xcode 文档集

Xcode 接收来自 Apple 的文档集更新，以确保文档系统是最新的。文档集是各种文档类别，包括针对特定 Mac OS X 版本、Xcode 本身和 iOS 版本的开发文档集。要下载并自动获得文档集更新，可打开 Xcode 首选项(选择 Xcode→Preferences 菜单命令)，再单击工具栏中的 Documentation 图标。

在 Documentation 窗格中，选中复选框 Check for and Install Updates Automatically，这样 Xcode 将定期连接到 Apple 的服务器，并自动更新本地文档。还可能列出了其他文档集，要在以后自动下载相应的更新，可以单击列表项旁边的 Get 按钮。

要想手动更新文档，可单击 Check and Install Now 按钮。

4.6.2　快速帮助

要在编码期间获取帮助，最简单、最快捷的方式之一是使用 Xcode Quick Help 助手。要打开该助手，可按住 Option 键并双击 Xcode 中的符号(如类名或方法名)，也可以依次选择 Help → Quick Help 菜单命令，此时会打开一个小窗口，在里面包含了有关该符号的基本信息，还有到其他文档资源的链接。

1. 使用快速帮助

假如有如下所示的一段代码：

```
- (void)viewWillAppear:(BOOL)animated
{
   [super viewWillAppear:animated];
}
```

在上述演示代码中，涉及到了 viewWillAppear 的信息，我们按住 Option 键并单击 viewWillAppear 后，将打开如图 4-6 所示的 Quick Help 弹出框。

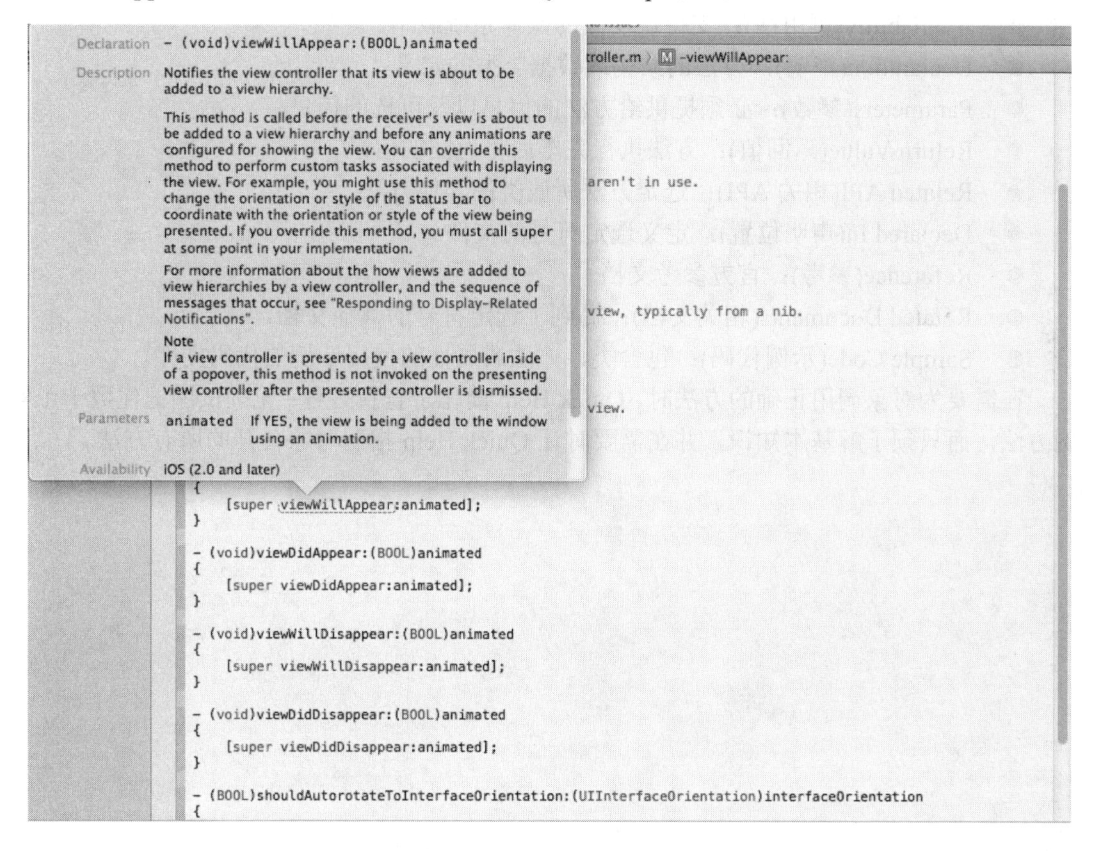

图 4-6　Quick Help 弹出框

要打开有关该符号的完整 Xcode 文档，可单击右上角的书籍图标；还可单击 Quick Help 结果中的任何超链接，这样，可以跳转到特定的文档部分或代码。

> **注意**：通过将鼠标指向代码，可知道单击它是否能获得快速帮助；因为如果答案是肯定的，Xcode 编辑器中将出现蓝色虚线，而鼠标将显示问号。

2．激活快速帮助检查器

如果发现快速帮助很有用，并喜欢能够更快捷地访问它，那么很幸运，因为任何时候都可使用快速帮助检查器来显示帮助信息了。实际上，在输入代码时，Xcode 就可以根据输入的内容显示相关的帮助信息。

要打开快速帮助检查器，可以单击工具栏的 Wiew 部分的第三个按钮，以显示实用工具(Utility)区域。然后单击显示快速帮助检查器的图标(包含波浪线的深色方块)，它位于 Utility 区域的顶部。这样，快速帮助将自动显示有关光标所处位置的代码的参考资料。

3．解读 Quick Help 结果

Quick Help 最多可在 10 个部分显示与代码相关的信息。具体显示哪些部分，取决于当前选定的符号(代码)类型。例如类属性没有返回类型，而类方法有返回类型。

- Abstract(摘要)：描述类、方法或其他符号提供的功能。
- Availability(可用性)：支持该功能的操作系统版本。
- Declaration(声明)：方法的结构或数据类型的定义。
- Parameters(参数)：必须提供给方法的信息以及可选的信息。
- Return Value(返回值)：方法执行完毕后将返回的信息。
- Related API(相关 API)：选定方法所属类的其他方法。
- Declared In(声明位置)：定义选定符号的文件。
- Reference(参考)：官方参考文档。
- Related Documents(相关文档)：提到了选定符号的其他文档。
- Sample Code(示例代码)：包含类、方法或属性的使用示例的代码文件。

在需要为对象调用正确的方法时，Quick Help 简化了查找过程：无须试图记住数十个实例方法，而只须了解基本知识，并在需要时让 Quick Help 指明对象公开的所有方法。

第5章 Storyboarding(故事板)

Storyboarding(故事板)是从 iOS 5 开始新加入的 Interface Builder(IB)的功能，主要用于在一个窗口中显示整个 App(应用程序)用到的所有或者部分页面，并且可以定义各页面之间的跳转关系，大大增加了 IB 的便利性。

在本章的内容中，将详细讲解 Storyboarding(故事板)的基本知识，为读者步入本书后面知识的学习打下基础。

5.1 故事板的推出背景

Interface Builder 是 Xcode 开发环境自带的用户图形界面设计工具，通过它，可以灵活地将控件或对象(Object)拖拽到视图中。这些控件被存储在一个 XIB(发音为 zib)或 NIB 文件中。其实，XIB 文件是一个 XML 格式的文件，可以通过编辑工具打开并改写这个 XIB 文件。当编译程序时，这些视图控件被编译成一个 NIB 文件。

通常，NIB 是与 ViewController 相关联的，很多 ViewController 都有对应的 NIB 文件。NIB 文件的作用，是描述用户界面、初始化界面元素对象。

其实，开发者在 NIB 中所描述的界面和初始化的对象都能够在代码中实现。之所以用 Interface Builder 来绘制界面，是为了减少那些设置界面属性的重复而枯燥的代码，让开发者能够集中精力于功能的实现。

在 Xcode 4.2 之前，每当创建一个视图时，会生成一个相应的 XIB 文件。当一个应用有多个视图时，视图间的跳转管理将变得十分复杂。

为了解决该问题，Storyboard 便被推出。

NIB 文件无法描述从一个 ViewController 到另一个 ViewController 的跳转，这种跳转功能只能靠手写代码的形式来实现。

相信很多人都会经常用到如下两个方法：

◎ - presentModalViewController:animated:

◎ - pushViewController:animated:

随着 Storyboarding 的出现，使得这种方式成为历史，取而代之的是 Segue[Segwei]。

Segue 定义了从一个 ViewController 到另一个 ViewController 的跳转。我们在 IB 中已经熟悉了如何连接界面元素对象和方法(Action Method)。在 Stroyboard 中，完全可以通过 Segue 将 ViewController 连接起来，而不再需要手写代码。如果想自定义 Segue，也只需写 Segue 的实现即可，而无须编写调用的代码，Storyboard 会自动调用。在使用 Storyboard 机制时，必须严格遵守 MVC 原则。View 与 Controller 需完全解耦，并且不同的 Controller 之间也要充分解耦。

在开发 iOS 应用程序时，有如下两种创建一个视图(View)的方法。

◎ 在 Interface Builder 中拖曳一个 UIView 控件：这种方式看似简单，却不便操控。

◎ 通过原生代码方式：需要编写的代码工作量巨大，哪怕仅仅创建几个 Label，也得手写上百行代码，需要设置每个 Label 的坐标。

为解决以上问题，从 iOS 5 开始，新增了 Storyboard 功能。

Storyboard 是从 Xcode 4.2 开始自带的工具，主要用于 iOS 5 以上版本。对于早期的 InterfaceBuilder 所创建的 View 来说，各个 View 之间是互相独立的，没有相互关联，当一个应用程序有多个 View 时，View 之间的跳转很复杂。为此，Apple 公司为开发者带来了 Storyboard，尤其是使用导航栏和标签栏的应用。

Storyboard 简化了各个视图之间的切换，并由此简化了管理视图控制器的开发过程，完全可以指定视图的切换顺序，而不用手工编写代码。

Storyboard 能够包含一个程序的所有的 ViewController 以及它们之间的连接。在开发应用程序时，可以将 UI Flow 作为 Storyboard 的输入，一个看似完整的 UI 在 Storyboard 中唾手可得。故事板可以根据需要，包含任意数量的场景，并通过切换(Segue)将场景关联起来。然而，故事板不仅可以创建视觉效果，还让我们能够创建对象，而无须手工分配或初始化它们。当应用程序在加载故事板文件中的场景时，其描述的对象将被实例化，可以通过代码访问它们。

5.2　故事板的文档大纲

为了更加说明问题，我们打开一个演示工程来观察故事板文件的真实面目。双击下载资源中本章工程中的文件 Empty.storyboard，将打开 Interface Builder，并在其中显示该故事板文件的骨架。

该文件的内容将以可视化方式显示在 IB 编辑器区域，而在编辑器区域左边的文档大纲(Document Outline)区域，将以层次方式显示其中的场景，如图 5-1 所示。

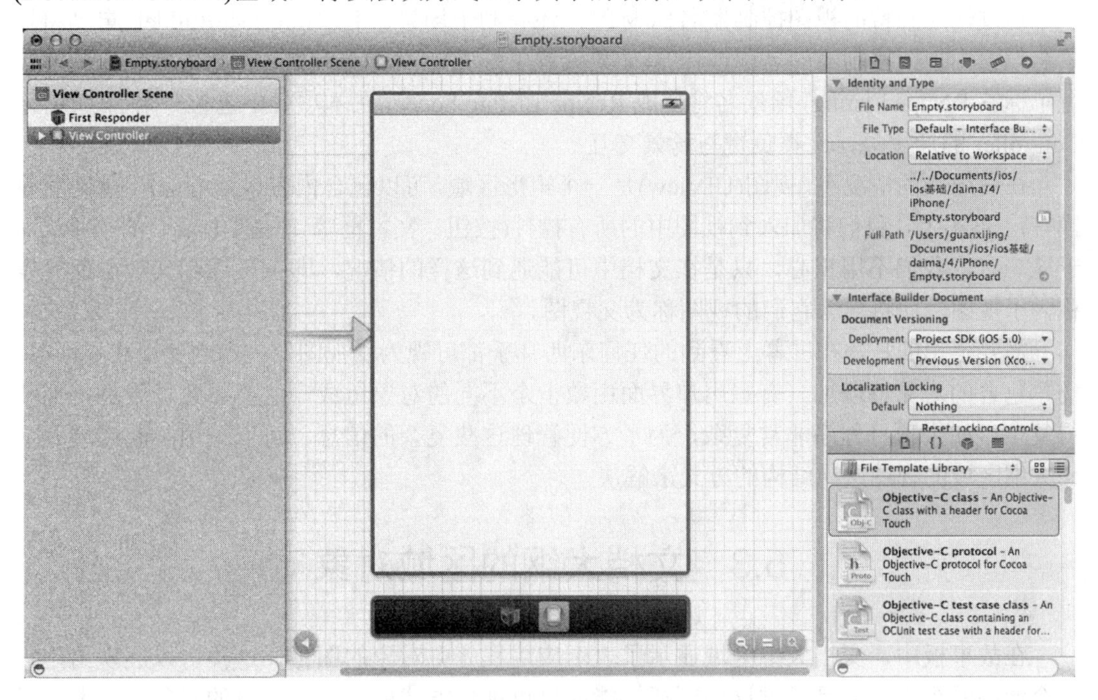

图 5-1　故事板场景对象

本章的演示工程文件只包含了一个场景：View Controller Scene。在本书中讲解的创建界面演示工程，在大多数情况下，都是从单场景故事板开始的，因为它们提供了丰富的空间，能够收集用户输入和显示输出。我们也将探索多场景故事板。

在 View Controller Scene 中有如下 3 个图标：

◎　First Responder：第一响应者。

◎　View Controller：视图控制器。

◎　View：视图。

其中，前两个特殊图标用于表示应用程序中的非界面对象，在我们使用的所有故事板场景中都包含它们。

(1) First Responder

该图标表示用户当前正在与之交互的对象。当用户使用 iOS 应用程序时，可能有多个对象响应用户的手势或键击。第一响应者是当前与用户交互的对象。例如，当用户在文本框中输入时，该文本框将是第一响应者，直到用户移到其他文本框或控件。

(2) View Controller

该图标表示加载应用程序中的故事板场景并与之交互的对象。场景描述的其他所有对象几乎都是由它实例化的。

(3) View

该图标是一个 UIView 实例，表示将被视图控制器加载并显示在 iOS 设备屏幕中的布局。从本质上说，视图是一种层次结构，这意味着当我们在界面中添加控件时，它们将包含在视图中。我们甚至可在视图中添加其他视图，以便将控件编组或创建可作为一个整体进行显示或隐藏的界面元素。

通过使用独特的视图控制器名称/标签，还有利于场景命名。InterfaceBuilder 自动将场景名设置为视图控制器的名称或标签(如果设置了标签)，并加上后缀。例如给视图控制器设置了标签 Recipe Listing，场景名将变成 Recipe Listing Scene。在本项目中包含一个名为 View Controller 的通用类，此类负责与场景交互。

在最简单的情况下，视图(UIView)是一个矩形区域，可以包含内容以及响应用户事件(触摸等)。事实上，我们将加入到视图中的所有控件(按钮、文本框等)都是 UIView 的子类。对于这一点，我们不用担心，只是在文档中可能遇到这样的情况，即把按钮和其他界面元素称为子视图，而将包含它们的视图称为父视图。

需要牢记的是，在屏幕上看到的任何东西几乎都可视为“视图”。当创建用户界面时，场景包含的对象将增加。有些用户界面由数十个不同的对象组成，这会导致场景拥挤而变得复杂。如果项目程序非常复杂，为了方便管理这些复杂的信息，可以采用折叠或展开文档大纲区域的视图层次结构的方式来解决。

5.3 文档大纲的区域对象

在故事板中，文档大纲区域显示了表示应用程序中对象的图标，这样可以展现给用户一个漂亮的列表，并且通过这些图标，能够以可视化方式引用它们代表的对象。开发人员可以从这些图标拖曳到其他位置，或从其他地方拖曳到这些图标，从而创建让应用程序能够工作的连接。假如我们希望一个屏幕控件(如按钮)能够触发代码中的操作，通过从该按钮拖曳到 View Controller 图标，可将该 GUI 元素连接到希望它激活的方法，甚至可以将有些对象直接拖放到代码中，这样，可以快速地创建一个与该对象交互的变量或方法。

当在 Interface Builder 中使用对象时，Xcode 为我们开发人员提供了很大的灵活性。例如可以在 IB 编辑器中直接与 UI 元素交互，也可以与文档大纲区域中表示这些 UI 元素的图标交互。另外，在编辑器中的视图下方有一个图标栏，所有在用户界面中不可见的对象(如第一响应者和视图控制器)都可在这里找到，如图 5-2 所示。

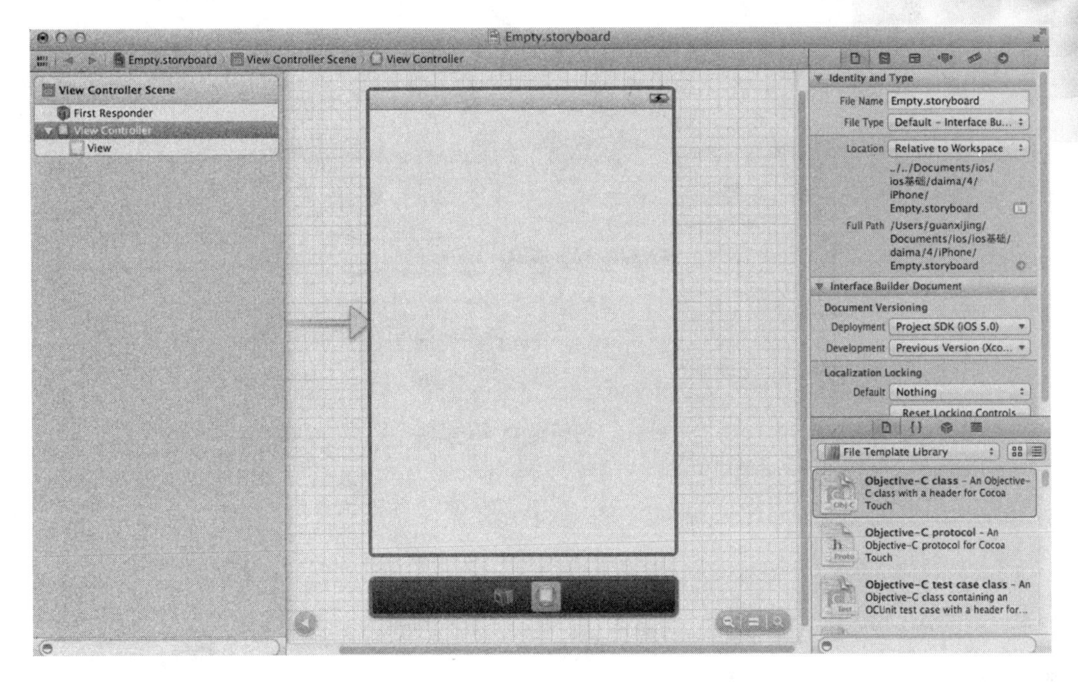

图 5-2　在编辑器和文档大纲中与对象交互

5.4　创建一个界面

在本节的内容中，将详细讲解使用 Storyboarding(故事板)创建界面的方法。在具体讲解之前，需要先创建一个空的 Storyboarding(故事板)文件，即 Empty.storyboard 文件。

5.4.1　对象库

在 Xcode 工程中，添加到视图中的任何控件都来自对象库(Object Library)，从按钮到图像，再到 Web 内容。可以依次在 Xcode 菜单中选择 View → Utilities → Show Object Library (Control+Option+Command+3)来打开对象库。如果对象库以前不可见，此时，将打开 Xcode 的 Utility 区域，并在右下角显示对象库。确保从对象库顶部的下拉列表中选择了 Objects，这样，将列出所有的选项。

其实，在 Xcode 中有多个库，对象库包含将添加到用户界面中的 UI 元素，但还有文件模板(File Template)、代码片段(Code Snippet)和多媒体(Media)库。通过单击 Library 区域上方的图标按钮的操作，来显示这些库。如果发现在当前的库中没有显示期望的内容，可单击库上方的立方体图标按钮，或再次选择 View → Utilities → Show Object Library 菜单命令，如图 5-3 所示，这样可以确保处于对象库中。

在单击对象库中的元素并将鼠标指向它时，会出现一个弹出框，其中包含了如何在界面中使用该对象的描述，如图 5-4 所示。这样，我们无须打开 Xcode 文档，就可以得知 UI 元素的真实功能。

另外，通过使用对象库顶部的视图按钮，可以在列表视图和图标视图之间进行切换。

如果只想显示特定的UI元素，可以使用对象列表上方的下拉列表。如果知道对象的名称，但是在列表中找不到它，可以使用对象库底部的过滤文本框快速找到。

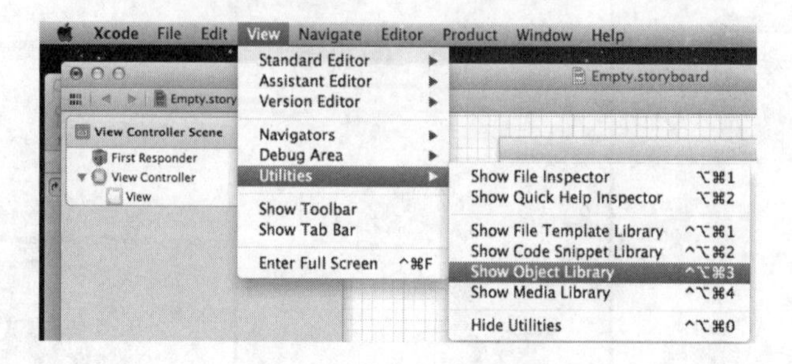

图 5-3　打开对象库的命令

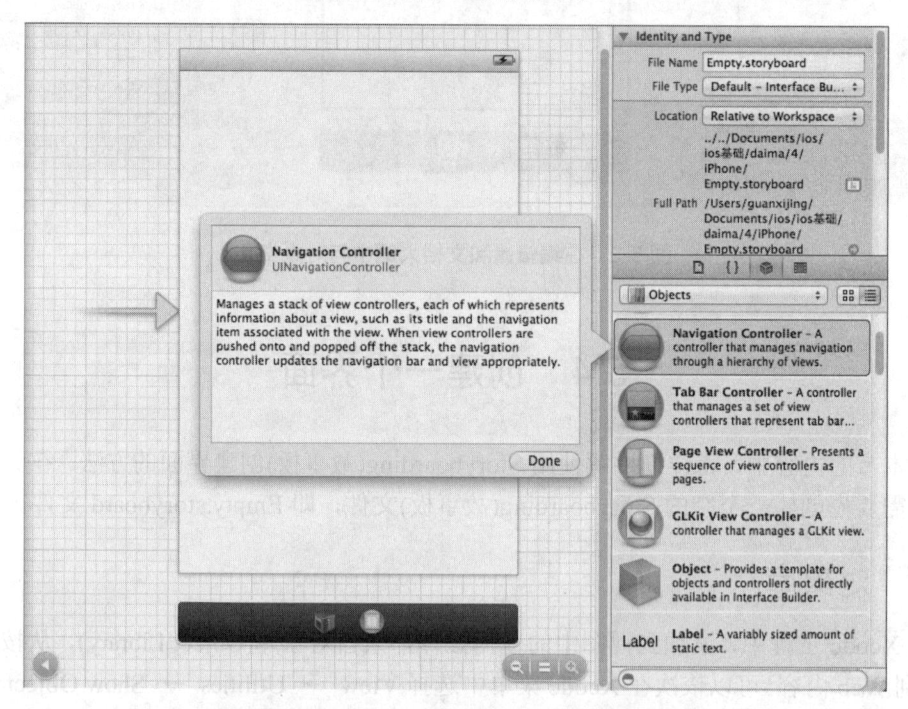

图 5-4　对象库包含大量可添加到视图中的对象

5.4.2　将对象加入到视图中

在添加对象时，只须在对象库中单击某一个对象，并将其拖放到视图中，就可以将这个对象加入到视图中。例如，在对象库中找到标签对象(Label)，并将其拖放到编辑器中的视图中央。此时，标签将出现在视图中，并显示 Label 信息。假如双击 Label，并输入文本“how are you”，这样，显示的文本将更新，如图 5-5 所示。

其实，我们可以继续尝试将其他对象(按钮、文本框等)从对象库中拖放到视图，原理和实现方法都是一样的。在大多数情况下，对象的外观和行为都符合我们的预期。要将对象从视图中删除，可以单击选中它，再按 Delete 键。另外，还可以使用 Edit 菜单中的选项，在视图间复制并粘贴对象，以及在视图内复制对象多次。

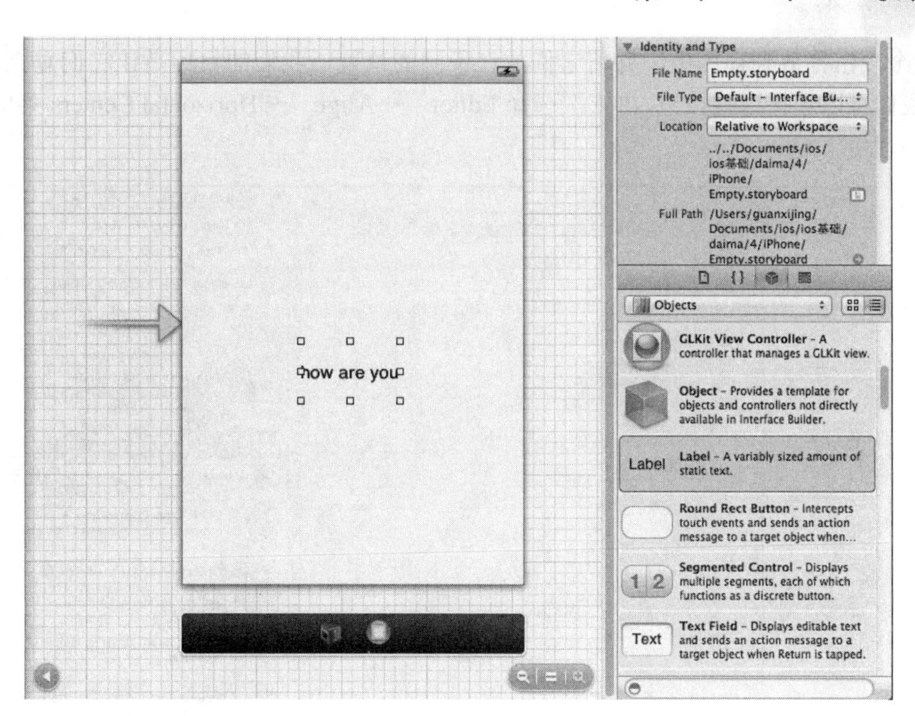

图 5-5　插入了一个 Label 对象

5.4.3　使用 IB 布局工具

通过使用 Apple 为我们提供的调整布局的工具，我们无须依赖于敏锐的视觉来指定对象在视图中的位置。其中常用的工具如下所示。

1．参考线

当我们在视图中拖曳对象时，将会自动出现蓝色的、帮助我们布局的参考线。通过这些蓝色的虚线，能够将对象与视图边缘、视图中其他对象的中心，以及标签和对象名中使用的字体的基线对齐。并且，当间距接近 Apple 界面指南要求的值时，参考线将自动出现，以指出这一点。也可以手工添加参考线，方法是依次选择 Editor → Add Horizontal Guide 菜单命令或 Editor → Add Vertical Guide 命令来实现。

2．选取手柄

除了可以使用布局参考线外，大多数对象都有选取手柄，可以使用它们沿水平、垂直或这两个方向缩放对象。当选定对象后，在其周围会出现小框，单击并拖曳它们，可调整对象的大小，例如，图 5-6 通过一个按钮演示了这一点。

读者需要注意，在 iOS 中，有一些对象会限制我们如何调整其大小，因为这样可以确保 iOS 应用程序界面的一致性。

3．对齐

要快速对齐视图中的多个对象，可单击并拖曳出一个覆盖它们的选框，或按住 Shift 键并单击以选中它们，然后从菜单栏中通过 Editor → Align 选择合适的对齐方式。例如，我们将多个按钮拖放到视图中，并将它们放在不同的位置，我们的目标是让它们垂直居中，此时，我们可以选择这些按钮，再依次选择 Editor → Align → Horizontal Centers 菜单命令，如图 5-7 所示。

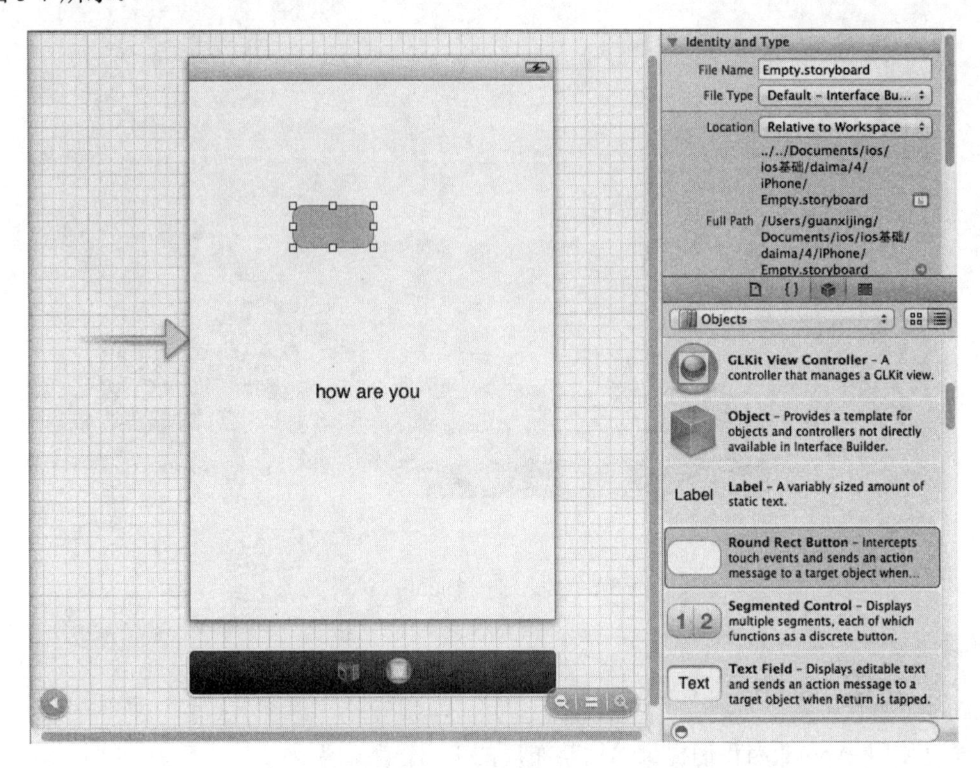

图 5-6　大小调整手柄

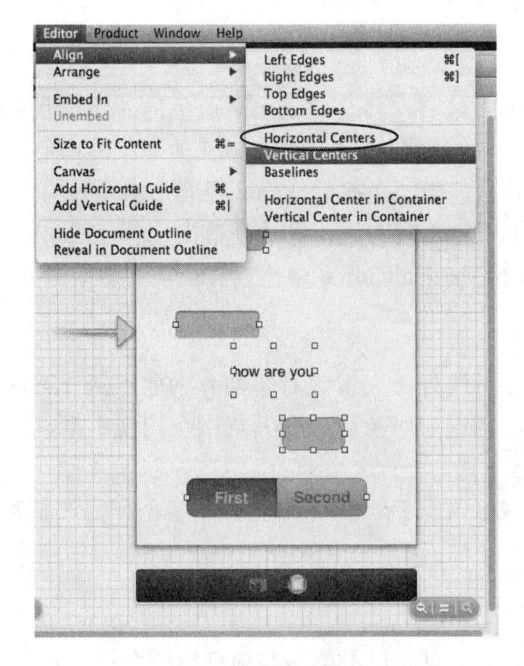

图 5-7　垂直居中

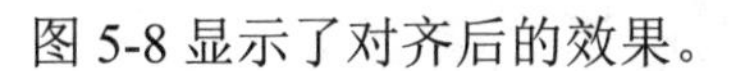

图 5-8 显示了对齐后的效果。

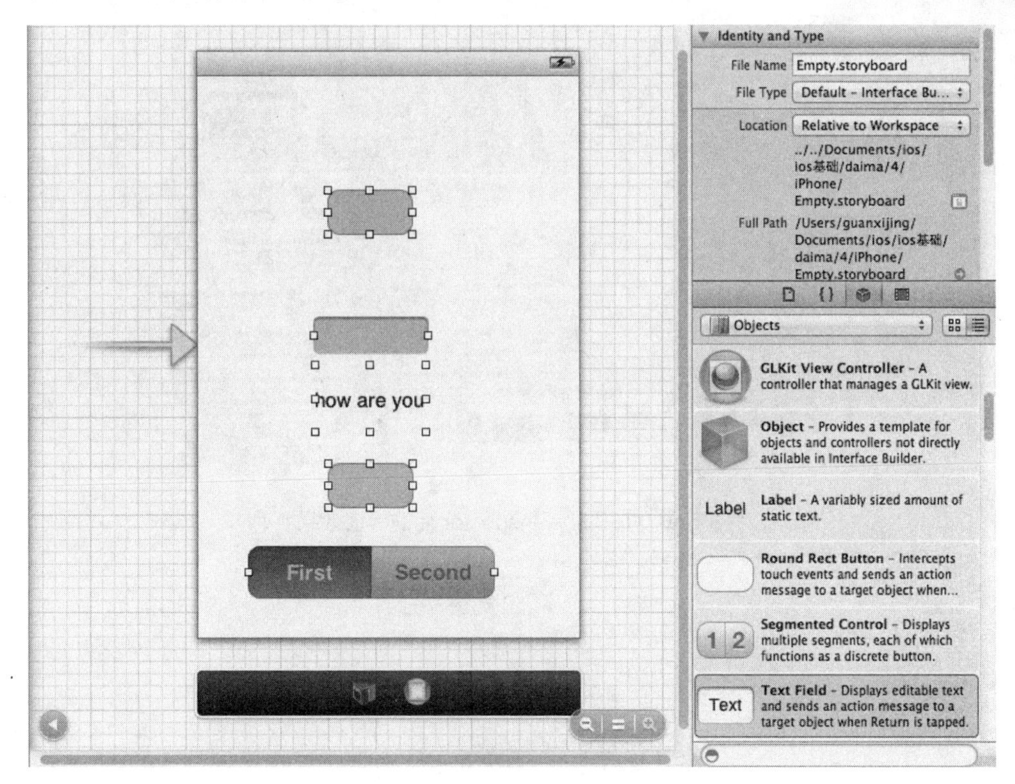

图 5-8 垂直居中后的效果

另外，我们也可以微调对象在视图中的位置，方法是先选择一个对象，然后再使用箭头键，以每次一个像素的方式，向上、下、左或右调整其位置。

4．大小检查器

为了控制界面布局，有时，需要使用 Size Inspector(大小检查器)工具。Size Inspector 为我们提供了与大小有关的信息，以及有关位置和对齐方式的信息。要想打开 Size Inspector，需要先选择要调整的一个或多个对象，再单击 Utility 区域顶部的标尺图标，也可以依次选择 View → Utilities → Show Size Inspector 菜单命令，或按 Option + Command + 5 快捷键组合。打开后的界面效果如图 5-9 所示。

另外，使用该检查器顶部的文本框，可以查看对象的大小和位置，还可以通过修改文本框 Height/Width 和 X/Y 中的坐标，来调整大小和位置。

此外，通过单击网格中的黑点(它们用于指定读数对应的部分)，可以查看对象特定部分的坐标，如图 5-10 所示。

注意： 在 Size&Position 部分，有一个下拉列表，可通过它选择 Frame Rectangle 或 Layout Rectangle。这两个设置的方法通常十分相似，但也有细微的差别。具体说明如下：
当选择 Frame Rectangle 时，将准确指出对象在屏幕上占据的区域。
当选择 Layout Rectangle 时，将考虑对象周围的间距。

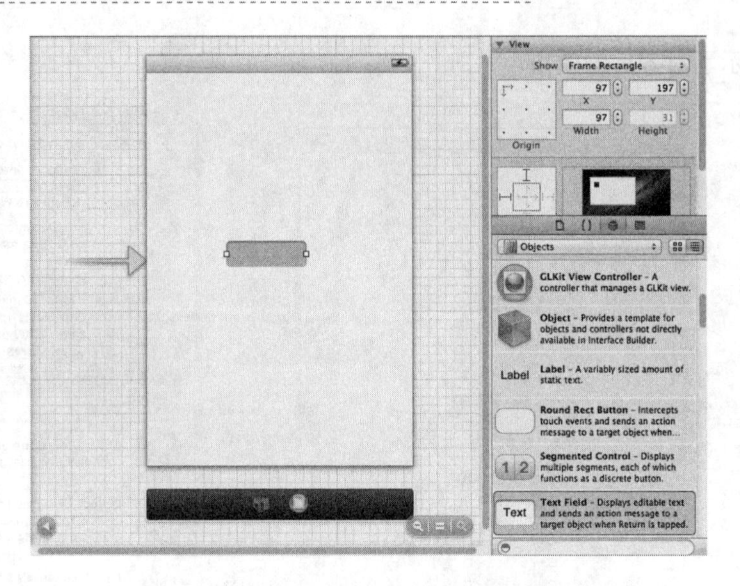

图 5-9　打开 Size Inspector 后的界面效果

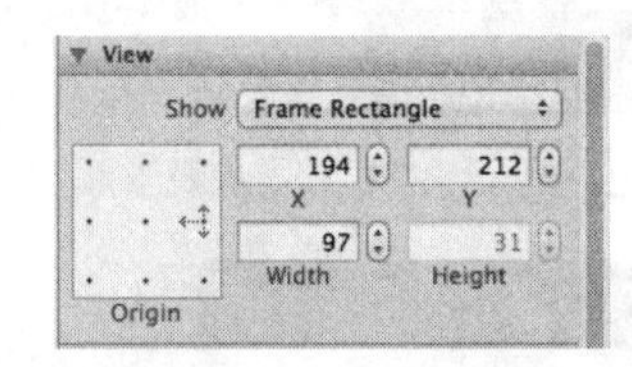

图 5-10　单击黑点查看特定部分的坐标

使用 Size Inspector 中的 Autosizing，可以设置当设备朝向发生变化时，控件如何调整其大小和位置。该检查器底部有一个下拉列表，此列表包含了与 Editor → Align 中的菜单项对应的选项。当选择多个对象后，可以使用该下拉列表指定对齐方式，如图 5-11 所示。

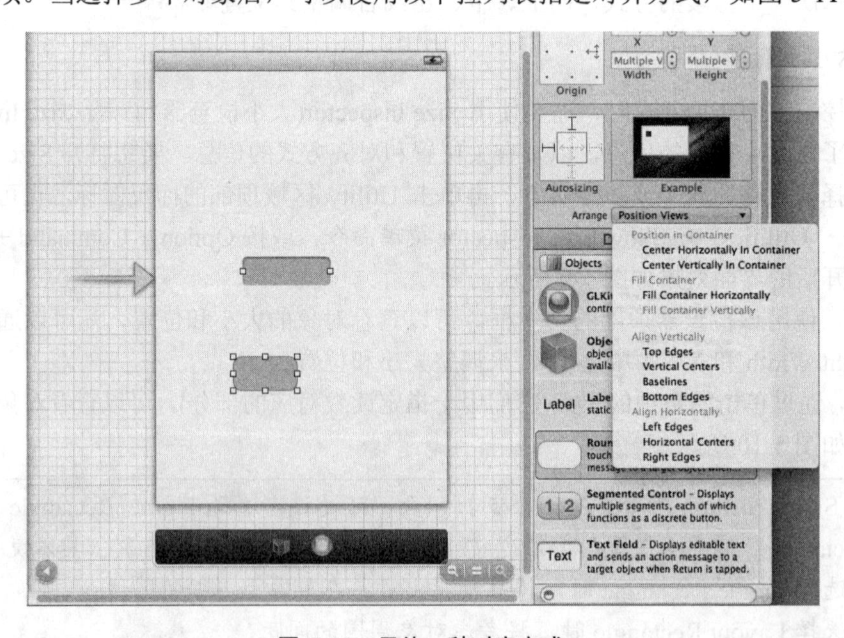

图 5-11　另外一种对齐方式

在 Interface Builder 中选择一个对象后，如果按住 Option 键并移动鼠标，会显示选定对象与当前鼠标指向的对象之间的距离。

5.5　定制界面外观

在 iOS 应用中，其实，最终用户看到的界面不仅仅取决于控件的大小和位置。对于很多对象来说，有数十个不同的属性可供我们进行调整，在调整时，可以使用 Interface Builder 中的工具来达到事半功倍的效果。

5.5.1　使用属性检查器

为了调整界面对象的外观，最常用的方式是使用 Attributes Inspector(属性检查器)。

要想打开该检查器，可以通过单击 Utility 区域顶部的滑块图标来实现。如果当前 Utility 区域不可见，可以依次选择 View → Utility → Show Attributes Inspector 菜单命令(或 Option + Command + 4 快捷键)来呈现。

接下来，我们通过一个简单演示，来说明如何使用它。假设存在一个空的工程文件 Empty.storyboard，并在该视图中添加了一个文本标签。选择该标签，再打开 Attributes Inspector，如图 5-12 所示。

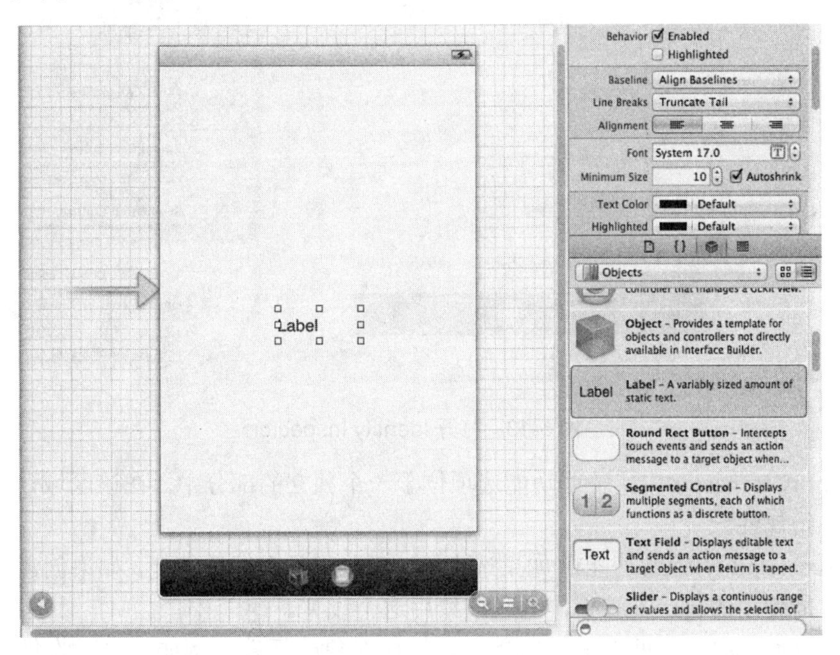

图 5-12　打开 Attributes Inspector 后的界面效果

在 Attributes Inspector 面板的顶部，包含了当前选定对象的属性。例如，就标签对象 Label 来说，包括的属性有字体、字号、颜色和对齐方式等。而在 Attributes Inspector 面板的底部，是继承而来的其他属性。在很多情况下，我们不会修改这些属性，但背景和透明度属性很有用。

5.5.2 设置辅助功能属性

在 iOS 应用中，可以使用专业的阅读器技术 Voiceover，此技术集成了语音合成功能，可以帮助开发人员实现导航应用程序。在使用 Voiceover 后，当触摸界面元素时，会听到有关其用途和用法的简短描述。虽然我们可以免费获得这种功能，但是，通过在 Interface Builder 中配置辅助功能(Accessibility)属性，可以提供其他协助。要想访问辅助功能设置，需要打开 Identity Inspector(身份检查器)，为此，可单击 Utility 区域顶部的窗口图标按钮，也可以依次选择 View → Utility → Show Identity Inspector 菜单命令，或者按下 Option + Command + 3 快捷键，如图 5-13 所示。

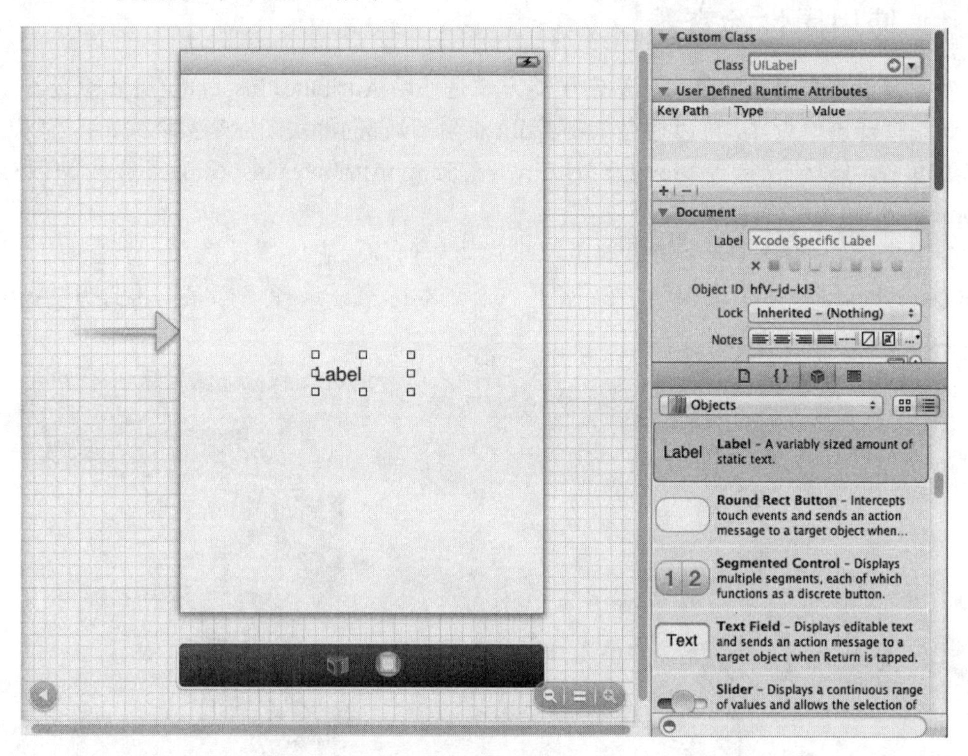

图 5-13　打开 Identity Inspector

在 Identity Inspector 中，辅助功能选项位于一个独立的部分中。在该区域，可以配置如下所示的 4 组属性。

- Accessibility(辅助功能)：如果选中它，对象将具有辅助功能。如果创建了只有看到才能使用的自定义控件，则应该禁用这个设置。
- Label(标签)：一两个简单的单词，用作对象的标签。例如，对于收集用户姓名的文本框，可使用“your name”。
- Hint(提示)：有关控件用法的简短描述。仅当标签本身没有提供足够的信息时，才需要设置该属性。
- Traits(特征)：这组复选框用于描述对象的特征——其用途以及当前的状态。

具体界面如图 5-14 所示。

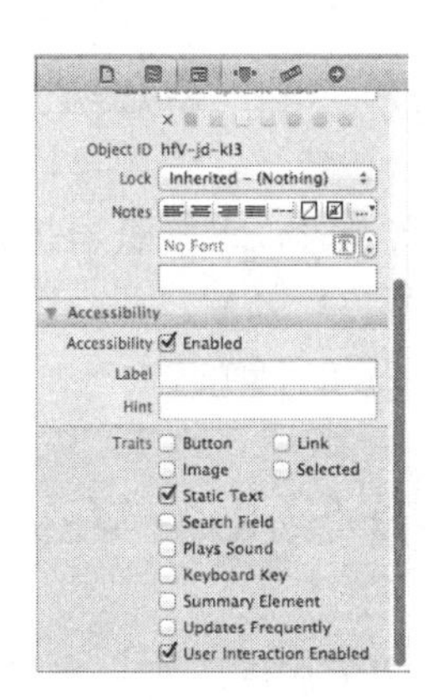

图 5-14　四组属性

> **注意：**为了让应用程序能够供最大的用户群使用，应该尽可能利用辅助功能工具来开发项目。即使像在本章前面使用的文本标签这样的对象，也应配置其特征(Traits)属性，以指出它们是静态文本，这可以让用户知道不能与之交互。

5.5.3　测试界面

通过使用 Xcode，能够帮助开发人员编写绝大部分的界面代码。这意味着即使该应用程序还未编写好，在创建界面并将其关联到应用程序类后，依然可以在 iOS 模拟器中运行该应用程序。接下来，开始介绍启用辅助功能检查器(Accessibility Inspector)的过程。

如果我们创建了一个支持辅助功能的界面，可能想在 iOS 模拟器中启用 Accessibility Inspector(辅助功能检查器)。此时，可启动模拟器，再单击主屏幕(Home)按钮返回主屏幕。单击 Setting(设置)，并选择 General→Accessibility(通用→辅助功能)，然后，使用开关启用 Accessibility Inspector，如图 5-15 所示。

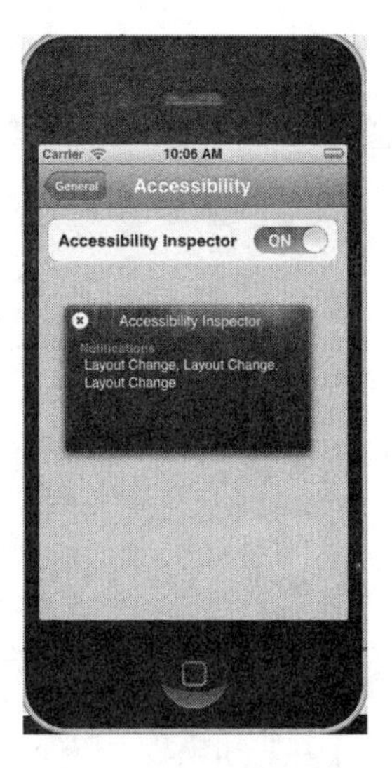

图 5-15　启用 Accessibility Inspector 功能

通过使用 Accessibility Inspector，能够在模拟器工作空间中添加一个覆盖层，功能是显示我们为界面元素配置的标签、提示和特征。使用该检查器左上角的 X 按钮，可以在关闭和开启模式之间切换。当处于关闭状态时，该检查器折叠成一个小条，而 iOS 模拟器的行为将恢复正常。在此单击 X 按钮，可重新开启。要禁用 Accessibility Inspector，只需再次单击 Setting 并选择 General → Accessibility 即可。

5.6 使用模板 Single View Application

Apple 在 Xcode 中提供了一种很有用的应用程序模板，可以快速地创建一个这样的项目，即包含一个故事板、一个空视图和相关联的视图控制器。

模板 Single View Application(单视图应用程序)是最简单的模板，在本节的内容中，将创建一个应用程序，该程序包含了一个视图和一个视图控制器。本节的实例非常简单，先创建一个用于获取用户输入的文本框(UITextField)和一个按钮，当用户在文本框中输入内容并按下按钮时，将更新屏幕标签(UILabel)以显示 Hello 和用户输入。虽然本实例程序比较简单，但几乎包含了本章讨论的所有元素：视图、视图控制器、输出口和操作。

实例 5-1 在 Xcode 中使用模板 Single View Application
源码路径 下载资源\codes\5\hello

5.6.1 创建项目

首先，在 Xcode 中新建一个项目，并将其命名为“hello”。

(1) 从文件夹 Developer/Applications 或 Launchpad 的 Developer 编组中启动 Xcode。

(2) 启动后，在左侧选择第一项 Creat a new Xcode project，如图 5-16 所示。

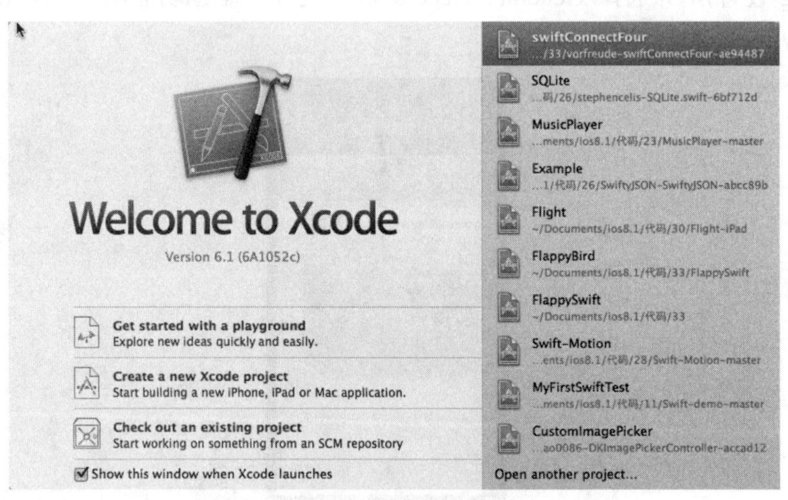

图 5-16 新建一个 Xcode 工程

(3) 在弹出的新界面中选择项目类型和模板。在 New Project 窗口的左侧，确保选择了项目类型 iOS 中的 Application，在右边的列表中选择 Single View Application，再单击 Next

按钮，如图 5-17 所示。

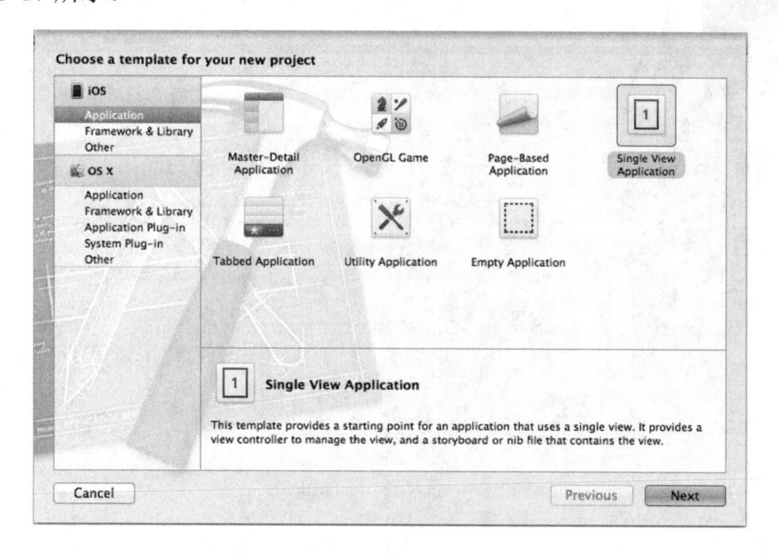

图 5-17 选择 Single View Application

1. 类文件

展开项目代码编组(名为 HelloNoun)，并查看其内容。会看到如下所示的 5 个文件：

- AppDelegate.h
- AppDelegate.m
- ViewController.h
- ViewController.m
- MainStoryboard.storyboard

其中，文件 AppDelegate.h 和 AppDelegate.m 组成了该项目将创建的 UIApplication 实例的委托，也就是说，我们可以对这些文件进行编辑，以添加控制应用程序运行时如何工作的方法。我们可以修改委托，在启动时执行应用程序级设置、告诉应用程序进入后台时如何做，以及应用程序被迫退出时该如何处理。

就本章这个演示项目来说，我们不需要在应用程序委托中编写任何代码，但是，需要记住它在整个应用程序生命周期中扮演的角色。

其中，文件 AppDelegate.h 的代码如下：

```
#import <UIKit/UIKit.h>

@interface AppDelegate : UIResponder <UIApplicationDelegate>

@property (strong, nonatomic) UIWindow *window;

@end
```

文件 AppDelegate.m 的代码如下：

```
#import "AppDelegate.h"

@implementation AppDelegate
```

```
- (BOOL)application:(UIApplication *)application
didFinishLaunchingWithOptions:(NSDictionary *)launchOptions
{
    // Override point for customization after application launch.
    return YES;
}

- (void)applicationWillResignActive:(UIApplication *)application
{
    //Sent when the application is about to move from active to inactive state.
    //This can occur for certain types of temporary interruptions (such as an incoming phone
    //call or SMS message) or when the user quits the application and it begins the transition
    //to the background state.
    //Use this method to pause ongoing tasks, disable timers, and throttle down
    //OpenGL ES frame rates. Games should use this method to pause the game.
}

- (void)applicationDidEnterBackground:(UIApplication *)application
{
    //Use this method to release shared resources, save user data, invalidate timers,
    //and store enough application state information to restore your application to
    //its current state in case it is terminated later.
    //If your application supports background execution, this method is called instead of
    //applicationWillTerminate: when the user quits.
}

- (void)applicationWillEnterForeground:(UIApplication *)application
{
    //Called as part of the transition from the background to the inactive state;
    //here you can undo many of the changes made on entering the background.
}

- (void)applicationDidBecomeActive:(UIApplication *)application
{
    //Restart any tasks that were paused (or not yet started) while the application was
    //inactive. If the application was previously in the background, optionally refresh
    //the user interface.
}

- (void)applicationWillTerminate:(UIApplication *)application
{
    //Called when the application is about to terminate. Save data if appropriate. See also
    //applicationDidEnterBackground:.
}

@end
```

上述两个文件的代码都是自动生成的。

文件 ViewController.h 和 ViewController.m 实现了一个视图控制器(UIViewController)，这个类包含控制视图的逻辑。一开始，这些文件几乎是空的，只有一个基本结构，此时，如果我们单击 Xcode 窗口顶部的 Run 按钮，应用程序将编译并运行，运行后一片空白，如图 5-18 所示。

注意：如果在 Xcode 中新建项目时指定了类前缀，所有类文件名都将以我们指定的内容打头。在以前的 Xcode 版本中，Apple 将应用程序名作为类的前缀。要让应用程序有一定的功能，需要处理前面讨论过的两个地方：视图和视图控制器。

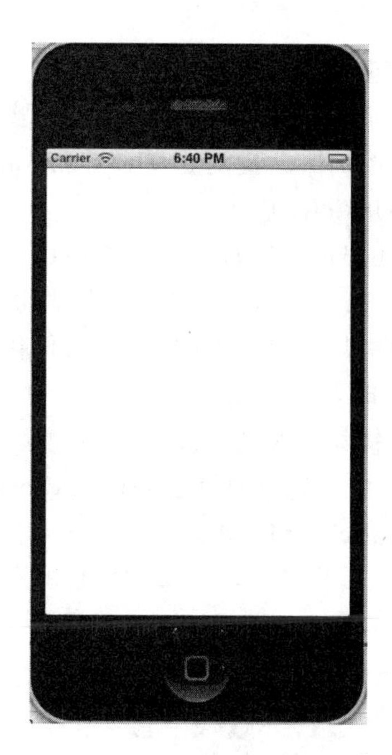

图 5-18　执行后为空

2．故事板文件

除了类文件之外，该项目还包含了一个故事板文件，它用于存储界面设计。单击故事板文件 Main.Storyboard，在 Interface Builder 编辑器中打开它，如图 5-19 所示。

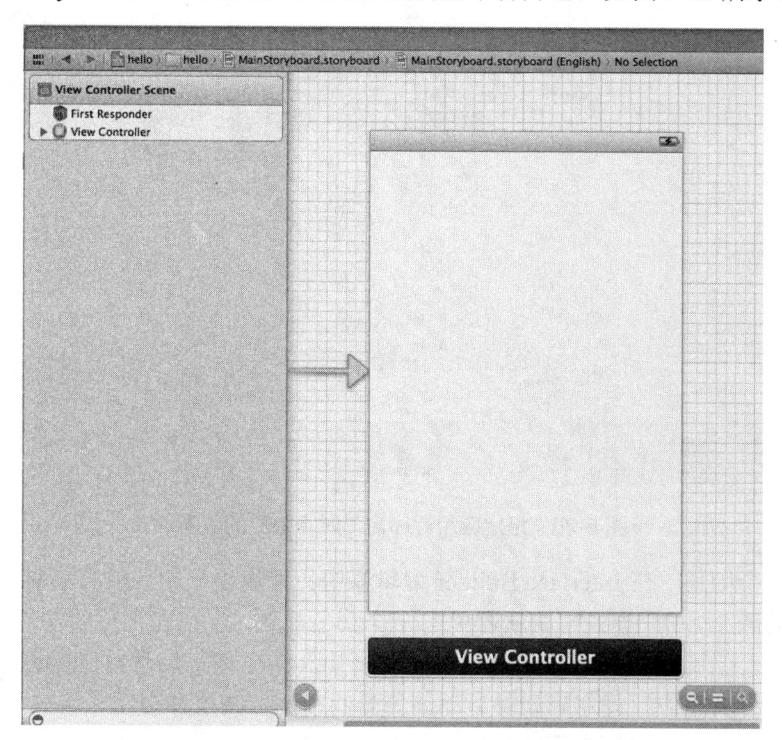

图 5-19　MainStoryboarcLstoryboard 界面

在 Main.Storyboard 界面中包含了如下三项内容。

◎ First Responder：第一响应者。一个 UIResponder 实例。

◎ View Controller：视图控制器。我们的 ViewController 类。

◎ 应用程序视图：一个 UIView 实例。

视图控制器和第一响应者还出现在图标栏中，该图标栏位于编辑器中视图的下方。如果在该图标栏中没有看到图标，只需单击图标栏，它们就会显示出来。

当应用程序加载故事板文件时，其中的对象将被实例化，成为应用程序的一部分。就本 hello 项目来说，当它启动时，会创建一个窗口，并加载 Main.Storyboard，实例化 ViewController 类及其视图，并将其加入到窗口中。

在文件 HelloNoun-Info.plist 中，通过属性 Main storyboard file base name(主故事板文件名)指定了加载的文件是 Main.Storyboard。要想核实这一点，读者可展开 Supporting Files 文件夹，再单击 plist 文件显示其内容。另外也可以单击项目的顶级图标，确保选择了目标 hello，再查看选项卡 Summary 中的文本框 Main Storyboard，如图 5-20 所示。

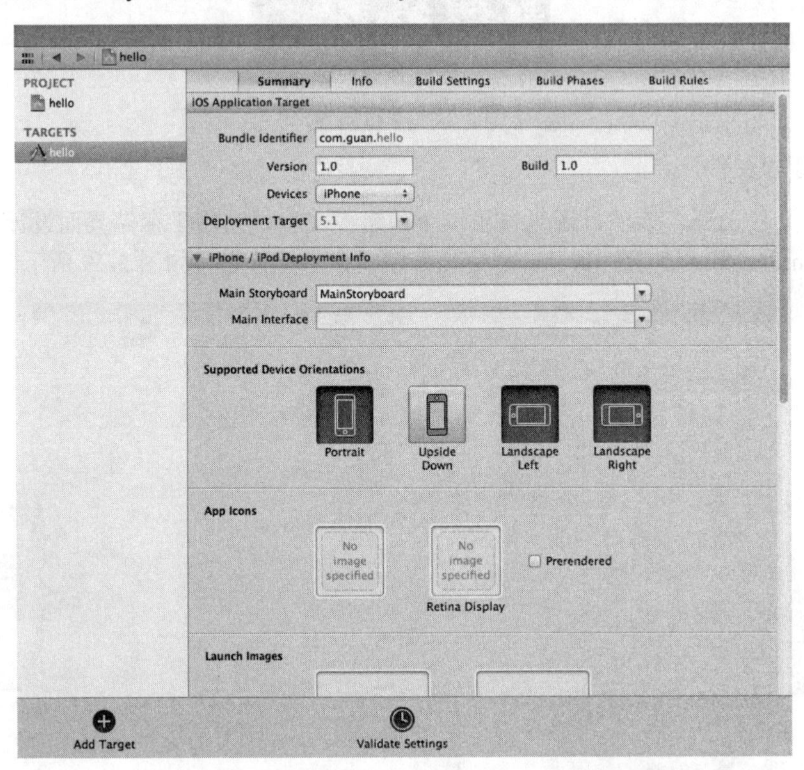

图 5-20　指定应用程序启动时将加载的故事板

如果有多个场景，在 Interface Builder 编辑器中会使用很不明显的方式指定初始场景。

在前面的图 5-7 中，会发现编辑器中有一个灰色箭头，它指向视图的左边缘。这个箭头是可以拖动的，当有多个场景时，可以拖动它，使其指向任何场景对应的视图。这就自动配置了项目，使其在应用程序启动时启动该场景的视图控制器和视图。

总之，对应用程序进行了配置后，将使其加载 MainStoryboard.storyboard，而后由 MainStoryboard.storyboard 查找初始场景，并创建该场景的视图控制器类(ViewController.h

文件和 ViewControUer.m 文件定义的 ViewController)的实例。视图控制器加载其视图，而视图被自动添加到主窗口中。

5.6.2　规划变量和连接

要创建该应用程序，第一步是确定视图控制器需要的东西。为引用要使用的对象，必须与如下 3 种对象进行交互：

- 文本框(UITextField)。
- 标签(UILabel)。
- 按钮(UIButton)。

其中，前两种对象分别是用户输入区域(文本框)和输出(标签)，而第 3 种对象(按钮)将触发代码中的操作，以便将标签的内容设置为文本框的内容。

1．修改视图控制器接口文件

基于上述信息，便可以编辑视图控制器类的接口文件(ViewController.h)，在其中定义需要用来引用界面元素的实例变量，以及用来操作它们的属性(和输出口)。我们将把用于收集用户输入的文本框(UITextField)命名为 user@property，将提供输出的标签(URLabel)命名为 userOutput。前面说过，通过使用编译指令@property 可同时创建实例变量和属性，而通过添加关键字 IBoutlet，可以创建输出口，以便在界面和代码之间建立连接。

综上所述，可以添加如下所示的两行代码：

```
@property (strong, nonatomic) IBOutlet UILabel *userOutput;
@property (strong, nonatomic) IBOutlet UITextField *userInput;
```

为了完成接口文件的编写工作，还需添加一个在按钮被按下时执行的操作。我们将该操作命名为 setOutput：

```
- (IBAction)setOutput: (id)sender;
```

添加这些代码后，文件 ViewController.h 的代码如下所示：

```
#import <UIKit/UIKit.h>

@interface ViewController : UIViewController

@property (strong, nonatomic) IBOutlet UILabel *userOutput;
@property (strong, nonatomic) IBOutlet UITextField *userInput;

- (IBAction)setOutput:(id)sender;

@end
```

但是，这并非我们需要完成的全部工作。为了支持我们在接口文件中所做的工作，还需对实现文件(ViewController.m)做一些修改。

2．修改视图控制器的实现文件

对于接口文件中的每个编译指令@property 来说，在实现文件中都必须有如下对应的编译指令@synthesize：

```
@synthesize userInput;
```

```
@synthesize userOutput;
```

将这些代码行应加入到实现文件的开头，并位于编译指令@implementation后面，文件ViewController.m中对应的实现代码如下所示：

```
#import "ViewController.h"
@implementation ViewController
@synthesize userOutput;
@synthesize userInput;
```

在确保使用完视图后，应该在代码中定义的实例变量(即userInput和userOutput)不再指向对象，这样做的好处，是这些文本框和标签占用的内存可以被重复使用。实现这种方式的方法非常简单，只需将这些实例变量对应的属性设置为nil即可：

```
[self setUserInput:nil];
[self setUserOutput:nil];
```

上述清理工作是在视图控制器的一个特殊方法中进行的，方法名为viewDiDUnload，在视图成功地从屏幕上删除时被调用。为添加上述代码，需要在实现文件ViewController.h中找到这个方法，并添加代码行。同样，这里演示的是当我们要手工准备输出口、操作、实例变量和属性时，需要完成的设置工作。

文件ViewController.m中对应清理工作的实现代码如下所示：

```
- (void)viewDidUnload
{
    self.userInput = nil;
    self.userOutput = nil;
    [self setUserOutput:nil];
    [self setUserInput:nil];
    [super viewDidUnload];
    // Release any retained subviews of the main view.
    // e.g. self.myOutlet = nil;
}
```

注意： 如果浏览HelloNoun的代码文件，可能发现其中包含绿色的注释(以字符“//”打头的代码行)。为节省篇幅，通常在本书的程序清单中删除了这些注释。

3．一种简化的方法

虽然还没有输入任何代码，但还是希望能够掌握规划和设置Xcode项目的方法。所以还需要做如下所示的工作。

- ◎ 确定所需的实例变量：哪些值和对象需要在类(通常是视图控制器)的整个生命周期内都存在。
- ◎ 确定所需的输出口和操作：哪些实例变量需要连接到界面中定义的对象？界面将触发哪些方法？
- ◎ 创建相应的属性：对于我们打算操作的每个实例变量，都应使用@property来定义实例变量和属性，并为该属性合成设置函数和获取函数。如果属性表示的是一个界面对象，还应在声明中包含关键字IBOutlet。
- ◎ 清理：对于在类的生命周期内不再需要的实例变量，使用其对应的属性，将其值设置为 nil。在视图控制器中，通常是在视图被卸载时(即方法 viewDidUnload 中)这样做。

当然，也可以手工完成这些工作，但是，在 Xcode 中使用 Interface Builder 编辑能够在建立连接时添加编译指令@property 和@synthesize，创建输出口和操作，插入清理代码。

将视图与视图控制器关联起来的是前面介绍的代码，但我们可在创建界面的同时让 Xcode 自动为我们编写这些代码。创建界面前，仍然需要确定要创建的实例变量/属性、输出口和操作，而有时候，还需添加一些额外的代码，但让 Xcode 自动生成代码可极大地加快初始开发阶段的进度。

5.6.3　设计界面

本节的演示程序 hello 的界面很简单，只需提供一个输出区域、一个用于输入的文本框以及一个将输出设置成与输入相同内容的按钮。应按如下步骤创建该 UI。

(1) 在 Xcode 项目导航器中选择 Main.Storyboard 并打开它。

(2) 在 Interface Builder 编辑器中的文档大纲区域显示了场景中的对象，而编辑器中显示了视图的可视化表示。

(3) 从菜单栏中选择 View → Utilities → Show Object Library(Control + Option + Command + 3)，在右边显示对象库。在对象库中确保从下拉列表中选择 Objects，这样，将显示可拖放到视图中的所有控件。此时的工作区类似于图 5-21 中的状况。

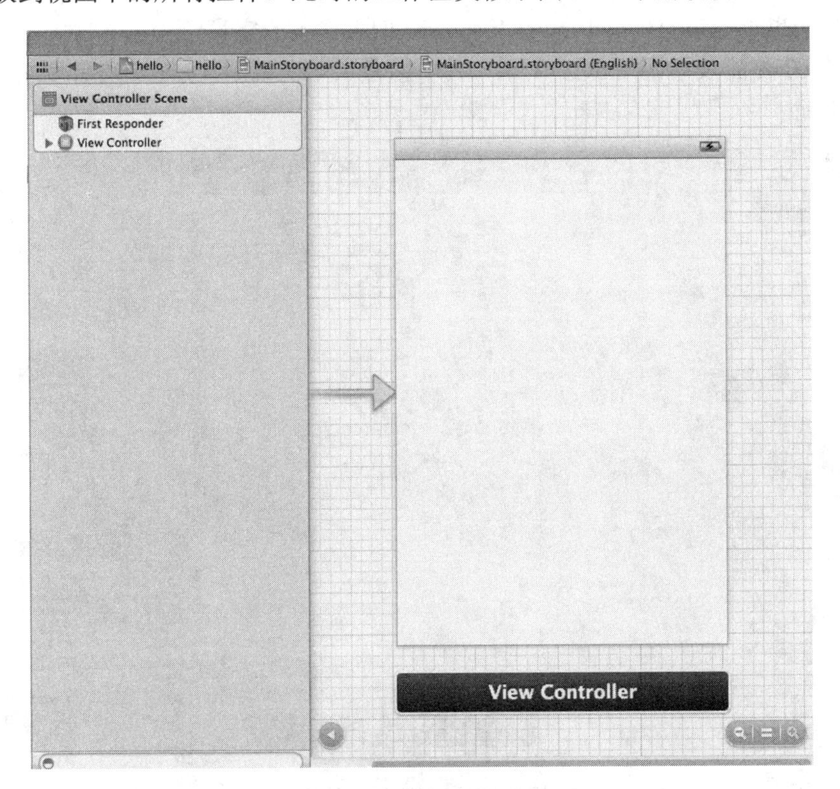

图 5-21　初始界面

(4) 通过在对象库中单击标签(UILabel)对象并将其拖曳到视图中，在视图中添加两个标签。

(5) 第一个标签应包含静态文本 Hello，为此，双击该标签，把默认文本 Label 改为“你好”。选择第二个标签，它将用作输出区域。这里，将该标签的文本改为“请输入信息”。将此作为默认值，直到用户提供新字符串为止。我们可能需要增大该文本标签，以便显示这些内容，为此，可单击并拖曳其手柄。

我们还要将这些标签居中对齐，此时，可以通过单击，选择视图中的标签，再按下 Option + Command + 4，或单击 Utility 区域顶部的滑块图标，这将打开标签的 Attributes Inspector。

使用 Alignment 选项调整标签文本的对齐方式。另外，还可能会使用其他属性来设置文本的显示样式，例如字号、阴影、颜色等。现在，整个视图应该包含两个标签。

(6) 如果对结果满意，便可以添加用户将与之交互的元素文本框和按钮。为了添加文本框，可在对象库中找到文本框对象(UITextField)，单击，并将其拖曳到两个标签下方。使用手柄将其增大到与输出标签等宽。

(7) 再次按 Option + Command + 4 打开 Attribute Inspector，并将字号设置成与标签的字号相同。可以注意到，文本框并没有增大，这是因为默认 iPhone 文本框的高度是固定的。要修改文本框的高度，可在 Attributes Inspector 中单击包含方形边框的按钮 Border Style，然后便可随意调整文本框的大小了。

(8) 在对象库单击圆角矩形按钮(UIButton)并将其拖曳到视图中，将其放在文本框下方。双击该按钮，给它添加一个标题，如“Set Label”；再调整按钮的大小，使其能够容纳该标题。我们也可能想使用 Attributes Inspector 增大文本的字号。

最终的 UI 界面效果如图 5-22 所示，其中包含了 4 个对象，分别是 2 个标签、1 个文本框和 1 个按钮。

图 5-22　最终的 UI 界面

5.6.4　创建并连接输出口和操作

现在，在 Interface Builder 编辑器中需要做的工作就要完成了，最后一步工作是将视图连接到视图控制器。如果按前面介绍的方式手工定义了输出口和操作，则只需在对象图标之间拖曳即可。但即使就地创建输出口和操作，也只需执行拖放操作。

为此，需要从 Interface Builder 编辑器拖放到代码中需要添加输出口或操作的地方，即需要能够同时看到接口文件 VeiwController.h 和视图。在 Interface Builder 编辑器中还显示了刚设计的界面的情况下，单击工具栏的 Edit 部分的 Assistant Editor 按钮，这将在界面右边自动打开 ViewController.h 文件，因为 Xcode 知道我们在视图中必须编辑该文件。

另外，如果我们使用的开发计算机是 MacBook，或编辑的是 iPad 项目，屏幕空间将不够用。为了节省屏幕空间，单击工具栏中 View 部分最左边和最右边的按钮，以隐藏 Xcode 窗口的导航区域和 Utility 区域。我们也可以单击 Interface Builder 编辑器左下角的展开箭头，将文档大纲区域隐藏起来。这样，屏幕将类似于图 5-23 的样子。

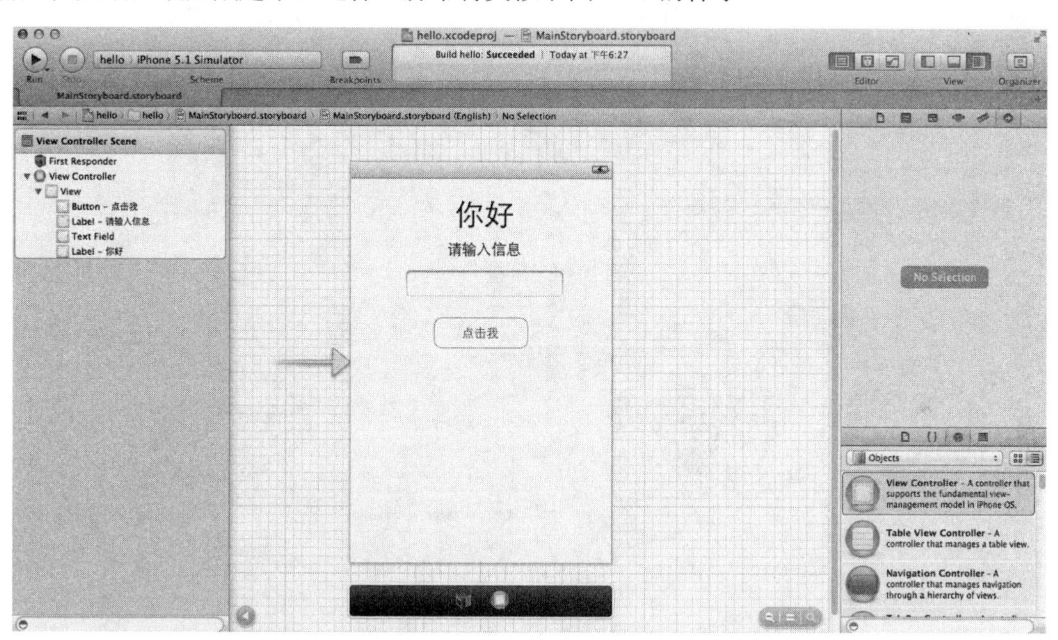

图 5-23　切换工作空间

1. 添加输出口

下面首先连接用于显示输出的标签。前面说过，我们想用一个名为 userOutput 的实例变量/属性表示它。

(1) 按住 Control 键，并拖曳用于输出的标签(在这里，其标题为<请输入信息>)或文档大纲中表示它的图标，如图 5-24 所示，将其拖曳到包含文件 ViewController.h 的代码编辑器中，当鼠标位于@interface 行下方时松开。拖曳时，Xcode 将指出如果我们此时松开鼠标，将插入什么。

(2) 当松开鼠标时，会要求我们定义输出口，如图 5-25 所示。接下来，首先确保从下拉列表 Connection 中选择了 Outlet，从 Storage 下拉列表中选择了 Strong，并从 Type 下拉列表中选择了 UILabel。最后，指定我们要使用的实例“变量/属性”名“userOutput”，然后单击 Connect 按钮。

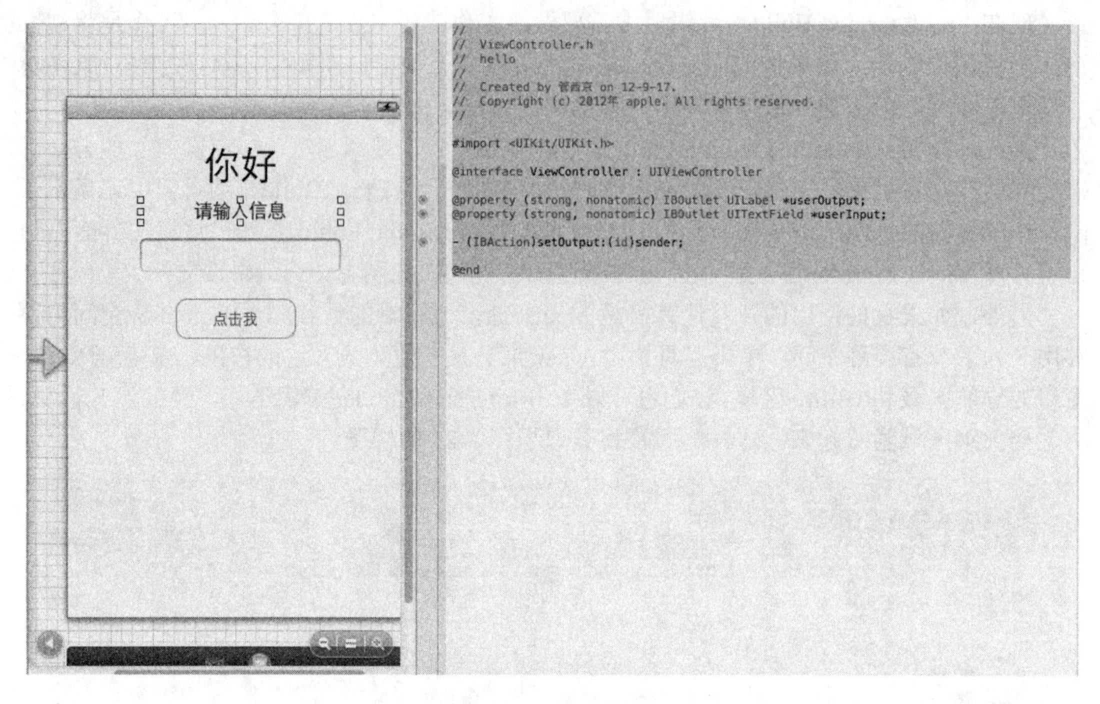

图 5-24　生成代码

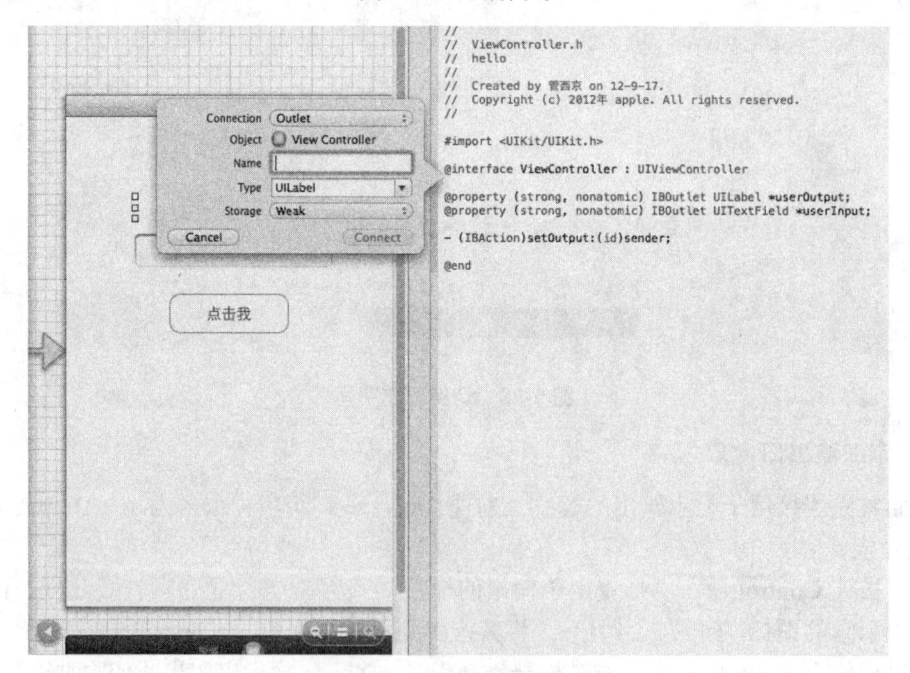

图 5-25　配置创建的输出口

(3) 当单击 Connect 按钮时，Xcode 将自动插入合适的编译指令@property 和关键字 IBOut:put(隐式地声明实例变量)、编译指令@synthesize(插入到文件 ViewController.m 中)以及清理代码(也是在文件 ViewController.m 中)。更重要的是，还在刚创建的输出口和界面对象之间建立连接。

(4) 对文本框重复上述操作过程。将其拖曳到刚插入的@property 代码行下方，将 Type 设置为 UITextField，并将输出口命名为“userInput”。

2．添加操作

添加操作并在按钮和操作之间建立连接的方式与添加输出口相同。唯一的差别是在接口文件中，操作通常是在属性后面定义的，因此，我们需要拖放到稍微不同的位置。

(1) 按住 Control 键，并将视图中的按钮拖曳到接口文件(ViewController.h)中刚添加的两个@property 编译指令的下方。同样，当拖曳时，Xcode 将提供反馈，指出它将在哪里插入代码。拖曳到要插入操作代码的地方后，松开鼠标。

(2) 与输出口一样，Xcode 将要求我们配置连接，如图 5-26 所示。这次，务必将连接类型设置为 Action，否则 Xcode 将插入一个输出口。将 Name(名称)设置为 setOutput(前面选择的方法名)。务必从 Event 下拉列表中选择 Touch Up Inside，以指定将触发该操作的事件。保留其他默认设置，并单击 Connect 按钮。

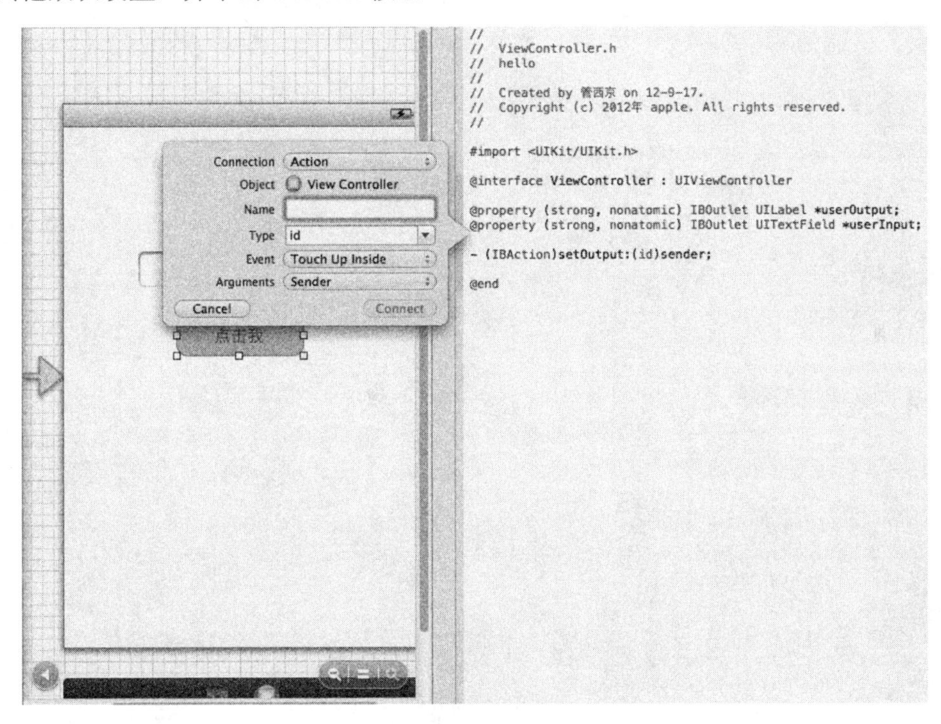

图 5-26　配置要插入到代码中的操作

到此为止，我们成功地添加了实例变量、属性、输出口，并将它们连接到了界面元素。在最后，还需要重新配置我们的工作区，确保项目导航器可见。

5.6.5　实现应用程序逻辑

创建好视图并建立到视图控制器的连接后，接下来的唯一任务，便是实现逻辑。现在将注意力转向文件 ViewController.m 以及 setOutput 的实现上。setOutput 方法将输出标签的内容设置为用户在文本框中输入的内容。我们如何获取并设置这些值呢？UILabel 和 UITextField 都有包含其内容的 text 属性，通过读写该属性，只需一个简单的步骤，便可将 userOutput 的内容设置为 userInput 的内容。

打开文件 ViewController.m 并滚动到末尾，会发现 Xcode 在创建操作连接代码时自动编写了空的方法定义(这里是 setOutput)，我们只需填充内容即可。找到方法 setOutput，其实现代码如下所示：

```
- (IBAction)setOutput:(id)sender {
   // [[self userOutput]setText:[[self userInput] text]];
   self.userOutput.text = self.userInput.text;
}
```

通过这条赋值语句，便完成了所有的工作。

接下来，我们整理核心文件 ViewController.m 的实现代码：

```
#import "ViewController.h"

@implementation ViewController
@synthesize userOutput;
@synthesize userInput;

- (void)didReceiveMemoryWarning
{
   [super didReceiveMemoryWarning];
   // Release any cached data, images, etc that aren't in use.
}

#pragma mark - View lifecycle

- (void)viewDidLoad
{
   [super viewDidLoad];
   // Do any additional setup after loading the view, typically from a nib.
}

- (void)viewDidUnload
{
   self.userInput = nil;
   self.userOutput = nil;
   [self setUserOutput:nil];
   [self setUserInput:nil];
   [super viewDidUnload];
   // Release any retained subviews of the main view.
   // e.g. self.myOutlet = nil;
}

- (void)viewWillAppear:(BOOL)animated
{
   [super viewWillAppear:animated];
}

- (void)viewDidAppear:(BOOL)animated
{
   [super viewDidAppear:animated];
}
```

```
- (void)viewWillDisappear:(BOOL)animated
{
    [super viewWillDisappear:animated];
}

- (void)viewDidDisappear:(BOOL)animated
{
    [super viewDidDisappear:animated];
}

- (BOOL)shouldAutorotateToInterfaceOrientation:(UIInterfaceOrientation)
 interfaceOrientation
{
   // Return YES for supported orientations
   return (interfaceOrientation != UIInterfaceOrientationPortraitUpsideDown);
}

- (IBAction)setOutput:(id)sender {
   // [[self userOutput]setText:[[self userInput] text]];
   self.userOutput.text = self.userInput.text;
}

@end
```

上述代码几乎都是用 Xcode 自动实现的。

5.6.6　生成应用程序

现在可以生成并测试我们的演示程序了，执行后的效果如图 5-27 所示。在文本框中输入信息并点击“点击我”按钮后，会在上方显示我们输入的文本，如图 5-28 所示。

图 5-27　执行效果

图 5-28　显示输入的信息

第6章

iOS 8

基本控件的应用

在本书前面的内容中，已经创建了一个简单的应用程序，并理解了应用程序基础框架和图形界面基础框架。

在本章的内容中，将详细介绍 iOS 应用开发过程中用到的基本控件，向读者讲解使用这些控件的基本知识，为步入本书后面知识的学习打下基础。

6.1 文本框控件

在 iOS 应用中，文本框和文本视图都是用于实现文本输入的，在本节的内容中，将首先详细讲解文本框的基本知识，为读者步入本书后面知识的学习打下基础。

6.1.1 文本框基础

在 iOS 应用中，文本框(UITextField)是一种常见的信息输入机制，类似于 Web 表单中的表单字段。当在文本框中输入数据时，可以使用各种 iOS 键盘将其输入限制为数字或文本。与按钮一样，文本框也能响应事件，但是，通常将其实现为被动(Passive)界面元素，这意味着视图控制器可随时通过 text 属性读取其内容。

控件 UITextField 的常用属性如下所示。

(1) borderStyle 属性：设置输入框的边框线样式。

(2) backgroundColor 属性：设置输入框的背景颜色，使用其 font 属性设置字体。

(3) ClearButtonMode 属性：设置一个清空按钮，通过设置 clearButtonMode，可以指定是否以及何时显示清除按钮。此属性主要有如下几种类型。

- ◎ UITextFieldViewModeAlways：不为空，获得焦点与没有获得焦点都显示清空按钮。
- ◎ UITextFieldViewModeNever：不显示清空按钮。
- ◎ UITextFieldViewModeWhileEditing：不为空，且在编辑状态时(及获得焦点)显示清空按钮。
- ◎ UITextFieldViewModeUnlessEditing：不为空，且不在编译状态时(焦点不在输入框上)显示清空按钮。

(4) Background 属性：设置一个背景图片。

6.1.2 在屏幕中显示一个文本输入框

在 iOS 应用中，可以使用控件 UITextField 在屏幕中显示一个文本输入框。UITextField 通常用于外部数据输入，以实现人机交互。在本实例中，使用 UITextField 控件设置一个文本输入框，并设置在框中显示提示文本“请输入信息”。

实例 6-1 在屏幕中显示一个文本输入框
源码路径 下载资源\codes\6\quan

实例文件 UIKitPrjPlaceholder.m 的具体实现代码如下所示：

```
#import "UIKitPrjPlaceholder.h"
@implementation UIKitPrjPlaceholder
- (void)viewDidLoad {
    [super viewDidLoad];
    self.view.backgroundColor = [UIColor whiteColor];
    UITextField *textField = [[[UITextField alloc] init] autorelease];
    textField.frame = CGRectMake(20, 100, 280, 30);
    textField.borderStyle = UITextBorderStyleRoundedRect;
    textField.contentVerticalAlignment = UIControlContentVerticalAlignmentCenter;
```

```
    textField.placeholder = @"请输入信息";
    [self.view addSubview:textField];
}
@end
```

执行后的效果如图 6-1 所示。

图 6-1　执行效果

6.1.3　使用 Swift 实现 UITextField 控件

在本小节的内容中，将通过一个具体实例的实现过程，详细讲解基于 Swift 语言实现 UITextField 控件功能的过程。

实例 6-2　实现 UITextField 控件
源码路径　下载资源\codes\6\ LTBouncyPlaceholder

(1) 打开 Xcode 6.1，然后新建一个名为“LTBouncyPlaceholderDemo”的工程，工程的最终目录结构如图 6-2 所示。

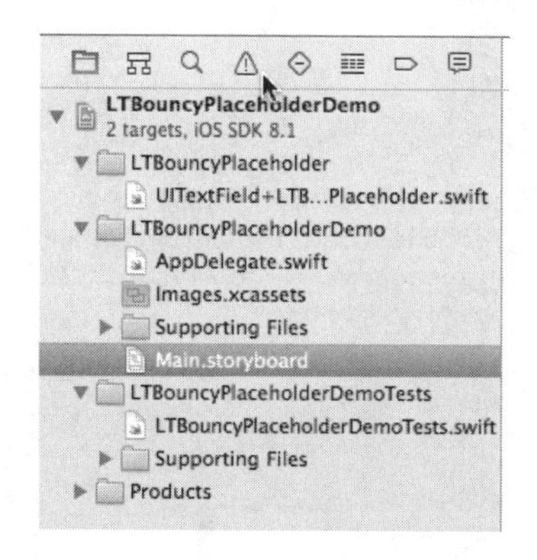

图 6-2　Xcode 工程的最终目录结构

(2) 打开 Main.storyboard，为本工程设计两个视图界面，在第二个视图中，实现 UITextField 控件的效果，如图 6-3 所示。

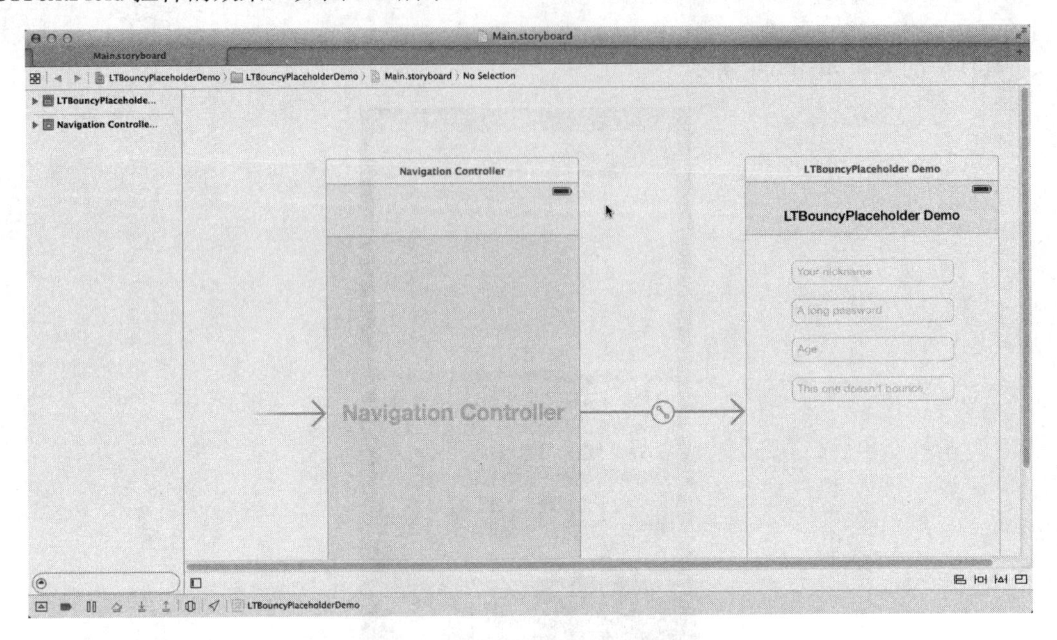

图 6-3　Main.storyboard 设计视图

(3) 本实例是用 Swift 语言编写的 UITextField 扩展，在 Dribbble 目录中有一个 QuartzComposer 文件。在文件 UITextField+LTBouncyPlaceholder.swift 中编写 UITextField extension(扩展)，并且实现 PlaceHolder 的弹出动画效果。具体实现代码如下所示：

```
import Foundation
import UIKit
import QuartzCore

var kAlwaysBouncePlaceholderPointer: Void?
var kAbbreviatedPlaceholderPointer: Void?
var kPlaceholderLabelPointer: Void?
var kRightPlaceholderLabelPointer: Void?

let kAnimationDuration: CFTimeInterval = 0.6

extension UITextField {

   public var alwaysBouncePlaceholder: Bool {
   get {
      var _alwaysBouncePlaceholderObject : AnyObject?
         = objc_getAssociatedObject(self, &kAlwaysBouncePlaceholderPointer)
      if let _alwaysBouncePlaceholder = _alwaysBouncePlaceholderObject?.boolValue {
         return _alwaysBouncePlaceholder
      }
      return false
   }
   set {
      lt_placeholderLabel.hidden = !newValue
      objc_setAssociatedObject(self,
         &kAlwaysBouncePlaceholderPointer,
         newValue,
```

```
        objc_AssociationPolicy(OBJC_ASSOCIATION_RETAIN_NONATOMIC))
  }
  }

  public var abbreviatedPlaceholder: String? {
  get {
     var _abbreviatedPlaceholderObject: AnyObject? = objc_getAssociatedObject(self,
      &kAbbreviatedPlaceholderPointer)
     if let _abbreviatedPlaceholder: AnyObject = _abbreviatedPlaceholderObject {
        return _abbreviatedPlaceholder as? String
     }
     return nil
  }
  set {
     lt_rightPlaceholderLabel.text = newValue
     objc_setAssociatedObject(self,
        &kAbbreviatedPlaceholderPointer,
        newValue,
        objc_AssociationPolicy(OBJC_ASSOCIATION_RETAIN_NONATOMIC))
  }
  }

  private var lt_placeholderLabel: UILabel {
  get {
     var _placeholderLabelObject: AnyObject? = objc_getAssociatedObject(self,
      &kPlaceholderLabelPointer)
     if let _placeholderLabel : AnyObject = _placeholderLabelObject {
        return _placeholderLabel as UILabel
     }
     var _placeholderLabel = UILabel(frame: placeholderRectForBounds(bounds))
     _placeholderLabel.font = font
     _placeholderLabel.text = placeholder
     _placeholderLabel.textColor = .lightGrayColor()
     addSubview(_placeholderLabel)
     objc_setAssociatedObject(self,
        &kPlaceholderLabelPointer,
        _placeholderLabel,
        objc_AssociationPolicy(OBJC_ASSOCIATION_RETAIN_NONATOMIC))
     return _placeholderLabel
  }
  }

  private var lt_rightPlaceholderLabel: UILabel {
  get {
     var _rightPlaceholderLabelObject: AnyObject? = objc_getAssociatedObject(self,
      &kRightPlaceholderLabelPointer)
     if let _rightPlaceholderLabel: AnyObject = _rightPlaceholderLabelObject {
        return _rightPlaceholderLabel as UILabel
     }
     var _rightPlaceholderLabel = UILabel(frame: placeholderRectForBounds(bounds))
     _rightPlaceholderLabel.font = font
     _rightPlaceholderLabel.textColor = .lightGrayColor()
     _rightPlaceholderLabel.layer.opacity = 0.0
     addSubview(_rightPlaceholderLabel)
     objc_setAssociatedObject(self,
        &kRightPlaceholderLabelPointer,
        _rightPlaceholderLabel,
        objc_AssociationPolicy(OBJC_ASSOCIATION_RETAIN_NONATOMIC))
     return _rightPlaceholderLabel
  }
  }
```

```
func _drawPlaceholderInRect(rect: CGRect) {
   println("swizzled default method")
}

override public func willMoveToSuperview(newSuperview: UIView!) {
   if (nil != newSuperview) {
      lt_placeholderLabel.setNeedsDisplay()

      struct TokenHolder {
         static var token: dispatch_once_t = 0;
      }

      dispatch_once(&TokenHolder.token) {
         var originMethod: Method = class_getInstanceMethod(object_getClass(self),
          Selector("drawPlaceholderInRect:"))
         var swizzledMethod: Method = class_getInstanceMethod(object_getClass(self),
          Selector("_drawPlaceholderInRect:"))
         method_exchangeImplementations(originMethod, swizzledMethod)
      }

      NSNotificationCenter.defaultCenter().addObserver(self,
         selector: Selector("_didChange:"),
         name: UITextFieldTextDidChangeNotification,
         object: nil)
   } else {
      NSNotificationCenter.defaultCenter().removeObserver(self,
         name: UITextFieldTextDidChangeNotification,
         object: nil)
   }
}

func _didChange (notification: NSNotification) {
   if notification.object === self {
      if text.lengthOfBytesUsingEncoding(NSUTF8StringEncoding) > 0 {
         if alwaysBouncePlaceholder {

            _animatePlaceholder(toRight: true)
         } else {
            lt_placeholderLabel.hidden = true
         }
      } else {
         if alwaysBouncePlaceholder {
            _animatePlaceholder(toRight: false)
         } else {
            lt_placeholderLabel.hidden = false
         }
      }
   }
}

private var _widthOfAbbr: Float {
get {
   let rightPlaceholder: String? = !abbreviatedPlaceholder!.isEmpty ?
     abbreviatedPlaceholder : placeholder

   if let _rightPlaceholder = rightPlaceholder {
      let attributes = [NSFontAttributeName: lt_rightPlaceholderLabel.font]
      var abbrSize = _rightPlaceholder.sizeWithAttributes(attributes)
      return Float(abbrSize.width)
   }
```

```
        return 0
    }
    }

    private func _bounceKeyframes(#toRight: Bool) -> NSArray {
        let steps = 100
        var values = [Double]()
        var value: Double
        let e = 2.5
        let distance = Float(placeholderRectForBounds(bounds).size.width) - _widthOfAbbr
        for t in 0..<steps {
            value = Double(distance)
                * (toRight ? -1 : 1)
                * Double(pow(e, -0.055 * Double(t)))
                * Double(cos(0.1 * Double(t)))
                + (toRight ? Double(distance) : 0)
            values.append(value)
        }
        return values
    }

    private func _animatePlaceholder (#toRight: Bool) {
        if let abbrPlaceholder = abbreviatedPlaceholder {
            if (toRight) {
                if lt_rightPlaceholderLabel.layer.presentationLayer().opacity > 0 {
                    return
                }

                lt_placeholderLabel.layer.removeAllAnimations()
                lt_rightPlaceholderLabel.layer.removeAllAnimations()

                let bounceToRight = CAKeyframeAnimation(keyPath: "position.x")
                bounceToRight.timingFunction =
                 CAMediaTimingFunction(name: kCAMediaTimingFunctionLinear)
                bounceToRight.duration = kAnimationDuration
                bounceToRight.values = _bounceKeyframes(toRight: true)
                bounceToRight.fillMode = kCAFillModeForwards
                bounceToRight.additive = true
                bounceToRight.removedOnCompletion = false

                let fadeOut = CABasicAnimation(keyPath: "opacity")
                fadeOut.timingFunction =
                 CAMediaTimingFunction(name: kCAMediaTimingFunctionLinear)
                fadeOut.fromValue = 1
                fadeOut.toValue = 0
                fadeOut.duration = kAnimationDuration / 3
                fadeOut.fillMode = kCAFillModeBoth
                fadeOut.removedOnCompletion = false
                lt_placeholderLabel.layer.addAnimation(bounceToRight, forKey: "bounceToRight")
                lt_placeholderLabel.layer.addAnimation(fadeOut, forKey: "fadeOut")

                let fadeIn = CABasicAnimation(keyPath: "opacity")
                fadeIn.timingFunction = CAMediaTimingFunction(name: kCAMediaTimingFunctionLinear)
                fadeIn.fromValue = 0
                fadeIn.toValue = 1
                fadeIn.duration = kAnimationDuration / 3
                fadeIn.fillMode = kCAFillModeForwards
                fadeIn.removedOnCompletion = false

                lt_rightPlaceholderLabel.layer.addAnimation(bounceToRight,
                 forKey: "bounceToRight")
```

```
            lt_rightPlaceholderLabel.layer.addAnimation(fadeIn, forKey: "fadeIn")
        } else {
            lt_placeholderLabel.layer.removeAllAnimations()
            lt_rightPlaceholderLabel.layer.removeAllAnimations()

            let bounceToLeft = CAKeyframeAnimation(keyPath: "position.x")
            bounceToLeft.timingFunction =
             CAMediaTimingFunction(name: kCAMediaTimingFunctionLinear)
            bounceToLeft.duration = kAnimationDuration
            bounceToLeft.values = _bounceKeyframes(toRight: false)
            bounceToLeft.fillMode = kCAFillModeForwards
            bounceToLeft.additive = true
            bounceToLeft.removedOnCompletion = false

            let fadeIn = CABasicAnimation(keyPath: "opacity")
            fadeIn.timingFunction = CAMediaTimingFunction(name: kCAMediaTimingFunctionEaseIn)
            fadeIn.duration = kAnimationDuration / 3
            fadeIn.fillMode = kCAFillModeForwards
            fadeIn.fromValue = 0
            fadeIn.toValue = 1
            fadeIn.removedOnCompletion = false
            lt_placeholderLabel.layer.addAnimation(fadeIn, forKey: "fadeIn")
            lt_placeholderLabel.layer.addAnimation(bounceToLeft, forKey: "bounceToLeft")

            let fadeOut = CABasicAnimation(keyPath: "opacity")
            fadeOut.timingFunction = CAMediaTimingFunction(name: kCAMediaTimingFunctionEaseIn)
            fadeOut.duration = kAnimationDuration / 3
            fadeOut.fillMode = kCAFillModeForwards
            fadeOut.fromValue = 1
            fadeOut.toValue = 0
            fadeOut.removedOnCompletion = false
            lt_rightPlaceholderLabel.layer.addAnimation(fadeOut, forKey: "fadeOut")
            lt_rightPlaceholderLabel.layer.addAnimation(bounceToLeft, forKey: "bounceToLeft")
        }
    } else {
        lt_placeholderLabel.layer.removeAllAnimations()
        if toRight {
            let bounceToRight = CAKeyframeAnimation(keyPath: "position.x")
            bounceToRight.timingFunction =
             CAMediaTimingFunction(name: kCAMediaTimingFunctionLinear)
            bounceToRight.duration = kAnimationDuration
            bounceToRight.values = _bounceKeyframes(toRight: true)
            bounceToRight.fillMode = kCAFillModeForwards
            bounceToRight.additive = true
            bounceToRight.removedOnCompletion = false
            lt_placeholderLabel.layer.addAnimation(bounceToRight, forKey: "bounceToRight")
        } else {
            let bounceToLeft = CAKeyframeAnimation(keyPath: "position.x")
            bounceToLeft.timingFunction =
             CAMediaTimingFunction(name: kCAMediaTimingFunctionLinear)
            bounceToLeft.duration = kAnimationDuration
            bounceToLeft.values = _bounceKeyframes(toRight: false)
            bounceToLeft.fillMode = kCAFillModeForwards
            bounceToLeft.additive = true
            bounceToLeft.removedOnCompletion = false
            lt_placeholderLabel.layer.addAnimation(bounceToLeft, forKey: "bounceToLeft")
        }
    }
  }
}
```

执行后，将实现一个具有弹出动画功能的 UITextField 控件效果，如图 6-4 所示。

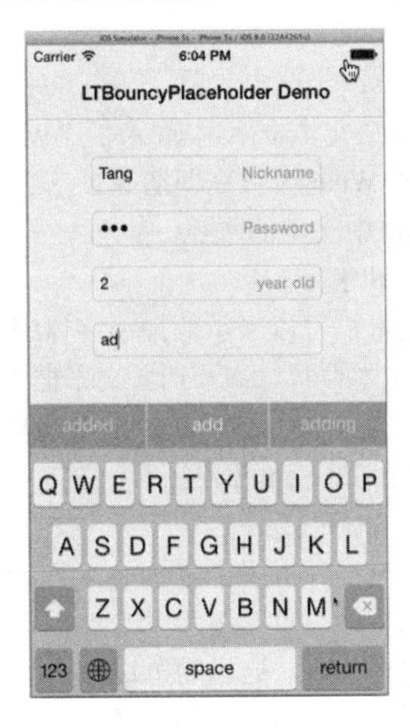

图 6-4　执行效果

6.2　文本视图控件

文本视图(UITextView)与文本框类似，差别在于，文本视图可显示一个可滚动和编辑的文本块，供用户阅读或修改。仅当需要的输入很多时，才应使用文本视图。

6.2.1　文本视图基础

在 iOS 应用中，UITextView 是一个类。在 Xcode 中，当使用 IB 给视图拖上去一个文本框后，选中文本框，可以在 Attribute Inspector 中设置其各种属性。

Attribute Inspector 分为三部分，分别是 Text Field、Control 和 View 部分。我们重点看看 Text Field 部分，Text Field 部分有以下选项。

(1) Text：设置文本框的默认文本。

(2) Placeholder：可以在文本框中显示灰色的字，用于提示用户应该在这个文本框输入什么内容。当这个文本框中输入了数据时，用于提示的灰色的字将会自动消失。

(3) Background：设置背景。

(4) Disabled：若选中此项，用户将不能更改文本框内容。

(5) 接下来是三个按钮，用来设置对齐方式。

(6) Border Style：选择边界风格。

(7) Clear Button：这是一个下拉菜单，可以选择清除按钮什么时候出现，所谓清除按钮，就是出现一个在文本框右边的小 X，开发者可以有以下选择。

- Never appears：从不出现。
- Appears while editing：编辑时出现。

◎ Appears unless editing：编辑时不出现。

◎ Is always visible：总是可见。

(8) Clear when editing begins：若选中此项，则当开始编辑这个文本框时，文本框中先前的内容会被清除掉。比如，先在文本框 A 中输入了“What”，之后去编辑文本框 B，若再回来编辑文本框 A，则其中的 What 会被立即清除。

(9) Text Color：设置文本框中文本的颜色。

(10) Font：设置文本的字体和字号。

(11) Min Font Size：设置文本框可以显示的最小字体(不过，作者感觉没什么用)。

(12) Adjust To Fit：指定当文本框尺寸减小时，文本框中的文本是否也要缩小。选择它，可以使得全部文本都可见，即使文本很长。但是，这个选项要跟 Min Font Size 配合使用，文本再缩小，也不会小于设定的 Min Font Size。

接下来的部分用于设置键盘如何显示。

(13) Captitalization：设置大写。下拉菜单中有 4 个选项。

◎ None：不设置大写。

◎ Words：每个单词首字母大写，这里的单词，指的是以空格分开的字符串。

◎ Sentances：每个句子的首字母大写，这里的句子，是以句号加空格分开的字符串。

◎ All Characters：所有字母都大写。

(14) Correction：检查拼写，默认是 YES。

(15) Keyboard：选择键盘类型，比如全数字、字母和数字等。

(16) Return Key：选择返回键，可以选择 Search、Return、Done 等。

(17) Auto-enable Return Key：如选择此项，则只有至少在文本框输入一个字符后，键盘的返回键才有效。

(18) Secure：当文本框用作密码输入框时，可选择这个选项，此时，字符显示为星号。

在 iOS 应用中，可以使用 UITextView 在屏幕中显示文本，并且能够同时显示多行文本。UITextView 的常用属性如下所示。

(1) textColor 属性：设置文本的颜色。

(2) font 属性：设置文本的字体和大小。

(3) editable 属性：如果设置为 YES，可以将这段文本设置为可编辑的。

(4) textAlignment 属性：设置文本的对齐方式，此属性有如下 3 个值。

◎ UITextAlignmentRight：右对齐。

◎ UITextAlignmentCenter：居中对齐。

◎ UITextAlignmentLeft：左对齐。

6.2.2 在屏幕中换行显示文本

在本实例中，使用控件 UITextView 在屏幕中同时显示 12 行文本。并且设置文本的颜色是白色，设置字体大小是 32。

实例 6-3 在屏幕中换行显示文本
源码路径 下载资源\codes\6\wenshi

实例文件 UIKitPrjTextView.m 的具体代码如下所示：

```
#import "UIKitPrjTextView.h"
@implementation UIKitPrjTextView
- (void)viewDidLoad {
    [super viewDidLoad];
    UITextView *textView = [[[UITextView alloc] init] autorelease];
    textView.frame = self.view.bounds;
    textView.autoresizingMask =
      UIViewAutoresizingFlexibleWidth | UIViewAutoresizingFlexibleHeight;
    //textView.editable = NO; //不可编辑

    textView.backgroundColor = [UIColor blackColor]; //背景为黑色
    textView.textColor = [UIColor whiteColor]; //字符为白色
    textView.font = [UIFont systemFontOfSize:32]; //字体的设置
    textView.text = @"学习 UITextView!\n"
                    "第 2 行\n"
                    "第 3 行\n"
                    "4 行\n"
                    "第 5 行\n"
                    "第 6 行\n"
                    "第 7 行\n"
                    "第 8 行\n"
                    "第 9 行\n"
                    "第 10 行\n"
                    "第 11 行\n"
                    "第 12 行\n";
    [self.view addSubview:textView];
}
@end
```

执行后的效果如图 6-5 所示。

图 6-5　执行效果(换行显示)

6.2.3　基于 Swift 使用 UITextView 控件

在本小节的内容中，将通过一个具体实例的实现过程，详细讲解基于 Swift 语言实现显示 UITextView 文本的过程。

实例 6-4　显示 UITextView 文本
源码路径　下载资源\codes\6\Swift-UITextView-Placeholder

(1) 打开 Xcode 6.1，然后新建一个名为“Placeholder Test”的工程，工程的最终目录结构如图 6-6 所示。

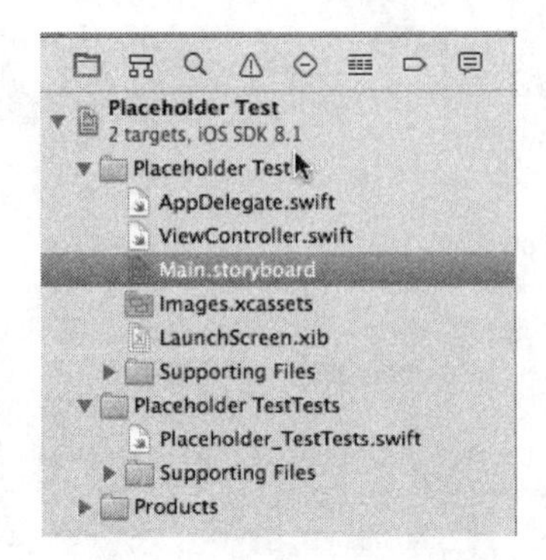

图 6-6　工程的最终目录结构

(2) 打开 Main.storyboard，为本工程设计一个 View Controller 视图界面，如图 6-7 所示。

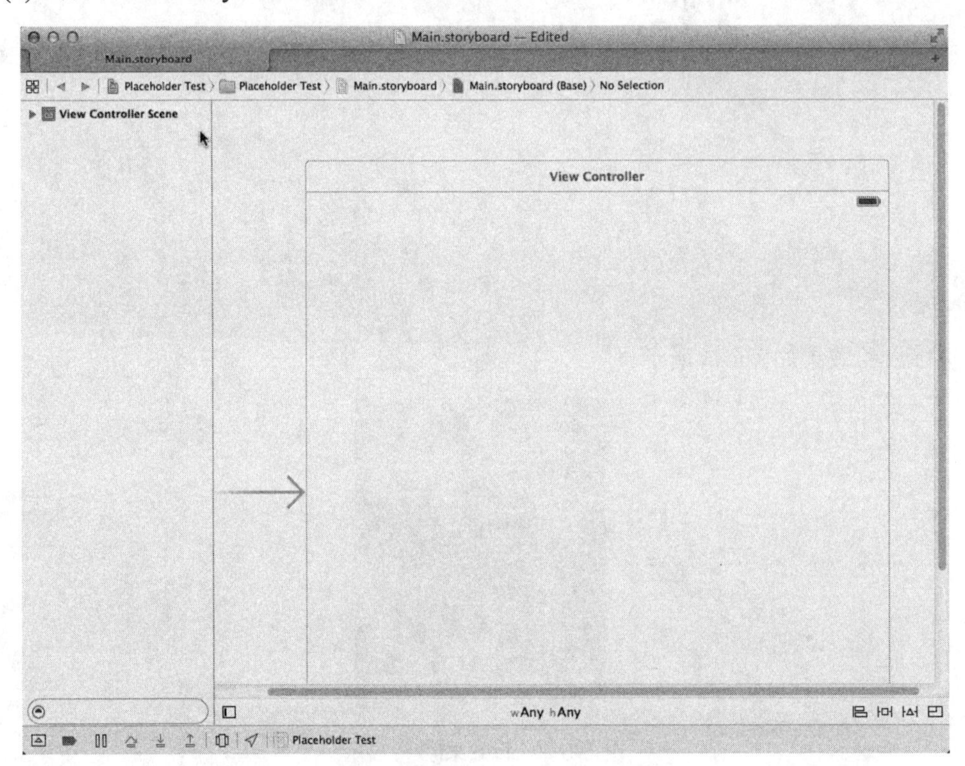

图 6-7　Main.storyboard 中的 View Controller 视图界面

(3) 本实例的程序文件是 ViewController.swift，功能是通过 UITextView 在屏幕中显示指定的文本内容，具体实现代码如下所示：

```
class ViewController: UIViewController, UITextViewDelegate {

   @IBOutlet weak var textView: UITextView!

   override func viewDidLoad() {
      super.viewDidLoad()
      textView.delegate = self
```

```
        if (textView.text == "") {
            textViewDidEndEditing(textView)
        }
        var tapDismiss = UITapGestureRecognizer(target: self, action: "dismissKeyboard")
        self.view.addGestureRecognizer(tapDismiss)
    }

    func dismissKeyboard(){
        textView.resignFirstResponder()
    }

    override func didReceiveMemoryWarning() {
        super.didReceiveMemoryWarning()
        // Dispose of any resources that can be recreated.
    }

    func textViewDidEndEditing(textView: UITextView) {
        if (textView.text == "") {
            textView.text = "Placeholder"
            textView.textColor = UIColor.lightGrayColor()
        }
        textView.resignFirstResponder()
    }

    func textViewDidBeginEditing(textView: UITextView){
        if (textView.text == "Placeholder"){
            textView.text = ""
            textView.textColor = UIColor.blackColor()
        }
        textView.becomeFirstResponder()
    }

}
```

执行后，将在屏幕中显示指定的文本内容，如图 6-8 所示。

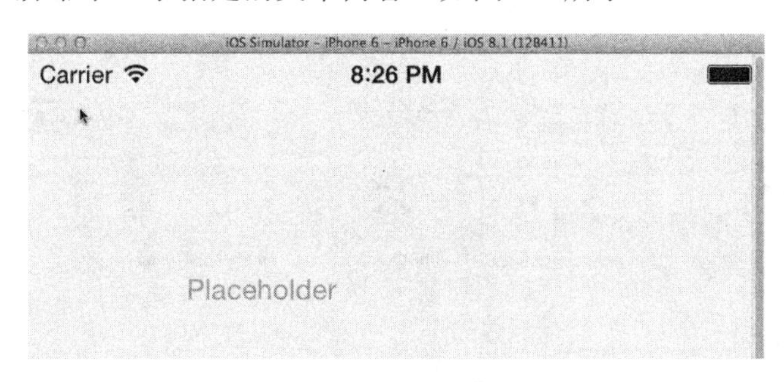

图 6-8　执行效果

6.3　标签(UILabel)

在 iOS 应用中，使用标签(UILabel)可以在视图中显示字符串，这一功能是通过设置其 text 属性实现的。标签中可以控制文本的属性有很多，例如字体、字号、对齐方式以及颜色。

通过标签，可以在视图中显示静态文本，也可显示我们在代码中生成的动态输出。在本节的内容中，将详细讲解标签控件的基本用法。

6.3.1 标签(UILabel)的属性

标签(UILabel)有如下 5 个常用的属性。

(1) font 属性：设置显示文本的字体。

(2) size 属性：设置文本的大小。

(3) backgroundColor 属性：设置背景颜色，并分别使用如下 3 个对齐属性设置文本的对齐方式。

◎ UITextAlignmentLeft：左对齐。

◎ UITextAlignmentCenter：居中对齐。

◎ UITextAlignmentRight：右对齐。

(4) textColor 属性：设置文本的颜色。

(5) adjustsFontSizeToFitWidth 属性：如果设置为 YES，表示文本文字自适应大小。

6.3.2 使用 UILabel 显示一段文本

在本小节下面的内容中，将通过一个简单的实例来说明使用标签(UILabel)的方法。

实例 6-5 在屏幕中用 UILabel 显示一段文本
源码路径 下载资源\codes\6\UILabelDemo

(1) 新打开 Xcode 6.1，建一个名为“UILabelDemo”的 Single View Applicatiom 项目。如图 6-9 所示。

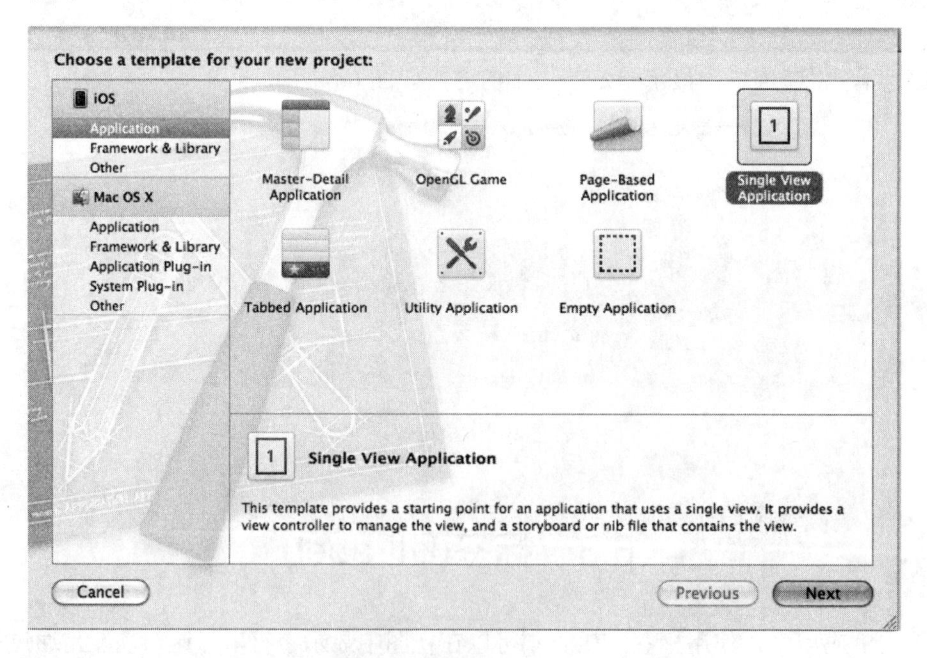

图 6-9 新建 Xcode 项目

(2) 设置新建项目的工程名，然后设置设备为 iPhone，如图 6-10 所示。

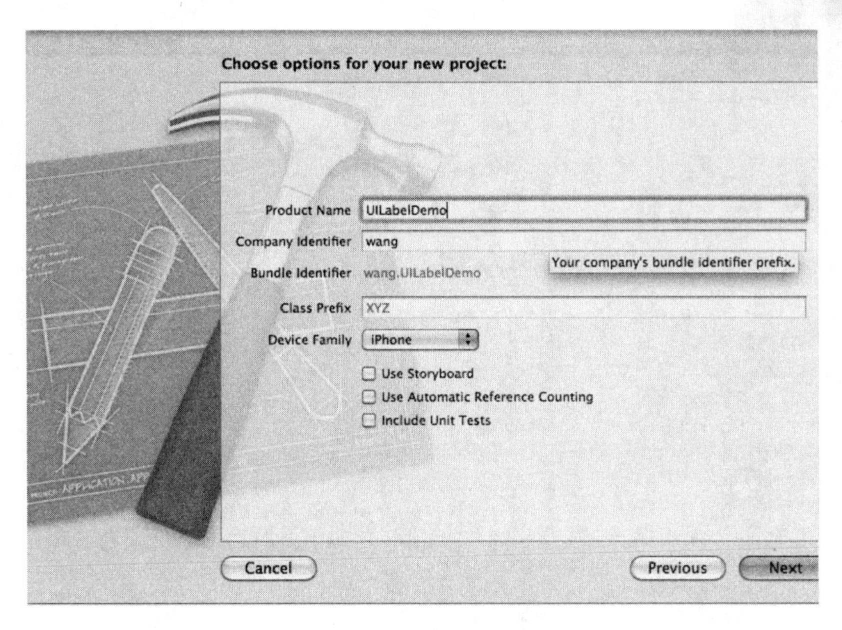

图 6-10　设置设备

(3) 设置一个界面，整个界面为空，效果如图 6-11 所示。

图 6-11　空界面

(4) 编写文件 ViewController.m，在此创建一个 UILabel 对象，并分别设置显示文本的字体、颜色、背景颜色和水平位置等。并且在此文件中使用自定义控件 UILabelEx，此控件可以设置文本的垂直方向位置。

文件 ViewController.m 的实现代码如下所示：

```
- (void)viewDidLoad
{
    [superviewDidLoad];

#if 0
    //创建UILabel对象
    UILabel *label = [[UILabel alloc] initWithFrame:self.view.bounds];
    //设置显示文本
    label.text = @"这是UILabel的例子,";
    //设置文本字体
    label.font = [UIFont fontWithName:@"Arial" size:35];
    //设置文本颜色
    label.textColor = [UIColor yellowColor];
    //设置文本水平显示位置
    label.textAlignment = UITextAlignmentCenter;
    //设置背景颜色
    label.backgroundColor = [UIColor blueColor];
    //设置单词折行方式
    label.lineBreakMode = UILineBreakModeWordWrap;
    //设置label是否可以显示多行，0则显示多行
    label.numberOfLines = 0;
    //根据内容大小，动态设置UILabel的高度
    CGSize size =
      [label.text sizeWithFont:label.font
        constrainedToSize:self.view.bounds.size lineBreakMode:label.lineBreakMode];
    CGRect rect = label.frame;
    rect.size.height = size.height;
    label.frame = rect;
#endif
#if 1
    //使用自定义控件UILabelEx，此控件可以设置文本的垂直方向的位置
    UILabelEx* label = [[UILabelExalloc] initWithFrame:self.view.bounds];
    label.text = @"这是UILabel的例子,";
    label.font = [UIFontfontWithName:@"Arial"size:35];
    label.textColor = [UIColoryellowColor];
    label.textAlignment = UITextAlignmentCenter;
    label.backgroundColor = [UIColorblueColor];
    label.lineBreakMode = UILineBreakModeWordWrap;
    label.numberOfLines = 0;
    label.verticalAlignment = VerticalAlignmentTop; //设置文本垂直方向的顶部对齐

#endif
    //将label对象添加到view中，这样才可以显示
     [self.view addSubview:label];
     [label release];
}
```

(5) 接下来，开始看自定义控件 UILabelEx 的实现过程。首先在文件 UILabelEx.h 中定义一个枚举类型，在里面分别设置了顶部、居中和底部对齐三种类型。具体代码如下所示：

```
#import <UIKit/UIKit.h>
//定义一个枚举类型，顶部，居中，底部对齐，三种类型
typedef enum {
    VerticalAlignmentTop,
    VerticalAlignmentMiddle,
    VerticalAlignmentBottom,
} VerticalAlignment;
@interface UILabelEx : UILabel
{
    VerticalAlignment _verticalAlignment;
```

```
}
@property (nonatomic, assign) VerticalAlignment verticalAlignment;
@end
```

然后看文件 UILabelEx.m，在此设置了文本显示类型，并重写了两个父类。具体代码如下所示：

```
@implementation UILabelEx

@synthesize verticalAlignment = _verticalAlignment;

-(id) initWithFrame:(CGRect)frame
{
    if (self = [super initWithFrame:frame]) {
        self.verticalAlignment = VerticalAlignmentMiddle;
    }

    return  self;
}
 //设置文本显示类型
-(void) setVerticalAlignment:(VerticalAlignment)verticalAlignment
{
    _verticalAlignment = verticalAlignment;
    [selfsetNeedsDisplay];
}
 //重写父类(CGRect) textRectForBounds:(CGRect)bounds
limitedToNumberOfLines:(NSInteger)numberOfLines
-(CGRect) textRectForBounds:(CGRect)bounds
limitedToNumberOfLines:(NSInteger)numberOfLines
{
    CGRect textRect = [supertextRectForBounds:bounds
      limitedToNumberOfLines:numberOfLines];
    switch (self.verticalAlignment) {
        caseVerticalAlignmentTop:
            textRect.origin.y = bounds.origin.y;
            break;

        caseVerticalAlignmentBottom:
            textRect.origin.y =
              bounds.origin.y + bounds.size.height - textRect.size.height;
            break;

        caseVerticalAlignmentMiddle:
        default:
            textRect.origin.y =
              bounds.origin.y + (bounds.size.height - textRect.size.height) / 2.0;
    }
    return  textRect;
}
//重写父类 -(void) drawTextInRect:(CGRect)rect
-(void) drawTextInRect:(CGRect)rect
{
    CGRect realRect =
      [selftextRectForBounds:rect limitedToNumberOfLines:self.numberOfLines];
    [super drawTextInRect:realRect];
}
@end
```

这样，整个实例就讲解完毕，执行后的效果如图 6-12 所示。

图 6-12　执行效果

6.4　按 钮 控 件

在 iOS 应用中，最常见的与用户交互的方式，是检测用户轻按按钮(UIButton)并对此做出反应。按钮在 iOS 中是一个视图元素，用于响应用户在界面中触发的事件。按钮通常用 Touch Up Inside 事件来体现，能够抓取用户用手指按下按钮并在该按钮上松开发生的事件。当检测到事件后，便可能触发相应视图控件中的操作(IBAction)。在本节的内容中，将详细讲解按钮控件的基本知识。

6.4.1　按钮基础

按钮有很多用途，例如，在游戏中触发动画特效，在表单中触发获取信息。虽然到目前为止，我们只使用过一个圆角矩形按钮，但通过使用图像，可对其赋予众多不同的形式。其实，在 iOS 中，可以实现样式各异的按钮效果，并且市面中诞生了各种可用的按钮控件，例如，图 6-13 显示了一个奇异效果的按钮。

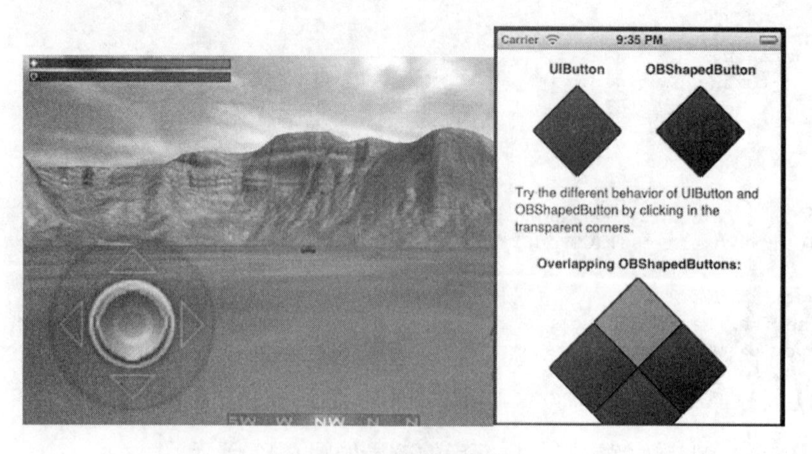

图 6-13　奇异效果的按钮

在 iOS 应用中，使用 UIButton 控件可以实现不同样式的按钮效果。通过使用方法 ButtonWithType，可以指定几种不同的 UIButtonType 的类型常量，用不同的常量，可以显示不同外观样式的按钮。UIButtonType 属性指定了一个按钮的风格，其中有如下几种常用的外观风格。

- UIButtonTypeCustom：无按钮的样式。
- UIButtonTypeRoundedRect：圆角矩形样式的按钮。
- UIButtonTypeDetailDisclosure：详细披露按钮。
- UIButtonTypeInfoLight：信息按钮，有一个浅色背景。
- UIButtonTypeInfoDark：信息按钮，有一个黑暗的背景。
- UIButtonTypeContactAdd：联系人添加按钮。

另外，通过设置 Button 控件的 setTitle:forState:方法，可以设置按钮的状态变化时标题字符串的变化形式。例如，setTitleColor:forState:方法可以设置标题颜色的变化形式，setTitleShadowColor:forState:方法可以设置标题阴影的变化形式。

6.4.2　按下按钮后触发一个事件

在本实例中，设置了一个“触摸试试！”按钮，按钮下后，会执行 buttonDidPush 方法，弹出一个对话框，在对话框中显示“触摸就挨揍！！”。

实例 6-6　按下按钮后触发一个事件
源码路径　下载资源\codes\6\anniu

实例文件 UIKitPrjButtonTap.m 的具体实现代码如下所示：

```
#import "UIKitPrjButtonTap.h"
@implementation UIKitPrjButtonTap
- (void)viewDidLoad {
    [super viewDidLoad];
    UIButton* button = [UIButton buttonWithType:UIButtonTypeRoundedRect];
    [button setTitle:@"触摸试试!" forState:UIControlStateNormal];
    [button sizeToFit];
    [button addTarget:self
          action:@selector(buttonDidPush)
    forControlEvents:UIControlEventTouchUpInside];
    button.center = self.view.center;
    button.autoresizingMask = UIViewAutoresizingFlexibleLeftMargin |
                              UIViewAutoresizingFlexibleRightMargin |
                              UIViewAutoresizingFlexibleTopMargin |
                              UIViewAutoresizingFlexibleBottomMargin;
    [self.view addSubview:button];
}
- (void)buttonDidPush {
    UIAlertView* alert = [[[UIAlertView alloc] init] autorelease];
    alert.message = @"触摸就挨揍!!";
     [alert addButtonWithTitle:@"OK"];
     [alert show];
}
@end
```

执行后的效果如图 6-14 所示。

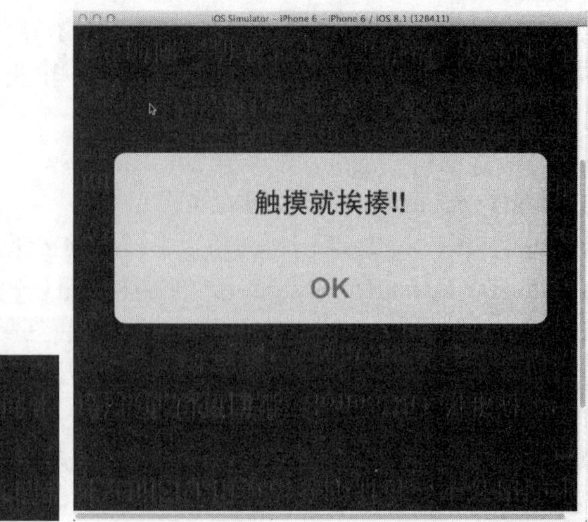

图 6-14　执行效果

6.4.3　基于 Swift 在界面中实现按钮的交互

在本节的内容中，将通过一个具体实例的实现过程，详细讲解使用 Xcode 6 创建 UI 界面的过程。在本实例的界面中插入了一个按钮，并且通过 Swift，编程实现了与这个按钮的交互操作。

实例 6-7　在界面中实现按钮的交互
源码路径　下载资源\codes\6\buttonuse

(1) 打开 Xcode 6 Beat，单击 Create a new Xcode project 选项，如图 6-15 所示。

图 6-15　单击 Create a new Xcode project 选项

(2) 在弹出的界面中，选择 Cocoa Application，如图 6-16 所示。

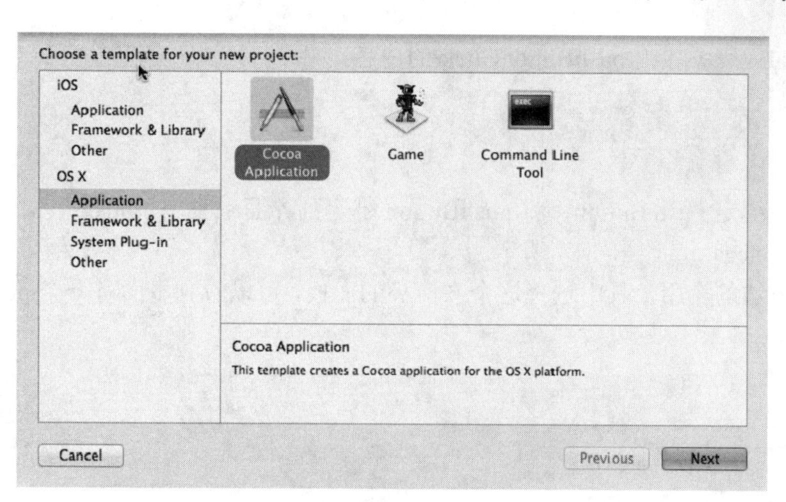

图 6-16　选择 Cocoa Application

(3) 在新界面中输入工程信息，设置工程名为“buttonuse”，设置 Language 选项为 Swift。如图 6-17 所示。

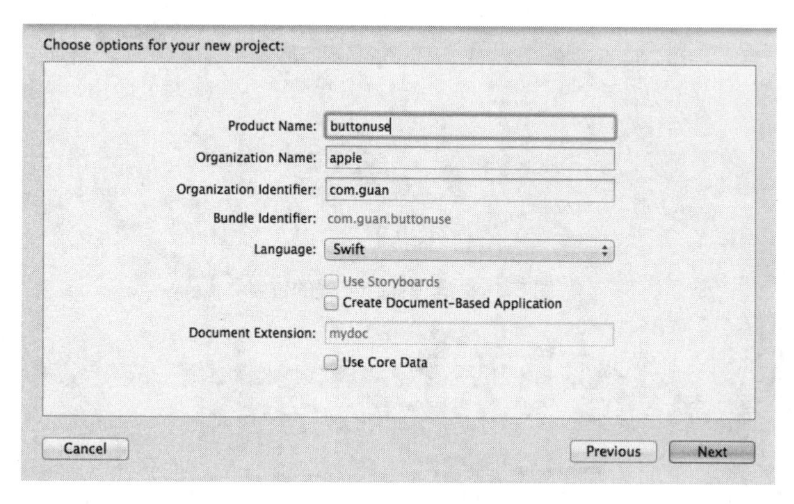

图 6-17　设置工程名和语言类型

(4) 在新界面中选择保存工程的位置，如图 6-18 所示。最终，在 Xcode 6 中会生成一个自动创建的工程文件，如图 6-19 所示。

(5) 开始添加控件，打开 MainMenu.xib 并拖放一个 Push Button，如图 6-20 所示。

(6) 开始添加响应代码，打开文件 AppDelegate.swift，添加 Push Button 对应的变量：

```
@IBOutlet var pushButton: NSButton
```

然后，给 pushButton 添加一个响应事件，也就是添加一个 action，这一功能在函数 applicationDidFinishLaunching 中编写和实现：

```
func applicationDidFinishLaunching(aNotification: NSNotification?) {
    // Insert code here to initialize your application
    pushButton.action = Selector("pushButtonClick")
}
```

将下面的代码添加为 pushButtonClick 的内容。

```
func pushButtonClick() {
    print("Hello , welcome to http://www.sollyu.com")
}
```

(7) 开始绑定 Push Button，将 pushButton 绑定到界面上去。首先打开 MainMenu.xib，并选择 App Delegate，如图 6-21 所示。

(8) 在右边的实用工具中选择这个右箭头的面板，可以看到里面有一个 pushButton，如图 6-22 所示。

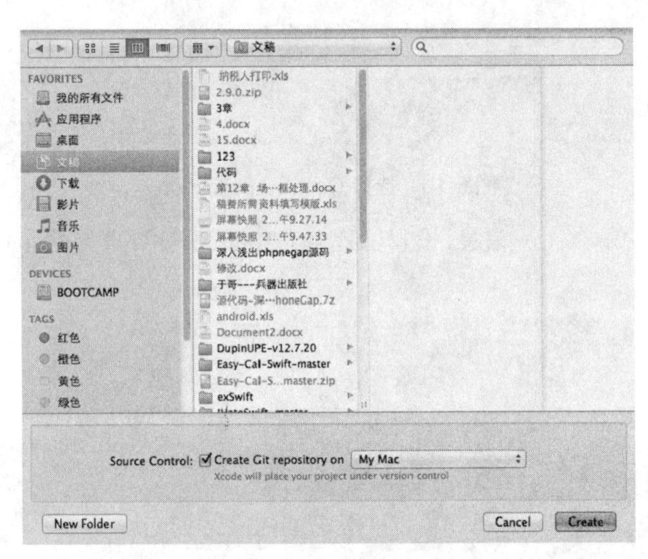

图 6-18 选择保存工程的位置

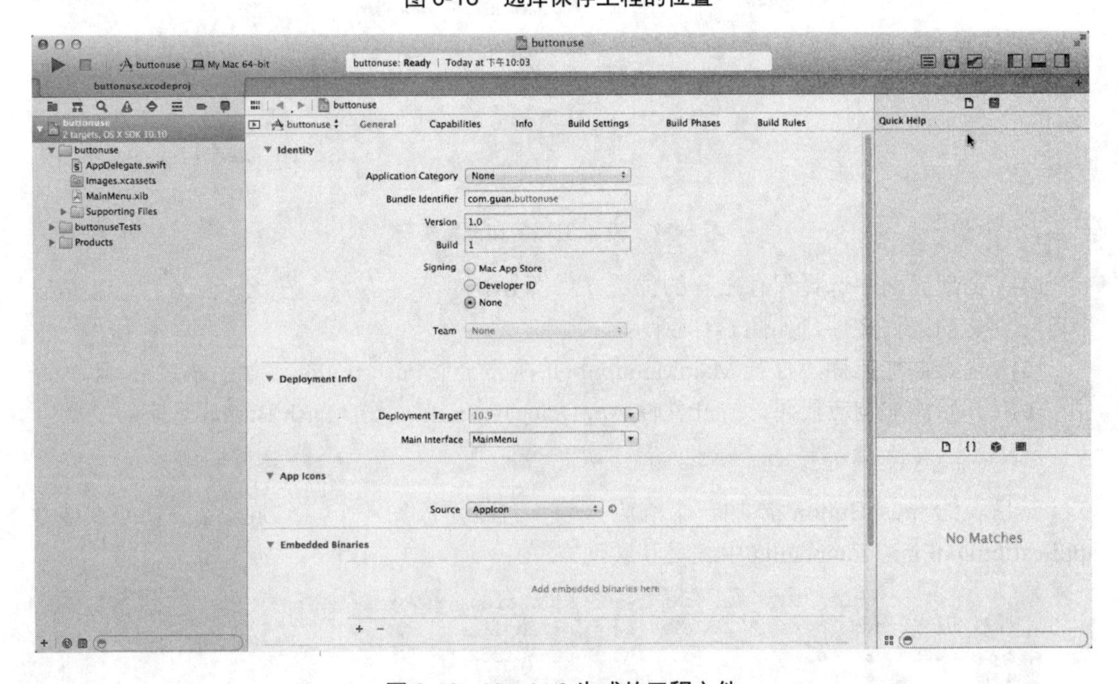

图 6-19 Xcode 6 生成的工程文件

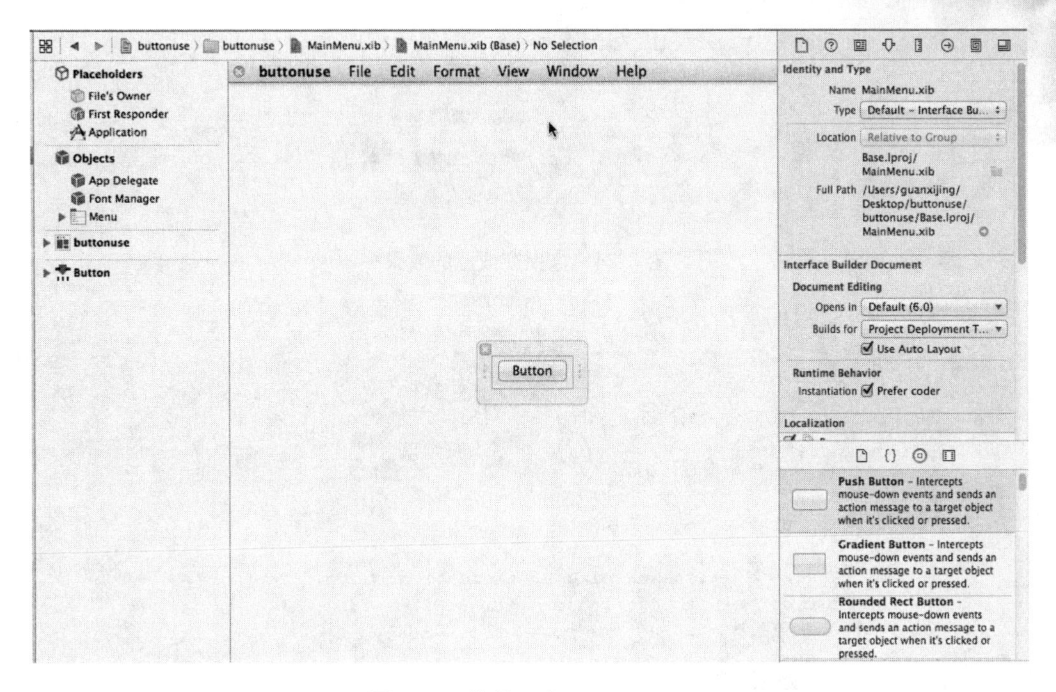

图 6-20　拖放一个 Push Button

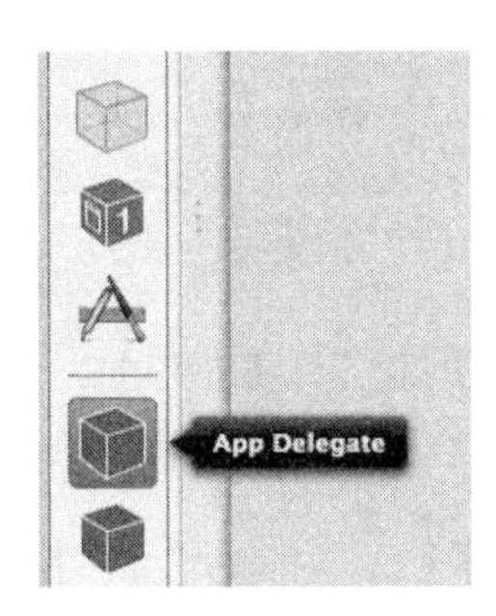

图 6-21　选择 App Delegate

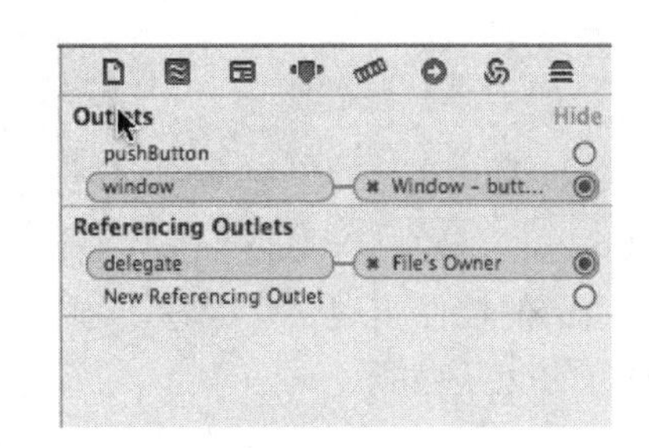

图 6-22　面板中的 pushButton

(9)　拖曳 pushButton 后面的“+”到界面的按钮上，如图 6-23 所示。

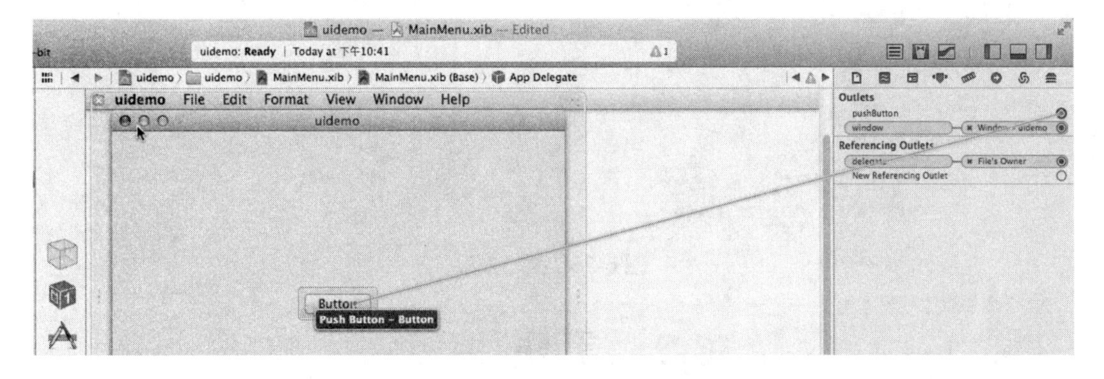

图 6-23　拖曳 pushButton 后面的“+”

拖曳完成后的效果如图 6-24 所示。

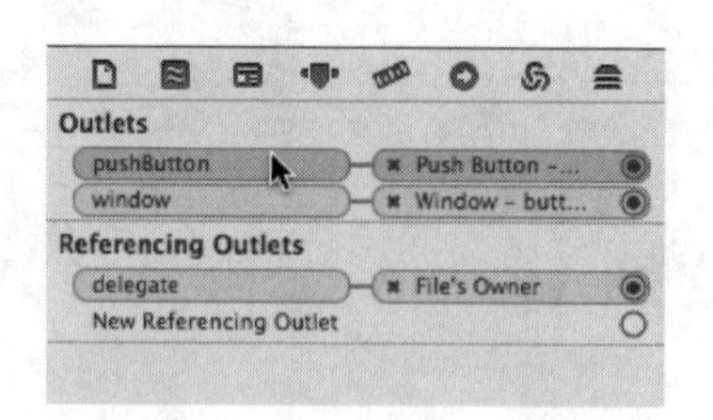

图 6-24　拖曳完成后的效果

最终整理后的代码如下所示：

```
import Cocoa

class AppDelegate: NSObject, NSApplicationDelegate {

    @IBOutlet var window: NSWindow

    @IBOutlet var pushButton: NSButton

    func applicationDidFinishLaunching(aNotification: NSNotification?) {
        // Insert code here to initialize your application
        pushButton.action = Selector("pushButtonClick")
    }
    func pushButtonClick(){
        print("Hello , welcome to http://www.sohu.com")
    }

    func applicationWillTerminate(aNotification: NSNotification?) {
        // Insert code here to tear down your application
    }
}
```

由此可见，通过 Xcode 6 的界面设计器，不但可以方便地设计 UI 界面，而且可以方便地与界面中的控件实现交互处理。本实例的最终执行效果如图 6-25 所示，单击按钮后，会实现简单的交互功能。

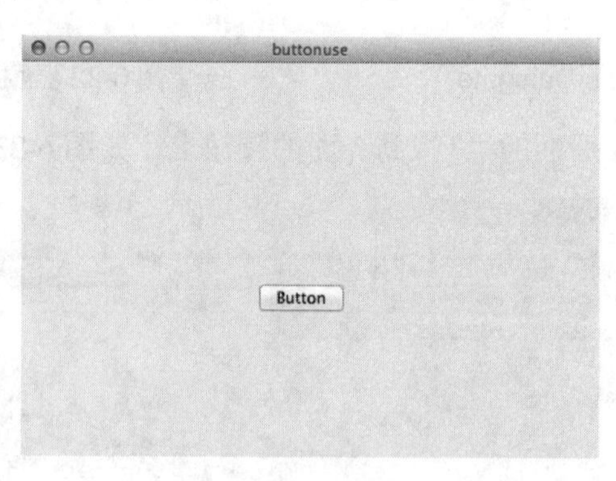

图 6-25　执行效果

6.5　滑块控件

滑块(UISlider)是常用的界面组件，让用户可以通过可视化方式设置指定范围内的值。假设想让用户提高或降低速度，采取让用户输入值的方式并不合理，可以提供一个如图 6-26

所示的滑块，让用户能够轻按并来回拖曳。在幕后将设置一个 value 属性，应用程序可使用它来设置速度。这并不要求用户理解幕后的细节，也不需要用户执行除使用手指拖曳之外的其他操作。

图 6-26　使用滑块来收集特定范围内的值

与按钮一样，滑块也能响应事件，还可像文本框一样被读取。如果希望用户对滑块的调整立刻影响应用程序，则需要让它触发操作。

滑块为用户提供了一种可见的针对范围的调整方法，可以通过拖动一个滑动条改变它的值，并且可以对其配置，以适合不同的值域。我们可以设置滑块值的范围，也可以在两端加上图片，以及进行各种调整，让它更美观。滑块非常适合用于表示在很大范围(但不精确)的数值中进行选择，比如音量设置、灵敏度控制等诸如此类的用途。

UISlider 控件的常用属性如下所示。

- minimumValue 属性：设置滑块的最小值。
- maximumValue 属性：设置滑块的最大值。
- UIImage 属性：为滑块设置表示放大和缩小的图像素材。

6.5.1　使用滑块控件的基本方法

在接下来的内容中，将详细介绍使用 UISlider 控件的基本方法。

(1)　创建

滑块是一个标准的 UIControl，我们可以通过代码来创建它，例如：

```
UISlider *mySlider = [[UISlider alloc]
initWithFrame:CGRectMake(20.0, 6.0, 200.0, 0.0)]; //高度设为0即可
```

(2)　设定范围与默认值

创建完毕的同时，需要设置滑块的范围，如果没有设置，那么会使用默认的 0.0~1.0 之间的值。UISlider 提供了两个属性来设置范围：mininumValue 和 maxinumValue。例如：

```
mySlider.mininumValue = 0.0; //下限
mySlider.maxinumValue = 50.0; //上限
```

同时，也可以为滑块设定一个默认值，例如：

```
mySlider.value = 22.0;
```

(3)　两端添加图片

滑块可以在任何一端显示图像。添加图像后，会导致滑动条缩短，所以，要记得在创建的时候增加滑块的宽度来适应图像。两端添加图片的例子如下：

```
[mySlider setMininumTrackImage: [UIImage applicationImageNamed:@"min.png"] forState:
UIControlStateNormal];
[mySlider setMaxinumTrackImage: [UIImage applicationImageNamed:@"max.png"] forState:
UIControlStateNormal];
```

我们可以根据滑块的各种不同状态显示不同的图像。下面是可用的状态：

◎ UIControlStateNormal
◎ UIControlStateHighlighted
◎ UIControlStateDisabled
◎ UIControlStateDisabled
◎ UIControlStateSelected

(4) 显示控件

例如：

```
[parentView addSubview:myslider]; //添加到父视图
```

或者：

```
[self.navigationItem.titleView addSubview:myslider]; //添加到导航栏
```

(5) 读取控件值

例如：

```
float value = mySlider.value;
```

(6) 通知

要想在滑块值改变的时候收到通知，我们可以使用 UIControl 类的 addTarget 方法，为 UIControlEventValueChanged 事件添加一个动作：

```
[mySlider addTarget:self action:@selector(sliderValueChanged:)
forControlEventValueChanged];
```

只要滑块停放到新的位置，我们的动作方法就会被调用：

```
- (void) sliderValueChanged:(id)sender {
    UISlider *control = (UISlider*)sender;
    if(control == mySlider) {
        float value = control.value;
        /* 添加自己的处理代码 */
    }
}
```

如果要在拖动中也触发，需要设置滑块的 continuous 属性：

```
mySlider.continuous = YES;
```

这个通知最简单的一个用法就是实时显示滑块的值。

6.5.2 实现各种各样的滑块

在本节的内容中，将通过一个简单的实例来说明使用 UISlider 控件的方法。

实例 6-8 在屏幕中使用各种各样的滑块
源码路径 下载资源\codes\6\test_project

(1) 打开 Xcode，新建一个名为“test_project”的工程，如图 6-27 所示。

(2) 准备一幅名为 circularSliderThumbImage.png 的图片作为素材，如图 6-28 所示。

(3) 设计 UI 界面，在界面中设置如下 3 个控件。

◎ UISlider：放在界面的顶部，用于实现滑块功能。

◎ UIProgressView：这是一个进度条控件，放在界面中间，能够实现进度条效果。

◎ UICircularSlider：这是一个自定义滑块控件，放在界面底部，能够实现圆环状的滑块效果。

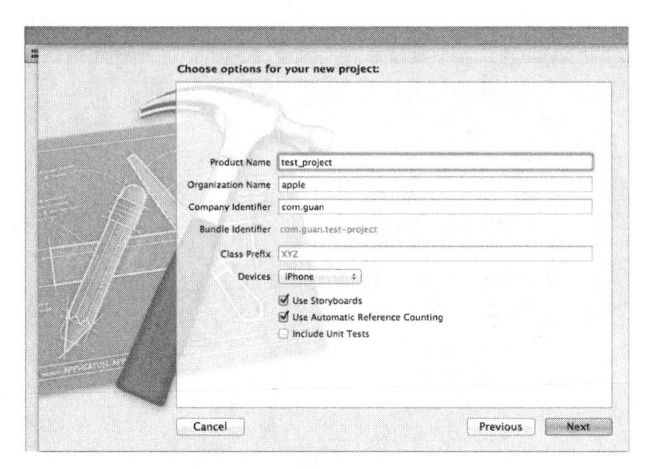

图 6-27 新建 Xcode 工程

图 6-28 素材图片

最终的 UI 界面效果如图 6-29 所示。

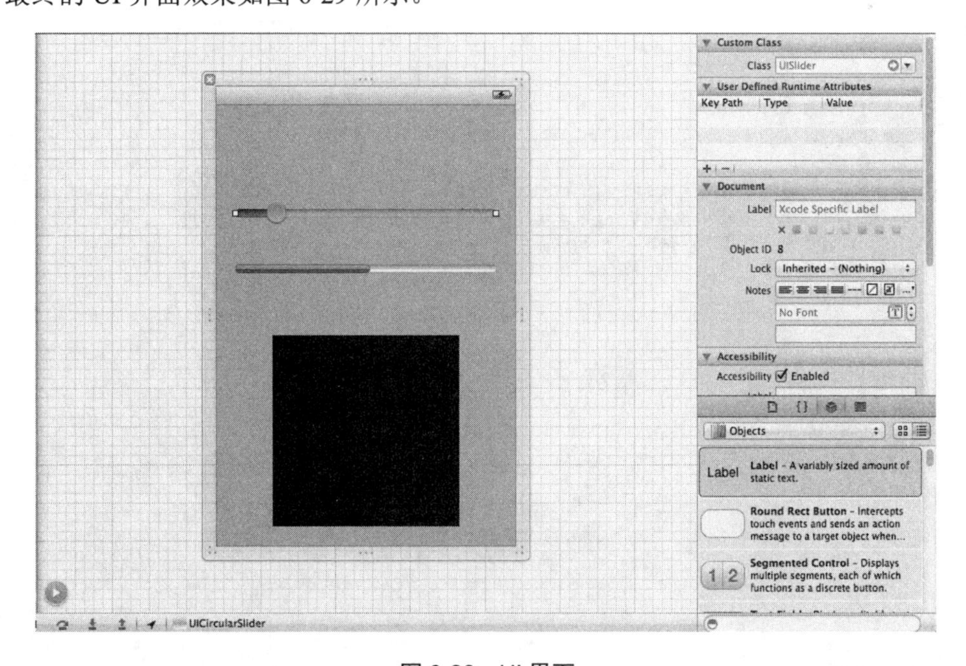

图 6-29 UI 界面

(4) 看文件 UICircularSlider.m 的源码，此文件是 UICircularSlider Library 的一部分，这里的 UICircularProgressView 是一款自由软件，读者可以免费获取这个软件，并且可以重新发布和修改使用。此文件的最终代码如下所示：

```
#import "UICircularSlider.h"
@interface UICircularSlider()
@property (nonatomic) CGPoint thumbCenterPoint;
#pragma mark - Init and Setup methods
- (void)setup;

#pragma mark - Thumb management methods
- (BOOL)isPointInThumb:(CGPoint)point;

#pragma mark - Drawing methods
- (CGFloat)sliderRadius;
- (void)drawThumbAtPoint:(CGPoint)sliderButtonCenterPoint
inContext:(CGContextRef)context;
- (CGPoint)drawCircularTrack:(float)track atPoint:(CGPoint)point
withRadius:(CGFloat)radius inContext:(CGContextRef)context;
- (CGPoint)drawPieTrack:(float)track atPoint:(CGPoint)point
    withRadius:(CGFloat)radius inContext:(CGContextRef)context;

@end

#pragma mark -
@implementation UICircularSlider

@synthesize value = _value;
- (void)setValue:(float)value {
     if (value != _value) {
          if (value > self.maximumValue) { value = self.maximumValue; }
          if (value < self.minimumValue) { value = self.minimumValue; }
          _value = value;
          [self setNeedsDisplay];
          [self sendActionsForControlEvents:UIControlEventValueChanged];
     }
}
@synthesize minimumValue = _minimumValue;
- (void)setMinimumValue:(float)minimumValue {
     if (minimumValue != _minimumValue) {
          _minimumValue = minimumValue;
          if (self.maximumValue < self.minimumValue)
           { self.maximumValue = self.minimumValue; }
          if (self.value < self.minimumValue)
           { self.value = self.minimumValue; }
     }
}
@synthesize maximumValue = _maximumValue;
- (void)setMaximumValue:(float)maximumValue {
     if (maximumValue != _maximumValue) {
          _maximumValue = maximumValue;
          if (self.minimumValue > self.maximumValue)
            { self.minimumValue = self.maximumValue; }
          if (self.value > self.maximumValue)
            { self.value = self.maximumValue; }
     }
}

@synthesize minimumTrackTintColor = _minimumTrackTintColor;
- (void)setMinimumTrackTintColor:(UIColor *)minimumTrackTintColor {
```

```
    if (![minimumTrackTintColor isEqual:_minimumTrackTintColor]) {
        _minimumTrackTintColor = minimumTrackTintColor;
        [self setNeedsDisplay];
    }
}

@synthesize maximumTrackTintColor = _maximumTrackTintColor;
- (void)setMaximumTrackTintColor:(UIColor *)maximumTrackTintColor {
    if (![maximumTrackTintColor isEqual:_maximumTrackTintColor]) {
        _maximumTrackTintColor = maximumTrackTintColor;
        [self setNeedsDisplay];
    }
}

@synthesize thumbTintColor = _thumbTintColor;
- (void)setThumbTintColor:(UIColor *)thumbTintColor {
    if (![thumbTintColor isEqual:_thumbTintColor]) {
        _thumbTintColor = thumbTintColor;
        [self setNeedsDisplay];
    }
}

@synthesize continuous = _continuous;

@synthesize sliderStyle = _sliderStyle;
- (void)setSliderStyle:(UICircularSliderStyle)sliderStyle {
    if (sliderStyle != _sliderStyle) {
        _sliderStyle = sliderStyle;
        [self setNeedsDisplay];
    }
}

@synthesize thumbCenterPoint = _thumbCenterPoint;

/** @name Init and Setup methods */
#pragma mark - Init and Setup methods
- (id)initWithFrame:(CGRect)frame {
   self = [super initWithFrame:frame];
   if (self) {
      [self setup];
   }
   return self;
}
- (void)awakeFromNib {
    [self setup];
}

- (void)setup {
    self.value = 0.0;
    self.minimumValue = 0.0;
    self.maximumValue = 1.0;
    self.minimumTrackTintColor = [UIColor blueColor];
    self.maximumTrackTintColor = [UIColor whiteColor];
    self.thumbTintColor = [UIColor darkGrayColor];
    self.continuous = YES;
    self.thumbCenterPoint = CGPointZero;

    UITapGestureRecognizer *tapGestureRecognizer = [[UITapGestureRecognizer alloc]
     initWithTarget:self action:@selector(tapGestureHappened:)];
    [self addGestureRecognizer:tapGestureRecognizer];
```

```
    UIPanGestureRecognizer *panGestureRecognizer = [[UIPanGestureRecognizer alloc]
     initWithTarget:self action:@selector(panGestureHappened:)];
    panGestureRecognizer.maximumNumberOfTouches =
     panGestureRecognizer.minimumNumberOfTouches;
    [self addGestureRecognizer:panGestureRecognizer];
}

/** @name Drawing methods */
#pragma mark - Drawing methods
#define kLineWidth 5.0
#define kThumbRadius 12.0
- (CGFloat)sliderRadius {
    CGFloat radius = MIN(self.bounds.size.width/2, self.bounds.size.height/2);
    radius -= MAX(kLineWidth, kThumbRadius);
    return radius;
}
- (void)drawThumbAtPoint:(CGPoint)sliderButtonCenterPoint
   inContext:(CGContextRef)context {
    UIGraphicsPushContext(context);
    CGContextBeginPath(context);

    CGContextMoveToPoint(context, sliderButtonCenterPoint.x,
     sliderButtonCenterPoint.y);
    CGContextAddArc(context, sliderButtonCenterPoint.x, sliderButtonCenterPoint.y,
     kThumbRadius, 0.0, 2*M_PI, NO);

    CGContextFillPath(context);
    UIGraphicsPopContext();
}
- (CGPoint)drawCircularTrack:(float)track atPoint:(CGPoint)center
  withRadius:(CGFloat)radius inContext:(CGContextRef)context {
    UIGraphicsPushContext(context);
    CGContextBeginPath(context);

    float angleFromTrack = translateValueFromSourceIntervalToDestinationInterval(
     track, self.minimumValue, self.maximumValue, 0, 2*M_PI);

    CGFloat startAngle = -M_PI_2;
    CGFloat endAngle = startAngle + angleFromTrack;
    CGContextAddArc(context, center.x, center.y, radius, startAngle, endAngle, NO);

    CGPoint arcEndPoint = CGContextGetPathCurrentPoint(context);

    CGContextStrokePath(context);
    UIGraphicsPopContext();

    return arcEndPoint;
}
- (CGPoint)drawPieTrack:(float)track atPoint:(CGPoint)center withRadius:(CGFloat)radius
   inContext:(CGContextRef)context {
    UIGraphicsPushContext(context);

    float angleFromTrack = translateValueFromSourceIntervalToDestinationInterval(
     track, self.minimumValue, self.maximumValue, 0, 2*M_PI);

    CGFloat startAngle = -M_PI_2;
    CGFloat endAngle = startAngle + angleFromTrack;
    CGContextMoveToPoint(context, center.x, center.y);
    CGContextAddArc(context, center.x, center.y, radius, startAngle, endAngle, NO);

    CGPoint arcEndPoint = CGContextGetPathCurrentPoint(context);
```

```
    CGContextClosePath(context);
    CGContextFillPath(context);
    UIGraphicsPopContext();

    return arcEndPoint;
}
- (void)drawRect:(CGRect)rect {
    CGContextRef context = UIGraphicsGetCurrentContext();

    CGPoint middlePoint;
    middlePoint.x = self.bounds.origin.x + self.bounds.size.width/2;
    middlePoint.y = self.bounds.origin.y + self.bounds.size.height/2;

    CGContextSetLineWidth(context, kLineWidth);

    CGFloat radius = [self sliderRadius];
    switch (self.sliderStyle) {
        case UICircularSliderStylePie:
            [self.maximumTrackTintColor setFill];
            [self drawPieTrack:self.maximumValue
              atPoint:middlePoint withRadius:radius inContext:context];
            [self.minimumTrackTintColor setStroke];
            [self drawCircularTrack:self.maximumValue
              atPoint:middlePoint withRadius:radius inContext:context];
            [self.minimumTrackTintColor setFill];
            self.thumbCenterPoint = [self drawPieTrack:self.value atPoint:middlePoint
              withRadius:radius inContext:context];
            break;
        case UICircularSliderStyleCircle:
        default:
            [self.maximumTrackTintColor setStroke];
            [self drawCircularTrack:self.maximumValue atPoint:middlePoint
              withRadius:radius inContext:context];
            [self.minimumTrackTintColor setStroke];
            self.thumbCenterPoint = [self drawCircularTrack:self.value
              atPoint:middlePoint withRadius:radius inContext:context];
            break;
    }

    [self.thumbTintColor setFill];
    [self drawThumbAtPoint:self.thumbCenterPoint inContext:context];
}

/** @name Thumb management methods */
#pragma mark - Thumb management methods
- (BOOL)isPointInThumb:(CGPoint)point {
    CGRect thumbTouchRect = CGRectMake(self.thumbCenterPoint.x - kThumbRadius,
      self.thumbCenterPoint.y - kThumbRadius, kThumbRadius*2, kThumbRadius*2);
    return CGRectContainsPoint(thumbTouchRect, point);
}

/** @name UIGestureRecognizer management methods */
#pragma mark - UIGestureRecognizer management methods
- (void)panGestureHappened:(UIPanGestureRecognizer *)panGestureRecognizer {
    CGPoint tapLocation = [panGestureRecognizer locationInView:self];
    switch (panGestureRecognizer.state) {
        case UIGestureRecognizerStateChanged: {
            CGFloat radius = [self sliderRadius];
            CGPoint sliderCenter = CGPointMake(self.bounds.size.width/2,
              self.bounds.size.height/2);
```

```
            CGPoint sliderStartPoint = CGPointMake(sliderCenter.x, sliderCenter.y - radius);
            CGFloat angle =
              angleBetweenThreePoints(sliderCenter, sliderStartPoint, tapLocation);

            if (angle < 0) {
                angle = -angle;
            }
            else {
                angle = 2*M_PI - angle;
            }

            self.value = translateValueFromSourceIntervalToDestinationInterval(
              angle, 0, 2*M_PI, self.minimumValue, self.maximumValue);
            break;
        }
        default:
            break;
    }
}
- (void)tapGestureHappened:(UITapGestureRecognizer *)tapGestureRecognizer {
    if (tapGestureRecognizer.state == UIGestureRecognizerStateEnded) {
        CGPoint tapLocation = [tapGestureRecognizer locationInView:self];
        if ([self isPointInThumb:tapLocation]) {
        }
        else {
        }
    }
}
@end

/** @name Utility Functions */
#pragma mark - Utility Functions
float translateValueFromSourceIntervalToDestinationInterval(float sourceValue,
  float sourceIntervalMinimum, float sourceIntervalMaximum,
  float destinationIntervalMinimum, float destinationIntervalMaximum) {
    float a, b, destinationValue;
    a = (destinationIntervalMaximum - destinationIntervalMinimum) /
        (sourceIntervalMaximum - sourceIntervalMinimum);
    b = destinationIntervalMaximum - a*sourceIntervalMaximum;
    destinationValue = a*sourceValue + b;
    return destinationValue;
}

CGFloat angleBetweenThreePoints(CGPoint centerPoint, CGPoint p1, CGPoint p2) {
    CGPoint v1 = CGPointMake(p1.x - centerPoint.x, p1.y - centerPoint.y);
    CGPoint v2 = CGPointMake(p2.x - centerPoint.x, p2.y - centerPoint.y);
    CGFloat angle = atan2f(v2.x*v1.y - v1.x*v2.y, v1.x*v2.x + v1.y*v2.y);
    return angle;
}
```

(5) 再看文件 UICircularSliderViewController.m，也是借助了 UICircularProgressView 自由软件，读者可以从网络中免费获取 UICircularProgressView。此文件的最终代码如下所示：

```
#import "UICircularSliderViewController.h"
#import "UICircularSlider.h"
@interface UICircularSliderViewController()
@property (unsafe_unretained, nonatomic) IBOutlet UISlider *slider;
@property (unsafe_unretained, nonatomic) IBOutlet UIProgressView *progressView;
@property (unsafe_unretained, nonatomic) IBOutlet UICircularSlider *circularSlider;
@end
```

```
@implementation UICircularSliderViewController
@synthesize slider = _slider;
@synthesize progressView = _progressView;
@synthesize circularSlider = _circularSlider;

- (void)viewDidLoad {
    [super viewDidLoad];
    [self.circularSlider addTarget:self action:@selector(updateProgress:)
      forControlEvents:UIControlEventValueChanged];
    [self.circularSlider setMinimumValue:self.slider.minimumValue];
    [self.circularSlider setMaximumValue:self.slider.maximumValue];
}
- (void)viewDidUnload {
    [self setProgressView:nil];
    [self setCircularSlider:nil];
    [self setSlider:nil];
    [super viewDidUnload];
}
- (BOOL)shouldAutorotateToInterfaceOrientation:(UIInterfaceOrientation)
  interfaceOrientation {
     return YES;
}
- (IBAction)updateProgress:(UISlider *)sender {
    float progress = translateValueFromSourceIntervalToDestinationInterval(
      sender.value, sender.minimumValue, sender.maximumValue, 0.0, 1.0);
    [self.progressView setProgress:progress];
    [self.circularSlider setValue:sender.value];
    [self.slider setValue:sender.value];
}
@end
```

这样，整个实例就介绍完毕了，执行后的效果如图 6-30 所示。

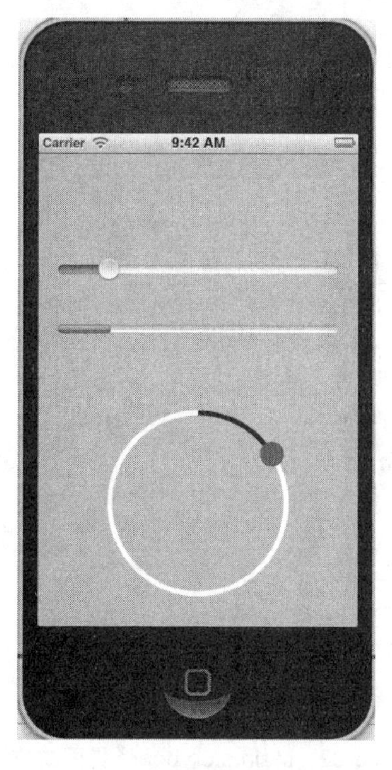

图 6-30　执行效果

6.5.3 使用 Swift 实现 UISlider 控件效果

在本小节的内容中，将通过一个具体实例的实现过程，详细讲解用 Swift 实现 UISlider 控件效果的过程。

实例 6-9 使用 Swift 语言实现 UISlider 控件效果
源码路径 下载资源\codes\6\fibo_swift_ui

(1) 打开 Xcode 6，然后新建一个名为“Fibonacci”的工程，此工程的最终目录结构如图 6-31 所示。

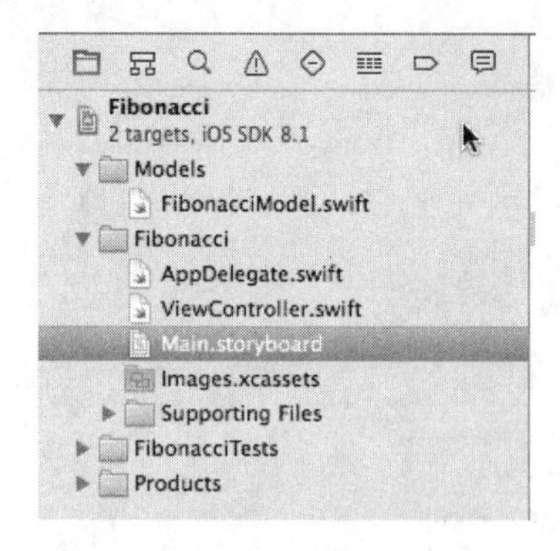

图 6-31 工程的目录结构

(2) 打开 Main.storyboard，为本工程设计一个视图界面，在里面分别插入 Horizontal Slider 控件、Label 控件和 Text 控件，如图 6-32 所示。

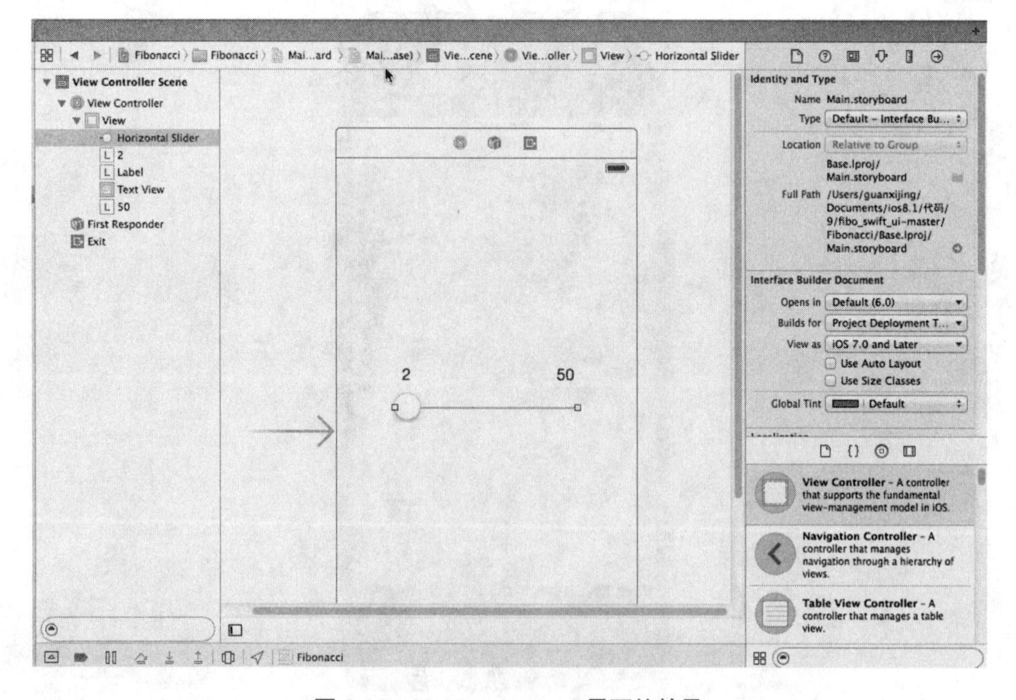

图 6-32 Main.storyboard 界面的效果

(3)　编写类文件 FibonacciModel.swift，通过 calculateFibonacciNumbers 计算斐波那契数值，具体实现代码如下所示：

```
import Foundation

public class FibonacciModel {

    public init () {}

    public func calculateFibonacciNumbers (minimum2 endOfSequence:Int) -> Array<Int> {

        //初始值属性
        var sequence : [Int] = [1,1]

        for number in 2..<endOfSequence {

            var newFibonacciNumber = sequence[number-1] + sequence[number-2]
            sequence.append(newFibonacciNumber)
        }

        return sequence
    }
}
```

(4)　编写文件 ViewController.swift，监听滑动条数值的变动，并及时显示滑块中的更新值。文件 ViewController.swift 的具体实现代码如下所示：

```
import UIKit

class ViewController: UIViewController {
    @IBOutlet weak var theSlider: UISlider!

    @IBOutlet weak var outputTextView: UITextView!
    @IBOutlet weak var selectedValueLabel: UILabel!
    var fibo: FibonacciModel = FibonacciModel()

    override func viewDidLoad() {
        super.viewDidLoad()
    }

    override func didReceiveMemoryWarning() {
        super.didReceiveMemoryWarning()
        // Dispose of any resources that can be recreated
    }

    func addASlider() {
    }

    @IBAction func sliderValueDidChange(sender: UISlider) {

    //func sliderValueDidChange () {

        var returnedArray: [Int] = []
        var formattedOutput:String = ""

        //显示更新的滑块值
        self.selectedValueLabel!.text = String(Int(theSlider!.value))

        //Calculate the Fibonacci elements based on the new slider value
```

```
        returnedArray = self.fibo.calculateFibonacciNumbers(minimum2: Int(theSlider!.value))

        //Put the elements in a nicely formatted array
        for number in returnedArray {
            formattedOutput = formattedOutput + String(number) + ", "
        }

        //Update the textfield with the formatted array
        self.outputTextView!.text = formattedOutput
    }
}
```

本实例执行后，将在屏幕中实现一个滑动条效果，如图 6-33 所示。

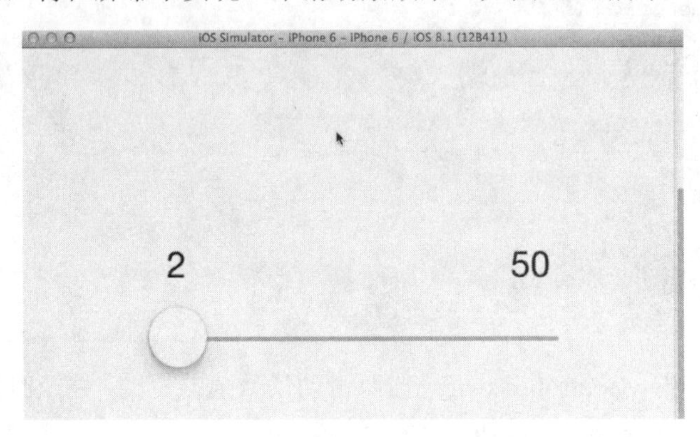

图 6-33　执行效果

6.6　图像视图控件(UIImageView)

在 iOS 应用中，图像视图(UIImageView)用于显示图像。可以将图像视图加入到应用程序中，并用于向用户呈现信息。UIImageView 实例还可以创建简单的基于帧的动画，其中包括开始、停止和设置动画播放速度的控件。在使用 Retina 屏幕的设备中，图像视图可利用其高分辨率屏幕。令开发人员兴奋的是，我们无须编写任何特殊代码，无须检查设备类型，而只须将多幅图像加入到项目中，图像视图就将在正确的时间加载正确的图像。

6.6.1　UIImageView 的常用操作

UIImageView 是用来放置图片的，当使用 Interface Builder 设计界面时，可以直接将控件拖进去并设置相关的属性。

1. 创建一个 UIImageView

在 iOS 应用中，有如下 5 种创建一个 UIImageView 对象的方法：

```
UIImageView *imageView1 = [[UIImageView alloc] init];
UIImageView *imageView2 = [[UIImageView alloc] initWithFrame:(CGRect)];
UIImageView *imageView3 = [[UIImageView alloc] initWithImage:(UIImage *)];
UIImageView *imageView4 =
  [[UIImageView alloc] initWithImage:(UIImage *) highlightedImage:(UIImage *)];
UIImageView *imageView5 = [[UIImageView alloc] initWithCoder:(NSCoder *)];
```

其中比较常用的是前 3 个，当第 4 个 ImageView 的 highlighted 属性是 YES 时，显示的就是参数 highlightedImage，一般情况下显示的是第一个参数 UIImage。

2．frame 和 bounds 属性

在上述创建 UIImageView 的 5 种方法中，第 2 个方法是在创建时就设定位置和大小。当以后想改变位置时，可以重新设定 frame 属性：

```
imageView.frame = CGRectMake(CGFloat x, CGFloat y, CGFloat width, CGFloat heigth);
```

在此需要注意 UIImageView 还有一个 bounds 属性：

```
imageView.bounds = CGRectMake(CGFloat x, CGFloat y, CGFloat width, CGFloat heigth);
```

这个属性跟 frame 有一点区别：frame 属性用于设置其位置和大小，而 bounds 属性只能设置其大小，其参数中的 x、y 不起作用。即便是先前没有设定 frame 属性，控件最终的位置也不是 bounds 所设定的参数。bounds 实现的是将 UIImageView 控件以原来的中心为中心进行缩放。

例如，有如下代码：

```
imageView.frame = CGRectMake(0, 0, 320, 460);
imageView.bounds = CGRectMake(100, 100, 160, 230);
```

执行后，这个 imageView 的位置和大小是(80，115，160，230)。

3．contentMode 属性

这个属性用来设置图片的显示方式，如居中、居右，是否缩放等，有以下一些常量可供设定：

- UIViewContentModeScaleToFill
- UIViewContentModeScaleAspectFit
- UIViewContentModeScaleAspectFill
- UIViewContentModeRedraw
- UIViewContentModeCenter
- UIViewContentModeTop
- UIViewContentModeBottom
- UIViewContentModeLeft
- UIViewContentModeRight
- UIViewContentModeTopLeft
- UIViewContentModeTopRight
- UIViewContentModeBottomLeft
- UIViewContentModeBottomRight

在上述常量中，凡是没有带 Scale 的，当图片尺寸超过 ImageView 尺寸时，只有部分显示在 ImageView 中。

UIViewContentModeScaleToFill 属性会导致图片变形。

UIViewContentModeScaleAspectFit 会保证图片比例不变，而且全部显示在 ImageView 中，这意味着 ImageView 会有部分空白。

UIViewContentModeScaleAspectFill 也会保证图片比例不变，却是填充整个 ImageView 的，可能只有部分图片显示出来。

其中，前 3 个效果如图 6-34 所示。

图 6-34　显示效果

4. 更改位置

要更改一个 UIImageView 的位置，可以通过如下三种方式来实现。

(1)　直接修改其 frame 属性。

(2)　修改其 center 属性：

```
imageView.center = CGPointMake(CGFloat x, CGFloat y);
```

center 属性指的就是这个 ImageView 的中间点。

(3)　使用 transform 属性：

```
imageView.transform = CGAffineTransformMakeTranslation(CGFloat dx, CGFloat dy);
```

其中，dx 与 dy 表示想要往 x 或者 y 方向移动多少，而不是移动到多少。

5. 旋转图像

旋转图像的代码如下：

```
imageView.transform = CGAffineTransformMakeRotation(CGFloat angle);
```

要注意，它是按照顺时针方向旋转的，而且旋转中心是原始 ImageView 的中心，也就是 center 属性表示的位置。这个方法的参数 angle 的单位是弧度，而不是我们最常用的度数，所以可以写一个宏定义：

```
#define degreesToRadians(x) (M_PI*(x)/180.0)
```

用于将度数转化成弧度。图 6-35 是旋转 45 度的情况。

图 6-35　旋转的效果

6．缩放图像

还是使用 transform 属性：

```
imageView.transform = CGAffineTransformMakeScale(CGFloat scale_w, CGFloat scale_h);
```

其中，CGFloat scale_w 与 CGFloat scale_h 分别表示将原来的宽度和高度缩放到多少倍，图 6-36 是缩放到原来的 0.6 倍的效果。

图 6-36　缩放效果

7．播放一系列图片

例如下面的代码：

```
imageView.animationImages = imagesArray;
// 设定所有的图片在多少秒内播放完毕
imageView.animationDuration = [imagesArray count];
// 不重复播放多少遍，0 表示无数遍
imageView.animationRepeatCount = 0;
// 开始播放
[imageView startAnimating];
```

其中，imagesArray 是一系列图片的数组。播放如图 6-37 所示。

图 6-37　播放多个图片

8．为图片添加单击事件

例如下面的代码：

```
imageView.userInteractionEnabled = YES;
UITapGestureRecognizer *singleTap = [[UITapGestureRecognizer alloc]
  initWithTarget:self action:@selector(tapImageView:)];
[imageView addGestureRecognizer:singleTap];
```

一定要先将 userInteractionEnabled 置为 YES，这样才能响应单击事件。

9．其他设置

例如下面的代码：

```
imageView.hidden = YES 或者 NO;    // 隐藏或者显示图片
imageView.alpha = (CGFloat)al;    // 设置透明度
imageView.highlightedImage = (UIImage*)hightlightedImage;   // 设置高亮时显示的图片
imageView.image = (UIImage*)image;   // 设置正常显示的图片
[imageView sizeToFit];    // 将图片尺寸调整为与内容图片相同
```

6.6.2　在屏幕中显示图像

在本实例中，使用 UIImageView 控件在屏幕中显示一幅指定的图像。

实例6-10　在屏幕中显示图像
源码路径　下载资源 codes\6\tuxiang

实例文件 UIKitPrjUIImageView.m 的具体实现代码如下所示：

```
#import "UIKitPrjUIImageView.h"
@implementation UIKitPrjUIImageView
- (void)viewDidLoad {
    [super viewDidLoad];
    // 读入图片文件
    UIImage *image = [UIImage imageNamed:@"dog.jpg"];
    // UIImageView 的创建
    UIImageView *imageView = [[[UIImageView alloc] initWithImage:image] autorelease];
    // 设置中心位置以及自动调节参数
    imageView.center = self.view.center;
    imageView.autoresizingMask = UIViewAutoresizingFlexibleTopMargin
                              | UIViewAutoresizingFlexibleBottomMargin;
    // 将图片 View 追加到 self.view 中
    [self.view addSubview:imageView];
}
@end
```

执行效果如图 6-38 所示。

图 6-38　执行效果

6.6.3　基于 Swift 使用 UIImageView 控件

在本小节的内容中，将通过一个具体实例的实现过程，详细讲解基于 Swift 语言使用 UIImageView 控件的过程。

实例6-11 使用 UIImageView
源码路径 下载资源\codes\6\UIButton-ImageAndTitlePositioning

(1) 打开 Xcode 6.1，然后新建一个名为“ButtonWithImageAndTitleDemo”的工程，工程的最终目录结构如图 6-39 所示。

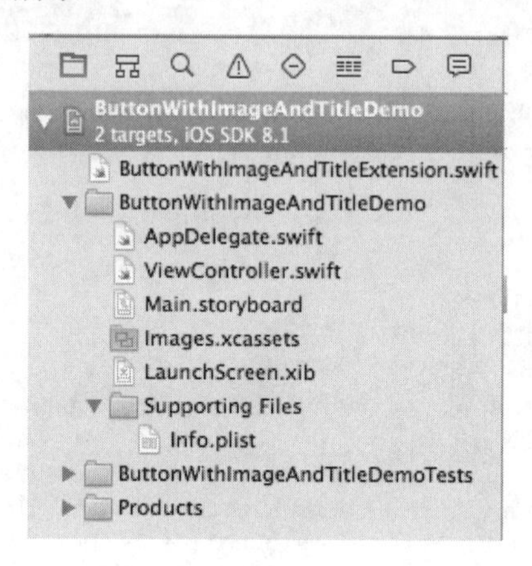

图 6-39 工程的目录结构

(2) 编写类文件 ButtonWithImageAndTitleExtension.swift，功能是为 UIButton 和按钮图像设置标题，并为每个图像按钮设置对应的标题。在本实现文件中，通过 case 语句处理了 Top、Bottom、Left 和 Right 等 4 种位置的图标按钮。文件 ButtonWithImageAndTitleExtension.swift 的具体实现代码如下所示：

```
import UIKit

extension UIButton {
   @objc func set(image anImage: UIImage?, title: NSString!,
     titlePosition: UIViewContentMode,
     additionalSpacing: CGFloat, state: UIControlState) {
      self.imageView?.contentMode = .Center
      self.setImage(anImage?, forState: state)

      positionLabelRespectToImage(title!, position: titlePosition, spacing: additionalSpacing)

      self.titleLabel?.contentMode = .Center
      self.setTitle(title?, forState: state)
   }

   private func positionLabelRespectToImage(title: NSString,
     position: UIViewContentMode, spacing: CGFloat) {

      let imageSize = self.imageRectForContentRect(self.frame)
      let titleFont = self.titleLabel?.font!
      let titleSize = title.sizeWithAttributes([NSFontAttributeName: titleFont!])

      var titleInsets: UIEdgeInsets
      var imageInsets: UIEdgeInsets

      switch (position) {
      case .Top:
         titleInsets =
```

```
            UIEdgeInsets(top: -(imageSize.height + titleSize.height + spacing),
            left: -(imageSize.width), bottom: 0, right: 0)
          imageInsets = UIEdgeInsets(top: 0, left: 0, bottom: 0, right: -titleSize.width)
        case .Bottom:
          titleInsets = UIEdgeInsets(top: (imageSize.height + titleSize.height + spacing),
            left: -(imageSize.width), bottom: 0, right: 0)
          imageInsets = UIEdgeInsets(top: 0, left: 0, bottom: 0, right: -titleSize.width)
        case .Left:
          titleInsets = UIEdgeInsets(top: 0, left: -(imageSize.width * 2), bottom: 0, right: 0)
          imageInsets = UIEdgeInsets(top: 0, left: 0, bottom: 0,
            right: -(titleSize.width * 2 + spacing))
        case .Right:
          titleInsets = UIEdgeInsets(top: 0, left: 0, bottom: 0, right: -spacing)
          imageInsets = UIEdgeInsets(top: 0, left: 0, bottom: 0, right: 0)
        default:
          titleInsets = UIEdgeInsets(top: 0, left: 0, bottom: 0, right: 0)
          imageInsets = UIEdgeInsets(top: 0, left: 0, bottom: 0, right: 0)
        }

        self.titleEdgeInsets = titleInsets
        self.imageEdgeInsets = imageInsets

    }
}
```

(3)　文件 ViewController.swift 的功能是调用类文件 ButtonWithImageAndTitleExtension.swift，通过 viewDidLoad()根据屏幕位置载入对应的按钮图像。

文件 ViewController.swift 的具体实现代码如下所示：

```
import UIKit

class ViewController: UIViewController {
    @IBOutlet weak var button: UIButton!
    @IBOutlet weak var thirdButton: UIButton!

    override func viewDidLoad() {

        super.viewDidLoad()
        // Do any additional setup after loading the view, typically from a nib
        button.set(image: UIImage(named: "shout"), title: "Shout", titlePosition: .Top,
          additionalSpacing: 30.0, state: .Normal)
        thirdButton.set(image: UIImage(named: "shout"), title: "This is an XIB button",
          titlePosition: .Bottom, additionalSpacing: 6.0, state: .Normal)

        var secondButton = UIButton.buttonWithType(.System) as UIButton
        secondButton.frame = CGRectMake(0, 50, 100, 400)
        secondButton.center = CGPointMake(view.frame.size.width/2, 50)
        secondButton.set(image: UIImage(named: "settings"), title: "Settings",
          titlePosition: .Left, additionalSpacing: 0.0, state: .Normal)
        view.addSubview(secondButton)
    }

    override func didReceiveMemoryWarning() {
        super.didReceiveMemoryWarning()
        // Dispose of any resources that can be recreated
    }
}
```

本实例执行后，将分别在屏幕顶部、中间和底部显示不同的图标，如图 6-40 所示。

顶部按钮　　中间按钮　　底部按钮

图 6-40　执行效果

6.7　UISwitch 控件

在大多数传统桌面应用程序中，通过复选框和单选按钮来实现开关功能。在 iOS 中，Apple 放弃了这些界面元素，取而代之的是开关和分段控件。在 iOS 应用中，使用开关控件(UISwitch)来实现“开/关”UI 元素，它类似于传统的物理开关，如图 6-41 所示。开关的可配置选项很少，应将其用于处理布尔值。

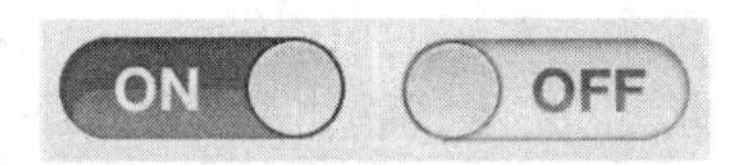

图 6-41　开关控件向用户提供了开和关两个选项

注意： 复选框和单选按钮虽然不包含在 iOS UI 库中，但通过 UIButton 类并使用按钮状态和自定义按钮图像可创建它们。虽然 Apple 允许开发者能够随心所欲地进行定制，但建议不要在设备屏幕上显示出乎用户意料的控件。

6.7.1　开关控件基础

为了利用开关，我们将使用其 Value Changed 事件来检测开关切换，并通过属性 on 或实例方法 isOn 来获取当前值。检查开关时，将返回一个布尔值，这意味着可将其与 TRUE 或 FALSE (YES/NO)进行比较，以确定其状态，还可直接在条件语句中判断结果。例如，要检查开关 mySwitch 是否是开的，可使用类似于下面的代码：

```
if([mySwitch isOn]) {
    <switch is on>
}
else {
    <switch is off>
}
```

6.7.2　改变 UISwitch 的文本和颜色

我们知道，iOS 中的 Switch 控件默认的文本为 ON 和 OFF 两种，不同的语言显示不同，颜色均为蓝色和亮灰色。如果想改变上面的 ON 和 OFF 文本，必须重新从 UISwitch 继承一个新类，然后在新的 Switch 类中修改替换原有的 Views。在下面的实例中，我们根据上述原理改变了 UISwitch 的文本和颜色。

实例6-12　在屏幕中改变 UISwitch 的文本和颜色
源码路径　下载资源\codes\6\kaiguan1

本实例的具体的实现代码如下所示：

```
#import <UIKit/UIKit.h>

//该方法是 SDK 文档中没有的，添加一个 category
@interface UISwitch (extended)
- (void) setAlternateColors:(BOOL) boolean;
@end

//自定义 Slider 类
@interface _UISwitchSlider : UIView
@end
@interface UICustomSwitch : UISwitch {
}
- (void) setLeftLabelText:(NSString *)labelText
                   font:(UIFont*)labelFont
                   color: (UIColor *)labelColor;
- (void) setRightLabelText:(NSString *)labelText
                   font:(UIFont*)labelFont
                   color:(UIColor *)labelColor;
- (UILabel*) createLabelWithText:(NSString*)labelText
                   font:(UIFont*)labelFont
                   color:(UIColor*)labelColor;
@end
```

在上述代码中，添加了一个名为 extended 的 category，主要作用是声明一下 UISwitch 的 setAlternateColors 消息，否则，在使用的时候，会出现找不到该消息的警告。其实 setAlternateColors 已经在 UISwitch 中实现，只是没有在头文件中公开而已，所以在此只是做一个声明。当调用 setAlternateColors:YES 时，UISwitch 的状态为 on 时，会显示为橙色，否则为亮蓝色。

对应的文件 UICustomSwitch.m 的实现代码如下所示：

```
#import "UICustomSwitch.h"

@implementation UICustomSwitch

- (id)initWithFrame:(CGRect)frame {
   if (self = [super initWithFrame:frame]) {
      // Initialization code
   }
   return self;
}

- (void)drawRect:(CGRect)rect {
   // Drawing code
}

- (void)dealloc {
   [super dealloc];
```

```
}

- (_UISwitchSlider *) slider {
   return [[self subviews] lastObject];
}

- (UIView *) textHolder {
   return [[[self slider] subviews] objectAtIndex:2];
}

- (UILabel *) leftLabel {
   return [[[self textHolder] subviews] objectAtIndex:0];
}

- (UILabel *) rightLabel {
   return [[[self textHolder] subviews] objectAtIndex:1];
}

// 创建文本标签
- (UILabel*) createLabelWithText:(NSString*)labelText
                      font:(UIFont*)labelFont
                      color:(UIColor*)labelColor{
   CGRect rect = CGRectMake(-25.0f, -6.0f, 50.0f, 20.0f);
   UILabel *label = [[UILabel alloc] initWithFrame: rect];
   label.text = labelText;
   label.font = labelFont;
   label.textColor = labelColor;
   label.textAlignment = UITextAlignmentCenter;
   label.backgroundColor = [UIColor clearColor];
   return label;
}

// 重新设定左边的文本标签
- (void) setLeftLabelText:(NSString*)labelText
                 font:(UIFont*)labelFont
                 color:(UIColor*)labelColor
{
   @try {
      //
      [[self leftLabel] setText:labelText];
      [[self leftLabel] setFont:labelFont];
      [[self leftLabel] setTextColor:labelColor];
   } @catch (NSException *ex) {
      //
      UIImageView *leftImage = (UIImageView*)[self leftLabel];
      leftImage.image = nil;
      leftImage.frame = CGRectMake(0.0f, 0.0f, 0.0f, 0.0f);
      [leftImage addSubview: [[self createLabelWithText:labelText
                                      font:labelFont
                                      color:labelColor] autorelease]];
   }
}

// 重新设定右边的文本
- (void) setRightLabelText:(NSString*)labelText font:(UIFont*)labelFont
  color:(UIColor *)labelColor {
   @try {
      //
      [[self rightLabel] setText:labelText];
      [[self rightLabel] setFont:labelFont];
      [[self rightLabel] setTextColor:labelColor];
```

```
    } @catch (NSException *ex) {
        //
        UIImageView *rightImage = (UIImageView*)[self rightLabel];
        rightImage.image = nil;
        rightImage.frame = CGRectMake(0.0f, 0.0f, 0.0f, 0.0f);
        [rightImage addSubview: [[self createLabelWithText:labelText
                                    font:labelFont
                                    color:labelColor] autorelease]];
    }
}
@end
```

由此可见，具体的实现的过程就是替换原有的标签 view 以及 slider。使用方法非常简单，只须设置一下左右文本以及颜色即可，比如下面的代码：

```
switchCtl = [[UICustomSwitch alloc] initWithFrame:frame];
//[switchCtl setAlternateColors:YES];
[switchCtl setLeftLabelText:@"Yes"
                    font:[UIFont boldSystemFontOfSize: 16.0f]
                    color:[UIColor whiteColor]];
[switchCtl setRightLabelText:@"No"
                    font:[UIFont boldSystemFontOfSize: 16.0f]
                    color:[UIColor grayColor]];
```

这样，上面的代码将显示 Yes、No 两个选项，其中，Yes 选项如图 6-42 所示。

Yes

图 6-42　显示效果

6.7.3　基于 Swift 控制是否显示密码明文

在本节的内容中，将通过一个具体实例的实现过程，详细讲解基于 Swift 语言控制是否显示密码明文的过程。

实例 6-13　控制是否显示密码明文
源码路径　下载资源\codes\6\DKTextField.Swift

(1) 打开 Xcode 6.1，然后新建一个名为“DKTextField.Swift”的工程，工程的最终目录结构如图 6-43 所示。

图 6-43　工程的目录结构

(2) 打开 Main.storyboard，为本工程设计一个视图界面，在里面添加一个 Switch 控件，此控件作为控制是否显示密码明文的开关，如图 6-44 所示。

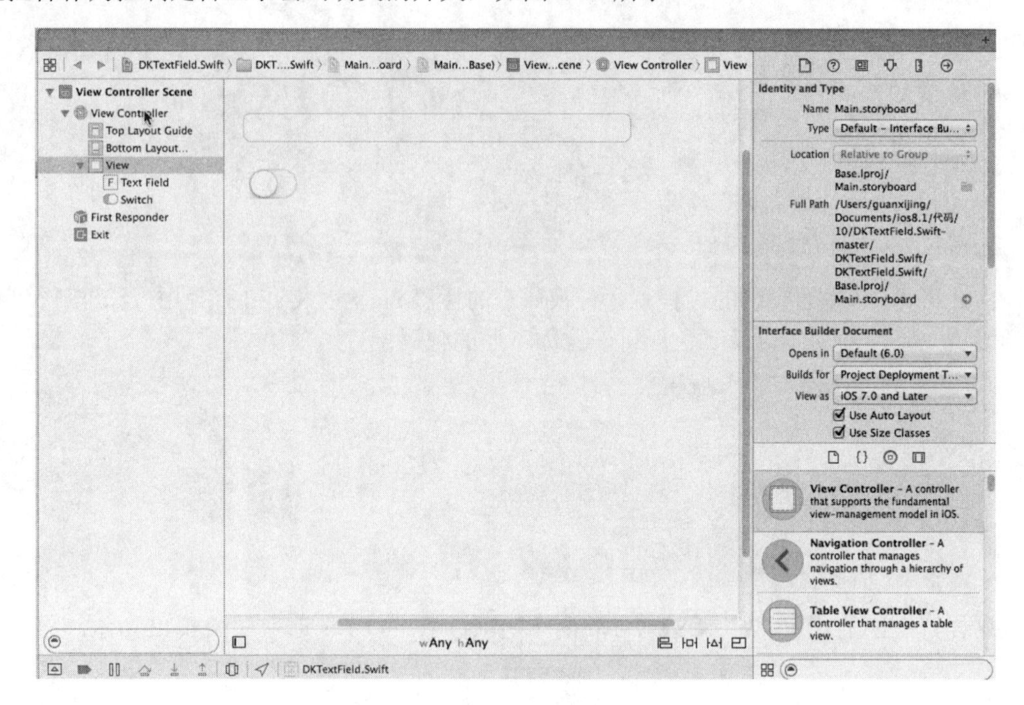

图 6-44　Main.storyboard 界面

(3)　由于系统的 UITextField 控件在切换到密码状态时会清除先前的输入文本，于是特意编写类文件 DKTextField.swift，DKTextField 继承于 UITextField，且不影响 UITextField 的 Delegate。文件 DKTextField.swift 的具体实现代码如下所示：

```
import UIKit

class DKTextField: UITextField {

   required init(coder aDecoder: NSCoder) {
      super.init(coder: aDecoder)

   }
   override init(frame: CGRect) {
      super.init(frame: frame)
      self.awakeFromNib()

   }
   private var password:String = ""

   private var beginEditingObserver:AnyObject!

   private var endEditingObserver:AnyObject!

   override func awakeFromNib() {
      super.awakeFromNib()

      // unowned var that = self

      self.beginEditingObserver = NSNotificationCenter.defaultCenter()
        .addObserverForName(UITextFieldTextDidBeginEditingNotification, object: nil,
```

```
        queue: nil, usingBlock: {
          [unowned self](note:NSNotification!) in

          if self == note.object as DKTextField && self.secureTextEntry {
             self.text = ""
             self.insertText(self.password)
          }
      })

      self.endEditingObserver = NSNotificationCenter.defaultCenter()
        .addObserverForName(UITextFieldTextDidEndEditingNotification, object: nil,
        queue: nil, usingBlock: {
          [unowned self](note:NSNotification!) in

          if self == note.object as DKTextField {

             self.password = self.text

          }

      })
   }

   deinit {

      NSNotificationCenter.defaultCenter().removeObserver(self.beginEditingObserver)
      NSNotificationCenter.defaultCenter().removeObserver(self.endEditingObserver)
   }

   override var secureTextEntry: Bool{
      get {
         return super.secureTextEntry
      }
      set{
         self.resignFirstResponder()
         super.secureTextEntry = newValue
         self.becomeFirstResponder()
      }
   }
}
```

(4) 编写文件 ViewController.swift，功能是通过 switchChanged 监听 UISwitch 控件的开关状态，并根据监听到的状态设置密码的显示样式。文件 ViewController.swift 的具体实现代码如下所示：

```
import UIKit

class ViewController: UIViewController {

   @IBOutlet weak var textField: DKTextField!

   override func viewDidLoad() {
      super.viewDidLoad()
      // Do any additional setup after loading the view, typically from a nib
   }

   override func didReceiveMemoryWarning() {
      super.didReceiveMemoryWarning()
      // Dispose of any resources that can be recreated
   }
```

```
    @IBAction func switchChanged(sender: AnyObject) {

        self.textField.secureTextEntry = (sender as UISwitch).on

    }
}
```

下面看执行后的效果，如果打开 UISwitch 控件，则显示密码，如图 6-45 所示。

图 6-45　显示密码

如果关闭 UISwitch，则显示密码明文，如图 6-46 所示。

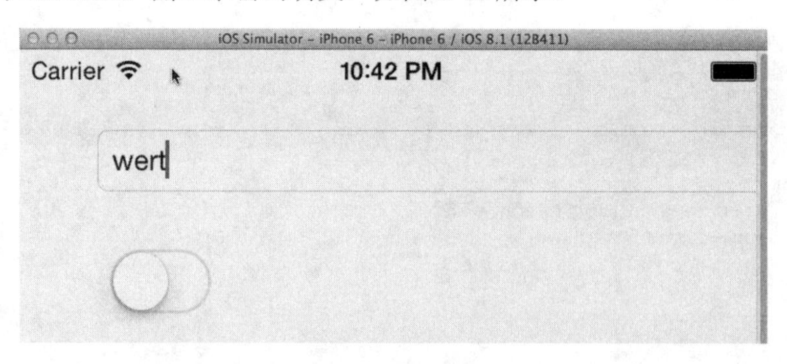

图 6-46　显示明文

6.8　分段控件

在 iOS 应用中，当用户输入的不仅仅是布尔值时，可使用分段控件 UISegmentedControl 实现我们需要的功能。分段控件提供一栏按钮(有时称为按钮栏)，但只能激活其中一个按钮，如图 6-47 所示。

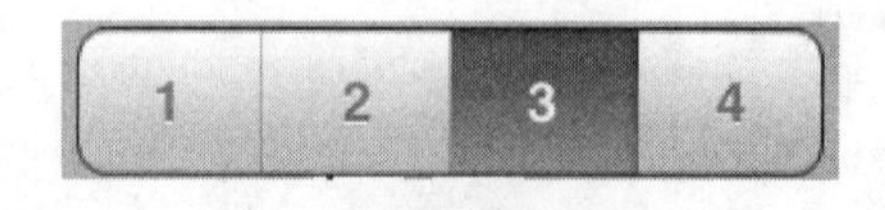

图 6-47　分段控件

如果我们按 Apple 指南使用 UISegmentedControl，分段控件会导致用户在屏幕上看到的内容发生变化。它们常用于在不同类别的信息之间选择，或在不同的应用程序屏幕——如配置屏幕和结果屏幕之间切换。如果在一系列值中选择时，不会立刻发生视觉方面的变化，应使用选择器(Picker)对象。处理用户与分段控件交互的方法与处理开关极其相似，也是通过监视 Value Changed 事件，并通过 selectedSegmentIndex 判断当前选择的按钮，它返回当前选定按钮的编号(从 0 开始，按从左到右的顺序对按钮编号)。

我们可以结合使用索引和实例方法 titleForSegmentAtIndex 来获得每个分段的标题。要获取分段控件 mySegment 中当前选定按钮的标题，可使用如下代码：

```
[mySegment titleForSegmentAtIndex: mySegment.selectedSegmentIndex]
```

6.8.1　分段控件的属性和方法

为了说明 UISegmentedControl 控件的各种属性和方法的使用，请看下面的一段代码，在里面几乎包括了 UISegmentedControl 控件的所有属性和方法：

```
#import "SegmentedControlTestViewController.h"
@implementation SegmentedControlTestViewController
@synthesize segmentedControl;

// Implement viewDidLoad to do additional setup after loading the view,
// typically from a nib
- (void)viewDidLoad {
    NSArray *segmentedArray = [[NSArray alloc]initWithObjects:@"1",@"2",@"3",@"4",nil];
    //初始化 UISegmentedControl
    UISegmentedControl *segmentedTemp =
     [[UISegmentedControl alloc]initWithItems:segmentedArray];
    segmentedControl = segmentedTemp;
    segmentedControl.frame = CGRectMake(60.0, 6.0, 200.0, 50.0);

    [segmentedControl setTitle:@"two" forSegmentAtIndex:1]; //设置指定索引的题目
    [segmentedControl setImage:[UIImage imageNamed:@"lan.png"] forSegmentAtIndex:3];
     //设置指定索引的图片
    [segmentedControl insertSegmentWithImage:[UIImage imageNamed:@"mei.png"]
     atIndex:2 animated:NO]; //在指定索引插入一个选项并设置图片
    [segmentedControl insertSegmentWithTitle:@"insert" atIndex:3 animated:NO];
     //在指定索引插入一个选项并设置题目
    [segmentedControl removeSegmentAtIndex:0 animated:NO]; //移除指定索引的选项
    [segmentedControl setWidth:70.0 forSegmentAtIndex:2]; //设置指定索引选项的宽度
    [segmentedControl setContentOffset:CGSizeMake(6.0,6.0)
     forSegmentAtIndex:1]; //设置选项中图片等的左上角的位置

    //获取指定索引选项的图片 imageForSegmentAtIndex
    UIImageView *imageForSegmentAtIndex = [[UIImageView alloc]
     initWithImage:[segmentedControl imageForSegmentAtIndex:1]];
    imageForSegmentAtIndex.frame = CGRectMake(60.0, 100.0, 30.0, 30.0);

    //获取指定索引选项的标题 titleForSegmentAtIndex
    UILabel *titleForSegmentAtIndex =
     [[UILabel alloc]initWithFrame:CGRectMake(100.0, 100.0, 30.0, 30.0)];
    titleForSegmentAtIndex.text = [segmentedControl titleForSegmentAtIndex:0];

    //获取总选项数 segmentedControl.numberOfSegments
    UILabel *numberOfSegments =
     [[UILabel alloc]initWithFrame:CGRectMake(140.0, 100.0, 30.0, 30.0)];
    numberOfSegments.text =
```

```
        [NSString stringWithFormat:@"%d", segmentedControl.numberOfSegments];

    //获取指定索引选项的宽度 widthForSegmentAtIndex
    UILabel *widthForSegmentAtIndex =
      [[UILabel alloc]initWithFrame:CGRectMake(180.0, 100.0, 70.0, 30.0)];
    widthForSegmentAtIndex.text =
      [NSString stringWithFormat:@"%f",[segmentedControl widthForSegmentAtIndex:2]];

    segmentedControl.selectedSegmentIndex = 2; //设置默认选择项索引
    segmentedControl.tintColor = [UIColor redColor];
    segmentedControl.segmentedControlStyle = UISegmentedControlStylePlain; //设置样式
    segmentedControl.momentary = YES; //设置在点击后是否恢复原样

    [segmentedControl setEnabled:NO forSegmentAtIndex:4]; //设置指定索引选项不可选
    BOOL enableFlag =
      [segmentedControl isEnabledForSegmentAtIndex:4]; //判断指定索引选项是否可选
    NSLog(@"%d", enableFlag);

    [self.view addSubview:widthForSegmentAtIndex];
    [self.view addSubview:numberOfSegments];
    [self.view addSubview:titleForSegmentAtIndex];
    [self.view addSubview:imageForSegmentAtIndex];
    [self.view addSubview:segmentedControl];

    [widthForSegmentAtIndex release];
    [numberOfSegments release];
    [titleForSegmentAtIndex release];
    [segmentedTemp release];
    [imageForSegmentAtIndex release];

    //移除所有选项
    //[segmentedControl removeAllSegments];
   [super viewDidLoad];
}

/*
// Override to allow orientations other than the default portrait orientation
- (BOOL)shouldAutorotateToInterfaceOrientation:(UIInterfaceOrientation)
  interfaceOrientation {
    // Return YES for supported orientations
    return (interfaceOrientation == UIInterfaceOrientationPortrait);
}
*/
- (void)didReceiveMemoryWarning {
    // Releases the view if it doesn't have a superview
    [super didReceiveMemoryWarning];

    // Release any cached data, images, etc that aren't in use
}
- (void)viewDidUnload {
    // Release any retained subviews of the main view.
    // e.g. self.myOutlet = nil;
}

- (void)dealloc {
    [segmentedControl release];
    [super dealloc];
}

@end
```

6.8.2　使用 UISegmentedControl 控件

在本小节的内容中，将通过一个简单的实例，来演示 UISegmentedControl 控件的用法。

实例6-14　在屏幕中使用 UISegmentedControl 控件
源码路径　下载资源\codes\6\UISegmentedControlDemo

(1)　打开 Xcode，创建一个名为“UISegmentedControlDemo”的工程。

(2)　文件 ViewController.h 的实现代码如下所示：

```
#import <UIKit/UIKit.h>

@interface ViewController : UIViewController {

}
@end
```

(3)　文件 ViewController.m 的实现代码如下所示：

```
#import "ViewController.h"
@implementation ViewController

- (void)didReceiveMemoryWarning
{
    [super didReceiveMemoryWarning];
    // Release any cached data, images, etc that aren't in use.
}

#pragma mark - View lifecycle
-(void)selected:(id)sender {
   UISegmentedControl *control = (UISegmentedControl*)sender;
   switch (control.selectedSegmentIndex) {
      case 0:
         //
         break;
      case 1:
         //
         break;
      case 2:
         //
         break;

      default:
         break;
   }
}
- (void)viewDidLoad
{
   [super viewDidLoad];
   UISegmentedControl *mySegmentedControl =
     [[UISegmentedControl alloc]initWithItems:nil];
   mySegmentedControl.segmentedControlStyle = UISegmentedControlStyleBezeled;
   UIColor *myTint = [[UIColor alloc]initWithRed:0.66 green:1.0 blue:0.77 alpha:1.0];
   mySegmentedControl.tintColor = myTint;
   mySegmentedControl.momentary = YES;

   [mySegmentedControl insertSegmentWithTitle:@"First" atIndex:0 animated:YES];
   [mySegmentedControl insertSegmentWithTitle:@"Second" atIndex:2 animated:YES];
```

```
    [mySegmentedControl insertSegmentWithImage:[UIImage imageNamed:@"pic"]
      atIndex:3 animated:YES];

    //[mySegmentedControl removeSegmentAtIndex:0 animated:YES]; //删除一个片段
    //[mySegmentedControl removeAllSegments]; //删除所有片段

    [mySegmentedControl setTitle:@"ZERO" forSegmentAtIndex:0]; //设置标题
    NSString *myTitle = [mySegmentedControl titleForSegmentAtIndex:1]; //读取标题
    NSLog(@"myTitle:%@", myTitle);

    //[mySegmentedControl setImage:[UIImage imageNamed:@"pic"] forSegmentAtIndex:1];
      //设置
    UIImage *myImage = [mySegmentedControl imageForSegmentAtIndex:2]; //读取

    [mySegmentedControl setWidth:100 forSegmentAtIndex:0]; //设置 Item 的宽度

    [mySegmentedControl addTarget:self action:@selector(selected:)
      forControlEvents:UIControlEventValueChanged];

    //[self.view addSubview:mySegmentedControl]; //添加到父视图

    self.navigationItem.titleView = mySegmentedControl; //添加到导航栏
}

- (void)viewDidUnload
{
    [super viewDidUnload];
    // Release any retained subviews of the main view.
    // e.g. self.myOutlet = nil;
}

- (void)viewWillAppear:(BOOL)animated
{
    [super viewWillAppear:animated];
}

- (void)viewDidAppear:(BOOL)animated
{
    [super viewDidAppear:animated];
}

- (void)viewWillDisappear:(BOOL)animated
{
    [super viewWillDisappear:animated];
}

- (void)viewDidDisappear:(BOOL)animated
{
    [super viewDidDisappear:animated];
}

- (BOOL)shouldAutorotateToInterfaceOrientation:(UIInterfaceOrientation)
  interfaceOrientation
{
    // Return YES for supported orientations
    return (interfaceOrientation != UIInterfaceOrientationPortraitUpsideDown);
}

@end
```

执行后的效果如图 6-48 所示。

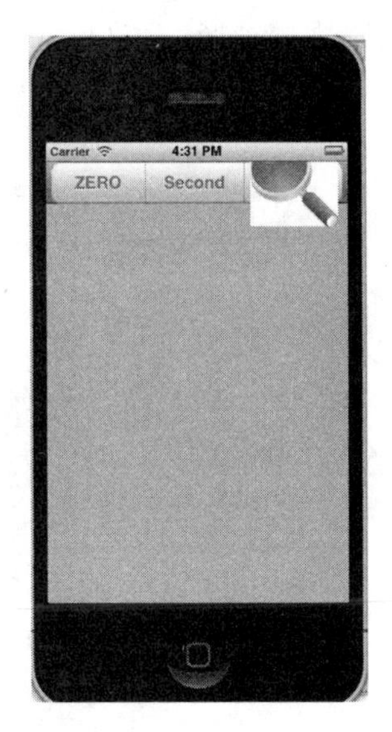

图 6-48　执行效果

6.8.3　基于 Swift 使用 UISegmentedControl 控件

在本小节的内容中，将通过一个具体实例的实现过程，详细讲解基于 Swift 语言使用 UISegmentedControl 控件的过程。

实例6-15　使用 UISegmentedControl 控件
源码路径　下载资源\codes\6\GolangStudy

(1) 打开 Xcode 6，然后新建一个名为“GolangStudy”的工程，工程的最终目录结构如图 6-49 所示。

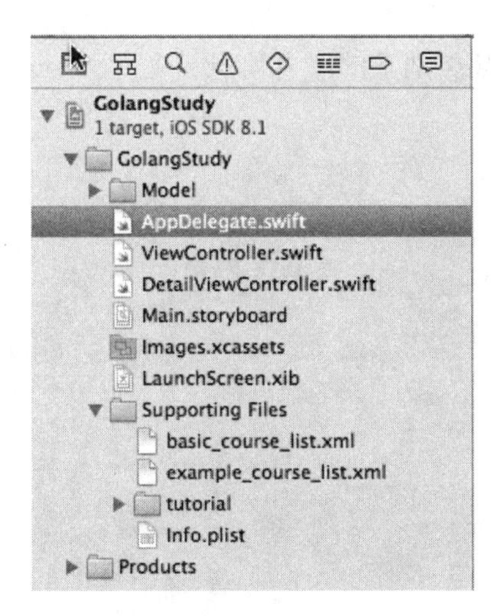

图 6-49　工程的目录结构

(2) 打开 Main.storyboard，为本工程设计一个视图界面，然后在视图的顶部，通过 UISegmentedControl 控制显示类别，在底部通过 TableView 显示某类别的详细内容。具体如图 6-50 所示。

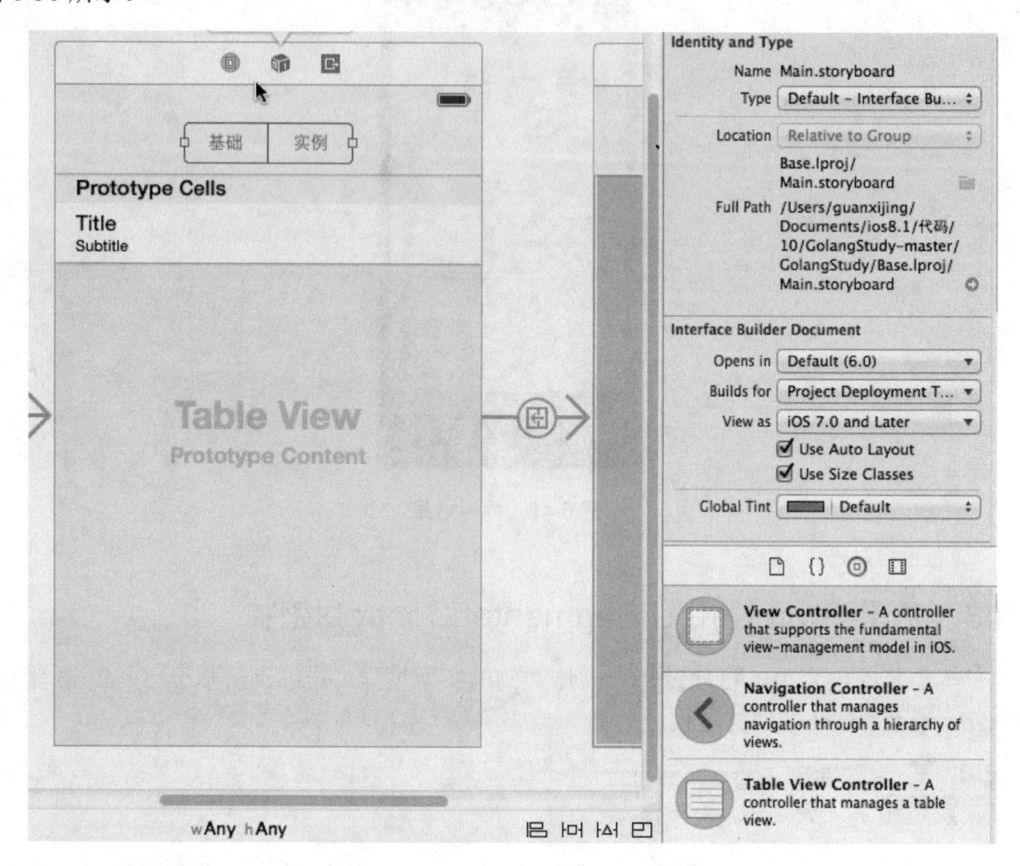

图 6-50 Main.storyboard 设计界面

(3) 编写 ViewController.swift 文件，实现主视图功能，在顶部显示 UISegmentedControl 控制面板，在底部列表显示某类别下的所有信息。文件 ViewController.swift 的具体实现代码如下所示：

```
import UIKit
class ViewController: UIViewController,UITableViewDataSource,UITableViewDelegate {

   @IBOutlet weak var tableView: UITableView!

   var courseSet:[Course] = []

   override func viewDidLoad() {
      super.viewDidLoad()
      courseSet = XmlParseUtil(name: "basic_course_list").courseSet
      self.navigationItem.backBarButtonItem =
        UIBarButtonItem(title: "返回", style: .Plain, target: nil, action: nil)
   }

   @IBAction func segmentChanged(sender: UISegmentedControl) {
      if sender.selectedSegmentIndex == 0 {
         courseSet = XmlParseUtil(name: "basic_course_list").courseSet
```

```
    } else if sender.selectedSegmentIndex == 1 {
        courseSet = XmlParseUtil(name: "example_course_list").courseSet
    }
    tableView.reloadData()
}

func tableView(tableView: UITableView, numberOfRowsInSection section: Int) -> Int {
    return courseSet.count;
}

func tableView(tableView: UITableView, cellForRowAtIndexPath indexPath: NSIndexPath)
  -> UITableViewCell {
    var cell:UITableViewCell =
      tableView.dequeueReusableCellWithIdentifier("Cell")! as UITableViewCell
    var course:Course = courseSet[indexPath.row] as Course
    cell.textLabel.text = course.getName()
    cell.detailTextLabel?.text = course.getDesc()
    return cell
}

override func prepareForSegue(segue: UIStoryboardSegue, sender: AnyObject?) {
    if segue.identifier == "show" {
        let viewController = segue.destinationViewController as DetailViewController
        var course:Course =
          courseSet[tableView.indexPathForSelectedRow()!.row] as Course
        viewController.pathname = course.getChapter()
        viewController.title = course.getName()
        viewController.courseSet = courseSet
        viewController.index = tableView.indexPathForSelectedRow()!.row
    }
}

override func didReceiveMemoryWarning() {
    super.didReceiveMemoryWarning()
    // Dispose of any resources that can be recreated.
}

}
```

到此为止，整个实例介绍完毕。单击 UI 主界面中的 UISegmentedControl 列表项后，执行效果如图 6-51 所示。

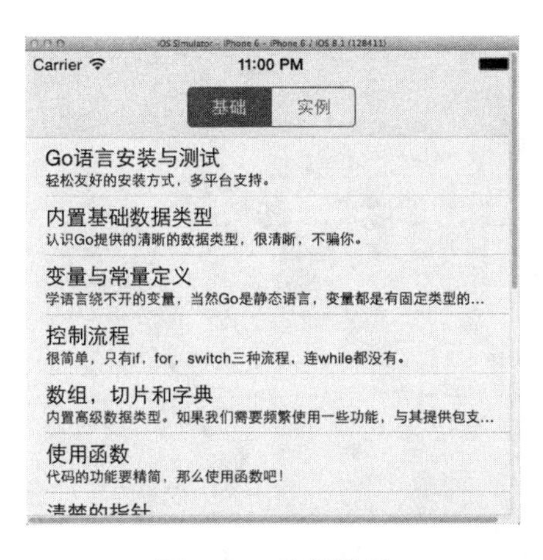

图 6-51　执行效果

第7章

iOS8

视图处理

在本书前面的内容中，已经讲解了 iOS 应用中基本控件的用法。其实，在 iOS 中，还有很多其他控件，其中最重要的，是与视图有关的控件，例如 Web 视图控件和可滚动视图控件等。

在本章的内容中，将详细讲解 iOS 应用中视图控件的基本用法，为读者步入本书后面知识的学习打下基础。

7.1 可滚动的视图

读者肯定使用过这样的应用程序，它显示的信息在一屏中容纳不下。在这种情况下，使用可滚动视图控件(UIScrollView)来解决。顾名思义，可滚动的视图提供了滚动功能，可显示超过一屏的信息。但是，在让我们能够通过 Interface Builder 将可滚动视图加入项目中方面，Apple 做得并不完美。我们可以添加可滚动视图，但要想让它实现滚动效果，必须在应用程序中编写一行代码。

7.1.1 UIScrollView 的基本用法

在滚动过程中，其实是在修改原点坐标。当手指触摸后，滚动视图会使用一个计时器暂时拦截触摸事件。假如在计时器到点后没有发生手指移动事件，那么 scroll view 发送 tracking events 到被点击的 subview。假如在计时器到点前发生了移动事件，那么 scroll view 取消 tracking，自己发生滚动。

(1) 初始化

一般的组件都可以通过 alloc 和 init 来初始化，下面是一段初始化代码：

```
UIScrollView *sv  = [[UIScrollView alloc]
  initWithFrame:CGRectMake(0.0, 0.0, self.view.frame.size.width, 400)];
```

一般的初始化也都有很多方法，都可以确定组件的 Frame，或一些属性，比如 UIButton 的初始化可以确定 Button 的类型。当然，这里提倡用代码来写，这样比较容易了解整个代码执行的流程，而不是利用 IB 来弄布局。确实很多人都用 IB 来布局，会省很多时间，但这因人而异，最好还是以纯代码写。

(2) 滚动属性

UIScrollView 的最重要属性就是可以滚动，其实，滚动的效果主要的原理是修改其坐标，准确地讲，是修改原点坐标，而 UIScrollView 跟其他组件都一样，有自己的 delegate，在.h 文件中要继承 UIScrollView 的 delegate，然后在.m 文件的 viewDidLoad 中设置 delegate 为 self。具体代码如下所示：

```
sv.pagingEnabled = YES;
sv.backgroundColor = [UIColor blueColor];
sv.showsVerticalScrollIndicator = NO;
sv.showsHorizontalScrollIndicator = NO;
sv.delegate = self;
CGSize newSize = CGSizeMake(self.view.frame.size.width * 2,
 self.view.frame.size.height);
[sv setContentSize:newSize];
[self.view addSubview: sv];
```

在上面的代码中，一定要设置 UIScrollView 的 pagingEnable 为 YES。不然，即便是设置好了其他属性，也还是无法拖动。

接下来，分别是设置背景颜色和是否显示水平和竖直拖动条。

最后，最重要的是设置其 ContentSize，即其所有内容的大小，这与它的 Frame 是不一样的，只有 ContentSize 的大小大于 Frame，才可以支持拖动。

UIScrollView 中的常用属性如下所示。

◎ tracking：当 touch 后还没有拖动的时候，值是 YES，否则是 NO。

◎ zoomBouncing：当内容放大到最大或者最小的时候，值是 YES，否则是 NO。

◎ zooming：当正在缩放的时候，值是 YES，否则是 NO。

◎ decelerating：当滚动后，手指放开，但还在继续滚动中，这个时候是 YES，其他时候是 NO。

◎ decelerationRate：设置手指放开后的减速率。

◎ maximumZoomScale：一个浮点数，表示能放大的最大倍数。

◎ minimumZoomScale：一个浮点数，表示能缩小的最小倍数。

◎ pagingEnabled：当值是 YES 时，会自动滚动到 subview 的边界。默认是 NO。

◎ scrollEnabled：决定是否可以滚动。

◎ delaysContentTouches：是个布尔值，当值是 YES 的时候，用户触碰开始，scroll view 要延迟一会，看看是否用户有意图滚动。假如滚动了，就捕捉 touch-down 事件，否则就不捕捉。假如值是 NO，当用户触碰时，scroll view 会立即触发 touchesShouldBegin:withEvent:inContentView:，默认是 YES。

◎ canCancelContentTouches：当值是 YES 的时候，用户触碰后，在一定时间内没有移动，scrollView 发送 tracking events，然后用户移动手指足够长度，触发滚动事件，这个时候，scrollView 发送了 touchesCancelled:withEvent:到 subview，然后 scrollView 开始滚动。假如值是 NO，scrollView 发送 tracking events 后，就算用户移动手指，scrollView 也不会滚动。

◎ contentSize：里面内容的大小，也就是可以滚动的大小，默认是 0，没有滚动效果。

◎ showsHorizontalScrollIndicator：滚动时是否显示水平滚动条。

◎ showsVerticalScrollIndicator：滚动时是否显示垂直滚动条。

◎ bounces：默认是 yes，就是滚动超过边界会有反弹回来的效果。假如是 NO，那么滚动到达边界时，会立刻停止。

◎ bouncesZoom：与 bounces 类似，区别在于，这个效果反映在缩放上面，假如缩放超过最大缩放限度，那么会有反弹效果；假如是 NO，则到达最大或者最小的时候立即停止。

◎ directionalLockEnabled：默认是 NO，可以在垂直和水平方向同时运动。当值是 YES 时，假如一开始是垂直或是水平运动，那么接下来会锁定另外一个方向的滚动。假如一开始是对角方向滚动，则不会禁止某个方向。

◎ indicatorStyle：滚动条的样式，基本只是设置颜色。总共 3 个颜色：默认、黑、白。

◎ scrollIndicatorInsets：设置滚动条的位置。

(3) 事件处理

① touchesShouldBegin:withEvent:inContentView：决定自己是否接收 touch 事件。

② pagingEnabled：当值是 YES 时，会自动滚动到 subview 的边界，默认是 NO。

③ touchesShouldCancelInContentView：开始发送 tracking messages 消息给 subview 的时候，调用这个方法，决定是否发送 tracking messages 消息到 subview。假如返回 NO，发送。YES 则不发送。假如 canCancelContentTouches 属性是 NO，则不调用这个方法来影响

如何处理滚动手势。

7.1.2　使用可滚动视图控件

我们知道，iPhone 设备的界面空间有限，所以经常会出现不能完全显示信息的情形。在这种时候，滚动控件 UIScrollView 就可以发挥其作用了，使用后，可在添加控件和界面元素时，不受设备屏幕边界的限制。在本小节中，将通过一个演示实例的实现过程，来讲解使用 UIScrollView 控件的方法。

实例 7-1 使用可滚动视图控件
源码路径 下载资源\codes\7\gun

1. 创建项目

本实例包含了一个可滚动视图(UIScrollView)，并在 Interface Builder 编辑器中添加了超越屏幕限制的内容。首先用模板 Single View Application 新建一个项目，并命名为“gun”。在这个项目中，将可滚动视图(UIScrollView)作为子视图加入到 MainStoryboard.storyboard 现有的视图(UIView)中，如图 7-1 所示。

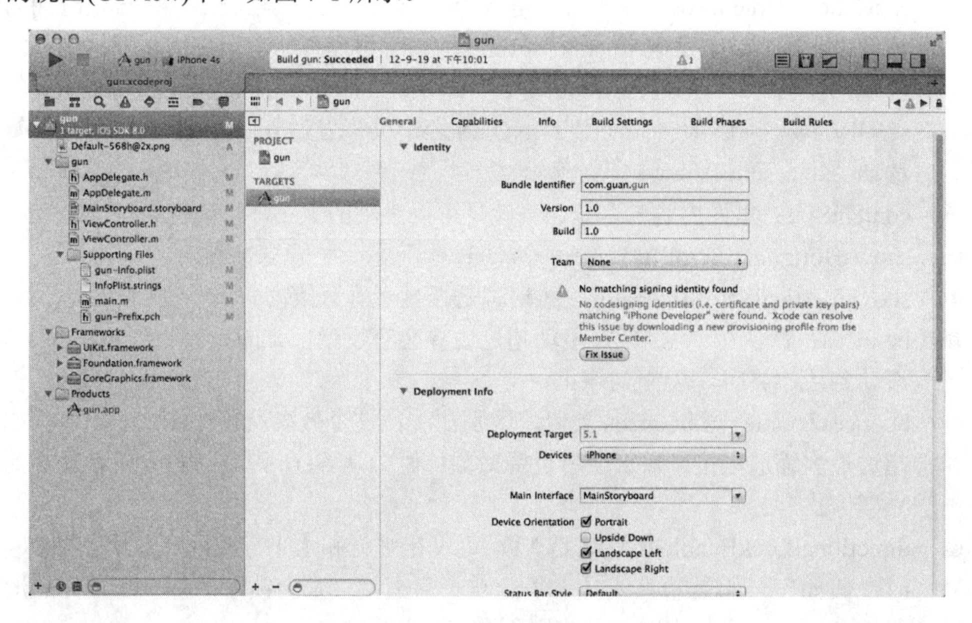

图 7-1　创建的工程

在这个项目中，只须设置可滚动视图对象的一个属性即可。为了访问该对象，需要创建一个与之关联的输出口，我们将把这个输出口命名为 theScroller。

2. 设计界面

首先打开该项目的文件的 MainStoryboard.storyboard，并确保文档大纲区域可见，方法是选择 Editor → Show Document Outline 菜单命令。接下来开始讲解添加可滚动视图的方法。选择 View → Utilities → Show Object Library 菜单命令打开对象库，将一个可滚动视图(UIScrollView)实例拖曳到视图中。将其放在喜欢的位置，并在上方添加一个标题为

Scrolling View 的标签，这样，可以免得忘记创建的是什么。

将可滚动视图加入到视图后，需要使用一些东西填充它。通常，编写计算对象位置的代码来将其加入到可滚动视图中。首先将添加的每个控件拖曳到可滚动视图对象中，在本实例中，添加了 6 个标签。我们可以继续使用按钮、图像或通常将加入到视图中的其他任何对象。将对象加入可滚动视图中后，还有如下两种方案可供选择：

- 可以选择对象，然后使用箭头键将对象移到视图可视区域外面的大概位置。
- 可以依次选择每个对象，并使用 Size Inspector(Option + Command + 5)手工设置其 X 和 Y 坐标，如图 7-2 所示。

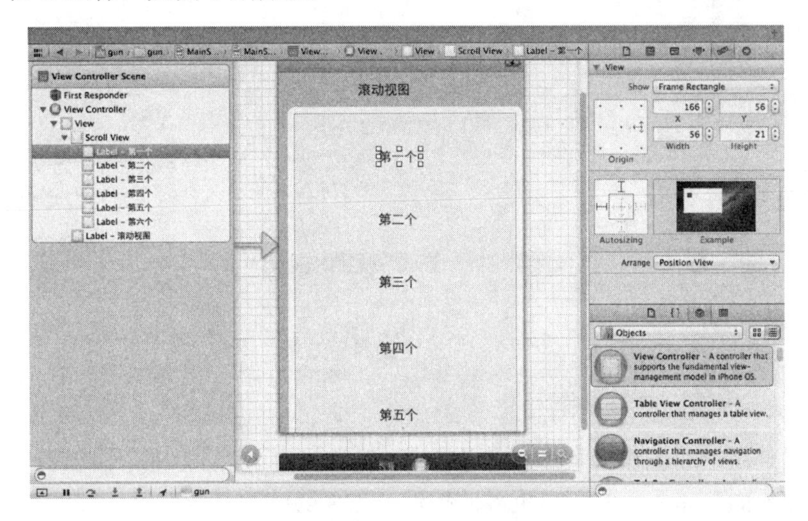

图 7-2 设置每个对象的 X 和 Y 坐标

提示： 对象的坐标是相对于其所属视图的。在这个示例中，可滚动视图左上角的坐标为(0,0)，即原点。

为了帮助我们放置对象，下面是 6 个标签的左边缘中点的 X 和 Y 坐标。

如果应用程序将在 iPhone 上运行，可以使用这些数字进行设置。

- Label 1：110, 45。
- Label 2：110, 125。
- Label 3：110, 205。
- Label4：110, 290。
- Label 5：110, 375。
- Label 6：110, 460。

如果应用程序将在 iPad 上运行，可以使用如下数字进行设置。

- Label 1：360, 130。
- Label 2：360, 330。
- Label 3：360, 530。
- Label4：360, 730。
- Label 5：360, 930。
- Label 6：360, 1130。

从图 7-3 给出的最终视图可知，第 6 个标签不可见，要看到它，需要进行一定的滚动。

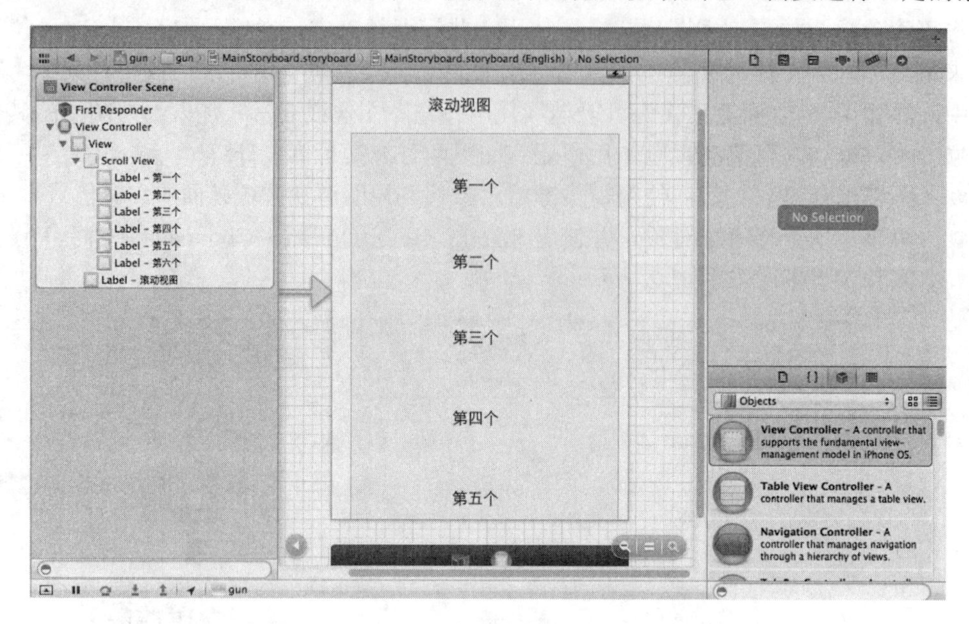

图 7-3　最终的界面效果

3. 创建并连接输出口和操作

本实例只需要一个输出口，并且不需要任何操作。为了创建这个输出口，需要先切换到助手编辑器界面。如果需要腾出更多的控件，需要隐藏项目导航器。按住 Control 键，从可滚动视图拖曳到文件 ViewController.h 中编译指令@interface 的下方。

在 Xcode 提示时，新建一个名为 theScroller 的输出口，如图 7-4 所示。

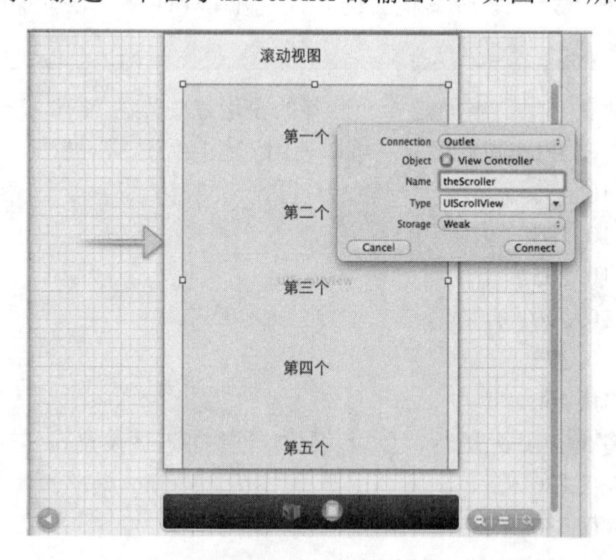

图 7-4　创建到输出口 theScroller 的连接

到此为止，需要在 Interface Builder 编辑器中的工作全部完成，接下来，需要切换到标准编辑器，显示项目导航器，再对文件 ViewController.m 进行具体编码。

4. 实现应用程序逻辑

如果此时编译并运行程序，不具备滚动功能，这是因为还需指出其滚动区域的水平尺寸和垂直尺寸，除非可滚动视图知道自己能够滚动。为了给可滚动视图添加滚动功能，需要将属性 contentSize 设置为一个 CGSize 值。

CGSize 是一个简单的 C 语言数据结构，它包含高度和宽度，可使用函数 CGSize(<width>, <height>)轻松地创建一个这样的对象。例如，要告诉该可滚动视图(theScroller)水平和垂直分别滚动到 280 点和 600 点，可编写如下代码：

```
self.theScroller.contentSize = CGSizeMake(280.0, 600.0);
```

我们并非只能这样做，但我们愿意这样做。如果进行的是 iPhone 开发，需要实现文件 ViewController.m 中的 viewDidLoad 方法，其实现代码如下所示：

```
- (void)viewDidLoad
{
    self.theScroller.contentSize = CGSizeMake(280.0, 600.0);
    [super viewDidLoad];
    // Do any additional setup after loading the view, typically from a nib
}
```

如果正在开发的是一个 iPad 项目，则需要增大 contentSize 的设置，因为 iPad 屏幕更大。所以需要在调用函数 CGSizeMake 时传递参数 900.0 和 1500.0，而不是 280.0 和 600.0。

在这个示例中，我们使用的宽度正是可滚动视图本身的宽度。为什么这样做呢？因为我们没有理由进行水平滚动。选择的高度旨在演示视图能够滚动。换句话说，这些值可随意选择，根据应用程序包含的内容选择最佳的值即可。

到此为止，整个实例介绍完毕。单击 Xcode 工具栏中的 Run 按钮，执行效果如图 7-5 所示。

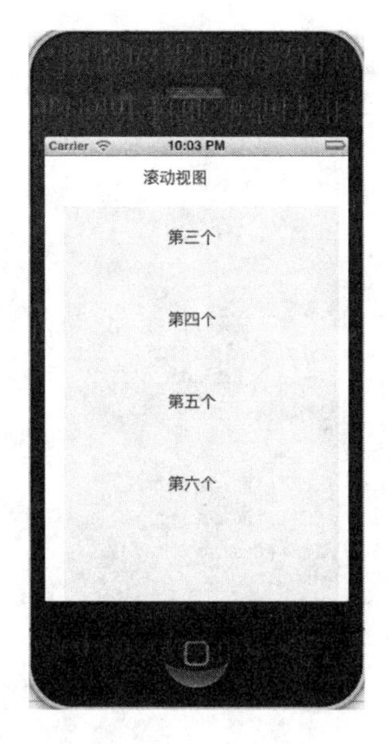

图 7-5　执行效果

7.1.3 基于 Swift 使用 UIScrollView 控件

在本小节的内容中，将通过一个具体实例的实现过程，详细讲解基于 Swift 语言使用 UIScrollView 控件的过程。

实例 7-2 使用 UIScrollView 控件
源码路径 下载资源\codes\7\UIScrollView-Example

(1) 打开 Xcode 6，然后新建一个名为“UIScrollView-Sample”的工程，工程的最终目录结构如图 7-6 所示。

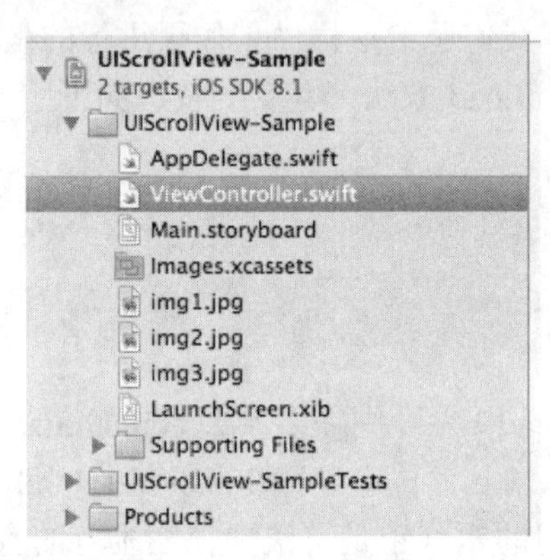

图 7-6 工程的目录结构

(2) 编写文件 ViewController.swift，功能是在视图中追加显示指定位置的三幅图像，使用 UIScrollView 控件来滚动显示展示的图片。文件 ViewController.swift 的主要实现代码如下所示：

```
import UIKit

class ViewController: UIViewController {

    override func viewDidLoad() {
        super.viewDidLoad()

        //设置 UIImage 的素材位置
        let img1 = UIImage(named:"img1.jpg");
        let img2 = UIImage(named:"img2.jpg");
        let img3 = UIImage(named:"img3.jpg");

        //在 UIImageView 中添加图像
        let imageView1 = UIImageView(image:img1)
        let imageView2 = UIImageView(image:img2)
        let imageView3 = UIImageView(image:img3)

        //UIScrollView 滚动
        let scrView = UIScrollView()

        //表示位置
        scrView.frame = CGRectMake(50, 50, 240, 240)

        //所有视图大小
```

```
        scrView.contentSize = CGSizeMake(240*3, 240)

        //UIImageView 坐标位置
        imageView1.frame = CGRectMake(0, 0, 240, 240)
        imageView2.frame = CGRectMake(240, 0, 240, 240)
        imageView3.frame = CGRectMake(480, 0, 240, 240)


        //在 view 中追加图像
        self.view.addSubview(scrView)
        scrView.addSubview(imageView1)
        scrView.addSubview(imageView2)
        scrView.addSubview(imageView3)

        // 设置图像边界
        scrView.pagingEnabled = true

        //设置 scroll 画面的初期位置
        scrView.contentOffset = CGPointMake(0, 0);

    }

    override func didReceiveMemoryWarning() {
        super.didReceiveMemoryWarning()
    }
}
```

执行后，将在屏幕中显示指定位置的图像，效果如图 7-7 所示。

图 7-7　执行效果

左右触摸屏幕中的图像时，会展示另外的素材图片，如图 7-8 所示。

图 7-8　显示另外的图片

7.2　翻页视图处理

在开发 iOS 应用程序的过程中，经常需要翻页功能来显示内容过多的界面，其目的与滚动控件类似。iOS 应用程序中的翻页控件是 PageControl，在本节的内容中，将详细讲解 PageControl 控件的基本知识。

7.2.1　PageControl 控件基础

UIPageControl 控件在 iOS 应用程序中出现得比较频繁，尤其在与 UIScrollView 配合来显示大量数据时，会使用它来控制 UIScrollView 的翻页。在滚动 ScrollView 时，可通过 PageControl 中的小白点来观察当前页面的位置，也可通过点击 PageContrl 中的小白点来滚动到指定的页面。例如图 7-9 中底部的小白点。

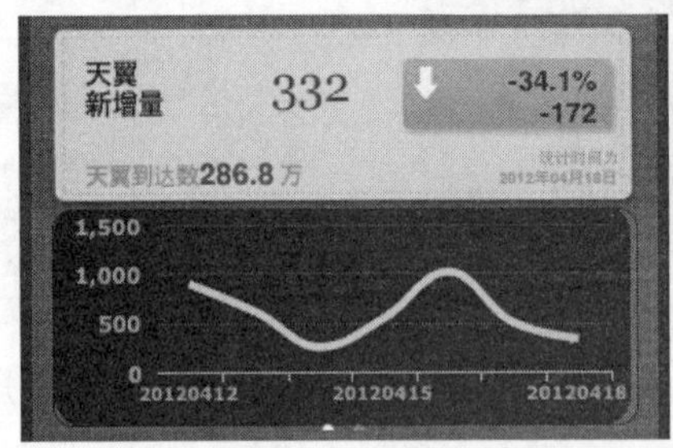

图 7-9　底部的小白点

图 7-9 中，曲线图和表格便是由 ScrollView 加载两个控件(UIWebView 和 UITableView)，使用其翻页属性实现页面滚动。而 PageControl 担当配合角色，页面滚动时，小白点会跟着变化位置，而点击小白点，ScrollView 会滚动到指定的页面。

其实，分页控件是一种用来取代导航栏的可见指示器，方便手势直接翻页，最典型的应用便是 iPhone 的主屏幕，当图标过多时，会自动增加页面，在屏幕底部会看到圆点，用来指示当前页面，并且会随着翻页自动更新。

PageControl 控件的常用属性如下所示。

- ◎ ActivePage：显示当前被选中的页，也可以用来切换页。
- ◎ MultiLine：用来确定当此页一行显示不下当前内容时，是否显示到下一行。默认值为 False，表示在一行无法显示完时，在行的右边会自动出现一个双向箭头，可以用来移动页。
- ◎ TabHeight：用来设置页的高度。默认值为 0，表示页的高度将自动适应页上文本的高度。
- ◎ TabWidth：用来设置页的宽度。默认值为 0，表示页的宽度将自动适应页上文本的宽度。
- ◎ TabPosition：当值为 tpTop 时，页将放在 TabControl 组件的上面，而为 tpBottom 时将显示在下面。
- ◎ Pages：只读属性，是 PageControl 组件上所有的页组成的数组。
- ◎ PageCount：返回 PageControl 组件上的页数。
- ◎ TabVisible：用来屏蔽某一页的显示。也说是说，当它的值为 False 的时候，PageControl 组件将不显示这个页了，但是这个页还存在，还可以把这个属性设置为 True 来恢复它的显示。在程序运行期间不能删除页，只能屏蔽页的显示。

7.2.2　基于 Swift 使用 UIPageControl 控件

在本节的内容中，将通过一个具体实例的实现过程，详细讲解基于 Swift 语言联合使用 UIPageControl 和 UIScrollView 控件的过程。

实例 7-3 联合使用 UIPageControl 和 UIScrollView 控件
源码路径 下载资源\codes\7\Swift-demo-master

(1) 打开 Xcode 6，然后新建一个名为“MyFirstSwiftTest”的工程，工程的最终目录结构如图 7-10 所示。

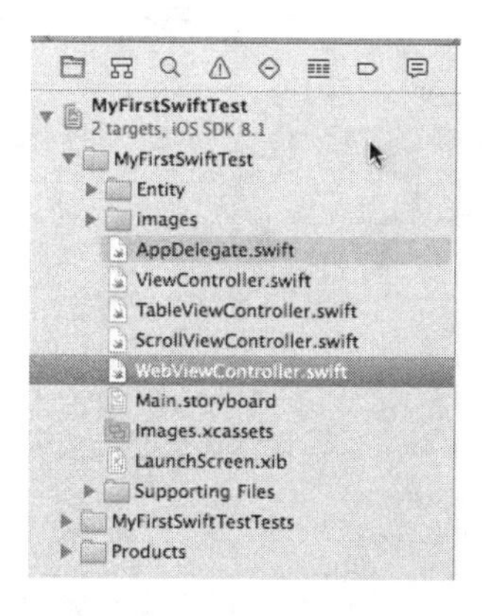

图 7-10　工程的目录结构

(2) 编写文件 ViewController.swift，本实例是一个综合实例，分别演示 UIPageControl、UIWebView、UIScrollView、UITableView、UIButton 和 UILabel 等控件的基本用法，在主视图中列表显示了上述控件的名称，并监听用户单击触摸列表的选项，根据触摸选项来到第二个界面显示上述单个控件的用法。

文件 ViewController.swift 的具体实现代码如下所示：

```
import UIKit

class ViewController: UIViewController, UITextFieldDelegate
{
   var a:Int = 0
   var isuse:Bool = false
   var authButton :UIButton!
   override func viewDidLoad()
   {
      super.viewDidLoad()
      // Do any additional setup after loading the view, typically from a nib
      self.view.backgroundColor = UIColor.lightGrayColor()
      self.title = "首页"

      // UIButton
      authButton = UIButton.buttonWithType(UIButtonType.Custom) as? UIButton
      authButton.frame = CGRect(x: 10, y: 70, width: 150, height: 30)
      authButton.setTitle("这是一个全局按钮", forState: UIControlState.Normal)
      authButton.setTitleColor(UIColor.redColor(), forState: UIControlState.Normal)
      authButton.setTitleColor(UIColor.blueColor(), forState: UIControlState.Highlighted)
      authButton.addTarget(self, action: Selector("btnClick:"),
        forControlEvents: UIControlEvents.TouchUpInside)
      authButton.tag = 1000;
      self.view.addSubview(authButton)

      var btn2:UIButton! = UIButton.buttonWithType(UIButtonType.Custom) as? UIButton
      btn2.frame = CGRectMake(10, 100, 105, 30)
      btn2.setTitle("局部按钮", forState: UIControlState.Normal)
      btn2.setTitleColor(UIColor.yellowColor(), forState: UIControlState.Normal)
      btn2.tag = 1001;
      btn2.addTarget(self, action: Selector("btnClick:"),
        forControlEvents: UIControlEvents.TouchUpInside)
      self.view.addSubview(btn2)

      //UILabel
      var firstLabel:UILabel! = UILabel(frame: CGRect(x: 10, y: 130, width: 105, height: 20))
      firstLabel.backgroundColor = UIColor.clearColor()
      firstLabel.textColor = UIColor(red: 0, green: 174, blue: 232, alpha: 1)
      firstLabel.textAlignment = NSTextAlignment.Left
      firstLabel.font = UIFont.boldSystemFontOfSize(16)
      firstLabel.text = "这是一个 Label"
      self.view.addSubview(firstLabel)

      var secondLabel = UILabel()
      secondLabel.frame = CGRectMake(10, 150, 105, 20)
      secondLabel.backgroundColor = UIColor.clearColor()
      secondLabel.textColor = UIColor(red: 100, green: 174, blue: 232, alpha: 1)
      secondLabel.textAlignment = NSTextAlignment.Center
      secondLabel.font = UIFont.systemFontOfSize(12)
      secondLabel.text = "这是第二个 Label"
      secondLabel.lineBreakMode = NSLineBreakMode.ByWordWrapping
      secondLabel.sizeToFit()
```

```
    self.view.addSubview(secondLabel)


    //UITextField
    var firstTextField = UITextField()
    firstTextField.backgroundColor = UIColor.whiteColor()
    firstTextField.frame = CGRectMake(10, 170, 150, 20)
    firstTextField.textColor = UIColor.blackColor()
    firstTextField.autocapitalizationType =
     UITextAutocapitalizationType.None //首字母自动大写
    firstTextField.autocorrectionType = UITextAutocorrectionType.No //自动纠错
    firstTextField.borderStyle = UITextBorderStyle.RoundedRect //边框样式
    firstTextField.placeholder = "请输入内容"
    firstTextField.font = UIFont(name: "Arial", size: 7.0) //字体
    firstTextField.clearButtonMode = UITextFieldViewMode.Always;
     //输入框中是否有个叉号，在什么时候显示，用于一次性删除输入框中的内容
    firstTextField.secureTextEntry = false  //每输入一个字符就变成点，用于密码输入
    firstTextField.clearsOnBeginEditing = true //再次编辑就清空
    firstTextField.contentVerticalAlignment =
     UIControlContentVerticalAlignment.Center //内容的垂直对齐方式
    firstTextField.adjustsFontSizeToFitWidth = false
     //设置为true时，文本会自动缩小，以适应文本窗口大小。默认是保持原来大小，而让长文本滚动
    firstTextField.keyboardType = UIKeyboardType.Default //设置键盘样式
    firstTextField.returnKeyType = UIReturnKeyType.Done //return键变成什么键
    firstTextField.keyboardAppearance = UIKeyboardAppearance.Default //键盘外观
    firstTextField.delegate = self
    self.view.addSubview(firstTextField)

    var titleArray :NSArray = ["UITableView","UIScrollView","UIWebView"]

    for var index=0; index<titleArray.count; index++
    {
        var btn3:UIButton! = UIButton.buttonWithType(UIButtonType.System) as? UIButton
        btn3.frame = CGRect(x: 10, y:190+index*30, width:150, height:30)
        var btnStr = "点击进入\(titleArray.objectAtIndex(index))"
        btn3.setTitle(btnStr, forState: UIControlState.Normal)
        btn3.titleLabel?.font = UIFont.systemFontOfSize(14)
        btn3.setTitleColor(UIColor.blueColor(), forState: UIControlState.Normal)
        btn3.tag = 1002 + index;
        btn3.addTarget(self, action: Selector("btnClick:"),
          forControlEvents: UIControlEvents.TouchUpInside)
        self.view.addSubview(btn3)
    }
}

//按钮点击方法
func btnClick(sender:UIButton!)
{
    var btn:UIButton = sender
    switch(btn.tag) {
    case 1000:
        a++
        if(a > 100)
        {
            a = 1
        }
        println("按钮被点击了\(a)次")
        authButton.setTitle("全局按钮被点击了\(a)次", forState: UIControlState.Normal)
    case 1001:
        println("局部按钮被点击了")
```

```
        case 1002:
            println("点击进入UITableView")
            var tableVC:TableViewController = TableViewController()
            self.navigationController?.pushViewController(tableVC, animated: true)
        case 1003:
            println("点击进入UIScrollView")
            var scrollVC:ScrollViewController = ScrollViewController()
            self.navigationController?.pushViewController(scrollVC, animated: true)
        case 1004:
            println("点击进入UIWebView")
            var webVC:WebViewController = WebViewController()
            self.navigationController?.pushViewController(webVC, animated: true)
        default:
            println("无操作")
        }
    }

    //UITextFieldDelegate
    func textFieldShouldReturn(textField: UITextField) -> Bool
    {
        textField.resignFirstResponder()
        return true
    }

    override func didReceiveMemoryWarning()
    {
        super.didReceiveMemoryWarning()
        // Dispose of any resources that can be recreated
    }
}
```

主界面执行后，将列表显示几个常用的控件名，如图 7-11 所示。

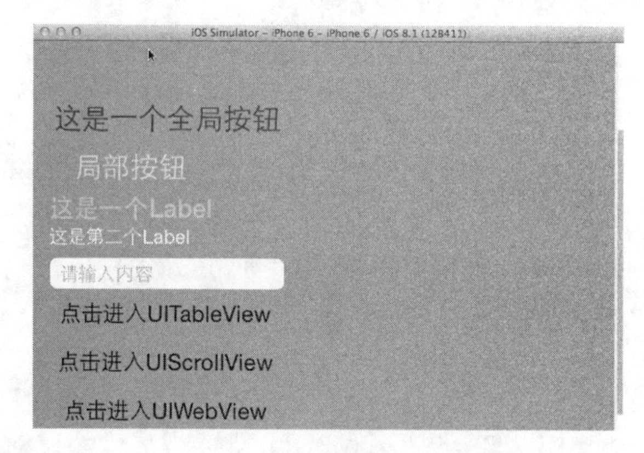

图 7-11　主界面列表视图

(3)　文件 ScrollViewController.swift 的功能是，当单击条目中的 UIScrollView 控件名称时，会在新界面中演示这个控件的功能，并且同时展示了 UIPageControl 控件的基本用法。文件 ScrollViewController.swift 的主要实现代码如下所示：

```
import UIKit
class ScrollViewController: UIViewController,UIScrollViewDelegate {
    var slideArray:NSArray!
    var pageControl :UIPageControl!
    var labelScrollView:UIScrollView!
```

```
var mainScreenWidthUse:CGFloat = 0
var mainScreenHeightUse:CGFloat = 0

override func viewDidLoad() {
    super.viewDidLoad()
    self.title = "滚动页面 UIScrollView"
    self.view.backgroundColor = UIColor.whiteColor()
    // Do any additional setup after loading the view.

    slideArray = ["1","2","3","4","5"]

    let mainScreenWidth = self.view.frame.size.width
    mainScreenWidthUse = mainScreenWidth
    let mainScreenHeight = self.view.frame.size.height
    mainScreenHeightUse = mainScreenHeight

    //UIScrollView
    labelScrollView  = UIScrollView()
    labelScrollView.frame = self.view.frame
    labelScrollView.bounces = false
    labelScrollView.backgroundColor = UIColor.clearColor()
    labelScrollView.pagingEnabled = true
    //决定 ScrollView 第一页显示的内容
    labelScrollView.contentOffset = CGPoint(x: mainScreenWidthUse, y: 0)
    labelScrollView.contentSize =
      CGSize(width :(CGFloat)(slideArray.count+2) * mainScreenWidth,
      height:mainScreenHeight-100)
    labelScrollView.showsHorizontalScrollIndicator = false
    labelScrollView.showsVerticalScrollIndicator = false
    labelScrollView.delegate = self
    self.view.addSubview(labelScrollView)

    //为了实现循环滚动
    //最后一页
    var startLabel:UILabel! = UILabel(frame: CGRect(x: 0, y: 0,
      width: mainScreenWidth, height: mainScreenHeight))
    startLabel.backgroundColor = UIColor.clearColor()
    startLabel.textColor = UIColor.blackColor()
    startLabel.textAlignment = NSTextAlignment.Center
    startLabel.font = UIFont.boldSystemFontOfSize(32)
    startLabel.text = "第\(slideArray.objectAtIndex(slideArray.count-1))页"
    labelScrollView.addSubview(startLabel)

    for var i=0; i<slideArray.count; i++
    {
        var useLabel:UILabel! =
          UILabel(frame: CGRect(x: (CGFloat)(i + 1)*mainScreenWidth, y: 0,
          width: mainScreenWidth, height: mainScreenHeight))
        useLabel.backgroundColor = UIColor.clearColor()
        useLabel.textColor = UIColor.blackColor()
        useLabel.textAlignment = NSTextAlignment.Center
        useLabel.font = UIFont.boldSystemFontOfSize(32)
        useLabel.text = "第\(slideArray.objectAtIndex(i))页"
        labelScrollView.addSubview(useLabel)
    }

    //第一页
    var endLabel:UILabel! =
      UILabel(frame: CGRect(x: (CGFloat)(slideArray.count + 1)*mainScreenWidth, y: 0,
      width: mainScreenWidth, height: mainScreenHeight))
    endLabel.backgroundColor = UIColor.clearColor()
```

```
        endLabel.textColor = UIColor.blackColor()
        endLabel.textAlignment = NSTextAlignment.Center
        endLabel.font = UIFont.boldSystemFontOfSize(32)
        endLabel.text = "第\(slideArray.objectAtIndex(0))页"
        labelScrollView.addSubview(endLabel)

        //UIPageControl
        pageControl = UIPageControl()
        pageControl.frame = CGRect(x: 0, y: mainScreenHeight-100,
          width: mainScreenWidth, height: 20)
        pageControl.pageIndicatorTintColor = UIColor.redColor()
        pageControl.currentPageIndicatorTintColor = UIColor.blackColor()
        pageControl.numberOfPages = slideArray.count
        pageControl.addTarget(self, action: Selector("pageControlAction"),
          forControlEvents: UIControlEvents.TouchUpInside)
        self.view.addSubview(pageControl)
    }

    //点击 pagecontrol 响应事件
    func pageControlAction() {
        var page:Int = pageControl.currentPage
        labelScrollView.setContentOffset(
          CGPoint(x: mainScreenWidthUse*(CGFloat)(page+1), y: 0), animated: true)
    }

    //UIScrollViewDelegate
    func scrollViewDidEndDecelerating(scrollView: UIScrollView)
    {
        //当前页
        var currentPage = Int(labelScrollView.contentOffset.x/mainScreenWidthUse)

        // var currentPage = Int((labelScrollView.contentOffset.x - mainScreenWidthUse /
        //  (CGFloat(slideArray.count) + 2)) / mainScreenWidthUse + 1)

        if (currentPage == 0)
        {
            labelScrollView.scrollRectToVisible(
              CGRect(x: mainScreenWidthUse * CGFloat(slideArray.count), y: 0,
              width: mainScreenWidthUse, height: mainScreenHeightUse), animated: false)
        }
        else if (currentPage == slideArray.count + 1)
        {
            labelScrollView.scrollRectToVisible(CGRect(x: mainScreenWidthUse, y: 0,
              width: mainScreenWidthUse, height: mainScreenHeightUse), animated: false)
        }
    }

    func scrollViewDidScroll(scrollView: UIScrollView) {
        var page:Int = Int(labelScrollView.contentOffset.x/mainScreenWidthUse)-1
        pageControl.currentPage = page;
    }

    override func didReceiveMemoryWarning() {
        super.didReceiveMemoryWarning()
        // Dispose of any resources that can be recreated.
    }
}
```

到此为止，整个实例介绍完毕。单击 UI 主界面中 UIScrollView 列表项后，执行效果如图 7-12 所示。

图 7-12　执行效果

7.3　提醒视图(UIAlertView)

iOS 应用程序是以用户为中心的，这意味着它们通常不在后台执行功能，或在没有界面的情况下运行。它们让用户能够处理数据、玩游戏、通信或执行众多其他的操作。当应用程序需要发出提醒、提供反馈或让用户做出决策时，它总是以相同的方式进行。Cocoa Touch 通过各种对象和方法来引起用户注意，这包括 UIAlertView 和 UIActionSheet。这些控件不同于本书前面介绍的其他对象，需要我们使用代码来创建。

7.3.1　UIAlertView 基础

有时候，当应用程序运行时，需要将发生的变化告知用户。例如，发生内部错误事件(如可用内存太少，或网络连接断开)或长时间运行的操作结束时，仅调整当前视图是不够的。为此，可使用 UIAlertView 类。

UIAlertView 类可以创建一个简单的模态提醒窗口，其中包含一条消息和几个按钮，还可能有普通文本框和密码文本框。

在 iOS 应用中，模态 UI 元素要求用户必须与之交互(通常是按下按钮)后才能做其他事情。它们通常位于其他窗口前面，在可见时禁止用户与其他任何界面元素交互。

要实现提醒视图，需要声明一个 UIAlertView 对象，再初始化并显示它。其中，最简单的用法如下所示：

```
UIAlertView *alert = [[UIAlertView alloc]initWithTitle:@"提示"
                            message:@"这是一个简单的警告框！"
                            delegate:nil
                            cancelButtonTitle:@"确定"
                            otherButtonTitles:nil];
[alert show];
[alert release];
```

上述代码的执行效果如图 7-13 所示。除此之外，我们可以为 UIAlertView 添加多个按钮，例如下面的代码：

```
UIAlertView *alert = [[UIAlertView alloc]initWithTitle:@"提示"
                          message:@"请选择一个按钮："
                          delegate:nil
                          cancelButtonTitle:@"取消"
                          otherButtonTitles:@"按钮一", @"按钮二", @"按钮三", nil];
[alert show];
[alert release];
```

上述代码的执行效果如图 7-14 所示。

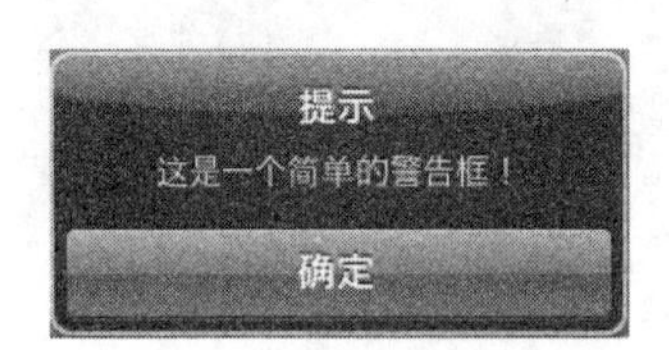

图 7-13　典型的提醒视图

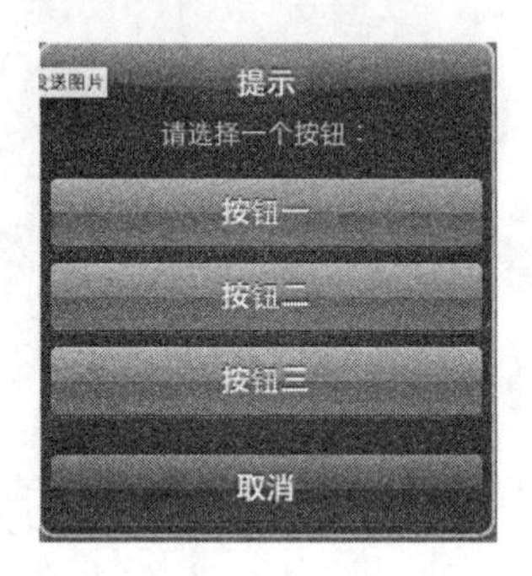

图 7-14　执行效果

在上面的图 7-14 中，究竟应该如何判断用户点击的是哪一个按钮呢？在 UIAlertView 中，有一个委托 UIAlertViewDelegate，通过继承该委托的方法，可以实现点击事件处理。例如下面的头文件代码：

```
@interface MyAlertViewViewController : UIViewController<UIAlertViewDelegate> {
}
- (void)alertView:(UIAlertView *)alertView clickedButtonAtIndex:(NSInteger)buttonIndex;
-(IBAction) buttonPressed;
@end
```

对应的源文件代码如下所示：

```
-(IBAction) buttonPressed
{
UIAlertView *alert = [[UIAlertView alloc]initWithTitle:@"提示"
                          message:@"请选择一个按钮："
                          delegate:self
                          cancelButtonTitle:@"取消"
                          otherButtonTitles:@"按钮一", @"按钮二", @"按钮三",nil];
[alert show];
[alert release];
}
- (void)alertView:(UIAlertView *)alertView clickedButtonAtIndex:(NSInteger)buttonIndex
{
NSString *msg = [[NSString alloc] initWithFormat:@"您按下的第%d个按钮！", buttonIndex];

UIAlertView *alert = [[UIAlertView alloc]initWithTitle:@"提示"
                          message:msg
                          delegate:nil
                          cancelButtonTitle:@"确定"
                          otherButtonTitles:nil];
[alert show];
[alert release];
```

```
[msg release];
}
```

执行后，如果点击“取消”按钮，则“按钮一”、“按钮二”、“按钮三”的索引 buttonIndex 分别是 0、1、2、3。

设置手动的取消对话框的代码如下所示：

```
[alertdismissWithClickedButtonIndex:0 animated:YES];
```

另外，也可以为 UIAlertView 添加子视图。在为 UIAlertView 对象添加子视图的过程中，有一点是需要特别注意的：如果删除按钮，也就是取消 UIAlerView 视图中所有的按钮的时候，可能会导致整个显示结构失衡。按钮占用的空间不会消失，我们也可以理解为这些按钮没有真正删除，仅仅是不可见了而已。如果在 UIAlertview 对象中仅仅用来显示文本，那么，可以在消息的开头添加换行符，有助于平衡按钮底部和顶部的空间。

例如，下面的代码演示了如何为 UIAlertview 对象添加子视图：

```
UIAlertView *alert = [[UIAlertView alloc]initWithTitle:@"请等待"
                         message:nil
                         delegate:nil
                         cancelButtonTitle:nil
                         otherButtonTitles:nil];
[alert show];
UIActivityIndicatorView *activeView = [[UIActivityIndicatorView
alloc]initWithActivityIndicatorStyle:UIActivityIndicatorViewStyleWhiteLarge];
activeView.center =
  CGPointMake(alert.bounds.size.width/2.0f, alert.bounds.size.height-40.0f);
[activeView startAnimating];
[alert addSubview:activeView];
[activeView release];
[alert release];
```

此时执行后的效果如图 7-15 所示。

在 iOS 应用中，UIAlertView 默认情况下所有的 text 是居中对齐的。那如果需要将文本向左对齐，或者添加其他控件(比如输入框)时该怎么办呢？在 iOS 中有很多 delegate 消息供调用程序使用。所要做的，就是在如下语句中按照自己的需要修改或添加即可：

```
- (void)willPresentAlertView:(UIAlertView *)alertView
```

比如，需要将消息文本左对齐，通过下面的代码即可实现：

```
-(void) willPresentAlertView:(UIAlertView *)alertView
{
    for(UIView *view in alertView.subviews)
    {
        if([view isKindOfClass:[UILabel class]])
        {
            UILabel *label = (UILabel*) view;
            label.textAlignment = UITextAlignmentLeft;
        }
    }
}
```

此时，执行后的效果如图 7-16 所示。

上述代码很简单，表示在消息框即将弹出时遍历所有消息框对象，将其文本对齐属性修改为 UITextAlignmentLeft 即可。

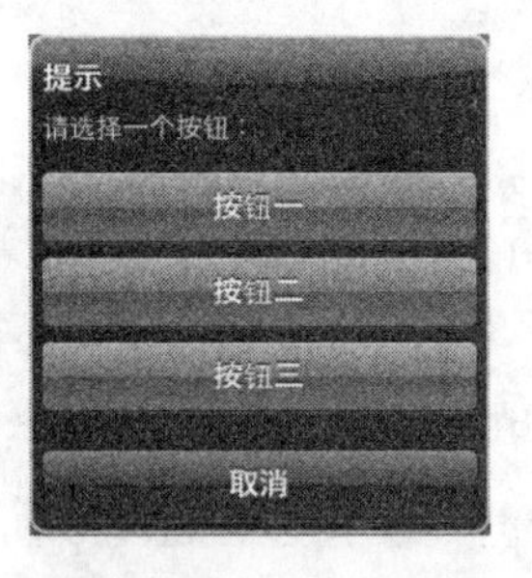

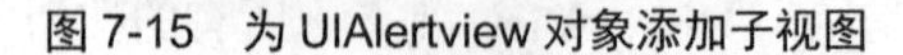
图 7-15　为 UIAlertview 对象添加子视图

图 7-16　将消息文本左对齐

添加其他部件的方法也如出一辙，例如，通过如下代码添加两个 UITextField：

```
-(void) willPresentAlertView:(UIAlertView *)alertView
{
    CGRect frame = alertView.frame;

    frame.origin.y -= 120;

    frame.size.height += 80;

    alertView.frame = frame;

    for(UIView *viewin alertView.subviews)
    {
        if(![viewisKindOfClass:[UILabelclass]])
        {
            CGRect btnFrame = view.frame;
            btnFrame.origin.y += 70;

            view.frame = btnFrame;
        }
    }

    UITextField* accoutName = [[UITextFieldalloc] init];
    UITextField* accoutPassword = [[UITextFieldalloc] init];

    accoutName.frame = CGRectMake(10, frame.origin.y + 40, frame.size.width - 20, 30);
    accoutPassword.frame = CGRectMake( 10, frame.origin.y + 80, frame.size.width -20, 30 );

    accoutName.placeholder = @"请输入账号";
    accoutPassword.placeholder = @"请输入密码";
    accoutPassword.secureTextEntry = YES;

    [alertView addSubview:accoutPassword];
    [alertView addSubview:accoutName];

    [accoutName release];
    [accoutPassword release];
}
```

显示将消息框固有的 button 和 label 移位，不然，添加的文本区会将其遮盖住。然后添加需要的部件到相应的位置即可。

对于 UIActionSheet，其实也是一样的， 在- (void)willPresentActionSheet:(UIActionSheet *)actionSheet 中做同样的处理，一样可以得到自己想要的界面。

7.3.2　实现一个自定义提醒对话框

在本节下面的内容中，将通过一个简单的实例，来说明使用 UIAlertView 的方法。

实例 7-4　实现一个自定义提醒对话框
源码路径　下载资源\codes\7\AlertTest

(1)　新打开 Xcode，建一个名为“AlertTest”的 Single View Application 项目，如图 7-17 所示。

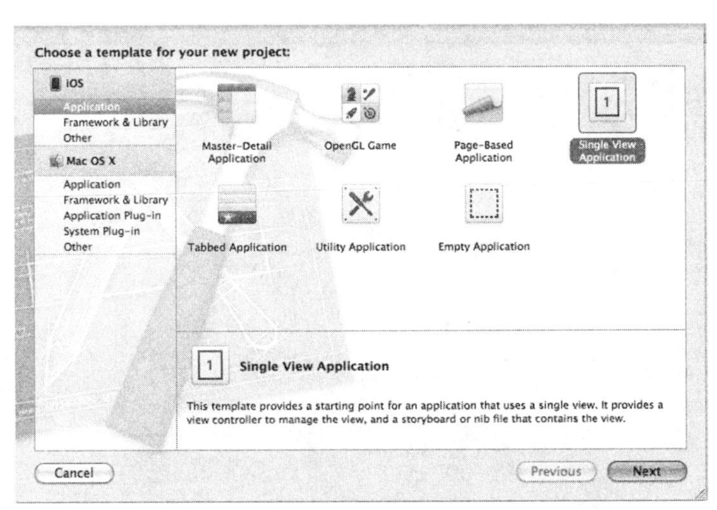

图 7-17　新建 Xcode 项目

(2)　设置新建项目的工程名，然后设置设备为 iPad，如图 7-18 所示。

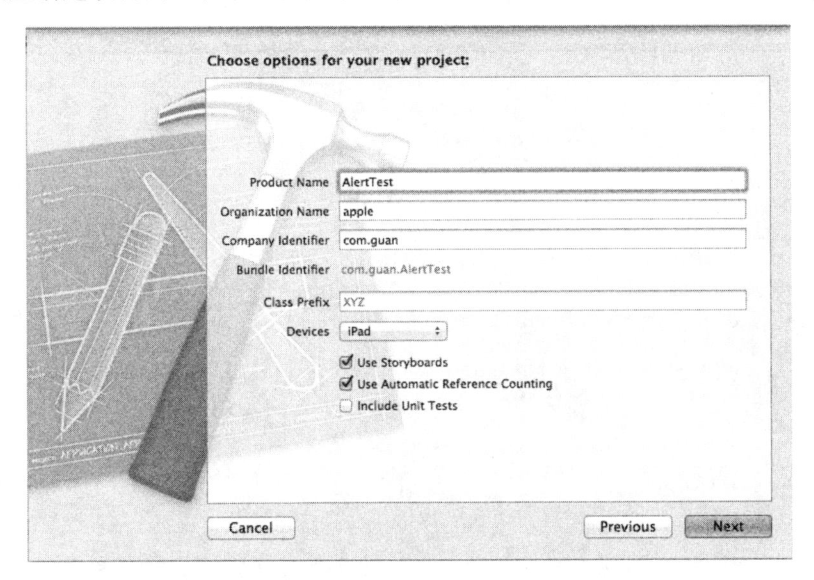

图 7-18　设置设备

(3)　设置一个界面，整个界面为空，效果如图 7-19 所示。

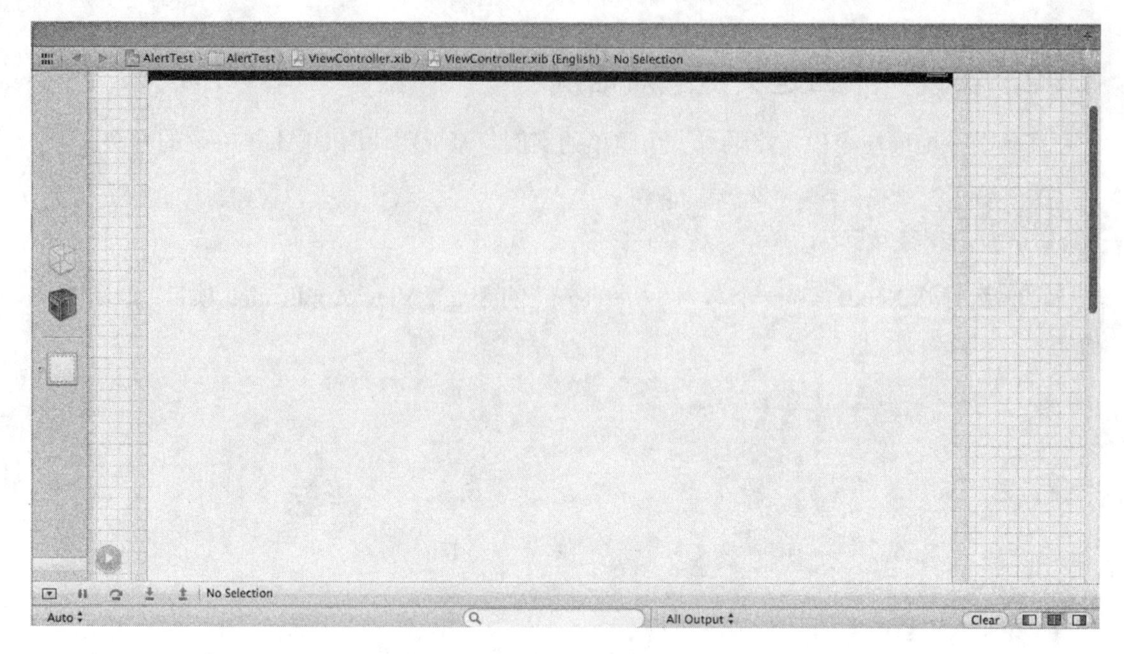

图 7-19　UI 界面

(4)　准备一幅素材图片 puzzle_warning_bg，如图 7-20 所示。

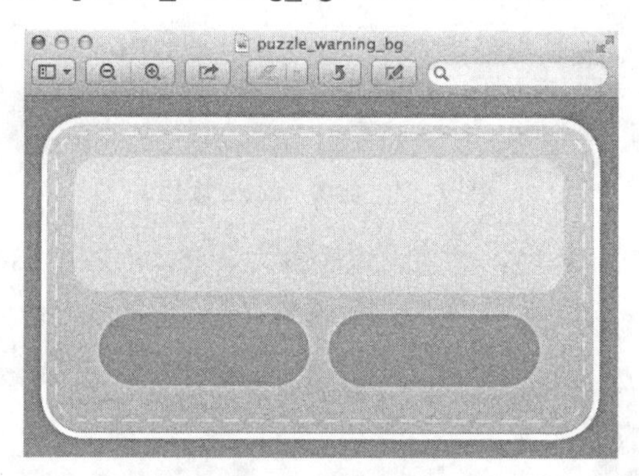

图 7-20　素材图片

(5)　文件 ViewController.m 的源码如下所示：

```
#import "ViewController.h"
@interface ViewController ()
@end
@implementation ViewController

- (void)viewDidLoad
{
    [super viewDidLoad];
    // Do any additional setup after loading the view, typically from a nib.
    // Release any retained subviews of the main view.
    UIButton *test = [UIButton buttonWithType:UIButtonTypeRoundedRect];
    [test setFrame:CGRectMake(200, 200, 200, 200)];
    [test setTitle:@"弹出窗口" forState:UIControlStateNormal];
    [test addTarget:self action:@selector(ButtonClicked:)
      forControlEvents:UIControlEventTouchUpInside];
```

```
    [self.view addSubview:test];
}

-(void) ButtonClicked:(id)sender
{
   UIButton *btn1 = [UIButton buttonWithType:UIButtonTypeCustom];
   [btn1 setImage:[UIImage imageNamed:@"puzzle_longbt_1.png"]
     forState:UIControlStateNormal];
   [btn1 setImage:[UIImage imageNamed:@"puzzle_longbt_2.png"]
     forState:UIControlStateHighlighted];
   [btn1 setFrame:CGRectMake(73, 180, 160, 48)];

   UIButton *btn2 = [UIButton buttonWithType:UIButtonTypeCustom];
   [btn2 setImage:[UIImage imageNamed:@"puzzle_longbt_1.png"]
     forState:UIControlStateNormal];
   [btn2 setImage:[UIImage imageNamed:@"puzzle_longbt_2.png"]
     forState:UIControlStateHighlighted];
   [btn2 setFrame:CGRectMake(263, 180, 160, 48)];

   UIImage *backgroundImage = [UIImage imageNamed:@"puzzle_warning_bg.png"];
   UIImage *content = [UIImage imageNamed:@"puzzle_warning_sn.png"];
   JKCustomAlert *alert =
     [[JKCustomAlert alloc] initWithImage:backgroundImage contentImage:content];

   alert.JKdelegate = self;
   [alert addButtonWithUIButton:btn1];
   [alert addButtonWithUIButton:btn2];
   [alert show];
}

-(void) alertView:(UIAlertView *)alertView clickedButtonAtIndex:(NSInteger)buttonIndex
{
   switch (buttonIndex) {
      case 0:
         NSLog(@"button1 clicked");
         break;
      case 1:
         NSLog(@"button2 clicked");
      default:
         break;
   }
}

- (void)viewDidUnload
{
   [super viewDidUnload];

}

- (BOOL)shouldAutorotateToInterfaceOrientation:(UIInterfaceOrientation)
  interfaceOrientation
{
   return YES;
}

@end
```

执行后，会在 iPad 模拟器中显示一个提醒框，如图 7-21 所示。

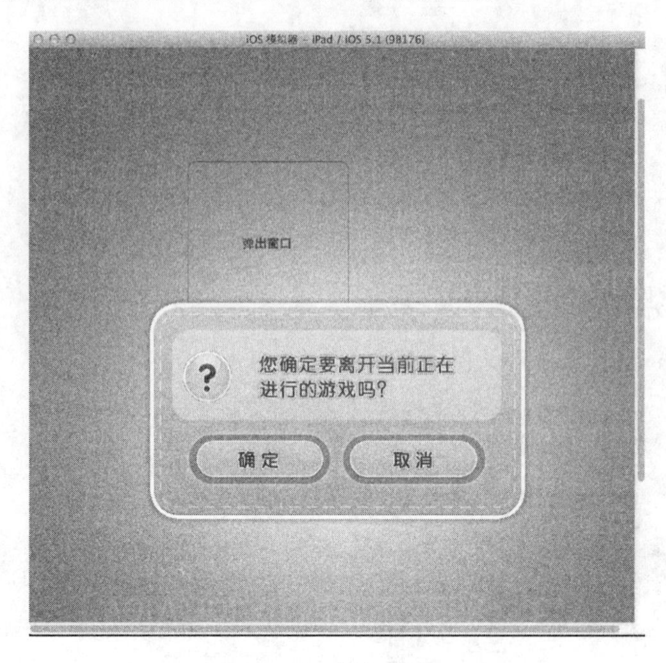

图 7-21　执行效果

7.3.3　基于 Swift 使用 UIAlertView 控件

在本小节的内容中，将通过一个具体实例的实现过程，详细讲解基于 Swift 语言使用 UIAlertView 控件的过程。

(1)　打开 Xcode 6，然后新建一个名为“AlertController - Swift”的工程，工程的最终目录结构如图 7-22 所示。

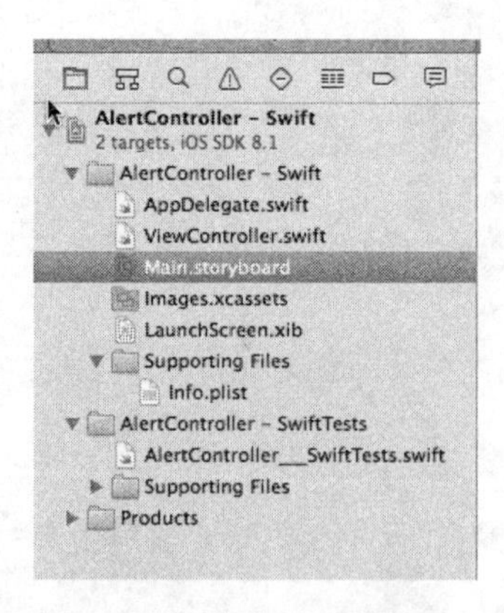

图 7-22　工程的目录结构

(2)　在 Xcode 6 的 Main.storyboard 面板中设置 UI 界面，在里面添加了 11 个 Label 文本框，如图 7-23 所示。

图 7-23　设置 Main.storyboard 面板

(3)　编写文件 ViewController.swift，功能是在 UI 中添加 11 个文本信息，并监听用户对文本的触摸操作，根据监听事件来显示不同风格、不同样式的 UIAlertView 控件效果，在屏幕中展示了不同的对话框样式。文件 ViewController.swift 的具体实现代码如下所示：

```
import UIKit

class ViewController: UIViewController {
    @IBAction func Btn_UIAlertView_DefaultStyle(sender: UIButton) {
        //常规对话框，最简单的 UIAlertView 使用方法
        var alertView = UIAlertView()

        alertView.delegate = self
        alertView.title = "常规对话框"
        alertView.message = "常规对话框风格"
        alertView.addButtonWithTitle("取消")
        alertView.addButtonWithTitle("确定")

        alertView.show()

        //只有一个按钮的 swift 初始化
        // var alertView = UIAlertView(title: "常规对话框", message: "常规对话框风格",
        //  delegate: self, cancelButtonTitle: "取消")
        // alertView.show()
    }

    @IBAction func Btn_UIAlertView_PlainTextStyle(sender: UIButton) {
        //文本对话框，带有一个文本框
        var alertView = UIAlertView()

        alertView.delegate = self
        alertView.title = "文本对话框"
        alertView.message = "请输入文字："
        alertView.addButtonWithTitle("取消")
```

```
    alertView.addButtonWithTitle("确定")
    alertView.alertViewStyle = UIAlertViewStyle.PlainTextInput

    alertView.show()
}

@IBAction func Btn_UIAlertView_SecureTextStyle(sender: UIButton) {
    //密码对话框，带有一个拥有密码安全保护机制的密码文本框
    var alertView = UIAlertView()

    alertView.delegate = self
    alertView.title = "密码对话框"
    alertView.message = "请输入密码："
    alertView.addButtonWithTitle("取消")
    alertView.addButtonWithTitle("确定")
    alertView.alertViewStyle = UIAlertViewStyle.SecureTextInput

    alertView.show()
}

@IBAction func Btn_UIAlertView_LoginAndPasswordStyle(sender: UIButton) {
    //登录对话框，仿照登录框的效果制作，拥有两个文本框，其中一个是密码文本框
    var alertView = UIAlertView()

    alertView.delegate = self
    alertView.title = "登录对话框"
    alertView.message = "请输入用户名和密码："
    alertView.addButtonWithTitle("取消")
    alertView.addButtonWithTitle("登录")
    alertView.alertViewStyle = UIAlertViewStyle.LoginAndPasswordInput

    alertView.show()
}

@IBAction func Btn_UIAlertController_BasicAlertStyle(sender: UIButton) {
    //基本对话框，使用iOS 8新建的UIAlertController类，与UIAlertView的常规对话框相同
    var alertController = UIAlertController(title: "基本对话框",
      message: "带有基本按钮的对话框", preferredStyle: UIAlertControllerStyle.Alert)

    var cancelAction =
      UIAlertAction(title: "取消", style: UIAlertActionStyle.Cancel, handler: nil)
    var okAction =
      UIAlertAction(title: "确定", style: UIAlertActionStyle.Default, handler: nil)

    alertController.addAction(cancelAction)
    alertController.addAction(okAction)

    self.presentViewController(alertController, animated: true, completion: nil)
}

@IBAction func Btn_UIAlertController_DestructiveActions(sender: UIButton) {
    //重置对话框，带有一个醒目的“毁坏”样式的按钮
    var alertController =
      UIAlertController(title: "重置对话框", message: "带有“毁坏”样式按钮的对话框",
      preferredStyle: UIAlertControllerStyle.Alert)

    var resetAction = UIAlertAction(title: "重置",
      style: UIAlertActionStyle.Destructive, handler: nil)
    var cancelAction =
      UIAlertAction(title: "取消", style: UIAlertActionStyle.Cancel, handler: nil)
```

```
    alertController.addAction(resetAction)
    alertController.addAction(cancelAction)

    self.presentViewController(alertController, animated: true, completion: nil)
}

@IBAction func Btn_UIAlertController_LoginAndPasswordStyle(sender: UIButton) {
    //登录对话框，必须输入 3 个字符以上才能激活“登录”按钮，会调用 alertTextFieldDidChange:函数
    var alertController = UIAlertController(title: "登录对话框",
       message: "请输入用户名或密码: ", preferredStyle: UIAlertControllerStyle.Alert)

    alertController.addTextFieldWithConfigurationHandler {
       (textField: UITextField!) -> Void in
       textField.placeholder = "用户名"
       NSNotificationCenter.defaultCenter().addObserver(self,
         selector: Selector ("alertTextFieldDidChange:"),
         name: UITextFieldTextDidChangeNotification, object: textField)
    }

    alertController.addTextFieldWithConfigurationHandler {
       (textField: UITextField!) -> Void in
       textField.placeholder = "密码"
       textField.secureTextEntry = true
    }

    var cancelAction =
      UIAlertAction(title: "取消", style: UIAlertActionStyle.Cancel) {
        (action: UIAlertAction!) -> Void in
        NSNotificationCenter.defaultCenter().removeObserver(self,
         name: UITextFieldTextDidChangeNotification, object: nil)
    }

    var loginAction = UIAlertAction(title: "登录",
      style: UIAlertActionStyle.Default) {
        (action: UIAlertAction!) -> Void in
        NSNotificationCenter.defaultCenter().removeObserver(self,
         name: UITextFieldTextDidChangeNotification, object: nil)
    }

    loginAction.enabled = false

    alertController.addAction(cancelAction)
    alertController.addAction(loginAction)

    self.presentViewController(alertController, animated: true, completion: nil)
}

func alertTextFieldDidChange(notification: NSNotification) {
    var alertController = self.presentedViewController as UIAlertController?

    if alertController != nil {
       var login = alertController!.textFields?.first as UITextField
       var loginAction = alertController!.actions.last as UIAlertAction
       loginAction.enabled = countElements(login.text) > 2
    }
}

@IBAction func Btn_UIAlertController_ActionSheet(sender: UIButton) {
    //上拉菜单，使用 UIPopoverPresentationController 来防止 iPad 上运行时异常
    var alertController = UIAlertController(title: "保存或删除数据",
```

```
        message: "注意：删除操作无法恢复！",
        preferredStyle: UIAlertControllerStyle.ActionSheet)

    var cancelAction =
      UIAlertAction(title: "取消", style: UIAlertActionStyle.Cancel, handler: nil)
    var deleteAction =
      UIAlertAction(title: "删除", style: UIAlertActionStyle.Destructive,
      handler: nil)
    var archiveAction =
      UIAlertAction(title: "保存", style: UIAlertActionStyle.Default, handler: nil)

    alertController.addAction(cancelAction)
    alertController.addAction(deleteAction)
    alertController.addAction(archiveAction)

    var popover = alertController.popoverPresentationController
    if popover != nil {
       popover?.sourceView = sender
       popover?.sourceRect = sender.bounds
       popover?.permittedArrowDirections = UIPopoverArrowDirection.Any
    }

    self.presentViewController(alertController, animated: true, completion: nil)
  }

  override func viewDidLoad() {
    super.viewDidLoad()
    // Do any additional setup after loading the view, typically from a nib.
  }

  override func didReceiveMemoryWarning() {
    super.didReceiveMemoryWarning()
    // Dispose of any resources that can be recreated.
  }
}
```

执行后的初始效果如图 7-24 所示。

图 7-24　初始执行效果

单击“常规对话框”后的效果如图 7-25 所示。

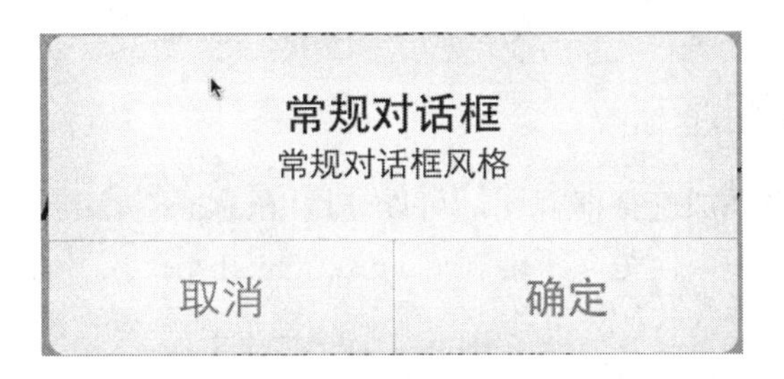

图 7-25　单击“常规对话框”后的效果

单击“文本对话框”后的效果如图 7-26 所示。

单击“密码对话框”后的效果如图 7-27 所示。

图 7-26　单击“文本对话框”后的效果

图 7-27　单击“密码对话框”后的效果

7.4　选择器视图(UIPickerView)

在选择器视图中，只定义了整体行为和外观，选择器视图包含的组件数以及每个组件的内容都将由我们自己进行定义。图 7-28 所示的选择器视图包含两个组件，它们分别显示文本和图像。在本节的内容中，将详细讲解选择器视图(UIPickerView)的基本知识。

图 7-28　可以配置选择器视图

7.4.1 选择器视图基础

要想在应用程序中添加选择器视图，可以使用 Interface Builder 编辑器从对象库拖拽选择器视图到我们的视图中。但是，不能在 Connections Inspector 中配置选择器视图的外观，而需要编写遵守两个协议的代码，其中，一个协议提供选择器的布局(数据源协议)，另一个协议提供选择器将包含的信息(委托)。可以使用 Connections Inspector 将委托和数据源输出口连接到一个类，也可以使用代码设置这些属性。

1. 选择器视图数据源协议

选择器视图数据源协议(UIPickerViewDataSource)包含如下描述选择器将显示多少信息的方法。

- ◎ numberOfComponentInPickerView：返回选择器需要的组件数。
- ◎ pickerView:numberOfRowsInComponent：返回指定组件包含多少行(不同的输入值)。

只要创建这两个方法并返回有意义的数字，便可以遵守选择器视图数据源协议。例如要创建一个自定义选择器，它显示两列，其中第一列包含一个可供选择的值，而第二列包含两个，则可以像如下代码那样实现 UIPickerViewDataSource 协议：

```
- (NSInteger)numberOfComponentsInPickerView:(UIPickerView *)pickerView {
    return 2;
}

- (NSInteger)pickerView:(UIPickerView *)pickerView
  numberOfRowsInComponent:(NSInteger)component {
    if (component == 0) {
        return 1;
    } else {
        return 2;
    }
}
```

对上述代码的具体说明如下所示。

(1) 首先实现了方法 numberOfComponentsInPickerView，此方法会返回 2，因此，选择器将有两个组件，即两个转轮。

(2) 然后实现了方法 pickerView:numberOfRowsInComponent。当 iOS 指定的 component 为 0 时(选择器的第一个组件)，此方法返回 1(第 8 行)，这意味着这个转轮中只显示一个标签。当 component 为 1 时(选择器的第二个组件)，这个方法返回 2(第 10 行)，因此该转轮将向用户显示两个选项。在实现数据源协议后，还需实现一个协议(选择器视图委托协议)才能提供一个可行的选择器视图。

2. 选择器视图委托协议

委托协议(UIPickerViewDelegate)负责创建和使用选择器的工作。它负责将合适的数据传递给选择器进行显示，并确定用户是否做出了选择。为让委托按我们希望的方式工作，将使用多个协议方法，但只有两个是必不可少的。

- ◎ pickerView:titleForRow:forComponent：根据指定的组件和行号返回该行的标题，即应向用户显示的字符串。

◎ pickerView:didSelectRow:inComponent：当用户在选择器视图中做出选择时，将调用该委托方法，并向它传递用户选择的行号以及用户最后触摸的组件。

下面继续以前面包含两个组件的选择器为例，其中一个组件包含一个值，另一个包含两个值。下面的实现方法 pickerView:titleForRow:forComponent 让该选择器在第一个组件中显示 Good，在第二个组件中显示 Night 和 Day，这些代码演示了上述选择器视图委托协议的简单实现：

```
-(NSString*)pickerView:(UIPickerView *)pickerView titleForRow:(NSInteger)row
 forComponent:(NSInteger)component
{
    if (component==0) {
        return  @Good;
    }
    else {
        if (row==0) {
            return  @Day;
        }
        else {
            return  @Night;
        }
    }
}
- (void)pickerView:(UIPickerView *)pickerView didSelectRow:(NSInteger)row
 inComponent:(NSInteger)component {
    if (component==0) {
        /////
    } else {
        ////
        if (row==0) {
            /////
        } else {
            ////
        }
    }
}
```

对上述代码的具体说明如下所示：

◎ 第一段代码的功能是根据传递给方法的组件和行，指定自定义选择器视图应在相应位置显示的值。第一个组件只包含 Good，因此，需要在后面检查参数 component 是否为零，如果是，则返回字符串 Good。然后在后面的 else 语句处理第二个组件。由于它包含两个值，因此需要检查传入的参数 row，以确定需要给哪行提供值。如果参数 row 为零，则返回字符串 Day；如果为 1，则返回 Night。

◎ 第二段代码行实现了方法 pickerView:didSelectRow:inComponent。这与给选择器提供值以便显示的代码相反，但不是返回字符串，而是根据用户的选择做出响应。已经在原本需要添加逻辑的地方添加了注释。

由此可见，实现选择器协议并不很复杂——虽然需要实现几个方法，但只需要编写几行代码而已。

3. 高级选择器委托方法

在选择器视图的委托协议实现中，还可包含其他几个方法，进一步定制选择器的外观。其中有如下三个最为常用的方法。

◎ pickefview:rowHeightForComponent：给指定组件返回其行高，单位为点。
◎ pickerView:widthForComponent：给指定组件返回宽度，单位为点。
◎ pickerView:viewForRow:viewForComponent:ReusingView：给指定组件和行号返回相应位置应显示的自定义视图。

在上述方法中，前两个方法的含义不言而喻。如果要修改组件的宽度或行高，可以实现这两个方法，并让其返回合适的值(单位为点)。而第三个方法更复杂，它让开发人员能够完全修改选择器显示的内容的外观。

方法 pickerView:viewForRow:viewForComponent:ReusingView 接受行号和组件作为参数，并返回包含自定义内容的视图，如图像，它优先于 pickerView:titleForRow:for:Component 方法。也就是说，如果使用 pickerView:viewForRow:viewForComponent:ReusingView 指定了自定义选择器显示的任何一个选项，就必须使用它指定全部选项。

4．UIPickerView 中的实例方法

(1) - (NSInteger) numberOfRowsInComponent:(NSInteger) component
参数为 component 的序号(从左到右，以 0 起始)，返回指定的 component 中 row 的个数。

(2) - (void) reloadAllComponents
调用此方法，使得 PickerView 向 delegate:查询所有组件的新数据。

(3) - (void) reloadComponent: (NSInteger) component
参数为需更新的 component 的序号，此方法使得 PickerView 向其 delegate:查询新数据。

(4) - (CGSize) rowSizeForComponent: (NSInteger) component
参数同上，通过调用委托方法中的 pickerView:widthForComponent:和 pickerView:rowHeightForComponent:获得返回值。

(5) - (NSInteger) selectedRowInComponent: (NSInteger) component
参数同上，返回被选中 row 的序号，若无 row 被选中，则返回-1。

(6) - (void) selectRow: (NSInteger) row inComponent: (NSInteger)component animated: (BOOL)animated
在代码中指定要选择的某 component 的某行。
参数 row 表示行序号，参数 component 表示组件序号，如果 BOOL 值为 YES，则转动 spin 到我们选择的新值，若为 NO，则直接显示我们选择的值。

(7) - (UIView *) viewForRow: (NSInteger) row forComponent: (NSInteger) component
参数 row 表示行序号，参数 component 表示组件序号，返回由委托方法 pickerView:viewForRow:forComponentreusingView:指定的 view。如果委托对象并没有实现这个方法，或此 view 不可见时，则返回 nil。

7.4.2 实现两个 UIPickerView 控件间的数据依赖

本实例的功能是实现两个选取器的关联操作，滚动第一个滚轮，第二个滚轮内容随着第一个的变化而变化，然后点击按钮触发一个动作。

实例 7-6 实现两个 UIPickerView 控件间的数据依赖
源码路径 下载资源\codes\7\pickerViewDemo

(1) 首先在工程中新建一个 songInfo.plist 文件，储存数据，如图 7-29 所示。

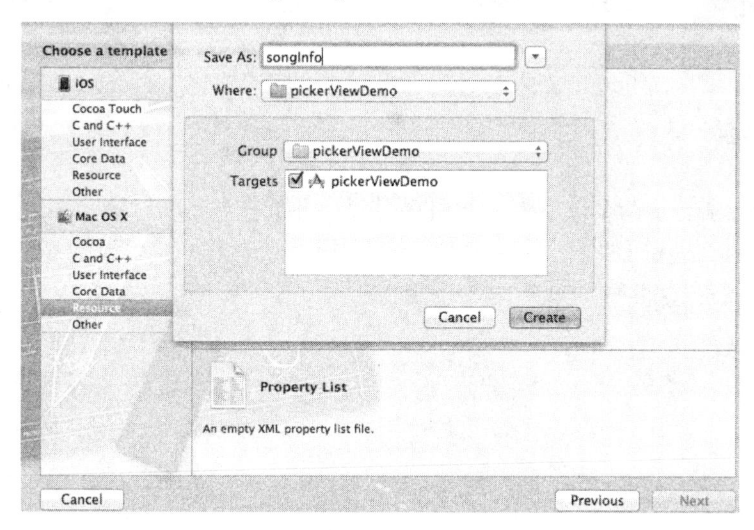

图 7-29　新建 songInfo.plist 文件

添加的内容如图 7-30 所示。

pickerViewDemo › pickerViewDemo › songInfo.plist › No Selection

Key	Type	Value
▼许嵩	Array	(4 items)
Item 0	String	断桥残雪
Item 1	String	玫瑰花的葬礼
Item 2	String	城府
Item 3	String	清明雨上
▶周杰伦	Array	(7 items)
▶梁静茹	Array	(4 items)
▶阿杜	Array	(2 items)
▶林俊杰	Array	(3 items)
▶张靓颖	Array	(2 items)
▶方大同	Array	(3 items)
▶凤凰传奇	Array	(2 items)
▼邱永传	Array	(1 item)
Item 0	String	十一年
▶胡夏	Array	(1 item)

图 7-30　添加的数据

(2) 在 ViewController 设置一个选取器 pickerView 对象，两个数组，存放选取器数据和一个字典，读取 plist 文件。具体代码如下所示：

```
#import <UIKit/UIKit.h>
@interface ViewController :
UIViewController<UIPickerViewDelegate,UIPickerViewDataSource>
{
    //定义滑轮组建
    UIPickerView *pickerView;
    //储存第一个选取器的的数据
    NSArray *singerData;
    //储存第二个选取器
    NSArray *singData;
    //读取plist 文件数据
    NSDictionary *pickerDictionary;
```

```
}
-(void) buttonPressed:(id)sender;
@end
```

(3) 在 ViewController.m 文件中 viewDidLoad 完成初始化。首先定义如下两个宏定义：

```
#define singerPickerView 0
#define singPickerView 1
```

上述代码分别表示两个选取器的索引序号值，并放在#import “ViewController.h”后面。viewDidLoad 的代码如下：

```
- (void)viewDidLoad
{
    [super viewDidLoad];
    // Do any additional setup after loading the view, typically from a nib.

    pickerView = [[UIPickerView alloc] initWithFrame:CGRectMake(0, 0, 320, 216)];
    //指定 Delegate
    pickerView.delegate = self;
    pickerView.dataSource = self;
    //显示选中框
    pickerView.showsSelectionIndicator = YES;
    [self.view addSubview:pickerView];
    //获取 mainBundle
    NSBundle *bundle = [NSBundle mainBundle];
    //获取 songInfo.plist 文件路径
    NSURL *songInfo = [bundle URLForResource:@"songInfo" withExtension:@"plist"];
    //把 plist 文件里的内容存入数组
    NSDictionary *dic = [NSDictionary dictionaryWithContentsOfURL:songInfo];
    pickerDictionary = dic;
    //将字典里面的内容取出，放到数组中
    NSArray *components = [pickerDictionary allKeys];
    //选取出第一个滚轮中的值
    NSArray *sorted = [components sortedArrayUsingSelector:@selector(compare:)];
    singerData = sorted;
    //根据第一个滚轮中的值，选取第二个滚轮中的值
    NSString *selectedState = [singerData objectAtIndex:0];
    NSArray *array = [pickerDictionary objectForKey:selectedState];
    singData = array;
    //添加按钮
    CGRect frame = CGRectMake(120, 250, 80, 40);
    UIButton *selectButton = [UIButton buttonWithType:UIButtonTypeRoundedRect];
    selectButton.frame = frame;
    [selectButton setTitle:@"SELECT" forState:UIControlStateNormal];

    [selectButton addTarget:self action:@selector(buttonPressed:)
      forControlEvents:UIControlEventTouchUpInside];
    [self.view addSubview:selectButton];
}
```

实现按钮事件的代码如下所示：

```
- (void) buttonPressed:(id)sender
{
    //获取选取器某一行索引值
    NSInteger singerrow = [pickerView selectedRowInComponent:singerPickerView];
    NSInteger singrow = [pickerView selectedRowInComponent:singPickerView];
    //将 singerData 数组中的值取出
    NSString *selectedsinger = [singerData objectAtIndex:singerrow];
    NSString *selectedsing = [singData objectAtIndex:singrow];
```

```
    NSString *message =
      [[NSString alloc] initWithFormat:@"你选择了%@的%@",selectedsinger,selectedsing];

    UIAlertView *alert = [[UIAlertView alloc] initWithTitle:@"提示"
                               message:message
                               delegate:self
                               cancelButtonTitle:@"OK"
                               otherButtonTitles: nil];
    [alert show];
}
```

(4) 关于两个协议的代理方法的实现代码如下所示：

```
#pragma mark -
#pragma mark Picker Date Source Methods

//返回显示的列数
- (NSInteger)numberOfComponentsInPickerView:(UIPickerView*)pickerView
{
    //返回几就有几个选取器
    return 2;
}

//返回当前列显示的行数
- (NSInteger)pickerView:(UIPickerView*)pickerView
numberOfRowsInComponent:(NSInteger)component
{
    if (component == singerPickerView) {
        return [singerData count];
    }
    return [singData count];
}
#pragma mark Picker Delegate Methods

//返回当前行的内容，此处是将数组中的数值添加到滚动的那个显示栏上
- (NSString*)pickerView:(UIPickerView*)pickerView titleForRow:(NSInteger)row
  forComponent:(NSInteger)component
{
    if (component == singerPickerView) {
        return [singerData objectAtIndex:row];
    }
    return [singData objectAtIndex:row];
}
- (void)pickerView:(UIPickerView *)pickerViewt didSelectRow:(NSInteger)row
  inComponent:(NSInteger)component
{
    //如果选取的是第一个选取器
    if (component == singerPickerView) {
        //得到第一个选取器的当前行
        NSString *selectedState = [singerData objectAtIndex:row];
        //根据从pickerDictionary字典中取出的值，选择对应第二个中的值
        NSArray *array = [pickerDictionary objectForKey:selectedState];
        singData = array;
        [pickerView selectRow:0 inComponent:singPickerView animated:YES];
        //重新装载第二个滚轮中的值
        [pickerView reloadComponent:singPickerView];
    }
}
//设置滚轮的宽度
- (CGFloat)pickerView:(UIPickerView *)pickerView widthForComponent:(NSInteger)component
{
```

```
    if (component == singerPickerView) {
        return 120;
    }
    return 200;
}
```

在代码中，- (void)pickerView:(UIPickerView*)pickerViewt didSelectRow:(NSInteger) row inComponent:(NSInteger)component 把(UIPickerView*)pickerView 参数改成(UIPickerView*) pickerViewt，因为定义的 pickerView 对象与参数发生冲突，所以对参数进行了修改。

这样，整个实例介绍完毕，执行后的效果如图 7-31 所示。

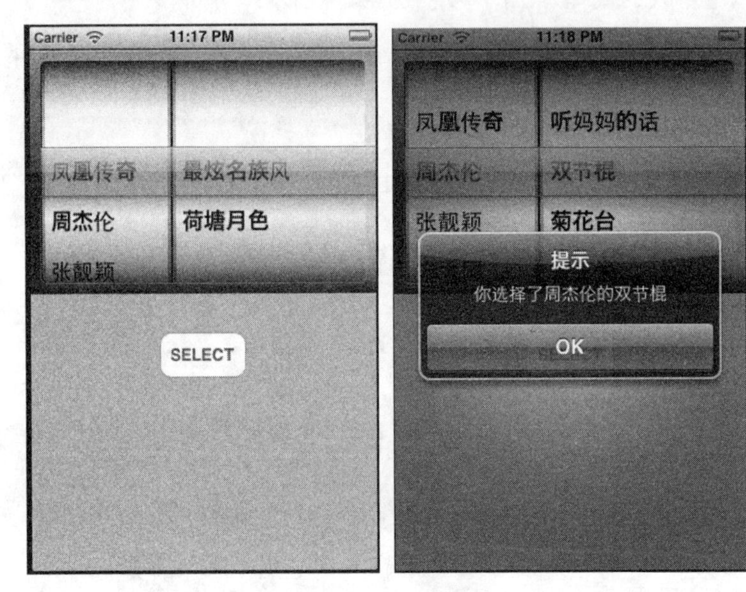

图 7-31　执行效果

7.5　表视图基础

与本书前面介绍的其他视图一样，表视图 UITable 也用于放置信息。使用表视图，可以在屏幕上显示一个单元格列表，每个单元格都可以包含多项信息，但仍然是一个整体。并且可以将表视图划分成多个区(Section)，以便从视觉上将信息分组。

表视图控制器是一种只能显示表视图的标准视图控制器，可以在表视图占据整个视图时使用这种控制器。通过使用标准视图控制器，可以根据需要，在视图中创建任意尺寸的表，我们只需将表的委托和数据源输出口连接到视图控制器类即可。

在本节的内容中，将首先讲解表视图的基本知识。

7.5.1　表视图的外观

在 iOS 中有两种基本的表视图样式：无格式表(plain)和分组，如图 7-32 所示。

无格式表不像分组表那样在视觉上将各个区分开，但通常带可触摸的索引(类似于通信录)。因此，它们有时称为索引表。我们将使用 Xcode 指定的名称(无格式/分组)来表示它们。

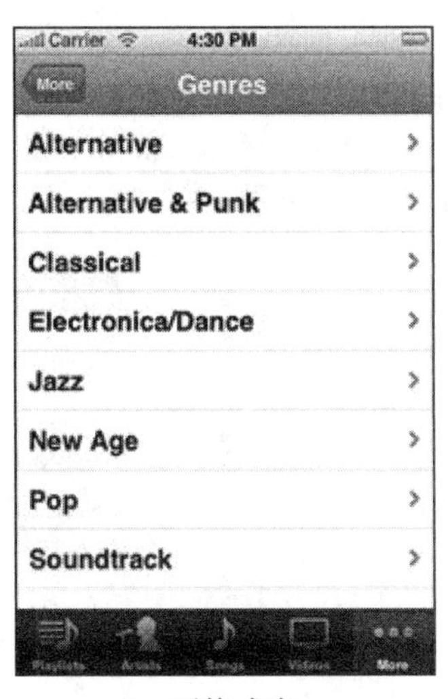

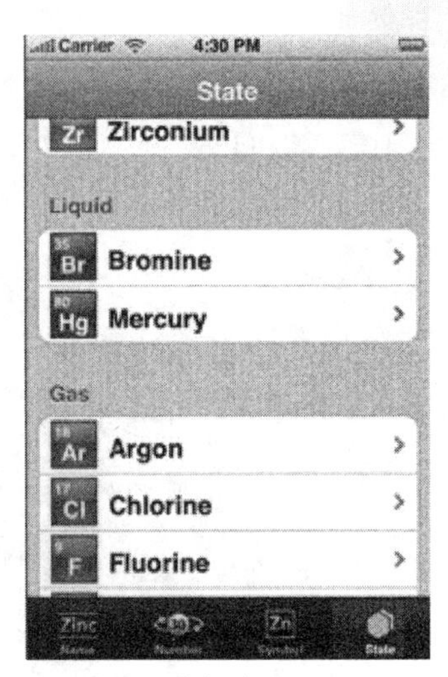

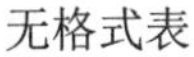
无格式表　　　　　　　　分组表

图 7-32　两种格式

7.5.2　表单元格

表只是一个容器，要在表中显示内容，就必须给表提供信息，这是通过配置表视图(UITableViewCell)来实现的。在默认情况下，单元格可显示标题、详细信息标签(Detail Label)、图像和附属视图(Accessory)，其中，附属视图通常是一个展开箭头，告诉用户可通过压入切换和导航控制器挖掘更详细的信息。图 7-33 显示了一种单元格布局，其中包含前面说的所有元素。

图 7-33　表由单元格组成

其实，除了视觉方面的设计外，每个单元格都有独特的标识符。这种标识符被称为重用标识符(Reuse Identifier)，用于编码时引用单元格；配置表视图时，必须设置这些标识符。

7.5.3　添加表视图

要在视图中添加表格，可以从对象库拖曳 UITableView 到视图中。添加表格后，可以调整大小，使其赋给整个视图或只占据视图的一部分。如果拖曳一个 UITableViewController 到编辑器中，将在故事板中新增一个场景，其中包含一个填满整个视图的表格。

1. 设置表视图的属性

添加表视图后，就可以设置其样式了。为此，可以在 Interface Builder 编辑器中选择表视图，再打开 Attributes Inspector(Option + Command + 4)，如图 7-34 所示。

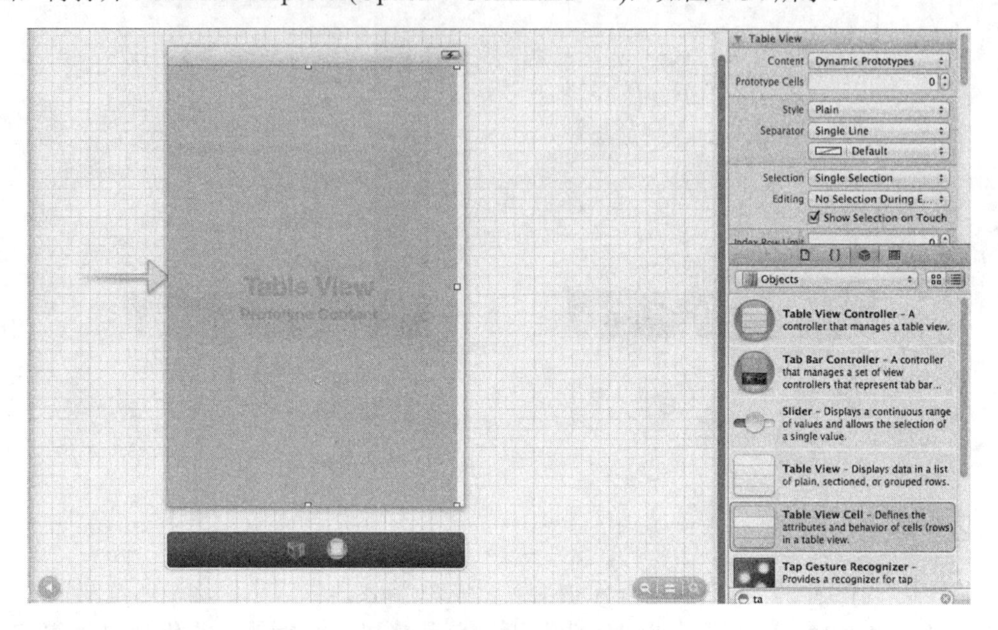

图 7-34　设置表视图的属性

第一个属性是 Content，它默认被设置为 Dynamic Prototypes(动态原型)，这表示可以在 Interface Builder 中以可视化方式设计表格和单元格布局。使用下拉列表 Style 选择表格样式 Plain 或 Grouped；下拉列表 Separator 用于指定分区之间的分隔线的外观，而下拉列表 Color 用于设置单元格分隔线的颜色。Selection 和 Editing 用于设置表格被用户触摸时的行为。

2. 设置原型单元格的属性

设置好表格后，需要设计单元格原型。要控制表格中的单元格，必须配置要在应用程序中使用的原型单元格。在添加表视图时，默认只有一个原型单元格。要编辑原型，首先在文档大纲中展开表视图，再选择其中的单元格(也可在编辑器中直接单击单元格)。单元格呈高亮显示后，使用选取手柄增大单元格的高度。其他设置都需要在 Attributes Inspector 中进行，如图 7-35 所示。

在 Attributes Inspector 中，第一个属性用于设置单元格样式。要使用自定义样式，必须建一个 UITableViewCell 子类，大多数表格都使用如下所示的标准样式之一。

◎　Basic：只显示标题。

◎　Right Detail：显示标题和详细信息标签，详细信息标签在右边。

◎　Left Detail：显示标题和详细信息标签，详细信息标签在左边。

◎　Subtitle：详细信息标签在标题下方。

设置单元格样式后，可以选择标题和详细信息标签。为此，可以在原型单元格中单击它们，也可以在文档大纲的单元格视图层次结构中单击它们。选择标题或详细信息标签后，就可以使用 Attributes Inspector 定制它们的外观了。

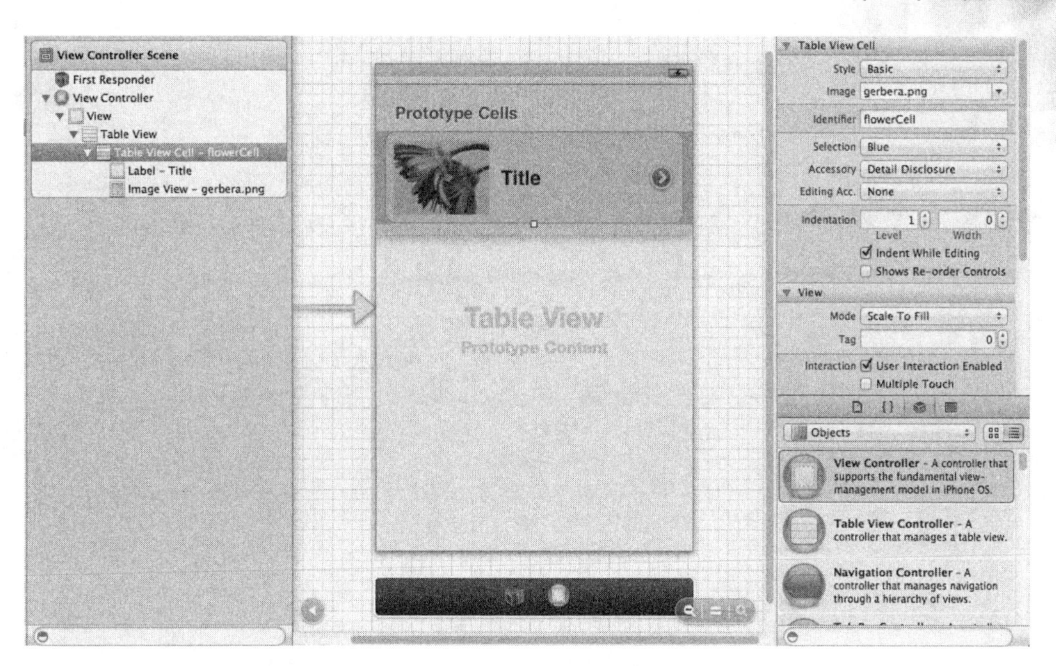

图 7-35　配置原型单元格

使用下拉列表 Image，在单元格中添加图像，当然，项目中必须有需要显示的图像资源。在原型单元格中设置的图像以及标题/详细信息标签不过是占位符，将替换为在代码中指定的实际数据。下拉列表 Selection 和 Accessory 分别用于配置选定单元格的颜色以及添加到单元格右边的附属图形(通常是展开箭头)。除了 Identifier 而外，其他属性都用于配置可编辑的单元格。

如果不设置 Identifier 属性，就无法在代码中引用原型单元格并显示内容。可以将标识符设置为任何字符串，例如 Apple 在其大部分示例代码中都使用 Cell。如果添加了多个设计不同的原型单元格，则必须给每个原型单元格指定不同的标识符。这就是表格的外观设计。

3. 表视图数据源协议

表视图数据源协议(UITableViewDataSource)包含了描述表视图将显示多少信息的方法，并将 UITableViewCell 对象提供给应用程序进行显示。这与选择器视图不太一样，选择器视图的数据源协议方法只提供要显示的信息量。如下 4 个是最有用的数据源协议方法。

- numberofSectionsInTableView：返回表视图将划分成多少个分区。
- tableView:numberOfRowsInSection：返回给定分区包含多少行。分区编号从 0 开始。
- tableView:titleForHeaderInSection：返回一个字符串，用作给定分区的标题。
- tableView:cellForRowAtIndexPath：返回一个经过正确配置的单元格对象，用于显示在表视图指定的位置。

假设要创建一个表视图，它包含两个标题分别为 One 和 Two 的分区，其中第一个分区只有一行，而第二个分区包含两行。为了指定这样的设置，可以使用前三个方法来实现，例如下面的代码：

```
- (NSInteger)numberOfSectionsInTableView:(UITableView *)tableView
{
    return 2;
```

```
}

- (NSInteger)tableView:(UITableView *)tableView
  numberOfRowsInSection:(NSInteger)section
{
    if (Section == 0) {
        return 1;
    }
    else {
        return 2;
    }
}

- (NSString *)tableView:(UITableView *)tableView
 titleForHeaderInSection:(NSInteger)section {

    if (Section == 0) {
        return @"One";
    }
    else {
        return @"Two";
    }
}
```

在上述代码中，第 1~4 行实现了方法 numberOfSectionsInTableView。这个方法返回 2，因此，表视图包含两个分区。第 6~15 行实现了方法 tableView:numberOfRowsInSection。在 iOS 指定的分区编号为 0(第一个分区)时，这个方法返回 1；当分区编号为 1(第二个分区)时，这个方法回 2。第 17~25 行实现了方法 tableView:titleForHeaderInSection。它与前一个方法很像，但是返回的是用作分区标题的字符串。如果分区编号为 0，该方法返回 One，否则返回 Two。

上述 3 个方法设置了表视图的布局，但是，要想给单元格提供内容，必须实现 tableView:cellForRowAtlndexPath。iOS 将一个 NSIndexPath 对象传递给这个方法，该对象包含一个 section 属性和一个 row 属性，这些属性指定了我们应返回的单元格。在这个方法中，需要初始化一个 UITableViewCell 对象，并设置其 textLabel、detailTextLabel 和 imageView 属性，以指定单元格将显示的信息。

下面简单地实现这个方法。例如，下面的代码是方法 tableView:cellForRowAtIndexPath 的一种实现：

```
- (UITableViewCell *)tableView:(UITableView *)tableView
  cellForRowAtIndexPath:(NSIndexPath *)indexPath
{
    UITableViewCell *cell =
      [tableView  equeueReusableCellWithIdentifier:@"flowerCell"];

    switch (indexPath.section) {
        case kRedSection:
            cell.textLabel.text = [self.redFlowers objectAtIndex:indexPath.row];
            break;
        case kBlueSection:
            cell.textLabel.text = [self.blueFlowers objectAtIndex:indexPath.row];
            break;
        default:
            cell.textLabel.text = @"Unknown";
    }
```

```
    UIImage *flowerImage;
    flowerImage = [UIImage imageNamed:[NSString stringWithFormat:@"%@%@",
                     cell.textLabel.text,@".png"]];

    cell.imageView.image = flowerImage;

    return cell;
}
```

上述代码的具体实现流程如下所示。

(1) 声明一个单元格对象，使用标识符为 Cell 的原型单元格初始化它。在这个方法的所有实现中，都应以这些代码行打头。

(2) 声明一个 UIImage 对象(cellImage)，并使用项目资源 generic.png 初始化它。在实际项目中，我们很可能在每个单元格中显示不同的图像。

(3) 配置第一个分区(indexPath.section==0)的单元格。由于这个分区只包含一行，因此无须考虑查询的是哪行。通过设置 textLabel、detailTextLabel 属性和 imageView 属性给单元格填充数据。这些属性是 UILabel 和 UIImageView 实例，因此，对于标签，需要设置 text 属性，而对于图像视图，需要设置 image 属性。

(4) 配置第二个分区(编号为 1)的单元格。然而，对于第二个分区，需要考虑行号，因为它包含两行。因此，检查 row 属性，看它是 0 还是 1，并相应地设置单元格的内容。

(5) 最后返回初始化后的单元格。这就是填充表视图需要做的全部工作，但要在用户触摸单元格时做出响应，需实现 UITableViewDelegate 协议定义的一个方法。

4. 表视图委托协议

表视图委托协议包含多个对用户在表视图中执行的操作进行响应的方法，从选择单元格到触摸展开箭头，再到编辑单元格。此处，我们只对用户触摸并选择单元格感兴趣，因此将使用方法 tableView:didSelectRowAtIndexPath，通过向该方法传递一个 NSIndexPath 对象，指出了触摸的位置。这表示需要根据触摸位置所属的分区和行做出响应，具体过程与上一段代码类似。

7.5.4 UITableView 详解

UITableView 用于显示数据列表，数据列表中的每项都由行表示，其主要作用如下：

◎ 让用户能通过分层的数据进行导航。
◎ 把项以索引列表的形式展示。
◎ 分类不同的项并展示其详细信息。
◎ 展示选项的可选列表。

UITableView 表中的每一行都由一个 UITableViewCell 表示，可以使用一个图像、一些文本、一个可选的辅助图标来配置每个 UITableViewCell 对象，其模型如图 7-36 所示。

类 UITableViewCell 为每个 Cell 定义了如下所示的属性。

◎ textLabel：Cell 的主文本标签(一个 UILabel 对象)。
◎ detailTextLabel：当需要添加额外细节时，作为 Cell 的二级文本标签(一个 UILabel 对象)。
◎ imageView：一个用来装载图片的图片视图(一个 UIImageView 对象)。

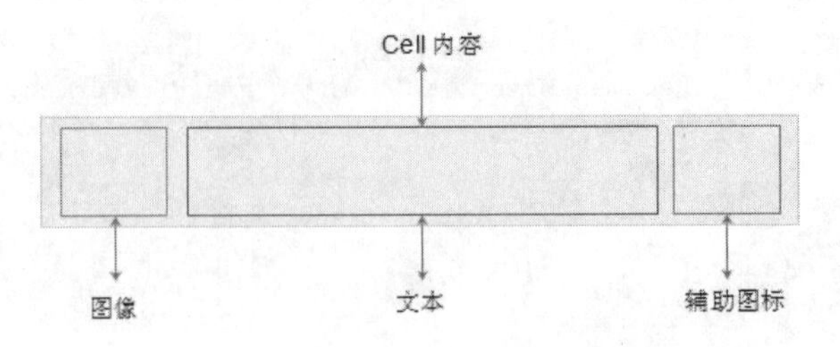

图 7-36　UITableViewCell 的模型

1. ITableView 的初始化

请看下面的代码：

```
UITableView tableview = [[UITableView alloc] initWithFrame:CGRectMake(0, 0, 320, 420)];
[tableview setDelegate:self];
[tableview setDataSource:self];
[self.view addSubview: tableview];
[tableview release];
```

(1) 初始化 UITableView 时，必须实现的是，在.h 文件中要继承 UITableViewDelegate 和 UITableViewDataSource，并实现 3 个 UITableView 数据源方法和设置它的 delegate 为 self，这是不直接继承 UITableViewController 实现的方法。

(2) 直接在 Xcode 生成项目的时候继承 UITableViewController 的话，它会帮我们自动写好 UITableView 必须实现的方法。

(3) UITableView 继承自 UIScrollView。

2. UITableView 的数据源

(1) UITableView 是依赖外部资源为新表格单元填上内容的，我们称为数据源，这个数据源可以根据索引路径提供表格单元格，在 UITableView 中，索引路径是 NSIndexPath 的对象，可以选择分段或者分行，即是我们编码中的 section 和 row。

(2) UITableView 有三个必须实现的核心方法，具体如下所示。

① - (NSInteger)numberOfSectionsInTableView:(UITableView*)tableView;

这个方法可以分段显示或者单个列表显示我们的数据。如图 7-37 所示。其中，左图表示分段显示，右图表示单个列表显示。

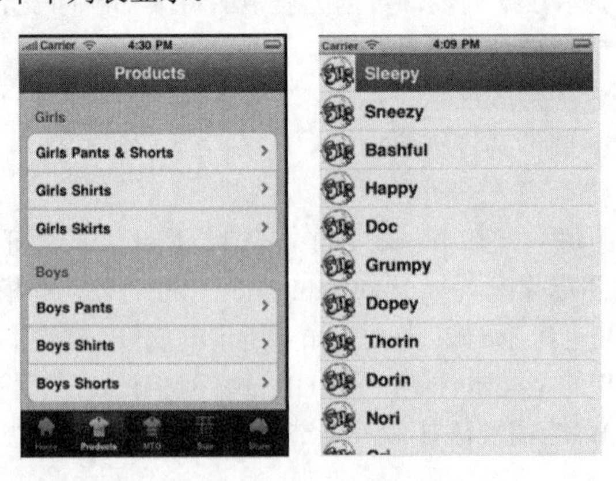

图 7-37　显示数据

② - (NSInteger)tableView:(UITableView*)tableViewnumberOfRowsInSection:
(NSInteger)section;

这个方法返回每个分段的行数，不同分段返回不同的行数，可以用 switch 来做。如果是单个列表，就直接返回单个我们想要的函数即可。

③ - (UITableViewCell*)tableView:(UITableView*)tableViewcellForRowAtIndexPath:
(NSIndexPath*) indexPath;

这个方法返回我们调用的每一个单元格。通过索引的路径的 section 和 row 来确定。

3. UITableView 的委托方法

使用委托，是为了响应用户的交互动作，比如，下拉更新数据和选择某一行单元格，在 UITableView 中，有很多这种方法供开发人员选择。

请看下面的代码：

```
//设置 Section 的数量
- (NSArray *)sectionIndexTitlesForTableView:(UITableView *)tableView {
    return TitleData;
}
//设置每个 section 显示的 Title
- (NSString *)tableView:(UITableView *)
  tableViewtitleForHeaderInSection:(NSInteger)section {
    return @"Andy-11";
}
//指定有多少个分区(Section)，默认为 1
- (NSInteger)numberOfSectionsInTableView:(UITableView *)tableView {
    return 2;
}
//指定每个分区中有多少行，默认为 1
- (NSInteger)tableView:(UITableView *)
  tableViewnumberOfRowsInSection:(NSInteger)section {
}
//设置每行调用的 cell
- (UITableViewCell *)tableView:(UITableView *)
tableViewcellForRowAtIndexPath:(NSIndexPath *)indexPath {
    static NSString *SimpleTableIdentifier = @"SimpleTableIdentifier";

    UITableViewCell *cell = [tableViewdequeueReusableCellWithIdentifier:
                         SimpleTableIdentifier];

    if (cell == nil) {
        cell = [[[UITableViewCellalloc] initWithStyle:UITableViewCellStyleDefault
                              reuseIdentifier:SimpleTableIdentifier] autorelease];
    }

    cell.imageView.image = image; //未选 cell 时的图片
    cell.imageView.highlightedImage = highlightImage; //选中 cell 后的图片
    cell.text = @"Andy-清风";
    return cell;
}
//设置让 UITableView 行缩进
-(NSInteger)tableView:(UITableView *)
  tableViewindentationLevelForRowAtIndexPath:(NSIndexPath *)indexPath {
    NSUInteger row = [indexPath row];
    return row;
}
```

```
//设置 cell 每行间隔的高度
- (CGFloat)tableView:(UITableView *)tableViewheightForRowAtIndexPath:(NSIndexPath *)
  indexPath {
    return 40;
}
//返回当前所选 cell
NSIndexPath *ip = [NSIndexPath indexPathForRow:row inSection:section];
[TopicsTable selectRowAtIndexPath:ip
  animated:YESscrollPosition:UITableViewScrollPositionNone];

//设置 UITableView 的 style
[tableView setSeparatorStyle:UITableViewCellSelectionStyleNone];
//设置选中 Cell 的响应事件
- (void)tableView:(UITableView *)tableView
  didSelectRowAtIndexPath:(NSIndexPath*)indexPath {
    [tableView deselectRowAtIndexPath:indexPath animated:YES]; //选中后的反显颜色即刻消失
}
//设置选中的行所执行的动作
- (NSIndexPath *)tableView:(UITableView *)
  tableViewwillSelectRowAtIndexPath:(NSIndexPath *)indexPath
{
    NSUInteger row = [indexPath row];
    return indexPath;
}
//设置划动 cell 是否出现 del 按钮，可供删除数据
- (BOOL)tableView:(UITableView *)tableView
  canEditRowAtIndexPath:(NSIndexPath*)indexPath {
}
//设置删除时的编辑状态
- (void)tableView:(UITableView *)tableView
  commitEditingStyle:(UITableViewCellEditingStyle)editingStyle
  forRowAtIndexPath:(NSIndexPath *)indexPath
{
}
//右侧添加一个索引表
- (NSArray *)sectionIndexTitlesForTableView:(UITableView *)tableView {
}
```

7.5.5 拆分表视图

本实例中创建一个表视图，它包含两个分区，这两个分区的标题分别为 Red 和 Blue，且分别包含常见的红色和绿色花朵的名称。除标题外，每个单元格还包含一幅花朵图像和一个展开箭头。用户触摸单元格时，将出现一个提醒视图，指出选定花朵的名称和颜色。

实例 7-7 拆分表视图
源码路径 下载资源\codes\7\biaoge

实例文件 ViewController.m 的具体实现代码如下所示：

```
#import "ViewController.h"
#define kSectionCount 2
#define kRedSection 0
#define kBlueSection 1
@implementation ViewController
@synthesize redFlowers;
@synthesize blueFlowers;
- (void)didReceiveMemoryWarning
```

```
{
    [super didReceiveMemoryWarning];
}
#pragma mark - View lifecycle
- (void)viewDidLoad
{
    self.redFlowers = [[NSArray alloc]
                   initWithObjects:@"aa",@"bb",@"cc",
                   @"dd",nil];
    self.blueFlowers = [[NSArray alloc]
                    initWithObjects:@"ee",@"ff",
                    @"gg",@"hh",@"ii",nil];

    [super viewDidLoad];
}
- (void)viewDidUnload
{
    [self setRedFlowers:nil];
    [self setBlueFlowers:nil];
    [super viewDidUnload];
}
- (void)viewWillAppear:(BOOL)animated
{
    [super viewWillAppear:animated];
}
- (void)viewDidAppear:(BOOL)animated
{
    [super viewDidAppear:animated];
}
- (void)viewWillDisappear:(BOOL)animated
{
    [super viewWillDisappear:animated];
}
- (void)viewDidDisappear:(BOOL)animated
{
    [super viewDidDisappear:animated];
}
-
(BOOL)shouldAutorotateToInterfaceOrientation:(UIInterfaceOrientation)interfaceOrientation
{
    // Return YES for supported orientations
    return (interfaceOrientation != UIInterfaceOrientationPortraitUpsideDown);
}
#pragma mark - Table view data source
- (NSInteger)numberOfSectionsInTableView:(UITableView *)tableView
{
    return kSectionCount;
}
- (NSInteger)tableView:(UITableView *)tableView
   numberOfRowsInSection:(NSInteger)section
{
    switch (section) {
        case kRedSection:
            return [self.redFlowers count];
        case kBlueSection:
            return [self.blueFlowers count];
        default:
            return 0;
    }
}
- (NSString *)tableView:(UITableView *)tableView
```

```
titleForHeaderInSection:(NSInteger)section {
    switch (section) {
        case kRedSection:
            return @"红";
        case kBlueSection:
            return @"蓝";
        default:
            return @"Unknown";
    }
}
- (UITableViewCell *)tableView:(UITableView *)tableView
  cellForRowAtIndexPath:(NSIndexPath *)indexPath
{
    UITableViewCell *cell =
      [tableView dequeueReusableCellWithIdentifier:@"flowerCell"];


    switch (indexPath.section) {
        case kRedSection:
            cell.textLabel.text = [self.redFlowers objectAtIndex:indexPath.row];
            break;
        case kBlueSection:
            cell.textLabel.text = [self.blueFlowers objectAtIndex:indexPath.row];
            break;
        default:
            cell.textLabel.text = @"Unknown";
    }

    UIImage *flowerImage;
    flowerImage = [UIImage imageNamed:
             [NSString stringWithFormat:@"%@%@",
              cell.textLabel.text,@".png"]];
    cell.imageView.image = flowerImage;

    return cell;
}
#pragma mark - Table view delegate
- (void)tableView:(UITableView *)tableView
  didSelectRowAtIndexPath:(NSIndexPath *)indexPath {
    UIAlertView *showSelection;
    NSString  *flowerMessage;

    switch (indexPath.section) {
        case kRedSection:
            flowerMessage = [[NSString alloc]
                             initWithFormat:
                             @"你选择了红色 - %@",
                             [self.redFlowers objectAtIndex: indexPath.row]];
            break;
        case kBlueSection:
            flowerMessage = [[NSString alloc]
                             initWithFormat:
                             @"你选择了蓝色 - %@",
                             [self.blueFlowers objectAtIndex: indexPath.row]];
            break;
        default:
            flowerMessage = [[NSString alloc]
                             initWithFormat:
                             @"我不知道选什么!?"];
            break;
    }
```

```
    showSelection = [[UIAlertView alloc]
                        initWithTitle: @"已经选择了"
                        message:flowerMessage
                        delegate: nil
                        cancelButtonTitle: @"Ok"
                        otherButtonTitles: nil];
    [showSelection show];
}
@end
```

执行后的效果如图 7-38 所示。

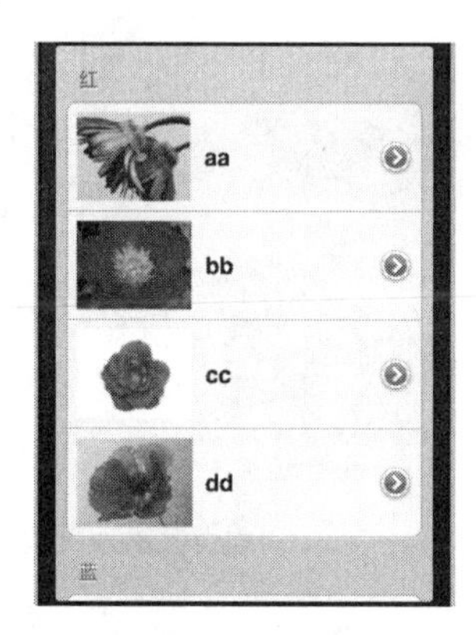

图 7-38　执行效果

7.5.6　基于 Swift 在表视图中使用其他控件

在本节的内容中，将通过一个具体实例的实现过程，详细讲解在表视图中使用其他控件的过程。

实例 7-8　在表视图中使用其他控件
源码路径　下载资源\codes\7\GolangStudy

(1) 打开 Xcode 6.1，新建一个名为“GolangStudy”的工程，工程的最终目录结构如图 7-39 所示。

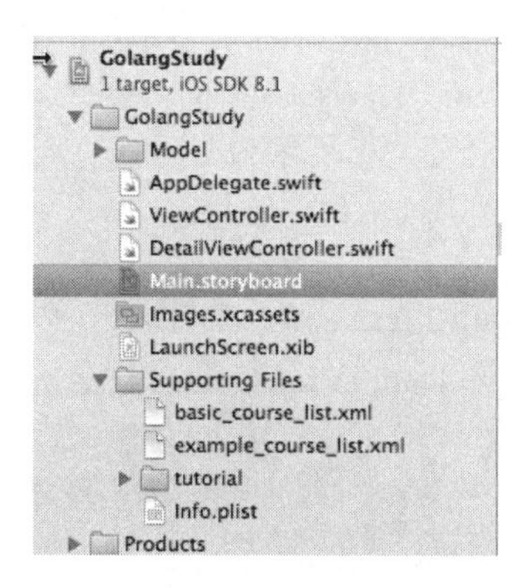

图 7-39　工程的目录结构

(2) 在 Xcode 6 的 Main.storyboard 面板中设置 UI 界面，其中一个视图界面是通过 Table View 实现的，在第二个界面中插入了 Label 控件和 Button 控件，如图 7-40 所示。

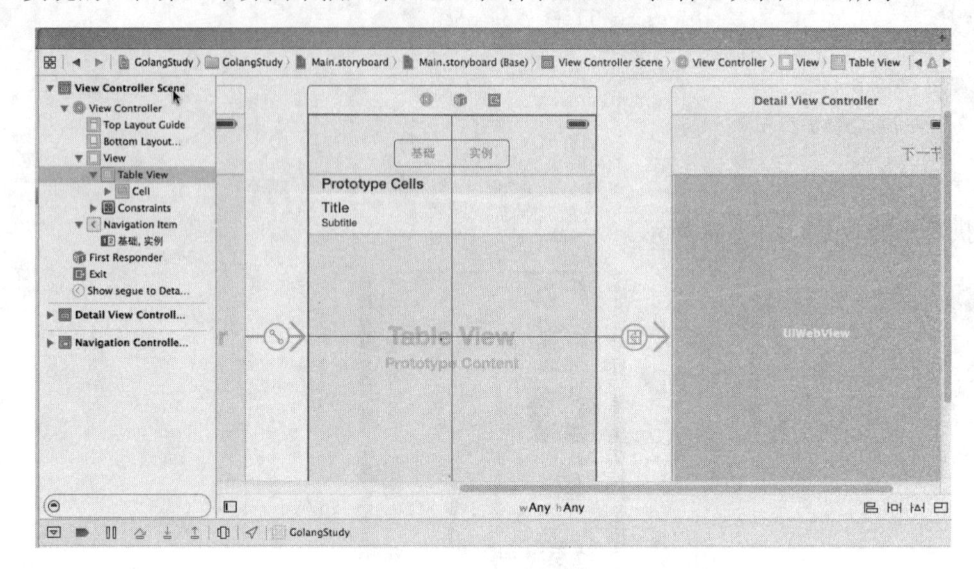

图 7-40　Main.storyboard 面板

(3) 第一个界面的实现文件是 ViewController.swift，实现过程已经在本章的前面部分进行了讲解，在此不再介绍。第一个界面的执行效果如图 7-41 所示。

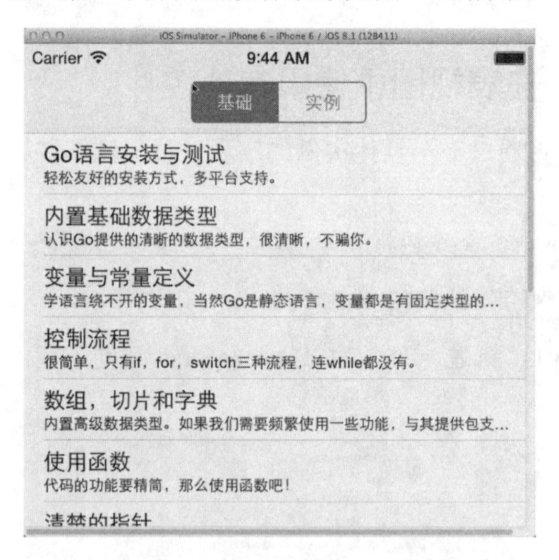

图 7-41　第一个界面的执行效果

(4) 编写文件 DetailViewController.swift，功能是当单击底部列表中的某一个选项后，会显示这个选项的详细信息。文件 DetailViewController.swift 的具体实现代码如下所示：

```
import UIKit
class DetailViewController: UIViewController,UIWebViewDelegate {
   @IBOutlet weak var webView: UIWebView!
   @IBOutlet weak var nextBtn: UIBarButtonItem!
   var courseSet:[Course] = []
   var pathname:String!
```

```
    var index:Int = 0
    override func viewDidLoad() {
        super.viewDidLoad()
        webView.delegate = self
        loadData(pathname)
    }
    func loadData(pathname:String){
        let path = NSBundle.mainBundle().pathForResource(pathname, ofType: "html")!
        let requestURL = NSURL(fileURLWithPath: path)!
        let request = NSURLRequest(URL: requestURL)
        webView.loadRequest(request)
    }
    func webViewDidStartLoad(webView: UIWebView) {
        UIApplication.sharedApplication().networkActivityIndicatorVisible = true
    }
    func webViewDidFinishLoad(webView: UIWebView) {
        UIApplication.sharedApplication().networkActivityIndicatorVisible = false
    }
    @IBAction func nextBtn(sender: AnyObject) {
        index = index + 1
        if index < courseSet.count {
            var course = courseSet[index] as Course
            self.title = course.getName()
            pathname = course.getChapter()
            loadData(pathname)
        } else {
            nextBtn.enabled = false
        }
    }
    override func didReceiveMemoryWarning() {
        super.didReceiveMemoryWarning()
    }
}
```

到此为止，整个实例介绍完毕。单击 UI 主界面中 UISegmentedControl 的列表项后，会显示列表中某个标题选项的详细信息。例如，“内置基础数据类型”选项的详情界面效果如图 7-42 所示。

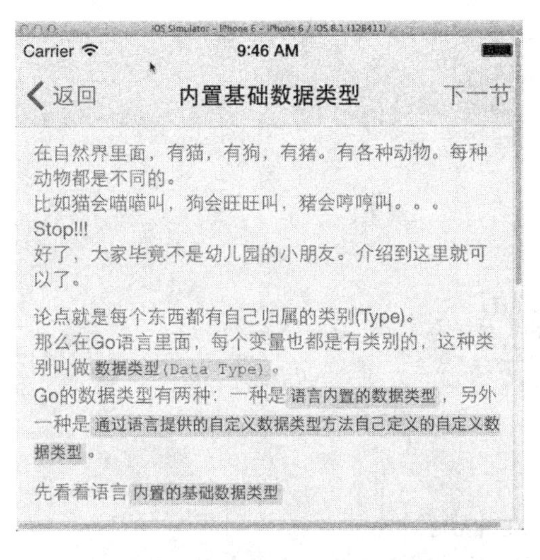

图 7-42　第二个界面的详情效果

7.6 活动指示器(UIActivityIndicatorView)

在 iOS 应用中，可以使用控件 UIActivityIndicatorView 来实现一个活动指示器效果。在本节的内容中，将详细讲解 UIActivityIndicatorView 的基本知识和具体用法。

7.6.1 活动指示器基础

在开发过程中，可以使用 UIActivityIndicatorView 实例提供轻型视图，这些视图显示一个标准的旋转进度轮。当使用这些视图时，20×20 像素是大多数指示器样式获得最清楚显示效果的最佳大小。只要稍大一点，指示器都会变得模糊。

在 iOS 中提供了几种不同样式的 UIActivityIndicatorView 类。

其中，UIActivityIndicatorViewStyleWhite 和 UIActivityIndicatorViewStyleGray 是最简洁的。黑色背景下最适合白色版本的外观，白色背景中最适合灰色外观。它非常瘦小，而且采用夏普风格。在选择白色还是灰色时，要格外注意。全白显示在白色背景下将不能显示任何内容。而 UIActivityIndicatorViewStyleWhiteLarge 只能用于深色背景。它提供最大、最清晰的指示器。

7.6.2 实现一个播放器的活动指示器

在本实例中，首先在根视图中使用 tableView 实现了一个列表效果，然后在次级视图设置了一个播放界面。当单击播放、暂停和快进按钮时，会显示对应的提示效果，这个提示效果是通过 UIActivityIndicatorView 实现的。

实例 7-9 实现一个播放器的活动指示器
源码路径 下载资源\codes\7\UIActivityIndicatorViewSample

实例文件 RootViewController.m 用于实现根视图，具体代码如下所示。

```
#import "RootViewController.h"
@implementation RootViewController
- (void)dealloc {
    [items_ release];
    [super dealloc];
}
#pragma mark UIViewController methods
- (void)viewDidLoad {
    [super viewDidLoad];
    self.title = @"MENU";
    if (!items_) {
        items_ = [[NSArray alloc] initWithObjects:
                      @"UIKitPrjActivityIndicator",
                      nil ];
    }
}
- (void)viewWillAppear:(BOOL)animated {
    [super viewWillAppear:animated];
    [self.navigationController setNavigationBarHidden:NO animated:NO];
    [self.navigationController setToolbarHidden:NO animated:NO];
```

```
    [UIApplication sharedApplication].statusBarStyle = UIStatusBarStyleDefault;
    self.navigationController.navigationBar.barStyle = UIBarStyleDefault;
    self.navigationController.navigationBar.translucent = NO;
    self.navigationController.navigationBar.tintColor = nil;
    self.navigationController.toolbar.barStyle = UIBarStyleDefault;
    self.navigationController.toolbar.translucent = NO;
    self.navigationController.toolbar.tintColor = nil;
}
#pragma mark UITableView methods
- (NSInteger)tableView:(UITableView*)tableView
  numberOfRowsInSection:(NSInteger)section
{
    return [items_ count];
}
- (UITableViewCell*)tableView:(UITableView*)tableView
  cellForRowAtIndexPath:(NSIndexPath*)indexPath
{
    static NSString *CellIdentifier = @"Cell";

    UITableViewCell *cell =
      [tableView dequeueReusableCellWithIdentifier:CellIdentifier];
    if (cell == nil) {
        cell = [[[UITableViewCell alloc] initWithStyle:UITableViewCellStyleDefault
               reuseIdentifier:CellIdentifier] autorelease];
    }
    NSString *title = [items_ objectAtIndex:indexPath.row];
    cell.textLabel.text =
      [title stringByReplacingOccurrencesOfString:@"UIKitPrj" withString:@""];
    return cell;
}
- (void)tableView:(UITableView*)tableView
  didSelectRowAtIndexPath:(NSIndexPath*)indexPath
{
    NSString *className = [items_ objectAtIndex:indexPath.row];
    Class class = NSClassFromString(className);
    UIViewController *viewController = [[[class alloc] init] autorelease];
    if (!viewController) {
        NSLog(@"%@ was not found.", className);
        return;
    }
    [self.navigationController pushViewController:viewController animated:YES];
}
@end
```

文件 UIKitPrjActivityIndicator.m 实现次级视图，具体实现代码如下所示：

```
#import "UIKitPrjActivityIndicator.h"
@implementation UIKitPrjActivityIndicator
- (void)dealloc {
    [indicator_ release];
    [super dealloc];
}
- (void)viewDidLoad {
    [super viewDidLoad];
    self.view.backgroundColor = [UIColor lightGrayColor];
    UIBarButtonItem *playButton =
      [[[UIBarButtonItem alloc] initWithBarButtonSystemItem:UIBarButtonSystemItemPlay
                              target:self
                              action:@selector(playDidPush)] autorelease];
    UIBarButtonItem *pauseButton =
      [[[UIBarButtonItem alloc] initWithBarButtonSystemItem:UIBarButtonSystemItemPause
```

```
                              target:self
                              action:@selector(pauseDidPush)] autorelease];
    UIBarButtonItem *changeButton =
      [[[UIBarButtonItem alloc]
                        initWithBarButtonSystemItem:UIBarButtonSystemItemFastForward
                        target:self
                        action:@selector(changeDidPush)] autorelease];
    NSArray *items =
      [NSArray arrayWithObjects:playButton, pauseButton, changeButton, nil];
    [self setToolbarItems:items animated:YES];

    indicator_ =
      [[UIActivityIndicatorView alloc]
       initWithActivityIndicatorStyle:UIActivityIndicatorViewStyleWhiteLarge];
    [self.view addSubview:indicator_];
}
- (void)playDidPush {
    if (UIActivityIndicatorViewStyleWhiteLarge
      == indicator_.activityIndicatorViewStyle) {
        indicator_.frame = CGRectMake(0, 0, 50, 50);
    } else {
        indicator_.frame = CGRectMake( 0, 0, 20, 20 );
    }
    indicator_.center = self.view.center;
    [indicator_ startAnimating];
}
- (void)pauseDidPush {
    indicator_.hidesWhenStopped = NO;
    [indicator_ stopAnimating];
}
- (void)changeDidPush {
    [self pauseDidPush];
    if ( UIActivityIndicatorViewStyleGray < ++indicator_.activityIndicatorViewStyle ) {
        indicator_.activityIndicatorViewStyle =
          UIActivityIndicatorViewStyleWhiteLarge;
    }
    [self playDidPush];
}
@end
```

执行后的效果如图 7-43 所示，次级视图界面如图 7-44 所示。

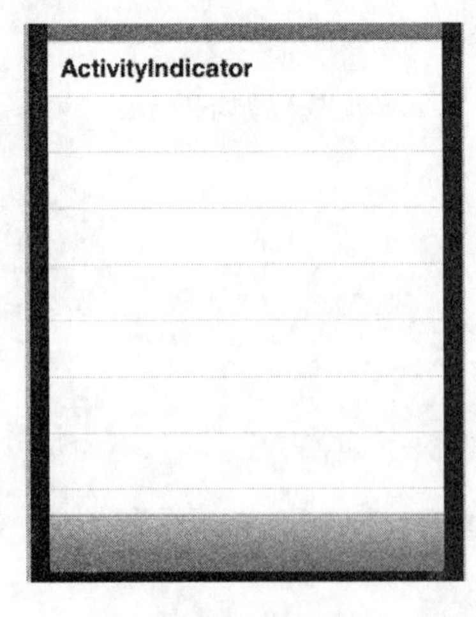

图 7-43　执行效果

图 7-44　次级视图界面

7.7 进度条(UIProgressView)

在 iOS 应用中，通过 UIProgressView 来显示进度效果，如音乐，视频的播放进度，和文件的上传下载进度等。在本节的内容中，将详细讲解 UIProgressView 的基本知识和具体用法。

7.7.1 进度条基础

在 iOS 应用中，UIProgessView 与 UIActivityIndicatorView 相似，只不过它提供了一个接口，让我们可以显示一个进度条，这样就能让用户知道当前操作完成了多少。在开发过程中，可以使用控件 UIProgressView 实现一个进度条效果。包括如下属性。

(1) center 属性和 frame 属性：设置进度条的显示位置，并添加到显示画面中。

(2) UIProgressViewStyle 属性：设置进度条的样式，可以设置如下两种样式。

◎ UIProgressViewStyleDefault：标准进度条。

◎ UIProgressViewStyleDefault：深灰色进度条，用于工具栏中。

7.7.2 实现一个蓝色进度条效果

在本实例中，首先使用方法 initWithProgressViewStyle 创建并初始化了 UIProgressView 对象，然后通过其 center 属性和 frame 属性设置其显示位置，并添加到显示画面中。并且使用 UIProgressViewStyle 属性设置了显示样式。

实例7-10 实现一个蓝色进度条效果

源码路径 下载资源\codes\7\UIProgressViewSample

实例文件 UIKitPrjProgressView.m 的具体代码如下所示：

```
#import "UIKitPrjProgressView.h"
#pragma mark ----- Private Methods Definition -----
@interface UIKitPrjProgressView()
- (void)updateProgress:(UIProgressView*)progressView;
@end
#pragma mark ----- Start Implementation For Methods -----
@implementation UIKitPrjProgressView
- (void)dealloc {
    [progressView_ release];
    [super dealloc];
}
- (void)viewDidLoad {
    [super viewDidLoad];
    self.view.backgroundColor = [UIColor whiteColor];
    progressView_ =
      [[UIProgressView alloc] initWithProgressViewStyle:UIProgressViewStyleDefault];
    progressView_.center = self.view.center;
    progressView_.autoresizingMask = UIViewAutoresizingFlexibleTopMargin
      | UIViewAutoresizingFlexibleBottomMargin;
    [self.view addSubview:progressView_];
}
- (void)viewDidAppear:(BOOL)animated {
```

```
    [super viewDidAppear:animated];
    [self updateProgress:progressView_];
}
- (void)viewWillDisappear:(BOOL)animated {
    [super viewWillDisappear:animated];
    progressView_.hidden = YES;
}
- (void)updateProgress:(UIProgressView*)progressView {
    if ([progressView isHidden] || 1.0 <= progressView.progress) {
        return;
    }
    progressView.progress += 0.1;
    [self performSelector:@selector(updateProgress:)
            withObject:progressView
            afterDelay:1.0];
}
@end
```

执行后的效果如图 7-45 所示。

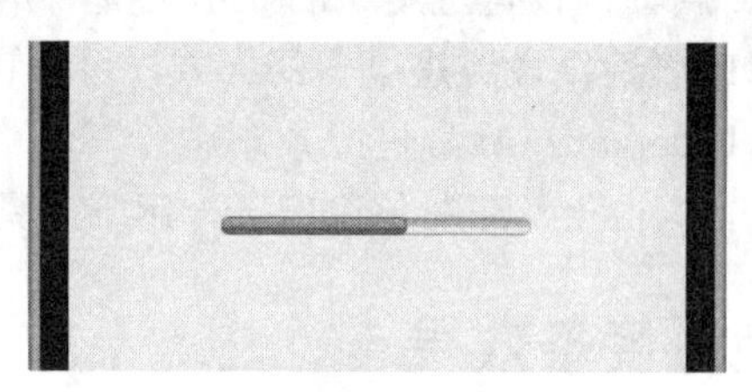

图 7-45 执行效果

7.7.3 使用 Swift 实现自定义进度条效果

在本小节的内容中，将通过一个具体实例的实现过程，详细讲解基于 Swift 语言实现一个自定义进度条效果的过程。

实例7-11 使用 Swift 语言实现一个自定义进度条效果
源码路径 下载资源\codes\7\ KYCircularProgress

(1) 打开 Xcode 6，然后新建一个名为“KYCircularProgress”的工程，工程的最终目录结构如图 7-46 所示。

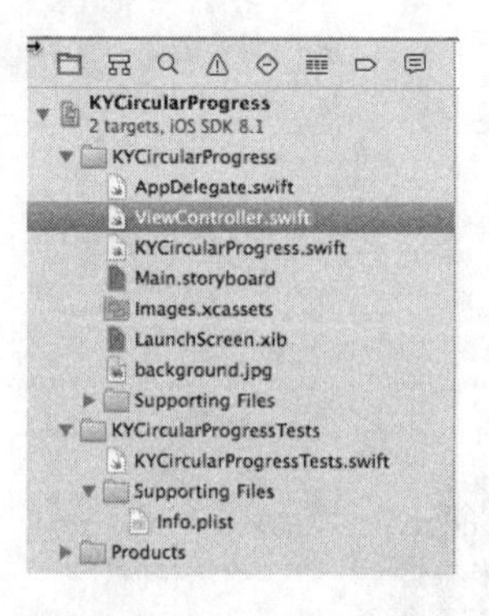

图 7-46 工程的目录结构

(2) 再看 LaunchScreen.xib 设计界面，创建了一个 UIViewController 视图界面，如图 7-47 所示。

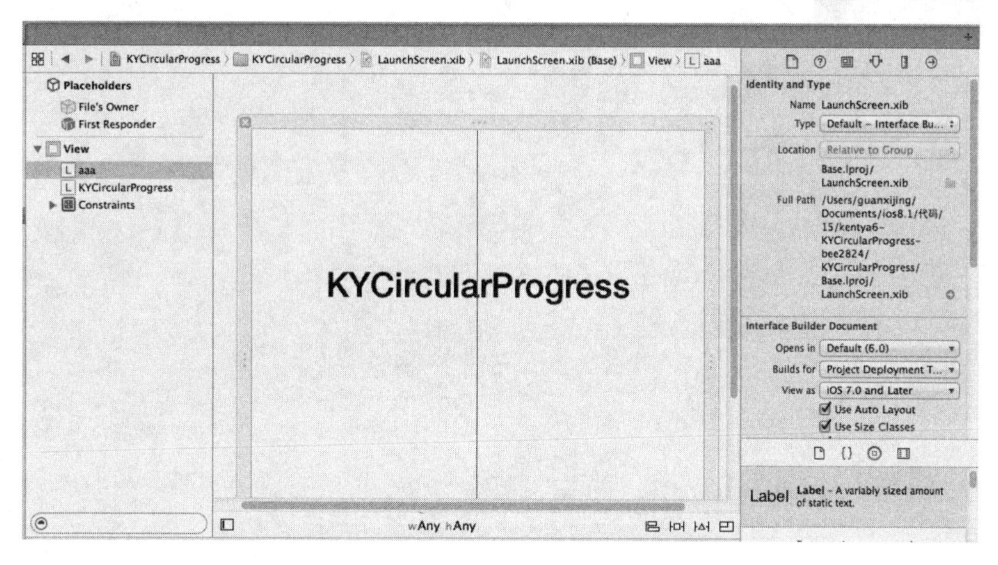

图 7-47　LaunchScreen.xib 设计界面

(3) 编写文件 ViewController.swift，功能是在视图界面中创建了三种进度条样式 circularProgress1、circularProgress2 和 circularProgress3，然后通过 setupKYCircularProgress1()、setupKYCircularProgress2()和 setupKYCircularProgress3()函数分别设置了上述三种进度条的具体样式，第一种是环形显示进度数字样式，第二种是环形不显示进度数字样式，第三种是绘制五角星样式。文件 ViewController.swift 的具体实现代码如下所示：

```
import UIKit

class ViewController: UIViewController {

    var circularProgress1: KYCircularProgress!
    var circularProgress2: KYCircularProgress!
    var circularProgress3: KYCircularProgress!
    var progress: UInt8 = 0

    override func viewDidLoad() {
        super.viewDidLoad()

        setupKYCircularProgress1()
        setupKYCircularProgress2()
        setupKYCircularProgress3()

        NSTimer.scheduledTimerWithTimeInterval(0.03, target: self,
          selector: Selector("updateProgress"), userInfo: nil, repeats: true)
    }

    override func didReceiveMemoryWarning() {
        super.didReceiveMemoryWarning()
    }

    func setupKYCircularProgress1() {
        circularProgress1 = KYCircularProgress(frame: CGRectMake(0, 0,
```

```
        self.view.frame.size.width, self.view.frame.size.height/2))
      let center = (CGFloat(160.0), CGFloat(200.0))
      circularProgress1.path = UIBezierPath(arcCenter: CGPointMake(center.0, center.1),
        radius: CGFloat(circularProgress1.frame.size.width/3.0), startAngle: CGFloat(M_PI),
        endAngle: CGFloat(0.0), clockwise: true)
      circularProgress1.lineWidth = 8.0

      let textLabel = UILabel(frame: CGRectMake(circularProgress1.frame.origin.x + 120.0,
        170.0, 80.0, 32.0))
      textLabel.font = UIFont(name: "HelveticaNeue-UltraLight", size: 32)
      textLabel.textAlignment = .Center
      textLabel.textColor = UIColor.greenColor()
      textLabel.alpha = 0.3
      self.view.addSubview(textLabel)

      circularProgress1.progressChangedClosure({
        (progress: Double, circularView: KYCircularProgress) in
          println("progress: \(progress)")
          textLabel.text = "\(Int(progress * 100.0))%"
      })

      self.view.addSubview(circularProgress1)
   }

   func setupKYCircularProgress2() {
      circularProgress2 = KYCircularProgress(frame: CGRectMake(0, circularProgress1.frame.size.height,
        self.view.frame.size.width/2, self.view.frame.size.height/3))
      circularProgress2.colors = [0xA6E39D, 0xAEC1E3, 0xAEC1E3, 0xF3C0AB]

      self.view.addSubview(circularProgress2)
   }

   func setupKYCircularProgress3() {
      circularProgress3 =
        KYCircularProgress(frame: CGRectMake(circularProgress2.frame.size.width*1.25,
        circularProgress1.frame.size.height*1.15, self.view.frame.size.width/2,
        self.view.frame.size.height/2))
      circularProgress3.colors = [0xFFF77A, 0xF3C0AB]
      circularProgress3.lineWidth = 3.0

      let path = UIBezierPath()
      path.moveToPoint(CGPointMake(50.0, 2.0))
      path.addLineToPoint(CGPointMake(84.0, 86.0))
      path.addLineToPoint(CGPointMake(6.0, 33.0))
      path.addLineToPoint(CGPointMake(96.0, 33.0))
      path.addLineToPoint(CGPointMake(17.0, 86.0))
      path.closePath()
      circularProgress3.path = path

      self.view.addSubview(circularProgress3)
   }

   func updateProgress() {
      progress = progress &+ 1
      let normalizedProgress = Double(progress) / 255.0

      circularProgress1.progress = normalizedProgress
      circularProgress2.progress = normalizedProgress
      circularProgress3.progress = normalizedProgress
   }
}
```

(4)　文件 KYCircularProgress.swift 的功能是实现进度条的进度绘制功能，分别通过变量 startAngle 和变量 endAngle 设置进度条的起始点。文件 KYCircularProgress.swift 的主要实现代码如下所示：

```
import Foundation
import UIKit

// MARK: - KYCircularProgress
class KYCircularProgress: UIView {
   typealias progressChangedHandler = (progress: Double,
     circularView: KYCircularProgress) -> ()
   private var progressChangedClosure: progressChangedHandler?
   private var progressView: KYCircularShapeView!
   private var gradientLayer: CAGradientLayer!
   var progress: Double = 0.0 {
      didSet {
         let clipProgress = max( min(oldValue, 1.0), 0.0)
         self.progressView.updateProgress(clipProgress)

         if let progressChanged = progressChangedClosure {
            progressChanged(progress: clipProgress, circularView: self)
         }
      }
   }
   var startAngle: Double = 0.0 {
      didSet {
         self.progressView.startAngle = oldValue
      }
   }
   var endAngle: Double = 0.0 {
      didSet {
         self.progressView.endAngle = oldValue
      }
   }
   var lineWidth: Double = 8.0 {
      willSet {
         self.progressView.shapeLayer().lineWidth = CGFloat(newValue)
      }
   }
   var path: UIBezierPath? {
      willSet {
         self.progressView.shapeLayer().path = newValue?.CGPath
      }
   }
   var colors: [Int]? {
      didSet {
         updateColors(oldValue)
      }
   }
   var progressAlpha: CGFloat = 0.55 {
      didSet {
         updateColors(self.colors)
      }
   }

   required init(coder aDecoder: NSCoder) {
      super.init(coder: aDecoder)
      setup()
   }
```

```
    override init(frame: CGRect) {
        super.init(frame: frame)
        setup()
    }

    private func setup() {
        self.progressView = KYCircularShapeView(frame: self.bounds)
        self.progressView.shapeLayer().fillColor = UIColor.clearColor().CGColor
        self.progressView.shapeLayer().path = self.path?.CGPath

        gradientLayer = CAGradientLayer(layer: layer)
        gradientLayer.frame = self.progressView.frame
        gradientLayer.startPoint = CGPointMake(0, 0.5);
        gradientLayer.endPoint = CGPointMake(1, 0.5);
        gradientLayer.mask = self.progressView.shapeLayer();
        gradientLayer.colors =
          self.colors ?? [colorHex(0x9ACDE7).CGColor!, colorHex(0xE7A5C9).CGColor!]

        self.layer.addSublayer(gradientLayer)
        self.progressView.shapeLayer().strokeColor = self.tintColor.CGColor
    }

    func progressChangedClosure(completion: progressChangedHandler) {
        progressChangedClosure = completion
    }

    private func colorHex(rgb: Int) -> UIColor {
        return UIColor(red: CGFloat((rgb & 0xFF0000) >> 16) / 255.0,
                    green: CGFloat((rgb & 0xFF00) >> 8) / 255.0,
                    blue: CGFloat(rgb & 0xFF) / 255.0,
                    alpha: progressAlpha)
    }

    private func updateColors(colors: [Int]?) -> () {
        var convertedColors: [AnyObject] = []
        if let inputColors = self.colors {
            for hexColor in inputColors {
                convertedColors.append(self.colorHex(hexColor).CGColor!)
            }
        } else {
            convertedColors =
              [self.colorHex(0x9ACDE7).CGColor!, self.colorHex(0xE7A5C9).CGColor!]
        }
        self.gradientLayer.colors = convertedColors
    }
}

// MARK: - KYCircularShapeView
class KYCircularShapeView: UIView {
    var startAngle = 0.0
    var endAngle = 0.0

    override class func layerClass() -> AnyClass {
        return CAShapeLayer.self
    }

    private func shapeLayer() -> CAShapeLayer {
        return self.layer as CAShapeLayer
    }

    required init(coder aDecoder: NSCoder) {
```

```
        super.init(coder: aDecoder)
    }

    override init(frame: CGRect) {
        super.init(frame: frame)
        self.updateProgress(0)
    }

    override func layoutSubviews() {
        super.layoutSubviews()

        if self.startAngle == self.endAngle {
            self.endAngle = self.startAngle + (M_PI * 2)
        }
        self.shapeLayer().path = self.shapeLayer().path ?? self.layoutPath().CGPath
    }

    private func layoutPath() -> UIBezierPath {
        var halfWidth = CGFloat(self.frame.size.width / 2.0)
        return UIBezierPath(arcCenter: CGPointMake(halfWidth, halfWidth),
          radius: halfWidth - self.shapeLayer().lineWidth,
          startAngle: CGFloat(self.startAngle), endAngle: CGFloat(self.endAngle),
          clockwise: true)
    }

    private func updateProgress(progress: Double) {
        CATransaction.begin()
        CATransaction.setValue(kCFBooleanTrue, forKey: kCATransactionDisableActions)
        self.shapeLayer().strokeEnd = CGFloat(progress)
        CATransaction.commit()
    }
}
```

到此为止，整个实例全部介绍完毕。执行后，将在屏幕中显示三种不同样式的进度条效果，如图 7-48 所示。

图 7-48　执行效果

第 8 章

iOS 8

界面控制器的处理

在 iOS 应用程序中，可以采用结构化程度更高的场景进行布局，其中，有两种最流行的应用程序布局方式，分别是使用导航控制器和选项卡栏控制器。导航控制器让用户能够从一个屏幕切换到另一个屏幕，这样可以显示更多细节，例如 Safari 书签。第二种方法是实现选项卡栏控制器，常用于开发包含多个功能屏幕的应用程序，其中每个选项卡都显示一个不同的场景，让用户能够与一组控件交互。

在本章中，将详细介绍这两种控制器的基本知识，为读者步入本书后面知识的学习打下基础。

8.1 UIView 基础

UIView 也是在 MVC 中非常重要的一层，是 iOS 系统下所有界面的基础。UIView 在屏幕上定义了一个矩形区域和管理区域内容的接口。在运行时，一个视图对象控制该区域的渲染，同时也控制内容的交互。所以说，UIView 具有三个基本的功能，画图和动画、管理内容的布局、控制事件。正是因为 UIView 具有这些功能，它才能担当起 MVC 中视图层的作用。视图和窗口展示了应用的用户界面，同时负责界面的交互。UIKit 和其他系统框架提供了很多视图，我们可以就地使用，而几乎不需要修改。当需要展示的内容与标准视图允许的有很大的差别时，也可以定义自己的视图。无论是使用系统的视图还是创建自己的视图，都需要理解类 UIView 和类 UIWindow 所提供的基本结构。这些类提供了复杂的方法来管理视图的布局和展示。理解这些方法的工作是非常重要的，使我们在应用发生改变时，可以确认视图有合适的行为。

在 iOS 应用中，绝大部分可视化操作都是由视图对象——即 UIView 类的实例进行的。一个视图对象定义了屏幕上的一个矩形区域，同时处理该区域的绘制和触屏事件。一个视图也可以作为其他视图的父视图，同时决定着这些子视图的位置和大小。UIView 类做了大量的工作去管理这些内部视图的关系，但是需要的时候，我们也可以定制默认的行为。

在本节的内容中，将详细介绍 UIView 的基本知识。

8.1.1 UIView 的结构

在官方 API 中，为 UIView 定义了各种函数接口，首先看视图最基本的功能——显示和动画。其实，UIView 的所有绘图和动画的接口，都是可以用 CALayer 和 CAAnimation 实现的，也就是说，苹果公司把 CoreAnimation 的功能封装到了 UIView 中。但是，每一个 UIView 都会包含一个 CALayer，并且 CALayer 里面可以加入各种动画。另外，我们来看 UIView 管理布局的思想，其实这与 CALayer 也是非常接近的。最后，是关于控制事件的功能，而 UIView 继承了 UIResponder。

经过上面的分析，很容易就可以分解出 UIView 的本质。UIView 就相当于一块白墙，这块白墙只是负责把加入到里面的东西显示出来而已。

1. UIView 中的 CALayer

UIView 的一些几何特性 frame、bounds、center 都可以在 CALayer 中找到替代的属性，所以，如果明白了 CALayer 的特点，则 UIView 图层中是如何显示的自然都会一目了然。

CALayer 就是图层，图层的功能是渲染图片和播放动画等。每当创建一个 UIView 的时候，系统会自动地创建一个 CALayer，但是，这个 CALayer 对象不能改变，只能修改某些属性。所以，通过修改 CALayer，不仅可以修饰 UIView 的外观，还可以给 UIView 添加各种动画。CALayer 属于 CoreAnimation 框架中的类，通过 Core Animation Programming Guide 就可以了解很多 CALayer 中的特点，假如掌握了这些特点，自然也就理解了 UIView 是如何显示和渲染的。

UIView 和 NSView 明显是 MVC 中的视图模型，动画层更像是模型对象。它们封装了几何、时间和一些可视的属性，并且提供了可以显示的内容，但是，实际的显示并不是层的职责。每一个层树的后台都有两个响应树：一个呈现树和一个渲染树)。所以，很显然，Layer 封装了模型数据，每当更改层中某些模型数据中数据的属性时，呈现树都会做一个动画代替，之后，由渲染树负责渲染图片。

既然动画层封装了对象模型中的几何性质，那么，如何取得这些几何特性呢？一个方式是根据层中定义的属性，比如 bounds、authorPoint、frame 等属性，其次，Core Animation 扩展了键值对协议，这样，就允许开发者通过 get 和 set 方法，方便地得到层中的各种几何属性。下面是 Transform 的 key paths，例如转换动画的各种几何特性，一般都可以通过此方法设定：

```
[myLayer setValue:[NSNumber numberWithInt:0] forKeyPath:@"transform.rotation.x"];
```

虽然 CALayer 与 UIView 十分相似，也可以通过分析 CALayer 的特点理解 UIView 的特性，但是，毕竟苹果公司不是用 CALayer 来代替 UIView 的，否则，苹果公司也不会设计一个 UIView 类了。就像官方文档解释的一样，CALayer 层树是 Cocoa 视图继承树的同等物，它具备 UIView 的很多共同点，但是 Core Animation 没有提供一个方法展示在窗口。它们必须寄居到 UIView 中，并且 UIView 给它们提供响应的方法。所以，UIReponder 就是 UIView 的又一个大的特性。

2. UIView 继承的 UIResponder

UIResponder 是所有事件响应的基石，事件(UIEvent)是发给应用程序并告知用户的行动。iOS 中的事件有三种，分别是多点触摸事件、行动事件和远程控制事件。定义这三种事件的格式如下所示：

```
typedef enum {
   UIEventTypeTouches,
   UIEventTypeMotion,
   UIEventTypeRemoteControl,
} UIEventType;
```

UIReponder 中的事件传递过程如图 8-1 所示。

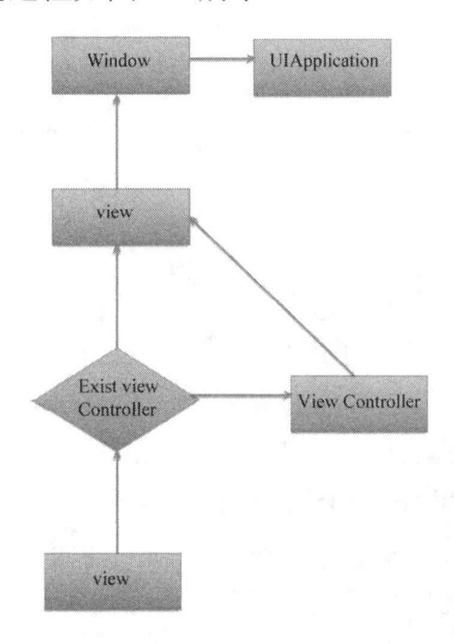

图 8-1　UIReponder 中的事件传递过程

首先是被点击的该视图响应时间处理函数，如果没有响应函数，会逐级向上面传递，直到有响应处理函数，或者该消息被抛弃为止。

关于 UIView 的触摸响应事件，这里有一个常常容易迷惑的方法，是 hitTest:WithEvent。通过发送 PointInside:withEvent:消息给每一个子视图，这个方法能够遍历视图层树，这样，可以决定哪个视图应该响应此事件。如果 PointInside:withEvent:返回 YES，然后子视图的继承树就会被遍历，否则，视图的继承树就会被忽略。

在 hitTest 方法中，要先调用 PointInside:withEvent:，看是否要遍历子视图。如果我们不想让某个视图响应事件，只需要重载 PointInside:withEvent:方法，让此方法返回 NO 即可。其实，hitTest 的主要用途是寻找哪个视图是被触摸了。

例如，下面的代码建立了一个 MyView，里面重载了 hitTest 方法和 pointInside 方法：

```
- (UIView *)hitTest:(CGPoint)point withEvent:(UIEvent *)event {
    [super hitTest:point withEvent:event];
    return self;
}
- (BOOL)pointInside:(CGPoint)point withEvent:(UIEvent *)event {
    NSLog(@"view pointInside");
    return YES;
}
```

然后，在 MyView 中增加一个子视图 MySecondView，此视图也重载了这两个方法：

```
- (UIView *)hitTest:(CGPoint)point withEvent:(UIEvent *)event {
    [super hitTest:point withEvent:event];
    return self;
}
- (BOOL)pointInside:(CGPoint)point withEvent:(UIEvent *)event {
    NSLog(@"second view pointInside");
    return YES;
}
```

在上述代码中，必须包括“[super hitTest:point withEvent:event];”，否则，hitTest 无法调用父类的方法，就没法使用 PointInside:withEvent:进行判断，也没法进行子视图的遍历。当去掉这个语句时，触摸事件就不可能进到子视图中了，除非在方法中直接返回子视图的对象。这样，在调试的过程中就会发现，每点击一个 View，都会先进入到这个 View 的父视图中的 hitTest 方法，然后调用 super 的 hitTest 方法，之后就会查找 pointInside 是否返回 YES。如果是，则就把消息传递给子视图处理，子视图用同样的方法递归查找自己的子视图。所以，从这里的调试分析看，hitTest 方法的这种递归调用方式就一目了然了。

8.1.2 视图架构

在 iOS 中，一个视图对象定义了屏幕上的一个矩形区域，同时处理该区域的绘制和触屏事件。一个视图也可以作为其他视图的父视图，同时决定着这些子视图的位置和大小。

UIView 类做了大量的工作去管理这些内部视图的关系，但是，需要的时候，也可以定制默认的行为。视图 View 与 Core Animation 层联合起来，处理着视图内容的解释和动画过渡。每个 UIKit 框架里的视图都被一个层对象支持，这通常是一个 CALayer 类的实例，它管理着后台的视图存储，并处理视图相关的动画。然而，当需要对视图的解释和动画行为有更多的控制权时，可以使用层。

为了理解视图和层之间的关系，可以借助于一些例子。图 8-2 显示了 ViewTransitions 例程的视图层次及其对底层 Core Animation 层的关系。应用中的视图包括一个 Window(同时也是一个视图)，一个通用的表现得像一个容器视图的 UIView 对象，一个图像视图，一个控制显示用的工具条，及一个工具条按钮(它本身不是一个视图，但是，在内部管理着一个视图)。注意，这个应用包含了一个额外的图像视图，它是用来实现动画的。为了简化流程，同时，因为这个视图通常是被隐藏的，所以没把它包含在图 8-2 中。

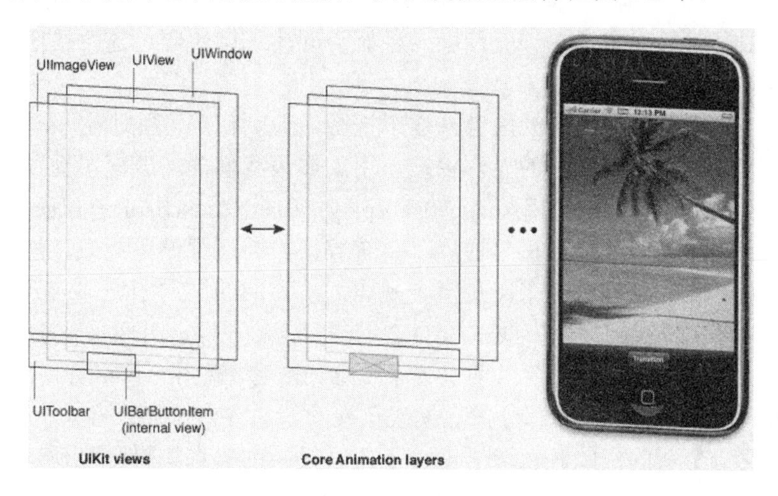

图 8-2　层关系

每个视图都有一个相应的层对象，它可以通过视图属性被访问。因为工具条按钮不是一个视图，所以，不能直接访问它的层对象。在它们的层对象之后，是 Core Animation 的解释对象，最后是用来管理屏幕上的位的硬件缓存。

一个视图对象的绘制代码需要尽量地少被调用，当它被调用时，其绘制结果会被 Core Animation 缓存起来，并在往后可以被尽可能地重用。重用已经解释过的内容，消除了通常需要更新视图的开销昂贵的绘制周期。

8.1.3　视图层次和子视图的管理

除了提供自己的内容外，一个视图也可以表现得像一个容器一样。当一个视图包含其他视图时，就在两个视图之间创建了一个父子关系。在这个关系中，孩子视图被当作子视图，父视图被当作超视图。创建这样一个关系，对应用的可视化和行为都有重要的意义。在视觉上，子视图隐藏了父视图的内容。如果子视图是完全不透明的，那么，子视图所占据的区域就完全地隐藏了父视图的相应区域。如果子视图是部分透明的，那么，两个视图在显示在屏幕上之前，就混合在一起了。每个父视图都用一个有序的数组存储着它的子视图，存储的顺序会影响到每个子视图的显示效果。如果两个兄弟子视图重叠在一起，则后来被加入的那个(或者说是排在子视图数组后面的那个)出现在另一个的上面。

父子视图关系也影响着一些视图行为。改变父视图的尺寸，会连带着改变子视图的尺寸和位置。在这种情况下，可以通过合适地配置视图，来重定义子视图的尺寸。其他会影响到子视图的改变包括隐藏父视图，改变父视图的 Alpha 值，或者转换父视图。视图层次的安排也会决定着应用如何去响应事件。在一个具体的视图内部发生的触摸事件通常会被直接发送到该视图去处理。然而，如果该视图没有处理，它会将该事件传递给它的父视图，在响应者链中以此类推。具体视图可能也会传递事件给一个干预响应者对象，例如视图控制器。如果没有对象处理这个事件，它最终会到达应用对象，此时，通常就被丢弃了。

8.1.4 视图绘制周期

UIView 类使用一个点播绘制模型来展示内容。当一个视图第一次出现在屏幕前时，系统会要求它绘制自己的内容。在该流程中，系统会创建一个快照，这个快照是出现在屏幕中的视图内容的可见部分。

如果我们从来没有改变视图的内容，这个视图的绘制代码可能永远不会再被调用。这个快照图像在大部分涉及到视图的操作中被重用。如果我们确实改变了视图内容，也不会直接重新绘制视图内容，而是使用 setNeedsDisplay 或 setNeedsDisplayInRect:方法废止该视图，同时，让系统在稍候片刻后重画内容。系统等待当前运行循环结束，然后开始绘制操作。这个延迟给了我们一个机会来废止多个视图，从我们的层次中增加或者删除视图，隐藏、重设大小和重定位视图。所有我们做的改变，会稍后在同一时间反映出来。

改变一个视图的几何结构不会自动引起系统重画内容。视图的 contentMode 属性决定了改变几何结构应该如果解释。大部分内容模式在视图的边界内拉伸或者重定位了已有快照，它不会重新创建一个新的快照。获取更多关于内容模式的信息如果影响视图的绘制周期，则查看 Content Modes，当绘制视图内容到期时，真正的绘制流程会根据视图及其配置改变。系统视图通常会实现私有的绘制方法来解释它们的视图(那些相同的系统视图经常开发有接口，好让我们可以用来配置视图的真正表现)。对于定制的 UIView 子类，我们通常可以覆盖 drawRect:方法并使用该方法来绘制自己的视图内容。也有其他方法来提供视图内容，如直接在底部的层设置内容，但是，覆盖 drawRect:是最通用的技术。

8.1.5 设置 UIView 的位置和尺寸

在本实例中，使用方法 initWithFrame 可以依照 Frame 建立新的 View，建立出来的 View 要通过 addSubview 加入到父 View 中。本实例的最终目的是，分别在屏幕中间和屏幕右上角设置两个区域。

实例 8-1 设置 UIView 的位置和尺寸
源码路径 下载资源\codes\8\UIViewSample

实例文件 UIkitPrjFrame.h 的实现代码如下所示：

```
#import "SampleBaseController.h"
@interface UIKitPrjFrame : SampleBaseController
{
    @private
}
@end
```

实例文件 UIkitPrjFrame.m 的实现代码如下所示：

```
#import "UIKitPrjFrame.h"
@implementation UIKitPrjFrame
#pragma mark ----- Override Methods -----
```

```
- (void)viewDidLoad {
    [super viewDidLoad];
    self.view.backgroundColor = [UIColor blackColor];
    UILabel *label1 = [[[UILabel alloc] initWithFrame:CGRectZero] autorelease];
    label1.text = @"右上方";
    // 将 label1 的 frame 修改成任意的区域
    CGRect newFrame = CGRectMake(220, 20, 100, 50);
    label1.frame = newFrame;

    UILabel *label2 = [[[UILabel alloc] initWithFrame:[label1 frame]] autorelease];
    label2.textAlignment = UITextAlignmentCenter;
    label2.text = @"中心位置";
    // 将 label2 的 center 调整到画面中心
    CGPoint newPoint = self.view.center;
    // 空出状态条高度大小
    newPoint.y -= 20;
    label2.center = newPoint;
    // 向画面中追加 label1 与 label2
    [self.view addSubview:label1];
    [self.view addSubview:label2];
    UILabel *label = [[[UILabel alloc] initWithFrame:CGRectZero] autorelease];
    // frame 的设置
    label.frame = CGRectMake(0, 0, 200, 50);
    // center 设置
    label.center = CGPointMake(160, 240);
    // frame 的参照
    NSLog(@"x = %f", label.frame.origin.x);
    NSLog(@"y = %f", label.frame.origin.y);
    NSLog(@"width = %f", label.frame.size.width);
    NSLog(@"height = %f", label.frame.size.height);
    // center 的参照
    NSLog(@"x = %f", label.center.x);
    NSLog(@"y = %f", label.center.y);
}
- (void)touchesEnded:(NSSet*)touches withEvent:(UIEvent*)event {
     [self.navigationController setNavigationBarHidden:NO animated:YES];
}
@end
```

执行效果如图 8-3 所示。

图 8-3　执行效果

8.2 导航控制器(UIViewController)简介

在本书前面的内容中，其实已经多次用到了 UIViewController。UIViewController 的主要功能，是控制画面的切换，其中的 view 属性(UIView 类型)管理整个画面的外观。

在开发 iOS 应用程序时，其实不使用 UIViewController 也能编写出 iOS 应用程序，但是，这样，整个代码看起来将非常凌乱。如果可以将不同外观的画面进行整体的切换，显然更合理，UIViewController 正是用于实现这种画面切换方式的。在本节的内容中，将详细讲解 UIViewController 的基本知识。

8.2.1 UIViewController 基础

类 UIViewController 提供了一个显示用的 View 界面，同时包含 View 加载、卸载事件的重定义功能。需要注意的是，在自定义其子类实现时，必须在 Interface Builder 中手动关联 view 属性。类 UIViewController 中的常用属性和方法如下所示。

◎ @property(nonatomic, retain) UIView *view：此属性为 ViewController 类的默认显示界面，可以使用自定义实现的 View 类替换。

◎ - (id)initWithNibName:(NSString *)nibName bundle:(NSBundle *)nibBundle：最常用的初始化方法，其中，nibName 名称必须与要调用的 Interface Builder 文件名一致，但不包括文件扩展名。比如，要使用 aa.xib，则应写为[[UIViewController alloc] initWithNibName:@“aa” bundle:nil]。nibBundle 为指定在哪个文件束中搜索指定的 nib 文件，如在项目主目录下，则可直接使用 nil。

◎ - (void)viewDidLoad：此方法在 ViewController 实例中的 View 被加载完毕后调用，如需要重定义某些要在 View 加载后立刻执行的动作或者界面修改，则应把代码写在此函数中。

◎ - (void)viewDidUnload：此方法在 ViewControll 实例中的 View 被卸载完毕后调用，如需要重定义某些要在 View 卸载后立刻执行的动作，或者释放内存等的动作，则应把代码写在此函数中。

◎ - (BOOL)shouldAutorotateToInterfaceOrientation:(UIInterfaceOrientation)interfaceOrientation：iPhone 的重力感应装置感应到屏幕由横向变为纵向，或者由纵向变为横向时，调用此方法。如返回结果为 NO，则不自动调整显示方式；如返回结果为 YES，则自动调整显示方式。

◎ @property(nonatomic, copy) NSString *title：如 View 中包含 NavBar 时，其中当前 NavItem 的显示标题。当 NavBar 前进或后退时，此 title 则变为后退或前进的箭头按钮中的文字。

8.2.2 实现不同界面之间的跳转处理

在本实例中，通过使用 UIViewController 类实现了两个不同界面之间的切换。其中，第一个界面显示文本“Hello, world!”和一个“画面跳转”按钮。单击此按钮后，会来到第二个界面，显示文本“你好、世界！”和一个“画面跳转”按钮，单击此按钮后，会返回到第一个界面。

实例 8-2　实现不同界面之间的跳转处理
源码路径　下载资源\codes\8\HelloWorld

实例文件 ViewController1.m 的具体实现代码如下所示：

```
#import "ViewController1.h"
@implementation ViewController1
- (void)viewDidLoad {
    [super viewDidLoad];
    // 追加“Hello, world!”标签
    // 背景为白色，文字为黑色
    UILabel *label = [[[UILabel alloc] initWithFrame:self.view.bounds] autorelease];
    label.text = @"Hello, world!";
    label.textAlignment = UITextAlignmentCenter;
    label.backgroundColor = [UIColor whiteColor];
    label.textColor = [UIColor blackColor];
    label.autoresizingMask =
      UIViewAutoresizingFlexibleWidth | UIViewAutoresizingFlexibleHeight;
     [self.view addSubview:label];
    // 追加按钮
    // 点击按钮后跳转到其他画面
    UIButton *button = [UIButton buttonWithType:UIButtonTypeRoundedRect];
    [button setTitle:@"画面跳转" forState:UIControlStateNormal];
    [button sizeToFit];
    CGPoint newPoint = self.view.center;
    newPoint.y += 50;
    button.center = newPoint;
    button.autoresizingMask =
      UIViewAutoresizingFlexibleTopMargin | UIViewAutoresizingFlexibleBottomMargin;
    [button addTarget:self
        action:@selector(buttonDidPush)
        forControlEvents:UIControlEventTouchUpInside];
    [self.view addSubview:button];
}
- (void)buttonDidPush {
    // 自己移向背面
    // 结果是 ViewController2 显示在前
    [self.view.window sendSubviewToBack:self.view];
}
@end
```

实例文件 ViewController2.m 的具体实现代码如下所示：

```
#import "ViewController2.h"
@implementation ViewController2
- (void)viewDidLoad {
    [super viewDidLoad];
    // 追加“您好、世界!”标签
    // 背景为黑色、文字为白色
    UILabel *label = [[[UILabel alloc] initWithFrame:self.view.bounds] autorelease];
    label.text = @"您好、世界! ";
    label.textAlignment = UITextAlignmentCenter;
    label.backgroundColor = [UIColor blackColor];
    label.textColor = [UIColor whiteColor];
    label.autoresizingMask =
      UIViewAutoresizingFlexibleWidth | UIViewAutoresizingFlexibleHeight;
    [self.view addSubview:label];
    // 追加按钮
```

```
    // 点击按钮后画面跳转
    UIButton *button = [UIButton buttonWithType:UIButtonTypeRoundedRect];
    [button setTitle:@"画面跳转" forState:UIControlStateNormal];
    [button sizeToFit];
    CGPoint newPoint = self.view.center;
    newPoint.y += 50;
    button.center = newPoint;
    button.autoresizingMask =
      UIViewAutoresizingFlexibleTopMargin | UIViewAutoresizingFlexibleBottomMargin;
    [button addTarget:self
        action:@selector(buttonDidPush)
        forControlEvents:UIControlEventTouchUpInside];
    [self.view addSubview:button];
}
- (void)buttonDidPush {
    // 自己移向背面
    // 结果是 ViewController1 显示在前
    [self.view.window sendSubviewToBack:self.view];
}
@end
```

执行后的效果如图 8-4 所示，单击“画面跳转”按钮后，会来到第二个界面，如图 8-5 所示。

图 8-4　第一个界面

图 8-5　第二个界面

8.2.3　基于 Swift 使用 UIViewController 控件

本实例的功能，是演示在 Swift 程序中使用 UIViewController 控件创建 iOS 应用程序的基本过程。

实例 8-3 使用 UIViewController 控件
源码路径 下载资源\codes\8\AFViewHelper

(1) 打开 Xcode 6.1，新建一个名为“AF+View+Helper”的工程，工程的最终目录结构如图 8-6 所示。

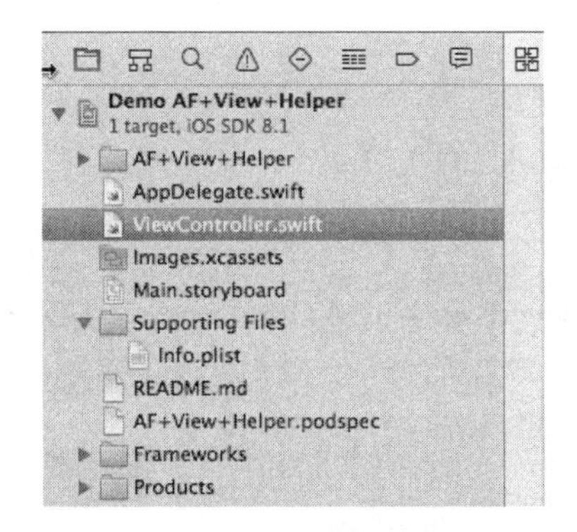

图 8-6　工程的目录结构

(2) 打开 Main.storyboard，为本工程设计一个 ViewController 视图界面，如图 8-7 所示。

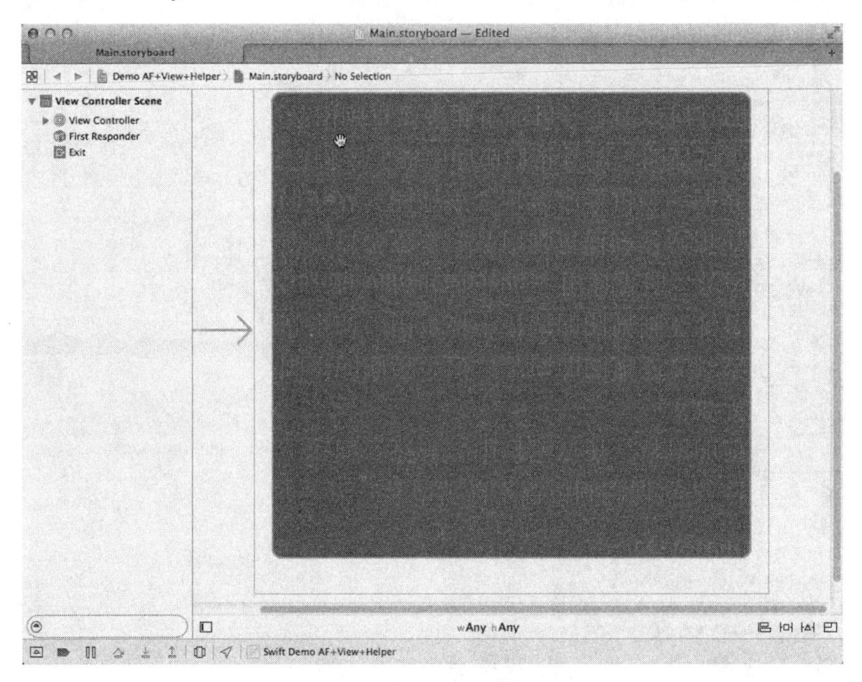

图 8-7　Main.storyboard 视图界面

(3) 编写文件 ViewController.swift，功能是根据 X 点和 Y 点坐标在 UIView 视图中分别绘制虚线框、红圈、左上方矩形、右上方矩形、左下角矩形、右下角矩形、中心圆和中心圆阴影、X 点、Y 点图像。文件 ViewController.swift 的具体实现代码如下所示：

```
import Foundation
import UIKit
import QuartzCore

class ViewController: UIViewController {

   let redCircle = UIView(autoLayout:true)

   override func viewDidLoad() {

      super.viewDidLoad()
```

```
view.backgroundColor = UIColor(white: 0.5, alpha: 1)

//虚线框
let width = view.smallestSideLength() * 0.8
var dashedBox = UIView(autoLayout:true)
view.addSubview(dashedBox)
dashedBox.backgroundColor = UIColor(white: 1, alpha: 0.5)
dashedBox
    .width(width)
    .height(to: dashedBox, attribute: .Width)
    .center(to:view)
    .layoutIfNeeded()
dashedBox
    .borderWithDashPattern([2, 6], borderWidth: 4,
      borderColor: UIColor.whiteColor(), cornerRadius: 6)
    .shadow(color: UIColor.blackColor(), offset: CGSize(width: 0, height: 0),
      radius: 6, opacity: 2, isMasked: false)

//红圈
view.addSubview(redCircle)
redCircle.backgroundColor = UIColor.redColor()
redCircle
    .size(to: dashedBox, constant: CGSize(width: -50, height: -50))
    .center(to: view)
    .layoutIfNeeded()
redCircle.roundCornersToCircle(borderColor: UIColor.whiteColor(), borderWidth: 12)
redCircle.clipsToBounds = true

//左上方矩形
var topLeftSquare = UIView(autoLayout:true)
redCircle.addSubview(topLeftSquare)
topLeftSquare.backgroundColor = UIColor(white: 0, alpha: 0.3)
topLeftSquare
    .left(to: redCircle)
    .top(to: redCircle)
    .width(to: redCircle, attribute: .Width, constant: 0, multiplier: 0.48)
    .height(to: topLeftSquare, attribute: .Width)
    .layoutIfNeeded()

//右上方矩形
var topRightSquare = UIView(autoLayout:true)
redCircle.addSubview(topRightSquare)
topRightSquare.backgroundColor = UIColor(white: 0, alpha: 0.3)
topRightSquare
    .right(to: redCircle)
    .top(to: redCircle)
    .size(to: topLeftSquare)
    .layoutIfNeeded()

//左下角矩形
var bottomLeftSquare = UIView(autoLayout:true)
redCircle.addSubview(bottomLeftSquare)
bottomLeftSquare.backgroundColor = UIColor(white: 0, alpha: 0.3)
bottomLeftSquare
    .left(to: redCircle)
    .bottom(to: redCircle)
    .size(to: topLeftSquare)
    .layoutIfNeeded()
```

```
//右下角矩形
var bottomRightSquare = UIView(autoLayout:true)
redCircle.addSubview(bottomRightSquare)
bottomRightSquare.backgroundColor = UIColor(white: 0, alpha: 0.3)
bottomRightSquare
    .right(to: redCircle)
    .bottom(to: redCircle)
    .size(to: topLeftSquare)
    .layoutIfNeeded()
//中心圆
var centerCircle = UIView(autoLayout:true)
redCircle.addSubview(centerCircle)
centerCircle.backgroundColor = UIColor(white: 1, alpha: 0.7)
centerCircle
    .size(to: redCircle, constant: CGSize(width: 0, height: 0), multiplier: 0.6)
    .center(to: view)
    .layoutIfNeeded()
centerCircle.roundCornersToCircle()

//中心圆阴影
var redCircleShadow = UIView(autoLayout:true)
view.insertSubview(redCircleShadow, belowSubview: redCircle)
redCircleShadow.backgroundColor = UIColor.blackColor()
redCircleShadow
    .size(to: redCircle)
    .center(to: redCircle)
    .layoutIfNeeded()
redCircleShadow.cornerRadius(redCircleShadow.width()/2)
redCircleShadow.shadow(color: UIColor.blackColor(), offset: CGSize(width: 0,
  height: 0), radius: 6, opacity: 1, isMasked: false)

// X点
let dotsViewX = UIView(autoLayout:true)
view.addSubview(dotsViewX)
dotsViewX
    .left(0)
    .centerY(to: view)
    .width(to: view)
    .height(10)
    .layoutIfNeeded()
var dots = [UIView]()
for i in 1..<11 {
    var dot = UIView(autoLayout:true)
    dot.backgroundColor = UIColor(white: 0.8, alpha: 0.8)
    dotsViewX.addSubview(dot)
    dot.cornerRadius(5)
    dot.clipsToBounds = true
    dot.layoutIfNeeded()
    dot.tag = i
    dots.append(dot)
}
dotsViewX.spaceSubviewsEvenly(dots, size: CGSize(width: 10, height: 10))

// Y点
let dotsViewY = UIView(autoLayout:true)
view.addSubview(dotsViewY)
dotsViewY
    .top(0)
    .centerX(to: view)
    .height(to: view)
    .width(10)
```

```
        .layoutIfNeeded()
    dots = [UIView]()
    for i in 1..<11 {
        var dot = UIView(autoLayout:true)
        dot.backgroundColor = UIColor.darkGrayColor()
        dotsViewY.addSubview(dot)
        dot.cornerRadius(5)
        dot.clipsToBounds = true
        dot.layoutIfNeeded()
        dot.tag = i
        dots.append(dot)
    }
    dotsViewY.spaceSubviewsEvenly(dots, size: CGSize(width: 10, height: 10),
      axis: .Vertical)
  }
  override func viewWillTransitionToSize(size: CGSize,
    withTransitionCoordinator coordinator: UIViewControllerTransitionCoordinator) {

    let transitionToWide = size.width > size.height

    coordinator.animateAlongsideTransition({
        context in

        //创建一个过渡和内容相匹配的持续时间
        let transition = CATransition()
        transition.duration = context.transitionDuration()

        transition.timingFunction =
          CAMediaTimingFunction(name: kCAMediaTimingFunctionEaseInEaseOut)
        }, completion: nil)
  }
}
```

本实例执行后的效果如图 8-8 所示。

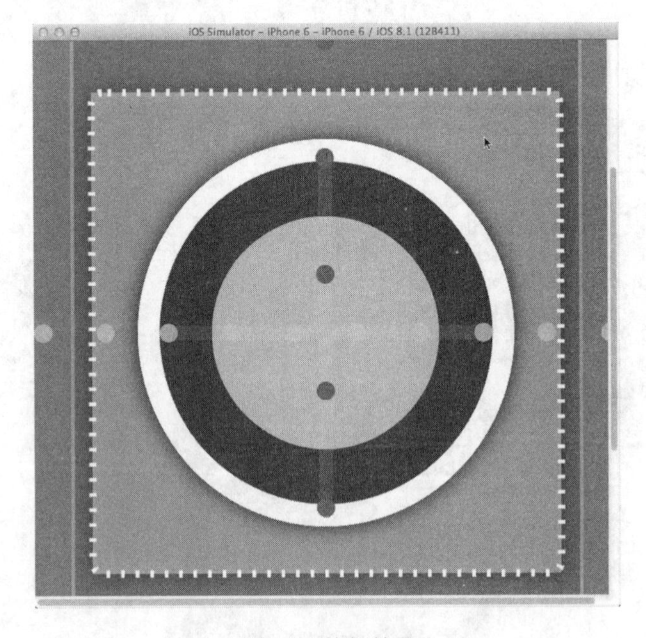

图 8-8　执行效果

8.3　使用 UINavigationController

在 iOS 应用中，导航控制器(UINavigationController)可以管理一系列显示层次型信息的场景。也就是说，第一个场景显示有关特定主题的高级视图，第二个场景用于进一步描述，第三个场景再进一步描述，以此类推。例如，iPhone 应用程序“通信录”显示一个联系人编组列表。触摸编组，将打开其中的联系人列表，而触摸联系人，将显示其详细信息。另外，用户可以随时返回到上一级，甚至直接回到起点(根)。

图 8-9 显示了导航控制器的流程。最左侧是 Settings 的根视图，当用户点击其中的 General 项时，General 视图会滑入屏幕；当用户继续点击 Auto-Lock 项时，Auto-Lock 视图将滑入屏幕。

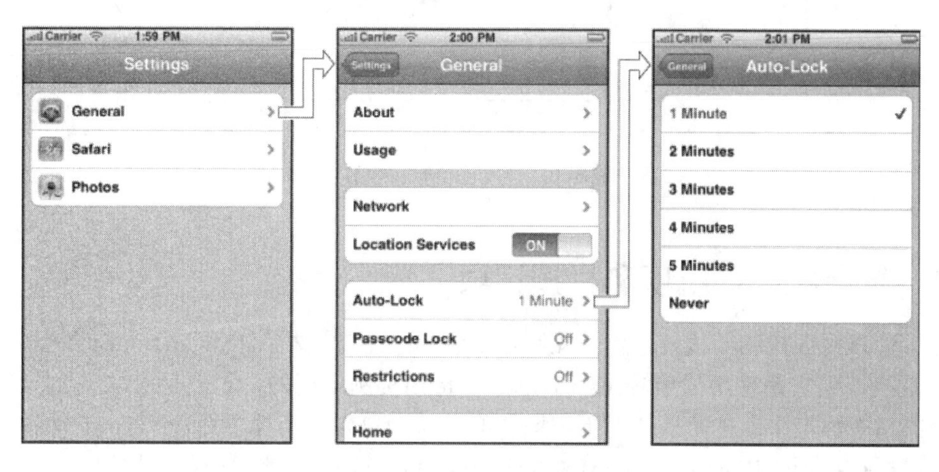

图 8-9　导航控制器的流程

通过导航控制器，可以管理这种场景间的过渡，它会创建一个视图控制器“栈”，栈底是根视图控制器。当用户在场景之间进行切换时，依次将视图控制器压入栈中，并且当前场景的视图控制器位于栈顶。要返回到上一级，导航控制器将弹出栈顶的控制器，从而回到它下面的控制器。

在 iOS 文档中，都使用术语压入(Push)和弹出(Pop)来描述导航控制器；对于导航控制器下面的场景，也使用压入(Push)切换进行显示。

UINavigationController 由 Navigation bar、Navigation view、Navigation toolbar 等组成，如图 8-10 所示。

当程序中有多个 View 需要在相互之间切换的时候，可以使用 UINavigationController，或者是 ModalViewController。

UINabigationController 是通过向导条来切换多个 View 的。而如果 View 的数量比较少，并且显示领域为全屏的时候，用 ModalViewController 就比较合适(比如需要用户输入信息的 View，结束后，自动回复到先前的 View)。ModalViewController 并不像 UINavigationController 是一个专门的类，用 UIViewController 的 presentModalViewController 方法指定后，就是 ModalViewController 了。

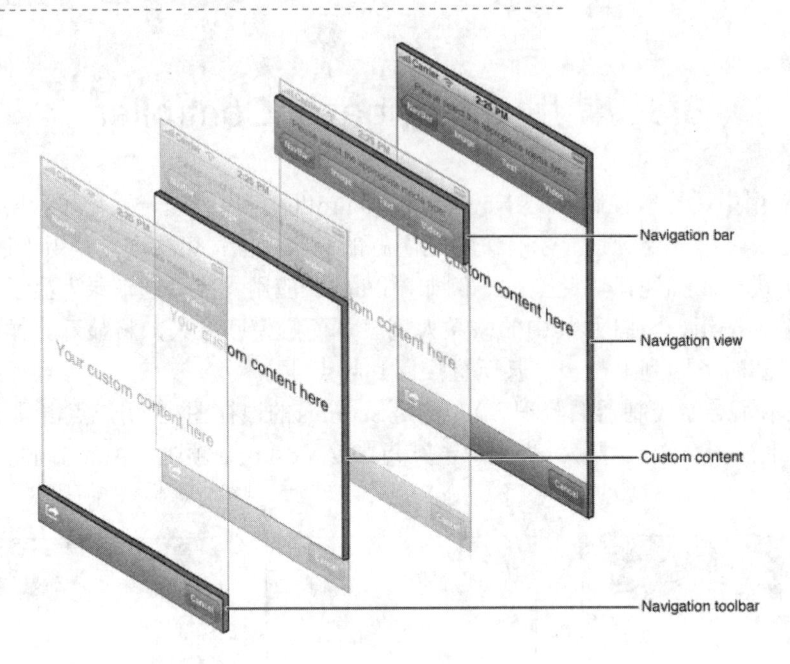

图 8-10　导航控制器的组成

8.3.1　导航栏、导航项和栏按钮项

除了管理视图控制器栈外，导航控制器还管理一个导航栏(UINavigationBar)。导航栏类似于工具栏，但它是使用导航项(UINavigationItem)实例填充的，该实例被加入到导航控制器管理的每个场景中。在默认情况下，场景的导航项包含一个标题和一个 Back 按钮。Back 按钮是以栏按钮项(UIBarButtonItem)的方式加入到导航项的，就像使用栏按钮一样。我们甚至可以将额外的栏按钮项拖放到导航项中，从而在场景显示的导航栏中添加自定义按钮。

通过使用 Interface Builder，可以很容易地完成上述工作。只要知道了如何创建每个场景的方法，就很容易在应用程序中使用这些对象。

8.3.2　UINavigationController 详解

UINavigationController 是 iOS 编程中比较常用的一种容器 View Controller，很多系统的控件(如 UIImagePickerViewController)及很多有名的 APP 中(如 QQ 和系统相册等)都用到。

1. 属性 navigationItem

属性 navigationItem 是为 UINavigationController 服务的。navigationItem 在 navigation Bar 中代表一个 viewController，就是每一个加到 navigationController 的 viewController 都会有一个对应的 navigationItem，该对象由 viewController 以懒加载的方式创建，然后就可以在对象堆 navigationItem 中进行配置了。

可以设置 leftBarButtonItem、rightBarButtonItem、backBarButtonItem、title 以及 prompt 等属性。其中，前三个都是一个 UIBarButtonItem 对象，最后两个属性是一个 NSString 类型描述。注意，添加该描述以后，NavigationBar 的高度会增加 30，总的高度会变成 74(不管

当前方向是 Portrait 还是 Landscape，此模式下 navgationbar 都使用高度 44 加上 prompt30 的方式进行显示)。

如果觉得只是设置文字的 title 不够爽，我们还可以通过 titleview 属性指定一个定制的 titleview，这样，就可以随心所欲了。当然，注意指定的 titleview 的 frame 大小，不要显示出界。

2. 属性 titleTextAttributes

属性 titleTextAttributes 可以设置 title 部分的字体，此属性定义如下所示：

```
@property(nonatomic,copy) NSDictionary *titleTextAttributes
  __OSX_AVAILABLE_STARTING(__MAC_NA,__IPHONE_5_0) UI_APPEARANCE_SELECTOR;
```

titleTextAttributes 的 dictionary 的 key 定义以及其对应的 value 类型如下：

```
//  Keys for Text Attributes Dictionaries
//  NSString *const UITextAttributeFont;                  value: UIFont
//  NSString *const UITextAttributeTextColor;             value: UIColor
//  NSString *const UITextAttributeTextShadowColor;       value: UIColor
//  NSString *const UITextAttributeTextShadowOffset;      value: NSValue wrapping a
//                                                               UIOffset struct.
```

例如，下面是一个简单的例子：

```
NSDictionary *dict = [NSDictionary dictionaryWithObject:[UIColor yellowColor]
forKey:UITextAttributeTextColor];
childOne.navigationController.navigationBar.titleTextAttributes = dict;
```

通过上述代码设置 title 的字体颜色为黄色。

3. 属性 wantsFullScreenLayout

属性 wantsFullScreenLayout 的默认值是 NO，如果设置为 YES 的话，如果 statusbar、navigationbar、toolbar 是半透明的，viewController 的 View 就会缩放延伸到它们下面。但是 tabbar 不受约束，即无论该属性是否为 YES，View 都不会覆盖到 tabbar 的下方。

4. 属性 navigationBar 中的 stack

属性是 UINavigationController 的灵魂之一，它维护了一个与 UINavigationController 中 viewControllers 对应的 navigationItem 的 stack，该 stack 用于负责 navigationbar 的刷新。

注意，如果 navigationbar 中 navigationItem 的 stack 与对应的 NavigationController 中 viewController 的 stack 是一一对应的关系，则若两个 stack 不同步，就会抛出异常。

下面是一个简单的抛出异常的例子：

```
SvNavChildViewController *childOne = [[SvNavChildViewController alloc]
initWithTitle:@"First" content:@"1"];
[self.navigationController pushViewController:childOne animated:NO];
[childOne release];
// raise exception when the stack of navigationbar and navigationController
// was not correspond
[self.navigationController.navigationBar popNavigationItemAnimated:NO];
```

在上述代码中，在 pushViewcontroller 之后，强制把 navigationBar 中的 navigationItem pop 一个出去，程序会马上挂起。

8.3.3 在故事板中使用导航控制器

在故事板中添加导航控制器的方法与添加其他视图控制器的方法类似，整个流程完全相同。

在此假设使用模板 Single View Application 新建了一个项目，则具体流程如下所示。

(1) 添加视图控制器子类，以处理用户在导航控制器管理的场景中进行的交互。

(2) 在 Interface Builder 编辑器中打开故事板文件。如果要让整个应用程序都置于导航控制器的控制之下，应选择默认场景的视图控制器，并将其删除，还需要删除文件 ViewController.m 和 ViewController.h。这样，就删除了默认场景。

(3) 从对象库拖曳一个导航控制器对象到文档大纲或编辑器中，这好像在项目中添加了两个场景，如图 8-11 所示。

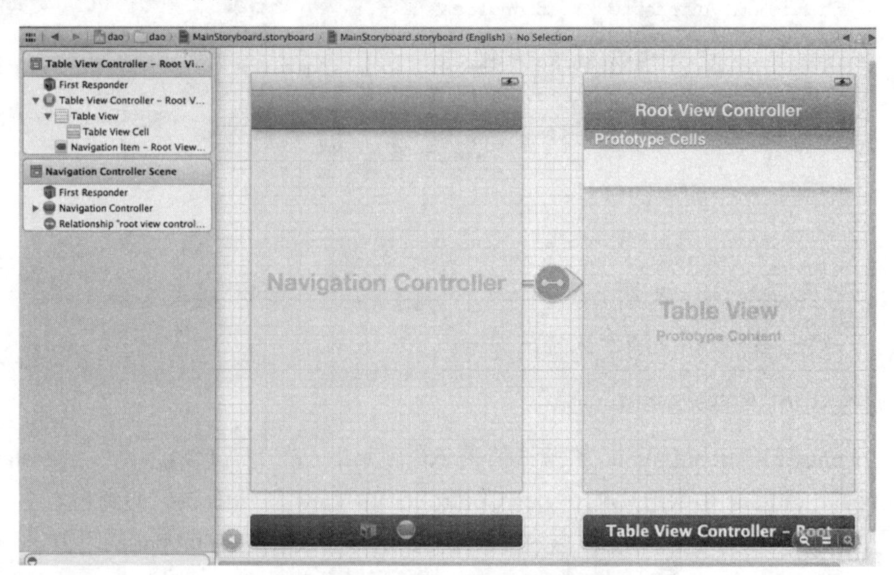

图 8-11 在项目中添加导航控制器

这里，名为 Navigation Controller Scene 的场景表示的是导航控制器。它只是一个对象占位符，此对象将控制与之相关所有场景。虽然我们不会想对导航控制器做太多的修改，但可使用 Attributes Inspector 定制其外观(例如指定其颜色)。

导航控制器通过一个“关系”连接到名为 Root View Controller 的场景，可以为这个场景指定自定义视图控制器。在此需要说明的一点是，这个场景与其他场景没有任何不同，只是顶部有一个导航栏，并且可以使用压入切换来过渡到其他场景。

注意： 在此之所以使用模板 Single View Application，是因为使用它创建的应用程序包含故事板文件和初始视图。如果需要，我们可在切换到另一个视图控制器前显示初始视图；如果不需要初始场景，可将其删除，并删除默认创建的文件 ViewController.h 和 ViewController.m。在我们看来，相对于使用空应用程序模板并添加故事板，这样做的速度更快，它为众多应用程序提供了最佳的起点。

1. 设置导航栏项的属性

要修改导航栏中的标题，只需双击它，并进行编辑，也可选择场景中的导航项，再打开 Attributes Inspector(Option + Command + 4)，如图 8-12 所示。

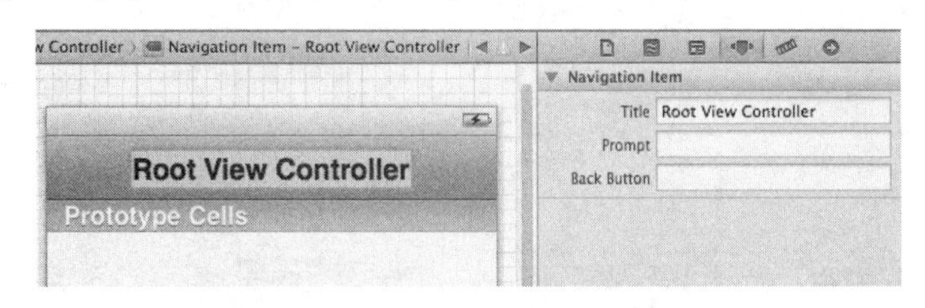

图 8-12　为场景定制导航项

在此可以修改如下 3 个属性。

- Title(标题)：显示在视图顶部的标题字符串。
- Prompt(提示)：一行显示在标题上方的文本，向用户提供使用说明。
- Back Button(后退按钮)：下一个场景的后退按钮的文本。

在下一个场景还未创建之前，可以编辑其按钮的文本。在默认情况下，从一个导航控制器场景切换到另一个场景时，后者的后退按钮将显示前者的标题。然而，标题可能很长或者不合适，在这种情况下，可以将属性 Back Button 设置为所需的字符串；如果用户切换到下一个场景，该字符串将出现在让用户能够返回到前一个场景的按钮上。

编辑属性 Back Button 会导致由于 iOS 不再能够使用默认方式创建后退按钮，因此它在导航项中新建一个自定义栏按钮项，其中包含我们指定的字符串。可进一步定制该栏按钮项，使用 Attributes Inspector 修改其颜色和外观。

现在，导航控制器管理的场景只有一个，因此，后退按钮不会出现。在接下来的内容中，开始介绍如何串接多个场景，创建导航控制器知道的挖掘层次结构。

2. 添加其他场景并使用压入切换

要在导航层 Control 中添加场景，可以像添加模态场景时那样做。

具体流程如下所示。

(1) 在导航控制器管理场景中添加一个控件，用于触发到另一个场景的过渡。如果想手工触发切换，只需把视图控制器连接起来即可。

(2) 拖曳一个视图控制器实例到文档大纲或编辑器中。这将创建一个空场景，没有导航栏和导航项。此时，还须指定一个自定义视图控制器子类，用于编写视图后面的代码，但是，现在应该对这项任务很熟悉了。

(3) 按住 Control 键，从用于触发切换的对象拖曳到新场景的视图控制器。在 Xcode 提示时，进行选择，这样，源场景将新增一个切换，而目标场景将发生很大的变化。

新场景将包含导航栏，并自动添加和显示导航项。我们可定制标题和后退按钮，还可以添加额外的栏按钮项。我们可以不断地添加新场景和压入切换，还可以添加分支，让应用程序能够沿不同的流程执行，如图 8-13 所示。

因为它们都是视图，就像其他视图一样，还可以同时在故事板中添加模态切换和弹出框。相对于模态切换，本章介绍的控制器的优点之一，是能够自动处理视图之间的切换，而无须编写任何代码，就可以在导航控制器中使用后退按钮。在选项卡栏的应用程序中，无须编写任何代码，就可在场景间切换。

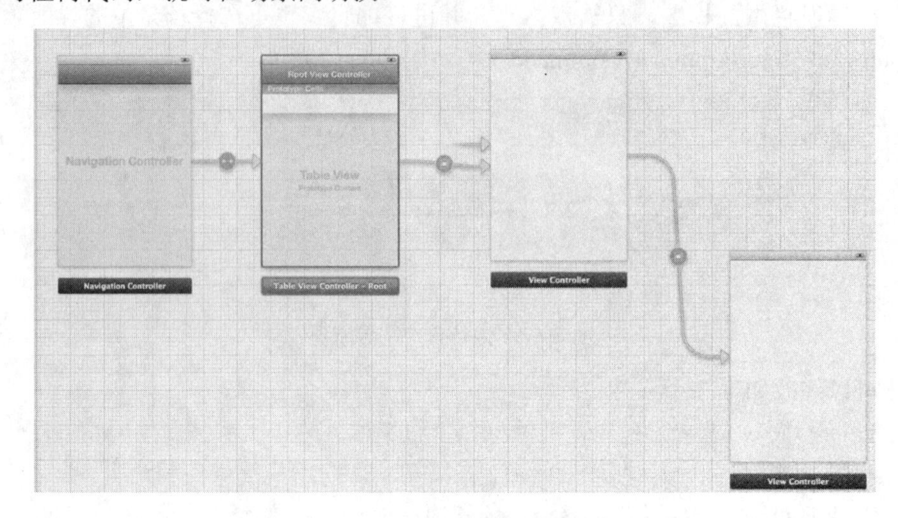

图 8-13　可以根据需要创建任意数量的切换

8.3.4　实现不同视图的切换

下面将通过一个具体实例，来说明使用 UINavigationController 的具体流程。

实例 8-4　在屏幕中实现不同视图的切换
源码路径　下载资源\codes\8\NavigationControllerDemo

本实例的功能，是实现不同场景的切换。具体实现流程如下所示。

(1) 新建一个项目，将其命名为“UINavigationControllerDemo”，如图 8-14 所示。为了更好地理解 UINavigationController，我们选择 Empty Application 模板。

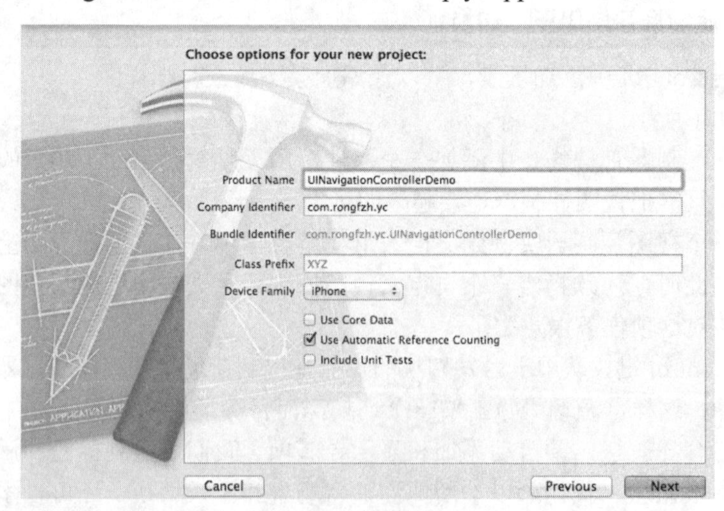

图 8-14　新建项目

(2) 创建一个 View Controller，命名为“RootViewController”：依次选择 File→New→

New File 菜单命令，默认勾选“With XIB for user interface”，如图 8-15 所示。

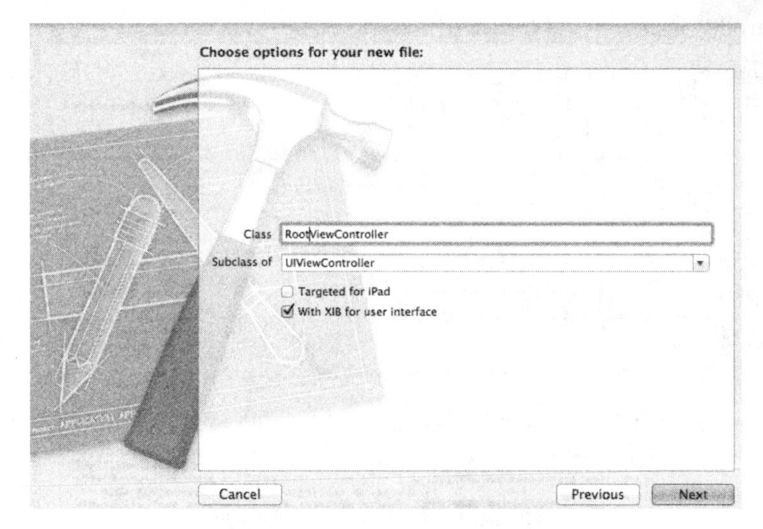

图 8-15　创建一个 View Controller

选择正确位置，创建完成后，此时，在项目中多了如下三个文件：

- RootViewController.h。
- RootViewController.m。
- RootViewController.xib。

(3) 打开文件 RootViewController.xib，添加一个按钮控件，将按钮 Button 改为 Goto SecondView，为跳转做准备，如图 8-16 所示。

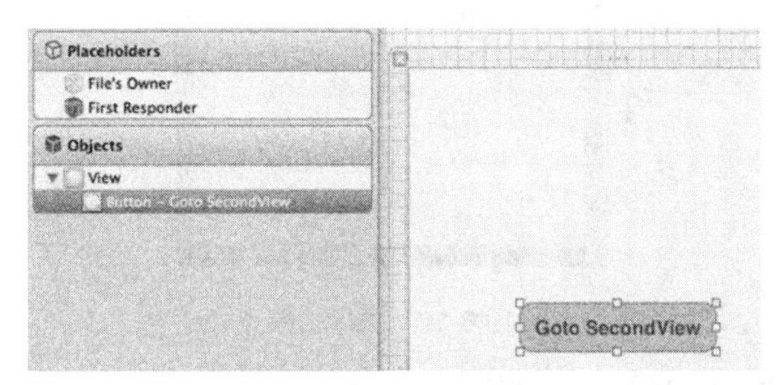

图 8-16　添加一个按钮控件

(4) 打开文件 AppDelegate.h，向其中添加属性：

```
@property (strong, nonatomic) UINavigationController *navController;
```

添加后，文件 AppDelegate.h 的代码如下所示：

```
#import
@class ViewController;
@interface AppDelegate : UIResponder
@property (strong, nonatomic) UIWindow *window;
@property (strong, nonatomic) ViewController *viewController;
@property (strong, nonatomic) UINavigationController *navController;

@end
```

(5) 在 AppDelegate.m 文件的 didFinishLaunchingWithOptions 方法中创建 navController、RootViewController 视图。具体代码如下所示：

```
- (BOOL)application:(UIApplication *)application
 didFinishLaunchingWithOptions:(NSDictionary *)launchOptions
{
    self.window = [[UIWindow alloc] initWithFrame:[[UIScreen mainScreen] bounds]];
    RootViewController *rootView = [[RootViewController alloc] init];
    rootView.title = @"Root View";
    self.navController = [[UINavigationController alloc] init];
    [self.navController pushViewController:rootView animated:YES];
    [self.window addSubview:self.navController.view];
    [self.window makeKeyAndVisible];
    return YES;
}
```

把 rootView 的 titie 命名为 Root View，然后，用 pushViewController 把 rootView 加入到 navController 的视图栈中。此时 Root 视图添加完成，执行后的效果如图 8-17 所示。

图 8-17　执行效果

(6) 添加 UIBarButtonItem。

Bar ButtonItem 分为左右 UIBarButtonItem 两个，在此，把左、右两个都添加上去。在文件 RootViewController.m 中添加如下所示的代码：

```
- (void)viewDidLoad
{
    [super viewDidLoad];
    UIBarButtonItem *leftButton = [[UIBarButtonItem alloc]
      initWithBarButtonSystemItem:UIBarButtonSystemItemAction target:self
      action:@selector(selectLeftAction:)];
    self.navigationItem.leftBarButtonItem = leftButton;
    UIBarButtonItem *rightButton = [[UIBarButtonItem alloc]
      initWithBarButtonSystemItem:UIBarButtonSystemItemAdd  target:self
      action:@selector(selectRightAction:)];
    self.navigationItem.rightBarButtonItem = rightButton;
}
```

这样，便成功地添加了 UIBarButtonItem，此时的执行效果如图 8-18 所示。

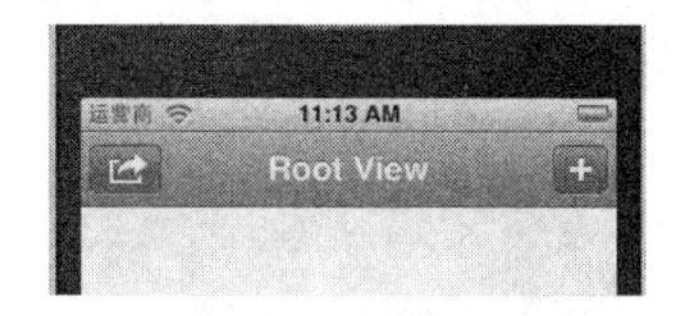

图 8-18　执行效果(添加 UIBarButtonItem)

此处重点介绍下面的代码：

```
UIBarButtonItem *leftButton = [[UIBarButtonItemalloc]initWithBarButtonSystemItem:
 UIBarButtonSystemItemActiontarget:selfaction:@selector(selectLeftAction:)];
```

这表示 UIBarButtonSystemItemAction 的风格，这是系统自带的按钮风格，具体说明如图 8-19 所示。

标签	效果	标签	效果
UIBarButtonSystemItemAction		UIBarButtonSystemItemPause	
UIBarButtonSystemItemAdd		UIBarButtonSystemItemPlay	
UIBarButtonSystemItemBookmarks		UIBarButtonSystemItemRedo	Redo
UIBarButtonSystemItemCamera		UIBarButtonSystemItemRefresh	
UIBarButtonSystemItemCancel	Cancel	UIBarButtonSystemItemReply	
UIBarButtonSystemItemCompose		UIBarButtonSystemItemRewind	
UIBarButtonSystemItemDone	Done	UIBarButtonSystemItemSave	Save
UIBarButtonSystemItemEdit	Edit	UIBarButtonSystemItemSearch	
UIBarButtonSystemItemFastForward		UIBarButtonSystemItemStop	
UIBarButtonSystemItemOrganize		UIBarButtonSystemItemTrash	
UIBarButtonSystemItemPageCurl		UIBarButtonSystemItemUndo	Undo

图 8-19　UIBarButtonSystemItemAction 的风格

(7)　响应 UIBarButtonItem 的事件的实现。

在 action:@selector(selectLeftAction:)中添加 selectLeftAction 和 selectRightAction，在文件 RootViewController.m 中添加如下所示的代码：

```
-(void)selectLeftAction:(id)sender
{
    UIAlertView *alter = [[UIAlertView alloc] initWithTitle:@"提示"
     message:@"你点击了导航栏左按钮" delegate:self
     cancelButtonTitle:@"确定" otherButtonTitles:nil, nil];
    [alter show];
}
-(void)selectRightAction:(id)sender
{
    UIAlertView *alter = [[UIAlertView alloc] initWithTitle:@"提示"
      message:@"你点击了导航栏右按钮" delegate:self  cancelButtonTitle:@"确定"
      otherButtonTitles:nil, nil];
     [alter show];
}
```

这样，在点击左右的 UIBarButtonItem 时，将弹出提示信息，如图 8-20 所示。

图 8-20　执行效果

8.4　选项卡栏控制器

选项卡栏控制器(UITabBarController)与导航控制器一样，也被广泛用于各种 iOS 应用程序中。顾名思义，选项卡栏控制器在屏幕底部显示一系列“选项卡”，这些选项卡表示为图标和文本，用户触摸它们时，将在场景之间进行切换。与 UINavigationController 类似，UITabBarController 也可以用来控制多个页面的导航，用户可以在多个视图控制器之间移动，并可以定制屏幕底部的选项卡栏。

借助于屏幕底部的选项卡栏，UITabBarController 不必像 UINavigationController 那样以栈的方式推入和退出视图，而是组建一系列的控制器(它们各自可以是 UIViewController、UINavigationController、UITableViewController 或任何其他种类的视图控制器)，并将它们添加到选项卡栏，使每个选项卡对应一个视图控制器。每个场景都呈现了应用程序的一项功能，或提供了一种查看应用程序信息的独特方式。UITabBarController 是 iOS 中很常用的一个 viewController，例如系统的闹钟程序，iPod 程序等。UITabBarController 通常作为整个程序的 rootViewController，而且不能添加到别的 container viewController 中。图 8-21 演示了它的 View 层级。

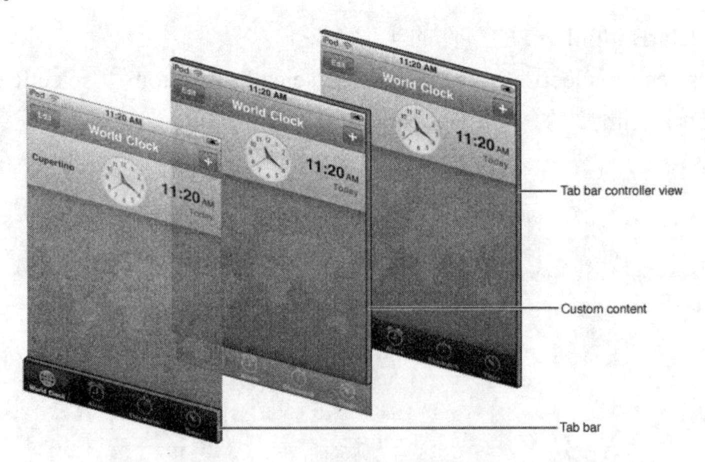

图 8-21　用于在不同场景间切换的选项卡栏控制器

与导航控制器一样，选项卡栏控制器会为我们处理一切。当用户触摸按钮时，会在场景间进行切换，我们无须以编程方式处理选项卡栏事件，也无须手工在视图控制器之间进行切换。

8.4.1　选项卡栏和选项卡栏项

在 Xcode 6 的故事板中，选项卡栏的实现与导航控制器也很像，它包含一个 UITabBar，类似于工具栏。选项卡栏控制器管理的每个场景都将继承这个导航栏。选项卡栏控制器管理的场景必须包含一个选项卡栏项(UITabBarItem)，它包含标题、图像和徽章。

在故事板中添加选项卡栏控制器与添加导航控制器一样容易。下面介绍如何在故事板中添加选项卡栏控制器、配置选项卡栏按钮以及添加选项卡栏控制器管理的场景。

如果要在应用程序中使用选项卡栏控制器，推荐使用模板 Single View Application 创建项目。如果不想从默认创建的场景切换到选项卡栏控制器，可以将其删除。为此，可以删除其视图控制器，再删除相应的文件 ViewController.h 和 ViewController.m。故事板处于我们想要的状态后，从对象库拖曳一个选项卡栏控制器实例到文档大纲或编辑器中，这样，会添加一个选项卡栏控制器和两个相关联的场景，如图 8-22 所示。

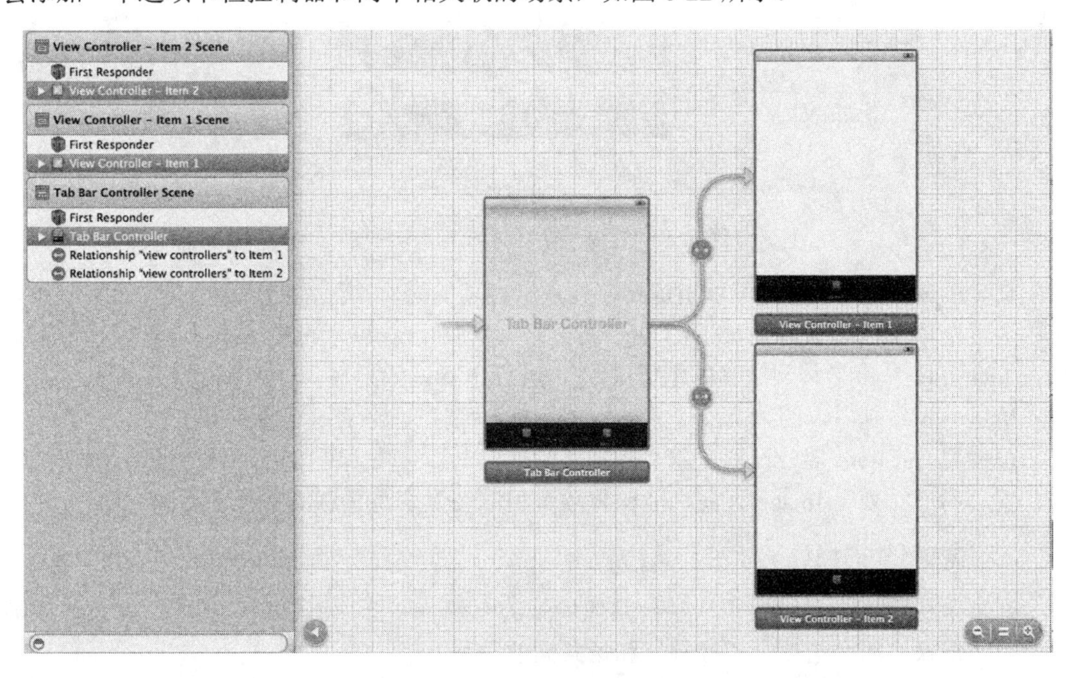

图 8-22　在应用程序中添加选项卡栏控制器时添加两个场景

选项卡栏控制器场景表示 UITabBarController 对象，该对象负责协调所有场景过渡。它包含一个选项卡栏对象，可以使用 Interface Builder 对其进行定制，例如修改为喜欢的颜色。

有两条从选项卡栏控制器出发的“关系”连接，它们连接到将通过选项卡栏显示的两个场景。这些场景可通过选项卡栏按钮的名称(默认为 Item 1 和 Item 2)进行区分。虽然所有的选项卡栏按钮都显示在选项卡栏控制器场景中，但它们实际上属于各个场景。要修改选项卡栏按钮，必须在相应的场景中进行，而不能在选项卡栏控制场景中进行修改。

1．设置选项卡栏项的属性

要编辑场景对应的选项卡栏项(UITabBarItem)，在文档大纲中展开场景的视图控制器，选择其中的选项卡栏项，再打开 Attributes Inspector(Option + Command + 4)，如图 8-23 所示。

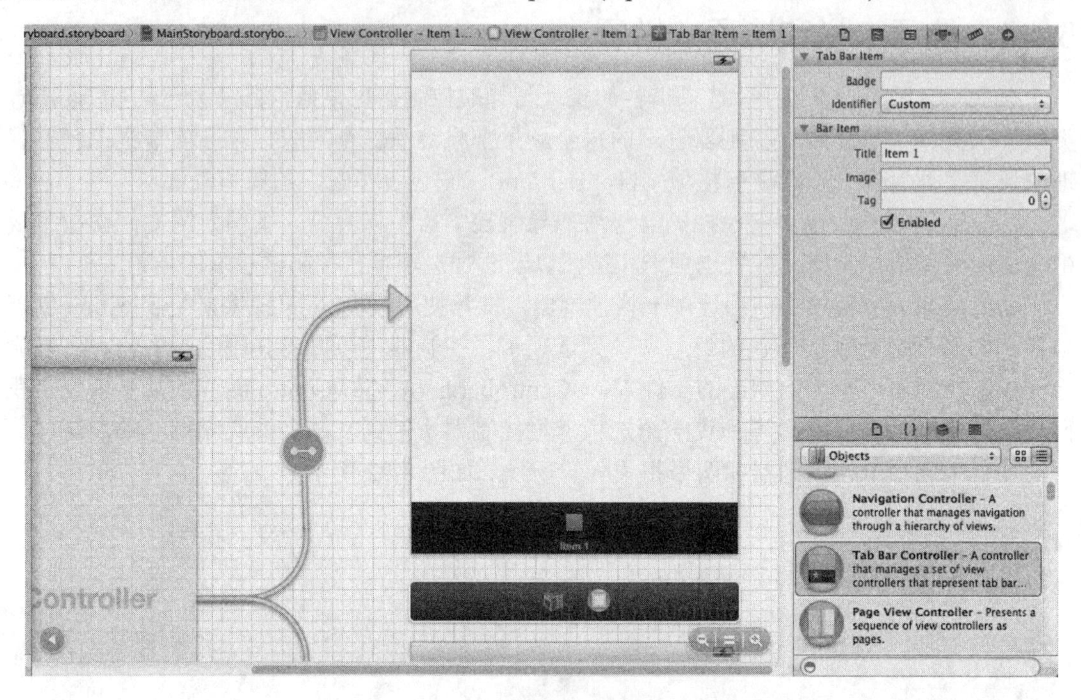

图 8-23　定制每个场景的选项卡栏项

在 Tab Bar Item 部分，可以指定要在选项卡栏项的徽章中显示的值，但是，通常应在代码中通过选项卡栏项的属性 badgeValue(其类型为 NSString)进行设置。我们还可以通过下拉列表 Identifier 从十多种预定义的图标/标签中进行选择；如果选择使用预定义的图标/标签，就不能进一步定制了，因为 Apple 希望这些图标/标签在整个 iOS 中保持不变。

可使用 Bar Item 部分设置自定义图像和标题，其中，文本框 Title 用于设置选项卡栏项的标签，而下拉列表 Image 让我们能够将项目中的图像资源关联到选项卡栏项。

2．添加额外的场景

选项卡栏明确指定了用于切换到其他场景的对象——选项卡栏项。其中的场景过渡甚至都不叫切换，而是选项卡栏控制器和场景间的关系。

要想添加场景、选项卡栏项以及控制器和场景之间的关系，首先在故事板中添加一个视图控制器，拖曳一个视图控制器实例到文档大纲或编辑器中，然后按住 Control 键，并在文档大纲中，从选项卡栏控制器拖曳到新场景的视图控制器。在 Xcode 提示时，选择 Relationship→viewControllers。效果如图 8-24 所示。

这样，只需要创建关系就行了，这将自动在新场景中添加一个选项卡栏项，我们可以对其进行配置。

可以重复上述操作，根据需要创建任意数量的场景，并在选项卡栏中添加选项卡。

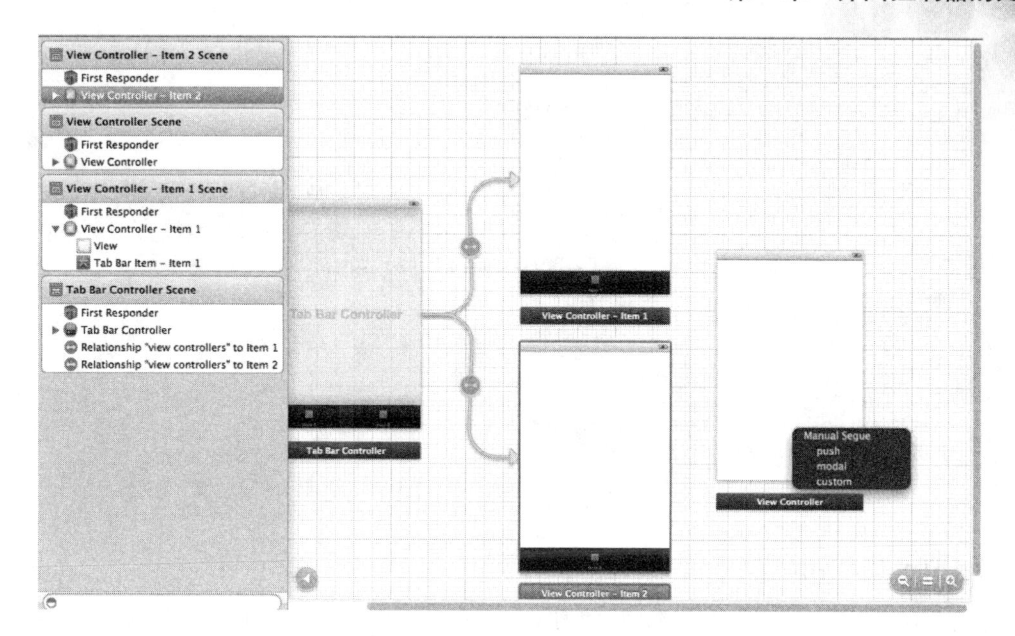

图 8-24　在控制器之间建立关系

8.4.2　在选项卡栏控制器管理的场景之间共享数据

与导航控制器一样，选项卡栏控制器也可以让我们轻松地实现信息共享。为此，可以创建一个选项卡栏控制器(UITabBarController)子类，并将其关联到选项卡栏控制器，然后在这个子类中添加一些属性，用于存储要共享的数据，然后，在每个场景中，通过属性 parentViewController 获取该控制器，来访问这些属性。

8.4.3　UITabBarController 使用详解

1. 手动创建 UITabBarController

实际上，最为常见的创建 UITabBarController 的地方，就是在 application delegate 中的 applicationDidFinishLaunching:方法，因为 UITabBarController 通常是作为整个程序的 rootViewController 的，我们需要在程序的 window 显示之前就创建好它，具体步骤如下。

(1)　创建一个 UITabBarController 对象。

(2)　创建 TabBarController 中每一个 Tab 对应的要显示的对象。

(3)　然后，通过 UITabBarController 的 viewController 属性，将所要显示的所有 content viewcontroller 添加到 UITabBarController 中。

(4)　设置 UITabBarController 对象为 window.rootViewController，然后显示 Window。

下面请读者看一个简单的例子：

```
- (BOOL)application:(UIApplication *)application
  didFinishLaunchingWithOptions:(NSDictionary *)launchOptions
{
    self.window =
      [[[UIWindow alloc] initWithFrame:[[UIScreen mainScreen] bounds]] autorelease];
    // Override point for customization after application launch.
```

```
    SvTabBarFirstViewController *viewController1, *viewController2;
    viewController1 =
      [[SvTabBarFirstViewController alloc] initWithNibName:nil bundle:nil];
    viewController1.title = @"First";

    viewController2 =
      [[SvTabBarFirstViewController alloc] initWithNibName:nil bundle:nil];
    viewController2.title = @"Second";
    self.tabBarController = [[[UITabBarController alloc] init] autorelease];
    self.tabBarController.delegate = self;
    self.tabBarController.viewControllers =
      [NSArray arrayWithObjects:viewController1, viewController2, nil];
    [viewController1 release];
    [viewController2 release];
    self.window.rootViewController = self.tabBarController;
    [self.window makeKeyAndVisible];
    return YES;
}
```

2. UITabBarItem

UITabBar 上面显示的每一个 Tab 都对应着一个 ViewController，我们可以通过设置 viewcontroller.tabBarItem 属性，来改变 tabbar 上对应的 Tab 显示内容，否则，系统将会根据 viewController 的 title 自动创建一个，该 tabBarItem 只显示文字，没有图像。当我们自己创建 UITabBarItem 的时候，我们可以显式地指定显示的图像和对应的文字描述。当然，还可以通过 setFinishedSelectedImage:withFinishedUnselectedImage:方法给选中状态和非选中状态指定不同的图片。下面是一个创建 UITabBarItem 的小例子：

```
UITabBarItem *item = [[UITabBarItem alloc] initWithTitle:@"Second" image:nil tag:2];
[item setFinishedSelectedImage:[UIImage imageNamed:@"second.png"]
  withFinishedUnselectedImage:[UIImage imageNamed:@"first.png"]];
viewController2.tabBarItem = item;
[item release];
```

此外，UITabBarItem 还有一个属性 badgeValue，通过设置该属性，可以在其右上角显示一个小的角标，通常用于提示用户有新的消息。

3．moreNavigationController

在 UITabBar 上，最多可以显示 5 个 Tab，当我们往 UITabBarController 中添加的 viewController 超过 5 个时候，最后一个就会自动变成如图 8-25 所示的样式。

按照设置的 viewControlles 的顺序，显示前 4 个 viewController 的 tabBarItem，后面的 tabBarItem 将不再显示。当点击 More 时候，将会弹出一个标准的 navigationViewController，里面放有其他未显示的 viewController，并且带有一个 edit 按钮，通过点击该按钮，可以进入类似于 iPod 程序中设置 tabBar 的编辑界面。编辑界面中，默认所有 viewController 都是可以编辑的，我们可以通过设置 UITabBarController 的 customizableViewControllers 属性来指定 viewControllers 的一个子集，即只允许一部分 viewController 是可以放到 tabBar 中显示的。

图 8-25　样式

但是，这里要注意一个问题，就是每当 UITabBarController 的 viewControllers 属性发生变化的时候，customizableViewControllers 就会自动设置成跟 viewControllers 一致，即默认

的所有的 viewController 都是可以编辑的，如果我们要始终限制只是某一部分可编辑的话，记住每次 viewControlles 发生改变的时候，重新设置一次 customizableViewControllers。

4．UITabBarController 的 Rotation

UITabBarController 默认只支持竖屏，设备方向发生变化时，会查询 viewControllers 中包含的所有 ViewController，仅当所有 viewController 都支持该方向时，UITabBarController 才会发生旋转，否则是默认的竖向。

此处需要注意，当 UITabBarController 支持旋转，而且发生旋转的时候，只有当前显示的 viewController 会接收到旋转的消息。

5．UITabBar

UITabBar 自己有一些方法是可以改变自身状态的，但是，对于 UITabBarController 自带的 tabBar，我们不能直接去修改其状态。任何直接修改 tabBar 的操作都会抛出异常。下面看一个抛出异常的小例子：

```
self.tabBarController = [[[UITabBarController alloc] init] autorelease];
self.tabBarController.delegate = self;
self.tabBarController.viewControllers =
  [NSArray arrayWithObjects:viewController1, viewController2, viewController3, nil];
self.window.rootViewController = self.tabBarController;
[self.window makeKeyAndVisible];
self.tabBarController.tabBar.selectedItem = nil;
```

上面代码的最后一行直接修改了 tabBar 的状态，运行程序后，会得到如图 8-26 所示的结果。

```
All Output ‡                                                        Clear
2012-05-19 23:54:27.781 SvTabBarControllerSample[2323:f803] *** Terminating app due to
uncaught exception 'NSInternalInconsistencyException', reason: 'Directly modifying a
tab bar managed by a tab bar controller is not allowed.'
*** First throw call stack:
(0x13cb022 0x155ccd6 0x1373a48 0x13739b9 0x2402a0 0x3a0a 0x13386 0x14274 0x23183
0x23c38 0x17634 0x12b5ef5 0x139f195 0x1303ff2 0x13028da 0x1301d84 0x1301c9b 0x13c65
0x15626 0x2662 0x25d5 0x1)
terminate called throwing an exception(lldb)
```

图 8-26　执行效果

6．Change Selected Viewcontroller

改变 UITabBarController 中当前显示的 viewController，可以通过如下三个属性实现。

(1)　selectedIndex 属性

通过该属性，可以获得当前选中的 viewController，设置该属性，可以显示 viewControllers 中对应的 index 的 viewController。如果当前选中的是 MoreViewController 的话，该属性获取出来的值是 NSNotFound，而且通过该属性也不能设置选中 MoreViewController。设置 index 超出 viewControllers 的范围，将会被忽略。

(2)　selectedViewController 属性

通过该属性，可以获取当前显示的 viewController，通过设置该属性，可以设置当前选中的 viewController，同时更新 selectedIndex。赋值 tabBarController.moreNavigationController 时可以选中 moreViewController。

(3) viewControllers 属性

通过设置 viewControllers 属性，也会影响当前选中的 viewController，设置该属性时，UITabBarController 首先会清空所有旧的 viewController，然后部署新的 viewController，接着，尝试重新选中上一次显示的 viewController，如果该 viewController 已经不存在的话，会接着尝试选中 index 和 selectedIndex 相同的 viewController，如果该 index 无效的话，则默认选中第一个 viewController。

7. UITabBarControllerDelegate

通过代理，可以监测 UITabBarController 的当前选中 viewController 的变化，以及 moreViewController 中对所有 viewController 的编辑。

通过实现下面的方法控制 TabBarItem 能不能选中，如果返回 NO，将禁止用户点击某一个 TabBarItem 选中：

```
- (BOOL)tabBarController:(UITabBarController *)tabBarController
  shouldSelectViewController:(UIViewController *)viewController;
```

但是，程序内部还是可以通过直接 setSelectedIndex 选中该 TabBarItem 的。

下面三个方法主要用于监测 moreViewController 中对 view controller 的 edit 操作：

```
- (void)tabBarController:(UITabBarController *)tabBarController
  willBeginCustomizingViewControllers:(NSArray *)viewControllers;

- (void)tabBarController:(UITabBarController *)tabBarController
  willEndCustomizingViewControllers:(NSArray *)viewControllers changed:(BOOL)changed;

- (void)tabBarController:(UITabBarController *)tabBarController
  didEndCustomizingViewControllers:(NSArray *)viewControllers changed:(BOOL)changed;
```

8.4.4 实现不同场景的切换

在下面的内容中，将通过一个具体实例来说明使用 UITabBarController 的具体流程。

实例 8-5 实现不同场景的切换
源码路径 下载资源\codes\8\LeveyTabBarController

本实例的功能，是实现不同场景的切换，具体实现流程如下所示。

(1) 准备好三幅素材图片 1.png、2.png 和 3.png，如图 8-27 所示。

1.png

2.png

3.png

图 8-27 准备的素材图片

(2) 创建一个 Xcode 项目，设计 UI 界面。主 UI 界面如图 8-28 所示。

(3) 设计的次 UI 界面如图 8-29 所示。

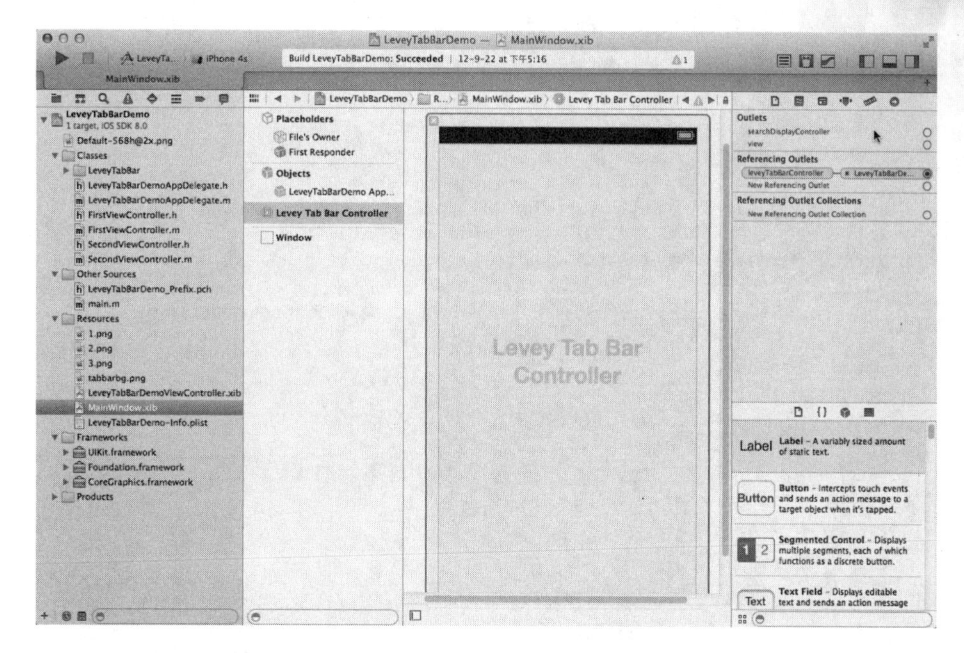

图 8-28　设计的主 UI 界面

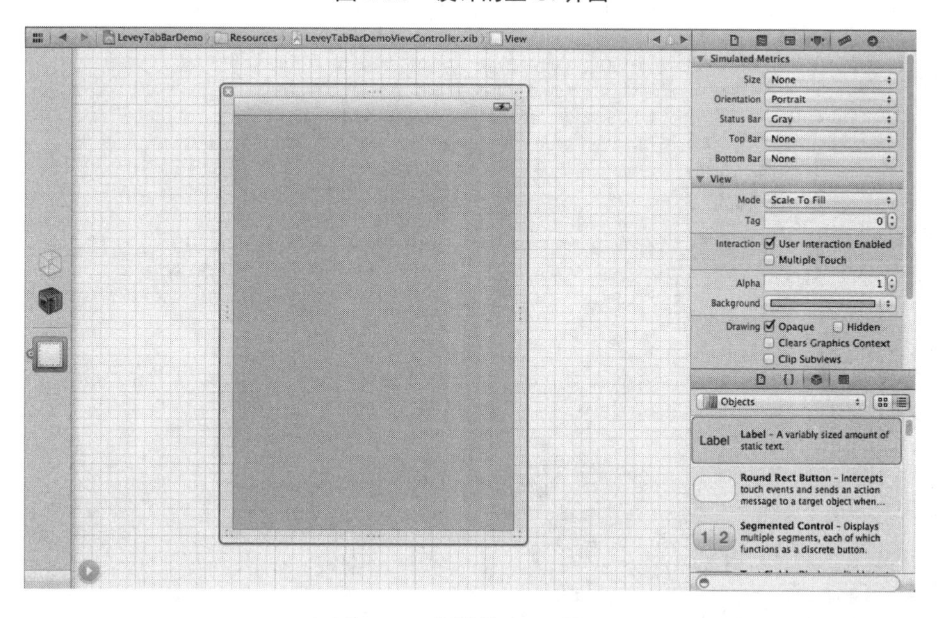

图 8-29　设计的次 UI 界面

(4) 文件 LeveyTabBarDemoAppDelegate.m 的主要代码如下所示：

```
#import "LeveyTabBarDemoAppDelegate.h"
#import "FirstViewController.h"
#import "SecondViewController.h"
#import "LeveyTabBarController.h"

@implementation LeveyTabBarDemoAppDelegate
@synthesize window;
@synthesize leveyTabBarController;
#pragma mark -
#pragma mark Application lifecycle
```

```
- (BOOL)application:(UIApplication *)application
 didFinishLaunchingWithOptions:(NSDictionary *)launchOptions
{
    FirstViewController *firstVC = [[FirstViewController alloc] init];
    SecondViewController *secondVC = [[SecondViewController alloc] init];
    UITableViewController *thirdVC = [[UITableViewController alloc] init];
    UIViewController *fourthVC = [[UIViewController alloc] init];
    fourthVC.view.backgroundColor = [UIColor grayColor];
    FirstViewController *fifthVC = [[FirstViewController alloc] init];
    UINavigationController *nc =
      [[UINavigationController alloc] initWithRootViewController:secondVC];
    nc.delegate = self;
    [secondVC release];
    NSArray *ctrlArr =
      [NSArray arrayWithObjects:firstVC,nc,thirdVC,fourthVC,fifthVC,nil];
    [firstVC release];
    [nc release];
    [thirdVC release];
    [fourthVC release];
    [fifthVC release];
    NSMutableDictionary *imgDic = [NSMutableDictionary dictionaryWithCapacity:3];
    [imgDic setObject:[UIImage imageNamed:@"1.png"] forKey:@"Default"];
    [imgDic setObject:[UIImage imageNamed:@"2.png"] forKey:@"Highlighted"];
    [imgDic setObject:[UIImage imageNamed:@"2.png"] forKey:@"Seleted"];
    NSMutableDictionary *imgDic2 = [NSMutableDictionary dictionaryWithCapacity:3];
    [imgDic2 setObject:[UIImage imageNamed:@"1.png"] forKey:@"Default"];
    [imgDic2 setObject:[UIImage imageNamed:@"2.png"] forKey:@"Highlighted"];
    [imgDic2 setObject:[UIImage imageNamed:@"2.png"] forKey:@"Seleted"];
    NSMutableDictionary *imgDic3 = [NSMutableDictionary dictionaryWithCapacity:3];
    [imgDic3 setObject:[UIImage imageNamed:@"1.png"] forKey:@"Default"];
    [imgDic3 setObject:[UIImage imageNamed:@"2.png"] forKey:@"Highlighted"];
    [imgDic3 setObject:[UIImage imageNamed:@"2.png"] forKey:@"Seleted"];
    NSMutableDictionary *imgDic4 = [NSMutableDictionary dictionaryWithCapacity:3];
    [imgDic4 setObject:[UIImage imageNamed:@"1.png"] forKey:@"Default"];
    [imgDic4 setObject:[UIImage imageNamed:@"2.png"] forKey:@"Highlighted"];
    [imgDic4 setObject:[UIImage imageNamed:@"2.png"] forKey:@"Seleted"];
    NSMutableDictionary *imgDic5 = [NSMutableDictionary dictionaryWithCapacity:3];
    [imgDic5 setObject:[UIImage imageNamed:@"1.png"] forKey:@"Default"];
    [imgDic5 setObject:[UIImage imageNamed:@"2.png"] forKey:@"Highlighted"];
    [imgDic5 setObject:[UIImage imageNamed:@"2.png"] forKey:@"Seleted"];
    NSArray *imgArr =
      [NSArray arrayWithObjects:imgDic,imgDic2,imgDic3,imgDic4,imgDic5,nil];
    leveyTabBarController = [[LeveyTabBarController alloc]
      initWithViewControllers: ctrlArr imageArray:imgArr];
    [leveyTabBarController.tabBar
      setBackgroundImage:[UIImage imageNamed:@"tabbarbg.png"]];
    [leveyTabBarController setTabBarTransparent:YES];
    [self.window addSubview:leveyTabBarController.view];
    [self.window makeKeyAndVisible];
    return YES;
}
- (void)navigationController:(UINavigationController *)navigationController
willShowViewController:(UIViewController *)viewController animated:(BOOL)animated
{
    if (viewController.hidesBottomBarWhenPushed)
    {
        [leveyTabBarController hidesTabBar:YES animated:YES];
    }
    else
    {
        [leveyTabBarController hidesTabBar:NO animated:YES];
```

```
    }
}
```

(5) 第一个选项面板的实现文件 FirstViewController.m 的主要代码如下所示：

```
#import "FirstViewController.h"
#import "LeveyTabBarController.h"
@implementation FirstViewController

- (void)viewDidLoad
{
    [super viewDidLoad];
    self.view.backgroundColor = [UIColor yellowColor];
}
@end
```

(6) 第二个选项面板的实现文件 SecondViewController.m 的主要代码如下所示：

```
#import "LeveyTabBarDemoAppDelegate.h"
#import "SecondViewController.h"
#import "LeveyTabBarController.h"
#import "FirstViewController.h"
@implementation SecondViewController

- (void)viewWillAppear:(BOOL)animated
{
    [super viewWillAppear:animated];
}

- (void)viewDidLoad
{
    [super viewDidLoad];
    self.view.backgroundColor = [UIColor redColor];
    UIBarButtonItem *rightBtn = [[UIBarButtonItem alloc] initWithTitle:@"Add"
      style:UIBarButtonItemStyleBordered target:self action:@selector(hide)];
    self.navigationItem.rightBarButtonItem = rightBtn;
    [rightBtn release];
}

- (void)hide
{
    static NSInteger dir = 0;

    FirstViewController *firstVC = [[FirstViewController alloc] init];

    //firstVC.hidesBottomBarWhenPushed = YES;
    LeveyTabBarDemoAppDelegate *appDelegate =
      (LeveyTabBarDemoAppDelegate*)[UIApplication sharedApplication].delegate;
    dir++;
    appDelegate.leveyTabBarController.animateDriect = dir % 2;
    firstVC.hidesBottomBarWhenPushed = YES;
    //[appDelegate.leveyTabBarController hidesTabBar:YES animated:YES];
    [self.navigationController pushViewController:firstVC animated:YES];
    [firstVC release];
}

- (void)dealloc {
    [super dealloc];
}
```

到此为止，整个实例介绍完毕。执行后的效果如图 8-30 所示。

图 8-30 执行效果

8.5 综合使用界面视图控件

在本节的实例中，演示在 Swift 程序中综合使用界面视图控件创建 iOS 应用程序的基本过程，本实例演示如下 4 种类型视图的处理过程：

- UIAlerts。
- UIViewController.presentViewController。
- UINavigationController.navigationController.pushViewController。
- UIPopoverController。

实例 8-6 基于 Swift 的视图综合处理
源码路径 下载资源\codes\8\AFViewHelper

(1) 打开 Xcode 6.1，然后新建一个名为“Popping”的工程，工程的目录结构如图 8-31 所示。

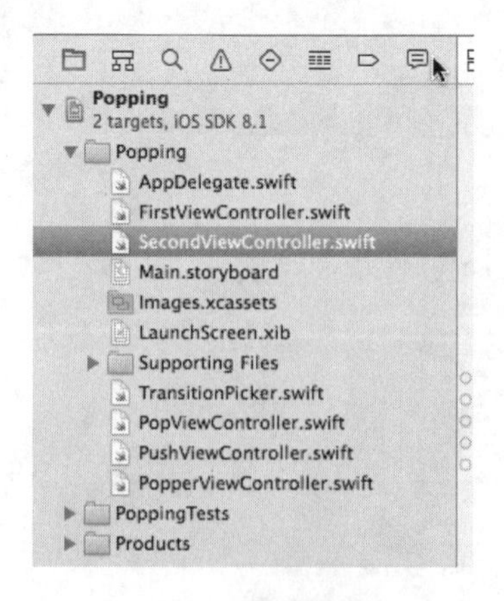

图 8-31 工程的目录结构

(2) 打开 Main.storyboard，为本工程设计 4 个不同的视图界面，如图 8-32 所示。

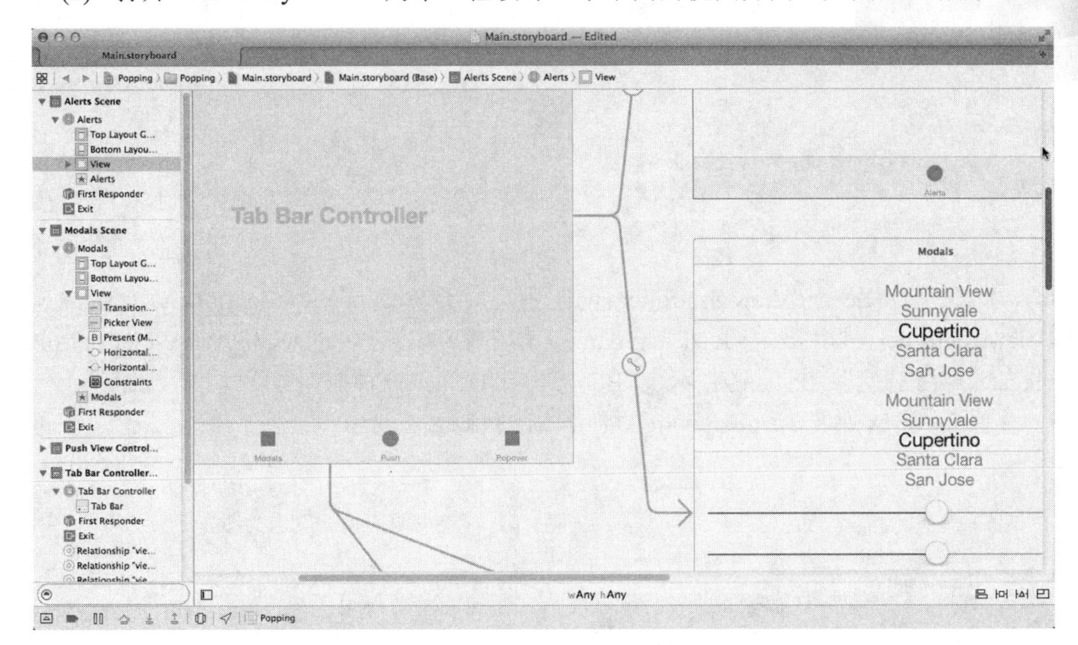

图 8-32　Main.storyboard 视图界面

(3) 文件 FirstViewController.swift 的功能是设置 UIAlert 提示框的显示样式和内容，具体实现代码如下所示：

```
import UIKit

class FirstViewController: UIViewController {

   @IBOutlet weak var alertButton: UIButton!
   @IBOutlet weak var actionsheetButton: UIButton!
   @IBAction func clickAlertButton(sender: AnyObject) {
      var style:UIAlertControllerStyle
      var styleName:String
      if (sender as NSObject == alertButton) {
         style = .Alert
         styleName = "Alert"
      } else {
         style = .ActionSheet
         styleName = "ActionSheet"
      }
      let alertController = UIAlertController(title: "Example \(styleName)",
        message: "This is an \(styleName).", preferredStyle:style)
      alertController.popoverPresentationController?.sourceView = self.actionsheetButton
      alertController.popoverPresentationController?.sourceRect =
        self.actionsheetButton.bounds

      let callAction = UIAlertAction(title: "OK", style: .Default, handler: {
            action in
            println("hit alert")
         }
      )
      alertController.addAction(callAction)

      presentViewController(alertController, animated: true, completion: nil)
```

```
    }
    override func viewDidLoad() {
        super.viewDidLoad()
        // Do any additional setup after loading the view, typically from a nib.
    }

    override func didReceiveMemoryWarning() {
        super.didReceiveMemoryWarning()
        // Dispose of any resources that can be recreated.
    }
}
```

(4) 在文件 SecondViewController.swift 中定义类 SecondViewController，此类继承于 UIViewController、UIPickerViewDataSource、UIPickerViewDelegate 和 PopViewController-Delegate，并设置了 UIPickerView、UIButton 和 UISlider 三种控件的样式。

文件 SecondViewController.swift 的具体实现代码如下所示：

```
import UIKit

class SecondViewController: UIViewController, UIPickerViewDataSource,
UIPickerViewDelegate, PopViewControllerDelegate {

    @IBOutlet weak var transitionPicker: UIPickerView!
    @IBOutlet weak var presentationPicker: UIPickerView!
    @IBOutlet weak var presentButton: UIButton!
    @IBOutlet weak var xSlider: UISlider!
    @IBOutlet weak var ySlider: UISlider!


    let pickerTransitionArray =
      ["CoverVertical","FlipHorizontal","CrossDissolve","PartialCurl"]
    let pickerPresentationArray = ["FullScreen","PageSheet","FormSheet","CurrentContext",
     "Custom","OverFullScreen","OverCurrentContext","Popover"]

    var popupViewController:PopViewController?

    override func viewDidLoad() {
        super.viewDidLoad()
        transitionPicker.dataSource = self
        transitionPicker.delegate = self
        presentationPicker.dataSource = self
        presentationPicker.delegate = self
    }
    //MARK: pickerViewDelegate
    func numberOfComponentsInPickerView(pickerView: UIPickerView) -> Int {
        return 1
    }
    func pickerView(pickerView: UIPickerView, numberOfRowsInComponent component: Int) -> Int {
        if (pickerView == transitionPicker) {
            return pickerTransitionArray.count //UIModalTransitionStyle
        } else {
            return pickerPresentationArray.count //UIModalPresentationStyle
        }
    }
    func pickerView(pickerView: UIPickerView, titleForRow row: Int,
      forComponent component: Int) -> String! {
        if (pickerView == transitionPicker) {
            return(pickerTransitionArray[row])
        } else {
```

```
            return(pickerPresentationArray[row])
        }
    }
    //MARK: present

    @IBAction func clickPresent(sender: AnyObject) {
        let sb = UIStoryboard(name: "Main", bundle: nil)
        popupViewController =
          (sb.instantiateViewControllerWithIdentifier("popper")! as PopViewController)
        popupViewController!.delegate = self

        //you'd think there'd be an easier way to hook up an enum to a picker...

        var trans:UIModalTransitionStyle
        switch transitionPicker.selectedRowInComponent(0) {
        case 0:
            trans = .CoverVertical
        case 1:
            trans = .FlipHorizontal
        case 2:
            trans = .CrossDissolve
        case 3:
            trans = .PartialCurl
        default:
            trans = .CoverVertical
        }
        popupViewController!.modalTransitionStyle = trans


        var pres:UIModalPresentationStyle
        switch presentationPicker.selectedRowInComponent(0) {
        case 0:
            pres = .FullScreen
        case 1:
            pres = .PageSheet
        case 2:
            pres = .FormSheet
        case 3:
            pres = .CurrentContext
        case 4:
            pres = .Custom
        case 5:
            pres = .OverFullScreen
        case 6:
            pres = .OverCurrentContext
        case 7:
            pres = .Popover
        default:
            pres = .FullScreen
        }
        popupViewController!.modalPresentationStyle = pres

        if (pres == .FormSheet && trans == .PartialCurl) {
            let alertController = UIAlertController(title: "Ooops!",
              message: "Sorry, that combination is not available!", preferredStyle:.Alert)
            let callAction = UIAlertAction(title: "OK", style: .Default, handler: {
                action in
                println("hit alert")
            })
            alertController.addAction(callAction)
            presentViewController(alertController, animated: true, completion: nil)
```

```
            return
        }

        popupViewController!.preferredContentSize =
            CGSize(width:self.view.frame.width * CGFloat(xSlider.value / 100.0),
            height:self.view.frame.height * CGFloat(ySlider.value / 100.0))
        popupViewController!.popoverPresentationController?.sourceView =
            self.presentButton.imageView
        popupViewController!.popoverPresentationController?.sourceRect =
            self.presentButton.bounds

        self.presentViewController(popupViewController!, animated: true, completion: {})
    }

    func closePop(sender:AnyObject) {
        self.dismissViewControllerAnimated(true, completion: {})
    }
    override func didReceiveMemoryWarning() {
        super.didReceiveMemoryWarning()
        // Dispose of any resources that can be recreated.
    }
}
```

(5) 文件 PopViewController.swift 实现了 PopViewController 视图界面效果，具体实现代码如下所示：

```
import UIKit

protocol PopViewControllerDelegate {
    func closePop(sender:AnyObject)
}

class PopViewController: UIViewController {
    var delegate:PopViewControllerDelegate?
    override func viewDidLoad() {
        super.viewDidLoad()

        // Do any additional setup after loading the view.
    }

    override func didReceiveMemoryWarning() {
        super.didReceiveMemoryWarning()
        // Dispose of any resources that can be recreated.
    }

    @IBAction func clickCloseButton(sender: AnyObject) {
        self.delegate?.closePop(self)
    }
}
```

(6) 文件 PushViewController.swift 实现了 PushViewController 视图界面效果，具体实现代码如下所示：

```
import UIKit

class PushViewController: UIViewController,UIPickerViewDataSource, UIPickerViewDelegate {

    @IBOutlet weak var transitionPicker: UIPickerView!

    var pusherViewController:UIViewController!
    let pickerTransitionArray = ["CurlDown","CurlUp","FlipFromLeft",
```

```
    "FlipFromRight","None"] //UIViewAnimationTransition
  override func viewDidLoad() {
     super.viewDidLoad()

     transitionPicker.dataSource = self
     transitionPicker.delegate = self
  }
  func numberOfComponentsInPickerView(pickerView: UIPickerView) -> Int {
     return 1
  }
  func pickerView(pickerView: UIPickerView, numberOfRowsInComponent component: Int) -> Int {
     return pickerTransitionArray.count
  }
  func pickerView(pickerView: UIPickerView, titleForRow row: Int,
    forComponent component: Int) -> String! {
     return(pickerTransitionArray[row])
  }
  @IBAction func clickPushButton(sender: AnyObject) {
     let sb = UIStoryboard(name: "Main", bundle: nil)
     pusherViewController =
       (sb.instantiateViewControllerWithIdentifier("pusher")! as UIViewController)
     self.navigationController?.pushViewController(pusherViewController!, animated: true)
  }
  @IBAction func clickPushChangeAnimation(sender: AnyObject) {

     let sb = UIStoryboard(name: "Main", bundle: nil)
     pusherViewController =
       (sb.instantiateViewControllerWithIdentifier("pusher")! as UIViewController)

     var trans:UIViewAnimationTransition
     switch transitionPicker.selectedRowInComponent(0) {
     case 0:
        trans = .CurlDown
     case 1:
        trans = .CurlUp
     case 2:
        trans = .FlipFromLeft
     case 3:
        trans = .FlipFromRight
     default:
        trans = .None
     }

     var navigationController = UINavigationController()
     UIView.animateWithDuration(0.75, animations: {
        UIView.setAnimationCurve(.EaseInOut)
        self.navigationController?.pushViewController(self.pusherViewController!,
          animated: false)
        UIView.setAnimationTransition(trans, forView: self.navigationController!.view,
          cache: false)

     })
  }
  override func didReceiveMemoryWarning() {
     super.didReceiveMemoryWarning()
  }
}
```

(7) 文件 PopperViewController.swift 实现了 PopperViewController 视图界面效果，具体实现代码如下所示：

```
import UIKit

class PopperViewController: UIViewController, PopViewControllerDelegate {
    var popover:UIPopoverController!
    override func viewDidLoad() {
        super.viewDidLoad()
    }
    override func didReceiveMemoryWarning() {
        super.didReceiveMemoryWarning()
    }
    @IBAction func goPopover(sender: AnyObject) {

         let sb = UIStoryboard(name: "Main", bundle: nil)
        let popoverViewController =
          (sb.instantiateViewControllerWithIdentifier("popper")! as PopViewController)
        popoverViewController.delegate = self

        popover = UIPopoverController(contentViewController: popoverViewController)

        popover!.presentPopoverFromRect(sender.frame, inView: self.view,
          permittedArrowDirections: .Any, animated: true)
    }

    func closePop(sender:AnyObject) {
        popover!.dismissPopoverAnimated(true)
    }
}
```

执行后的主界面效果如图 8-33 所示。

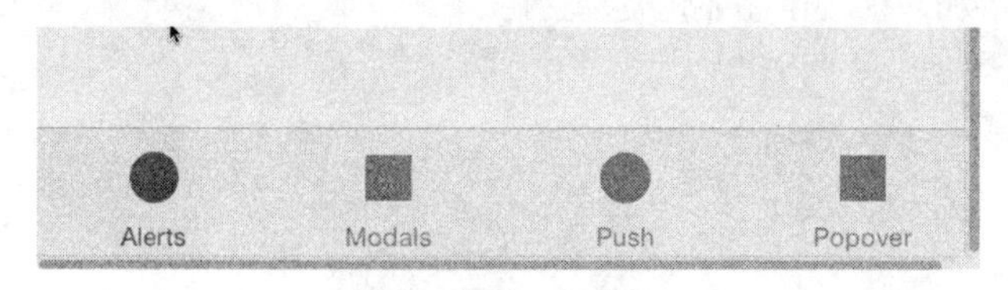

图 8-33 执行效果

单击 Alerts 选项后的效果如图 8-34 所示。

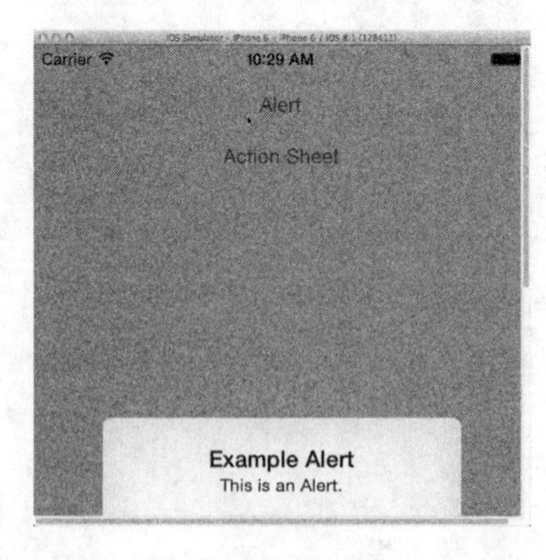

图 8-34 单击 Alerts 选项后的效果

单击 Modals 选项后的效果如图 8-35 所示。

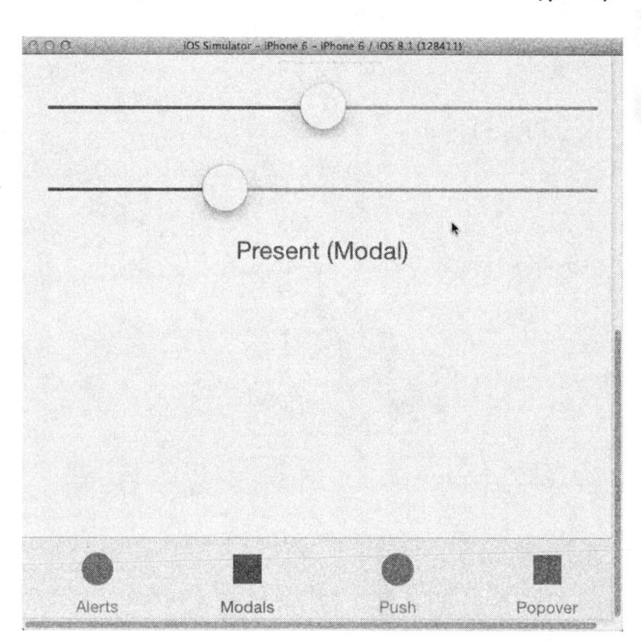

图 8-35　单击 Modals 选项后的效果

单击 Push 选项后的效果如图 8-36 所示。

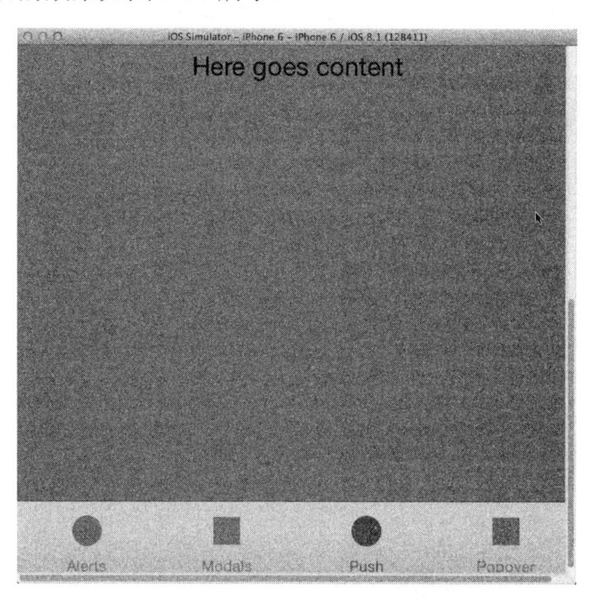

图 8-36　单击 Push 选项后的效果

第9章

iOS 8

实现多场景和弹出框

通过本书前面章节内容的学习，已经了解了提醒视图和操作表等UI元素，它们可充当独立视图，用户可以与这些程序实现交互。但是，所有这些都是在一个场景中发生的，这意味着不管屏幕上包含多少内容，都将使用一个视图控制器和一个初始视图来处理它们。本章将详细讲解iOS中的多场景和切换等知识，让开发的应用程序从单视图工具型程序变成功能齐备的软件。通过对本章内容的学习，读者可以掌握以可视化和编程方式创建模态切换的方法并学会处理场景之间的交互，了解iPad特有的UI元素——弹出框的知识，为步入本书后面知识的学习打下基础。

9.1　多场景故事板基础

在 iOS 应用中，使用单个视图，也可以创建功能众多的应用程序，但很多应用程序不适合使用单视图。在我们下载的应用程序中，几乎都有配置屏幕、帮助屏幕或在启动时加载的初始视图之外的显示信息。

要在 iOS 应用程序中实现多场景的功能，需要在故事板文件中创建多个场景。通常，简单的项目只有一个视图控制器和一个视图，如果能够不受限制地添加场景(视图和视图控制器)，就会增加很多功能，这些功能可以通过故事板实现，并且还可以在场景之间建立连接。图 9-1 显示了一个包含切换的多场景应用程序的设计。

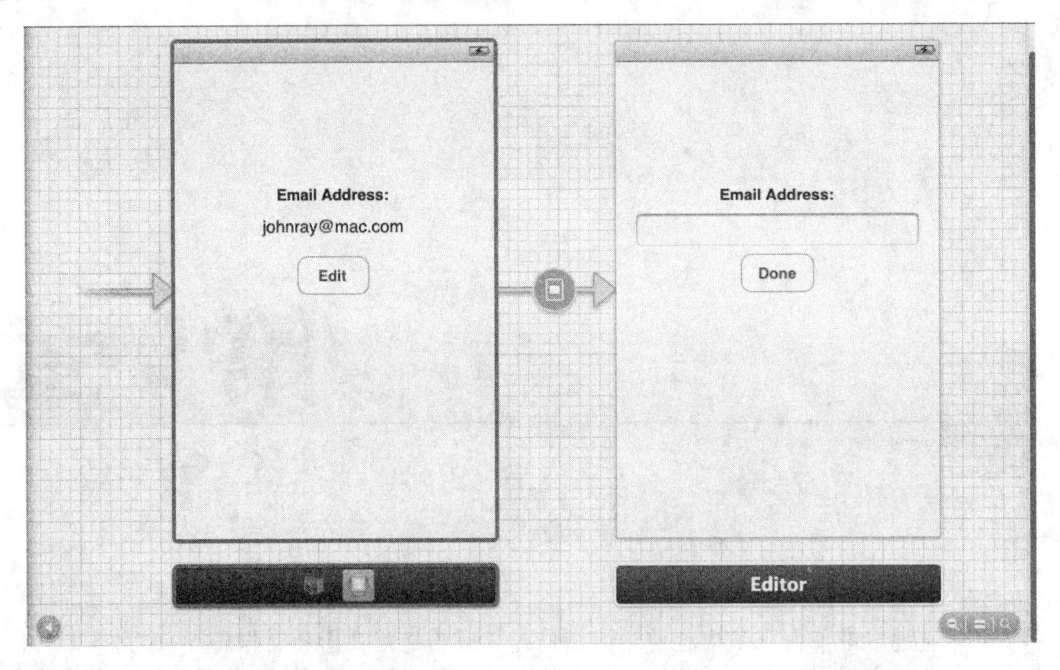

图 9-1　一个多场景应用程序的设计

在讲解多场景开发的知识之前，需要先介绍一些术语，帮助读者学习本书后面的知识。

◎　视图控制器(View Controller)：负责管理用户与其 iOS 设备交互的类。在本书的很多示例中，都使用单视图控制器来处理大部分应用程序逻辑，但存在其他类型的控制器，接下来的几章将使用它们。

◎　视图(View)：用户在屏幕上看到的布局，本书前面一直在视图控制器中创建视图。

◎　场景(Scene)：视图控制器和视图的独特组合。假设我们要开发一个图像编辑程序，可能创建用于选择文件的场景、实现编辑器的场景、应用滤镜的场景等。

◎　切换(Segue)：切换是场景间的过渡，常使用视觉过渡效果。有多种切换类型，具体使用哪些类型，取决于使用的视图控制器类型。

◎　模态视图(Modal View)：在需要进行用户交互的时候，通过模态视图，显示在另一个视图上。

◎ 关系(Relationship)：类似于切换，用于某些类型的视图控制器，如选项卡栏控制器。关系是在主选项卡栏的按钮之间创建的，当用户触摸这些按钮时，会显示独立的场景。

◎ 故事板(Storyboard)：包含项目中场景、切换和关系定义的文件。

要在应用程序中包含多个视图控制器，必须创建相应的类文件，并且需要掌握在 Xcode 中添加新文件的方法。除此之外，还需要知道如何按住 Control 键进行拖曳操作。

9.2 创建多场景项目

要想创建包含多个场景和有切换的 iOS 应用程序，需要知道如何在项目中添加新视图控制器和视图。对于每对视图控制器和视图来说，还需要提供支持的类文件，然后可以在其中使用编写的代码，来实现场景的逻辑。

为了让读者对这一点有更深入的认识，接下来，将以模板 Single View Application 为例进行讲解，假设新建了一个名为“duo”的工程，如图 9-2 所示。

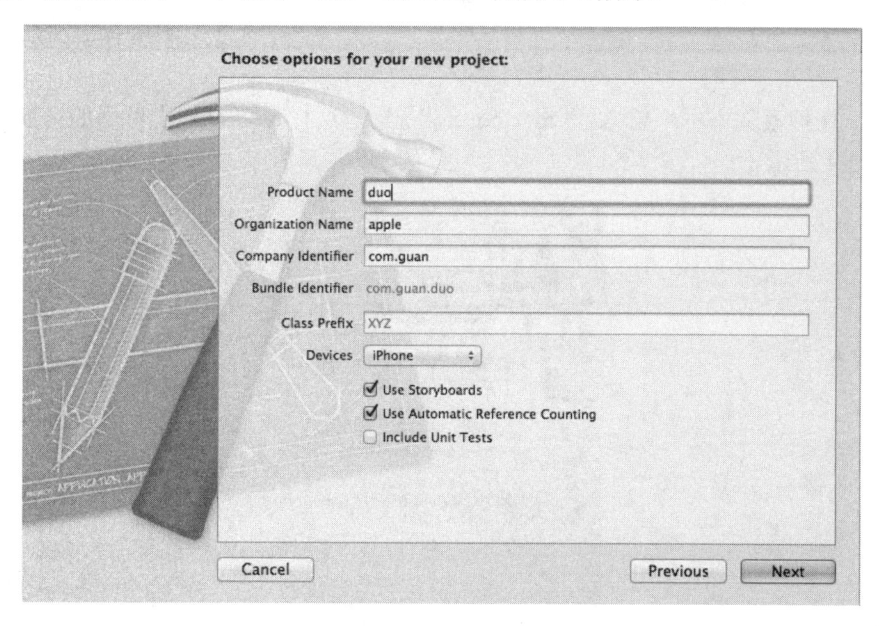

图 9-2　新建工程项目

众所周知，模板 Single View Application 只包含一个视图控制器和一个视图，也就是说，只包含一个场景。但是，这并不表示必须使用这种配置，我们可以对其进行扩展，以支持任意数量的场景。由此可见，这个模板只是给我们提供了一个起点而已。

9.2.1 在故事板中添加场景

为了在故事板中添加场景，我们首先在 Interface Builder 编辑器中打开故事板文件(MainStoryboard.storyboard)，然后，确保打开了对象库(Control + Option + Command + 3)，如图 9-3 所示。

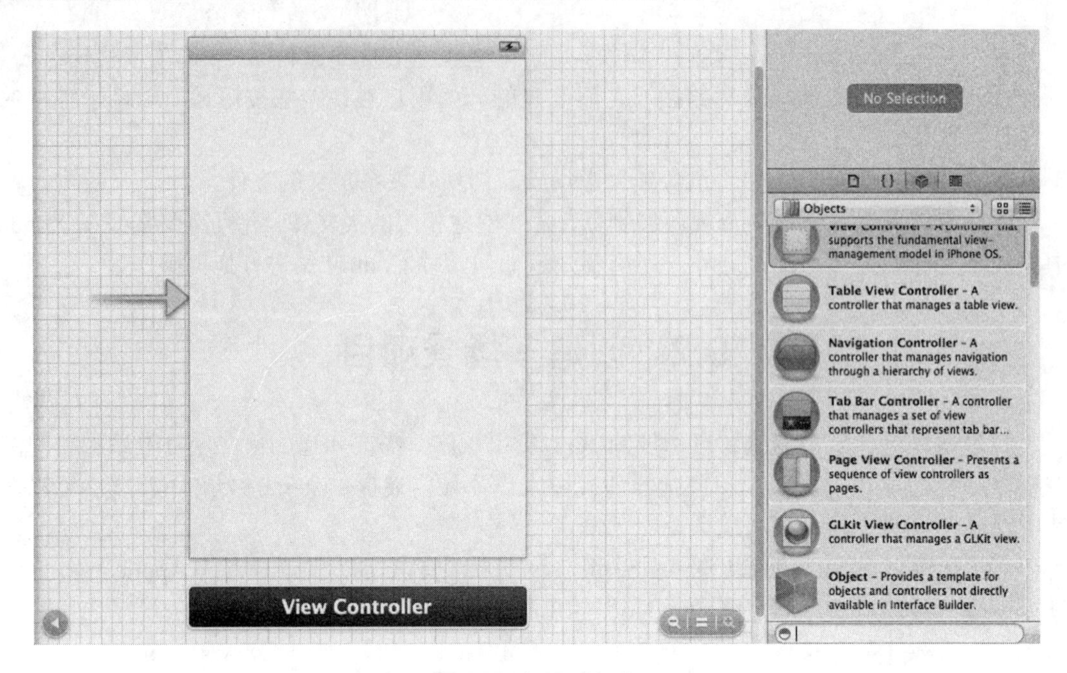

图 9-3　打开对象库

然后，在搜索文本框中输入“view controller”，这样，可以列出可用的视图控制器对象，如图 9-4 所示。

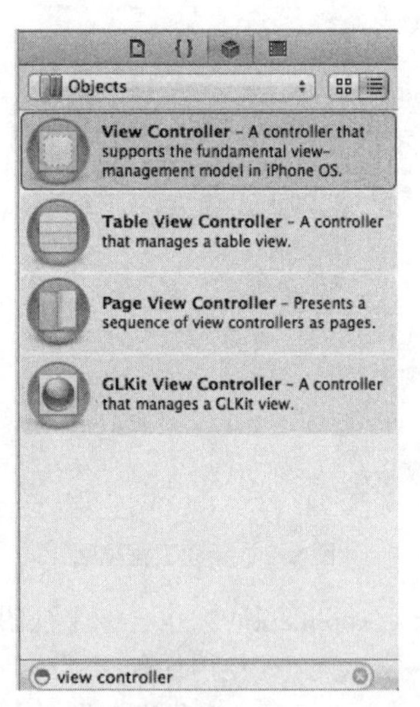

图 9-4　在对象库中查找视图控制器对象

接下来，将 View Controller 拖曳到 Interface Builder 编辑器的空白区域，这样，就在故事板中成功地添加了一个视图控制器和相应的视图，从而新增加了一个场景，如图 9-5 所示。可以在故事板编辑器中拖曳新增的视图，并将其放到方便的地方。

如果发现在编辑器中拖曳视图比较困难，可使用它下方的对象栏，这样，可以方便地移动对象。

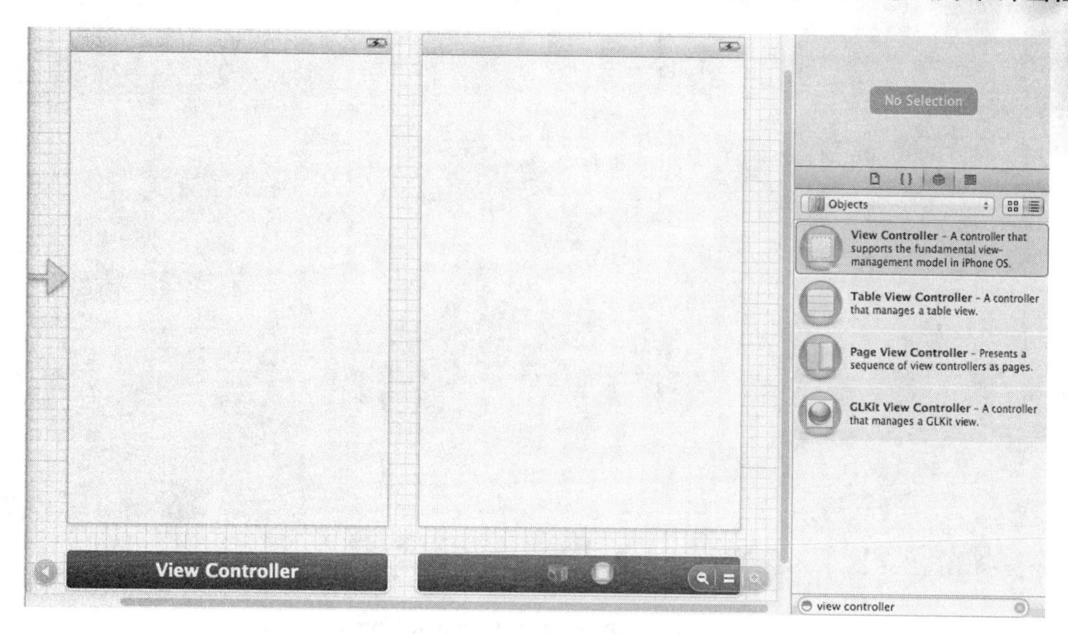

图 9-5　添加新视图控制器/视图

9.2.2　给场景命名

当新增加一个场景后，会发现，在默认情况下，每个场景都会根据其视图控制器类来命名。现在已经存在一个名为 ViewController 的类了，所以在文档大纲中，默认场景名为 View Controller Scene。而现在新增场景还没有为其指定视图控制器类，所以，该场景也名为 View Controller Scene。

如果继续添加更多的场景，这些场景也会被命名为 View Controller Scene。

为了避免这种同名的问题，可以用如下两种办法来解决。

(1) 可以添加视图控制器类，并将其指定给新场景。

(2) 但是，有时应该根据自己的喜好给场景指定名称，而不是反映底层代码的功能。例如，对视图控制器类来说，名称 GUAN Image Editor Scene 是一个糟糕的名字。要想根据自己的喜好给场景命名，可以在文档大纲中选择其视图控制器，然后再打开 Identity Inspector 并展开 Identity 部分，然后在文本框 Label 中输入场景名。Xcode 将自动地在指定的名称后面添加 Scene，并不需要我们手工输入它，如图 9-6 所示。

9.2.3　添加提供支持的视图控制器子类

在故事板中添加新场景后，需要将其与代码关联起来。在模板 Single View Application 中，已经将初始视图的视图控制器配置成了类 ViewController 的一个实例，可以通过编辑文件 ViewController.h 和 ViewController.m 来实现这个类。

为了支持新增的场景，还需要创建类似的文件。所以要在项目中添加 UIViewController 的子类，方法是确保项目导航器可见(Command + 1)，然后再单击其左下角的“+”按钮，然后选择 New File...选项，如图 9-7 所示。

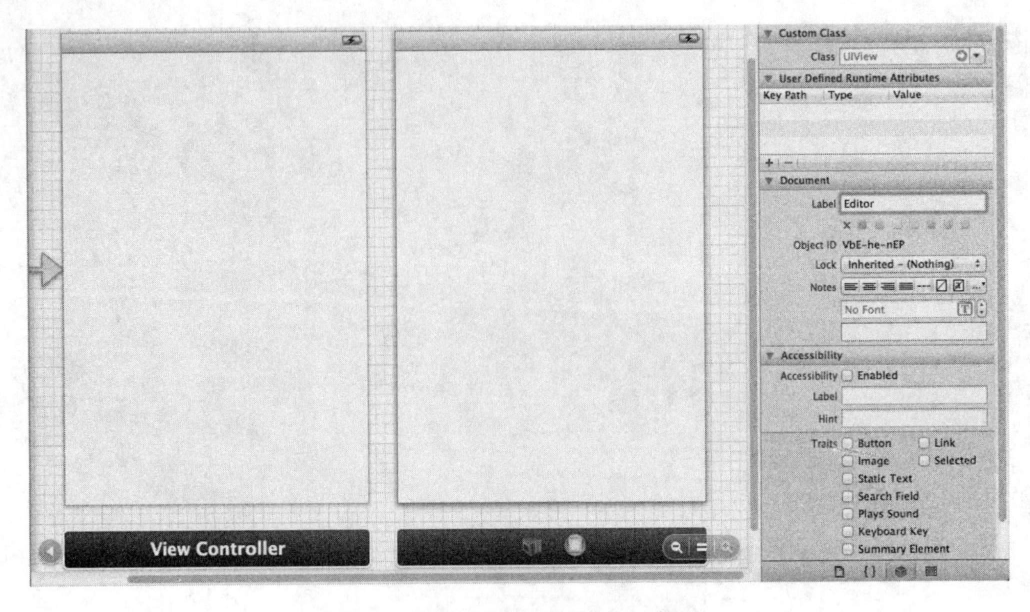

图 9-6　设置视图控制器的 Label 属性

图 9-7　选择 New File...选项

在打开的对话框中，选择模板类别 iOS Cocoa Touch，再选择 Objective-C class 图标，如图 9-8 所示。

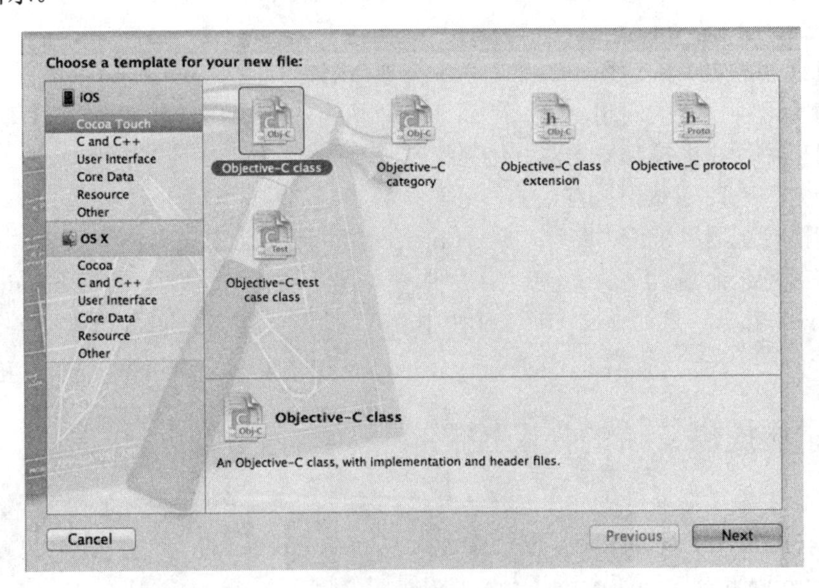

图 9-8　选择模板

此时弹出一个新界面，在 Class 中输入“EditorViewController”，在 Subclass of 中选择 UIViewController，如图 9-9 所示，这样可以方便地区分不同的场景。

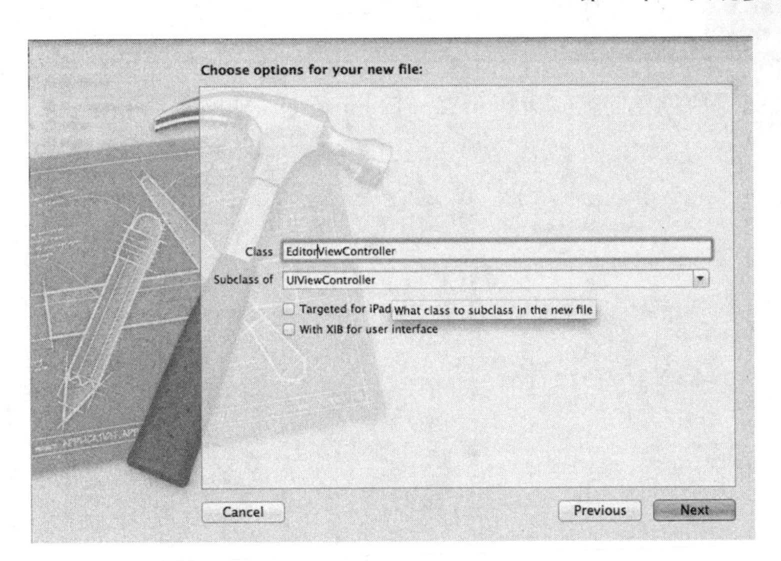

图 9-9　命名

如果添加的场景将显示静态内容(如 Help 或 About 页面)，则无须添加自定义子类，而可使用给场景指定的默认类 UIViewController，但如果这样，就不能在场景中添加互动性。

在图 9-9 中，Xcode 会提示我们给类命名，在命名时，需要遵循将这个类与项目中的其他视图控制器区分开来的原则。

例如，图 9-9 中的 EditorViewController 就比 ViewControllerTwo 要好。如果创建的是 iPad 应用程序，选择复选框 Targeted for iPad，然后再单击 Next 按钮。最后，Xcode 会提示我们指定新类的存储位置，如图 9-10 所示。

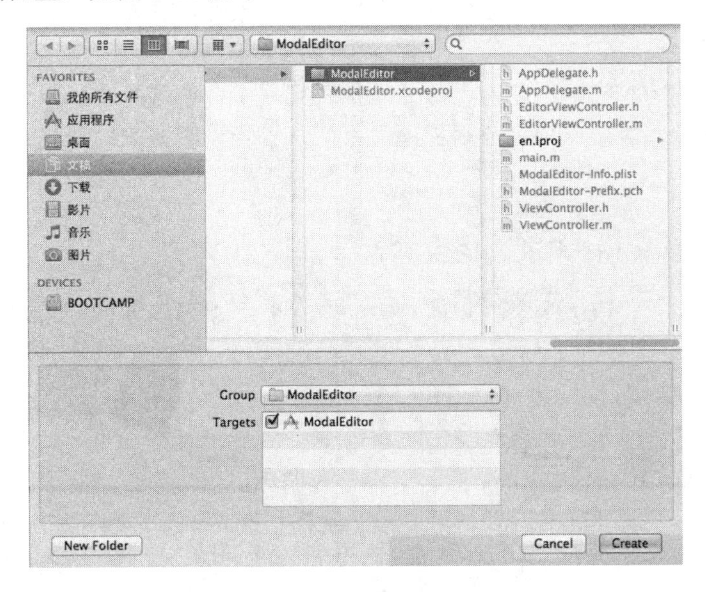

图 9-10　选择位置

在对话框底部，从下拉列表 Group 中选择项目代码编组，再单击 Create 按钮。将这个新类将加入到项目中后，就可以编写代码了。

要想将场景的视图控制器关联到 UIViewController 子类，需要在文档大纲中选择新场景的 View Controller，再打开 Identity Inspector(Option + Command + 3)。在 Custom Class 部分，从下拉列表中选择刚创建的类(如 EditorViewController)，如图 9-11 所示。

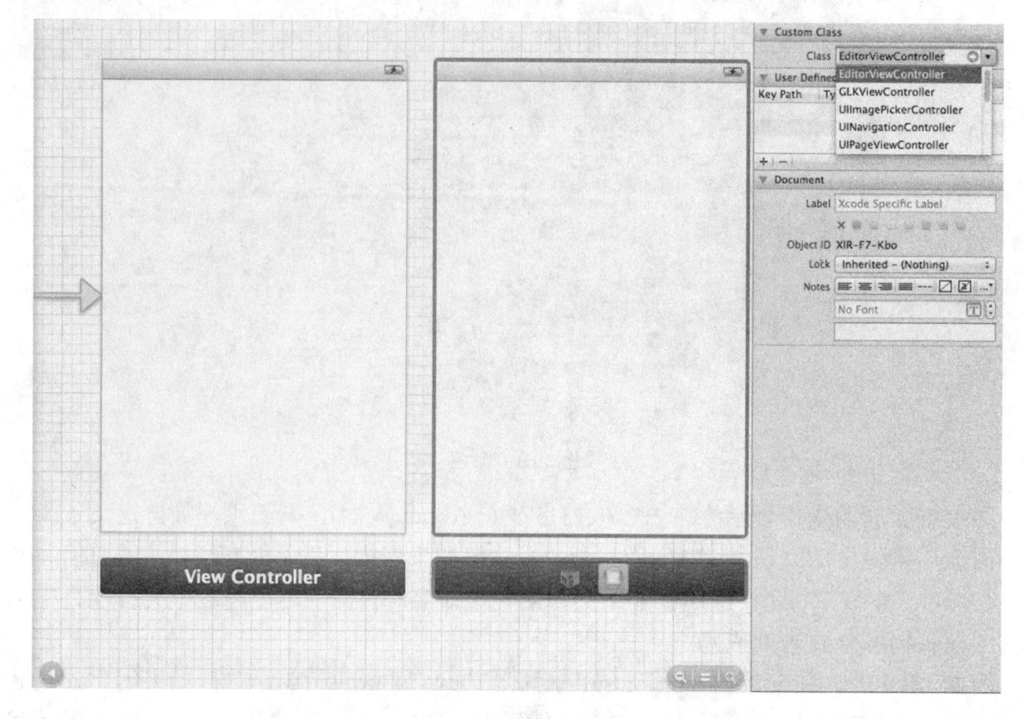

图 9-11　将视图控制器与新创建的类关联起来

给视图控制器指定类以后，便可以像开发初始场景那样开发新场景了，但在新的视图控制器类中编写代码。

至此，创建多场景应用程序的大部分流程就完成了，但这两个场景还是完全彼此独立的。此时的新场景就像是一个新应用程序，不能在该场景和原来的场景之间交换数据，也不能在它们之间过渡。

9.2.4　使用#import 和@class 共享属性和方法

要想以编程的方式让这些类“知道对方的存在”，需要导入对方的接口文件。例如，如果 MyEditorClass 需要访问 MyGraphicsClass 的属性和方法，则需要在 MyEditorClass.h 的开头包含#import “MyGraphicsClass”语句。

如果两个类需要彼此访问，而我们在这两个类中都导入对方的接口文件，则此时很可能会出现编译错误，因为这些 import 语句将导致循环引用，即一个类引用另一个类，而后者又引用前者。为了解决这个问题，需要添加编译指令@class，编译指令@class 可以避免接口文件引用其他类时导致循环引用。即需要将 MyGraphicsClass 和 MyEditorClass 彼此导入对方，可以按照如下过程添加引用。

(1) 在文件 MyEditorClass.h 中，添加#import MyGraphicsClass.h。在其中的一个类中，只需使用#import 来引用另一个类，而无须做任何特殊处理。

(2) 在文件 MyGraphicsClass.h 中，在现有的#import 代码行后面添加@class

MyEditorClass;。

(3) 在文件 MyGraphicsClass.m 中，在现有的#import 代码行的后面，添加#import "MyEditorClass.h"语句。

在第一个类中，像通常那样添加#import，但为避免循环引用，在第二个类的实现文件中添加#import，并在其接口文件中添加编译指令@class。

9.3 使用第二个视图来编辑第一个视图中的信息

在本节的演示实例中，将演示如何使用第二个视图来编辑第一个视图中的信息。这个项目显示一个屏幕，其中包含电子邮件地址和 Edit 按钮。当用户单击 Edit 按钮时，会出现一个新场景，让用户能修改电子邮件的地址。关闭编辑器视图后，原始场景中的电子邮件地址将相应地更新。

实例 9-1　使用第二个视图来编辑第一个视图中的信息
源码路径　下载资源\codes\9\ModalEditor

(1) 使用模板 Single View Application 新建一个项目，并将其命名为“ModalEditor”，如图 9-12 所示。

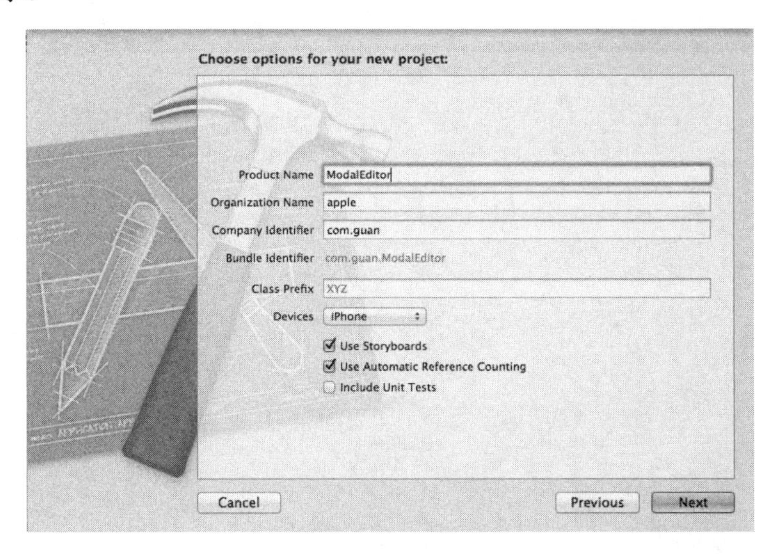

图 9-12　创建项目

(2) 添加一个名为 EditorViewController 的类，此类用于编辑电子邮件地址的视图。在创建项目后，单击项目导航器左下角的“+”按钮。在出现的对话框中选择 iOS Cocoa Touch 类别，然后再选择 UIViewController subclass 图标，然后单击 Next 按钮，如图 9-13 所示。

(3) 在新出现的对话框中，将名称设置为 EditorViewController。如果创建的是 iPad 项目，则需要选择 Targeted for iPad 复选框，再单击 Next 按钮。在最后一个对话框中，必须从 Group 下拉列表中选择项目代码编组，再单击 Create 按钮。这样，此新类便被加入到了项目中。

(4) 开始添加新场景并将其关联到 EditorViewController。在 Interface Builder 编辑器中

打开 MainStoryboard.storyboard 文件，按 Control + Option + Command + 3 快捷键打开对象库，并拖曳 View Controller 到 Interface Builder 编辑器的空白区域，此时的屏幕状况应类似于图 9-14。

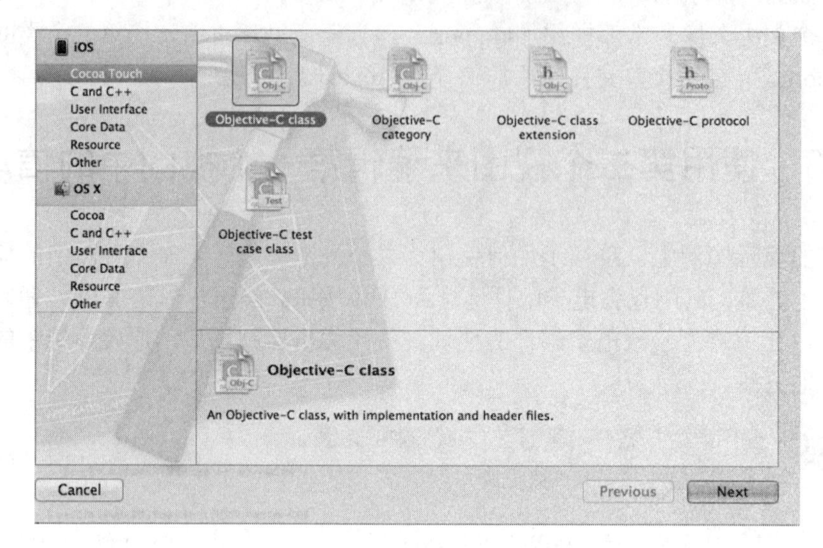

图 9-13　新建一个 UIViewController 子类

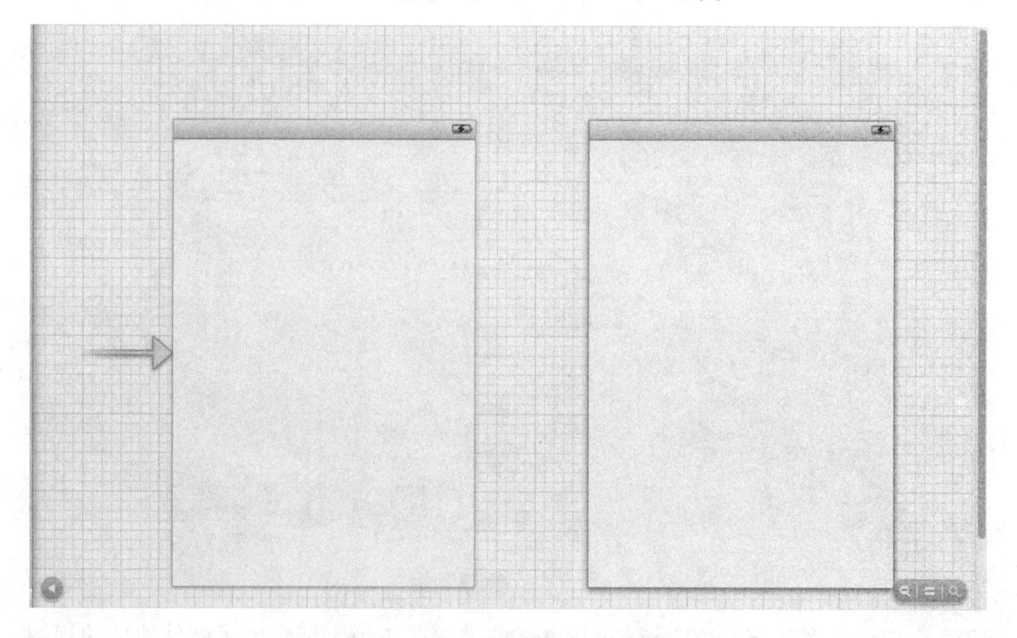

图 9-14　在项目中新增一个视图控制器

为了将新的视图控制器关联到项目中的 EditorViewController，在文档大纲中选择第二个场景中的 View Controller 图标，再打开 Identity Inspector(option + command + 3)，从 Class 下拉列表中选择 EditorViewController，如图 9-15 所示。

建立上述关联后，在更新后的文档大纲中，会显示一个名为 View Controller Scene 的场景和一个名为 Editor View Controller Scene 的场景。

(5)　重新设置视图控制器的标签。首先选择第一个场景中的视图控制器图标，确保打开了 Identity Inspector。然后，在该检查器的 Identity 部分将第一个视图的标签设置为 Initial，对第二个场景也重复进行上述操作，将其视图控制器标签设置为 Editor。在文档大纲中，场景将显示为 Initial Scene 和 Editor Scene，如图 9-16 所示。

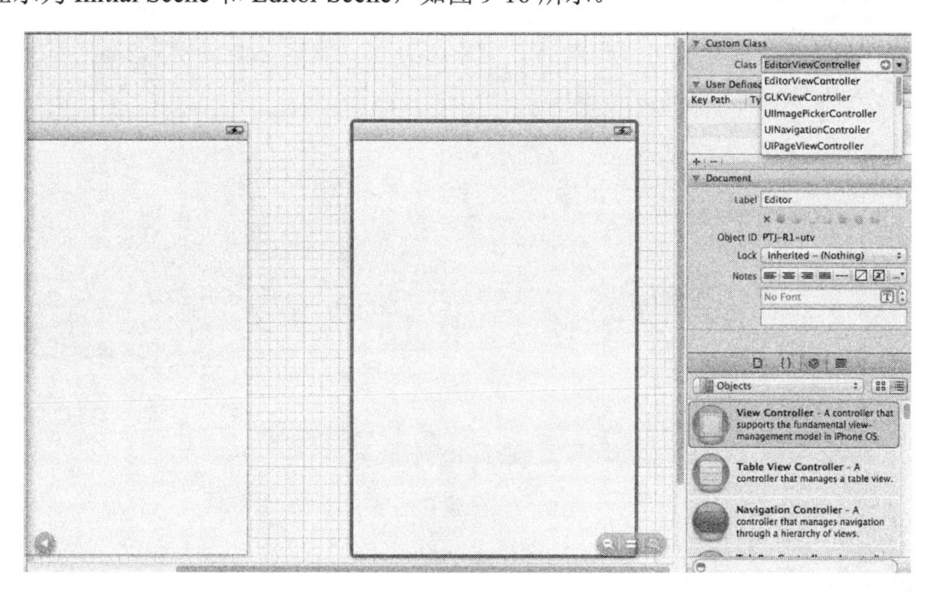

图 9-15　将视图控制器关联到 EditorViewController

(6) 开始规划变量和连接。

在初始场景中有一个标签，它包含了当前的电子邮件地址。我们需要创建一个实例变量来指向该标签，并将其命名为“emailLabel”。该场景还包含一个触发模态切换的按钮，但是，无须为此定义任何输出口和操作。

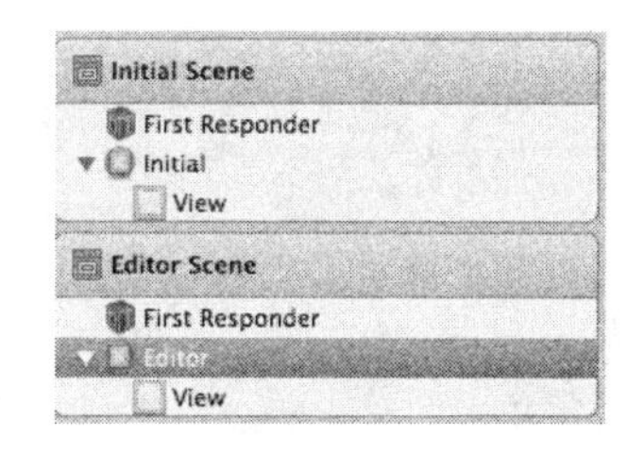

图 9-16　设置视图控制器标签

在编辑器场景中包含了一个文本框，将通过一个名为 emailField 的属性来引用它，它还包含了一个按钮，通过调用 dismissEditor 操作来关闭该模态视图。就本实例而言，一个文本框和一个按钮，就是这个项目中需要连接到代码的全部对象。

(7) 为了给初始场景和编辑器场景创建界面，打开 MainStoryboard.storyboard 文件，在编辑器中滚动，以便能够将注意力放在创建初始场景上。使用对象库，将两个标签和一个按钮拖放到视图中。将其中一个标签的文本设置为“邮箱地址”，并将其放在屏幕顶部中央。在下方放置第二个标签，并将其文本设置为我们的电子邮件地址。增大第二个标签，使其边缘与视图的边缘对齐，这样做的目的，是防止遇到非常长的电子邮件地址。

(8) 将按钮放在两个标签的下方，并根据自己的喜好，在 Attributes Inspector (Option + Command + 4)中设置其文本样式。

本实例的初始场景如图 9-17 所示。

(9) 然后，来到编辑器场景，该场景与第一个场景很像，但将显示电子邮件地址的标签替换为空文本框(UITextField)。本场景也包含一个按钮，但是，其标签不是“修改”，而是“好”。图 9-18 显示了设计的编辑器场景效果。

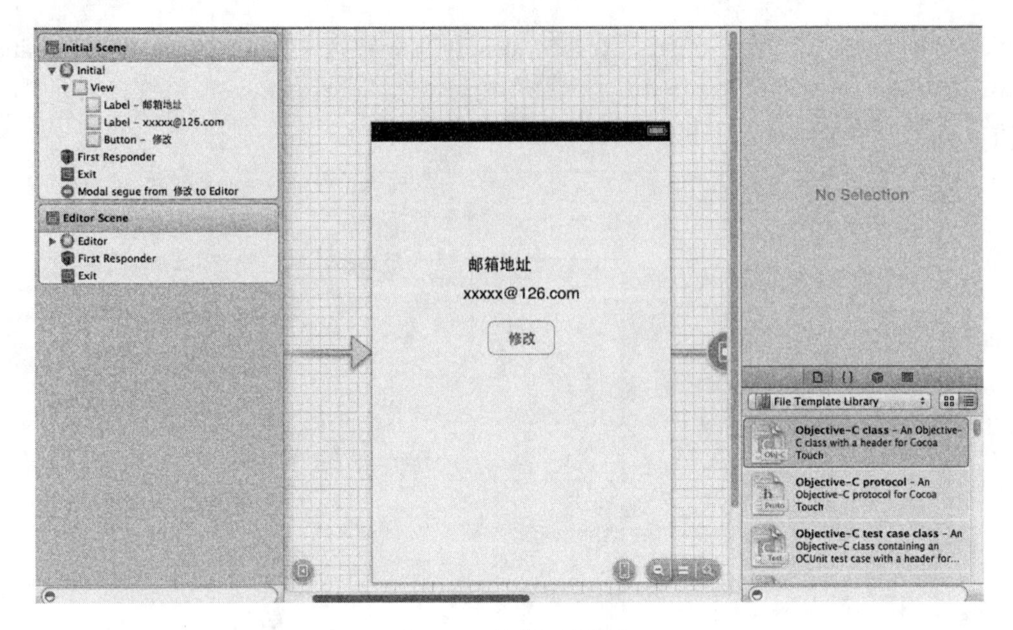

图 9-17 创建初始场景

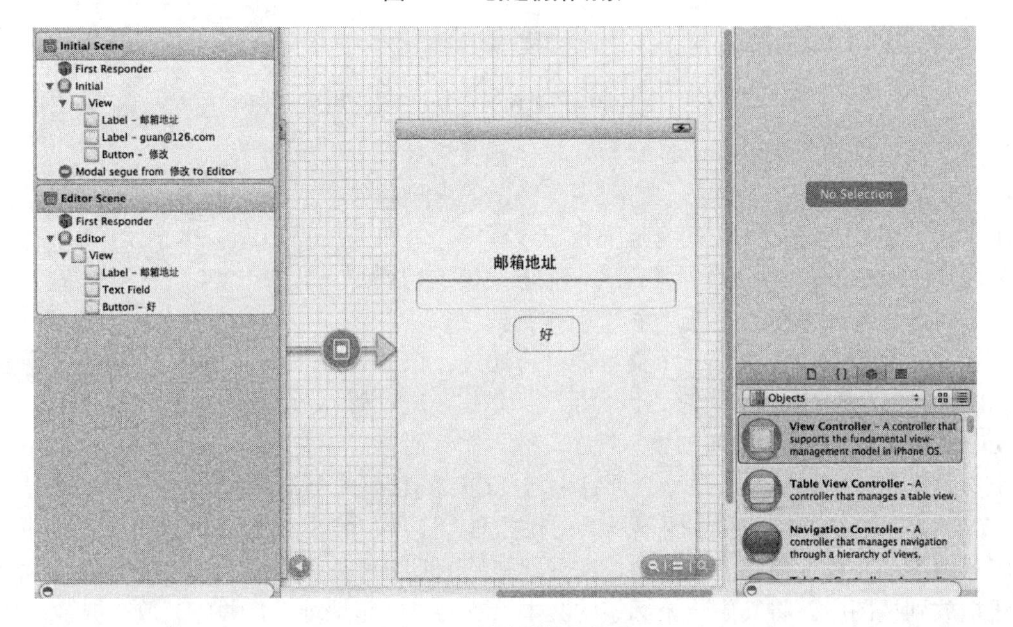

图 9-18 创建编辑器场景

(10) 开始创建模态切换。

为了创建从初始场景到编辑器场景的切换，按住 Control 键，并从 Interface Builder 编辑器中的 Edit 按钮拖曳到文档大纲中编辑器场景的视图控制器图标(现在名为 Editor)，结果如图 9-19 所示。

(11) 当 Xcode 要求指定故事板切换类型时，选择 Modal，这样，在文档大纲的初始场景中将新增一行，其内容为“Segue from UIButton to Editor”。选择这行并打开 Attributes Inspector(Option + Command + 4)，以配置该切换。

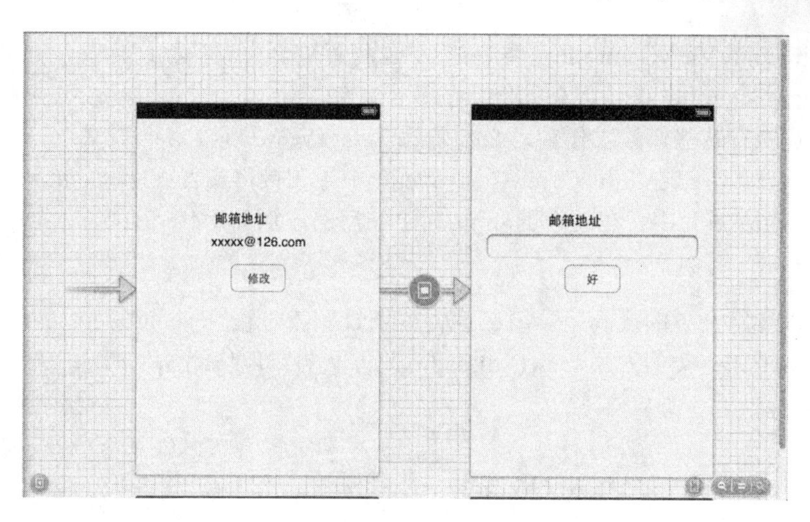

图 9-19　创建模态切换

(12) 给切换设置一个标识符，如 toEditor，显然，对这样简单的项目来说，这完全是可选的。接下来选择过渡样式，例如 Partial Curl。如果这是一个 iPad 项目，还可以设置显示样式。而图 9-20 显示了给这个模态切换指定的设置。

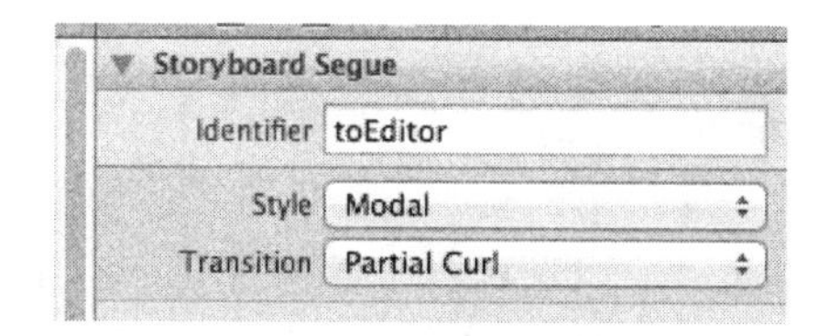

图 9-20　配置模态切换

(13) 开始创建并连接输出口和操作。现在我们需要处理的是两个视图控制器，初始场景中的 UI 对象需要连接到文件 ViewController.h 中的输出口，而编辑器场景中的 UI 对象需要连接到 EditorViewController.h 文件。有时，Xcode 在助手编辑器模式下会有点混乱，如果没有看到认为应该看到的东西，可以单击另一个文件，再单击原来的文件。

(14) 添加输出口。先选择初始场景中包含电子邮件地址的标签，并切换到助手编辑器。按住 Control 键，并从该标签拖曳到 ViewController.h 文件中编译指令@interface 的下方。在 Xcode 提示时，新建一个名为 emailLabel 的输出口。

(15) 移到编辑器场景，并选择其中的文本框(UITextField)。

助手编辑器应更新，在右边显示 EditorViewController.h 文件。按住 Control 键，并从该文本框拖曳到 EditorViewController.h 文件中编译指令@interface 的下方，并将该输出口命名为“emailField”。

(16) 开始添加操作。这个项目只需要 dismissEditor 这一个操作，它由编辑器场景中的 Done 按钮触发。为创建该操作，按住 Control 键，并从 Done 按钮拖曳到文件 EditorViewController.h 中属性定义的下方。在 Xcode 提示时，新增一个名为 dismissEditor 的操作。到此为止，整个界面就设计好了。

(17) 开始实现应用程序逻辑。

当显示编辑器场景时，应用程序应从源视图控制器的 emailLabel 属性获取内容，并将其放在编辑器场景的 emailField 文本框中。用户单击“好”按钮时，应用程序应采取相反的措施：使用 emailField 文本框的内容更新 emailLabel。

我们在 EditorViewController 类中进行这两种修改；在这个类中，可以通过属性 presentingViewController 来访问初始场景的视图控制器。

然而，在执行这些修改工作前，必须确保 EditorViewController 类知道 ViewController 类的属性。所以，应该在 EditorViewController.h 中导入接口文件 ViewController.h。在文件 EditorViewController.h 中，在现有的#import 语句后面添加如下代码行：

```
#import "ViewController.h"
```

现在可以编写余下的代码了。要在编辑器场景加载时设置 emailField 的值，可以实现 EditorViewController 类的方法 viewDidLoad，此方法的实现代码如下所示：

```
- (void)viewDidLoad
{
    self.emailField.text =
      ((ViewController *)self.presentingViewController).emailLabel.text;
    [super viewDidLoad];
}
```

在默认情况下，此方法会被注释掉，因此，请务必删除它周围的“/*”和“*/”。通过上述代码，会将编辑器场景中文本框 emailField 的 text 属性设置为初始视图控制器的 emailLabel 的 text 属性。

要想访问初始场景的视图控制器，可以使用当前视图的 presentingViewController 属性，但是，必须将其强制转换为 ViewController 对象，否则，它将不知道 ViewController 类暴露的 emailLabel 属性。接下来，需要实现 dismissEditor 方法，使其执行相反的操作，并关闭模态视图。所以将方法存根 dismissEditor 的代码修改为如下所示的格式：

```
- (IBAction)dismissEditor:(id)sender {
    ((ViewController *)self.presentingViewController).emailLabel.text =
      self.emailField.text;
    [self dismissViewControllerAnimated:YES completion:nil];
}
```

在上述代码中，第一行代码的作用与上一段代码中设置文本框内容的代码相反。而第二行调用了 dismissViewControllerAnimated:completion 方法关闭模态视图，并返回到初始场景。

(18) 开始生成应用程序。

在本测试实例中，包含了两个按钮和一个文本框，执行后，可以在场景间切换，并在场景间交换数据，初始执行效果如图 9-21 所示。单击“修改”按钮后，来到第二个场景，在此可以输入新的邮箱，如图 9-22 所示。

图 9-21　初始效果

图 9-22　来到第二个场景

第 10 章

iOS 8

屏幕旋转处理

通过本书前面内容的学习，我们已经几乎可以使用任何 iOS 界面元素了，但是，还不能实现可旋转界面的效果。

而在现实应用中，经常需要移动、旋转设备。这时，需要保证应用程序在任何情况下都能正确、完整地运行。

在本章中，将详细讲解 iOS 程序中实现界面旋转和大小调整的方法，为读者步入本书后面知识的学习打下基础。

10.1 启用界面旋转

iPhone 是第一款可以动态旋转界面的消费型手机，使用起来既自然，又方便。在创建 iOS 应用程序时，务必考虑用户将如何与其交互。

本书前面创建的项目仅仅支持有限的界面旋转功能，此功能是由视图控制器的一个方法中的一行代码实现的。

当我们使用 iOS 模板创建项目时，默认将添加这行代码。当 iOS 设备要确定是否应旋转界面时，它向视图控制器发送 shouldAutorotateToInterfaceOrientation 消息，并提供一个参数，来指出它要检查哪个朝向。

shouldAutorotateToInterfaceOrientation 会对传入的参数与 iOS 定义的各种朝向常量进行比较，并对要支持的朝向返回 TRUE(或 YES)。在 iOS 应用中，会用到如下 4 个基本的屏幕朝向常量。

- ◎ UlInterfaceOrientationPortrait：纵向。
- ◎ UilnterfaceOrientationPortraitUpsideDown：纵向倒转。
- ◎ UIInterfaceOrientationLandscapeLeft：主屏幕按钮在左边的横向。
- ◎ UIInterfaceOrientationLandscapeRight：主屏幕按钮在右边的横向。

例如，要让界面在纵向模式或主屏幕按钮位于左边的横向模式下都旋转，可以在视图控制器中通过如下代码实现以 shouldAutorotateToInterfaceOrientation 方法启用界面旋转：

```
- (BOOL) shouldAutorotateToInterfaceOrientation:
  (UIInterfaceOrientation)interfaceOrientation
{
    return (interfaceOrientation==UllnterfaceOrientationPortrait
      || interfaceOrientation==UlInterfaceOrientationLandscapeLeft);
}
```

这样，只需一条 return 语句就可以了，会返回一个表达式的结果，表达式将传入的朝向参数 interfaceOrientation 与 UIInterfaceOrientationPortrait 和 UIInterfaceOrientationLandscapeLeft 进行比较，只要任何一项比较为真，便会返回 TRUE。

如果检查的是其他朝向，该表达式的结果为 FALSE，只需在视图控制器中添加这个简单的方法，应用程序便能够在纵向和主屏幕按钮位于左边的横向模式下自动旋转界面。

如果用 Apple iOS 模板指定创建 iOS 应用程序，shouldAutorotateToInterfaceOrientation 方法将默认地支持除纵向倒转外的其他所有朝向。iPad 模板支持所有朝向。要想在所有可能的朝向下都旋转界面，可以将方法 shouldAutorotateToInterfaceOrentation 实现为 return YES，这也是 iPad 模板的默认实现方式。

10.2 设计可旋转和可调整大小的界面

在本章接下来的内容中，将探索 3 种创建可旋转和可调整大小的界面的方法。

10.2.1　自动旋转和自动调整大小

Xcode Interface Builder 编辑器提供了描述界面在设备旋转时如何反应的工具，无须编写任何代码就可以在 Interface Builder 中定义一个这样的视图，即在设备旋转时相应地调整其位置和大小。

在设计任何界面时都应首先考虑这种方法，如果在 Interface Builder 编辑器中能够成功地在单个视图中定义纵向和横向模式，便大功告成了。

但是，在有众多排列不规则的界面元素时，自动旋转/自动调整大小的效果不佳。

如果只有一行按钮，当然是没问题的，但是，如果是大量文本框、开关和图像混合在一起时，可能根本就不管用。

10.2.2　调整框架

每个 UI 元素都由屏幕上的一个矩形区域定义，这个矩形区域就是 UI 元素的 frame 属性。要调整视图中 UI 元素的大小或位置，可以使用 Core Graphics 中的 C 语言函数 CGRectMake(x, y, width, height)来重新定义 frame 属性。该函数接受 x 和 y 坐标以及宽度和高度(单位都是点)作为参数，并返回一个框架对象。

通过重新定义视图中每个 UI 元素的框架，便可以全面控制它们的位置和大小。但是，我们需要跟踪每个对象的坐标位置，这本身并不难，但当需要将一个对象向上或向下移动几个点时，可能发现需要调整它上方或下方所有对象的坐标，这就会比较复杂。

10.2.3　切换视图

为了让视图适合不同的朝向，一种更激动人心的方法，是给横向和纵向模式提供不同的视图。当用户旋转手机时，当前视图将替换为另一个布局适合该朝向的视图。这意味着可以在单个场景中定义两个布局符合需求的视图，但这也意味着需要为每个视图跟踪独立的输出口。虽然不同视图中的元素可调用相同的操作，但它们不能共享输出口，因此，在视图控制器中，需要跟踪的 UI 元素数量可能翻倍。为了获悉何时需要修改框架或切换视图，可在视图控制器中实现方法 villRotateToInterfaceOrientation:toInterfaceOrientation:duration:，这个方法在要改变朝向前被调用。

10.2.4　使用 Interface Builder 创建可旋转和调整大小的界面

在本节的内容中，将使用 Interface Builder 内置的工具来指定视图如何适应旋转。因为本实例完全依赖于 Interface Builder 工具来支持界面旋转和大小调整，所以几乎所有的功能都是在 Size Inspector 中使用自动调整大小和锚定工具完成的。在本实例中，将使用一个标签(UILabel)和几个按钮(UIButton)，可以将它们换成其他界面元素，将发现旋转和大小调整处理适用于整个 iOS 对象库。

实例 10-1　在网页中实现触摸处理
源码路径　下载资源\codes\10\xuanzhuan

1. 创建项目

首先启动 Xcode，并使用 Apple 模板 Single View Application 新建一个名为“xuanzhuan”的项目，如图 10-1 所示。

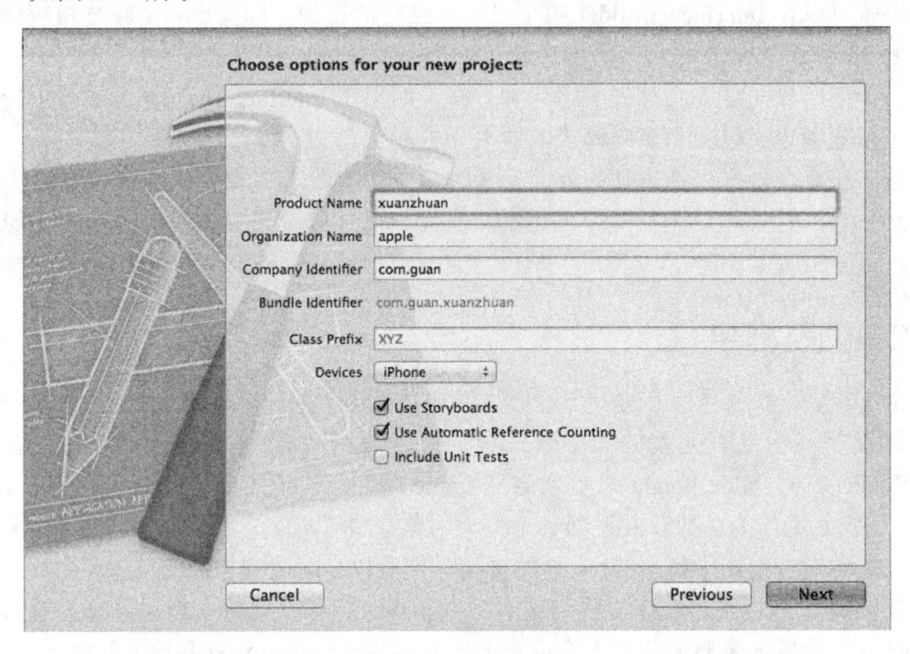

图 10-1　创建工程

打开视图控制器的实现文件 ViewController.m，并找到方法 shouldAutorotateToInterfaceI-Orientation。在该方法中返回 YES，以支持所有的 iOS 屏幕朝向。具体代码如下所示：

```
-(BOOL) shouldAutorotateToInterfaceOrientation:
  (UIInterfaceOrientation) interfaceOrientation
{
    return YES;
}
```

2. 设计灵活的界面

在创建可旋转和调整大小的界面时，开头与创建其他 iOS 界面一样，只需拖放即可实现。然后选择 View → Utilities → Show Object Library 菜单命令打开对象库，拖曳一个标签(UILabel)和 4 个按钮(UIButton)到视图 SimpleSpin 中。将标签放在视图顶端居中，并将其标题改为“我不怕旋转”。按如下方式给按钮命名，以便能够区分它们：“点我 1”、“点我 2”、“点我 3”和“点我 4”，并将它们放在标签下方，如图 10-2 所示。创建可旋转的应用程序界面与创建其他应用程序界面的方法相同。

(1)　测试旋转

为了查看旋转后该界面是什么样的，可以模拟横向效果。为此，在文档大纲中选择视图控制器，再打开 Attributes Inspector(Option + Command + 4)；在 Simulated Metrics 部分，将 Orientation 的设置改为 Landscape，Interface Builder 编辑器将相应地调整，如图 10-3 所示。查看完毕后，务必将朝向改回到 Portrait 或 Inferred。

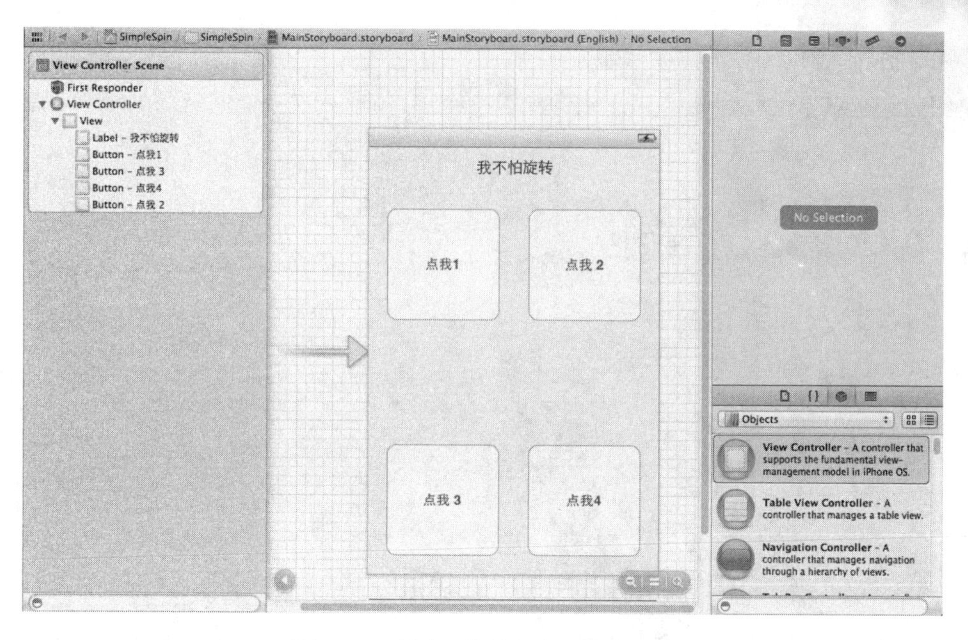

图 10-2　创建可旋转的应用程序界面

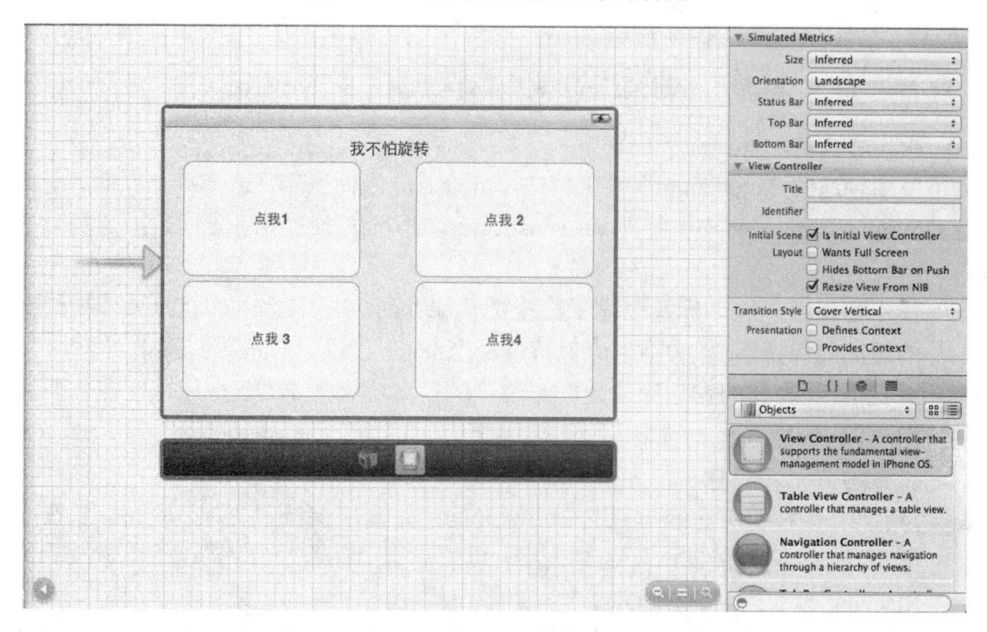

图 10-3　修改模拟的朝向以测试界面旋转

此时，旋转后的视图不太正确，原因是加入到视图中的对象默认锚定其左上角。这说明无论屏幕的朝向如何，对象左上角相对于视图左上角的距离都保持不变。另外，在默认情况下，对象不能在视图中调整大小。因此，无论是在纵向还是横向模式下，所有元素的大小都保持不变，哪怕它们不适合视图。为了修复这种问题并创建出与 iOS 设备相称的界面，需要使用 Size Inspector(大小检查器)。

(2)　Size Inspector 中的 Autosizing

自动旋转和自动调整大小功能是通过 Size Inspector 中的 Autosizing 设置来实现的，如

图 10-4 所示。

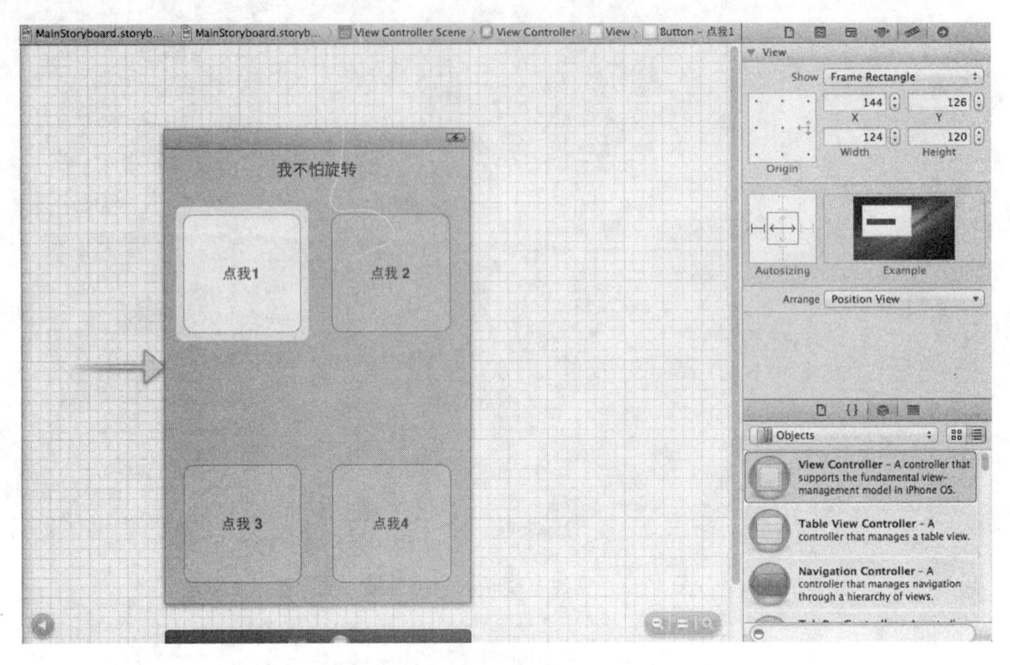

图 10-4　Autosizing 控制屏幕对象的属性 anchor 和 size

(3)　指定界面的 Autosizing 设置

为了使用合适的 Autosizing 属性来修改 simplespin 界面，需要选择每个界面元素，按下快捷键 Option + Command + 5 打开 Size Inspector，再按下面的描述配置其锚定和大小调整属性。

◎　我不怕旋转：这个标签应显示在视图顶端并居中，因此，其上边缘与视图上边缘的距离应保持不变，大小也应保持不变(Anchor 设置为 Top，Resizing 设置为 None)。

◎　点我 1：该按钮的左边缘与视图左边缘的距离应保持不变，但应让它在需要时上下浮动。它应能够水平调整大小以填满更大的水平空间(Anchor 设置为 Left，Resizing 设置为 Horizontal)。

◎　点我 2：该按钮右边缘与视图右边缘之间的距离应保持不变，但应允许它在需要时上下浮动。它应能够水平调整大小，以填满更大的水平空间(Anchor 设置为 Right，Resizing 设置为 Horizontal)。

◎　点我 3：该按钮左边缘与视图左边缘之间的距离应保持不变，其下边缘与视图下边缘之间的距离也应如此。它应能够水平调整大小，以填满更大的水平空间。Anchor 设置为 Left 和 Bottom，Resizing 设置为 Horizontal。

◎　点我 4：该按钮右边缘与视图右边缘之间的距离应保持不变，其下边缘与视图下边缘之间的距离也应如此。它应能够水平调整大小，以填满更大的水平空间(Anchor 设置为 Right 和 Bottom，Resizing 设置为 Horizontal)。

当处理一两个 UI 对象后，会意识到描述需要的设置所需的时间比实际进行设置要长。指定锚定和大小，调整设置后，就可以旋转视图了。

此时运行该应用程序(或模拟横向模式)并预览结果，随着设备的移动，界面元素将自动调整大小，如图 10-5 所示。

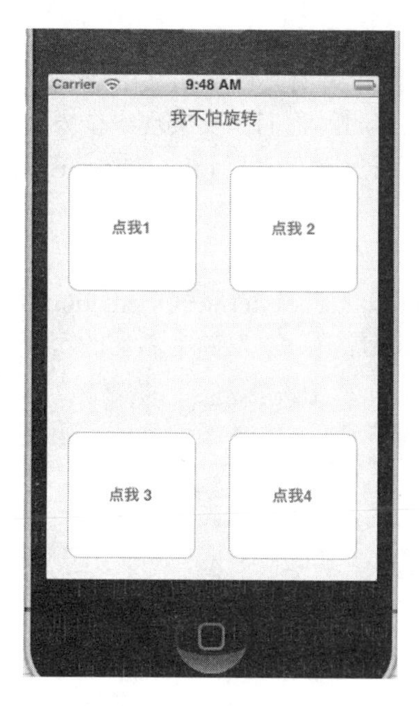

图 10-5　执行效果

10.2.5　在旋转时调整控件方向

在本章上一个实例中，已经演示了使用 Interface Builder 编辑器快速创建在横向和纵向模式下都能正确显示的界面。但是，在很多情况下，使用 Interface Builder 都难以满足现实项目的需求，如果界面包含间距不规则的控件且布局紧密，将难以按预期的方式显示。另外，我们还可能想在不同朝向下调整界面，使其看起来截然不同，例如，将原本位于视图顶端的对象放到视图底部。在这两种情况下，我们可能想调整控件的框架以适合旋转后的 iOS 设备屏幕。本小节的实例演示旋转时调整控件的框架的方法，整个实现逻辑很简单：当设备旋转时，判断它将旋转到哪个朝向，然后设置每个要调整其位置或大小的 UI 元素的 frame 属性。下面就介绍如何完成这种工作。

本实例将创建两次界面，在 Interface Builder 编辑器中创建该界面的第一个版本后，将使用 Size Inspector 获取其中每个元素的位置和大小，然后旋转该界面，并调整所有控件的大小和位置，使其适合新朝向，并再次收集所有的框架值。最后通过实现一个方法设置在设备朝向发生变化时自动设置每个控件的框架值。

实例 10-2　在网页中实现触摸处理
源码路径　下载资源\codes\10\kuang

1. 创建项目

本实例不能依赖于单击来完成所有工作，因此需要编写一些代码。首先也是需要使用模板 Single View Application 新建一个项目，并将其命名为“kuang”。

(1) 规划变量和连接

在本实例中，将手工调整 3 个 U1 元素的大小和位置：两个按钮(UrButton)和一个标签(UILabel)。首先需要编辑头文件和实现文件，在其中包含对应于每个 UI 元素的输出口：buttonOne、buttonTwo 和 viewLabel。我们需要实现一个方法，但它不是由 UI 触发的操作。我们将编写 willRotateToInterfaceOrientation: toInterfaceOrientation:duration:的实现，每当界面需要旋转时，都将自动调用它。

(2) 启用旋转

因为必须在方法 shouldAutorotateToInterfaceOrientation:中启用旋转，所以需要修改文件 ViewController.m，使其包含在本章上一个示例中添加的实现，具体代码如下所示：

```
- (BOOL)shouldAutorotateToInterfaceOrientation:(UIInterfaceOrientation)
  interfaceOrientation
{
    // Return YES for supported orientations
    return YES;
}
```

2. 设计界面

单击文件 MainStoryboard.storyboard 开始设计视图，具体流程如下所示。

(1) 禁用自动调整大小

首先单击视图以选择它，并按 Option + Command + 4 快捷键打开 Attributes Inspector。在 View 部分取消选中复选框 Autoresize Subviews，如图 10-6 所示。

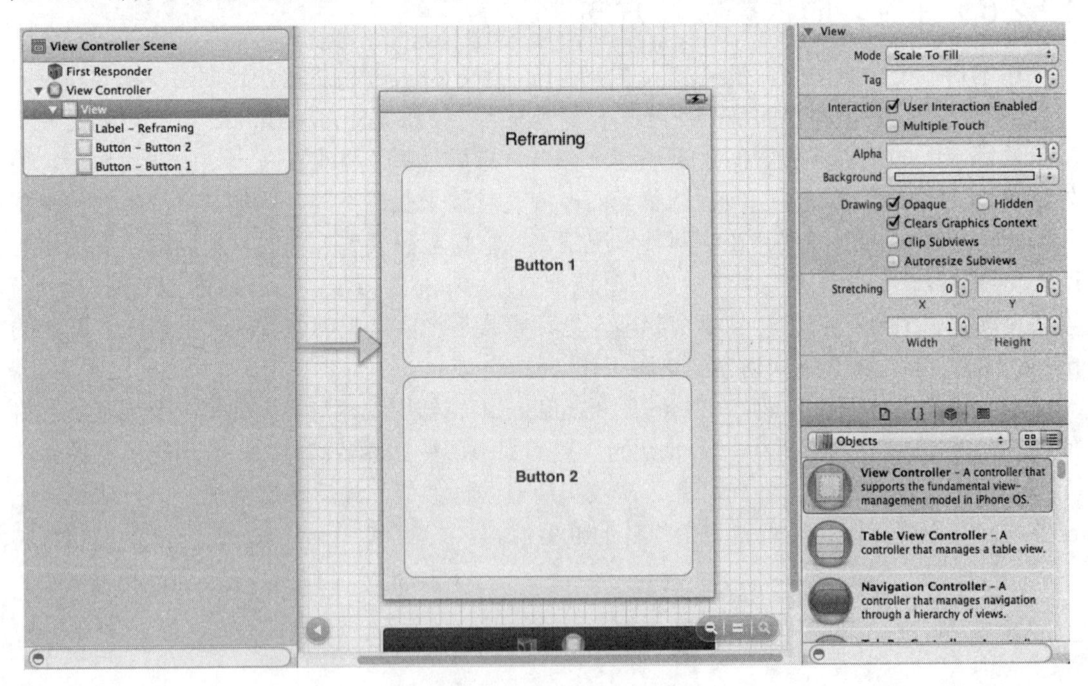

图 10-6 禁用自动调整大小

如果没有禁用视图的自动调整大小功能，则应用程序代码调整 UI 元素的大小和位置的同时，iOS 也将尝试这样做，但是，结果可能极其混乱。

(2) 第一次设计视图

接下来，需要像创建其他应用程序一样设计视图，在对象库中单击并拖曳这些元素到视图中。将标签的文本设置为“改变框架”，并将其放在视图顶端；将按钮的标题分别设置为“点我 1”和“点我 2”，并将它们放在标签下方。最终的布局应该如图 10-7 所示。

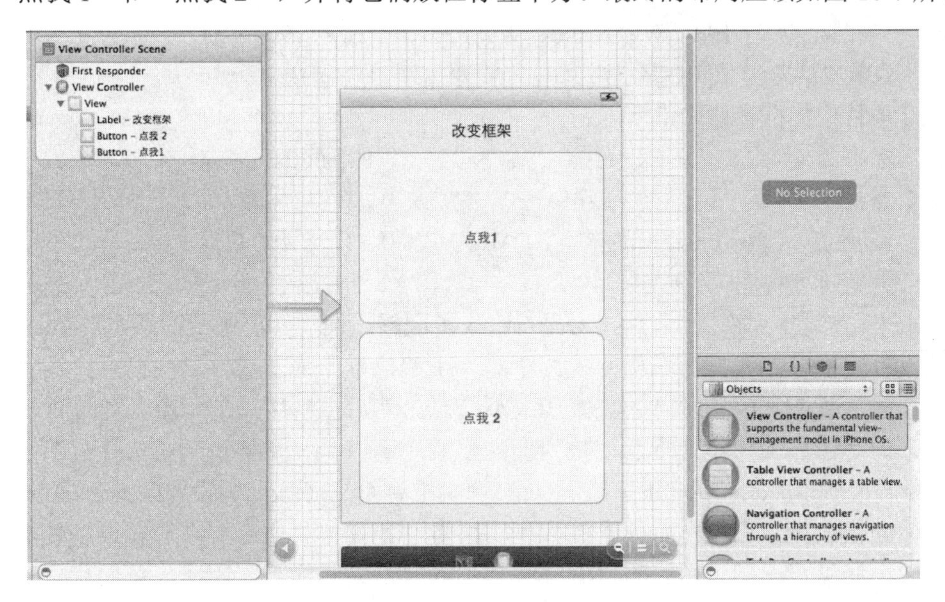

图 10-7　设计视图

在获得所需的布局后，通过 Size Inspector 获取每个 UI 元素的 frame 属性值。首先选择标签，并按 Option + Command + 5 快捷键打开 Size Inspector。单击 Origin 方块左上角，将其设置为度量坐标的原点。然后确保在下拉列表 Show 中选择了 Frame Rectangle，如图 10-8 所示。

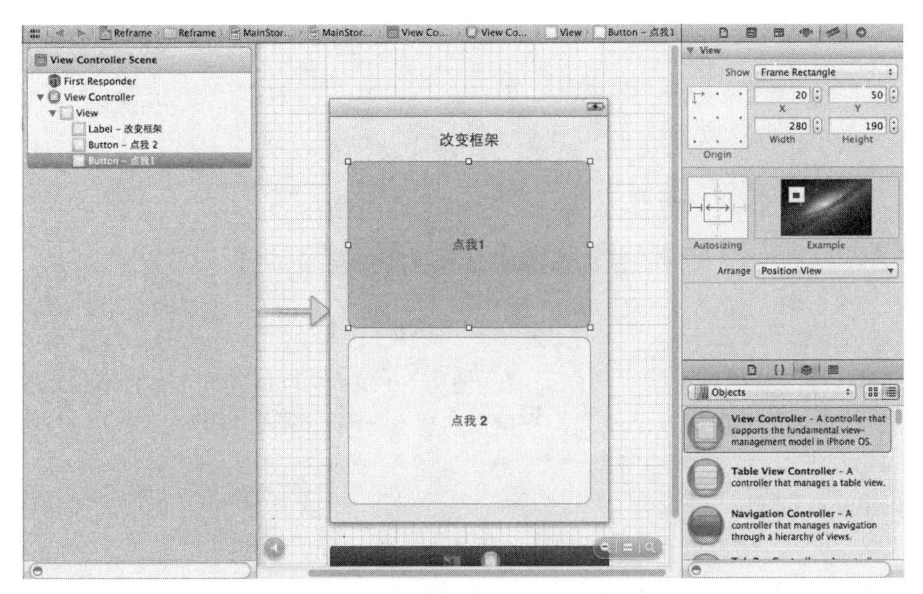

图 10-8　使用 Size Inspector 显示要收集的信息

然后将该标签的 X、Y、W(宽度)和 H(高度)属性值记录下来，它们表示视图中对象的 frame 属性。对两个按钮重复上述过程。对于每个元素都将获得 4 个值。

iPhone 项目中的框架值如下所示。

◎ 标签：X 为 95.0、Y 为 10.0、W 为 130.0、H 为 10.0。
◎ 点我 1：X 为 10.0、Y 为 50.0、W 为 280.0、H 为 190.0。
◎ 点我 2：X 为 10.0、Y 为 250.0、W 为 280.0、H 为 190.0。

iPad 项目中的框架值如下所示。

◎ 标签：X 为 275.0、Y 为 10.0、W 为 225.0、H 为 60.0。
◎ 点我 1：X 为 10.0、Y 为 168.0、W 为 728.0、H 为 400.0。
◎ 点我 2：X 为 10.0、Y 为 584.0、W 为 728.0、H 为 400.0。

(3) 重新排列视图

接下来，重新排列视图，这是因为虽然收集了配置纵向视图所需要的所有 frame 属性值，但是还没有定义标签和按钮在横向视图中的大小和位置。为了获取这些信息，需要以横向模式重新排列视图，收集所有的位置和大小信息，然后撤消所做的修改。此过程与前面做的类似，但是，必须将设计视图切换为横向模式。所以，在文档大纲中选择视图控制器，再在 Attributes Inspector(Option + Command + 4)中将 Orientation 的设置改为 Landscape。当切换到横向模式后，调整所有元素的大小和位置，使其与我们希望它们在设备处于横向模式时的大小和位置相同。由于将以编程方式来设置位置和大小，因此，对如何排列它们没有任何限制。在此，将“点我 1”放在顶端，并使其宽度比视图稍小；将“点我 2”放在底部，并使其宽度比视图稍小；将标签“改变框架”放在视图的中央，如图 10-9 所示。

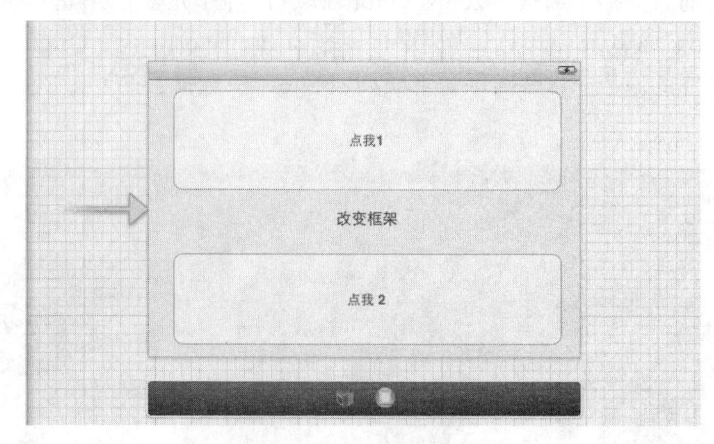

图 10-9 排列视图

与前面一样，获得所需的视图布局后，使用 Size Inspector(Option + Command + 5)收集每个 UI 元素的 x 和 y 坐标以及宽度和高度。这里列出作者在横向模式下使用的框架值供读者参考。

对于 iPhone 项目。

◎ 标签：X 为 175.0、Y 为 140.0、W 为 130.0、H 为 10.0。
◎ 点我 1：X 为 10.0、Y 为 10.0、W 为 440.0、H 为 100.0。
◎ 点我 2：X 为 10.0、Y 为 180.0、W 为 440.0、H 为 100.0。

对于 iPad 项目。

◎ 标签：X 为 400.0、Y 为 340.0、W 为 225.0、H 为 60.0。

◎ 点我 1：X 为 10.0、Y 为 10.0、W 为 983.0、H 为 185.0。

◎ 点我 2：X 为 10.0、Y 为 543.0、W 为 983.0、H 为 185.0。

收集横向模式下的 frame 属性值后，撤消对视图所做的修改。

为此，可不断选择菜单命令 Edit → Undo(Command + Z)，一直到恢复为纵向模式设计的界面。保存文件 MainStoryboard.storyboard。

3. 创建并连接输出口

在编写调整框架的代码前，还需将标签和按钮连接到我们在这个项目开头规划的输出口。所以需要切换到助手编辑器模式，然后按住 Control 键，从每个 UI 元素拖曳到接口文件 ViewController.h，并正确地命名输出口(viewLabel、buttonOne 和 buttonTwo)。图 10-10 显示了从“改变框架”标签到输出口 viewLabel 的连接。

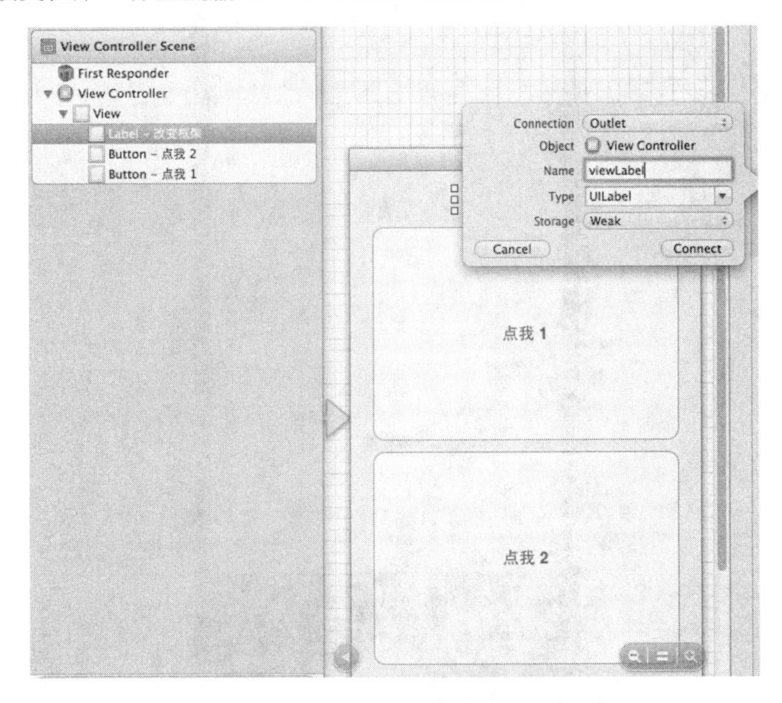

图 10-10 创建与标签和按钮相关联的输出口

4. 实现应用程序逻辑

调整界面元素的框架。

每当需要旋转 iOS 界面时，都会自动调用 willRotateToInterfaceOrientation: toInterfaceOrientation:duration:方法，这样，把参数 toInterfaceOrientation 同各种 iOS 朝向常量进行比较，以确定应使用横向还是纵向视图的框架值。

在 Xcode 中打开文件 ViewController.m，并添加如下所示的代码：

```
-(void)willRotateToInterfaceOrientation:
  (UIInterfaceOrientation)toInterfaceOrientation
  duration:(NSTimeInterval)duration {
```

```
    [super willRotateToInterfaceOrientation:toInterfaceOrientation duration:duration];

    if (toInterfaceOrientation == UIInterfaceOrientationLandscapeRight
      || toInterfaceOrientation == UIInterfaceOrientationLandscapeLeft) {
        self.viewLabel.frame=CGRectMake(175.0,140.0,130.0,10.0);
        self.buttonOne.frame=CGRectMake(10.0,10.0,440.0,100.0);
        self.buttonTwo.frame=CGRectMake(10.0,180.0,440.0,100.0);
    } else {
        self.viewLabel.frame=CGRectMake(95.0,10.0,130.0,10.0);
        self.buttonOne.frame=CGRectMake(10.0,50.0,280.0,190.0);
        self.buttonTwo.frame=CGRectMake(10.0,250.0,280.0,190.0);
    }
}
```

到此为止，整个实例介绍完毕，运行后，旋转 iOS 模拟器，这样，在用户旋转设备时，会自动重新排列界面了。执行效果如图 10-11 所示。

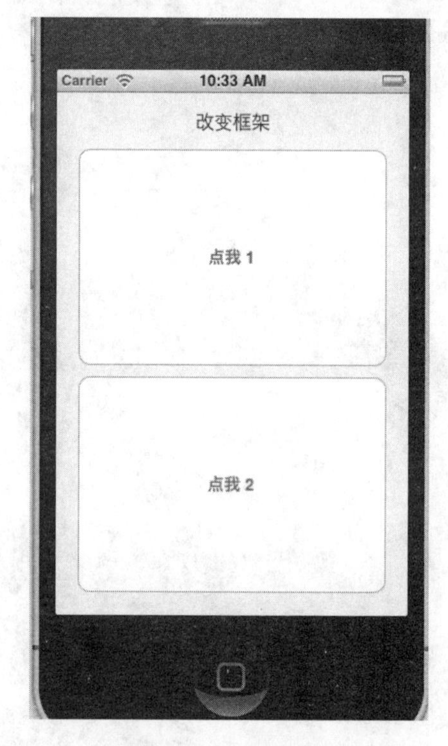

图 10-11　执行效果

第 11 章

iOS 8

声音服务

作为一款智能设备的操作系统，iOS 提供了强大的多媒体功能，例如视频播放、音频播放等。通过这些多媒体应用，吸引了广大用户的眼球。

Apple 提供了很多 Cocoa 类，通过这些类，可以将多媒体(视频、照片、录音等)加入到应用程序中。

本章将详细讲解在 iOS 应用程序中添加多种多媒体功能的方法，为读者步入本书后面知识的学习打下基础。

11.1　访问声音服务

在当前的设备中，声音几乎在每个计算机系统中都扮演了重要角色，而不管其平台和用途如何。它们告知用户发生了错误或完成了操作。声音在用户没有紧盯屏幕时仍可提供有关应用程序在做什么的反馈。而在移动设备中，震动的应用比较常见。当设备能够震动时，即使用户不能看到或听到，设备也能够与用户交流。对 iPhone 来说，震动意味着即使它在口袋里或附近的桌子上，应用程序也可将事件告知用户。这是不是最好的消息？可通过简单代码来处理声音和震动，这让我们能够在应用程序中轻松地实现它们。

11.1.1　声音服务基础

为了支持声音播放和震动功能，iOS 系统中的系统声音服务(System Sound Services)为我们提供了一个接口，用于播放不超过 30 秒的声音。虽然它支持的文件格式有限，目前只支持 CAF、AIF 和使用 PCM 或 IMA/ADPCM 数据的 WAV 文件，并且这些函数没有提供操纵声音和控制音量的功能，但是，为我们开发人员提供了很大的方便。

iOS 使用 System Sound Services 支持如下 3 种不同的通知。

◎　声音：立刻播放一个简单的声音文件。如果手机被设置为静音，用户什么也听不到。

◎　提醒：也播放一个声音文件，但如果手机被设置为静音和震动，将通过震动提醒用户。

◎　震动：震动手机，而不考虑其他设置。

要在项目中使用系统声音服务，必须添加框架 AudioToolbox 以及要播放的声音文件。另外，还需要在实现声音服务的类中导入该框架的接口文件：

```
#import <AudioToolbox/AudioToolbox.h>
```

然后使用 NSBundle 对象的 pathForResource:ofType:方法，通过文件名和扩展名指定具体的文件。

在确定声音文件的路径后，必须使用函数 AudioServicesCreateSystemSoundID 创建一个代表该文件的 SystemSoundID，供实际播放声音的函数使用。

这个函数接受两个参数：一个指向文件位置的 CFURLRef 对象和一个指向我们要设置的 SystemSoundID 变量的指针。为了设置第一个参数，我们使用 NSURL 的类方法 fileURLWithPath，根据声音文件的路径创建一个 NSUIU 对象，并使用(__brige CFURLRef)将这个 NSURL 对象转换为函数要求的 CFURLRef 类型，其中，__brige 是必不可少的，因为我们要将一个 C 语言结构转换为 Objective-C 对象。为设置第二个参数，只须使用 &soundID。&<variable>能够返回一个指向该变量的引用(指针)。在使用 Objective-C 类时，很少需要这样做，因为几乎任何东西都已经是指针。

在正确设置 soundID 后，接下来的工作就是播放它了。为此，只需将变量 soundID 传递给函数 AudioServicesPlaySystemSound 即可。

11.1.2　播放声音文件

实例11-1　播放声音文件
源码路径　下载资源\codes\11\MediaPlayer

(1) 新打开 Xcode 6.1，创建一个名为“MediaPlayer”的 Single View Application 项目，如图 11-1 所示。

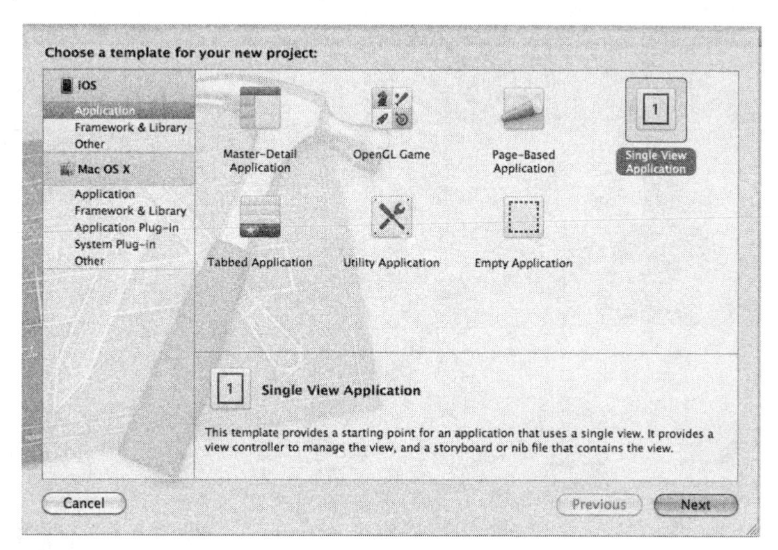

图 11-1　新建 Xcode 项目

(2) 设置新建项目的工程名，然后设置设备为 iPad，如图 11-2 所示。

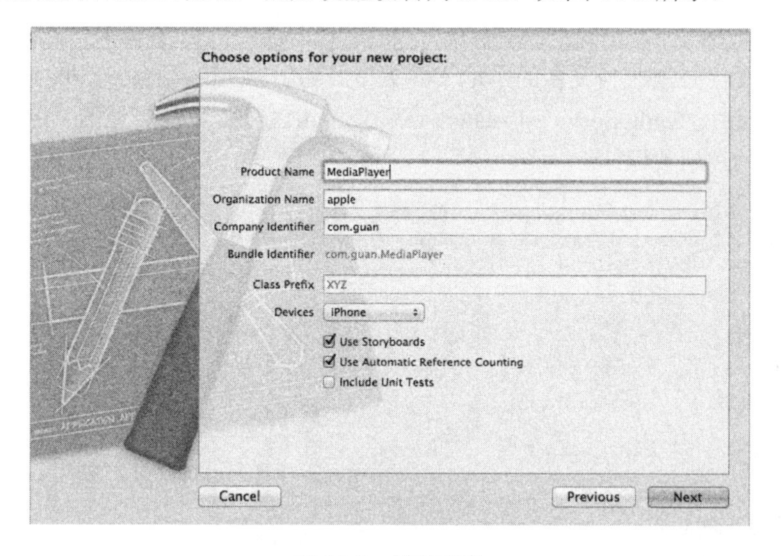

图 11-2　设置设备

(3) 设置一个 UI 界面，在里面插入了两个按钮，效果如图 11-3 所示。

(4) 准备两个声音素材文件 Music.mp3 和 Sound12.aif，如图 11-4 所示。

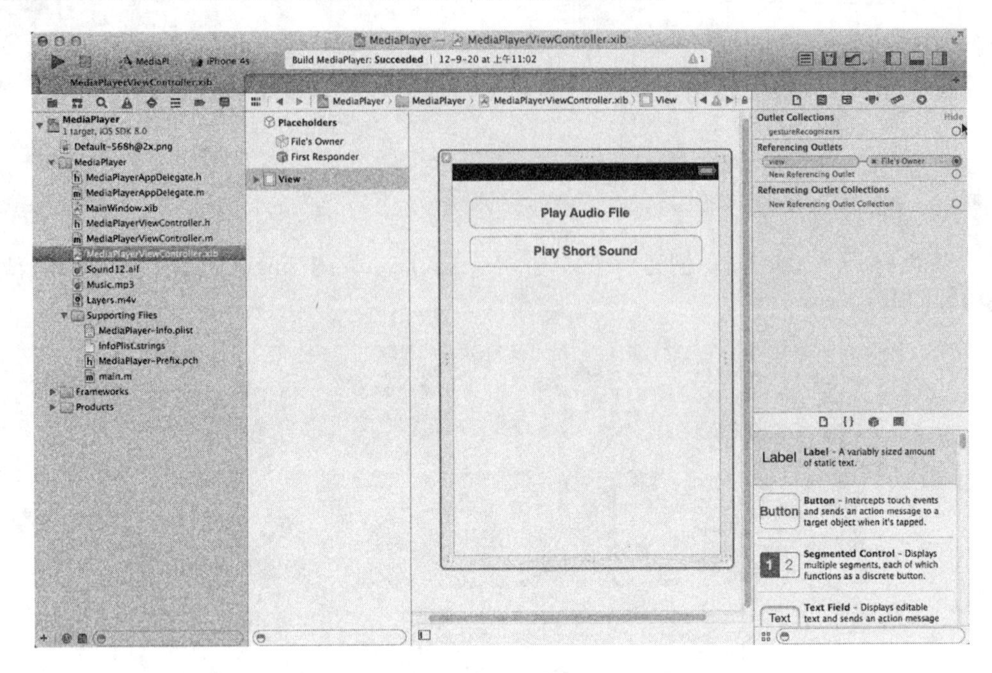

图 11-3　UI 界面

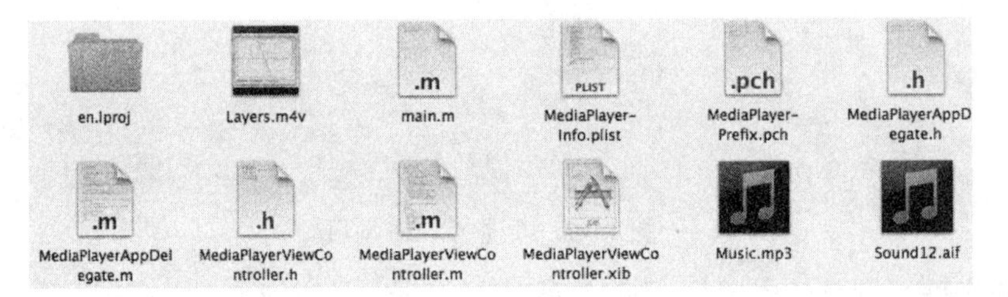

图 11-4　音频素材文件

(5) 声音文件必须放到设备的本地文件夹下。通过 AudioServicesCreateSystemSoundID 注册这个声音文件，AudioServicesCreateSystemSoundID 需要声音文件的 URL 的 CFURLRef 对象。看下面的注册代码：

```
#import <AudioToolbox/AudioToolbox.h>
@interface MediaPlayerViewController : UIViewController {
    IBOutlet UIButton *audioButton;
    SystemSoundID shortSound;
}
- (id)init {
    self = [super initWithNibName:@"MediaPlayerViewController" bundle:nil];
    if (self) {
        // Get the full path of Sound12.aif
        NSString *soundPath =
          [[NSBundle mainBundle] pathForResource:@"Sound12" ofType:@"aif"];
        // If this file is actually in the bundle...
        if (soundPath) {
            // Create a file URL with this path
            NSURL *soundURL = [NSURL fileURLWithPath:soundPath];
            // Register sound file located at that URL as a system sound
            OSStatus err =
              AudioServicesCreateSystemSoundID((CFURLRef)soundURL, &shortSound);
            if (err != kAudioServicesNoError)
```

```
                NSLog(@"Could not load %@, error code: %d", soundURL, err);
        }
    }
    return self;
}
```

这样，就可以使用下面的代码播放声音了：

```
- (IBAction)playShortSound:(id)sender {
    AudioServicesPlaySystemSound(shortSound);
}
```

(6) 使用下面的代码，可以添加一个震动的效果：

```
- (IBAction)playShortSound:(id)sender {
    AudioServicesPlaySystemSound(shortSound);
    AudioServicesPlaySystemSound(kSystemSoundID_Vibrate);
}
//AVFoundation framework
```

(7) 对于压缩过的 Audio 文件，或者超过 30 秒的音频文件，可以使用 AVAudioPlayer 类。这个类定义在 AVFoundation framework 中。下面我们使用这个类，播放一个 MP3 音频文件。首先要引入 AVFoundation framework，然后 MediaPlayerViewController.h 中添加下面代码：

```
#import <AVFoundation/AVFoundation.h>
@interface MediaPlayerViewController : UIViewController <AVAudioPlayerDelegate> {
    IBOutlet UIButton *audioButton;
    SystemSoundID shortSound;
    AVAudioPlayer *audioPlayer;
```

(8) AVAudioPlayer 类也需要知道音频文件的路径，用如下代码创建 AVAudioPlayer 类的一个实例：

```
- (id)init {
    self = [super initWithNibName:@"MediaPlayerViewController" bundle:nil];
    if (self) {
        NSString *musicPath =
          [[NSBundle mainBundle]  pathForResource:@"Music" ofType:@"mp3"];
        if (musicPath) {
            NSURL *musicURL = [NSURL fileURLWithPath:musicPath];
            audioPlayer =
              [[AVAudioPlayer alloc]  initWithContentsOfURL:musicURL error:nil];
            [audioPlayer setDelegate:self];
        }
        NSString *soundPath =
          [[NSBundle mainBundle] pathForResource:@"Sound12" ofType:@"aif"];
```

(9) 我们可以在一个 button 的点击事件中开始播放这个 MP3 文件，例如下面的代码：

```
- (IBAction)playAudioFile:(id)sender {
    if ([audioPlayer isPlaying]) {
        // Stop playing audio and change text of button
        [audioPlayer stop];
        [sender setTitle:@"Play Audio File" forState:UIControlStateNormal];
    } else {
        // Start playing audio and change text of button so
        // user can tap to stop playback
        [audioPlayer play];
        [sender setTitle:@"Stop Audio File" forState:UIControlStateNormal];
```

```
    }
}
```

这样，运行我们的程序，就可以播放音乐了。

(10) 这个类对应的 AVAudioPlayerDelegate 有两个委托方法。

一个是 audioPlayerDidFinishPlaying:successfully:，当音频播放完成之后触发。当播放完成之后，可以将播放按钮的文本重新设置成 Play Audio File。代码如下：

```
- (void)audioPlayerDidFinishPlaying:(AVAudioPlayer *)player successfully:(BOOL)flag {
    [audioButton setTitle:@"Play Audio File" forState:UIControlStateNormal];
}
```

另一个是 audioPlayerEndInterruption:，当程序被应用外部打断之后，重新回到应用程序的时候触发。在这里，当回到此应用程序的时候，继续播放音乐。代码如下：

```
- (void)audioPlayerEndInterruption:(AVAudioPlayer *)player {
    [audioPlayer play];
}
//MediaPlayer framework
```

这样，执行后，即可播放指定的音频了，效果如图 11-5 所示。

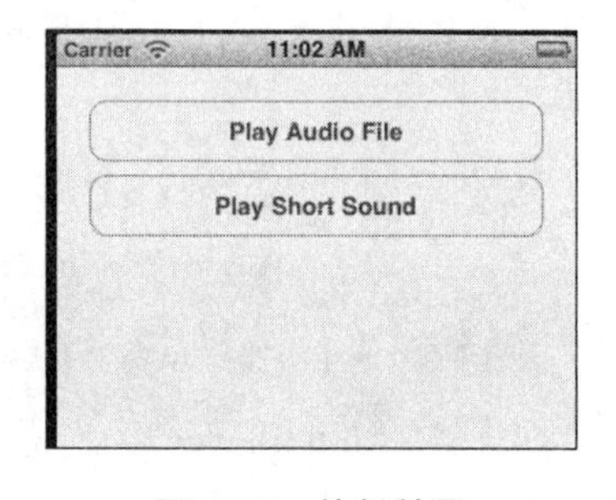

图 11-5　执行效果

除此之外，在 iOS 的 SDK 中，我们还可以使用 MPMoviePlayerController 来播放电影文件。但是，在 iOS 设备上播放电影文件有严格的格式要求，即只能播放下面两个格式的电影文件：

◎　H.264(Baseline Profile Level 3.0)。

◎　MPEG-4 Part 2 video(Simple Profile)。

幸运的是，我们可以先使用 iTunes 将文件转换成上面两个格式。MPMoviePlayerController 还可以播放互联网上的视频文件。但是，建议先将视频文件下载到本地，然后播放。否则，iOS 可能会拒绝播放很大的视频文件。

这个类定义在 MediaPlayer framework 中。在我们的应用程序中，先添加这个引用，然后修改 MediaPlayerViewController.h 文件：

```
#import <MediaPlayer/MediaPlayer.h>
@interface MediaPlayerViewController : UIViewController <AVAudioPlayerDelegate>
{
    MPMoviePlayerController *moviePlayer;
```

下面，我们使用这个类来播放一个.m4v 格式的视频文件。与前面的类似，需要一个 url 路径即可：

```
- (id)init {
    self = [super initWithNibName:@"MediaPlayerViewController" bundle:nil];
    if (self) {
        NSString *moviePath =
          [[NSBundle mainBundle] pathForResource:@"Layers" ofType:@"m4v"];
        if (moviePath) {
            NSURL *movieURL = [NSURL fileURLWithPath:moviePath];
            moviePlayer =
              [[MPMoviePlayerController alloc] initWithContentURL:movieURL];
        }
```

MPMoviePlayerController 有一个视图来展示播放器控件，我们在 viewDidLoad 方法中，将这个播放器展示出来：

```
- (void)viewDidLoad {
    [[self view] addSubview:[moviePlayer view]];
    float halfHeight = [[self view] bounds].size.height / 2.0;
    float width = [[self view] bounds].size.width;
    [[moviePlayer view] setFrame:CGRectMake(0, halfHeight, width, halfHeight)];
}
```

还有一个 MPMoviePlayerViewController 类，用于全屏播放视频文件，它的具体用法与 MPMoviePlayerController 的用法是一样的：

```
MPMoviePlayerViewController *playerViewController =
  [[MPMoviePlayerViewController alloc] initWithContentURL:movieURL];
[viewController presentMoviePlayerViewControllerAnimated:playerViewController];
```

当我们听音乐的时候，可以使用 iPhone 做其他的事情，这个时候，需要播放器在后台也能运行，我们只需要在应用程序中做个简单的设置就行了。

(1) 在 Info property list 中加一个 Required background modes 节点，它是一个数组，将第一项设置成 App plays audio。

(2) 在播放 MP3 的代码中加入如下代码：

```
if (musicPath) {
    NSURL *musicURL = [NSURL fileURLWithPath:musicPath];
    [[AVAudioSession sharedInstance]
    setCategory:AVAudioSessionCategoryPlayback error:nil];
    audioPlayer = [[AVAudioPlayer alloc] initWithContentsOfURL:musicURL error:nil];
    [audioPlayer setDelegate:self];
```

此时，运行后，可以看到播放视频的效果，如图 11-6 所示。

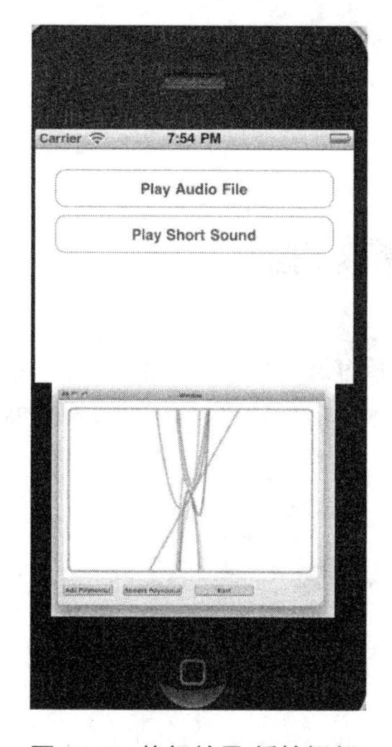

图 11-6　执行效果(播放视频)

11.2 提醒和震动

提醒音和系统声音之间的差别在于，如果手机处于静音状态，提醒音将自动触发震动。

提醒音的设置和用法与系统声音相同，如果要播放提醒音，只须使用函数AudioServicesPlayAlertSound即可实现，而不是使用AudioServicesPlaySystemSound。

实现震动的方法更加容易，只要在支持震动的设备(例如，当前为 iPhone)中调用AudioServicesPlaySystemSound即可，并将常量kSystemSoundID_Vibrate传递给它。例如下面的代码：

```
AudioServicesPlaySystemSound(kSystemSoundID_Vibrate);
```

如果试图震动不支持震动的设备(如 iPad2)，则不会成功，这些实现震动的代码将留在应用程序中，而不会有任何害处，不管目标设备是什么。

11.2.1 播放提醒音

在 iOS SDK 中提供了很多方便的方法来播放多媒体，例如通过AudioToolbox framework框架，可以将比较短的声音注册到 System Sound 服务上。被注册到 System Sound 服务上的声音称为系统声音，它必须满足下面 4 个条件。

(1) 播放的时间不能超过 30 秒。

(2) 数据必须是 PCM 或者 IMA4 流格式。

(3) 必须被打包成下面三种格式之一：

◎ Core Audio Format(.caf)。

◎ Waveform Audio(.wav)。

◎ Audio Interchange File(.aiff)。

(4) 声音文件必须放到设备的本地文件夹下，通过AudioServicesCreateSystemSoundID方法注册这个声音文件。

11.2.2 使用 iOS 的提醒功能

本节的演示实例将实现一个沙箱效果，在里面可以实现提醒视图、多个按钮的提醒视图、文本框的提醒视图、操作表和声音提示，及震动提示效果。本实例只包含一些按钮和一个输出区域；其中按钮用于触发操作，以便演示各种提醒用户的方法，而输出区域用于指出用户的响应。生成提醒视图、操作表、声音和震动的工作都是通过代码完成的，因此，越早完成项目框架的设置，就能越早实现逻辑。

实例11-2 在网页中实现触摸处理
源码路径 下载资源\codes\11\lianhe

1. 创建项目

(1) 新打开 Xcode，建一个 Single View Application 项目，如图 11-7 所示。

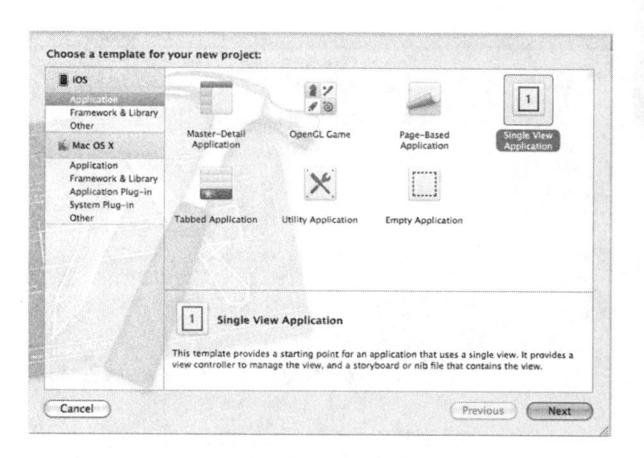

图 11-7　新建 Xcode 项目

(2) 设置新建项目的工程名为“lianhe”，然后设置设备为 iPhone，如图 11-8 所示。

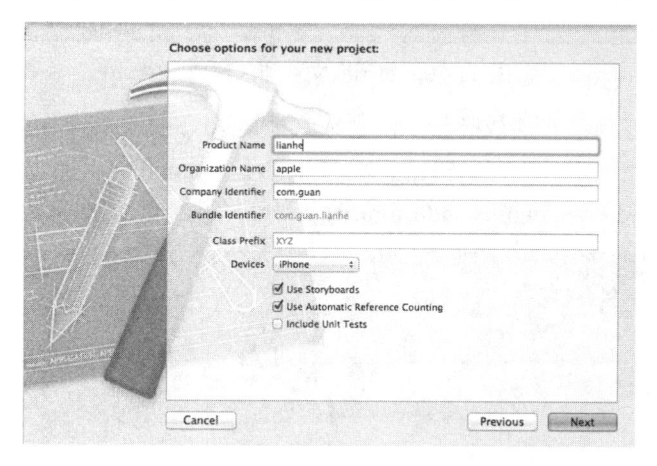

图 11-8　设置设备

(3) 在 Sounds 文件夹中，准备两个声音素材文件 alertsound.wav 和 soundeffect.wav，如图 11-9 所示。

alertsound.wav　　soundeffect.wav

图 11-9　音频素材文件

(4) 本实例需要多个项目默认没有的资源，其中最重要的是，我们要使用系统声音服务播放的声音，以及播放这些声音所需的框架。在 Xcode 中打开了 lianhe 项目的情况下，切换到 Finder，并找到本章项目文件夹中的 Sounds 文件夹。将该文件夹拖放到 Xcode 项目文件夹，并在 Xcode 提示时，指定复制文件并创建编组。该文件夹将出现在项目编组中，如图 11-10 所示。

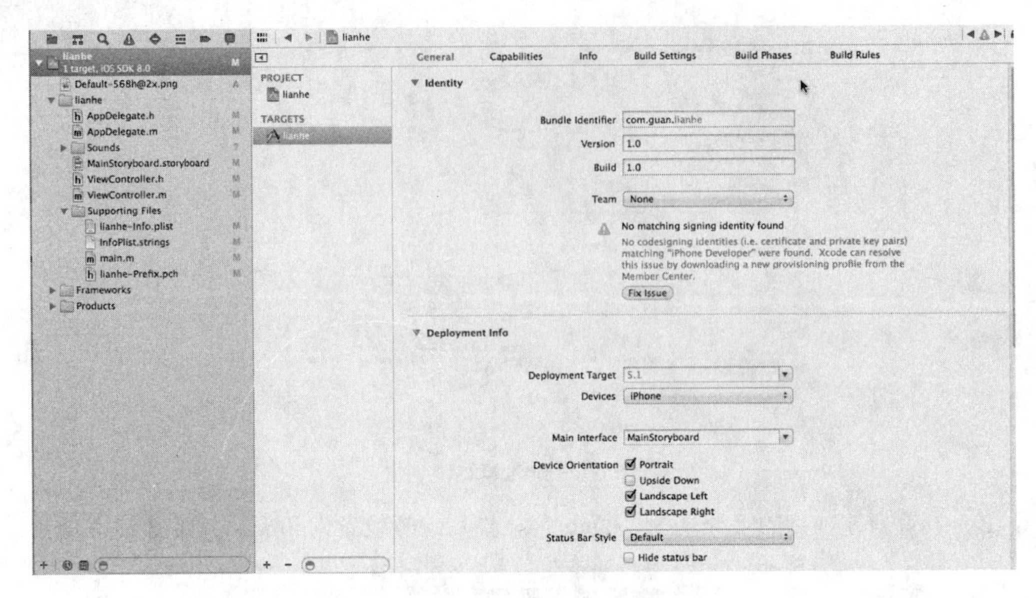

图 11-10　将声音文件加入到项目中

(5) 要想使用任何声音播放函数，都必须将框架 AudioToolbox 加入到项目中。所以选择项目 lianhe 的顶级编组，并在编辑器区域选择选项卡 Summary。在选项卡 Summary 中向下滚动，找到 Linked Frameworks and Libraries 部分，如图 11-11 所示。

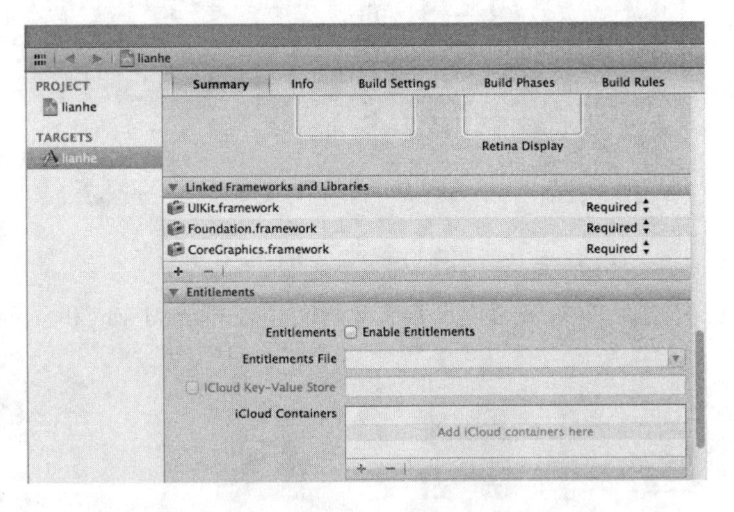

图 11-11　找到 Linked Frameworks and Libraries

(6) 再单击列表下方的“+”按钮，在出现的列表中选择 AudioToolbox.framework，再单击 Add 按钮，如图 11-12 所示。

在添加该框架后，建议将其拖放到项目的 Frameworks 编组，因为这样可以让整个项目显得更加整洁确有序，如图 11-13 所示。

(7) 在给应用程序 lianhe 设计界面和编写代码前，需要确定需要哪些输出口和操作，以便能够进行我们想要的各种测试。本实例只需要一个输出口，它对应于一个标签(UILabel)，而该标签提供有关用户做了什么的反馈。我们将把这个输出口命名为 usaOutput。

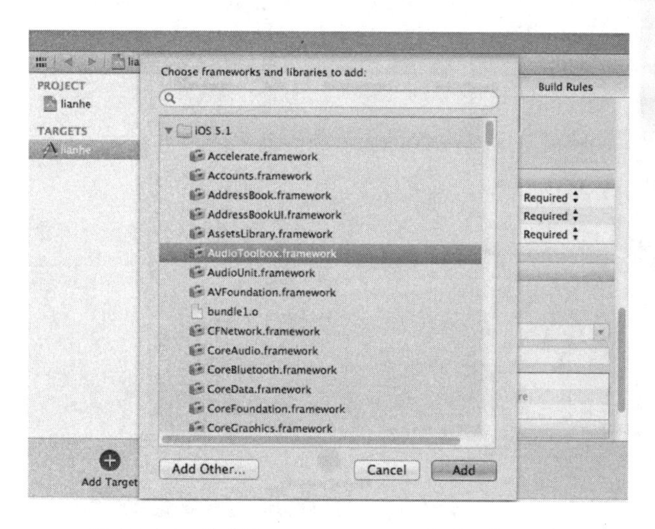

图 11-12　将框架 AudioToolbox 加入到项目中

除了输出口外，总共还需要 7 个操作，它们都是由用户界面中的各个按钮触发的。

这些操作分别是 doAlert、doMultiButtonAlert、doAlertInput、doActionSheet、doSormd、doAlertSound 和 doVibration。

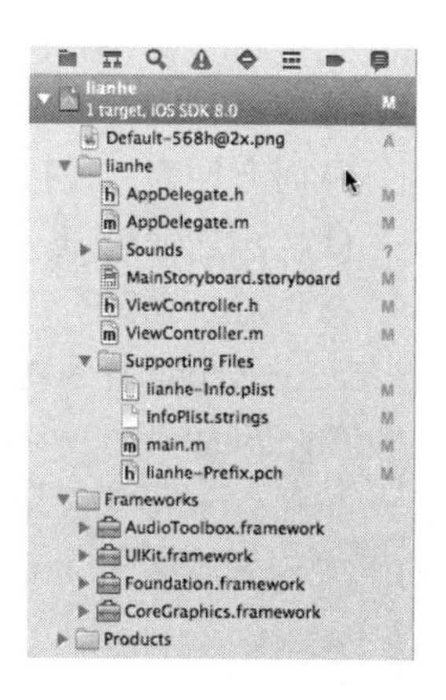

图 11-13　重新分组

2. 设计界面

在 Interface Builder 中打开文件 MainStoryboard.storyboard，然后在空视图中添加 7 个按钮和一个文本标签。首先添加一个按钮，方法是选择 View → Utilities → Show Object Library 菜单命令打开对象库，将一个按钮(IUButton)拖曳到视图中。再通过拖曳添加 6 个按钮，也可复制并粘贴第一个按钮。然后修改按钮的标题，使其对应于将使用的通知类型。具体地说，按从上到下的顺序将按钮的标题分别设置为“提醒我”、“有按钮的”、“有输入框的”、“操作表”、“播放声音”、“播放提醒声音”、“震动”。

从对象库中拖曳一个标签(UILabel)到视图底部，删除其中的默认文本，并将文本设置为居中。现在，界面应类似于图 11-14 中所示。

3. 创建并连接输出口和操作

设计好 UI 界面后，接下来，需在界面对象和代码之间建立连接。我们需要建立用户输出标签(UILabel)：userOutput，需要创建的操作如下。

- 提醒我(UIButton)：doAlert。
- 有按钮的(UIButton)：doMultiButtonAlert。
- 有输入框的(UIButton)：doAlertInput。
- 操作表(UIButton)：doActionSheet。
- 播放声音(UIButton)：doSound。
- 播放提醒声音(UIButton)：doAlertSound。
- 震动(UIButton)：doVibration。

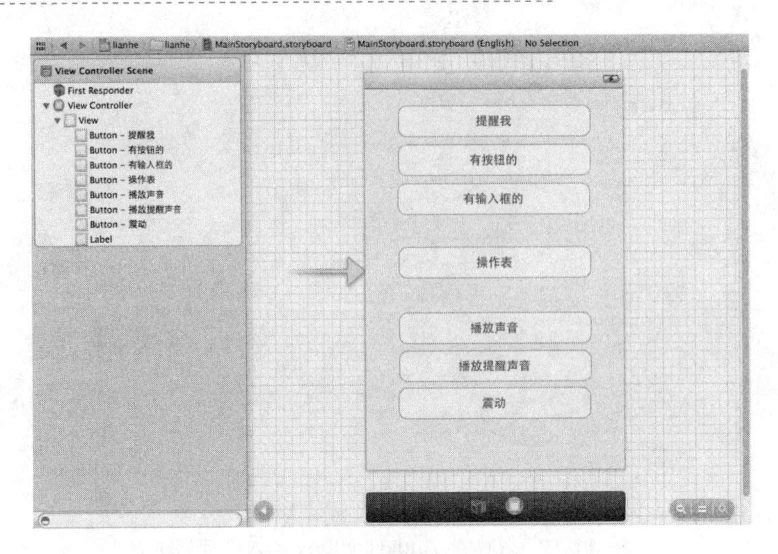

图 11-14　创建的 UI 界面

在选择了文件 MainStoryboard.storyboard 的情况下，单击 Assistant Editor 按钮，再隐藏项目导航器和文档大纲(选择 Editor → Hide Document Outline 菜单命令)，以腾出更多的空间，从而方便建立连接。文件 ViewController.h 应显示在界面的右边。

(1)　添加输出口

按住 Control 键，从唯一一个标签拖曳到文件 ViewController.h 中编译指令@interface 的下方。在 Xcode 提示时，选择新建一个名为“userOutput”的输出口，如图 11-15 所示。

(2)　添加操作

按住 Control 键，从“提醒我”按钮拖曳到文件 ViewController.h 中编译指令@property 的下方，并连接到一个名为 doAlert 的新操作，如图 11-16 所示。

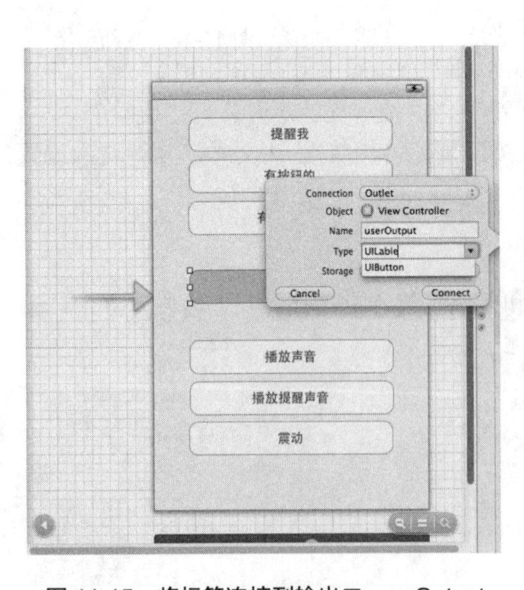

图 11-15　将标签连接到输出口 userOutput

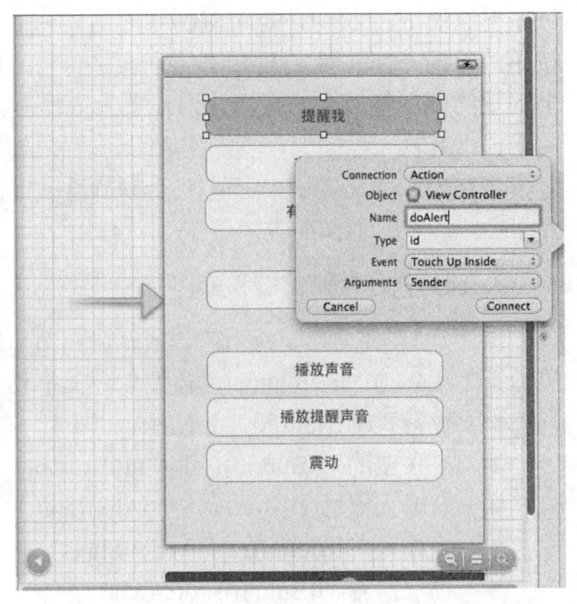

图 11-16　将每个按钮都连接到相应的操作

对其他 6 个按钮重复进行与上述相同的操作：将“有按钮的”连接到 doMultiButtonAlert，将“有输入框的”连接到 doAlertInput，将“操作表”连接到 doActionSheet，将“播放声音”连接到 doSound，将“播放提醒声音”连接到 doAlertSound，将“震动”连接到 doVibration。

4. 实现提醒视图

切换到标准编辑器，显示项目导航器(Command + 1)，再打开文件 ViewController.m，首先实现一个简单的提醒视图。

在文件 ViewController.m 中，按照如下代码实现 doAlert 方法：

```
- (IBAction)doAlert:(id)sender {
    UIAlertView *alertDialog;
    alertDialog = [[UIAlertView alloc]
                initWithTitle: @"Alert Button Selected"
                message:@"I need your attention NOW!"
                delegate: nil
                cancelButtonTitle: @"Ok"
                otherButtonTitles: nil];
    [alertDialog show];
}
```

上述代码的具体实现流程是：首先声明并实例化了一个 UIAlertView 实例，再将其存储到变量 alertDialog 中。初始化这个提醒视图时，设置了标题(Alert Button Selected)、消息(I need your attention NOW!)和取消按钮“Ok”。在此没有添加其他的按钮，没有指定委托，因此不会响应该提醒视图。在初始化 alertDialog 后，将它显示到屏幕上。

现在可以运行该项目并测试第一个按钮“提醒我”了，执行效果如图 11-17 所示。

提醒视图对象并非只能使用一次。如果要重复使用提醒，可在视图加载时创建一个提醒实例，并在需要时显示它，但别忘了在不再需要时将其释放。

(1) 创建包含多个按钮的提醒视图

只有一个按钮的提醒视图很容易实现，因为不需要实现额外的逻辑。用户轻按按钮后，提醒视图将关闭，而程序将恢复到正常执行。然而，如果添加了额外的按钮，应用程序必须能够确定用户按下了哪个按钮，并采取相应的措施。

除了创建的只包含一个按钮的提醒视图外，还有其他两种配置，它们之间的差别在于提醒视图显示的按钮数。创建包含多个按钮提醒的方法非常简单，只需利用初始化方法的 otherButtonTitles 参数即可实现，不将其设置为 nil，而是提供一个以 nil 结尾的字符串列表，这些字符串将用作新增按钮的标题。当只有两个按钮时，取消按钮总是位于左边。当有更多按钮时，它将位于最下面。

在前面创建的方法存根 doMultiButtonAlert 中，复制前面编写的 doAlert 方法，并将其修改为如下所示的代码：

```
- (IBAction)doMultiButtonAlert:(id)sender {
    UIAlertView *alertDialog;
    alertDialog = [[UIAlertView alloc]
                initWithTitle: @"Alert Button Selected"
                message:@"I need your attention NOW!"
                delegate: self  cancelButtonTitle: @"Ok"
                otherButtonTitles: @"Maybe Later", @"Never", nil];
    [alertDialog show];
}
```

在上述代码中，使用参数 otherButtonTitles 在提醒视图中添加了按钮 Maybe Later 和 Never。按下“有按钮的”按钮，将显示如图 11-18 所示的提醒视图。

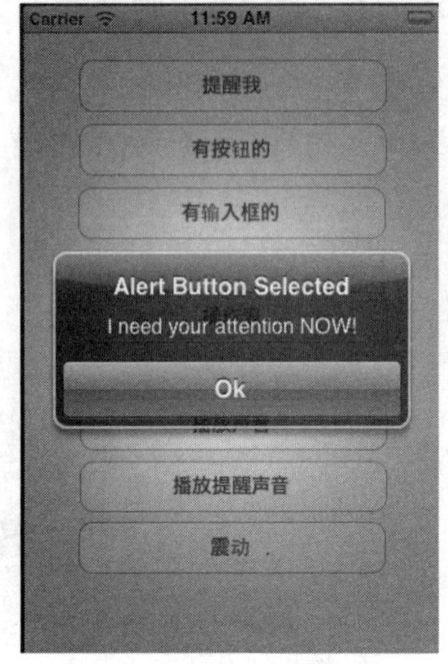

图 11-17　一条消息和一个用于关闭它的按钮

图 11-18　包含 3 个按钮的提醒

(2)　响应用户单击提醒视图中的按钮

要想响应提醒视图，处理响应的类必须实现 AlertViewDelegate 协议。在此让应用程序的视图控制类承担这种角色，但在大型项目中，可能会让一个独立的类承担这种角色。具体如何选择，完全取决于我们自己。

为了确定用户按下了多按钮提醒视图中的哪个按钮，ViewController 遵守 UIAlertView-Delegate 协议并实现方法 alertView:clickedButtonAtIndex:：

```
@interfaCe ViewCOntrOller  :UIViewController <UIAlertViewDelegate>
```

接下来，更新 doMultiButtonAlert 中初始化提醒视图的代码，将委托指定为实现了协议 UIAlertViewDelegate 的对象。由于它就是创建提醒视图的对象(视图控制器)，因此，可以使用 self 来指定：

```
alertDialog =  [[UIAlertView alloc]
   initWithTitle: @"Alert Button Selected"
   message:@"I need your attention NOW!"
   delegate: self
   cancelButtonTitle: @"Ok"
   otherButtonTitles:  @"Maybe Later", @"Never",  nil];
```

接下来，需要编写 alertView:clickedButtonAtIndex 方法，它将用户按下的按钮的索引数作为参数，这让我们能够采取相应的措施。利用 UIAlertView 的实例方法 buttonTitleAtlndex 获取按钮的标题，而不使用数字索引值。

在文件 ViewController.m 中添加如下所示的代码：

```
- (void)alertView:(UIAlertView *)alertView
  clickedButtonAtIndex:(NSInteger)buttonIndex {
    NSString *buttonTitle = [alertView buttonTitleAtIndex:buttonIndex];
    if ([buttonTitle isEqualToString:@"Maybe Later"]) {
        self.userOutput.text=@"Clicked 'Maybe Later'";
```

```
    } else if ([buttonTitle isEqualToString:@"Never"]) {
        self.userOutput.text=@"Clicked 'Never'";
    } else {
        self.userOutput.text=@"Clicked 'Ok'";
    }
}
```

这样，当用户按下按钮时，会显示一条消息。这是一个全新的方法，在文件 ViewController.m 中没有包含其存根。

在上述代码中，首先将 buttonTitle 设置为被按下的按钮的标题。然后将 buttonTitle 同我们创建提醒视图时初始化的按钮的名称进行比较，如果找到匹配的名称，则相应地更新视图中的 userOutput 标签。

(3) 在提醒对话框中添加文本框

虽然可以在提醒视图中使用按钮来获取用户输入，但是，有些应用程序在提醒框中包含文本框。例如，App Store 提醒用户输入 iTune 密码，然后才让用户下载新的应用程序。

要想在提醒视图中添加文本框，可以将提醒视图的 alertViewStyle 属性设置为 UIAlertViewSecureTextInput 或 UIAlertViewStylePlainTextInput，这将会添加一个密码文本框或一个普通文本框。

另一种选择是将该属性设置为 UIAlertViewStyleLoginAndPasswordInput，这将在提醒视图中包含一个普通文本框和一个密码文本框。

下面以 doAlert 方法为基础来实现 doAlertInput，让提醒视图提示用户输入电子邮件地址，显示一个普通文本框和一个 Ok 按钮，并将 ViewControler 作为委托。

下面的演示代码显示了该方法的具体实现：

```
- (IBAction)doAlertInput:(id)sender {
    UIAlertView *alertDialog;
    alertDialog = [[UIAlertView alloc]
              initWithTitle: @"Email Address"
              message: @"Please enter your email address:"
              delegate: self
              cancelButtonTitle: @"Ok"
              otherButtonTitles: nil];
    alertDialog.alertViewStyle = UIAlertViewStylePlainTextInput;
    [alertDialog show];
}
```

此处，只需设置 alertViewStyle 属性，就可以在提醒视图中包含文本框。运行该应用程序，并触摸“有输入框的”按钮，就会看到如图 11-19 所示的提醒视图。

(4) 访问提醒视图的文本框

要想访问用户通过提醒视图提供的输入，可以使用 alerNiew:clickedButtonAtIndeX 方法来实现。前面已经在 doMultiButtonAlert 中使用过这个方法来处理提醒视图，此时，我们应该知道调用的是哪种提醒，并做出相应的反应。

鉴于在方法 alertView:clickedButtonAtIndex 中可以访问提醒视图本身，因此，可检查提醒视图的标题，如果它与包含文本框的提醒视图的标题(Email Address)相同，则将 userOutput 设置为用户在文本框中输入的文本。

此功能很容易实现，只需对传递给 alertView:clickedButtonAtIndex 的提醒视图对象的 title 属性进行简单的字符串比较即可。

图 11-19　提醒视图包含一个输入框

修改 alertView:clickedButtonAtIndex 方法，在最后添加如下所示的代码：

```
if ([alertView.title isEqualToString: @"Email Address"]) {
    self.userOutput.text=[[alertView textFieldAtIndex:0] text];
}
```

这样，对传入的 alertView 对象的 title 属性与字符串 EmailAddress 进行比较，如果它们相同，我们就知道该方法是由包含文本框的提醒视图触发的。使用方法 textFieldAtIndex 获取文本框。由于只有一个文本框，因此使用了索引零。然后，向该文本框对象发送消息 text，以获取用户在该文本框中输入的字符串。最后，将标签 userOutput 的 text 属性设置为该字符串。

完成上述修改后，运行该应用程序。现在，用户关闭包含文本框的提醒视图时，该委托方法将被调用，从而将 userOutput 标签设置为用户输入的文本。

5. 实现操作表

实现多种类型的提醒视图后，再实现操作表将毫无困难。实际上，在设置和处理方面，操作表比提醒视图更简单，因为操作表只做一件事情：显示一系列按钮。为了创建我们的第一个操作表，将实现在文件 ViewController.m 中创建的方法存根 doActionSheet。该方法将在用户按下按钮 Lights、Camera、Action Sheet 时触发。它显示标题 Available Actions、名为 Cancel 的取消按钮以及名为 Destroy 的破坏性按钮，还有其他两个按钮，分别名为 Negotiate 和 Compromise，并且使用 ViewController 作为委托。

将下面的演示代码加入到方法 doActionSheet 中：

```
- (IBAction)doActionSheet:(id)sender {
    UIActionSheet *actionSheet;
    actionSheet = [[UIActionSheet alloc] initWithTitle:@"Available Actions"
                        delegate:self
                        cancelButtonTitle:@"Cancel"
                        destructiveButtonTitle:@"Destroy"
                        otherButtonTitles:@"Negotiate",@"Compromise",nil];
    actionSheet.actionSheetStyle = UIActionSheetStyleBlackTranslucent;
     [actionSheet showFromRect:[(UIButton *)sender frame]
                        inView:self.view animated:YES];
    //[actionSheet showInView:self.view];
}
```

在上述代码中，首先声明并实例化了一个名为 actionSheet 的 UIActionSheet 实例，这与创建提醒视图类似，此初始化方法几乎完成了所有的设置工作。在此，在第 8 行将操作表的样式设置为 UIActionSheetStyleBlackTranslucent，最后，在当前视图控制器的视图(selfview)中显示操作表。

运行该应用程序并触摸“操作表”按钮，结果如图 11-20 所示。

图 11-20　操作表

为了让应用程序能够检测并响应用户单击操作表按钮，ViewController 类必须遵守 UIAction SheetDelegate 协议，并实现 actionSheet:clickedButtonAtIndex 方法。

在接口文件 ViewController.h 中按照下面的样式修改@interface 行，这样做的目的，是让这个类遵守必要的协议：

```
@interface ViewController:UIViewController <UIAlertViewDelegate,UIActionSheetDelegate>
```

此时，注意到 ViewController 类现在遵守了两种协议：UIAlertViewDelegate 和 UIActionSheetDelegate。类可根据需要遵守任意数量的协议。

为了捕获单击事件，需要实现 actionSheet:clickedButtonAtIndex 方法，这个方法将用户单击的操作表按钮的索引作为参数。

在文件 ViewController.m 中添加如下所示的代码：

```
- (void)actionSheet:(UIActionSheet *)actionSheet
  clickedButtonAtIndex:(NSInteger)buttonIndex {
     NSString *buttonTitle = [actionSheet buttonTitleAtIndex:buttonIndex];
     if ([buttonTitle isEqualToString:@"Destroy"]) {
          self.userOutput.text = @"Clicked 'Destroy'";
     } else if ([buttonTitle isEqualToString:@"Negotiate"]) {
          self.userOutput.text = @"Clicked 'Negotiate'";
     } else if ([buttonTitle isEqualToString:@"Compromise"]) {
          self.userOutput.text = @"Clicked 'Compromise'";
     } else {
          self.userOutput.text = @"Clicked 'Cancel'";
     }
}
```

在上述代码中，使用 buttonTitleAtIndex 根据提供的索引获取用户单击的按钮的标题，其他的代码与前面处理提醒视图时使用的相同：第 4~12 行根据用户单击的按钮更新输出消息，以指出用户单击了哪个按钮。

6. 实现提醒音和震动

要想在项目中使用系统声音服务，需要使用框架 AudioToolbox 和要播放的声音素材。在前面的步骤中，已经将这些资源加入到项目中，但应用程序还不知道如何访问声音函数。为让应用程序知道该框架，需要在接口文件 ViewController.h 中导入该框架的接口文件。为此，在现有的编译指令#import 下方添加如下代码行：

```
#import <AudioToolbox/AudioToolbox.h>
```

(1) 播放系统声音

首先要实现的是用于播放系统声音的方法 doSound。其中系统声音比较短，如果设备处于静音状态，它们不会导致震动。前面设置项目时添加了文件夹 Sounds，其中包含文件 soundeffect.wav，我们将使用它来实现系统声音播放。

在实现文件 lliewController.m 中，方法 doSound 的实现代码如下所示：

```
- (IBAction)doSound:(id)sender {
    SystemSoundID soundID;
    NSString *soundFile =
      [[NSBundle mainBundle] pathForResource:@"soundeffect" ofType:@"wav"];
    AudioServicesCreateSystemSoundID((__bridge CFURLRef)
      [NSURL fileURLWithPath:soundFile], &soundID);
    AudioServicesPlaySystemSound(soundID);
}
```

上述代码的实现流程如下所示。

① 声明变量 soundID，它将指向声音文件。

② 声明字符串 soundFile，并将其设置为声音文件 soundeffect.wav 的路径。

③ 使用函数 AudioServicesCreateSystemSouIldID 创建一个 SystemSoundID(表示文件 soundeffect.wav)，供实际播放声音的函数使用。

④ 使用函数 AudioServicesPlaySystemSound 播放声音。

运行并测试该应用程序，如果按“播放声音”按钮，将播放 soundeffect.wav 文件。

(2) 播放提醒音并震动

提醒音和系统声音之间的差别在于，如果手机处于静音状态，提醒音将自动触发震动。提醒音的设置和用法与系统声音相同，要实现 ViewController.m 中的方法存根 doAlert Sound，只需复制方法 doSound 的代码，再替换为声音文件 alertsound.wav，并使用函数 AudioServicesPlayAlertSound 来实现，而不是 AudioServicesPlaySystemSound 函数。

函数 AudioServicesPlayAlertSound 的原型为：

```
AudioServicesPlayAlertSound(soundID);
```

当实现这个方法后，运行并测试该应用程序。按“播放提醒声音”按钮，将播放指定的声音，如果 iPhone 处于静音状态，则用户按下该按钮将导致手机震动。

(3) 震动

我们能够以播放声音和提醒音的系统声音服务实现震动效果。这里需要使用常量 kSystemSoundID_Vibrate，当在调用 AudioServicesPlaySystemSound 时，使用这个常量来代替 SystemSoundID，此时设备将会震动。

实现 doVibration 方法的具体代码如下所示：

```
- (IBAction)doVibration:(id)sender {
   AudioServicesPlaySystemSound(kSystemSoundID_Vibrate);
}
```

到此为止，已经实现 7 种引起用户注意的方式。我们可以在任何应用程序中使用这些技术，以确保用户知道发生的变化，并在需要时做出响应。

11.3　Media Player 框架

Media Player 框架用于播放本地和远程资源中的视频和音频。在 iOS 应用程序中，可以使用它打开模态 iPod 界面、选择歌曲以及控制播放。通过这个框架，能够与设备提供的所有内置多媒体功能集成，iOS 的 Media Player 框架不仅支持 MOV、MP4 和 3GP 格式，而且还支持其他视频格式。该框架还提供控件播放、设置回放点、播放视频及文件停止功能，同时，可以对播放各种视频格式的 iPhone 屏幕窗口进行尺寸调整和旋转。

11.3.1　Media Player 框架中的类

开发者可以利用 iOS 中的通知来处理已完成的视频，可以利用 Osp::Media::Player 类来播放视频。Osp::Media 命名空间支持 H264、H.263、MPEG 和 VC-1 视频格式。与音频播放不同，在播放视频时，应显示屏幕。为显示屏幕，借助 Osp::Ui::Controls::OverlayRegion 类来使用 OverlayRegion。OverlayRegion 还可用于照相机预览。

在 Media Player 框架中，通常使用其中如下所示的 5 个类。

- MPMoviePlayerController：能够播放多媒体，无论它位于文件系统中还是远程 URL 处，播放控制器可以提供一个 GUI，用于浏览视频、暂停、快进、倒带或发送到 AirPlay。
- MPMediaPickerController：向用户提供用于选择要播放的多媒体的界面。我们可以筛选媒体选择器显示的文件，也可让用户从多媒体库中选择任何文件。
- MPMediaItem：单个多媒体项，如一首歌曲。
- MPMediaItemCollection：表示一个将播放的多媒体项集。MPMediaPickerController 实例提供一个 MPMediaItemCollection 实例，可在下一个类(音乐播放器控制器中)直接使用它。
- MPMusicPlayerController：处理多媒体项和多媒体项集的播放。不同于电影播放器控制器，音乐播放器在幕后工作，让我们能够在应用程序的任何地方播放音乐，而不管屏幕上当前显示的是什么。

要使用任何多媒体播放器功能，都必须导入 Media Player 框架，并在要使用它的类中导入相应的接口文件：

```
#import <MediaPlayer/MediaPlayer.h>
```

这就为应用程序使用各种多媒体播放功能做好了准备。

1. 播放电影类 MPMoviePlayerController

MPMoviePlayerController 类用于表示和播放电影文件，不但可以在全屏模式下播放视频，而且，也可以在嵌入式视图中播放——要在这两种模式之间切换，只需调用一个简单的方法。

在使用电影播放器时，需要声明并初始化一个 MPMoviePlayerController 实例，为了初始化这种实例，通常调用方法 initWithContentURL，并给它传递文件名或指向视频的 URL。

例如，要创建一个电影播放器，它播放应用程序内部的文件 movie.m4v，可使用如下代码来实现：

```
NSString *movieFile = [[NSBundle mainBundle] pathForResource:@"movie" ofType:@nm4v"];
MPMoviePlayerController *moviePlayer =
  [[MPMoviePlayerController alloc] initWithContentURL;
[NSURL fileURLWithPath: movieFile]];
```

要添加 AirPlay 支持也很简单，只需将电影播放器对象的属性 allowsAirPlay 设置为 true 即可，例如：

```
moviePlayer.allowsAirPlay = YES;
```

要指定将电影播放器加入到屏幕的什么地方，必须使用函数 CGRectMake 定义一个电影播放器将占据的矩形，然后将它加入到视图中。函数 CGRectMake 可以接受 4 个参数：x 坐标、y 坐标、宽度和高度(单位为点)。例如，要让电影播放器左上角的 x 和 y 坐标分别设置为 50 和 50 点，并将宽度和高度分别设置为 100 和 75 点，可使用如下代码来实现：

```
[moviePlayer.view setFrame:CGRectMake(50.0, 50.0, 100.0, 75.0)];
[self.view  addSubview:moviePlayer.view];
```

要切换到全屏模式，可使用方法 setFullscreen:animated:来实现，例如：

```
[moviePlayer setFullscreen:YES animated:YES];
```

最后，如果要启动播放，只需给电影播放器实例发送 play 消息，例如：

```
[moviePlayer play];
```

要暂停播放，可发送 pause 消息；而要停止播放，可发送 stop 消息。

注意： Apple 支持如下编码方法：H.264 Baseline Profile 3 以及.mov.、.m4v.、.mpv 或.mp4 容器中的 MPEG-4 Part2 视频。在音频方面，支持的格式包括 AAC-LC 和 MP3。

下面是 iOS 支持的全部音频格式：

- ◎ AAC(16~320kbps)。
- ◎ AIFF。
- ◎ AAC Protected(来自 iTunes Store 的 MP4)。
- ◎ MP3(16~320kbps)。
- ◎ MP3 VBR。
- ◎ Audible(formats 2-4)。
- ◎ Apple LossleSS。
- ◎ WAV。

2. 播放结束处理类 NSNotificationCenter

当电影播放器播放完多媒体文件时，可能需要做一些清理工作，例如，将电影播放器从视图中删除。为此，可以使用 NSNotificationCenter 类注册一个“观察者”。该观察者将监视来自对象 moviePlayer 的特定通知，并在收到这种通知时调用指定的方法。例如：

```
[[NSNotificationCenter defaultCenter]
   addObserver:self
   selector:@selector(playMovieFinished:)
   name:MPMoviePlayerPlaybackDidFinishNotification
   object: moviePlayer];
```

上述代码的功能是在类中添加一个观察者，它监视事件 MPMoviePlayerPlaybackDidFinish Notification，并在检测到这种事件时调用方法 playMovieFinished。

在方法 playMovieFinished 的实现中，必须删除通知观察者(因为我们不再需要等待通知)，再执行其他的清理工作，如将电影播放器从视图中删除。

例如，下面是方法 playMovieFinished 的实现代码：

```
- (void) playMovieFinished: (NSNotification*) theNotification
{
    MPMoviePlayerController *moviePlayer = [theNotification object];
    [[NSNotificationCenter defaultCenter]
      removeObserver:self
      name:MPMoviePlayerPlaybackDidFinishNotification
      object:moviePlayer];
    [moviePlayer.view removeFromSuperview];
}
```

我们可以使用[theNotification object]获取一个指向电影播放器的引用。这提供了一种简单的方式，让我们能够引用发出通知的对象——这里是电影播放器。

3. MPMediaPickerController 多媒体选择器

要在应用程序中添加全面的音乐播放功能，还需要实现一个多媒体选择器控制器(MPMediaPickerController)，让用户能够选择音乐。另外，还需实现一个音乐播放器控制器(MPMusicPlayerController)，用于播放音乐。

MPMediaPickerController 可以显示一个界面，让用户能够从设备中选择多媒体文件。方法 initWithMediaTypes 能够初始化多媒体选择器，并限定可供用户选择的文件。因为在显示多媒体选择器之前可以调整其行为，所以可以将属性 prompt 设置为在用户选择多媒体时显示的字符串；还可设置属性 allowsPickingMultipleItems，以指定是否允许用户一次选择多个多媒体。

另外，还需设置其 delegate 属性，以便用户做出选择时，应用程序能够做出合适的反应。配置好多媒体选择器后，就可以使用方法 presentModaViewController 显示它了。

例如，下面的代码演示了如何配置并显示多媒体选择器：

```
MPMediaPickerController *mediaPicker;
mediaPicker = [[MPMediaPickerController alloc] initWithMediaTypes: MPMediaTypeMusic];
mediaPicker.prompt = @"Choose Songs";
mediaPicker.allowsPickingMultipleItems = YES;
mediaPicker.delegate = self;
[self presentModalViewController:musicPicker animated:YES];
```

在上述演示代码中，注意到传递给 initWithMediaTypes 的参数值为 MPMediaTypeMusic。下面是可应用于多媒体选择器的多种过滤器之一。

◎ MPMediaTypeMusic：音乐库。
◎ MPMediaTypeMusic：播客。
◎ MPMediaTypeMusic：录音书籍。
◎ MPMediaTypeAnyAudio：任何类型的音频文件。

显示多媒体选择器，而用户选择(或取消选择)歌曲后，就该委托登场了。通过遵守协议 MPMediaPickerControllerDelegate 并实现两个方法，可在用户选择多媒体或取消选择时做出响应。

用户显示多媒体选择器并做出选择后，我们需要采取某一种措施来处理，具体采取什么措施，取决于如下两个委托协议方法的实现。

◎ mediaPicker:didCancel：它在用户单击 Cancel 按钮时被调用。
◎ mediaPicker:didPickMediaItems：在用户从多媒体库中选择了多媒体时被调用。

在用户取消选择时，正确的响应是关闭多媒体选择器(这是一个模态视图)。由于没有选择任何多媒体，因此无须做其他处理，如下面的演示代码所示：

```
-(void)mediaPickerDidCancel:(MPMediaPickerController *)mediaPicker {
    [self dismissModalViewControllerAnimated:YES];
}
```

但是，如果用户选择了多媒体，将调用 mediaPicker:didPickMediaItems，并通过一个 MPMediaItemCollection 对象将选择的多媒体传递给这个方法。这个对象包含指向所有选定多媒体项的引用，可以用来将歌曲加入音乐播放器队列。

除了给播放器提供多媒体项集外，这个方法还应关闭多媒体选择器，因为用户已做出选择。例如，下面的代码演示了响应多媒体选择的方法的开头部分：

```
- (void)mediaPicker: (MPMediaPickerController *)mediaPicker
  didPickMediaItems: (MPMediaItemCollection *)mediaItemCollection {
    //Do something with the media item collection here
    [self dismissModalViewControllerAnimated:YES];
}
```

有关委托方法就介绍到这里。现在可以配置并显示多媒体选择器、处理取消选择并在用户选择了多媒体时接收 MPMediaItemCollection 了。

4. MPMusicPlayerController 音乐播放器

音乐播放控制器 MPMusicPlayerController 的用法与电影播放器类似，但是，它没有屏幕控件，我们不需要分配和初始化这种控制器。我们只需声明它，并指定它将集成 iPod 功能还是应用程序本地播放器：

```
MPMUSiCPlayerController *musicPlayer;
musicPlayer = [MPMusicPlayerController iPodMusicPlayer];
```

在此创建了一个 iPodMusicPlayer，这表示加入队列的歌曲和播放控制将影响系统级 iPod。如果创建的是 applicationMusicPlayer，则在应用程序中执行的任何操作都不会影响到 iPod 播放。

接下来，为了将音频加入该播放器，可以使用其 setQueueWithItemCollection 方法。此时，选择器返回的多媒体项集将派上用场——可使用它将歌曲加入音乐播放器队列：

```
[musicPlayer setOueueWithItemCollection: mediaItemCollection];
```

将多媒体加入播放器队列后，便可给播放器发送诸如 play、stop、skipToNextItem 和 skipToPreviousItem 等消息了，以控制播放：

```
[musicPlayer play];
```

要核实音乐播放器是否在播放音频，可以检查其属性 playbackState。属性 playbackState 指出了播放器当前正执行的操作。

◎ MPMusicPlaybackStateStopped：停止播放音频。
◎ MPMusicPlaybackStatePlaying：正在播放音频。
◎ MPMusicPlaybackStatePaused：暂停播放音频。

另外，我们还可能想访问当前播放的音频文件，以便给用户提供反馈；为此，可以使用 MPMediaItem 类。

MPMediaItemCollection 包含的多媒体项为 MPMediaItem。要获取播放器当前访问的 MPMediaItem，只需使用其 NowPlayingItem 属性：

```
MPMediaItem *currentSong;
currentSong = musicPlayer.nowPlayingItem;
```

通过调用 MPMediaItem 的方法 valueForProperty，并给它传递多个预定义的属性名之一，可获取为多媒体文件存储的元数据。

假如要获取当前歌曲的名称，可以使用如下代码：

```
NSString *songTitle;
songTitle = [currentSong valueForProperty:MPMediaItemPropertyTitle];
```

其他预定义的属性包括如下 4 项。

◎ MPMediaItemPropertyArtist：创作多媒体项的艺术家。
◎ MPMediaItemPropertyGenre：多媒体项的流派。
◎ MPMediaItemPropertyLyrics：多媒体项的歌词。
◎ MPMediaItemAlbumTitle：多媒体项所属专辑的名称。

这只是其中的几个元数据。我们还可使用类似的属性访问 BPM 以及其他数据，这些属性可以在 MPMediaItem 类参考文档中找到。

11.3.2　使用 Media Player 播放视频

在本节的内容中，将演示使用 MediaPlayer Framework 框架播放视频的基本流程。

实例 11-3 使用 Media Player 播放视频
源码路径 下载资源\codes\11\BigBuckBunny

(1) 打开 Xcode，新建一个名为“BigBuckBunny”的工程项目。
(2) 然后导入 MediaPlayer Framework 框架，如图 11-21 所示。

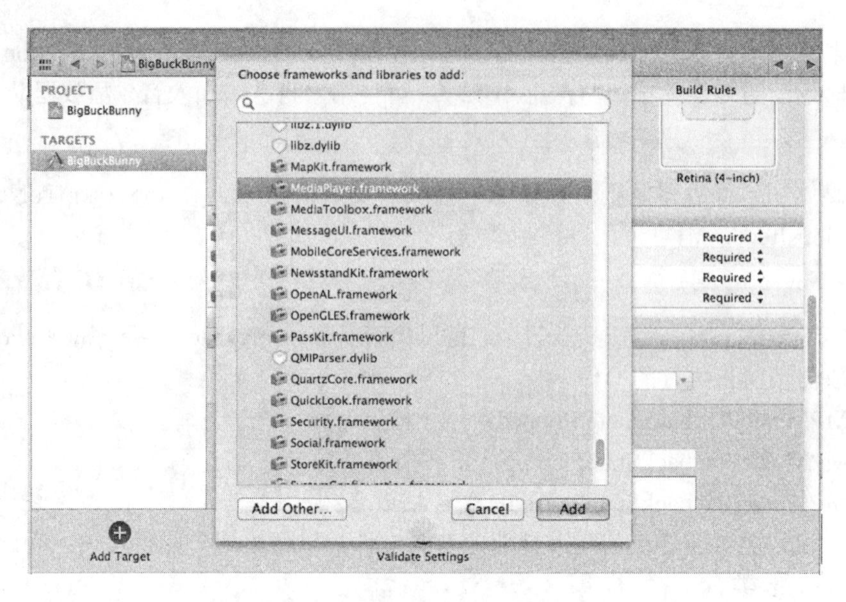

图 11-21　导入 MediaPlayer Framework 框架

(3) 导入的 MediaPlayer 框架后，声明 playMovie 方法，代码如下所示：

```
#import <UIKit/UIKit.h>
#import <MediaPlayer/MediaPlayer.h>
@interface BigBuckBunnyViewController : UIViewController {
}
-(IBAction)playMovie:(id)sender;
@end
```

(4) 实现 playMovie 方法播放视频，具体代码如下所示：

```
-(IBAction)playMovie:(id)sender
{
    NSString *filepath   =
      [[NSBundle mainBundle] pathForResource:@"big-buck-bunny-clip" ofType:@"m4v"];
    NSURL *fileURL = [NSURL fileURLWithPath:filepath];
    MPMoviePlayerController *moviePlayerController =
      [[MPMoviePlayerController alloc] initWithContentURL:fileURL];
    [self.view addSubview:moviePlayerController.view];
    [moviePlayerController play];
}
```

如前所述，我们明确地分配内存给 moviePlayerController 对象，但没有释放该内存。这是一个很严重的问题。我们无法让分配它的方法去释放，因为我们设置的电影仍然会在此方法执行完毕时继续播放下去。这种做法对自动释放也不安全，因为我们不知道电影在 autorelease 池释放时是否还在播放。幸运的是，MPMoviePlayerController 对象预置了对这种情况的处理，在电影播放结束时注册一个叫 MPMoviePlayerPlaybackDidFinishNotification 的通知到 NSNotificationCenter。为了接收这个通知，我们必须注册一个“观察员”，实现具体的通知。因此，需要对 playMovie 的方法进行如下修改：

```
-(IBAction)playMovie:(id)sender
{
    NSString *filepath =
      [[NSBundle mainBundle] pathForResource:@"big-buck-bunny-clip" ofType:@"m4v"];
    NSURL *fileURL = [NSURL fileURLWithPath:filepath];
```

```
    MPMoviePlayerController *moviePlayerController =
      [[MPMoviePlayerController alloc] initWithContentURL:fileURL];
    [[NSNotificationCenter defaultCenter] addObserver:self
    selector:@selector(moviePlaybackComplete:)
      name:MPMoviePlayerPlaybackDidFinishNotification
      object:moviePlayerController];
    [self.view addSubview:moviePlayerController.view];
    moviePlayerController.fullscreen = YES;
    [moviePlayerController play];
}
```

现在需要创建 moviePlaybackComplete(我们刚刚注册的通知)：

```
- (void)moviePlaybackComplete:(NSNotification *)notification
{
    MPMoviePlayerController *moviePlayerController = [notification object];
    [[NSNotificationCenter defaultCenter] removeObserver:self
      name:MPMoviePlayerPlaybackDidFinishNotification
      object:moviePlayerController];
    [moviePlayerController.view removeFromSuperview];
    [moviePlayerController release];
}
```

(5) 自定义动画显示大小，具体代码如下所示：

```
[moviePlayerController.view setFrame:CGRectMake(38, 100, 250, 163)];
```

当然，MPMoviePlayerController 还有其他属性的设置，比如缩放模式，缩放模式包含以下 4 种：

- MPMovieScalingModeNone。
- MPMovieScalingModeAspectFit。
- MPMovieScalingModeAspectFill。
- MPMovieScalingModeFill。

在本实例中，我们设置为：

```
moviePlayerController.scalingMode = MPMovieScalingModeFill;
```

这样，整个实例介绍完毕，执行后，可以播放视频了，如图 11-22 所示。

图 11-22　执行效果

注意：Media Player 框架涵盖的内容非常多，因为本书的篇幅有限，无法对其进行全面介绍。读者可以参阅其他相关资料对其进行全面了解。

11.4 AV Foundation 框架

虽然使用 Media Player 框架可以满足所有普通多媒体播放需求，但是，Apple 推荐使用 AV Foundation 框架来实现大部分系统声音服务不支持的、超过 30 秒的音频播放功能。另外，AV Foundation 框架还提供了录音功能，让用户能够在应用程序中直接录制声音文件。

整个编程过程非常简单，只需 4 条语句，就可以实现录音工作。在本节的内容中，将详细讲解 AV Foundation 框架的基本知识。

11.4.1 准备工作

要在应用程序中添加音频播放和录音功能，需要添加如下所示的两个新类。

(1) AVAudioRecorder：以各种不同的格式将声音录制到内存或设备本地文件中。录音过程可在应用程序执行其他功能时持续进行。

(2) AVAudioPlayer：播放任意长度的音频。使用这个类可实现游戏配乐和其他复杂的音频应用程序。我们可全面控制播放过程，包括同时播放多个音频。

要使用 AV Foundation 框架，必须将其加入到项目中，再导入如下两个(而不是一个)接口文件：

```
#import <AVFoundation/AVFoundation.h>
#import <CoreAudio/CoreAudioTypes.h>
```

在文件 CoreAudioTypes.h 中定义了多种音频类型，因为希望能够通过名称引用它们，所以必须先导入这个文件。

11.4.2 使用 AV 音频播放器

要使用 AV 音频播放器播放音频文件，需要执行的步骤与使用电影播放器相同。首先，创建一个引用本地或远程文件的 NUSRL 实例，然后分配播放器，并使用 AVAudioPlayer 的方法 initWithContentsOtIJRL:error 初始化它。

例如，要创建一个音频播放器，以播放存储在当前应用程序中的声音文件 sound.wav，可以编写如下代码来实现：

```
NSString *soundFile =
  [[NSBundle mainBundle] pathForResource:@"mysound"ofType:@"wav"];
AVAudioPlayer  *audioPlayer = [[AVAudioPlayer alloc]
  initWithContentsOfURL:[NSURL fileURLWithPath: soundFile]: error:nil];
```

要播放声音，可以向播放器发送 play 消息，例如：

```
[audioPlayer play];
```

要想暂停或禁止播放，只需发送 pause 或 stop 消息。还有其他方法，可以用于调整音频或跳转到音频文件的特定位置，这些方法可在类参考中找到。如果要在 AV 音频播放器播放完声音时做出反应，可以遵守协议 AVAudioPlayerDelegate，并将播放器的 delegate 属性设置为处理播放结束的对象，例如：

```
audioPlayer.delegate = self;
```

然后，实现方法 audioPlayerDidFinishPlaying:successfully。例如，下面的代码演示了这个方法的存根：

```
-(void) audioPlayerDidFinishPlaying: (AVAudioPlayer *)player
 successfully: (BOOL)flag {
    //Do something here, if needed.
}
```

这不同于电影播放器，不需要在通知中心添加通知，而只需遵守协议、设置委托并实现协议方法即可。在有些情况下，甚至都不需要这样做，而只需播放文件即可。

11.4.3　使用 AV 录音机

在应用程序中录制音频时，需要指定用于存储录音的文件(NSURL)，配置要创建的声音文件参数(NSDictionary)，然后使用上述文件和设置分配并初始化一个 AVAudioRecorder 实例。下面开始讲解录音的基本流程。

(1) 准备声音文件。如果不想将录音保存到声音文件中，可将录音存储到 temp 目录，否则，应存储到 Documents 目录。有关访问文件系统的更详细信息，可参阅本书前面的内容。例如，在下面的代码中，创建了一个 NSURL，它指向 temp 目录中的 sound.caf 文件：

```
NSURL *soundFileURL = [NSURL fileURLWithPath:
  [NSTemporaryDirectory() stringByAppendingString:@"sound.caf"]];
```

(2) 创建一个 NSDictionary，它包含录制音频的设置，例如：

```
NSDictionary *soundSetting = [NSDictionary dictionaryWithObjectsAndKeys:
  [NSNumber numberWithFloat: 44100.0], AVSampleRateKey,
  [NSNumber numberWithInt: kAudioFormatMPEG4AAC], AVFormatIDKey,
  [NSNumber numberWithInt:2], AVNumberOfChannelsKey,
  [NSNumber numberWithInt: AVAudioOualityHigh], AVEncoderAudioQualityKey, nil];
```

上述代码创建一个名为 soundSetting 的 NSDictionary，下面简要地总结一下这些键。

- AVSampleRateKey：录音机每秒采集的音频样本数。
- AVFormatIDKey：录音的格式。
- AVNumberofChannelsKey：录音的声道数。例如，立体声为双声道。
- AVEncoderAudioQualityKey：编码器的质量设置。

注意： 要想更详细地了解各种设置及其含义和可能取值，可以参阅 Xcode 开发文档中的 AVAudioRecorder Class Reference(滚动到 Constants 部分)。

(3) 在指定声音文件和设置后，就可以创建 AV 录音机实例了。为此，可以分配一个这样的实例，并使用 initWithURL:settings:error 方法初始化它，例如：

```
AVAudioRecorder csoundRecorder = [[AVAudioRecorder alloc]
  initWithURL: soundFileURL settings: soundSetting error: nil];
```

(4) 现在可以录音了。如果要录音，可以给录音机发送 record 消息；如果要停止录音，可以发送 stop 消息，例如：

```
[soundRecorder record];
```

录制好后，就可以使用 AV 音频播放器播放新录制的声音文件了。

11.5 图像选择器(UIImagePickerController)

图像选择器(UIImagePickerController)的工作原理与 MPMediaPickerController 类似，但不是显示一个可用于选择歌曲的视图，而显示用户的照片库。用户选择照片后，图像选择器会返回一个相应的 UIImage 对象。与 MPMediaPickerController 一样，图像选择器也以模态方式出现在应用程序中。因为这两个对象都实现了自己的视图和视图控制器，所以几乎只需调用 presentModalViewController 就能显示它们。在本节的内容中，将详细讲解图像选择器的基本知识。

11.5.1 使用图像选择器

要显示图像选择器，可以分配并初始化一个 UIImagePickerController 实例，然后再设置 sourceType 属性以指定用户可从哪些地方选择图像。属性 sourceType 有如下所示的三个值。

◎ UIImagePickerControllerSourceTypeCamera：使用设备的相机拍摄一张照片。
◎ UIImagePickerControllerSourceTypePhotoLibrary：从设备的照片库中选择一张图片。
◎ UIImagePickerControllerSourceTypeSavedPhotosAlbum：从设备的相机胶卷选择一张图片。

接下来，应设置图像选择器的 delegate 属性，功能是设置为在用户选择(拍摄)照片或按 Cancel 按钮后做出响应的对象。最后，使用 presentModalViewController:animated 显示图像选择器。

例如，下面的演示代码配置并显示了一个将相机作为图像源的图像选择器：

```
UIImagePickerController *imagePicker;
imagePicker = [[UIImagePickerController alloc] init];
imagePicker.sourceType = UIImagePickerControllerSourceTypeCamera;
imagePicker.delegate = self;
[[UIApplication sharedApplication]setstatusBarHidden:YES];
[self presentModalViewController:imagePicker animated:YES];
```

在上述代码中，方法 setStatusBarHidden 的功能是隐藏了应用程序的状态栏，因为照片库和相机界面需要以全屏模式显示。语句[UIApplication sharedApplication]获取应用程序对象，再调用其方法 setStatusBarHidden 以隐藏状态栏。

如果要判断设备是否装备了特定类型的相机，可以使用 UIImagePickerController 的方法 isCameraDeviceAvailable，它返回一个布尔值：

```
[UIImagePickerController isCameraDeviceAvailable:<camera type>]
```

其中，camera type(相机类型)为 UIImagePickerControllerCamera DeviceRear 或 UIImagePickerControllerCameraDeviceFront。

要在用户取消选择图像或选择图像时采取相应的措施，必须让我们的类遵守协议UIImagePickerControllerDelegate，并实现 imagePickerController:didFinishPickingMediaWithInfo 和 imagePickerControllerDidCancel 方法。首先，用户在图像选择器中做出选择时，将自动调用 imagePickerController:didFinishPickingMediaWithInfo 方法，向方法传递了一个 NSDictionary 对象，它可能包含多项信息，例如图像本身、编辑后的图像版本(如果允许裁剪/缩放)或有关图像的信息。要想获取所需的信息，必须提供相应的键。例如，要获取选定的图像(UIImage)，需要使用 UIlmagePickerControllerOriginalImage 键。

例如，下面的演示代码是该方法的一个实现，能够获取选择的图像、显示状态栏并关闭图像选择器：

```
-(void)imagePickerController: (UIImagePickerCantroller *)picker
  didFinishPickingMediaWithInfo: (NSDictionary *)info {
    [[UIApplication sharedApplication]setStatusBarHidden:NO];
    [self dismissModalViewControllerAnimated:YES];
    UIImage *chosenImage = [info objectForKey: UIImagePickerControllerOriginalImage];
    //Do something with the image here
}
```

注意：有关图像选择器可返回的数据的更为详细的信息，读者可以参阅 Apple 开发文档中的 UIImagePickerControllerDelegate 协议。

在第二个协议方法中，对用户取消选择图像做出响应以显示状态栏，并关闭图像选择器这个模态视图。

下面的演示代码是该方法的一个实现示例：

```
- (void)imagePickerControllerDidCancel: (UIImagePickerController *)picker {
    [[UIApplication sharedApplication] setStatusBarHidden:NO];
    [self dismissModalViewControllerAnimated:YES];
}
```

由此可见，图像选择器与多媒体选择器很像，掌握其中一个后，使用另一个就是小菜一碟了。另外，读者需要注意，每当我们使用图像选择器时，都必须遵守导航控制器委托(UINavigation ControllerDelegate)，好消息是无须实现该协议的任何方法，而只须在接口文件中引用它即可。

11.5.2 基于 Swift 语言实现 ImagePicker 功能

在本小节的内容中，将通过一个具体实例的实现过程，详细讲解基于 Swift 语言实现 ImagePicker 控件功能的过程。

实例11-4 Swift 实现 ImagePicker
源码路径 下载资源\codes\11\CustomImagePicker

(1) 打开 Xcode 6.1，然后新建一个名为“CustomImagePicker”的工程，工程的最终目录结构如图 11-23 所示。

(2) 打开 Main.storyboard，为本工程设计一个视图界面，在里面插入 UIScrollView 控件，如图 11-24 所示。

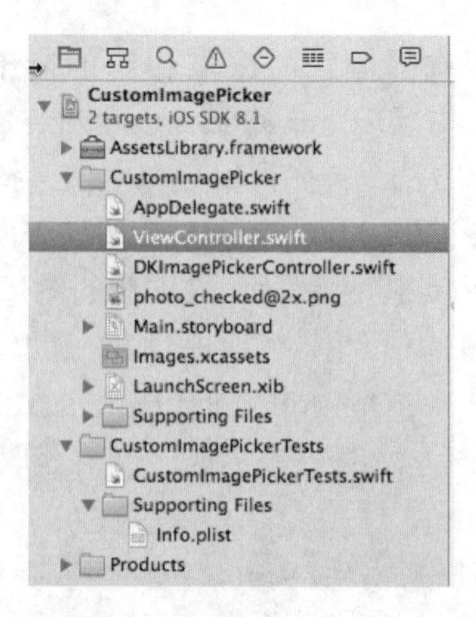

图 11-23　工程的目录结构

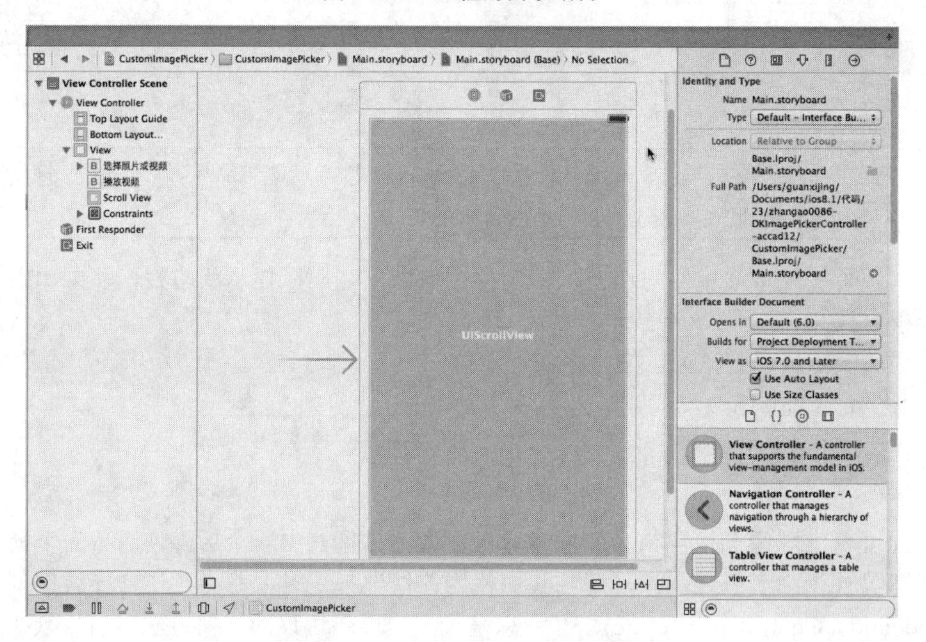

图 11-24　Main.storyboard 设计界面

(3)　本实例借助了 DKImagePickerController 类库，这是用 Swift 编写的类文件，功能是实现一个简单的 ImagePickerController，实现此类文件需要用到 AssetsLibrary.framework 库。文件 DKImagePickerController.swift 是一个开源文件，核心代码如下所示：

```
import UIKit
import AssetsLibrary

//声明
protocol DKImagePickerControllerDelegate : NSObjectProtocol {
    /// Called when right button is clicked.
    ///
    /// :param: images Images of selected
    func imagePickerControllerDidSelectedAssets(images: [DKAsset]!)
    /// Called when cancel button is clicked.
    func imagePickerControllerCancelled()
}
```

```
////////////////////////////////////////////////////////////////////////////////

// 单元标识符
let GroupCellIdentifier = "GroupCellIdentifier"
let ImageCellIdentifier = "ImageCellIdentifier"

// 提醒
let DKImageSelectedNotification = "DKImageSelectedNotification"
let DKImageUnselectedNotification = "DKImageUnselectedNotification"

// 模型组
class DKAssetGroup : NSObject {
    var groupName: NSString!
    var thumbnail: UIImage!
    var group: ALAssetsGroup!
}

// 配置模型
class DKAsset: NSObject {
    var thumbnailImage: UIImage?
    lazy var fullScreenImage: UIImage? = {
        return UIImage(CGImage: self.originalAsset.defaultRepresentation()
          .fullScreenImage().takeUnretainedValue())
    }()
    lazy var fullResolutionImage: UIImage? = {
        return UIImage(CGImage: self.originalAsset.defaultRepresentation()
          .fullResolutionImage().takeUnretainedValue())
    }()
    var url: NSURL?

    private var originalAsset: ALAsset!

    // Compare two assets
    override func isEqual(object: AnyObject?) -> Bool {
        let other = object as DKAsset!
        return self.url!.isEqual(other.url!)
    }
}

//内部
extension UIViewController {
    var imagePickerController: DKImagePickerController? {
        get {
            let nav = self.navigationController
            if nav is DKImagePickerController {
                return nav as? DKImagePickerController
            } else {
                return nil
            }
        }
    }
}

////////////////////////////////////////////////////////////////////////////////
// 显示 Group 组中的所有图片
////////////////////////////////////////////////////////////////////////////////

class DKImageGroupViewController: UICollectionViewController {

    class DKImageCollectionCell: UICollectionViewCell {
        var thumbnail: UIImage! {
```

```
        didSet {
            self.imageView.image = thumbnail
        }
    }

    override var selected: Bool {
        didSet {
            checkView.hidden = !super.selected
        }
    }

    private var imageView = UIImageView()
    private var checkView = UIImageView(image: UIImage(named: "photo_checked"))

    override init(frame: CGRect) {
        super.init(frame: frame)
        imageView.frame = self.bounds
        self.contentView.addSubview(imageView)
        self.contentView.addSubview(checkView)
    }

    required init(coder aDecoder: NSCoder) {
        fatalError("init(coder:) has not been implemented")
    }

    override func layoutSubviews() {
        super.layoutSubviews()

        imageView.frame = self.bounds
        checkView.frame.origin =
          CGPoint(x: self.contentView.bounds.width - checkView.bounds.width, y: 0)
    }
}

var assetGroup: DKAssetGroup!
private lazy var imageAssets: NSMutableArray = {
    return NSMutableArray()
}()

override init() {
    let layout = UICollectionViewFlowLayout()

    let interval: CGFloat = 3
    layout.minimumInteritemSpacing = interval
    layout.minimumLineSpacing = interval

    let screenWidth = UIScreen.mainScreen().bounds.width
    let itemWidth = (screenWidth - interval * 3) / 4

    layout.itemSize = CGSize(width: itemWidth, height: itemWidth)
    super.init(collectionViewLayout: layout)
}

required init(coder aDecoder: NSCoder) {
    fatalError("init(coder:) has not been implemented")
}

override func viewDidLoad() {
    super.viewDidLoad()
    assert(assetGroup != nil, "assetGroup is nil")
```

```
    self.title = assetGroup.groupName

    self.collectionView.backgroundColor = UIColor.whiteColor()
    self.collectionView.allowsMultipleSelection = true
    self.collectionView.registerClass(DKImageCollectionCell.self,
      forCellWithReuseIdentifier: ImageCellIdentifier)

    assetGroup.group.enumerateAssetsUsingBlock {
        [unowned self](result: ALAsset!, index: Int, stop:
          UnsafeMutablePointer<ObjCBool>) in
        if result != nil {
            let asset = DKAsset()
            asset.thumbnailImage =
              UIImage(CGImage:result.thumbnail().takeUnretainedValue())
            asset.url = result.valueForProperty(ALAssetPropertyAssetURL) as? NSURL
            asset.originalAsset = result
            self.imageAssets.addObject(asset)
        } else {
            self.collectionView.reloadData()
            dispatch_async(dispatch_get_main_queue()) {
                self.collectionView.scrollToItemAtIndexPath(NSIndexPath(forRow:
                  self.imageAssets.count-1, inSection: 0),
                atScrollPosition: UICollectionViewScrollPosition.Bottom,
                animated: false)
            }
        }
    }
}

//Mark: - UICollectionViewDelegate, UICollectionViewDataSource methods
override func numberOfSectionsInCollectionView(collectionView: UICollectionView)
  -> Int {
    return 1
}

override func collectionView(collectionView: UICollectionView,
  numberOfItemsInSection section: Int) -> Int {
    return imageAssets.count
}

override func collectionView(collectionView: UICollectionView,
  cellForItemAtIndexPath indexPath: NSIndexPath) -> UICollectionViewCell {
    let cell = collectionView.dequeueReusableCellWithReuseIdentifier
      (ImageCellIdentifier, forIndexPath: indexPath) as DKImageCollectionCell

    let asset = imageAssets[indexPath.row] as DKAsset
    cell.thumbnail = asset.thumbnailImage

    if find(self.imagePickerController!.selectedAssets, asset) != nil {
        cell.selected = true
        collectionView.selectItemAtIndexPath(indexPath, animated: false,
          scrollPosition: UICollectionViewScrollPosition.None)
    } else {
        cell.selected = false
        collectionView.deselectItemAtIndexPath(indexPath, animated: false)
    }

    return cell
}

override func collectionView(collectionView: UICollectionView,
```

```
      didSelectItemAtIndexPath indexPath: NSIndexPath) {
        NSNotificationCenter.defaultCenter().postNotificationName
          (DKImageSelectedNotification, object: imageAssets[indexPath.row])
    }

    override func collectionView(collectionView: UICollectionView,
      didDeselectItemAtIndexPath indexPath: NSIndexPath) {
        NSNotificationCenter.defaultCenter().postNotificationName
          (DKImageUnselectedNotification, object: imageAssets[indexPath.row])
    }
}

//////////////////////////////////////////////////////////////////////////////////
// MARK: 显示所有组
//////////////////////////////////////////////////////////////////////////////////

class DKAssetsLibraryController: UITableViewController {

    lazy private var groups: NSMutableArray = {
        return NSMutableArray()
    }()

    lazy private var library: ALAssetsLibrary = {
        return ALAssetsLibrary()
    }()

    private var noAccessView: UIView!

    override func viewDidLoad() {
        super.viewDidLoad()

        self.tableView.registerClass(UITableViewCell.self,
          forCellReuseIdentifier: GroupCellIdentifier)
        self.view.backgroundColor = UIColor.whiteColor()

        library.enumerateGroupsWithTypes(0xFFFFFFFF, usingBlock: {
          (group: ALAssetsGroup! , stop: UnsafeMutablePointer<ObjCBool>) in
            if group != nil {
                if group.numberOfAssets() != 0 {
                    let groupName =
                      group.valueForProperty(ALAssetsGroupPropertyName) as NSString

                    let assetGroup = DKAssetGroup()
                    assetGroup.groupName = groupName
                    assetGroup.thumbnail =
                      UIImage(CGImage: group.posterImage().takeUnretainedValue())
                    assetGroup.group = group
                    self.groups.insertObject(assetGroup, atIndex: 0)
                }
            } else {
                self.tableView.reloadData()
            }
          }, failureBlock: {(error: NSError!) in
            self.noAccessView.frame = self.view.bounds
            self.tableView.scrollEnabled = false
            self.tableView.separatorStyle = UITableViewCellSeparatorStyle.None
            self.view.addSubview(self.noAccessView)
        })
    }

    // MARK: - UITableViewDelegate, UITableViewDataSource methods
```

```
    override func numberOfSectionsInTableView(tableView: UITableView) -> Int {
        return 1
    }

    override func tableView(tableView: UITableView, numberOfRowsInSection section: Int)
      -> Int {
        return groups.count
    }

    override func tableView(tableView: UITableView, cellForRowAtIndexPath
      indexPath: NSIndexPath) -> UITableViewCell {
        let cell = tableView.dequeueReusableCellWithIdentifier(GroupCellIdentifier,
          forIndexPath: indexPath) as UITableViewCell

        let assetGroup = groups[indexPath.row] as DKAssetGroup
        cell.textLabel.text = assetGroup.groupName
        cell.imageView.image = assetGroup.thumbnail

        return cell
    }

    override func tableView(tableView: UITableView, didSelectRowAtIndexPath
      indexPath: NSIndexPath) {
        tableView.deselectRowAtIndexPath(indexPath, animated: true)

        let assetGroup = groups[indexPath.row] as DKAssetGroup
        let imageGroupController = DKImageGroupViewController()
        imageGroupController.assetGroup = assetGroup
        self.navigationController?.pushViewController(imageGroupController,
          animated: true)
    }
}

//////////////////////////////////////////////////////////////////////////////////////
// MARK: - 主控制器视图
//////////////////////////////////////////////////////////////////////////////////////

class DKImagePickerController: UINavigationController {

    /// The height of the bottom of the preview
    var previewHeight: CGFloat = 80
    var rightButtonTitle: String = "确定"
    /// Displayed when denied access
    var noAccessView: UIView = {
        let label = UILabel()
        label.text = "用户拒绝访问"
        label.textAlignment = NSTextAlignment.Center
        label.textColor = UIColor.lightGrayColor()
        return label
    }()

    class DKPreviewView: UIScrollView {
        let interval: CGFloat = 5
        private var imageLengthOfSide: CGFloat!
        private var assets = [DKAsset]()
        private var imagesDict: [DKAsset : UIImageView] = [:]

        override func layoutSubviews() {
            super.layoutSubviews()

            imageLengthOfSide = self.bounds.height - interval * 2
```

```
    }

    func imageFrameForIndex(index: Int) -> CGRect {
        return CGRect(
          x: CGFloat(index) * imageLengthOfSide + CGFloat(index + 1) * interval,
          y: (self.bounds.height - imageLengthOfSide)/2,
          width: imageLengthOfSide, height: imageLengthOfSide)
    }

    func insertAsset(asset: DKAsset) {
        let imageView = UIImageView(image: asset.thumbnailImage)
        imageView.frame = imageFrameForIndex(assets.count)

        self.addSubview(imageView)
        assets.append(asset)
        imagesDict.updateValue(imageView, forKey: asset)
        setupContent(true)
    }

    func removeAsset(asset: DKAsset) {
        imagesDict.removeValueForKey(asset)
        let index = find(assets, asset)
        if let toRemovedIndex = index {
            assets.removeAtIndex(toRemovedIndex)
            setupContent(false)
        }
    }

    private func setupContent(isInsert: Bool) {
        if isInsert == false {
            for (index, asset) in enumerate(assets) {
                let imageView = imagesDict[asset]!
                imageView.frame = imageFrameForIndex(index)
            }
        }
        self.contentSize = CGSize(width: CGRectGetMaxX((
          self.subviews.last as UIView).frame) + interval,
          height: self.bounds.height)
    }
}

class DKContentWrapperViewController: UIViewController {
    var contentViewController: UIViewController
    var bottomBarHeight: CGFloat = 0
    var showBottomBar: Bool = false {
        didSet {
            if self.showBottomBar {
                self.contentViewController.view.frame.size.height =
                  self.view.bounds.size.height - self.bottomBarHeight
            } else {
                self.contentViewController.view.frame.size.height =
                  self.view.bounds.size.height
            }
        }
    }

    init(_viewController: UIViewController) {
        contentViewController = viewController

        super.init(nibName: nil, bundle: nil)
        self.addChildViewController(viewController)
```

```
        contentViewController.addObserver(self, forKeyPath: "title",
          options: NSKeyValueObservingOptions.New, context: nil)
    }

    deinit {
        contentViewController.removeObserver(self, forKeyPath: "title")
    }

    required init(coder aDecoder: NSCoder) {
        fatalError("init(coder:) has not been implemented")
    }

    override func observeValueForKeyPath(keyPath: String, ofObject object: AnyObject,
      change: [NSObject : AnyObject], context: UnsafeMutablePointer<Void>) {
        if keyPath == "title" {
            self.title = contentViewController.title
        }
    }

    override func viewDidLoad() {
        super.viewDidLoad()

        self.view.backgroundColor = UIColor.whiteColor()
        self.view.addSubview(contentViewController.view)
        contentViewController.view.frame = view.bounds
    }
}

internal var selectedAssets: [DKAsset]!
internal  weak var pickerDelegate: DKImagePickerControllerDelegate?
lazy internal  var imagesPreviewView: DKPreviewView = {
    let preview = DKPreviewView()
    preview.hidden = true
    preview.backgroundColor = UIColor.lightGrayColor()
    return preview
}()
lazy internal var doneButton: UIButton =  {
    let button = UIButton.buttonWithType(UIButtonType.Custom) as UIButton
    button.setTitle("", forState: UIControlState.Normal)
    button.setTitleColor(self.navigationBar.tintColor,
      forState: UIControlState.Normal)
    button.reversesTitleShadowWhenHighlighted = true
    button.addTarget(self, action: "onDoneClicked",
      forControlEvents: UIControlEvents.TouchUpInside)
    return button
}()

convenience override init() {
    var libraryController = DKAssetsLibraryController()
    var wrapperVC = DKContentWrapperViewController(libraryController)
    self.init(rootViewController: wrapperVC)
    libraryController.noAccessView = noAccessView
    wrapperVC.bottomBarHeight = previewHeight

    selectedAssets = [DKAsset]()
}

deinit {
    NSNotificationCenter.defaultCenter().removeObserver(self)
}
```

```
override func viewDidLoad() {
    super.viewDidLoad()

    imagesPreviewView.frame = CGRect(x: 0, y: view.bounds.height - previewHeight,
      width: view.bounds.width, height: previewHeight)
    imagesPreviewView.autoresizingMask =
      UIViewAutoresizing.FlexibleWidth | UIViewAutoresizing.FlexibleTopMargin

    view.addSubview(imagesPreviewView)

    NSNotificationCenter.defaultCenter().addObserver(self,
      selector: "selectedImage:",
      name: DKImageSelectedNotification, object: nil)
    NSNotificationCenter.defaultCenter().addObserver(self,
      selector: "unselectedImage:", name: DKImageUnselectedNotification,
      object: nil)
}

override func pushViewController(viewController: UIViewController,
  animated: Bool) {
    var wrapperVC = DKContentWrapperViewController(viewController)
    wrapperVC.bottomBarHeight = previewHeight
    wrapperVC.showBottomBar = !imagesPreviewView.hidden

    super.pushViewController(wrapperVC, animated: animated)

    self.topViewController.navigationItem.rightBarButtonItem =
      UIBarButtonItem(customView: self.doneButton)

    if self.viewControllers.count == 1
      && self.topViewController?.navigationItem.leftBarButtonItem == nil {
        self.topViewController.navigationItem.leftBarButtonItem =
          UIBarButtonItem(barButtonSystemItem: UIBarButtonSystemItem.Cancel,
        target: self, action: "onCancelClicked")
    }
}

// MARK: - Delegate methods
func onCancelClicked() {
    if let delegate = self.pickerDelegate {
        delegate.imagePickerControllerCancelled()
    }
}

func onDoneClicked() {
    if let delegate = self.pickerDelegate {
        delegate.imagePickerControllerDidSelectedAssets(self.selectedAssets)
    }
}

// MARK: - Notifications
func selectedImage(noti: NSNotification) {
    if let asset = noti.object as? DKAsset {
        selectedAssets.append(asset)
        imagesPreviewView.insertAsset(asset)
        imagesPreviewView.hidden = false

        (self.viewControllers as [DKContentWrapperViewController]).map {
            $0.showBottomBar = !self.imagesPreviewView.hidden
        }
```

```
            self.doneButton.setTitle(rightButtonTitle + "(\(selectedAssets.count))",
              forState: UIControlState.Normal)
            self.doneButton.sizeToFit()
        }
    }

    func unselectedImage(noti: NSNotification) {
        if let asset = noti.object as? DKAsset {
            selectedAssets.removeAtIndex(find(selectedAssets, asset)!)
            imagesPreviewView.removeAsset(asset)

            self.doneButton.setTitle(rightButtonTitle + "(\(selectedAssets.count))",
              forState: UIControlState.Normal)
            self.doneButton.sizeToFit()
            if selectedAssets.count <= 0 {
                imagesPreviewView.hidden = true

                (self.viewControllers as [DKContentWrapperViewController])
                  .map {$0.showBottomBar = !self.imagesPreviewView.hidden}
                self.doneButton.setTitle("", forState: UIControlState.Normal)
            }
        }
    }
}
```

(4)　在文件 ViewController.swift 中初始化了整个工程，增加了通过系统的 Controller 选择图片或播放视频，调用 DKImagePickerController 类实现对指定图片的展示功能，也就是实现了 ImagePicker 控件浏览图片的功能效果。

文件 ViewController.swift 的具体实现代码如下所示：

```
import UIKit
import MobileCoreServices
import MediaPlayer

class ViewController: UIViewController,UINavigationControllerDelegate,
UIImagePickerControllerDelegate, DKImagePickerControllerDelegate {
    @IBOutlet var imageScrollView: UIScrollView!
    var player: MPMoviePlayerController?
    var videoURL: NSURL?
    override func viewDidLoad() {
        super.viewDidLoad()
    }
    override func didReceiveMemoryWarning() {
        super.didReceiveMemoryWarning()
        // Dispose of any resources that can be recreated.
    }

    // 使用系统的图片选取器
    func showSystemController() {
        let pickerController = UIImagePickerController()
        pickerController.delegate = self
        pickerController.sourceType = UIImagePickerControllerSourceType.PhotoLibrary
        pickerController.mediaTypes = [kUTTypeImage!, kUTTypeMovie!]

        self.presentViewController(pickerController, animated: true) {}
    }

    // 使用自定义的图片选取器
    func showCustomController() {
```

```
    let pickerController = DKImagePickerController()
    pickerController.pickerDelegate = self
    self.presentViewController(pickerController, animated: true) {}
}
@IBAction func showImagePicker() {
    //showSystemController()
    showCustomController()
}

// 使用系统的播放器播放视频
@IBAction func playVideo() {
    if let videoURL = self.videoURL {
        NSNotificationCenter.defaultCenter().addObserver(self,
          selector: "exitPlayer:",
          name: MPMoviePlayerPlaybackDidFinishNotification, object: nil)
        let player = MPMoviePlayerController(contentURL: videoURL)
        player.movieSourceType = MPMovieSourceType.File
        player.controlStyle = MPMovieControlStyle.Fullscreen
        player.fullscreen = true
        player.scalingMode = MPMovieScalingMode.Fill
        player.view.frame = view.bounds
        view.addSubview(player.view)
        player.prepareToPlay()
        player.play()
        self.player = player
    }
}

// 退出播放器
func exitPlayer(notification: NSNotification) {
    let reason = (notification.userInfo!)
      [MPMoviePlayerPlaybackDidFinishReasonUserInfoKey] as NSNumber!
    if reason.integerValue == MPMovieFinishReason.UserExited.rawValue {
        NSNotificationCenter.defaultCenter().removeObserver(self)
        self.player?.view.removeFromSuperview()
        self.player = nil
    }
}

// MARK: - UIImagePickerControllerDelegate methods
func imagePickerController(picker: UIImagePickerController,
  didFinishPickingMediaWithInfo info: [NSObject : AnyObject]) {
    let mediaType = info[UIImagePickerControllerMediaType] as NSString!
    println(mediaType)
    if mediaType.isEqualToString(kUTTypeImage) {
        let selectedImage = info[UIImagePickerControllerOriginalImage] as UIImage!
        imageScrollView.subviews.map(){$0.removeFromSuperview()}
        let imageView = UIImageView(image: selectedImage)
        imageView.contentMode = UIViewContentMode.ScaleAspectFit
        imageView.frame = imageScrollView.bounds
        imageScrollView.addSubview(imageView)
    } else {
        self.videoURL = info[UIImagePickerControllerMediaURL] as NSURL!
        let alert = UIAlertView(title: "选择的视频URL", message:
          videoURL!.absoluteString, delegate: nil, cancelButtonTitle: "确定")
        alert.show()
    }

    picker.dismissViewControllerAnimated(true, completion: nil)
}
```

```
    // MARK: - DKImagePickerControllerDelegate methods
    // 取消时的回调
    func imagePickerControllerCancelled() {
        self.dismissViewControllerAnimated(true, completion: nil)
    }

    // 选择图片并确定后的回调
    func imagePickerControllerDidSelectedAssets(assets: [DKAsset]!) {
        imageScrollView.subviews.map(){$0.removeFromSuperview}

        for (index, asset) in enumerate(assets) {
            let imageHeight: CGFloat = imageScrollView.bounds.height / 2

            let imageView = UIImageView(image: asset.thumbnailImage)
            imageView.contentMode = UIViewContentMode.ScaleAspectFit
            imageView.frame = CGRect(x: 0, y: CGFloat(index) * imageHeight,
              width: imageScrollView.bounds.width, height: imageHeight)
            imageScrollView.addSubview(imageView)
        }

        imageScrollView.contentSize.height =
          CGRectGetMaxY((imageScrollView.subviews.last as UIView).frame)

        self.dismissViewControllerAnimated(true, completion: nil)
    }
}
```

本实例执行后，将在主视图界面中列表显示不同的类型组，如图 11-25 所示。

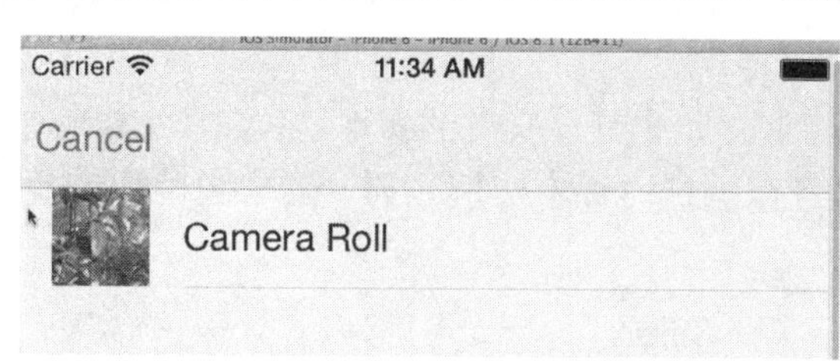

图 11-25　列表显示

单击列表中的某一个组后，会来到照片选择界面，在其中可以勾选不同的需要的照片，如图 11-26 所示。

图 11-26　选择照片

选择照片完毕后，单击“确定”按钮，会展示这组中的所有照片，如图 11-27 所示。

图 11-27　展示组中的所有照片

11.6　基于 Swift 实现一个音乐播放器

在本节的内容中，将通过一个具体实例的实现过程，详细讲解基于 Swift 语言实现一个音乐播放器的过程。读者在调试运行本实例之前，需要先确保在程序指定的路径下存在音频文件。

实例 11-5　实现一个 MP3 播放器
源码路径　下载资源\codes\11\MusicPlayer

(1) 打开 Xcode 6，然后新建一个名为“MusicPlayer”的工程，工程的最终目录结构如图 11-28 所示。

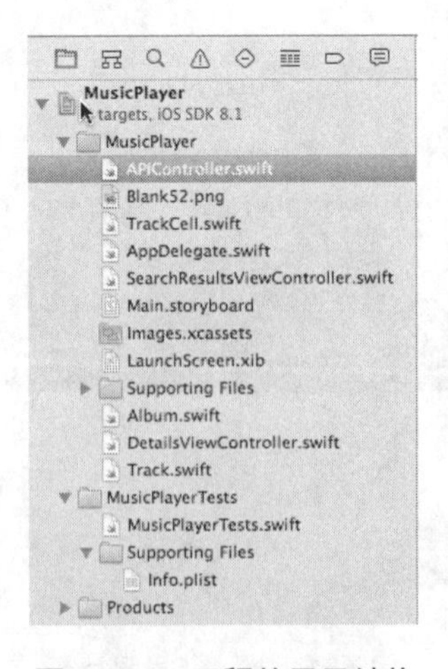

图 11-28　工程的目录结构

(2) 在 Xcode 6 的 Main.stoyboard 面板中设计 UI 界面，在主界面中列表 iTunes 市场中的专辑名称，如图 11-29 所示。

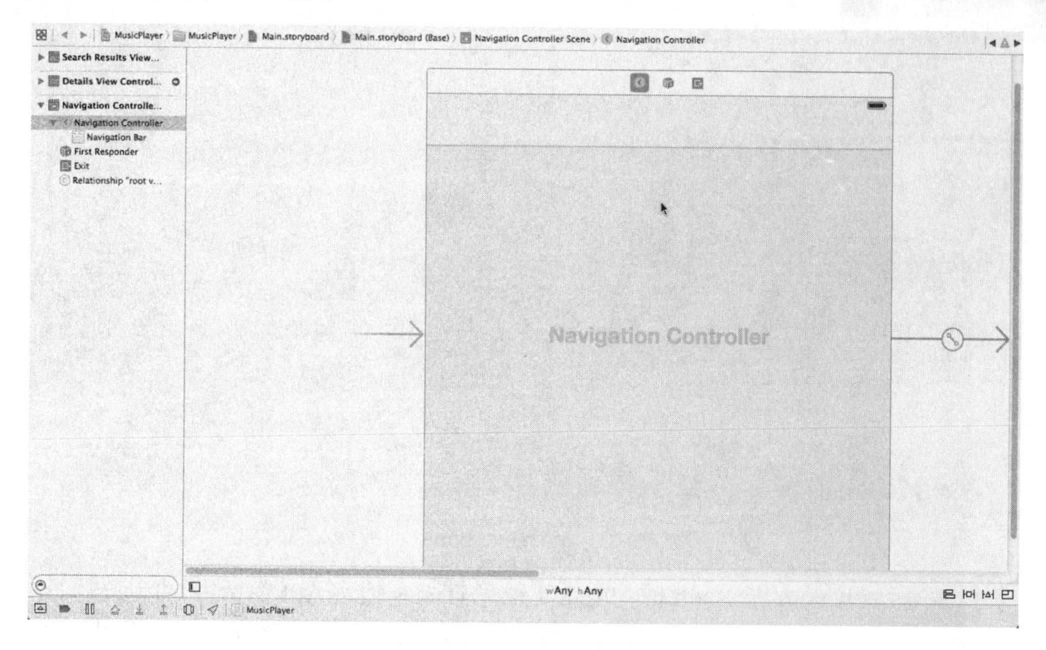

图 11-29　第一个界面

在第二个界面中，通过 Table View 视图，在底部显示搜索结果，在顶部显示搜索表单，如图 11-30 所示。

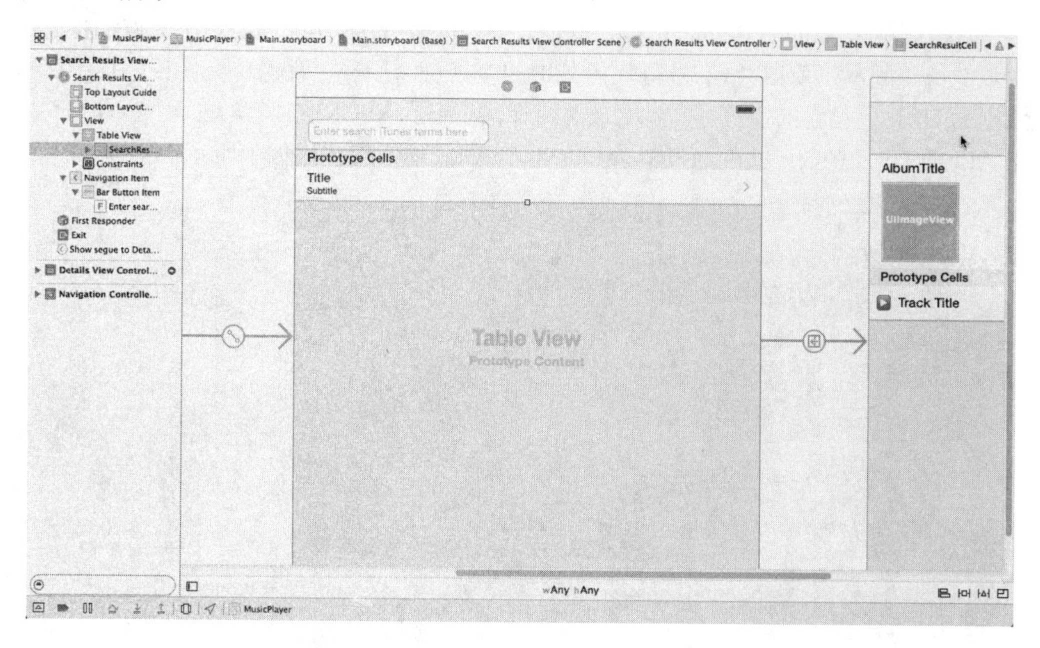

图 11-30　第二个界面

在第三个界面中显示搜索结果列表中某个专辑的详细信息，顶部使用 UIImageView 控件显示专辑图片，下方通过 Track 显示专辑中的各首歌曲的名称，如图 11-31 所示。

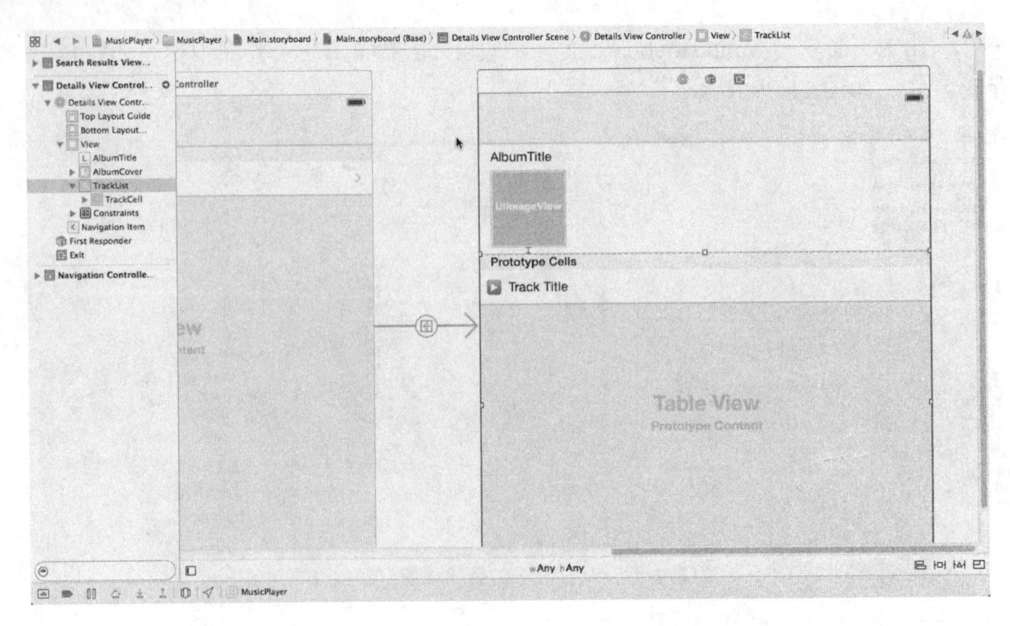

图 11-31　Main.stoyboard 面板

(3) 文件 APIController.swift 的功能是实现对 iTunes 搜索 API 的调用，并让一个定制的代理来接收响应。创建一个名为 searchItunesFor(searchTerm:String)的函数。我们用它来实现对任意搜索词的网络请求。首先，需要对传入搜索词进行修正，搜索 API 要求搜索词的格式为“第一个搜索词 + 第二个搜索词 + 第三个搜索词 + 其他搜索词”，而不是“第一个搜索词 %20 第二个搜索词 %20 第三个搜索词 %20 ...”。因此，我们没有调用 URL 编码函数，而是调用了 sringByReplacingOccurenesOfString 的 NSString 方法。这个方法将返回搜索变量的修正版本，使用“+”号替代了其中的空格符。接着，我们转义了搜索词中哪些无法识别为 URL 所包含的字符。再接下来的两行，定义了 NSURL 对象，这个对象将作为 iOS 网络 API 的 URL 参数。文件 APIController.swift 的具体实现代码如下所示：

```
import Foundation

protocol APIControllerProtocol {
    func didReceiveAPIResults(results: NSDictionary)
}
class APIController {
    var delegate: APIControllerProtocol
    init(delegate: APIControllerProtocol) {
        self.delegate = delegate
    }
    func get(path: String) {
        let url = NSURL(string: path)
        let session = NSURLSession.sharedSession()
        let task = session.dataTaskWithURL(url!, completionHandler: {
            data, response, error -> Void in
            println("Task completed")
            if(error != nil) {
                // If there is an error in the web request, print it to the console
                println(error.localizedDescription)
            }
            var err: NSError?
            var jsonResult = NSJSONSerialization.JSONObjectWithData(data,
```

```
            options: NSJSONReadingOptions.MutableContainers,
            error: &err) as NSDictionary
          if(err != nil) {
              // If there is an error parsing JSON, print it to the console
              println("JSON Error \(err!.localizedDescription)")
          }
          let results: NSArray = jsonResult["results"] as NSArray
          self.delegate.didReceiveAPIResults(jsonResult)
      })
      task.resume()
  }
  func searchItunesFor(searchTerm: String) {
      // The iTunes API wants multiple terms separated by + symbols,
      // so replace spaces with + signs
      let itunesSearchTerm = searchTerm.stringByReplacingOccurrencesOfString(" ",
        withString: "+", options: NSStringCompareOptions.CaseInsensitiveSearch,
        range: nil)
      // Now escape anything else that isn't URL-friendly
      if let escapedSearchTerm =
        itunesSearchTerm.stringByAddingPercentEscapesUsingEncoding
        (NSUTF8StringEncoding) {
          let urlPath = "https://itunes.apple.com/
                        search?term=\(escapedSearchTerm)&media=music&entity=album"
          get(urlPath)
      }
  }
  func lookupAlbum(collectionId: Int) {
      get("https://itunes.apple.com/lookup?id=\(collectionId)&entity=song")
  }
}
```

(4) 文件 SearchResultsViewController.swift 的功能是根据用户输入的关键词显示搜索结果列表，具体实现代码如下所示：

```
import UIKit
import QuartzCore

class SearchResultsViewController: UIViewController, UITableViewDataSource,
 UITableViewDelegate, UITextFieldDelegate, APIControllerProtocol {
    @IBOutlet weak var searchField: UITextField!
    @IBOutlet var appsTableView : UITableView?
    var albums = [Album]()
    var api : APIController?
    var imageCache = [String : UIImage]()
    let kCellIdentifier: String = "SearchResultCell"
    override func viewDidLoad() {
        super.viewDidLoad()
        // Do any additional setup after loading the view, typically from a nib.
        api = APIController(delegate: self)
        UIApplication.sharedApplication().networkActivityIndicatorVisible = true
        api!.searchItunesFor("Beatles")
    }
    override func didReceiveMemoryWarning() {
        super.didReceiveMemoryWarning()
        // Dispose of any resources that can be recreated.
    }
    // UITextFieldDelegate
    func textFieldShouldReturn(textField: UITextField!) -> Bool {
        var searchText = self.searchField.text.stringByTrimmingCharactersInSet
          (NSCharacterSet.whitespaceAndNewlineCharacterSet())
        if searchText.utf16Count > 0 {
```

```
            println(searchText)
            api!.searchItunesFor(searchText)
            // self.toDoItem = ToDoItem(name: self.searchField.text)
        }
        println("done!")
        textField.resignFirstResponder()
        return false
    }
    // MARK: UITableViewDataSource
    func tableView(tableView: UITableView, numberOfRowsInSection section: Int) -> Int {
        return albums.count
    }
    func tableView(tableView: UITableView, cellForRowAtIndexPath indexPath: NSIndexPath)
      -> UITableViewCell {

        let cell: UITableViewCell =
          tableView.dequeueReusableCellWithIdentifier(kCellIdentifier)
          as UITableViewCell
        // Add a check to make sure this exists
        let album = self.albums[indexPath.row]
        cell.textLabel.text = album.title
        cell.imageView.image = UIImage(named: "Blank52")
        // Get the formatted price string for display in the subtitle
        let formattedPrice = album.price
        // Jump in to a background thread to get the image for this item
        // Grab the artworkUrl60 key to get an image URL for the app's thumbnail
        let urlString = album.thumbnailImageURL
        // Check our image cache for the existing key. This is just a dictionary of UIImages
        //var image: UIImage? = self.imageCache.valueForKey(urlString) as? UIImage
        var image = self.imageCache[urlString]
        if( image == nil) {
            // If the image does not exist, we need to download it
            var imgURL: NSURL = NSURL(string: urlString)!
            // Download an NSData representation of the image at the URL
            let request: NSURLRequest = NSURLRequest(URL: imgURL)
            NSURLConnection.sendAsynchronousRequest(request,
              queue: NSOperationQueue.mainQueue(),
              completionHandler: {(response: NSURLResponse!,
                data: NSData!,error: NSError!) -> Void in
                if error == nil {
                    image = UIImage(data: data)
                    // Store the image in to our cache
                    self.imageCache[urlString] = image
                    dispatch_async(dispatch_get_main_queue(), {
                        if let cellToUpdate =
                          tableView.cellForRowAtIndexPath(indexPath) {
                            cellToUpdate.imageView.image = image
                        }
                    })
                }
                else {
                    println("Error: \(error.localizedDescription)")
                }
            })
        }
        else {
            dispatch_async(dispatch_get_main_queue(), {
                if let cellToUpdate = tableView.cellForRowAtIndexPath(indexPath) {
                    cellToUpdate.imageView.image = image
                }
            })
```

```
        }
        cell.detailTextLabel?.text = formattedPrice
        return cell
    }
    func tableView(tableView: UITableView, willDisplayCell cell: UITableViewCell,
      forRowAtIndexPath indexPath: NSIndexPath) {
        cell.layer.transform = CATransform3DMakeScale(0.1,0.1,1)
        UIView.animateWithDuration(0.25, animations: {
            cell.layer.transform = CATransform3DMakeScale(1,1,1)
        })
    }
    override func prepareForSegue(segue: UIStoryboardSegue, sender: AnyObject?) {
        var detailsViewController: DetailsViewController =
          segue.destinationViewController as DetailsViewController
        var albumIndex = appsTableView!.indexPathForSelectedRow()!.row
        var selectedAlbum = self.albums[albumIndex]
        detailsViewController.album = selectedAlbum
    }
    func didReceiveAPIResults(results: NSDictionary) {
        var resultsArr: NSArray = results["results"] as NSArray
        dispatch_async(dispatch_get_main_queue(), {
            self.albums = Album.albumsWithJSON(resultsArr)
            self.appsTableView!.reloadData()
            UIApplication.sharedApplication().networkActivityIndicatorVisible = false
        })
    }
}
```

(5) 为了方便地传递专辑信息，需要创建一个表示专辑的模型。创建一个新的 Swift 文件 Album.swift，这是一个非常简单的类，它只为我们提供了专辑的几个属性。我们创建了类型为可选字符串的 6 个不同的属性，增加了一个在使用这个对象之前对其展开的初始化方法。初始化方法非常简单，它仅仅依据所提供的参数设置所有属性。文件 Album.swift 的具体实现代码如下所示：

```
import Foundation

class Album {
    var title: String
    var price: String
    var thumbnailImageURL: String
    var largeImageURL: String
    var itemURL: String
    var artistURL: String
    var collectionId: Int
    init(name: String, price: String, thumbnailImageURL: String, largeImageURL: String,
      itemURL: String, artistURL: String, collectionId: Int) {
        self.title = name
        self.price = price
        self.thumbnailImageURL = thumbnailImageURL
        self.largeImageURL = largeImageURL
        self.itemURL = itemURL
        self.artistURL = artistURL
        self.collectionId = collectionId
    }
    class func albumsWithJSON(allResults: NSArray) -> [Album] {
        // Create an empty array of Albums to append to from this list
        var albums = [Album]()
        // Store the results in our table data array
        if allResults.count>0 {
```

```
            // Sometimes iTunes returns a collection, not a track,
            // so we check both for the 'name'
            for result in allResults {
                var name = result["trackName"] as? String
                if name == nil {
                    name = result["collectionName"] as? String
                }
                // Sometimes price comes in as formattedPrice,
                // sometimes as collectionPrice..
                // and sometimes it's a float instead of a string. Hooray!
                var price = result["formattedPrice"] as? String
                if price == nil {
                    price = result["collectionPrice"] as? String
                    if price == nil {
                        var priceFloat: Float? = result["collectionPrice"] as? Float
                        var nf: NSNumberFormatter = NSNumberFormatter()
                        nf.maximumFractionDigits = 2
                        if priceFloat != nil {
                            price = "$"+nf.stringFromNumber(priceFloat!)!
                        }
                    }
                }
                let thumbnailURL = result["artworkUrl60"] as? String ?? ""
                let imageURL = result["artworkUrl100"] as? String ?? ""
                let artistURL = result["artistViewUrl"] as? String ?? ""
                var itemURL = result["collectionViewUrl"] as? String
                if itemURL == nil {
                    itemURL = result["trackViewUrl"] as? String
                }
                var collectionId =
                result["collectionId"] as? Int var newAlbum = Album(name: name!,
                  price: price!, thumbnailImageURL: thumbnailURL,
                  largeImageURL: imageURL,
                  itemURL: itemURL!, artistURL: artistURL,
                  collectionId: collectionId!)
                albums.append(newAlbum)
            }
        }
        return albums
    }
}
```

(6) 文件DetailsViewController.swift实现了显示唱片集详细信息的功能，这是一个新的视图。首先，我们创建DetailsViewController类，添加一个名为DetailsViewController.swift文件，继承自UIViewController文件。此视图控制器将非常简单，只须添加一个album，然后实现UIViewController的init和viewDidLoad方法。文件DetailsViewController.swift的具体实现代码如下所示：

```
import UIKit
import MediaPlayer
import QuartzCore

class DetailsViewController: UIViewController, APIControllerProtocol,
  UITableViewDelegate, UITableViewDataSource {
    var album: Album?
    var tracks = [Track]()
    @IBOutlet weak var titleLabel: UILabel!
    @IBOutlet weak var albumCover: UIImageView!
    @IBOutlet weak var tracksTableView: UITableView!
```

```
   lazy var api : APIController = APIController(delegate: self)
   var mediaPlayer: MPMoviePlayerController = MPMoviePlayerController()
   required init(coder aDecoder: NSCoder) {
      super.init(coder: aDecoder)
   }
   override func viewDidLoad() {
      super.viewDidLoad()
      titleLabel.text = self.album?.title
      albumCover.image = UIImage(data: NSData(contentsOfURL: NSURL(
        string: self.album!.largeImageURL)!)!)
      // Load in tracks
      if self.album != nil {
         api.lookupAlbum(self.album!.collectionId)
      }
   }
   func tableView(tableView: UITableView, numberOfRowsInSection section: Int) -> Int {
      return tracks.count
   }
   func tableView(tableView: UITableView, cellForRowAtIndexPath indexPath: NSIndexPath)
     -> UITableViewCell {
      let cell = tableView.dequeueReusableCellWithIdentifier("TrackCell") as TrackCell
      let track = tracks[indexPath.row]
      cell.titleLabel.text = track.title
      cell.playIcon.text = "▶▯ "
      return cell
   }
   func tableView(tableView: UITableView, didSelectRowAtIndexPath indexPath: NSIndexPath) {
      var track = tracks[indexPath.row]
      mediaPlayer.stop()
      mediaPlayer.contentURL = NSURL(string: track.previewUrl)
      mediaPlayer.play()
      if let cell = tableView.cellForRowAtIndexPath(indexPath) as? TrackCell {
         cell.playIcon.text = "▯ ▯ "
      }
   }
   func tableView(tableView: UITableView, willDisplayCell cell: UITableViewCell,
     forRowAtIndexPath indexPath: NSIndexPath) {
      cell.layer.transform = CATransform3DMakeScale(0.1,0.1,1)
      UIView.animateWithDuration(0.25, animations: {
         cell.layer.transform = CATransform3DMakeScale(1,1,1)
      })
   }
   // MARK: APIControllerProtocol
   func didReceiveAPIResults(results: NSDictionary) {
      var resultsArr: NSArray = results["results"] as NSArray
      dispatch_async(dispatch_get_main_queue(), {
         self.tracks = Track.tracksWithJSON(resultsArr)
         self.tracksTableView.reloadData()
         UIApplication.sharedApplication().networkActivityIndicatorVisible = false
      })
   }
}
```

(7) 文件 Track.swift 的功能是列表显示同一专辑中的歌曲，具体实现代码如下所示：

```
import Foundation
class Track {
   var title: String
   var price: String
   var previewUrl: String
   init(title: String, price: String, previewUrl: String) {
```

```
        self.title = title
        self.price = price
        self.previewUrl = previewUrl
    }
    class func tracksWithJSON(allResults: NSArray) -> [Track] {
        var tracks = [Track]()
        if allResults.count>0 {
            for trackInfo in allResults {
                // Create the track
                if let kind = trackInfo["kind"] as? String {
                    if kind=="song" {
                        var trackPrice = trackInfo["trackPrice"] as? String
                        var trackTitle = trackInfo["trackName"] as? String
                        var trackPreviewUrl = trackInfo["previewUrl"] as? String
                        if(trackTitle == nil) {
                            trackTitle = "Unknown"
                        }
                        else if(trackPrice == nil) {
                            println("No trackPrice in \(trackInfo)")
                            trackPrice = "?"
                        }
                        else if(trackPreviewUrl == nil) {
                            trackPreviewUrl = ""
                        }
                        var track = Track(title: trackTitle!, price: trackPrice!,
                          previewUrl: trackPreviewUrl!)
                        tracks.append(track)

                    }
                }
            }
        }
        return tracks
    }
}
```

执行后的初始效果会列表显示默认的专辑信息，如图 11-32 所示。

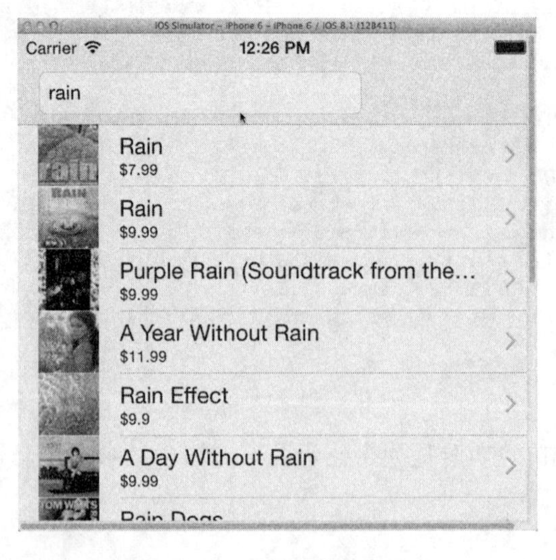

图 11-32 初始执行效果

专辑详情界面的效果如图 11-33 所示。

图 11-33　专辑详情界面的效果

播放专辑中某首音乐的效果如图 11-34 所示。

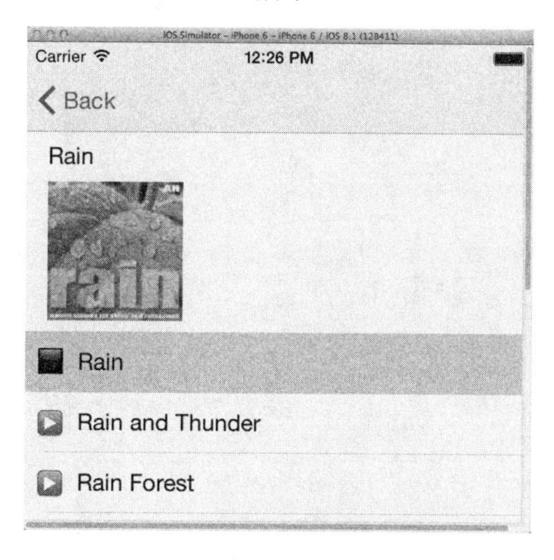

图 11-34　播放专辑中的某首音乐

第12章

iOS8

定位处理

随着当代科学技术的发展，移动导航和定位处理技术已经成为人们生活中的一部分，大大地方便了人们的生活。利用 iOS 设备中的 GPS 功能，可以精确地获取位置数据和指南针信息。

本章将分别讲解 iOS 位置检测硬件、如何读取并显示位置信息，及使用指南针确定方向的知识，将介绍使用 Core Location 和磁性指南针的基本流程，为读者步入本书后面知识的学习打下基础。

12.1 Core Location 框架

Core Location 是 iOS SDK 中一个提供设备位置的框架，通过这个框架，可以实现定位处理。在本节的内容中，将简要介绍 Core Location 框架的基本知识。

12.1.1 Core Location 基础

根据设备的当前状态(在服务区、在大楼内等)，可以使用如下 3 种技术之一。

(1) 使用 GPS 定位系统，可以精确地定位当前所在的地理位置，但由于 GPS 接收机需要对准天空才能工作，因此，在室内环境基本无用。

(2) 找到自己所在位置的有效方法是使用手机基站，当手机开机时，会与周围的基站保持联系，如果知道这些基站的身份，就可以使用各种数据库(包含基站的身份和它们的确切地理位置)计算出手机的物理位置。基站不需要卫星，与 GPS 不同，它对室内环境一样管用。但它没有 GPS 那样精确，它的精度取决于基站的密度，它在基站密集型区域的准确度最高。

(3) 依赖 Wi-Fi，当使用这种方法时，将设备连接到 Wi-Fi 网络，通过检查服务提供商的数据确定位置，它既不依赖卫星，也不依赖基站，因此，这个方法对于可以连接到 Wi-Fi 网络的区域有效，但它的精确度也是这三个方法中最差的。

在这些技术中，GPS 最为精准，如果有 GPS 硬件，Core Location 将优先使用它。如果设备没有 GPS 硬件(如 Wi-Fi iPad)或使用 GPS 获取当前位置时失败，Core Location 将退而求其次，选择使用蜂窝或 Wi-Fi。

想得到定点的信息，需要涉及到如下几个类(及协议)：

◎ CLLocationManager。

◎ CLLocation。

◎ CLLocationManagerdelegate 协议。

◎ CLLocationCoodinate2D。

◎ CLLocationDegrees。

12.1.2 使用流程

下面开始讲解基本的使用流程。

(1) 先实例化一个 CLLocationManager，同时设置委托及精确度等：

```
CLLocationManager *manager = [[CLLocationManager alloc] init]; //初始化定位器
[manager setDelegate: self]; //设置代理
[manager setDesiredAccuracy: kCLLocationAccuracyBest]; //设置精确度
```

其中，desiredAccuracy 属性表示精确度，有表 12-1 所示的 5 种选择。

NOTE 的精确度越高，用点越多，就要根据实际情况而定：

```
manager.distanceFilter = 250; //表示在地图上每隔 250m 才更新一次定位信息
[manager startUpdateLocation]; //用于启动定位器，如果不用的时候，
                                   //就必须调用 stopUpdateLocation 以关闭定位功能
```

表 12-1　desiredAccuracy 属性

desiredAccuracy 属性	描　述
kCLLocationAccuracyBest	精确度最佳
kCLLocationAccuracynearestTenMeters	精确度 10m 以内
kCLLocationAccuracyHundredMeters	精确度 100m 以内
kCLLocationAccuracyKilometer	精确度 1000m 以内
kCLLocationAccuracyThreeKilometers	精确度 3000m 以内

(2) 在 CCLocation 对象中，包含着定点的相关信息数据。其属性主要包括 coordinate、altitude、horizontalAccuracy、verticalAccuracy、timestamp 等，具体说明如下所示。

◎ coordinate：用来存储地理位置的 latitude 和 longitude，分别表示纬度和经度，都是 float 类型。例如可以这样：

```
float latitude = location.coordinat.latitude;
```

◎ location：是 CLLocation 的实例。这里也涉及上面提到的 CLLocationDegrees，它其实是一个 double 类型，在 Core Location 框架中用来储存 CLLocationCoordinate2D 实例 coordinate 的 latitude 和 longitude：

```
typedef double CLLocationDegrees;
typedef struct
{
    CLLocationDegrees latitude;
    CLLocationDegrees longitude
} CLLocationCoordinate2D;
```

◎ altitude：表示位置的海拔高度，这个值是极不准确的。

◎ horizontalAccuracy：表示水平准确度，这么理解，它是以 coordinate 为圆心的半径，返回的值越小，证明准确度越好，如果是负数，则表示 Core Location 定位失败。

◎ verticalAccuracy：表示垂直准确度，它的返回值与 altitude 相关，所以不准确。

◎ Timestamp：用于返回定位时的时间，是 NSDate 类型。

(3) CLLocationMangerDelegate 协议。

我们只需实现两个方法就可以了，例如下面的代码：

```
- (void)locationManager:(CLLocationManager *)manager
  didUpdateToLocation:(CLLocation *)newLocation
   fromLocation:(CLLocation *)oldLocation;
- (void)locationManager:(CLLocationManager *)manager
   didFailWithError:(NSError *)error;
```

上面第一个是定位时调用，后者在定位出错时调用。

(4) 现在可以去实现定位了。假设新建一个 View-based Application 模板的工程，设项目名称为 coreLocation。在 contronller 的头文件和源文件中的代码如下。

.h 文件的代码如下所示：

```
#import <UIKit/UIKit.h>
#import <CoreLocation/CoreLocation.h>
@interface CoreLocationViewController : UIViewController
```

```
<CLLocationManagerDelegate> {
    CLLocationManager *locManager;
}
@property (nonatomic, retain) CLLocationManager *locManager;
@end
```

.m 文件的代码如下所示：

```
#import "CoreLocationViewController.h"
@implementation CoreLocationViewController
@synthesize locManager;
// Implement viewDidLoad to do additional setup after loading the view,
// typically from a nib.
- (void)viewDidLoad {
    locManager = [[CLLocationManager alloc] init];
    locManager.delegate = self;
    locManager.desiredAccuracy = kCLLocationAccuracyBest;
    [locManager startUpdatingLocation];
    [super viewDidLoad];
}
- (void)didReceiveMemoryWarning {
    // Releases the view if it doesn't have a superview.
    [super didReceiveMemoryWarning];
    // Release any cached data, images, etc that aren't in use.
}
- (void)viewDidUnload {
    // Release any retained subviews of the main view.
    // e.g. self.myOutlet = nil;
}
- (void)dealloc {
    [locManager stopUpdatingLocation];
    [locManager release];
    [textView release];
    [super dealloc];
}
#pragma mark -
#pragma mark CoreLocation Delegate Methods

- (void)locationManager:(CLLocationManager *)manager
didUpdateToLocation:(CLLocation *)newLocation
fromLocation:(CLLocation *)oldLocation {
    CLLocationCoordinate2D locat = [newLocation coordinate];
    float lattitude = locat.latitude;
    float longitude = locat.longitude;
    float horizon = newLocation.horizontalAccuracy;
    float vertical = newLocation.verticalAccuracy;
    NSString *strShow = [[NSString alloc] initWithFormat:
      @"currentpos: 经度=%f 维度=%f 水平准确读=%f 垂直准确度=%f ",
      lattitude, longitude, horizon, vertical];
    UIAlertView *show = [[UIAlertView alloc] initWithTitle:@"coreLoacation"
      message:strShow delegate:nil cancelButtonTitle:@"i got it"
      otherButtonTitles:nil];
    [show show];
    [show release];
}
- (void)locationManager:(CLLocationManager *)manager
 didFailWithError:(NSError *)error {
    NSString *errorMessage;
    if ([error code] == kCLErrorDenied) {
        errorMessage = @"你的访问被拒绝";
    }
```

```
    if ([error code] == kCLErrorLocationUnknown) {
        errorMessage = @"无法定位到你的位置!";
    }
    UIAlertView *alert = [[UIAlertView alloc]
      initWithTitle:nil message:errorMessage
      delegate:self cancelButtonTitle:@"确定" otherButtonTitles:nil];
    [alert show];
    [alert release];
}
@end
```

通过上述流程，就实现了简单的定位处理。

12.2 获 取 位 置

Core Location 的大多数功能都是由位置管理器提供的，后者是 CLLocationManager 类的一个实例。我们使用位置管理器来指定位置更新的频率和精度，以及开始和停止接收这些更新。要想使用位置管理器，必须首先将框架 Core Location 加入到项目中，再导入其如下接口文件：

```
#import <CoreLocation/CoreLocation.h>
```

接下来，需要分配并初始化一个位置管理器实例，指定将接收位置更新的委托，并启动更新，代码如下所示：

```
CLLocationManager *locManager = [[CLLocationManager alloc] init];
locManager.delegate = self;
[locManager startUpdatingLocation];
```

应用程序接收完更新(通常一个更新就够了)后，使用位置管理器的 stopUpdatingLocation 方法停止接收更新。

12.2.1 位置管理器委托

位置管理器委托协议定义了用于接收位置更新的方法。对于被指定为委托以接收位置更新的类，必须遵守 CLLocationManagerDelegate 协议。

该委托有如下两个与位置相关的方法：

◎ locationManager:didUpdateToLocation:fromLocation。

◎ locationManager:didFailWithError。

方法 locationManager:didUpdateToLocation:fromLocation 的参数为位置管理器对象和两个 CLLocation 对象，其中一个表示新位置，另一个表示以前的位置。CLLocation 实例有一个 coordinate 属性，该属性是一个包含 longitude 和 latitude 的结构，而 longitude 和 latitude 的类型为 CLLocationDegrees。

CLLocationDegrees 是类型为 double 的浮点数的别名。不同的地理位置，定位方法的精度也不同，而同一种方法的精度随计算时可用的点数(卫星、蜂窝基站和 Wi-Fi 热点)而异。CLLocation 通过属性 horizontalAccuracy 指出了测量精度。

位置精度通过一个圆来表示，实际位置可能位于这个圆内的任何地方。这个圆是由属性 coordmate 和 horizontalAccuracy 表示的，其中前者表示圆心，而后者表示半径。

属性 horizontalAccuracy 的值越大，它定义的圆就越大，因此位置精度越低。如果属性 horizontalAccuracy 的值为负，则表明 coordinate 的值无效，应忽略它。

除经度和纬度外，CLLocation 还以米为单位提供了海拔高度(altitude 属性)。该属性是一个 CLLocationDistance 实例，而 CLLocationDistance 也是 double 型浮点数的别名。正数表示在海平面之上，而负数表示在海平面之下。

还有另一种精度——verticalAccuracy，它表示海拔高度的精度。verticalAccuracy 为正，表示海拔高度的误差为相应的米数；为负，表示 altitude 的值无效。

例如，在下面的演示代码中，演示了位置管理器委托方法 locationManager:didUpdateToLocation:fromLocation 的一种实现，它能够显示经度、纬度和海拔高度：

```
1: - (void)locationManager:(CLLocationManager *)manager
2:  didUpdateToLocation: (CLLocation *)newLocation
3:  fromLocation: (CLLocation *)oldLocation {
4:
5:     NSString *coordinateDesc = @"Not Available";
6:     NSString taltitudeDesc = @"Not Available";
7:
8:     if (newLocation.horizontalAccuracy >= 0) {
9:        coordinateDesc = [NSString stringWithFormat:@"%f,%f+/,%f meters",
10:         newLocation.coordinate.latitude,
11:         newLocation.coordinate.longitude,
12:         newLocation.horizontalAccuracy];
13:     }
14:
15:     if (newLocation.verticalAccuracy >= 0) {
16:        altitudeDesc=[NSString stringWithFormat:@"%f+/-%f meters",
17:         newLocation.altitude, newLocation.verticalAccuracyl;
18:     }
19:
20:     NSLog(@"Latitude/Longitude:%@ Altitude:%@",coordinateDesc,
21:       altitudeDesc);
22: }
```

在上述演示代码中，需要注意的重要语句是对测量精度的访问(第 8 行和第 15 行)，还有对经度、纬度和海拔的访问(第 10 行、第 11 行和第 17 行)，这些都是属性。第 20 行的函数 NSLog 提供了一种输出信息(通常是调试信息)的方便方式，而无需设计视图。

上述代码的执行结果类似于：

```
Latitude/Longitude: 35.904392, -79.055735 +1- 76.356886 meters Altitude:   -
28.000000 +1- 113.175757 meters
```

另外，CLLocation 还有一个 speed 属性，该属性是通过比较当前位置和前一个位置，并比较它们之间的时间差异和距离计算得到的。鉴于 Core Location 更新的频率，speed 属性的值不是非常精确，除非移动速度变化很小。

12.2.2 处理定位错误

应用程序开始跟踪用户的位置时，会在屏幕上显示一条警告消息，如果用户禁用定位服务，iOS 不会禁止应用程序运行，但位置管理器将生成错误。

当发生错误时，将调用位置管理器委托方法 locationManager:didFailWithError，让我们知道设备无法返回位置更新。

该方法的参数指出了失败的原因。如果用户禁止应用程序定位，error 参数将为 kCLErrorDenied。如果 Core Location 经过努力后无法确定位置，error 参数将为 kCLError-LocationUnknown。如果没有可供获取位置的源，error 参数将为 kCLErrorNetwork。

通常，Core Location 将在发生错误后继续尝试确定位置，但如果是用户禁止定位，它就不会这样做。在这种情况下，需要使用方法 stopUpdatingLocation 停止位置管理器，并将相应的实例变量释放。如果使用了这样的变量，设置为 nil，以释放位置管理器占用的内存。

例如，下面的代码是 locationManager:didFailWithError 的一种简单实现：

```
1: - (void)locationManager:(CLLocationManager  *)manager
2:   didFailWithError: (NSError ')error {
3:
4:     if (error.code == kCLErrorLocationUnknown) {
5:        NSLog(@"Currently unable to retrieve location.");
6:     } else if (error.code == kCLErrorNetwork) {
7:        NSLog(@"Network used to retrieve location is unavailable.");
8:     } else if (error.code == kCLErrorDenied) {
9:        NSLog(@"Permission to retrieve location is denied.");
10:       [manager stopUpdatingLocation];
11:     }
12: }
```

与前面处理位置管理器更新的实现一样，错误处理程序也只使用了方法通过参数接收的对象的属性。上述第 4、6 和 8 行将传入的 NSError 对象的 code 属性同可能的错误条件进行比较，并采取相应的措施。

12.2.3　位置精度和更新过滤器

我们可以根据应用程序的需要来指定位置精度。例如，那些只需确定用户在哪个国家的应用程序，没有必要要求 Core Location 的精度为 10 米，而通过要求提供大概的位置，这样获得答案的速度会更快。

要指定精度，可以在启动位置更新前，设置位置管理器的 desiredAccuracy。可以使用枚举类型 CLLocationAccuracy 来指定该属性的值。当前有如下 5 个表示不同精度的常量：

- kCLLocationAccuracyBest。
- kCLLocationAccuracyNearest TenMeters。
- kCLLocationNearestHundredMeters。
- kCLLocation Kilometer。
- kCLLocationAccuracy ThreeKilometers。

启动更新位置管理器后，更新将不断传递给位置管理器委托，一直到更新停止。我们无法直接控制这些更新的频率，但是，可以使用位置管理器的 distanceFilter 属性进行间接控制。在启动更新前设置 distanceFilter 属性，它指定设备(水平或垂直)移动多少米后才将另一个更新发送给委托。

例如，在下面的代码中，使用适合跟踪长途跋涉者的设置启动位置管理器：

```
CLLocationManager *locManager = [[CLLocationManager alloc] init];
locManager.delegate = self;
locManager.desiredAccuracy = kCLLocationAccuracyHundredMeters;
```

```
locManager.distanceFilter = 200;
[locManager startUpdatingLocation];
```

每种对设备进行定位的方法(GPS、蜂窝和 Wi-Fi)都可能非常耗电。应用程序要求对设备进行定位的精度越高，属性 distanceFilter 的值越小，应用程序的耗电量就越大。为增长电池的续航时间，请求的位置更新精度和频率务必不要超过应用程序的需求。为延长电池的续航时间，应在可能的情况下停止位置管理器更新。

12.2.4 获取航向

通过位置管理器中的 headingAvailable 属性，能够指出设备是否装备了磁性指南针。如果该属性的值为 YES，便可以使用 Core Location 来获取航向(heading)信息。接收航向更新与接收位置更新极为相似，要开始接收航向更新，可以指定位置管理器委托，设置属性 headingFilter 以指定要以什么样的频率(以航向变化的度数度量)接收更新，并对位置管理器调用 startUpdatingHeading 方法，例如下面的代码：

```
locManager.delegate = self;
locManager.headingFilter = 10;
[locManager startUpdatingHeading];
```

其实并没有准确的北方，地理学意义的北方是固定的，即北极；而磁北与北极相差数百英里，且每天都在移动。磁性指南针总是指向磁北，但对于有些电子指南针(如 iPhone 和 iPad 中的指南针)，可通过编程，使其指向地理学意义的北方。通常，当我们同时使用地图和指南针时，地理学意义的北方更有用。

请务必理解地理学意义的北方和磁北之间的差别，并知道应在应用程序中使用哪个。如果使用相对于地理学意义的北方的航向(属性 trueHeading)，应同时向位置管理器请求位置更新和航向更新，否则，trueHeading 将不正确。

位置管理器委托协议定义了用于接收航向更新的方法。该协议有如下两个与航向相关的方法。

(1) locationManager:didUpdateHeading：其参数是一个 CLHeading 对象。

(2) locationManager:ShouldDisplayHeadingCalibration：通过一组属性，来提供航向读数——magneticHeading 和 trueHeading，这些值的单位为度，类型为 CLLocationDirection，即双精度浮点数。具体说明如下所示：

- 如果航向为 0.0，则前进方向为北。
- 如果航向为 90.0，则前进方向为东。
- 如果航向为 180.0，则前进方向为南。
- 如果航向为 270.0，则前进方向为西。

另外，CLHeading 对象还包含属性 headingAccuracy(精度)、timestamp(读数的测量时间)和 description(描述)。例如，下面的演示代码是方法 locationManager:didUpdateHeading 的一个实现示例：

```
1: - (void)locationManager:(CLLocationManager *)manager
2:   didUpdateHeading: (CLHeading *)newHeading {
3:
4:       NSString *headingDesc = @"Not Available";
5:
```

```
6:      if (newHeading.headingAccuracy >= 0) {
7:          CLLocationDirection trueHeading = newHeading.trueHeading;
8:           CLLocationDirection magneticHeading=newHeading.magneticHeading;
9:
10:         headingDesc = [NSString stringWithFormat:
11:           @"%f degrees (true), %f degrees (magnetic)",
12:           trueHeading, magneticHeading];
13:
14:         NSLog (headingDesc);
15:     }
16: }
```

这与处理位置更新的实现很像。第 6 行通过检查确保数据是有效的，然后从传入的 CLHeading 对象的属性 trueHeading 和 magneticHeading 获取真正的航向和磁性航向。生成的输出类似于：

```
180.9564392 degrees (true), 182.684822 degrees (magnetic)
```

另一个委托方法 locationManager:ShouldDisplayHeadingCalibration 只包含一行代码：返回 YES 或 NO，以指定位置管理器是否向用户显示校准提示。该提示让用户远离任何干扰，并将设备旋转 360 度。指南针总是自我校准，因此，这种提示仅在指南针读数剧烈波动时才有帮助。如果校准提示会令用户讨厌或分散用户的注意力(如用户正在输入数据或玩游戏时)，应将该方法实现为返回 NO。

注意： iOS 模拟器将报告航向数据可用，并且只提供一次航向更新。

12.3　地 图 功 能

iOS 的 Google Maps 实现向用户提供了一个地图应用程序，它响应速度快，使用起来很有趣。通过使用 Map Kit，我们的应用程序也能提供这样的用户体验。在本节的内容中，将简要介绍在 iOS 中使用地图的基本知识。

12.3.1　Map Kit 基础

通过使用 Map Kit，可以将地图嵌入到视图中，并提供显示该地图所需的所有图块(图像)。它在需要时处理滚动、缩放和图块加载。Map Kit 还能执行反向地理编码(Reverse Geocoding)，即根据坐标获取位置信息(国家、州、城市、地址)。

注意： Map Kit 图块(Map Tile)来自 Google Maps / Google Earth API，虽然我们不能直接调用该 API，但 Map Kit 代表我们进行这些调用，因此，使用 Map Kit 的地图数据时，我们和我们的应用程序必须遵守 Google Maps / Google Earth API 服务条款。

开发人员无须编写任何代码，就可使用 Map Kit，只需将 Map Kit 框架加入到项目中，并使用 Interface Builder 将一个 MKMapView 实例加入到视图中。添加地图视图后，便可以在 Attributes Inspector 中设置多个属性，这样，可以进一步定制它。

可以在地图、卫星和混合模式之间选择，可以指定让用户的当前位置在地图上居中，还可以控制用户是否可与地图交互，例如通过轻扫和张合来滚动和缩放地图。如果要以编程方式控制地图对象(MKMapView)，可以使用各种方法，例如移动地图和调整其大小。然而，必须先导入框架 Map Kit 的接口文件：

```
#import <MapKit/MapKit-h>
```

当需要操纵地图时，大多数情况下，都需要添加 Core Location 框架并导入其接口文件：

```
#import <CoreLocation/CoreLocation.h>
```

为了管理地图的视图，需要定义一个地图区域，再调用方法 setRegion:animated。区域(region)是一个 MKCoordinateRegion 结构(而不是对象)，它包含成员 center 和 span。其中，center 是一个 CLLocationCoordinate2D 结构，这种结构来自 Core Location 框架，包含成员 latitude 和 longitude；而 span 指定从中心出发向东西南北延伸多少度。

一个纬度相当于 69 英里；在赤道上，一个经度也相当于 69 英里。通过将区域跨度(span)设置为较小的值，如 0.2，可将地图的覆盖范围缩小到绕中点几英里。

例如，如果要定义一个区域，其中心的经度和纬度都为 60.0，并且每个方向的跨越范围为 0.2 度，可编写如下代码：

```
MKCoordinateRegion mapRegion;
mapRegion.center.latitude = 60.0;
mapRegion.center.longitude = 60.0;
mapRegion. span .latit udeDelta = 0.2;
mapRegion.span.longitudeDelta = 0.2;
```

要在名为 map 的地图对象中显示该区域，可以使用如下代码来实现：

```
[map setRegion:mapRegion animated:YES];
```

另一种常见的地图操作是添加标注，通过标注，让我们能够在地图上突出重要的点。

12.3.2 为地图添加标注

在应用程序中，可以给地图添加标注，就像 Google Maps 一样。要想使用标注功能，通常需要实现一个 MKAnnotationView 子类，它描述了标注的外观，以及应显示的信息。对于加入到地图中的每个标注，都需要一个描述其位置的地点标识对象(MKPlaceMark)。

为了理解如何结合使用这些对象，接下来，看一个简单的示例，我们的目的，是在地图视图 map 中添加标注，必须分配并初始化一个 MKPlacemark 对象。为初始化这种对象，需要一个地址和一个 CLLocationCoordinate2D 结构。该结构包含了经度和纬度，指定了要将地点标识放在什么地方。在初始化地点标识后，使用 MKMapView 的 addAnnotation 方法将其加入地图视图中，例如，通过下面的代码添加一段简单的标注：

```
1: CLLocationCoordinate2D myCoordinate;
2: myCoordinate.latitude = 28.0;
3: myCoordinate.longitude = 28.0;
4:
5: MKPlacemark *myMarker;
6: myMarker =  [[MKPlacemark alloc]
7:    initWithCoordinate:myCoordinate
8:    addressDictionary:fullAddress];
9: [map addAnnotation:myMarker];
```

代码中，第 1~3 行声明并初始化了一个 CLLocationCoordinate2D 结构(myCoordinate)，它包含的经度和纬度都是 28.0。第 5~8 行声明和分配了一个 MKPlacemark (myMarker)，并使用 myCoordinate 和 fullAddress 初始化它。fullAddress 要么是从地址簿条目中获取的，要么是根据 ABPerson 参考文档中的 Address 属性的定义手工创建的。这里假定从地址簿条目中获取了它。第 9 行将标注加入到地图中。

要想删除地图视图中的标注，只需将 addAnnotation 替换为 removeAnnotation 即可，而参数完全相同，无须修改。当我们添加标注时，iOS 会自动完成其他工作。Apple 提供了一个 MKAnnotationView 子类 MKPinAnnotationView。当对地图视图对象调用 addAnnotation 时，iOS 会自动创建一个 MKPinAnnotationView 实例。要想进一步定制图钉，还必须实现地图视图的委托方法 mapView:viewForAnnotation。

例如，在下面的代码中，方法 mapView:viewForAnnotation 分配并配置了一个自定义的 MKPinAnnotationView 实例：

```
1: - (MKAnnotationView *)mapView: (MKMapView *)mapView
2:   viewForAnnotation:(id <MKAnnotation>annotation {
3:
4:       MKPinAnnotationView *pinDrop = [[MKPinAnnotationView alloc]
5:         initWithAnnotation:annotation reuseIdentifier:@"myspot"];
6:       pinDrop.animatesDrop = YES;
7:       pinDrop.canShowCallout = YES;
8:       pinDrop.pinColor = MKPinAnnotationColorPurple;
9:       return pinDrop;
10:  }
```

在上述代码中，第 4 行声明和分配一个 MKPinAnnotationView 实例，并使用 iOS 传递给方法 mapView: viewForAnnotation 的参数 annotation 和一个重用标识符字符串初始化它。这个重用标识符是一个独特的字符串，让我们能够在其他地方重用标注视图。就这里而言，可以使用任何字符串。第 6~8 行通过 3 个属性，对新的图钉标注视图 pinDrop 进行了配置。animatesDrop 是一个布尔属性，当其值为 true 时，图钉将以动画方式出现在地图上；通过将 canShowCallout 属性设置为 YES，当用户触摸图钉时，将在注解中显示额外信息；最后，pinColor 设置图钉图标的颜色。

正确配置新的图钉标注视图后，第 9 行将其返回给地图视图。

如果在应用程序中使用上述方法，它将创建一个带注解的紫色图钉效果，该图钉以动画方式加入到地图中。但是，可以在应用程序中创建全新的标注视图，它们不一定非得是图钉。在此，使用了 Apple 提供的 MKPinAnnotationView，并对其属性做了调整；这样，显示的图钉将与根本没有实现这个方法时稍微不同。

注意：从 iOS 6 开始，Apple 产品不再使用 Google 地图产品，而是使用自己的地图系统。

12.4　在屏幕中实现一个定位系统

在本实例中，将通过一个定位系统的具体实现过程，来详细讲解开发这类项目的基本知识。本实例的源码来源于网络中的开源项目，功能是定位当前移动设备的位置。

实例12-1 在屏幕中实现一个定位系统
源码路径 下载资源\codes\12\WhereAmI

12.4.1 设计界面

本实例的目录结构如图12-1所示。

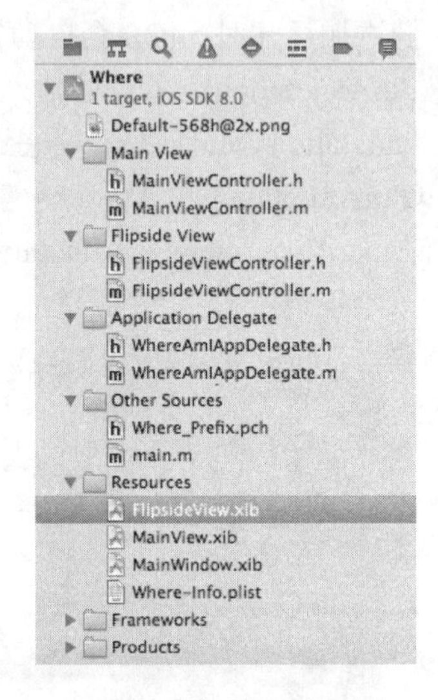

图12-1 Xcode中的结构

MainWindow.xib是本项目的主窗口，默认的Cocoa程序都有这个窗口，启动主程序时会读取这个文件，根据这个文件配置的信息会，启动对应的根控制器。界面如图12-2所示。

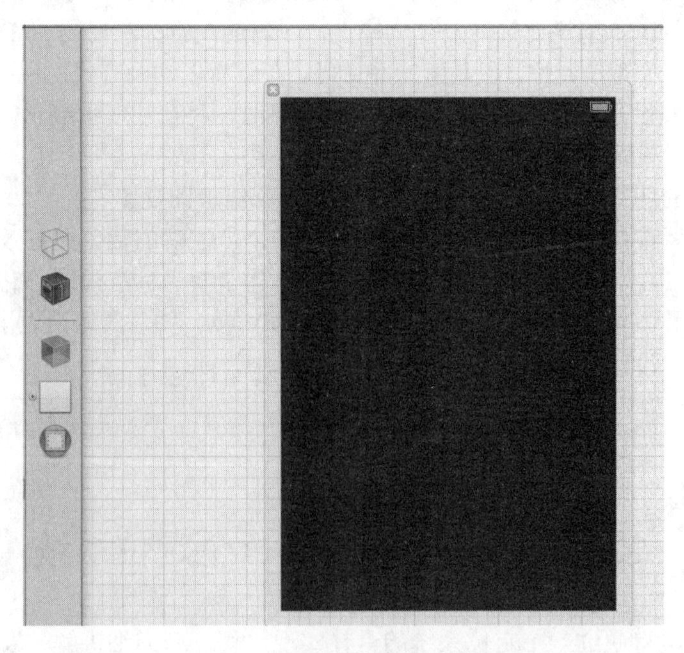

图12-2 MainWindow.xib界面

MainView.xib 是主视图的 nib 文件，是连接 MainViewController 和 MainView 的纽带。在此界面中，以表单的样式显示定位信息，如图 12-3 所示。

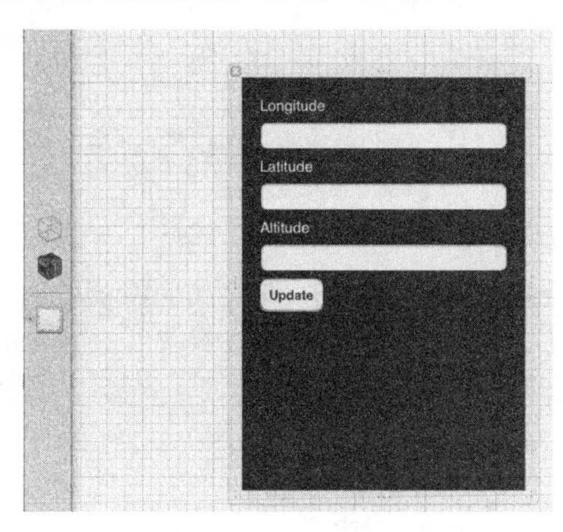

图 12-3　MainView.xib

FlipsideView.xib 是主视图的 nib 文件，是 FlipsideViewController 和 FlipsideView 的纽带。在此界面中，以文本的样式显示当前系统的描述性信息，如图 12-4 所示。

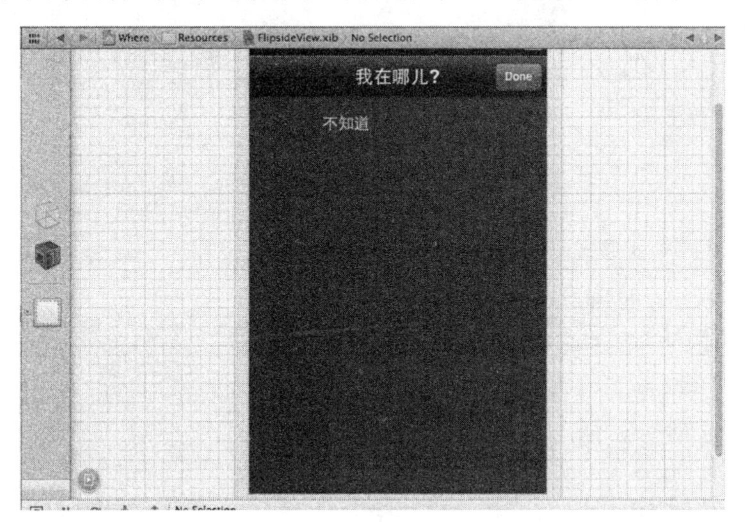

图 12-4　FlipsideView.xib

12.4.2　具体编码

在本实例中，文件 MainViewController.h 实现了主视图的关系映射，对应代码如下所示：

```
#import <UIKit/UIKit.h>
#import <CoreLocation/CoreLocation.h>
#import <CoreLocation/CLLocationManagerDelegate.h>
#import "FlipsideViewController.h"
@interface MainViewController : UIViewController
<FlipsideViewControllerDelegate,CLLocationManagerDelegate> {
    IBOutlet UITextField *altitude;
    IBOutlet UITextField *latitude;
    IBOutlet UITextField *longitude;
```

```
    CLLocationManager   *locmanager;
    BOOL               wasFound;
}
@property (nonatomic,retain) UITextField *altitude;
@property (nonatomic,retain) UITextField *latitude;
@property (nonatomic,retain) UITextField *longitude;
@property (nonatomic,retain) CLLocationManager  *locmanager;
- (IBAction)showInfo:(id)sender;
- (IBAction)update;
@end
```

在文件 MainViewController.m 中，通过- (IBAction)showInfo:方法处理单击ⓘ图标后显示另一个视图界面。通过- (IBAction)updat 方法响应单击 update 按钮后的事件，通过-(void)locationManager 方法实现定位管理功能。此文件的具体实现代码如下所示：

```
#import "MainViewController.h"
@implementation MainViewController
@synthesize altitude,latitude,longitude,locmanager;
- (IBAction)update {
    locmanager = [[CLLocationManager alloc] init];
    [locmanager setDelegate:self];
    [locmanager setDesiredAccuracy:kCLLocationAccuracyBest];
    [locmanager startUpdatingLocation];
}
// Implement viewDidLoad to do additional setup after loading the view,
// typically from a nib.
- (void)viewDidLoad {
    [self update];
}
- (void)locationManager:(CLLocationManager *)manager didUpdateToLocation:
  (CLLocation *)newLocation fromLocation:(CLLocation *)oldLocation
{
    if (wasFound) return;
    wasFound = YES;
    CLLocationCoordinate2D loc = [newLocation coordinate];
    latitude.text = [NSString stringWithFormat: @"%f", loc.latitude];
    longitude.text= [NSString stringWithFormat: @"%f", loc.longitude];
    altitude.text = [NSString stringWithFormat: @"%f", newLocation.altitude];
}
- (void)locationManager:(CLLocationManager *)manager didFailWithError:
  (NSError *)error {

    UIAlertView *alert = [[UIAlertView alloc] initWithTitle:@"错误通知"
                         message:[error description]
                         delegate:nil cancelButtonTitle:@"OK"
                         otherButtonTitles:nil];
    [alert show];
    [alert release];
}
- (void)flipsideViewControllerDidFinish:(FlipsideViewController *)controller {
    [self dismissModalViewControllerAnimated:YES];
}
- (IBAction)showInfo:(id)sender {
    FlipsideViewController *controller = [[FlipsideViewController alloc]
      initWithNibName:@"FlipsideView" bundle:nil];
    controller.delegate = self;
    controller.modalTransitionStyle = UIModalTransitionStyleFlipHorizontal;
    [self presentModalViewController:controller animated:YES];
    [controller release];
```

```
}
- (void)didReceiveMemoryWarning {
    // Releases the view if it doesn't have a superview.
    [super didReceiveMemoryWarning];
}
- (void)viewDidUnload {
    [locmanager stopUpdatingLocation];
}
/*
// Override to allow orientations other than the default portrait orientation.
- (BOOL)shouldAutorotateToInterfaceOrientation:
  (UIInterfaceOrientation)interfaceOrientation {
    // Return YES for supported orientations.
    return (interfaceOrientation == UIInterfaceOrientationPortrait);
}
*/
- (void)dealloc {
    [altitude release];
    [latitude release];
    [longitude release];
    [locmanager release];
    [super dealloc];
}
@end
```

在上述代码中，方法(void)flipsideViewControllerDidFinish:是在委托协议 FlipsideViewControllerDelegate 中定义的方法，作为 FlipsideViewControllerDelegate 协议的实现者，MainViewController 视图控制器必须实现这个方法，此方法的作用是调用[self dismissModalViewControllerAnimated:YES]语句关闭模态视图控制器。

在本实例中，FlipsideView 视图显示系统的说明信息。

在前面的文件 MainViewController.m 中，通过调用- (IBAction)showInfo:方法显示 FlipsideView 视图。其中，实现文件 FlipsideViewController.h 的代码如下所示：

```
#import <UIKit/UIKit.h>
@protocol FlipsideViewControllerDelegate;
@interface FlipsideViewController : UIViewController {
    id <FlipsideViewControllerDelegate> delegate;
}
@property (nonatomic, assign) id <FlipsideViewControllerDelegate> delegate;
- (IBAction)done:(id)sender;
@end
@protocol FlipsideViewControllerDelegate
- (void)flipsideViewControllerDidFinish:(FlipsideViewController *)controller;
@end
```

在上述文件 FlipsideViewController.h 中，不但定义了 FlipsideViewController 类，而且还定义了委托协议 FlipsideViewControllerDelegate。

文件 FlipsideViewController.m 的实现代码如下所示：

```
#import "FlipsideViewController.h"
@implementation FlipsideViewController
@synthesize delegate;
- (void)viewDidLoad {
    [super viewDidLoad];
    self.view.backgroundColor = [UIColor viewFlipsideBackgroundColor];
}
- (IBAction)done:(id)sender {
```

```
    [self.delegate flipsideViewControllerDidFinish:self];
}
- (void)didReceiveMemoryWarning {
    // Releases the view if it doesn't have a superview.
    [super didReceiveMemoryWarning];
    // Release any cached data, images, etc that aren't in use.
}
- (void)viewDidUnload {
    // Release any retained subviews of the main view.
    // e.g. self.myOutlet = nil;
}
/*
// Override to allow orientations other than the default portrait orientation.
- (BOOL)shouldAutorotateToInterfaceOrientation:(UIInterfaceOrientation)interfaceOrientation {
    // Return YES for supported orientations
    return (interfaceOrientation == UIInterfaceOrientationPortrait);
}
*/
- (void)dealloc {
    [super dealloc];
}
@end
```

在上述代码中，通过- (void)viewDidLoad 方法实现初始化处理。当单击 Done 按钮时，会调用- (IBAction)done:方法，通过此方法关闭模态视图控制器。

到此为止，整个实例的主要功能就介绍完毕了，主视图的执行效果如图 12-5 所示，可以实现定位功能。

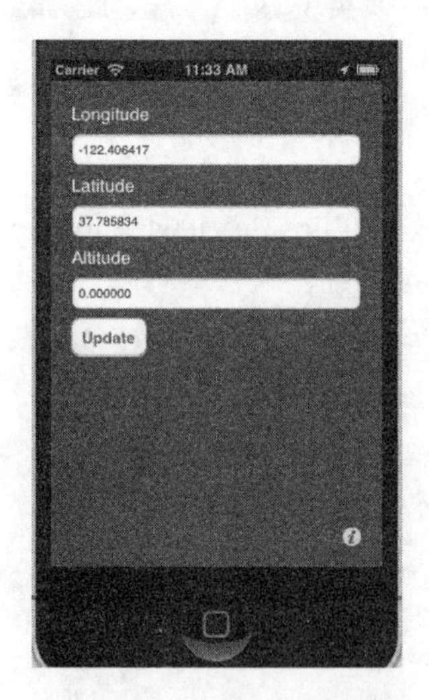

图 12-5　主视图的执行效果

12.5　使用谷歌地图

在 iOS 应用中，通过 Google Maps 实现向用户提供一个地图应用程序，它响应速度快，使用起来很有趣。通过使用 Map Kit，我们的应用程序也能提供这样的用户体验。Map Kit 让我们能够将地图嵌入到视图中，并提供显示该地图所需的所有图块(图像)。它在需要时处理滚动、缩放和图块加载。Map Kit 还能执行反向地理编码(Reverse Geocoding)，即根据坐标获取位置信息(国家、州、城市、地址)。

程序员无须编写任何代码，就可使用 Map Kit——只需将 Map Kit 框架加入到项目中，并使用 Interface Builder 将一个 MKMapView 实例加入到视图中。添加地图视图后，便可在 Attributes Inspector 中设置多个属性，以进一步定制它。在本章上一个实例中，我们的定位系统只有数字。在本实例中，将对整个实例进行升级，最大的变化是引入了谷歌地图，通过地图的样式实现定位功能，这样，整个界面将更加直观。

实例 12-2　使用谷歌地图
源码路径　下载资源\codes\12\shengji

注意： Map Kit 图块(Map Tile)来自 Google Maps / Google Earth API，虽然我们不能直接调用该 API，但 Map Kit 替我们进行这些调用，因此，使用 Map Kit 的地图数据时，我们和我们的应用程序必须遵守 Google Maps / Google Earth API 服务条款。

12.5.1　添加打开地图功能

在 Main View 添加打开地图功能的触发点，本实例中，是添加了一个 open web map 按钮。此时，升级后，文件 MainViewController.h 的实现代码如下所示：

```
#import <UIKit/UIKit.h>
#import <CoreLocation/CoreLocation.h>
#import <CoreLocation/CLLocationManagerDelegate.h>
#import "FlipsideViewController.h"
@interface MainViewController : UIViewController
<FlipsideViewControllerDelegate,CLLocationManagerDelegate> {
    IBOutlet UITextField *altitude;
    IBOutlet UITextField *latitude;
    IBOutlet UITextField *longitude;
    CLLocationManager   *locmanager;
    BOOL wasFound;
}
@property (nonatomic,retain) UITextField *altitude;
@property (nonatomic,retain) UITextField *latitude;
@property (nonatomic,retain) UITextField *longitude;
@property (nonatomic,retain) CLLocationManager  *locmanager;
- (IBAction)showInfo:(id)sender;
- (IBAction)update;
- (IBAction)openWebMap;
@end
```

在文件 MainViewController.m 中添加了一个地图界面的方法- (IBAction)openWebMap，而其他代码没有变化。文件 MainViewController.m 的具体代码如下所示：

```
#import "MainViewController.h"
@implementation MainViewController
@synthesize altitude,latitude,longitude,locmanager;
- (IBAction)openWebMap {
NSString *urlString = [NSString stringWithFormat:
                      @"http://maps.google.com/maps?q=%f,%f",
                      [latitude.text floatValue],
                      [longitude.text floatValue]];
```

```
    NSURL *url = [NSURL URLWithString:urlString];
    [[UIApplication sharedApplication] openURL:url];
}
- (IBAction)update {
    locmanager = [[CLLocationManager alloc] init];
    [locmanager setDelegate:self];
    [locmanager setDesiredAccuracy:kCLLocationAccuracyBest];
    [locmanager startUpdatingLocation];
}
// Implement viewDidLoad to do additional setup after loading the view, typically from a nib.
- (void)viewDidLoad {
    [self update];
}
- (void)locationManager:(CLLocationManager *)manager didUpdateToLocation:
  (CLLocation *)newLocation fromLocation:(CLLocation *)oldLocation {
    if (wasFound) return;
    wasFound = YES;

    CLLocationCoordinate2D loc = [newLocation coordinate];
    latitude.text = [NSString stringWithFormat: @"%f", loc.latitude];
    longitude.text = [NSString stringWithFormat: @"%f", loc.longitude];
    altitude.text = [NSString stringWithFormat: @"%f", newLocation.altitude];
}
- (void)locationManager:(CLLocationManager *)manager didFailWithError:(NSError *)error {
    UIAlertView *alert = [[UIAlertView alloc] initWithTitle:@"错误通知"
    message:[error description]
      delegate:nil cancelButtonTitle:@"OK"
      otherButtonTitles:nil];
    [alert show];
    [alert release];
}
- (void)flipsideViewControllerDidFinish:(FlipsideViewController *)controller {
    [self dismissModalViewControllerAnimated:YES];
}
- (IBAction)showInfo:(id)sender {
    CLLocation *lastLocation = [locmanager location];
    if(!lastLocation) {
        UIAlertView *alert;
        alert = [[UIAlertView alloc]
              initWithTitle:@"系统错误"
              message:@"还没有接收到数据！"
              delegate:nil cancelButtonTitle:nil
              otherButtonTitles:@"OK", nil];
        [alert show];
        [alert release];
        return;
    }
    FlipsideViewController *controller = [[FlipsideViewController alloc]
      initWithNibName:@"FlipsideView" bundle:nil];
    controller.delegate = self;
    controller.lastLocation = lastLocation;
    controller.modalTransitionStyle = UIModalTransitionStyleFlipHorizontal;
    [self presentModalViewController:controller animated:YES];
    [controller release];
}
- (void)didReceiveMemoryWarning {
    [super didReceiveMemoryWarning];
}
- (void)viewDidUnload {
    [locmanager stopUpdatingLocation];
}
```

```
// Override to allow orientations other than the default portrait orientation.
- (BOOL)shouldAutorotateToInterfaceOrientation:
  (UIInterfaceOrientation)interfaceOrientation {
    // Return YES for supported orientations.
    return (interfaceOrientation == UIInterfaceOrientationPortrait);
}
- (void)dealloc {
    [altitude release];
    [latitude release];
    [longitude release];
    [locmanager release];
    [super dealloc];
}
@end
```

此时，主界面执行后的效果如图 12-6 所示。

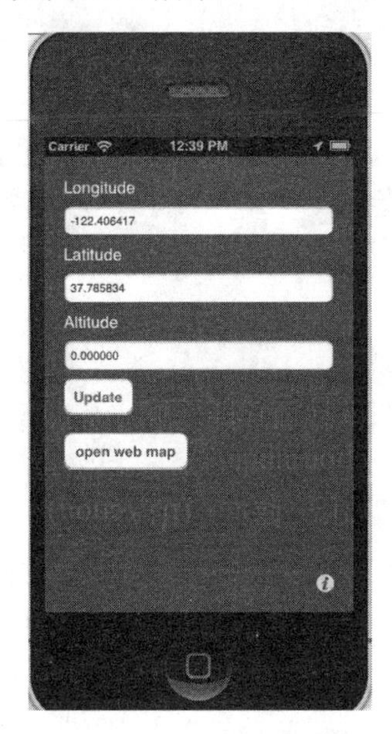

图 12-6　主界面的执行效果

12.5.2　升级视图控制器

视图控制器的变化也比较多，首先在- (void)viewDidLoad 方法中追加 mapView 代码，然后添加- (IBAction)search:方法，以在地图上标注我们的位置，并且添加了反编码查询方法 - (void)reverseGeocoder:。具体代码如下所示：

```
#import "FlipsideViewController.h"
@implementation FlipsideViewController
@synthesize delegate;
@synthesize lastLocation;
@synthesize mapView;
- (void)viewDidLoad {
    [super viewDidLoad];
    self.view.backgroundColor = [UIColor viewFlipsideBackgroundColor];
    mapView.mapType = MKMapTypeStandard;
    // mapView.mapType = MKMapTypeSatellite;
    // mapView.mapType = MKMapTypeHybrid;
```

```
    mapView.delegate = self;
}
- (IBAction)search:(id)sender {
    MKCoordinateRegion viewRegion =
      MKCoordinateRegionMakeWithDistance(lastLocation.coordinate, 2000, 2000);
    [mapView setRegion:viewRegion animated:YES];
    MKReverseGeocoder *geocoder =
      [[MKReverseGeocoder alloc] initWithCoordinate:lastLocation.coordinate];
    geocoder.delegate = self;
    [geocoder start];
}
- (IBAction)done:(id)sender {
    [self.delegate flipsideViewControllerDidFinish:self];
}
- (void)didReceiveMemoryWarning {
    [super didReceiveMemoryWarning];
}
- (void)viewDidUnload {
    // Release any retained subviews of the main view.
    // e.g. self.myOutlet = nil;
}
- (void)dealloc {
    [lastLocation release];
    [mapView release];
    [super dealloc];
}
#pragma mark -
#pragma mark Reverse Geocoder Delegate Methods
- (void)reverseGeocoder:(MKReverseGeocoder *)geocoder didFailWithError:
  (NSError *)error {
    UIAlertView *alert = [[UIAlertView alloc]
                         initWithTitle:@"地理解码错误信息"
                         message: [error description]
                         delegate:nil
                         cancelButtonTitle:@"Ok"
                         otherButtonTitles:nil];
    [alert show];
    [alert release];
    geocoder.delegate = nil;
    [geocoder autorelease];
}
- (void)reverseGeocoder:(MKReverseGeocoder *)geocoder didFindPlacemark:
  (MKPlacemark *) placemark {
    MapLocation *annotation = [[MapLocation alloc] init];
    annotation.streetAddress = placemark.thoroughfare;
    annotation.city = placemark.locality;
    annotation.state = placemark.administrativeArea;
    annotation.zip = placemark.postalCode;
    annotation.coordinate = geocoder.coordinate;
    [mapView removeAnnotations:mapView.annotations];
    [mapView addAnnotation:annotation];
    [annotation release];
    geocoder.delegate = nil;
    [geocoder autorelease];
}
#pragma mark -
#pragma mark Map View Delegate Methods
- (MKAnnotationView *) mapView:(MKMapView *)theMapView viewForAnnotation:
  (id <MKAnnotation>) annotation {
    MKPinAnnotationView *annotationView = (MKPinAnnotationView *)
      [mapView dequeueReusableAnnotationViewWithIdentifier:@"PIN_ANNOTATION"];
```

```
    if(annotationView == nil) {
        annotationView = [[[MKPinAnnotationView alloc] initWithAnnotation:annotation
          reuseIdentifier:@"PIN_ANNOTATION"] autorelease];
    }
    annotationView.pinColor = MKPinAnnotationColorPurple;
    annotationView.animatesDrop = YES;
    annotationView.canShowCallout = YES;
    return annotationView;
}
- (void)mapViewDidFailLoadingMap:(MKMapView *)theMapView withError:(NSError *)error {
    UIAlertView *alert = [[UIAlertView alloc]
                    initWithTitle:@"地图加载错误"
                    message:[error localizedDescription]
                    delegate:nil
                    cancelButtonTitle:@"Ok"
                    otherButtonTitles:nil];
    [alert show];
    [alert release];
}
@end
```

12.5.3　添加自定义地图标注对象

接下来需要添加自定义地图标注对象，在此需要实现 MKAnnotation 协议和 NSCoding 协议。文件 MapLocation.h 的实现代码如下所示：

```
#import <Foundation/Foundation.h>
#import <MapKit/MapKit.h>

@interface MapLocation : NSObject <MKAnnotation, NSCoding> {
    NSString *streetAddress;
    NSString *city;
    NSString *state;
    NSString *zip;
    CLLocationCoordinate2D coordinate;
}
@property (nonatomic, copy) NSString *streetAddress;
@property (nonatomic, copy) NSString *city;
@property (nonatomic, copy) NSString *state;
@property (nonatomic, copy) NSString *zip;
@property (nonatomic, readwrite) CLLocationCoordinate2D coordinate;
@end
```

在文件 MapLocation.m 中，通过- (NSString *)title 方法获取标题，通过- (NSString *) subtitle 方法获取子标题，通过- (void) encodeWithCoder 方法将对象的状态写入到文件中。文件 MapLocation.m 的具体代码如下所示：

```
#import "MapLocation.h"
#import <MapKit/MapKit.h>
@implementation MapLocation
@synthesize streetAddress;
@synthesize city;
@synthesize state;
@synthesize zip;
@synthesize coordinate;
#pragma mark -
- (NSString *)title {
    return @"您的位置!";
```

```
}
- (NSString *)subtitle {
    NSMutableString *ret = [NSMutableString string];
    if (streetAddress) [ret appendString:streetAddress];
    if (streetAddress && (city || state || zip)) [ret appendString:@" • "];
    if (city) [ret appendString:city];
    if (city && state) [ret appendString:@", "];
    if (state) [ret appendString:state];
    if (zip) [ret appendFormat:@", %@", zip];
    return ret;
}
#pragma mark -
- (void)dealloc {
    [streetAddress release];
    [city release];
    [state release];
    [zip release];
    [super dealloc];
}
#pragma mark -
#pragma mark NSCoding Methods
- (void) encodeWithCoder: (NSCoder *)encoder {
    [encoder encodeObject: [self streetAddress] forKey: @"streetAddress"];
    [encoder encodeObject: [self city] forKey: @"city"];
    [encoder encodeObject: [self state] forKey: @"state"];
    [encoder encodeObject: [self zip] forKey: @"zip"];
}
- (id) initWithCoder: (NSCoder *)decoder {
    if (self = [super init]) {
        [self setStreetAddress: [decoder decodeObjectForKey: @"streetAddress"]];
        [self setCity: [decoder decodeObjectForKey: @"city"]];
        [self setState: [decoder decodeObjectForKey: @"state"]];
        [self setZip: [decoder decodeObjectForKey: @"zip"]];
    }
    return self;
}
@end
```

到此为止，就成功地在项目中添加了谷歌地图功能，单击 open web map 按钮后的效果如图 12-7 所示。

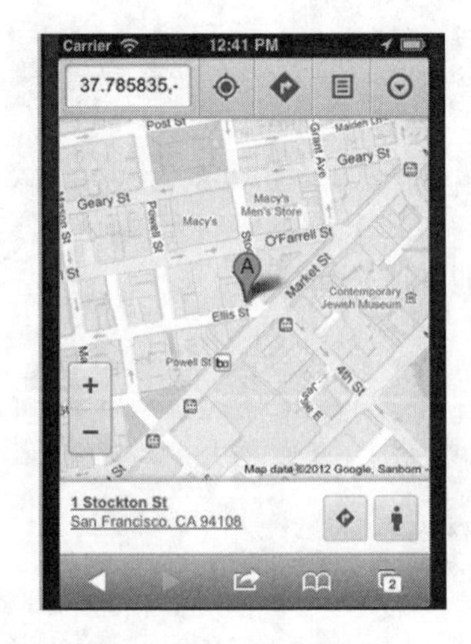

图 12-7　显示谷歌地图

第 13 章

iOS 8

与互联网接轨

随着当代科学技术的发展，互联网技术已经成为人们生活中的一部分，大大地方便了人们的生活。iOS 系统与时俱进，也能够实现与互联网相关的功能。

在本章的内容中，将详细讲解在 iOS 系统中实现互联网应用的基本知识，为读者步入本书后面知识的学习打下基础。

13.1 UIWebView 控件

在 iOS 应用中，可以使用 UIWebView 控件在屏幕中显示指定的网页。在本节的内容中，将简要介 UIWebView 控件的基本知识。

13.1.1 UIWebView 基础

在 iOS 应用中，当使用 UIWebView 控件在屏幕中显示指定的网页后，我们可以设置一些链接，来控制访问页，例如“返回上一页”、“进入下一页”等。此类功能是通过如下方法实现的。

◎ reload：重新读入页面。

◎ stopLoading：读入停止。

◎ goBack：返回前一画面。

◎ goForward：进入下一画面。

并且，通过使用 UIWebView 控件，可以在网页中加载显示 PDF、Word 和图片等格式的文件。

UIWebView 在加载网页时，通常用到如下三个加载方法。

◎ - (void)loadRequest:(NSURLRequest *)request：直接装载 URL。

◎ - (void)loadHTMLString:(NSString *)string baseURL:(NSURL *)baseURL：主要用于装载用字符串拼接成的 HTML 代码)。

◎ - (void)loadData:(NSData *)data MIMEType:(NSString *)MIMEType textEncodingName:(NSString *)textEncodingName baseURL:(NSURL *)baseURL：主要应用于转载本地页面或者外部传来的 NSData。

其中，baseURL 是指基准的 URL，是一个绝对的地址，程序要用到的其他资源就可以根据这个基准地址进行查找，而不用再次定位到绝对地址。

UIWebView 控件中的常用函数如下所示。

◎ - (void)webViewDidStartLoad:(UIWebView *)webView：在网页开始加载时调用。

◎ - (void)webViewDidFinishLoad:(UIWebView *)webView：在网页加载完成时调用。

◎ - (BOOL)webView:(UIWebView *)webView shouldStartLoadWithRequest:(NSURLRequest *) request navigationType:(UIWebViewNavigationType)navigationType：当程序以 UIWebView 加载方式 1 加载时，就会调用到此函数，然后执行 webViewDidStartLoad 函数，所以，我们可以在此函数中进行一些请求解析、URL 地址分析的工作。

◎ - (void)webView:(UIWebView *)webView didFailLoadWithError:(NSError *)error：是一个可选的函数，如果页面加载失败，可以根据不同的错误类型，反馈给用户不同的信息。

13.1.2 显示指定的网页

在 iOS 应用中，可以使用 UIWebView 控件在屏幕中显示指定的网页。

在本实例中，首先在工具条中追加活动指示器，然后使用 requestWithURL 设置要显示的网页是 http://www.apple.com。并且，为了实现良好的体验，特意在载入页面时使用了状态监视功能。在具体实现时，使用 UIActivityIndicatorView 向用户展示“处理中”的图标。

实例 13-1　在屏幕中显示指定的网页
源码路径　下载资源\codes\13\TextViewAndWebViewSample

实例文件 UIKitPrjWebViewSimple.m 的具体代码如下所示：

```
#import "UIKitPrjWebViewSimple.h"
@implementation UIKitPrjWebViewSimple
- (void)dealloc {
    [activityIndicator_ release];
    if (webView_.loading) [webView_ stopLoading];
    webView_.delegate = nil; //Apple 文档中推荐，release 前需要如此编写
    [webView_ release];
    [super dealloc];
}
- (void)viewDidLoad {
    [super viewDidLoad];
    self.title = @"明确显示通信状态";
    // UIWebView 的设置
    webView_ = [[UIWebView alloc] init];
    webView_.delegate = self;
    webView_.frame = self.view.bounds;
    webView_.autoresizingMask =
      UIViewAutoresizingFlexibleWidth | UIViewAutoresizingFlexibleHeight;
    webView_.scalesPageToFit = YES;
    [self.view addSubview:webView_];
    // 在工具条中追加活动指示器
    activityIndicator_ = [[UIActivityIndicatorView alloc] init];
    activityIndicator_.frame = CGRectMake(0, 0, 20, 20);
    UIBarButtonItem* indicator =
     [[[UIBarButtonItem alloc] initWithCustomView:activityIndicator_] autorelease];
    UIBarButtonItem* adjustment =
      [[[UIBarButtonItem alloc]
      initWithBarButtonSystemItem:UIBarButtonSystemItemFlexibleSpace
                                                target:nil
                                                action:nil] autorelease];
    NSArray* buttons = [NSArray arrayWithObjects:adjustment, indicator, adjustment, nil];
    [self setToolbarItems:buttons animated:YES];
}
- (void)viewDidAppear:(BOOL)animated {
    [super viewDidAppear:animated];
    //Web 页面显示
    NSURLRequest* request =
      [NSURLRequest requestWithURL:[NSURL URLWithString:@"http://www.apple.com"]];
    [webView_ loadRequest:request];
}
- (void)webViewDidStartLoad:(UIWebView*)webView {
    [activityIndicator_ startAnimating];
}
- (void)webViewDidFinishLoad:(UIWebView*)webView {
    [activityIndicator_ stopAnimating];
}
- (void)webView:(UIWebView*)webView didFailLoadWithError:(NSError*)error {
    [activityIndicator_ stopAnimating];
}
@end
```

执行后的效果如图 13-1 所示。

图 13-1　执行效果(显示网页)

13.1.3　控制屏幕中的网页

在 iOS 应用中，当使用 UIWebView 控件在屏幕中显示指定的网页后，我们可以设置一些链接来控制访问页，例如“返回上一页”、“进入下一页”等。此类功能是通过如下方法实现的。

- reload：重新读入页面。
- stopLoading：读入停止。
- goBack：返回前一画面。
- goForward：进入下一画面。

在本实例的屏幕中，添加了“返回”和“向前”两个按钮，并且设置了“重载”和“停止”图标，共同实现网页控制功能。

实例13-2　控制屏幕中的网页
源码路径　下载资源\codes\13\TextViewAndWebViewSample

实例文件 UIKitPrjWebView.m 的具体代码如下所示：

```
#import "UIKitPrjWebView.h"
@implementation UIKitPrjWebView
- (void)dealloc {
    if (webView_.loading) [webView_ stopLoading];
    webView_.delegate = nil;
    [webView_ release];
    [reloadButton_ release];
    [stopButton_ release];
    [backButton_ release];
    [forwardButton_ release];
    [super dealloc];
}
```

```
- (void)viewDidLoad {
    [super viewDidLoad];
    self.title = @"UIWebView演示";
    // UIWebView的设置
    webView_ = [[UIWebView alloc] init];
    webView_.delegate = self;
    webView_.frame = self.view.bounds;
    webView_.autoresizingMask =
    UIViewAutoresizingFlexibleWidth | UIViewAutoresizingFlexibleHeight;
    webView_.scalesPageToFit = YES;
    [self.view addSubview:webView_];
    // 工具条中追加按钮
    reloadButton_ =
      [[UIBarButtonItem alloc] initWithBarButtonSystemItem:UIBarButtonSystemItemRefresh
                                                    target:self
                                                    action:@selector(reloadDidPush)];
    stopButton_ =
      [[UIBarButtonItem alloc] initWithBarButtonSystemItem:UIBarButtonSystemItemStop
                                                    target:self
                                                    action:@selector(stopDidPush)];
    backButton_ =
      [[UIBarButtonItem alloc] initWithTitle:@"返回"
                                       style:UIBarButtonItemStyleBordered
                                      target:self
                                      action:@selector(backDidPush)];
    forwardButton_ =
      [[UIBarButtonItem alloc] initWithTitle:@"向前"
                                       style:UIBarButtonItemStyleBordered
                                      target:self
                                      action:@selector(forwardDidPush)];
    NSArray *buttons =
      [NSArray arrayWithObjects:backButton_, forwardButton_,
        reloadButton_, stopButton_, nil];
    [self setToolbarItems:buttons animated:YES];
}
- (void)reloadDidPush {
     [webView_ reload]; // 重新读入页面
}
- (void)stopDidPush {
    if ( webView_.loading ) {
        [webView_ stopLoading]; //读入停止
    }
}
- (void)backDidPush {
    if ( webView_.canGoBack ) {
        [webView_ goBack]; // 返回前一画面
    }
}
- (void)forwardDidPush {
    if ( webView_.canGoForward ) {
        [webView_ goForward]; // 进入下一画面
    }
}
- (void)updateControlEnabled {
    // 统一更新活动指示已经发生的按钮状态
    [UIApplication sharedApplication].networkActivityIndicatorVisible =
      webView_.loading;
    stopButton_.enabled = webView_.loading;
    backButton_.enabled = webView_.canGoBack;
    forwardButton_.enabled = webView_.canGoForward;
}
```

```
- (void)viewDidAppear:(BOOL)animated {
    // 画面显示结束后读入 Web 页面
    [super viewDidAppear:animated];
    NSURLRequest *request =
      [NSURLRequest requestWithURL:[NSURL URLWithString:@"http://www.apple.com/"]];
    [webView_ loadRequest:request];
    [self updateControlEnabled];
}
- (void)viewWillDisappear:(BOOL)animated {
    // 画面关闭时状态条的活动指示器设置成 OFF
    [super viewWillDisappear:animated];
    [UIApplication sharedApplication].networkActivityIndicatorVisible = NO;
}
- (void)webViewDidStartLoad:(UIWebView*)webView {
    [self updateControlEnabled];
}
- (void)webViewDidFinishLoad:(UIWebView*)webView {
    [self updateControlEnabled];
}
- (void)webView:(UIWebView*)webView didFailLoadWithError:(NSError*)error {
    [self updateControlEnabled];
}
@end
```

执行效果如图 13-2 所示。

图 13-2 执行效果(控制网页)

13.1.4 加载显示 PDF、Word 和 JPEG 图片

在 iOS 应用中，当使用 UIWebView 控件在屏幕中显示指定的网页后，我们可以在网页中加载显示 PDF、WORD 和图片等格式的文件。

在本实例的屏幕中，通过使用 loadData:MIMEType: textEncodingName:baseURL 方法，分别显示指定的 JPEG 图片、PDF 文件和 Word 文件。

实例 13-3 在网页中加载显示 PDF、Word 和 JPEG 图片
源码路径 下载资源\codes\13\TextViewAndWebViewSample

实例文件 UIKitPrjWebViewLoadData.m 的具体代码如下所示：

```
#import "UIKitPrjWebViewLoadData.h"
@implementation UIKitPrjWebViewLoadData
- (void)dealloc {
    [activityIndicator_ release];
    if (webView_.loading) [webView_ stopLoading];
    webView_.delegate = nil;
    [webView_ release];
    [super dealloc];
}
- (void)viewDidLoad {
    [super viewDidLoad];
    self.title = @"loadData";
    // UIWebView 的设置
    webView_ = [[UIWebView alloc] init];
    webView_.delegate = self;
    webView_.frame = self.view.bounds;
    webView_.autoresizingMask =
      UIViewAutoresizingFlexibleWidth | UIViewAutoresizingFlexibleHeight;
    [self.view addSubview:webView_];
    // 工具条的设置
    activityIndicator_ = [[UIActivityIndicatorView alloc] init];
    activityIndicator_.frame = CGRectMake(0, 0, 20, 20);
    UIBarButtonItem *indicator =
      [[[UIBarButtonItem alloc] initWithCustomView:activityIndicator_] autorelease];
    UIBarButtonItem *adjustment = [[[UIBarButtonItem alloc]
      initWithBarButtonSystemItem:UIBarButtonSystemItemFlexibleSpace
                             target:nil
                             action:nil] autorelease];
    NSArray *buttons = [NSArray arrayWithObjects:adjustment, indicator, adjustment, nil];
    [self setToolbarItems:buttons animated:YES];
}
- (void)viewDidAppear:(BOOL)animated {
    [super viewDidAppear:animated];
    /*NSString* path;
    if (path = [[NSBundle mainBundle] pathForResource:@"sample" ofType:@"pdf"]) {
        NSData *data = [NSData dataWithContentsOfFile:path];
        [webView_ loadData:data MIMEType:@"application/pdf"
          textEncodingName:nil baseURL:nil];
    } else {
        NSLog(@"file not found.");
    }
    if (path = [[NSBundle mainBundle] pathForResource:@"dog" ofType:@"jpg"]) {
        NSData *data = [NSData dataWithContentsOfFile:path];
        [webView_ loadData:data MIMEType:@"image/jpeg"
          textEncodingName:nil baseURL:nil];
    } else {
        NSLog(@"file not found.");
    }
    */
    NSString *path = [[NSBundle mainBundle] pathForResource:@"sample.doc" ofType:nil];
    NSURL *url = [NSURL fileURLWithPath:path];
    NSURLRequest *request = [NSURLRequest requestWithURL:url];
    [webView_ loadRequest:request];
}
- (void)updateControlEnabled {
    if (webView_.loading) {
        [activityIndicator_ startAnimating];
    } else {
        [activityIndicator_ stopAnimating];
```

```
    }
}
- (void)webViewDidStartLoad:(UIWebView*)webView {
    NSLog(@"webViewDidStartLoad");
    [self updateControlEnabled];
}
- (void)webViewDidFinishLoad:(UIWebView*)webView {
    NSLog(@"webViewDidFinishLoad");
    [self updateControlEnabled];
}
- (void)webView:(UIWebView*)webView didFailLoadWithError:(NSError*)error {
    NSLog(@"didFailLoadWithError:%d", error.code);
    NSLog(@"%@", error.localizedDescription);
    [self updateControlEnabled];
}
@end
```

执行后的效果如图 13-3 所示。

图 13-3　执行效果(加载文件)

13.1.5　在网页中加载 HTML 代码

在 iOS 应用中，当使用 UIWebView 控件在屏幕中显示指定的网页后，我们可以在网页中加载并显示 HTML 代码。在本实例的屏幕中，通过使用 UIWebView 的 loadHTMLString: baseURL 方法加载显示了如下 HTML 代码：

```
"<b>【手机号码】</b><br />"
"000-0000-0000<hr />"
"<b>【主页】</b><br />"
"http://www.apple.com/"
```

实例13-4　在网页中加载 HTML 代码
源码路径　下载资源\codes\13\TextViewAndWebViewSample

实例文件 UIKitPrjLoadHTMLString.m 的具体代码如下所示：

```
#import "UIKitPrjLoadHTMLString.h"
@implementation UIKitPrjLoadHTMLString
- (void)dealloc {
    [webView_ release];
    [super dealloc];
```

```
}
- (void)viewDidLoad {
    [super viewDidLoad];
    self.title = @"loadHTMLString";
    // UIWebView 的设置
    webView_ = [[UIWebView alloc] init];
    webView_.frame = self.view.bounds;
    webView_.autoresizingMask =
      UIViewAutoresizingFlexibleWidth | UIViewAutoresizingFlexibleHeight;
    webView_.dataDetectorTypes = UIDataDetectorTypeAll;
    [self.view addSubview:webView_];
}
- (void)viewDidAppear:(BOOL)animated {
    [super viewDidAppear:animated];
    NSString* html = @"<b>【手机号码】</b><br />"
                     "000-0000-0000<hr />"
                     "<b>【主页】</b><br />"
                     "http://www.apple.com/";
    [webView_ loadHTMLString:html baseURL:nil];
}
@end
```

执行后的效果如图 13-4 所示。

图 13-4　执行效果(加载 HTML 代码)

13.1.6　触摸网页数据

在 iOS 应用中，当使用 UIWebView 控件在屏幕中显示指定的网页后，我们可以通过触摸的方式浏览指定的网页。

在具体实现时，是通过 webView:shouldStartLoadWithRequest:navigationType 方法实现的。NavigationType 包括如下所示的可选参数值。

◎　UIWebViewNavigationTypeLinkClicked：链接被触摸时请求这个链接。

◎　UIWebViewNavigationTypeFormSubmitted：form 被提交时请求该 form 中的内容。

◎　UIWebViewNavigationTypeBackForward：当通过 goBack 或 goForward 进行页面转移时，移动目标 URL。

◎　UIWebViewNavigationTypeReload：当页面重新导入时，导入这个 URL。

◎　UIWebViewNavigationTypeOther：使用 loadRequest 方法读取内容。

在本实例中，预先准备了 4 个“.html”文件，然后，在 iPhone 设备中，通过触摸的方式浏览这 4 个“.html”文件。

实例13-5　在网页中实现触摸处理
源码路径　下载资源\codes\13\TextViewAndWebViewSample

(1) 文件 top.htm 的具体代码如下所示：

```
<html>
    <head>
        <title>首页</title>
        <meta charset="utf-8">
        <meta name="viewport" content="width=device-width" />
    </head>
    <body>
        <h1>三个颜色</h1>
        <hr />
        <h2>准备选择哪一件衣服？</h2>
        <ol>
            <li /><a href="page1.htm">红色衣服</a>
            <li /><a href="page2.htm">银色衣服</a>
            <li /><a href="page3.htm">黑色衣服</a>
        </ol>
    </body>
</html>
```

(2) 文件 page1.html 的具体代码如下所示：

```
<html>
    <head>
        <title>PAGE 1</title>
        <meta charset="utf-8">
        <meta name="viewport" content="width=device-width" />
    </head>
    <body>
        <h1>红色衣服</h1>
        <hr />
        <h2>没有任何东东。</h2>
        <ol>
            <li /><a href="top.htm">返回</a>
        </ol>
    </body>
</html>
```

(3) 文件 page2.html 的具体代码如下所示：

```
<html>
    <head>
        <title>PAGE 2</title>
    </head>
    <body>
        <h1>银色衣服</h1>
        <hr />
        <h2>两件衣服</h2>
        <ol>
            <li /><a href="page1.htm">红色衣服</a>
            <li /><a href="page3.htm">黑色衣服</a>
            <li /><a href="top.htm">返回</a>
        </ol>
    </body>
</html>
```

(4) 文件 page3.html 的具体代码如下所示：

```
<html>
    <head>
        <title>HTML 的标题</title>
```

```
    </head>
    <body>
        <h1>黑色衣服</h1>
        <hr />
        <h2>有一个黑色的围巾！</h2>
        <ol>
            <li /><a href="top.htm">返回</a>
        </ol>
        <form action="document.title">
            <input type="submit"  value="执行 JavaScript" />
        </form>
    </body>
</html>
```

(5) 实例文件 UIKitPrjHTMLViewer.m 的具体代码如下所示：

```
#import "UIKitPrjHTMLViewer.h"
#pragma mark ----- Private Methods Definition -----
@interface UIKitPrjHTMLViewer()
- (void)loadHTMLFile:(NSString*)path;
@end
#pragma mark ----- Start Implementation For Methods -----
@implementation UIKitPrjHTMLViewer
- (void)dealloc {
    [activityIndicator_ release];
    if (webView_.loading) [webView_ stopLoading];
    webView_.delegate = nil;
    [webView_ release];
    [super dealloc];
}
- (void)viewDidLoad {
    [super viewDidLoad];
    self.title = @"HTMLViewer";
    // UIWebView 的设置
    webView_ = [[UIWebView alloc] init];
    webView_.delegate = self;
    webView_.frame = self.view.bounds;
    webView_.autoresizingMask =
      UIViewAutoresizingFlexibleWidth | UIViewAutoresizingFlexibleHeight;
    [self.view addSubview:webView_];
    // 工具条的设置
    activityIndicator_ = [[UIActivityIndicatorView alloc] init];
    activityIndicator_.frame = CGRectMake(0, 0, 20, 20);
    UIBarButtonItem *indicator =
     [[[UIBarButtonItem alloc] initWithCustomView:activityIndicator_] autorelease];
    UIBarButtonItem *adjustment = [[[UIBarButtonItem alloc]
      initWithBarButtonSystemItem:UIBarButtonSystemItemFlexibleSpace
                           target:nil
                           action:nil] autorelease];
    NSArray *buttons = [NSArray arrayWithObjects:adjustment, indicator, adjustment, nil];
    [self setToolbarItems:buttons animated:YES];
}
//读入指定 HTML 文件的私有方法
- (void)loadHTMLFile:(NSString*)path {
    NSArray *components = [path pathComponents];
    NSString *resourceName = [components lastObject];
    NSString *absolutePath;
    if (absolutePath
      == [[NSBundle mainBundle] pathForResource:resourceName ofType:nil]) {
        NSData *data = [NSData dataWithContentsOfFile:absolutePath];
        [webView_ loadData:data MIMEType:@"text/html"
```

```
        textEncodingName:@"utf-8" baseURL:nil];
    } else {
        NSLog(@"%@ not found.", resourceName);
    }
}

- (void)updateControlEnabled {
    if (webView_.loading) {
        [activityIndicator_ startAnimating];
    } else {
        [activityIndicator_ stopAnimating];
    }
}

- (BOOL)webView:(UIWebView*)webView
  shouldStartLoadWithRequest:(NSURLRequest*)request
  navigationType:(UIWebViewNavigationType)navigationType {
    //触摸链接后，进入 href 属性为 URL 的下一画面
    if (UIWebViewNavigationTypeLinkClicked == navigationType) {
        NSString *url = [[request URL] path];
        [self loadHTMLFile:url];
        return FALSE;
    } else if (UIWebViewNavigationTypeFormSubmitted == navigationType) {
        NSString *url = [[request URL] path];
        NSArray *components = [url pathComponents];
        NSString *resultString =
          [webView stringByEvaluatingJavaScriptFromString:[components lastObject]];
        UIAlertView *alert = [[[UIAlertView alloc] init] autorelease];
        alert.message = resultString;
        [alert addButtonWithTitle:@"OK"];
        [alert show];
        return FALSE;
    }
    return TRUE;
}

//画面显示后，首先显示 top.htm
- (void)viewDidAppear:(BOOL)animated {
    [super viewDidAppear:animated];
    [self loadHTMLFile:@"top.htm"];
}

- (void)webViewDidStartLoad:(UIWebView*)webView {
    NSLog(@"webViewDidStartLoad");
    [self updateControlEnabled];
}

- (void)webViewDidFinishLoad:(UIWebView*)webView {
    NSLog(@"webViewDidFinishLoad");
    [self updateControlEnabled];
}

- (void)webView:(UIWebView*)webView didFailLoadWithError:(NSError*)error {
    NSLog(@"didFailLoadWithError:%d", error.code);
    NSLog(@"%@", error.localizedDescription);
    [self updateControlEnabled];
}
@end
```

执行效果如图 13-5 所示。

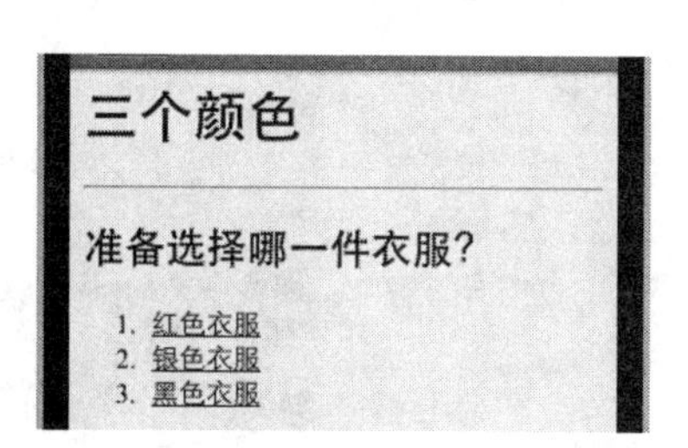

图 13-5　执行效果(实现触摸处理)

13.2　实现一个简单的网页浏览器

本实例结合前面的几个实例，使用 UIWebView 控件实现一个浏览器的功能。本实例比较简单，在视图中设置一个 WebViewViewController 对象，并设置一个 UITextField 输入框。当在输入框中输入“www.”格式的网址后，单击 go 按钮，会来到这个地址。

实例 13-6　一个简单的网页浏览器
源码路径　下载资源\codes\13\UIWebViewDemo

(1) 新建一个 Xcode 工程，在界面中拖动三个控件：Web View、Text Field、Button。把 Text Field 和 button 放到 Web View 上面，如图 13-6 所示。

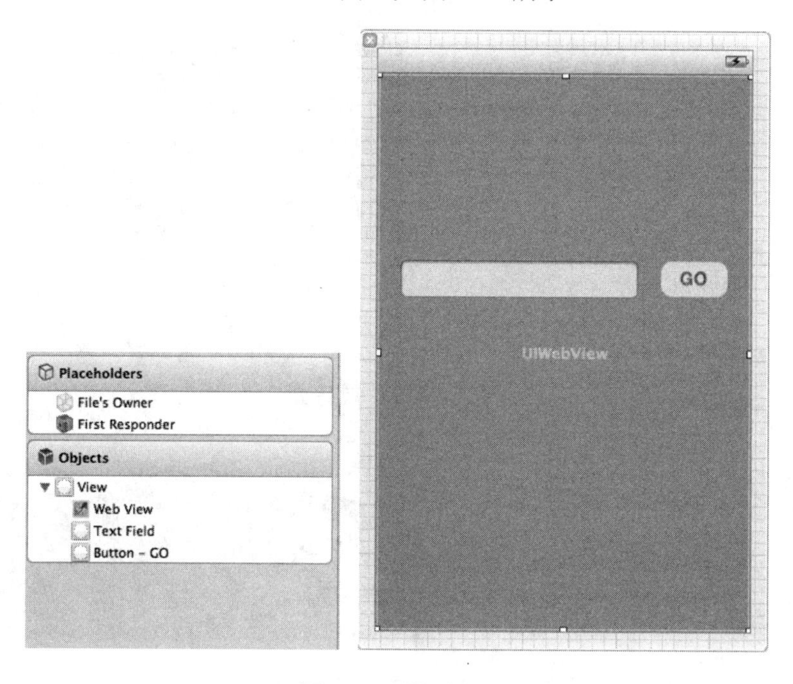

图 13-6　界面视图

(2) 开始声明输出口。右击某个控件，然后拖动到 WebViewViewController.h 文件的@interface 和@end 之间。将会弹出一个框框，我们输入控件名字“webView”，如图 13-7 所示。

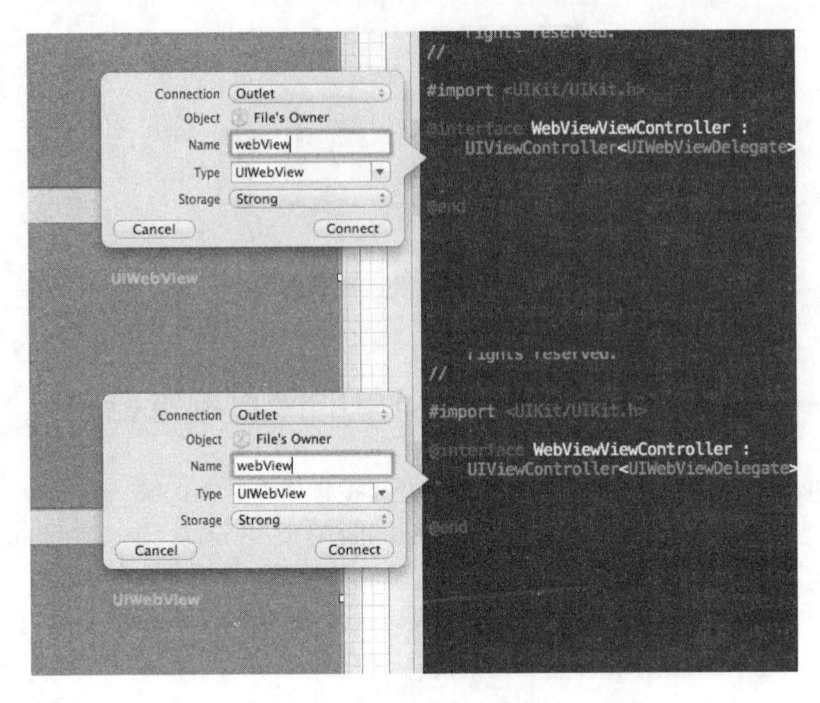

图 13-7　输入控件名字“webView”

然后输入控件名字“textField”，如图 13-8 所示。

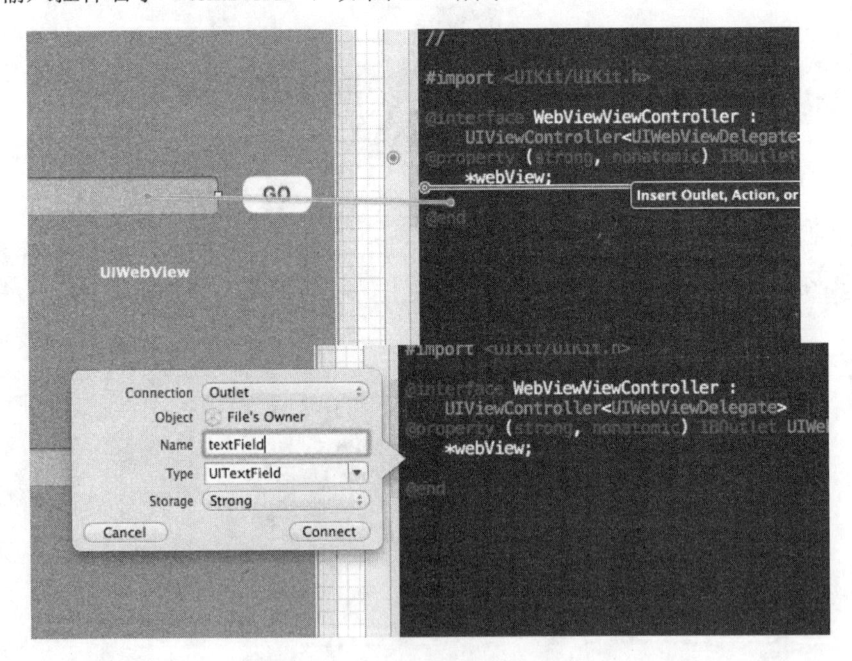

图 13-8　输入控件名字“textField”

继续输入控件名字“button”，如图 13-9 所示。

(3) 给 button 添加一个方法，如图 13-10 所示。

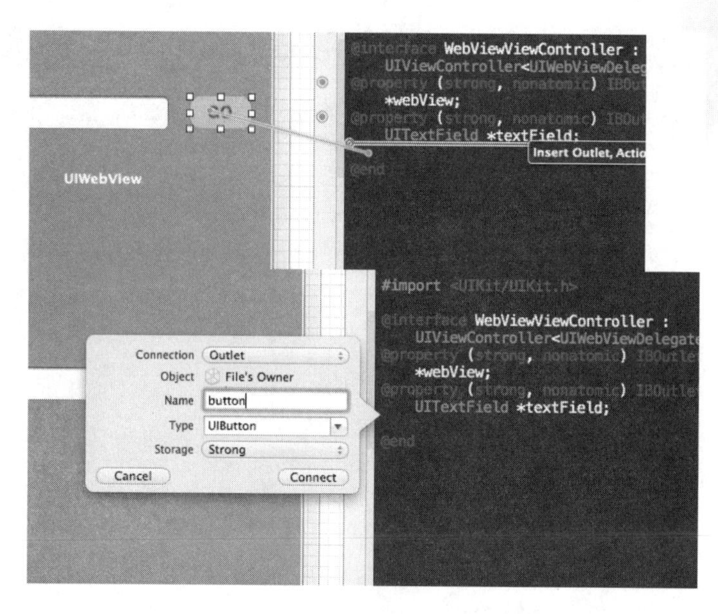

图 13-9　输入控件名字“button”

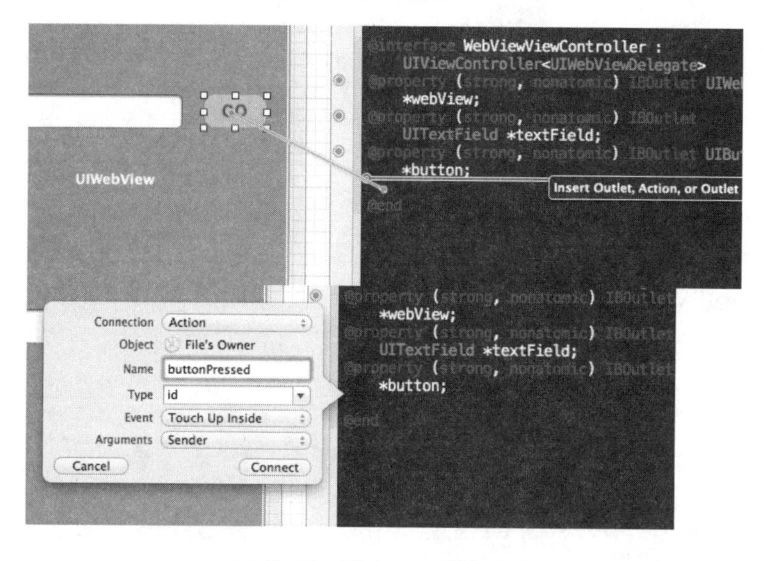

图 13-10　给 button 添加方法

(4)　声明一个 UIActivityIndicatorView 对象和一个 loadWebPageWithString 方法，并添加上 UIWebViewDelegate 协议。具体代码如下所示：

```
#import <UIKit/UIKit.h>
@interface WebViewViewController : UIViewController<UIWebViewDelegate>
@property (strong, nonatomic) IBOutlet UIWebView *webView;
@property (strong, nonatomic) IBOutlet UITextField *textField;
@property (strong, nonatomic) IBOutlet UIButton *button;
@property (strong,nonatomic) UIActivityIndicatorView *activityIndicatorView;
- (IBAction)buttonPressed:(id)sender;
- (void)loadWebPageWithString:(NSString *)urlString;
@end
```

在声明控件输出口的时候，系统也会自动生成一些代码，具体如下：

```
@synthesize textField;
@synthesize webView;
@synthesize button;
- (void)viewDidUnload
{
    [self setTextField:nil];
    [self setWebView:nil];
    [self setButton:nil];
    [super viewDidUnload];
}
- (IBAction)buttonPressed:(id)sender {
}
```

(5) viewDidLoad 方法的实现代码如下所示：

```
- (void)viewDidLoad
{
    [super viewDidLoad];
    //自动缩放页面，以适应屏幕
    webView.scalesPageToFit = YES;
    webView.delegate = self;

    //指定进度轮大小
    self.activityIndicatorView =
      [[UIActivityIndicatorView alloc] initWithFrame:CGRectMake(0, 0, 32, 32)];
    //设置进度轮的中心也可以[self.activityIndicatorView setCenter:CGPointMake(30, 30)];
    [self.activityIndicatorView setCenter:self.view.center];
    //设置 activityIndicatorView 风格
    [self.activityIndicatorView
      setActivityIndicatorViewStyle:UIActivityIndicatorViewStyleGray];
    [self.webView addSubview:self.activityIndicatorView];
    [self buttonPressed:nil];
}
```

(6) 定义 loadWebPageWithString 方法，用于加载指定的 URL，具体代码如下所示：

```
- (void)loadWebPageWithString:(NSString *)urlString
{
    if (self.textField.text != nil) {
        //追加一个字符串
        urlString = [@"http://" stringByAppendingFormat:urlString];
        NSURL *url = [NSURL URLWithString:urlString];
        //NSURLRequest 类方法用于获取 URL
        NSURLRequest *request = [NSURLRequest requestWithURL:url];
        //webView 加载 URL
        [webView loadRequest:request];
    }
}
```

(7) 编写按钮处理事件，具体代码如下所示：

```
//按钮事件，点击按钮开始调用 loadWebPageWithString 方法
- (IBAction)buttonPressed:(id)sender {
    [textField resignFirstResponder];
    [self loadWebPageWithString:textField.text];
    //点击完 button 后隐藏 textField 和 button
    if (sender==button) {
        textField.hidden = YES;
        button.hidden = YES;
    }
}
```

(8) UIWebView 委托方法的实现代码如下所示：

```
//UIWebView 委托方法，开始加载一个 URL 的时候调用此方法
-(void)webViewDidStartLoad:(UIWebView *)webView
{
    [self.activityIndicatorView startAnimating];
}
//UIWebView 委托方法，URL 加载完成的时候调用此方法
-(void)webViewDidFinishLoad:(UIWebView *)webView
{
    [self.activityIndicatorView stopAnimating];
}
//加载 URL 出错的时候调用此方法
-(void)webView:(UIWebView *)webView didFailLoadWithError:(NSError *)error
{
    // 判断 button 是否被触摸
    if (!self.button ) {

        UIAlertView *alert = [[UIAlertView alloc] initWithTitle:@""
                               message:[error localizedDescription]
                               delegate:nil
                               cancelButtonTitle:@"OK"
                               otherButtonTitles: nil];
        [alert show];
    }
}
```

最终的执行效果如图 13-11 所示，在输入框输入一个网址后，会来到这个页面。例如，输入“www.sohu.com”，效果如图 13-12 所示。

图 13-11　执行效果

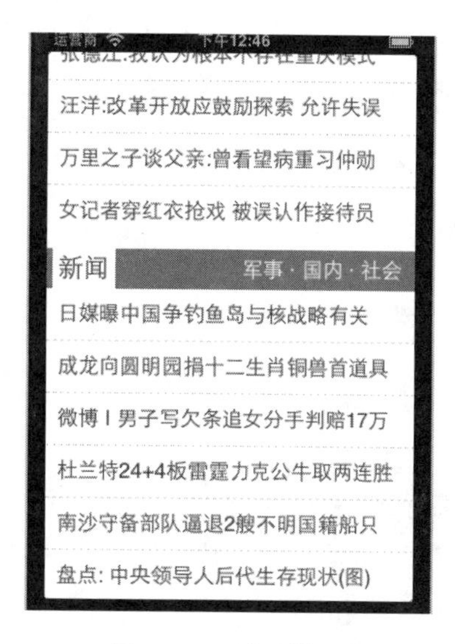

图 13-12　来到搜狐

13.3　基于 Swift 使用 UIWebView 控件

在本节的内容中，将通过一个具体实例的实现过程，详细讲解基于 Swift 语言使用 UIWebView 控件的基本过程。

实例13-7 在 Swift 程序中使用 UIWebView 控件
源码路径 下载资源\codes\13\Swift-demo

(1) 打开 Xcode 6，然后新建一个名为“MyFirstSwiftTest”的工程，工程的最终目录结构如图 13-13 所示。

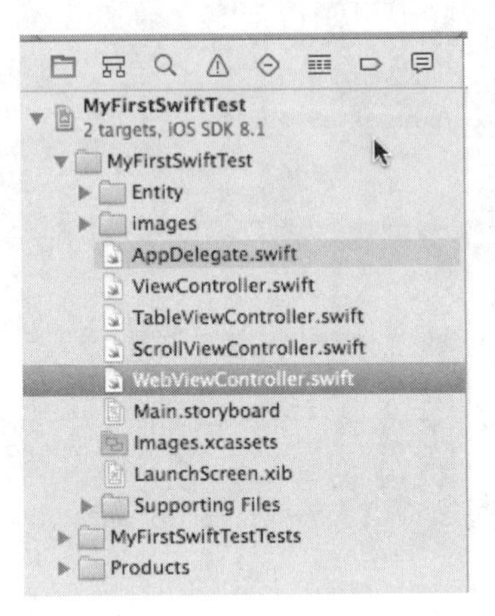

图 13-13 工程的目录结构

(2) 编写文件 ViewController.swift，本实例是一个综合实例，分别演示 UIWebView、UIScrollView、UITableView、UIButton 和 UILabel 等控件的基本用法，在主视图中列表显示上述控件的名称，并监听用户单击触摸列表的选项，根据触摸选项来到第二个界面，显示上述单个控件的用法。

文件 ViewController.swift 的具体实现代码如下所示：

```
import UIKit

class ViewController: UIViewController,UITextFieldDelegate
{
    var a:Int = 0
    var isuse:Bool = false
    var authButton :UIButton!
    override func viewDidLoad()
    {
        super.viewDidLoad()
        // Do any additional setup after loading the view, typically from a nib.
        self.view.backgroundColor = UIColor.lightGrayColor()
        self.title = "首页"

        // UIButton
        authButton = UIButton.buttonWithType(UIButtonType.Custom) as? UIButton
        authButton.frame = CGRect(x: 10, y: 70, width: 150, height: 30)
        authButton.setTitle("这是一个全局按钮", forState: UIControlState.Normal)
        authButton.setTitleColor(UIColor.redColor(), forState: UIControlState.Normal)
        authButton.setTitleColor(UIColor.blueColor(), forState: UIControlState.Highlighted)
        authButton.addTarget(self, action: Selector("btnClick:"),
         forControlEvents: UIControlEvents.TouchUpInside)
        authButton.tag = 1000;
        self.view.addSubview(authButton)

        var btn2:UIButton! = UIButton.buttonWithType(UIButtonType.Custom) as? UIButton
```

```
btn2.frame = CGRectMake(10, 100, 105, 30)
btn2.setTitle("局部按钮", forState: UIControlState.Normal)
btn2.setTitleColor(UIColor.yellowColor(), forState: UIControlState.Normal)
btn2.tag = 1001;
btn2.addTarget(self, action: Selector("btnClick:"),
  forControlEvents: UIControlEvents.TouchUpInside)
self.view.addSubview(btn2)

//UILabel
var firstLabel:UILabel! = UILabel(frame: CGRect(x: 10, y: 130, width: 105, height: 20))
firstLabel.backgroundColor = UIColor.clearColor()
firstLabel.textColor = UIColor(red: 0, green: 174, blue: 232, alpha: 1)
firstLabel.textAlignment = NSTextAlignment.Left
firstLabel.font = UIFont.boldSystemFontOfSize(16)
firstLabel.text = "这是一个 Label"
self.view.addSubview(firstLabel)

var secondLabel = UILabel()
secondLabel.frame = CGRectMake(10, 150, 105, 20)
secondLabel.backgroundColor = UIColor.clearColor()
secondLabel.textColor = UIColor(red: 100, green: 174, blue: 232, alpha: 1)
secondLabel.textAlignment = NSTextAlignment.Center
secondLabel.font = UIFont.systemFontOfSize(12)
secondLabel.text = "这是第二个 Label"
secondLabel.lineBreakMode = NSLineBreakMode.ByWordWrapping
secondLabel.sizeToFit()
self.view.addSubview(secondLabel)

//UITextField
var firstTextField = UITextField()
firstTextField.backgroundColor = UIColor.whiteColor()
firstTextField.frame = CGRectMake(10, 170, 150, 20)
firstTextField.textColor = UIColor.blackColor()
firstTextField.autocapitalizationType =
   UITextAutocapitalizationType.None   //首字母自动大写
firstTextField.autocorrectionType = UITextAutocorrectionType.No //自动纠错
firstTextField.borderStyle = UITextBorderStyle.RoundedRect //边框样式
firstTextField.placeholder = "请输入内容"
firstTextField.font = UIFont(name: "Arial", size: 12.0) //字体
firstTextField.clearButtonMode = UITextFieldViewMode.Always;
  //输入框中是否有个叉号，在什么时候显示，用于一次性删除输入框中的内容

firstTextField.secureTextEntry = false  //每输入一个字符就变成点，用于密码输入
firstTextField.clearsOnBeginEditing = true //再次编辑就清空
firstTextField.contentVerticalAlignment =
  UIControlContentVerticalAlignment.Center //内容的垂直对齐方式
firstTextField.adjustsFontSizeToFitWidth =
  false //设置为 true 时，文本会自动缩小以适应文本窗口大小。默认是保持原来大小，而让长文本滚动
firstTextField.keyboardType = UIKeyboardType.Default //设置键盘样式
firstTextField.returnKeyType = UIReturnKeyType.Done //return 键变成什么键
firstTextField.keyboardAppearance = UIKeyboardAppearance.Default //键盘外观
firstTextField.delegate = self
self.view.addSubview(firstTextField)

var titleArray :NSArray = ["UITableView","UIScrollView","UIWebView"]

for var index=0; index<titleArray.count; index++
{
    var btn3:UIButton! = UIButton.buttonWithType(UIButtonType.System) as? UIButton
    btn3.frame = CGRect(x: 10, y:190+index*30, width:150, height:30)
```

```
        var btnStr = "点击进入\(titleArray.objectAtIndex(index))"
        btn3.setTitle(btnStr, forState: UIControlState.Normal)
        btn3.titleLabel?.font = UIFont.systemFontOfSize(14)
        btn3.setTitleColor(UIColor.blueColor(), forState: UIControlState.Normal)
        btn3.tag = 1002+index;
        btn3.addTarget(self, action: Selector("btnClick:"),
          forControlEvents: UIControlEvents.TouchUpInside)
        self.view.addSubview(btn3)
    }
}

//按钮点击方法
func btnClick(sender:UIButton!)
{
    var btn:UIButton = sender

    switch(btn.tag){
    case 1000:
        a++
        if(a>100)
        {
            a=1
        }
        println("按钮被点击了\(a)次")
        authButton.setTitle("全局按钮被点击了\(a)次", forState: UIControlState.Normal)
    case 1001:
        println("局部按钮被点击了")
    case 1002:
        println("点击进入 UITableView")
        var tableVC:TableViewController = TableViewController()
        self.navigationController?.pushViewController(tableVC, animated: true)
    case 1003:
        println("点击进入 UIScrollView")
        var scrollVC:ScrollViewController = ScrollViewController()
        self.navigationController?.pushViewController(scrollVC, animated: true)
    case 1004:
        println("点击进入 UIWebView")
        var webVC:WebViewController = WebViewController()
        self.navigationController?.pushViewController(webVC, animated: true)
    default:
        println("无操作")
    }
}

//UITextFieldDelegate
func textFieldShouldReturn(textField: UITextField) -> Bool
{
    textField.resignFirstResponder()
    return true
}

override func didReceiveMemoryWarning()
{
    super.didReceiveMemoryWarning()
    // Dispose of any resources that can be recreated.
}
}
```

主界面执行后，将列表显示几个常用的控件名，如图 13-14 所示。

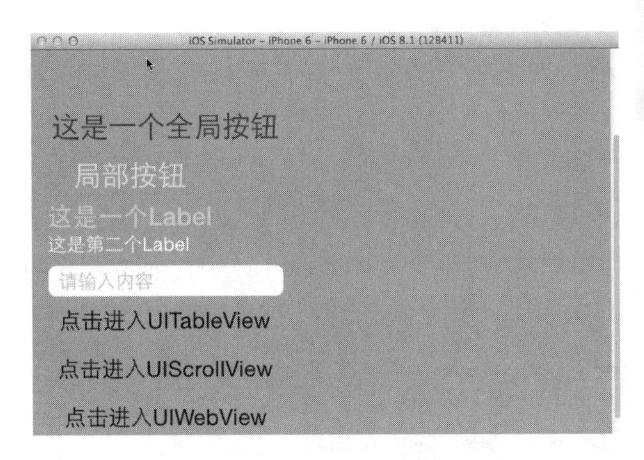

图 13-14 主界面列表视图

(3) 编写文件 WebViewController.swift，功能是当单击 ViewController 视图中的“点击进入 UIWebView”项后，在新界面中使用 UIWebView 展示一个网页：http://www.baidu.com/。文件 WebViewController.swift 的具体实现代码如下所示：

```
import UIKit

class WebViewController: UIViewController ,UIWebViewDelegate {

    var webView:UIWebView!
    override func viewDidLoad()
    {
        super.viewDidLoad()
        self.title = "网页 UIWebView"
        self.view.backgroundColor = UIColor.whiteColor()
        // Do any additional setup after loading the view.

        //UIWebView
        webView = UIWebView()
        webView.frame = self.view.frame
        webView.scalesPageToFit = true
        webView.allowsInlineMediaPlayback = true
        var webUrl:NSURL = NSURL(string:"http://www.baidu.com/")!
        var request :NSURLRequest = NSURLRequest(URL: webUrl)
        webView.loadRequest(request)
        webView.delegate = self
        self.view.addSubview(webView)

        //UIBarButtonItem
        var rightBarItem:UIBarButtonItem = UIBarButtonItem(title: "刷新",
          style: UIBarButtonItemStyle.Done, target: self,
          action: Selector("rightBarClick"))
        self.navigationItem.rightBarButtonItem = rightBarItem
    }

    func rightBarClick()
    {
        //刷新方法
        println("刷新表格")
        webView.reload()
    }

    //UIWebViewDelegate
```

```
    func webView(webView: UIWebView, shouldStartLoadWithRequest request: NSURLRequest,
     navigationType: UIWebViewNavigationType) -> Bool
    {
        return true
    }

    func webViewDidFinishLoad(webView: UIWebView)
    {
        println("加载完成")
    }
     func webView(webView: UIWebView, didFailLoadWithError error: NSError)
    {
        println("加载失败")
    }

    override func didReceiveMemoryWarning() {
        super.didReceiveMemoryWarning()
        // Dispose of any resources that can be recreated.
    }
}
```

执行后，将在界面中显示百度网的主页，效果如图 13-15 所示。

图 13-15　显示百度主页

第 14 章

iOS 8

与硬件之间的操作

智能手机的用户早已习惯了通过手机移动来控制手机游戏，并且手机可以根据设备的朝向来自动显示屏幕中的信息，通过与硬件之间的交互来实现需要的功能。

在本章的内容中，将详细讲解 iOS 与硬件结合的基本知识，为读者步入本书后面知识的学习打下基础。

14.1 加速计和陀螺仪

在当前应用中，Nintendo Wii 将运动检测作为一种有效的输入技术引入到了主流消费电子设备中，而 Lpple 将这种技术应用到了 iPhone、iPod Touch 和 iPad 中，并获得了巨大成功。在 Apple 设备中装备了加速计，可用于确定设备的朝向、移动和倾斜。通过 iPhone 加速计，用户只需调整设备的朝向并移动它，便可以控制应用程序。另外，在 iOS 设备(包括 iPhone 4、iPad 2 和更新的产品)中，Apple 还引入了陀螺仪，这样，设备就能够检测到与重力无关的旋转。总之，如果用户移动支持陀螺仪的设备，应用程序就能够检测到移动，并做出相应的反应。

在 iOS 中，通过框架 Core Motion 将这种移动输入机制暴露给了第三方应用程序。并且可以可使用加速计来检测摇动手势。在本章接下来的内容中，将详细讲解如何直接从 iOS 中获取数据，以检测朝向、加速和旋转的知识。在当前所有的 iOS 设备中，都可以使用加速计检测到运动。新型号的 iPhone 和 iPad 新增的陀螺仪都补充了这种功能。为了更好地理解这对应用程序来说意味着什么，下面简要地介绍一下这些硬件可以提供哪些信息。

注意： 对本书中的大多数应用程序来说，使用 iOS 模拟器是完全可行的，但模拟器无法模拟加速计和陀螺仪硬件。因此，在本章中，读者可能需要一台用于开发的设备。要在该设备中运行本章的应用程序，可按第 1 章介绍的步骤进行。

14.1.1 加速计基础

加速计的度量单位 g，这是重力(gravity)的简称。1g 是物体在地球的海平面上受到的下拉力(9.8 米/秒 ^{2})。我们通常不会注意到 1g 的重力，但当失足坠落时，1g 将带来严重的伤害。如果坐过过山车，就一定熟悉高于和低于 1g 的力。在过山车底部，将人紧紧按在座椅上的力超过 1g，而在过山车顶部，会感觉到要飘出座椅，这是负重力在起作用。

加速计以相对于自由落体的方式度量加速度。这意味着如果将 iOS 设备在能够持续自由落体的地方(如帝国大厦)丢下，在下落过程中，其加速计测量到的加速度将为 0g。另一方面，放在桌面上的设备的加速计测量出的加速度为 1g，且方向朝上。假定设备静止时受到的地球引力为 1g，这是加速计用于确定设备朝向的基础。加速计可以测量 3 个轴(x、y 和 z)上的值。

通过感知特定方向的惯性力总量，加速计可以测量出加速度和重力。iPhone 内的加速计是一个三轴加速计，这意味着它能够检测到三维空间中的运动或重力引力。因此，加速计不但可以指示握持电话的方式(如自动旋转功能)，而且如果电话放在桌子上的话，还可以指示电话的正面朝下还是朝上。加速计可以测量 g 引力，因此，加速计返回值为 1.0 时，表示在特定方向上感知到 1g。如果是静止握持 iPhone 而没有任何运动，那么地球引力对其施加的力大约为 1g。如果是纵向竖直地握持 iPhone，那么 iPhone 会检测并报告其 y 轴上施加的力大约为 1g。如果是以一定角度握持 iPhone，那么 1g 的力会分布到不同的轴上，这取决于握持 iPhone 的方式。在以 45 度角握持时，1g 的力会均匀地分解到两个轴上。

如果检测到的加速计值远大于 1g，那么，就可以判断这是突然运动。正常使用时，加速计在任一轴上都不会检测到远大于 1g 的值。如果摇动、坠落或投掷 iPhone，那么加速计便会在一个或多个轴上检测到很大的力。

iPhone 加速计使用的三轴结构是：iPhone 长边的左右是 X 轴(右为正)，短边的上下是 Y 轴(上为正)，垂直于 iPhone 的是 Z 轴(正面为正)。需要注意的是，加速计对 y 坐标轴使用了更标准的惯例，即 y 轴伸长表示向上的力，这与 Quartz 2D 的坐标系相反。如果加速计使用 Quartz 2D 作为控制机制，那么必须转换 y 坐标轴。使用 OpenGL ES 时则不需要转换。

根据设备的放置方式，1g 的重力将以不同的方式分布到这三个轴上。如果设备垂直放置，且其一边、屏幕或背面呈水平状态，则整个 1g 都分布在一条轴上。如果设备倾斜，1g 将分布到多条轴上。

1. UIAccelerometer 类

加速计(UIAccelerometer)是一个单例模式的类，所以需要通过 sharedAccelerometer 方法获取其唯一的实例。加速计需要设置如下两点。

(1) 设置其代理，用以执行获取加速计信息的方法。

(2) 设置加速计获取信息的频率。最高支持每秒 100 次。

例如下面的代码：

```
UIAccelerometer *accelerometer = [UIAccelerometer sharedAccelerometer];
accelerometer.delegate = self;
accelerometer.updateInterval = 1.0/30.0f;
```

下面是加速计的代理方法，需要符合<UIAccelerometerDelegate>协议：

```
- (void)accelerometer:(UIAccelerometer *)accelerometer didAccelerate:
  (UIAcceleration *)acceleration
{
    //  NSString *str = [NSString stringWithFormat:@"x:%g\ty:%g\tz:%g",
    //    acceleration.x,acceleration.y,acceleration.z];
    //    NSLog(@"%@",str);
    //    检测摇动, 1.5 为轻摇, 2.0 为重摇
    //    if (fabsf(acceleration.x)>1.8 ||
    //      fabsf(acceleration.y)>1.8 ||
    //      fabsf(acceleration.z>1.8)) {
    //        NSLog(@"你摇动我了~");
    //    }
    static NSInteger shakeCount = 0;
    static NSDate *shakeStart;
    NSDate *now = [[NSDate alloc]init];
    NSDate *checkDate = [[NSDate alloc]initWithTimeInterval:1.5f sinceDate:shakeStart];
    if ([now compare:checkDate] == NSOrderedDescending || shakeStart == nil) {
        shakeCount = 0;
        [shakeStart release];
        shakeStart = [[NSDate alloc]init];
    }
    [now release];
    [checkDate release];
    if (fabsf(acceleration.x)>1.7 ||
        fabsf(acceleration.y)>1.7 ||
        fabsf(acceleration.z)>1.7) {
        shakeCount ++;
        if (shakeCount>4) {
            NSLog(@"你摇动我了~");
```

```
            shakeCount = 0;
            [shakeStart release];
            shakeStart = [[NSDate alloc]init];
        }
    }
}
```

UIAccelerometer 能够检测 iphone 手机在 x、y、z 轴三个轴上的加速度，要想获得此类，需要调用：

```
UIAccelerometer *accelerometer = [UIAccelerometer sharedAccelerometer];
```

同时，还需要设置它的 delegate：

```
UIAccelerometer *accelerometer = [UIAccelerometer sharedAccelerometer];
accelerometer.delegate = self;
accelerometer.updateInterval = 1.0/60.0;
```

在如下委托方法中：

```
- (void) accelerometer:(UIAccelerometer *)accelerometer didAccelerate:
  (UIAcceleration *)acceleration
```

UIAcceleration 表示加速度类，包含了来自加速计 UIAccelerometer 的真实数据。它有 3 个属性的值：x、y、z。

iPhone 的加速计支持最高以每秒 100 次的频率进行轮询。此时是 60 次。

应用程序可以通过加速计来检测摇动，例如，用户可以通过摇动 iphone 擦除绘图。也可以连续摇动几次 iPhone，执行一些特殊的代码：

```
- (void) accelerometer:(UIAccelerometer *)accelerometer didAccelerate:
  (UIAcceleration *)acceleration
{
    static NSInteger shakeCount = 0;
    static NSDate *shakeStart;
    NSDate *now = [[NSDate alloc] init];
    NSDate *checkDate = [[NSDate alloc] initWithTimeInterval:1.5f sinceDate:shakeStart];
    if ([now compare:checkDate] == NSOrderedDescending || shakeStart == nil)
    {
        shakeCount = 0;
        [shakeStart release];
        shakeStart = [[NSDate alloc] init];
    }
    [now release];
    [checkDate release];
    if (fabsf(acceleration.x) > 2.0 || fabsf(acceleration.y) > 2.0
      || fabsf(acceleration.z) > 2.0)
    {
        shakeCount++;
        if (shakeCount > 4)
        {
            // -- DO Something
            shakeCount = 0;
            [shakeStart release];
            shakeStart = [[NSDate alloc] init];
        }
    }
}
```

加速计最常见的是用作游戏控制器，在游戏中使用加速计控制对象的移动。在简单情况下，可能只需获取一个轴的值，乘上某个数(灵敏度)，然后添加到所控制对象的坐标系中。在复杂的游戏中，因为所建立的物理模型更加真实，所以必须根据加速计返回的值调整所控制对象的速度。

在 Cocos 2D 中接收加速计输入 input，使其平滑运动，一般不会去直接改变对象的 position。看下面的代码：

```
- (void) accelerometer:(UIAccelerometer *)accelerometer didAccelerate:
  (UIAcceleration *)acceleration
{
    // -- controls how quickly velocity decelerates(lower = quicker to change direction)
    float deceleration = 0.4;
    // -- determins how sensitive the accelerometer reacts(higher = more sensitive)
    float sensitivity = 6.0;
    // -- how fast the velocity can be at most
    float maxVelocity = 100;
    // adjust velocity based on current accelerometer acceleration
    playerVelocity.x = playerVelocity.x * deceleration + acceleration.x * sensitivity;
    // -- we must limit the maximum velocity of the player sprite, in both directions
    if (playerVelocity.x > maxVelocity)
    {
        playerVelocity.x = maxVelocity;
    }
    else if (playerVelocity.x < -maxVelocity)
    {
        playerVelocity.x = -maxVelocity;
    }
}
```

在上述代码中，deceleration 表示减速的比率，sensitivity 表示灵敏度。maxVelocity 表示最大速度，如果不限制，则一直加大，就很难停下来。

在 playerVelocity.x = playerVelocity.x * deceleration + acceleration.x * sensitivity;中，playerVelocity 是一个速度向量，是累积的。

下面是 update 方法的代码：

```
- (void) update: (ccTime)delta
{
    // -- keep adding up the playerVelocity to the player's position
    CGPoint pos = player.position;
    pos.x += playerVelocity.x;

    // -- The player should also be stopped from going outside the screen
    CGSize screenSize = [[CCDirector sharedDirector] winSize];
    float imageWidthHalved = [player texture].contentSize.width * 0.5f;
    float leftBorderLimit = imageWidthHalved;
    float rightBorderLimit = screenSize.width - imageWidthHalved;

    // -- preventing the player sprite from moving outside the screen
    if (pos.x < leftBorderLimit)
    {
        pos.x = leftBorderLimit;
        playerVelocity = CGPointZero;
    }
    else if (pos.x > rightBorderLimit)
    {
        pos.x = rightBorderLimit;
        playerVelocity = CGPointZero;
    }
```

```
    // assigning the modified position back
    player.position = pos;
}
```

2. 使用加速计的流程

(1) 在使用加速计之前，必须开启重力感应计，方法为：

```
self.isAccelerometerEnabled = YES;
```

设置 layer 是否支持重力计感应，打开重力感应支持，会得到 accelerometer:didAccelerate: 的回调。开启此方法以后，设备才会对重力进行检测，并调用 accelerometer:didAccelerate: 方法。下面给出一个例子：

```
- (void)accelerometer:(UIAccelerometer *)accelerometer didAccelerate:
  (UIAcceleration *)acceleration
{
    CGPoint sPoint = _player.position;  //获取精灵所在位置
    sPoint.x += acceleration.x*10;   //设置坐标变化速度
    _player.position =sPoint;   //对精灵的位置进行更新
}
```

使用加速计在模拟器上是看不出效果的，需要使用真机来测试。_player.position.x 实际上调用的是位置的获取方法(getter method):[_player position]。这个方法会获取当前主角精灵的临时位置信息，上述代码实际上是在尝试着改变这个临时 CGPoint 中成员变量 x 的值。不过，这个临时的 CGPoint 是要被丢弃的。这种情况下，精灵位置的设置方法(setter method): [_player setPosition]根本不会被调用。我们必须直接赋值给_player.position 这个属性，这里使用的值是一个新的 CGPoint。在使用 Objective-C 的时候，必须习惯于这个规则，而唯一的办法是改变从 Java、C++或 C#里带来的编程习惯。上面只是一个简单的说明，下面来看进一步的功能。

(2) 首先，在本类的初始化方法 init 里添加如下代码：

```
01.[self scheduleUpdate]; //预定信息
```

(3) 然后添加如下方法：

```
- (void)accelerometer:(UIAccelerometer *)accelerometer didAccelerate:
  (UIAcceleration *)acceleration
{
    float deceleration = 0.4f; //控制减速的速率(值越低=可以更快地改变方向)
    float sensitivity = 6.0f; //加速计敏感度的值越大，主角精灵对加速计的输入就越敏感
    float maxVelocity = 100; //最大速度值
    // 基于当前加速计的加速度调整速度
    _playerVelocity.x = _playerVelocity.x*deceleration + acceleration.x*sensitivity;
    // 我们必须在两个方向上都限制主角精灵的最大速度值
    if(_playerVelocity.x > maxVelocity) {
        _playerVelocity.x = maxVelocity;
    } else if(_playerVelocity.x < -maxVelocity) {
        _playerVelocity.x = -maxVelocity;
    }
}
- (void)update:(ccTime)delta {
    CGPoint pos = _player.position;
    pos.x += _playerVelocity.x;
```

```
    CGSize size = [[CCDirector sharedDirector] winSize];
    float imageWidthHalved = [_player texture].contentSizeInPixels.width*0.5;
    float leftBorderLimit = imageWidthHalved;
    float rightBorderLimit = size.width - imageWidthHalved;
    // 如果主角精灵移动到了屏幕以外的话，它应该被停止
    if(pos.x < leftBorderLimit) {
        pos.x = leftBorderLimit;
        _playerVelocity = CGPointZero;
    } else if(pos.x>rightBorderLimit) {
        pos.x = rightBorderLimit;
        _playerVelocity = CGPointZero;
    }
    _player.position = pos;   //位置更新
}
```

边界测试可以防止主角精灵离开屏幕。我们需要将精灵贴图的 contentSize 考虑进来，因为精灵的位置在精灵贴图的中央，但是，我们不想让贴图的任何一边移动到屏幕外面，所以我们通过计算，得到了 imageWidthHalved 值，并用它来检查当前的精灵位置是不是落在左右边界里面。上述代码可能有些啰嗦，但是这样比以前更容易理解。这就是所有与加速计处理逻辑相关的代码。

在计算 imageWidthHalved 时，我们将 contentSize 乘以 0.5，而不是用它除以 2。这是一个有意的选择，因为除法可以用乘法来代替，以得到同样的计算结果。因为上述更新方法在每一帧都会被调用，所以，所有代码必须在每一帧的时间里以最快的速度运行。因为 iOS 设备使用的 ARM CPU 不支持直接在硬件上做除法，乘法一般会快一些。虽然在上述代码中的效果并不明显，但是，还是建议养成这个习惯。

14.1.2　陀螺仪

很多初学者误以为：使用加速计提供的数据好像能够准确地猜测到用户在做什么，其实并非如此。加速计可以测量重力在设备上的分布情况，假设设备正面朝上放在桌子上，将可以使用加速计检测出这种情形，但如果用户在玩游戏时水平旋转设备，则加速计测量到的值不会发生任何变化。

当设备通过一边直立着并旋转时，情况也是如此。仅当设备的朝向相对于重力的方向发生变化时，加速计才能检测到；而无论设备处于什么朝向，只要它在旋转，陀螺仪就能检测到。陀螺仪是一种利用高速回转体的动量矩敏感地检测角运动的装置。另外，利用其他原理制成的角运动检测装置，起同样功能的，也称陀螺仪。

当我们查询设备的陀螺仪时，它将报告设备绕 x、y 和 z 轴的旋转速度，单位为弧度每秒。2 弧度相当于一整圈，因此，陀螺仪返回的读数 2 表示设备绕相应的轴每秒转一圈。

14.1.3　检测倾斜和旋转

假设要创建一个这样的赛车游戏，即通过让 iPhone 左右倾斜来表示方向盘，而前后倾斜表示油门和制动，则为了让游戏能做出正确的响应，知道玩家将方向盘转了多少，以及将油门压动踏板踏下了多少很有用。考虑到陀螺仪提供的测量值，应用程序现在能够知道设备是否在旋转，即使其倾斜角度没有变化。想想在玩家之间进行切换的游戏吧，玩这种游戏时，只需将 iPhone 或 iPad 放在桌面上并旋转它即可。

在本实例的应用程序中，在用户左右倾斜或加速旋转设备时，设置将纯色逐渐转换为透明色。将在视图中添加两个开关(UISwitch)，用于启用/禁用加速计和陀螺仪。

实例14-1 检测倾斜和旋转
源码路径 下载资源\codes\14\xuan

1. 创建项目

启动 Xcode 6.1，使用 Single View Application 模板新建一个项目，并将其命名为“xuan”，如图 14-1 所示。

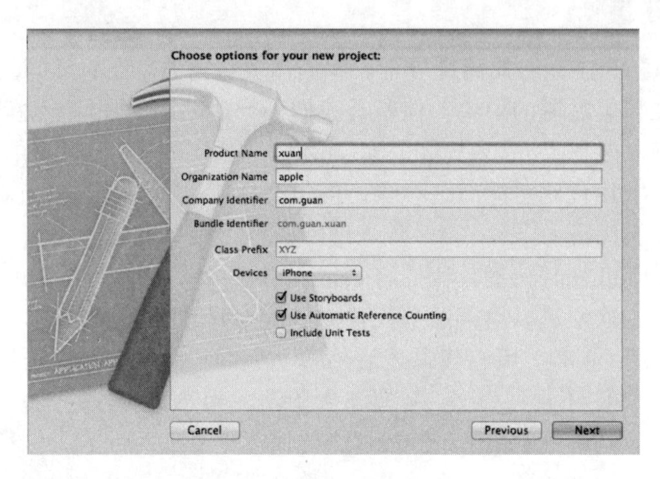

图 14-1　创建工程

(1) 添加 Core Motion 框架

本项目依赖于 Core Motion 来访问加速计和陀螺仪，因此，首先必须将 Core Motion 框架添加到项目中。为此，选择项目 xuan 的顶级编组，并确保编辑器区域显示的是 Summary 选项卡。

接下来，向下滚动到 Linked Frameworks and Libraries 部分。单击列表下方的“+”按钮，从出现的列表中选择 CoreMotion.framework，再单击 Add 按钮，如图 14-2 所示。

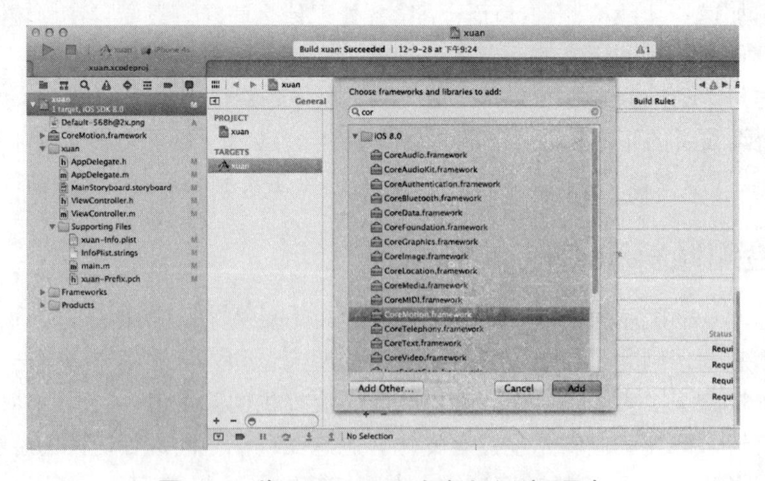

图 14-2　将 Core Motion 框架加入到项目中

在将框架 Core Motion 加入到项目时，它可能不会位于现有项目编组中。出于整洁性考虑，将其拖曳到 Frameworks 编组中。并非必须这样做，但这让项目更整洁有序。

(2)　规划变量和连接

接下来，需要确定所需的变量和连接。

具体地说，需要为一个改变颜色的 UIView 创建输出口(colorView)：还需为两个 UISwitch 实例创建输出口(toggleAccelerometer 和 toggleGyroscope)，这两个开关指出是否要监视加速计和陀螺仪。另外，这些开关还触发操作方法 controlHardware，来开启/关闭硬件监控。

另外，还需要一个指向 CMMotionManager 对象的实例变量/属性，我们将其命名为 motionManager。本实例“变量/属性”不直接关联到故事板中的对象，而是功能实现逻辑的一部分，我们将在控制器逻辑实现中添加它。

2. 设计界面

与本章上一个实例一样，应用程序的界面非常简单，只包含几个开关和标签，及一个视图。选择 MainStoryboard.storyboard 文件以打开界面。然后从对象库拖曳两个 UISwitch 实例到视图的右上角，将其中一个放在另一个的上方。使用 Attributes Inspector(Option + Command + 4)将每个开关都默认地设置为 Off。然后在视图中添加两个标签(UILabel)，将它们分别放在开关的左边，并将其文本分别设置为 Accelerometer 和 Gyroscope。最后拖曳一个 UIView 实例到视图中，并调整其大小，使其适合开关和标签下方的区域。使用 Attributes Inspector 将视图的背景改为绿色。最终的 UI 视图界面如图 14-3 所示。

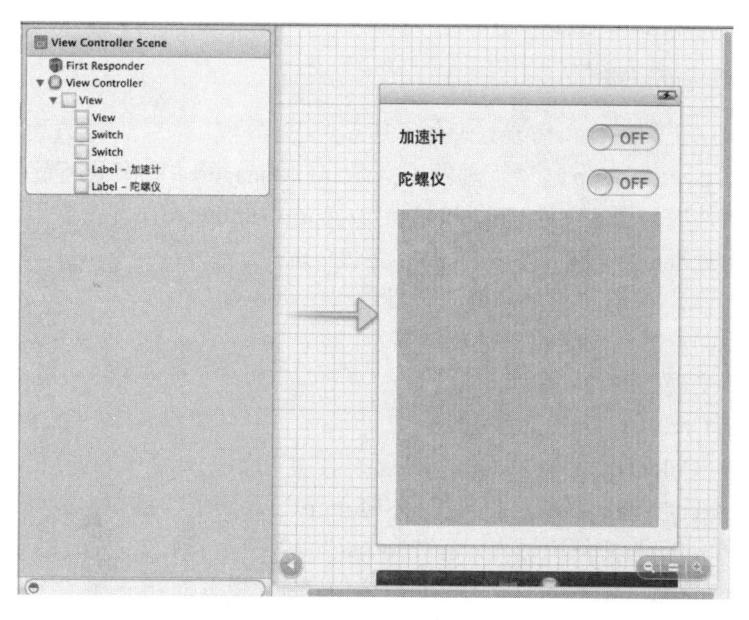

图 14-3　创建包含两个开关、两个标签和一个彩色视图的界面

3. 创建并连接输出口和操作

在这个项目中，使用的输出口和操作不多，但并非所有的连接都是显而易见的。下面列出要使用的输出口和操作。其中需要的输出口如下所示。

◎ 将改变颜色的视图(UIView)：colorView。

◎ 禁用/启用加速计的开关(UISwitch)：toggleAccelerometer。

◎ 禁用/启用陀螺仪的开关(UISwitch)：toggleGyroscope。

在此，需要根据开关的设置，开始或停止监视加速计/陀螺仪，并确保选择了文件MainStoryboard.storyboard，再切换到助手编辑器模式。如果必要，在工作区腾出一些空间。

(1) 添加输出口

按住 Control 键，从视图拖曳显示标签到文件 ViewController.h 中代码行@interface 的下方。在 Xcode 提示时，将输出口命名为"colorView"，然后对两个开关重复上述过程，将标签 Accelerometer 旁边的开关连接到 toggleAccelerometer，并将标签 Gyroscope 旁边的开关连接到 toggleGyroscope。

(2) 添加操作

为了完成连接，需要对这两个开关进行配置，使其 Value Changed 事件发生时调用方法 controlHardware。为此，首先按住 Control 键，从加速计开关拖曳到文件 ViewController.h 中最后一个@property 行的下方。在 Xcode 提示时，新建一个名为"controlHardware"的操作，并将响应的开关事件指定为 value Changed。这就处理好了第一个开关，但这里要将两个开关连接到同一个操作。最准确的方式是，选择第二个开关，从 Connections Inspector (Option + Command + 6)中的输出口 Value Changed 拖曳到刚在文件 ViewController.h 中创建的代码行 controlHardwareIBAction。但也可按住 Control 键，并从第二个开关拖曳到代码行 controlHardware IBAction，这是因为，当我们建立从开关出发的连接时，Interface Builder 编辑器将默认地使用 ValueChanged 事件。

4. 实现应用程序逻辑

要让应用程序正常运行，需要处理如下所示的工作：

◎ 初始化 Core Motion 运动管理器(CMMotionManager)并对其进行配置。

◎ 管理事件以启用/禁用加速计和陀螺仪(controlHardware)，并在启用了这些硬件时注册一个处理程序块。

◎ 响应加速计/陀螺仪更新，修改背景色和透明度值。

◎ 放置界面旋转；旋转将干扰反馈显示。

下面来编写实现这些功能的代码。

(1) 初始化 Core Motion 运动管理器

在应用程序 ColorTilt 启动的时候，需要分配并初始化一个 Core Motion 运动管理器(CMMotionManager)实例。我们将框架 Core Motion 加入到了项目中，但代码还不知道它。需要在 ViewController.h 文件中导入 Core Motion 接口文件，因为，我们将在 ViewController 类中调用 Core Motion 方法。为此，在 ViewController.h 现有的#import 语句下方添加如下代码行：

```
#import <CoreMotion/CoreMotion.h>
```

接下来，需要声明运动管理器。其生命周期将与视图相同，因此，需要在视图控制器中将其声明为实例变量和相应的属性。我们将把它命名为"colorView"。为声明该实例变量/属性，在文件 ViewController.h 中现有属性声明的下方添加如下代码行：

```
@property (strong, nonatomic) CMMotionManager *motionManager;
```

每个属性都必须有配套的编译指令@synthesize，因此打开文件 VewController.m，并在现有的编译指令@synthesize 下方添加如下代码行：

```
@synthesize motionManager;
```

处理运动管理器生命周期的最后一步，是在视图不再存在时妥善地清理它。

对所有实例变量(它们通常是自动添加的)都必须进行清理，方法是在视图控制器的方法 viewDidUnlooad 中添加如下代码行：

```
[self setMOtionManager:nil];
```

接下来初始化运动管理器，并根据要以什么样的频率(单位为秒)从硬件那里获得更新来设置两个属性：accelerometerUpdateInterval 和 gyroUpdateInterval。我们希望每秒更新 100 次，即更新间隔为 0.01 秒。这将在方法 viewDidLoad 中进行，这样，UI 显示到屏幕上后，将开始监控。

方法 viewDidLoad 的具体代码如下所示：

```
- (void)viewDidUnload
{
    [self setColorView:nil];
    [self setToggleAccelerometer:nil];
    [self setToggleGyroscope:nil];
    [self setMotionManager:nil];
    [super viewDidUnload];
    // Release any retained subviews of the main view.
    // e.g. self.myOutlet = nil;
}
```

(2) 管理加速计和陀螺仪更新

方法 controlHardware 的实现比较简单，如果加速计开关是开的，则请求 CMMotionManager 的实例 motionManager，开始监视加速计。每次更新都将由一个处理程序块进行处理，为了简化工作，该处理程序块调用 doAcceleration 方法。如果这个开关是关的，则停止监视加速计。陀螺仪的实现与此类似，但每次更新时，陀螺仪处理程序块都将调用 doGyroscope 方法。

方法 controlHardware 的具体代码如下所示：

```
- (IBAction)controlHardware:(id)sender {
   if ([self.toggleAccelerometer isOn]) {
       [self.motionManager
          startAccelerometerUpdatesToQueue:[NSOperationQueue currentQueue]
          withHandler:^(CMAccelerometerData *accelData, NSError *error) {
            [self doAcceleration:accelData.acceleration];
        }];
   } else {
       [self.motionManager stopAccelerometerUpdates];
   }

   if ([self.toggleGyroscope isOn] && self.motionManager.gyroAvailable) {
       [self.motionManager
          startGyroUpdatesToQueue:[NSOperationQueue currentQueue]
          withHandler:^(CMGyroData *gyroData, NSError *error) {
            [self doRotation:gyroData.rotationRate];
        }];
```

```
    } else {
        [self.toggleGyroscope setOn:NO animated:YES];
        [self.motionManager stopGyroUpdates];
    }
}
```

(3) 响应加速计更新

这里首先实现 doAccelerometer，因为它更复杂。这个方法需要完成两项任务，首先，如果用户急剧移动设备，它将修改 colofVIew 的颜色；其次，如果用户绕 x 轴慢慢倾斜设备，它应让当前背景色逐渐变得不透明。为了在设备倾斜时改变透明度值，这里只考虑 x 轴。x 轴离垂直方向(读数为 1.0 或-1.0)越近，就将颜色设置得越不透明(alpha 值越接近 1.0)；x 轴的读数越接近 0，就将颜色设置得越透明(alpha 值越接近 0)。将使用 C 语言函数 fabs()获取读数的绝对值，因为在本实例中，不关心设备向左还是向右倾斜。

在实现文件 ViewController.m 中实现这个方法前，先在接口文件 ViewController.h 中声明它。为此，在操作声明下方添加如下代码行：

```
- (void)doAcceleration: (CMAcceleration) acceleration;
```

并非必须这样做，但让类中的其他方法(具体地说，是使用这个方法的 controlHardware)知道这个方法存在。

如果不这样做，必须在实现文件中确保 doAccelerometer 在 controlHandware 前面。方法 doAccelerometer 的实现代码如下所示：

```
- (void)doAcceleration:(CMAcceleration)acceleration {
    if (acceleration.x > 1.3) {
        self.colorView.backgroundColor = [UIColor greenColor];
    } else if (acceleration.x < -1.3) {
        self.colorView.backgroundColor = [UIColor orangeColor];
    } else if (acceleration.y > 1.3) {
        self.colorView.backgroundColor = [UIColor redColor];
    } else if (acceleration.y < -1.3) {
        self.colorView.backgroundColor = [UIColor blueColor];
    } else if (acceleration.z > 1.3) {
        self.colorView.backgroundColor = [UIColor yellowColor];
    } else if (acceleration.z < -1.3) {
        self.colorView.backgroundColor = [UIColor purpleColor];
    }

    double value = fabs(acceleration.x);
    if (value > 1.0) { value = 1.0; }
    self.colorView.alpha = value;
}
```

(4) 响应陀螺仪更新

响应陀螺仪更新比响应加速计更新更容易，因为用户旋转设备时不需要修改颜色，而只修改 colorView 的 alpha 属性即可。这里不是在用户沿特定方向旋转设备时修改透明度，而检测全部 3 个方向的综合旋转速度。这是在一个名为 doRotation 的新方法中实现的。

同样，实现方法 doRotation 前，需要先在接口文件 ViewController.h 中声明它，否则必须在文件 ViewController.m 中确保这个方法在 controlHardware 前面。

为此，在文件 ViewController.h 中的最后一个方法声明下方添加如下代码行：

```
-(void) doRotation: (CMRotationRate) rotation;
```

方法 doRotation 的代码如下所示：

```
- (void)doRotation:(CMRotationRate)rotation {
   double value = (fabs(rotation.x) + fabs(rotation.y) + fabs(rotation.z))/8.0;
   if (value > 1.0) { value = 1.0; }
   self.colorView.alpha = value;
}
```

(5) 禁止界面旋转

现在可以运行这个应用程序了，但是，编写的方法可能不能提供很好的视觉反馈。这是因为，当用户旋转设备时，界面也将在必要时发生变化，由于界面旋转动画的干扰，让用户无法看到视图颜色快速改变。

为了禁用界面旋转，在文件 ViewController.m 中找到 shouldAutorotateToInterfaceOrientation 方法，并将其修改成只包含下面一行代码：

```
return NO;
```

这样，无论设备出于哪种朝向，界面都不会旋转，从而让界面变成静态的。

到此为止，本实例就完成了。本实例需要真实的 iOS 设备来演示，模拟器不支持。在 Xcode 工具栏的 Scheme 下拉列表中选择插入的设备，再单击 Run 按钮。尝试倾斜和旋转，结果如图 14-4 所示。在此需要注意，请务必尝试同时启用加速计和陀螺仪，然后尝试每次启用其中的一个。

图 14-4　执行效果

14.2　访问朝向和运动数据

要想访问朝向和运动信息，可使用两种不同的方法。首先，要检测朝向变化并做出反应，可以请求 iOS 设备在朝向发生变化时向我们编写的代码发送通知，然后将收到的消息与表示各种设备朝向的常量(包括正面朝上和正面朝下)进行比较，从而判断出用户做了什么。其次，可以利用框架 Core Motion 定期地直接访问加速计和陀螺仪数据。

14.2.1　两种方法

1. 通过 UIDevice 请求朝向通知

虽然可以直接查询加速计并使用它返回的值判断设备的朝向，但 Apple 为开发人员简化了这项工作。

单例 UIDevice 表示当前设备，它包含 beginGenelatingDeviceOrientationNotifications 方法，该方法命令 iOS 将朝向通知发送到通知中心(NSNotificationCenter)。启动通知后，就可以注册一个 NSNotificationCenter 实例，以便设备的朝向发生变化时自动调用指定的方法。

除了获悉发生了朝向变化事件外，还需要获悉当前朝向，为此，可以使用 UIDevice 的

orientation 属性。该属性的类型为 UIDeviceOrientation，其可能取值为下面 6 个预定义值。

◎ UIDeviceOrientationFaceUp：设备正面朝上。
◎ UIDeviceOrientationFaceDown：设备正面朝下。
◎ UIDeviceOrientationPortrait：设备处于“正常”朝向，主屏幕按钮位于底部。
◎ UIDeviceOrientationPortraitUpsideDown：设备处于纵向状态，主屏幕按钮位于项部。
◎ UIDeviceOrientationLandscapeLeft：设备侧立着，左边朝下。
◎ UIDeviceOrientationLandscapeRight：设备侧立着，右边朝下。

通过将属性 orientation 与上述每个值进行比较，就可判断出朝向，并做出相应的反应。

2. 使用 Core Motion 读取加速计和陀螺仪数据

直接使用加速计和陀螺仪时，方法稍有不同。首先，需要将框架 Core Motion 加入到项目中。 在代码中需要创建 Core Motion 运动管理器(CMMotionManager)的实例，应该将运动管理器视为单例——由其一个实例向整个应用程序提供加速计和陀螺仪运动服务。在本书前面的内容中曾经说过，单例是在应用程序的整个生命周期内只能实例化一次的类。向应用程序提供的 iOS 设备硬件服务通常是以单例方式提供的。鉴于设备中只有一个加速计和一个陀螺仪，以单例方式提供它们合乎逻辑。在应用程序中包含多个 CMMotionManager 对象不会带来任何额外的好处，而只会让内存和生命周期的管理更复杂，而使用单例，可避免这两种情况的发生。

不同于朝向通知，Core Motion 运动管理器让我们能够指定从加速计和陀螺仪那里接收更新的频率(单位为秒)，还让我们能够直接指定一个处理程序块(handle block)，每当更新就绪时，都将执行该处理程序块。

我们需要判断以什么样的频率接收运动更新对应用程序有好处。为此，可尝试不同的更新频率，直到获得最佳的频率。如果更新频率超过了最佳频率，可能带来一些负面影响：我们的应用程序将使用更多的系统资源，这将影响应用程序其他部分的性能，当然，还有电池的寿命。由于可能需要非常频繁地接收更新以便应用程序能够平滑地响应，因此应花时间优化与 CMMotionManager 相关的代码。

让应用程序使用 CMMotionManager 很容易，这个过程包含 3 个步骤：分配并初始化运动管理器；设置更新频率；使用 startAccelerometerUpdatesToQueue:withHandler 请求开始更新并将更新发送给一个处理程序块。看如下所示的代码段：

```
motionManager = [[CMMotionManager alloc]  init];
motionManager.accelerometerUpdateInterval = .01;
[motionManager startAccelerometerUpdatesToQueue: [NSOperationQueue currentQueue]
withHandler:^(CMAccelerometerData *accelData, NSError *error) {
    //Do something with the acceleration data here!
}];
```

在上述代码中，第 1 行分配并初始化运动管理器，类似的代码我们见过几十次了。第 2 行请求加速计每隔 0.01 秒发送一次更新，即每秒发送 100 次更新。第 3~6 行启动加速计更新，并指定了每次更新时都将调用的处理程序块。

上述代码看起来令人迷惑，为了更好地理解其格式，建议读者阅读 CMMotionManager 文档。基本上，它像是在 startAccelerometerUpdatesToQueue:withHandler 调用中定义的一个新方法。

给这个处理程序传递两个参数：accelData 和 error，前者是一个 CMAccelerometerData

对象，而后者的类型为 NSError。对象 accelData 包含一个 acceleration 属性，其类型为 CMAcceleration，这是我们感兴趣的信息，包含沿 x、y 和 z 轴的加速度。要使用这些输入数据，可以在处理程序中编写相应的代码(在该代码段中，当前只有注释)。

陀螺仪更新的工作原理几乎与此相同，但需要设置 Core Motion 运动管理器的 gyroUpdateInterval 属性，并使用 startGyroUpdatesToQueue:withHandler 开始接收更新。

陀螺仪的处理程序接收一个类型为 CMGyroData 的对象 gyroData。还与加速计处理程序一样，接收一个 NSError 对象。我们感兴趣的是 gyroData 的 rotation 属性，其类型为 CMRotationRate。这个属性提供了绕 x、y 和 z 轴的旋转速度。

注意： 只有 2010 年后的设备支持陀螺仪。要检查设备是否提供了这种支持，可以使用 CMMotionManager 的布尔属性 gyroAvailable，如果其值为 YES，则表明当前设备支持陀螺仪，可使用它。

处理完加速计和陀螺仪更新后，便可停止接收这些更新，为此，可分别调用 CMMotionManager 的方法 stopAccelerometerUpdates 和 stopGyroUpdates。

注意： 前面没有解释包含 NSOperationQueue 的代码。操作队列(Operation Queue)是一个需要处理的操作(如加速计和陀螺仪读数)列表。需要使用的队列已经存在，可使用代码 [NSOperationQueue currentQueue]。只要我们这样做，就无须手工管理操作队列。

14.2.2　检测朝向演练

为了介绍如何检测移动，将首先创建一个应用程序。该应用程序只是指出设备当前处于 6 种可能朝向中的哪一种。本实例能够检测朝向正立、倒立、左立、右立、正面朝向和正面朝下。

在实例中将设计一个只包含一个标签的界面，然后编写一个方法，每当朝向发生变化时都调用这个方法。为了让这个方法被调用，必须向 NSNotificationCenter 注册，以便在合适的时候收到通知。

实例 14-2　检测朝向
源码路径　下载资源\codes\14\chao

1. 创建项目

首先启动 Xcode 并新建一个项目，在此使用 Single View Application 模板，并将新项目命名为“chao”，如图 14-5 所示。

在这个项目中，主视图只包含一个标签，它可通过代码进行更新。该标签名为 orientationLabel，将显示一个指出设备当前朝向的字符串。

2. 设计 UI

该应用程序的 UI 很简单(也很时髦)：一个黄色文本标签漂浮在一片灰色的海洋中。为了创建界面，首先选择 MainStoryboard.storyboard 文件，在 Interface Builder 编辑器中打开它。

接下来，打开对象库(View → Utilities → Show Object Library)，拖曳一个标签到视图中，并将其文本设置为“朝向”。

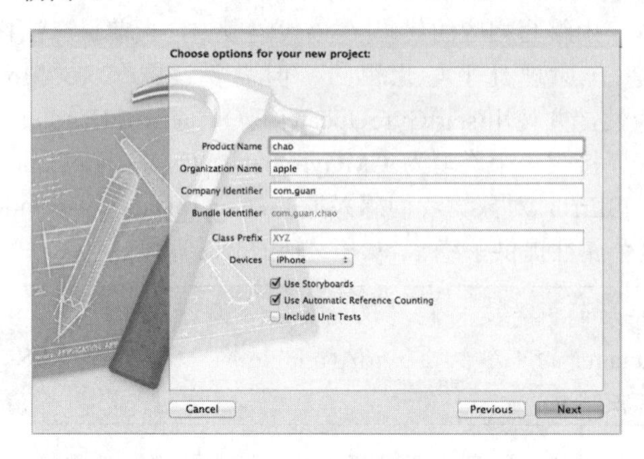

图 14-5　新建工程

使用 Attributes Inspector(Option + Command + 4)设置标签的颜色、增大字号并让文本居中。在配置标签的属性后，对视图做同样的处理，将其背景色设置成与标签相称。最终的视图应类似于如图 14-6 所示。

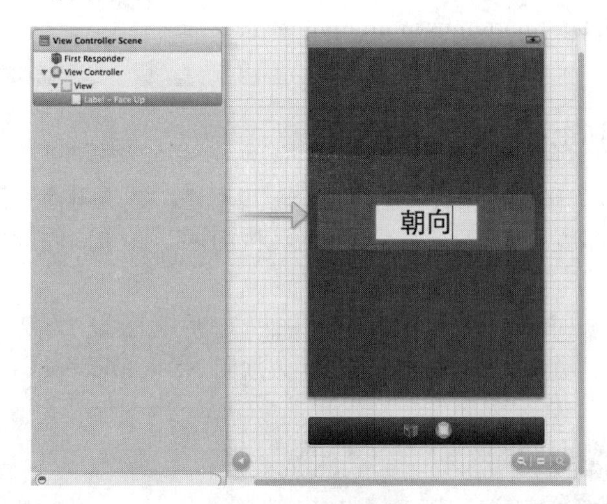

图 14-6　应用程序的 UI

3. 创建并连接输出口

在加速器指出设备的朝向发生变化时，该应用程序需要能够修改标签的文本。为此，需要为前面添加的标签创建连接。在界面可见的情况下，切换到助手编辑器模式。

按住 Control 键，将标签拖曳到文件 ViewController.h 中代码行@interface 下方，并在 Xcode 提示时将输出口命名为“orientationLabel”。这就是到代码的桥梁：只有一个输出口，没有操作。

4. 实现应用程序逻辑

接下来需要解决如下两个问题：

◎ 必须告诉 iOS，希望在设备朝向发生变化时得到通知。

◎ 必须对设备朝向发生变化做出响应。由于这是第一次接触通知中心，它可能看起来有点不同寻常，但是，请将重点放在结果上。当能够看到结果时，处理通知的代码就不难理解了。

(1) 注册朝向更新

当这个应用程序的视图显示的时候，我们需要指定一个方法，该方法将接收来自 iOS 的 UIDeviceOrientationDidChangeNitification 通知。还应该告诉设备本身应该生成这些通知，以便我们做出响应。所有这些工作，都可在文件 ViewControlloller.m 的 viewDidLoad 方法中完成。方法 viewDidLoad 的实现代码如下所示：

```
- (void)viewDidLoad
{
   [[UIDevice currentDevice]beginGeneratingDeviceOrientationNotifications];

   [[NSNotificationCenter defaultCenter]
     addObserver:self selector:@selector(orientationChanged:)
     name:@"UIDeviceOrientationDidChangeNotification"
     object:nil];
   [super viewDidLoad];
}
```

(2) 判断朝向

为了判断设备的朝向，需要使用 UIDevice 的 orientation 属性，orientation 属性的类型为 UIDeviceOrientation，这是简单常量，而不是对象，这意味着可以使用一条简单的 switch 语句检查每种可能的朝向，并在需要时更新界面中的 orientationLabel 标签。

orientationChanged 方法的实现代码如下所示：

```
- (void)orientationChanged:(NSNotification *)notification {
   UIDeviceOrientation orientation;
   orientation = [[UIDevice currentDevice] orientation];
   switch (orientation) {
      case UIDeviceOrientationFaceUp:
         self.orientationLabel.text=@"Face Up";
         break;
      case UIDeviceOrientationFaceDown:
         self.orientationLabel.text=@"Face Down";
         break;
      case UIDeviceOrientationPortrait:
         self.orientationLabel.text=@"Standing Up";
         break;
      case UIDeviceOrientationPortraitUpsideDown:
         self.orientationLabel.text=@"Upside Down";
         break;
      case UIDeviceOrientationLandscapeLeft:
         self.orientationLabel.text=@"Left Side";
         break;
      case UIDeviceOrientationLandscapeRight:
         self.orientationLabel.text=@"Right Side";
         break;
      default:
         self.orientationLabel.text=@"Unknown";
         break;
   }
}
```

上述实现代码的逻辑非常简单，每当收到设备朝向更新时，都会调用这个方法。将通知作为参数传递给了这个方法，但没有使用它。到此为止，整个实例介绍完毕，执行后的效果如图14-7所示。

图 14-7　执行效果

如果我们在iOS模拟器中运行该应用程序，可以旋转虚拟硬件(从菜单Hardware中选择Rotate Left或Rotate Right)，但无法切换到正面朝上和正面朝下这两种朝向。

14.3　基于Swift使用Motion传感器

实例14-3　使用iOS中的Motion传感器
源码路径　下载资源\daima\11\Swift-Motion

(1)　打开Xcode 6.1，然后新建一个名为"Swift-Motion"的工程，工程的最终目录结构如图14-8所示。

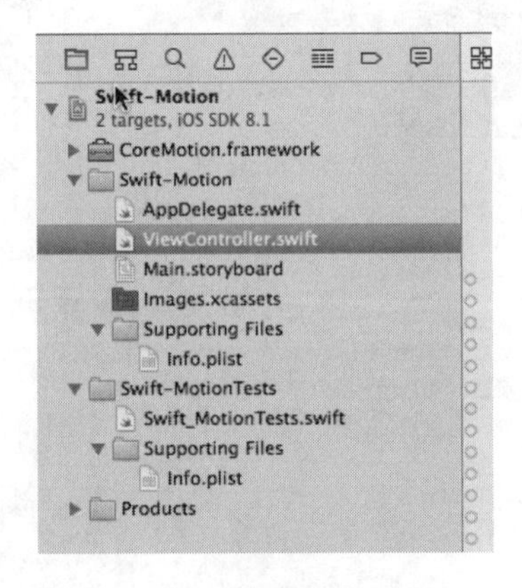

图 14-8　工程的目录结构

(2) 打开 Main.storyboard，为本工程设计一个视图界面，在里面添加 Label 控件来展示 Motion 传感器的各个数值，如图 14-9 所示。

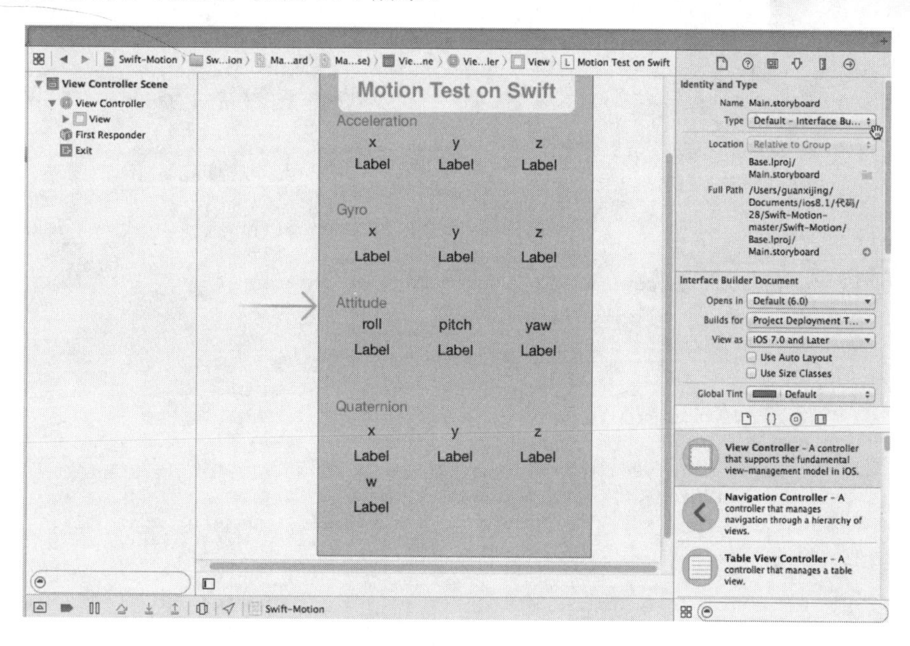

图 14-9　Main.storyboard 设计界面

(3) 编写文件 ViewController.swift，调用 iOS 中的 Motion 传感器，在屏幕中分别显示如下数据。

◎　accel：x、y 和 z 轴三个方向的加速值。

◎　gyro：x、y 和 z 轴三个方向的陀螺值。

◎　attitude：姿态传感器的值。

◎　Quaternion：旋转传感器，在 Unity 中由 x、y、z、w 表示 4 个值。

文件 ViewController.swift 的具体实现代码如下所示：

```
import UIKit
import CoreMotion

class ViewController: UIViewController {

   // Connection with interface builder
   @IBOutlet var acc_x: UILabel!
   @IBOutlet var acc_y: UILabel!
   @IBOutlet var acc_z: UILabel!
   @IBOutlet var gyro_x: UILabel!
   @IBOutlet var gyro_y: UILabel!
   @IBOutlet var gyro_z: UILabel!
   @IBOutlet var attitude_roll: UILabel!
   @IBOutlet var attitude_pitch: UILabel!
   @IBOutlet var attitude_yaw: UILabel!
   @IBOutlet var attitude_x: UILabel!
   @IBOutlet var attitude_y: UILabel!
   @IBOutlet var attitude_z: UILabel!
   @IBOutlet var attitude_w: UILabel!
   // create instance of MotionManager
   let motionManager: CMMotionManager = CMMotionManager()
```

```
    override func viewDidLoad() {
        super.viewDidLoad()
        // Initialize MotionManager
        motionManager.deviceMotionUpdateInterval = 0.05 // 20Hz

        // Start motion data acquisition
        motionManager.startDeviceMotionUpdatesToQueue(NSOperationQueue.currentQueue(),
         withHandler:{
           deviceManager, error in
           var accel: CMAcceleration = deviceManager.userAcceleration
           self.acc_x.text = String(format: "%.2f", accel.x)
           self.acc_y.text = String(format: "%.2f", accel.y)
           self.acc_z.text = String(format: "%.2f", accel.z)
           var gyro: CMRotationRate = deviceManager.rotationRate
           self.gyro_x.text = String(format: "%.2f", gyro.x)
           self.gyro_y.text = String(format: "%.2f", gyro.y)
           self.gyro_z.text = String(format: "%.2f", gyro.z)
           var attitude: CMAttitude = deviceManager.attitude
           self.attitude_roll.text = String(format: "%.2f", attitude.roll)
           self.attitude_pitch.text = String(format: "%.2f", attitude.pitch)
           self.attitude_yaw.text = String(format: "%.2f", attitude.yaw)
           var quaternion: CMQuaternion = attitude.quaternion
           self.attitude_x.text = String(format: "%.2f", quaternion.x)
           self.attitude_y.text = String(format: "%.2f", quaternion.y)
           self.attitude_z.text = String(format: "%.2f", quaternion.z)
           self.attitude_w.text = String(format: "%.2f", quaternion.w)
        })
    }
    override func didReceiveMemoryWarning() {
        super.didReceiveMemoryWarning()
        // Dispose of any resources that can be recreated.
    }
}
```

执行后的效果如图 14-10 所示，在真机中运行时，会显示获取的具体传感器值。

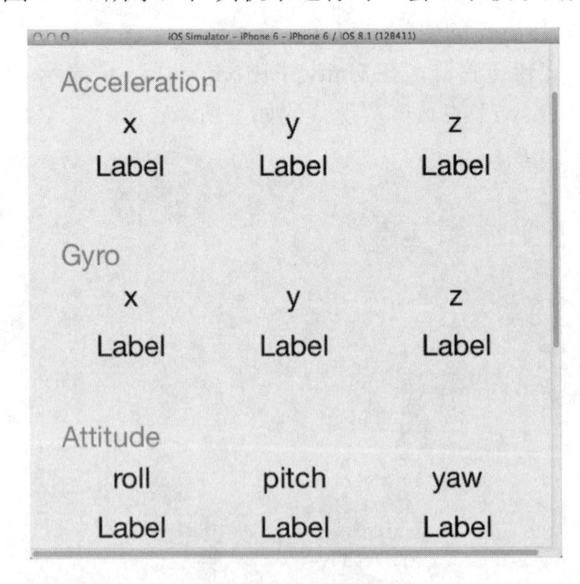

图 14-10　执行效果

第 15 章

iOS 8

开发通用的项目程序

在当前的众多 iOS 设备中，iPhone 和 iPod Touch 及 iPad 都取得了无可否认的成功，让 Apple 产品得到了消费者的认可。但是，这些产品的屏幕大小是不一样的，这就给我们开发人员带来了难题：我们的程序能否在不同的屏幕上成功运行呢？

在本书前面的内容中，我们的开发都是针对一种平台的，其实完全可以针对两种平台。

本章将介绍如何创建在 iPhone 和 iPad 上都能运行的应用程序，为读者步入本书后面知识的学习打下基础。

15.1 开发通用的应用程序

通用的应用程序包含在 iPhone 和 iPad 上运行所需的资源。虽然 iPhone 应用程序可以在 iPad 上运行，但是，有时候看起来不那么漂亮。要让应用程序向 iPad 用户提供独特的体验，需要使用不同的故事板和图像，甚至完全不同的类。在编写代码时，可能需要动态地判断运行应用程序的设备类型。

15.1.1 在 iOS 6 中开发通用的应用程序

在开发 iOS 6 以前的应用程序时，Xcode 中的通用模板类似于针对特定设备的模板，在 Xcode 中新建项目时，可以从下拉列表 Device Family 中选择 Universal(通用)。Apple 称其为通用的(Universal)应用程序，如图 15-1 所示。

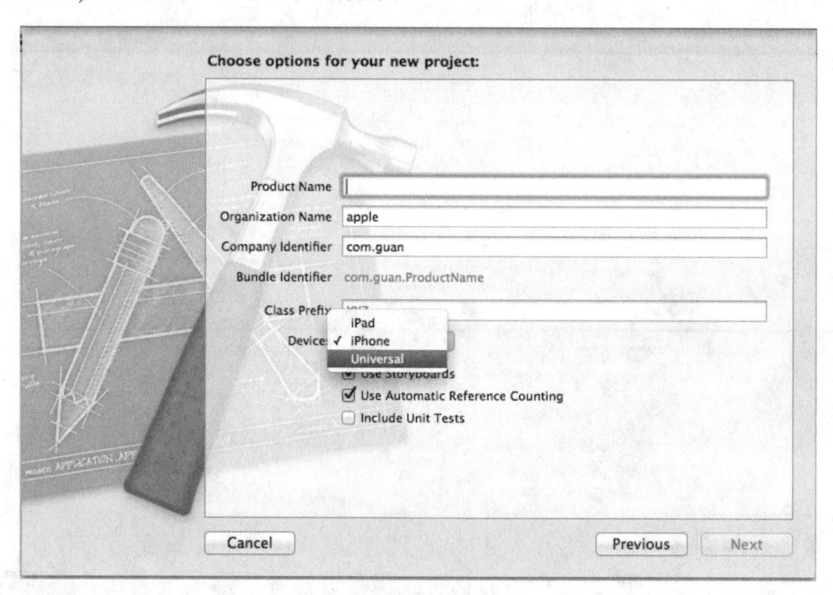

图 15-1　创建通用的(Universal)应用程序

传统程序只有一个 MainStoryboard.storyboard 文件，而通用程序包含了如下两个针对不同设备的故事板文件：

◎　MainStoryboard_iPhone.storyboard。
◎　MainStoryboard_iPad.storyboard。

具体如图 15-2 所示。

这样，当在 iPad 上执行应用程序时，会执行 MainStoryboard_iPad.storyboard 故事板；而当在 iPhone 上执行应用程序时，会执行 MainStoryboard_iPhone.storyboard 故事板。因为 iPhone 和 iPad 是不同的设备，用户要想获得不同的使用体验，即使应用程序的功能不变，在这两种设备上运行时，其外观和工作原理也可能不同。为了支持这两种设备，通用应用程序包含的类、方法和资源等可能翻倍，这取决于我们具体如何设计它。但是，这样的好处也是很大的，我们的应用程序既可在 iPhone 上运行，又可在 iPad 上运行，这样，目标用户群就更大了。

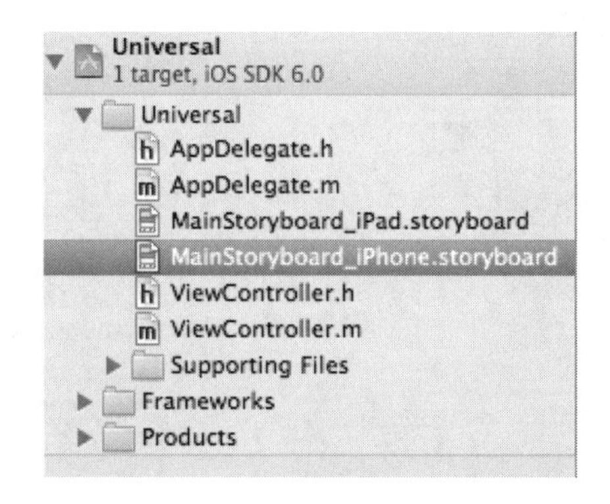

图 15-2　通用程序有两个故事板

15.1.2　在 iOS 7、iOS 8 中开发通用应用程序

从 iOS 7 开始，开发通用应用程序的方法发生了变化。

(1) 使用 Xcode 6 创建一个应用程序，在下拉列表 Device Family 中选择 Universal(通用)，如图 15-3 所示。

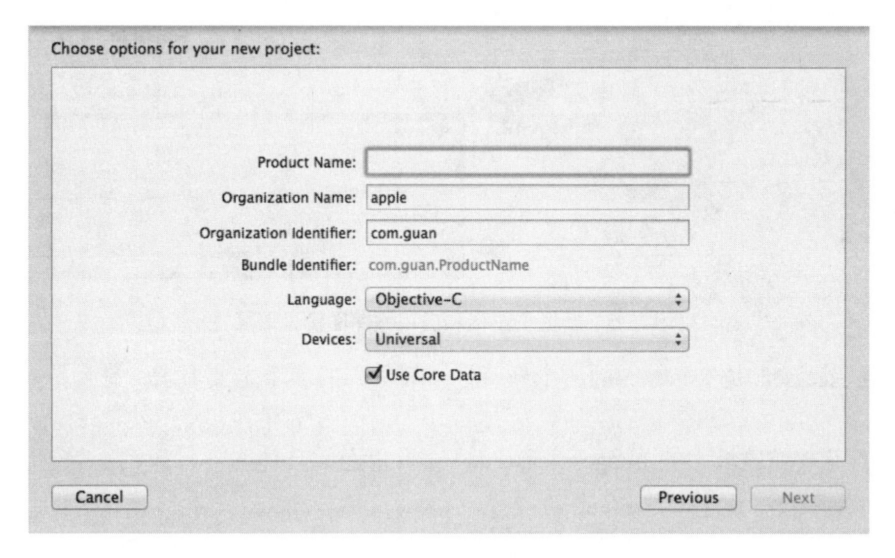

图 15-3　创建 Xcode 工程

(2) 创建工程的目录结构如图 15-4 所示。

由此可见，在 iOS 7 及其以上的版本中，创建的工程文件中不会包含如下所示的故事板文件：

◎　MainStoryboard_iPhone.storyboard。

◎　MainStoryboard_iPad.storyboard。

(3) 向下滚动工程目录的属性窗口，可以看到比 iOS 6 及以前版本增加了图标和应用程序图像设置属性，如图 15-5 所示。

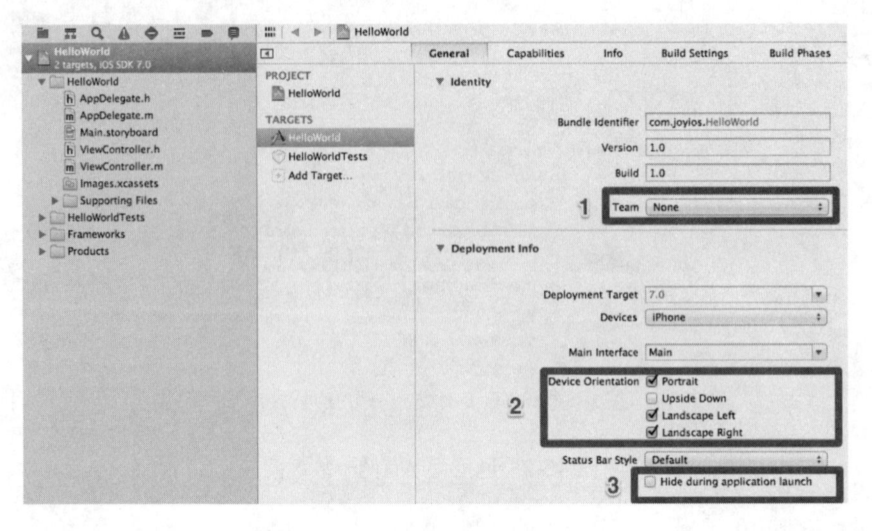

图 15-4　工程的目录结构

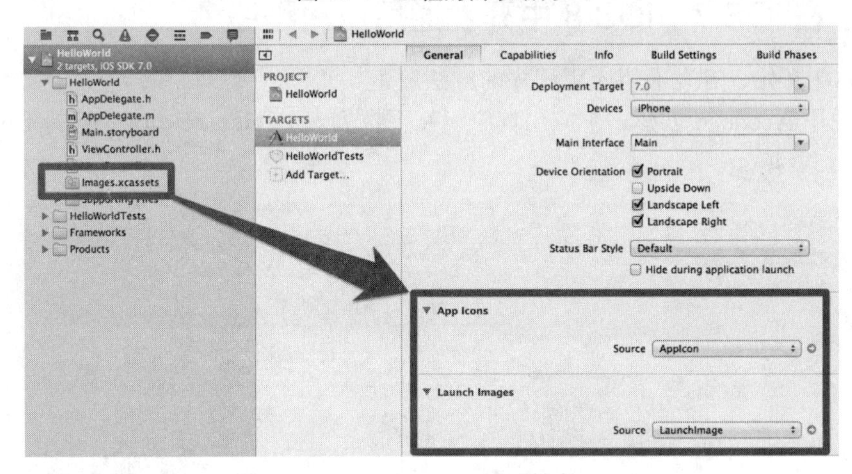

图 15-5　新增了图标和应用程序图像设置属性

Images.xcassets 是 Xcode 5 的一个新特性，其引入的一个主要原因，是为了方便应用程序同时支持 iOS 6 和 iOS 7。

(4)　打开导航区域中的 Images.xcassets，查看里面的具体内容，如图 15-6 所示。

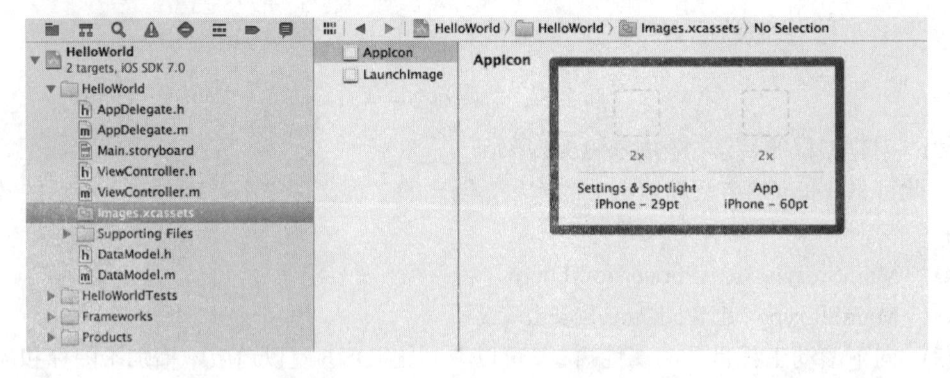

图 15-6　Images.xcassets 的具体内容

(5) 在图中可以看到中间位置有两个虚线框，可以直接拖入图片文件资源进来。在此，先准备一下资源文件，如图 15-7 所示。

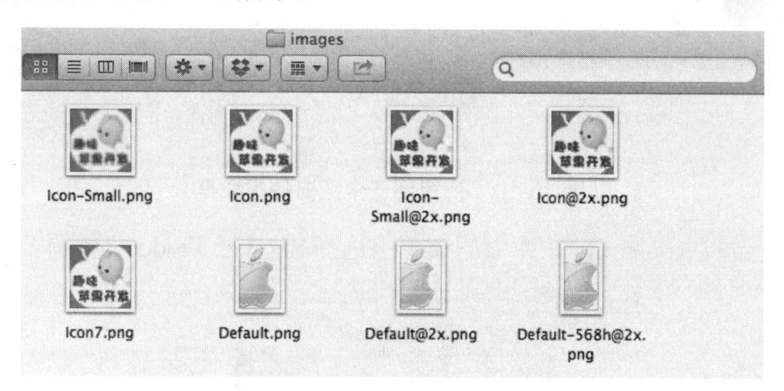

图 15-7　拖入图片文件资源

注意：为方便起见，除 Icon7.png 外，其他图标的文件名均沿袭了以往 iOS 图标的命名规则。

(6) 将图片 Icon-Small@2x.png 拖拽到第一个虚线框中，将图片 Icon7.png 拖拽到第二个虚线框中，如图 15-8 所示。

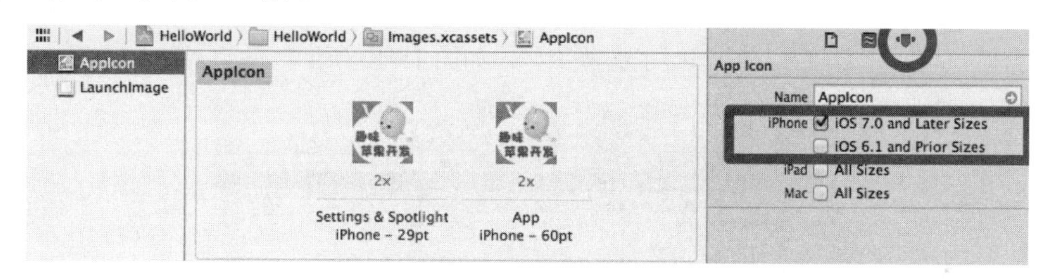

图 15-8　拖入图片文件到虚线框

Icon-Small@2x.png 的尺寸是 58*58 像素的，而 Icon7.png 的尺寸是 120*120 像素的。另外，如果拖入的图片尺寸不正确，Xcode 会提示警告信息。

(7) 在上图 15-8 中单击实用工具区域最右侧的 Show the Attributes inspector(显示属性检查器)图标后，能够看到图像集的属性，勾选 iOS 6.1 and Prior Sizes 看看会发生什么变化？如图 15-9 所示。

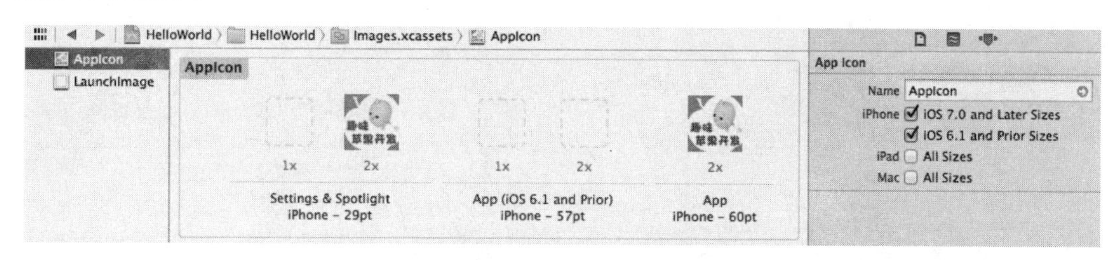

图 15-9　勾选 iOS 6.1 and Prior Sizes

(8) 分别将 Icon-Small.png、Icon.png 和 Icon@2x.png 顺序地拖拽到三个空白的虚线框中，完成后的效果如图 15-10 所示。

图 15-10　拖拽到三个空白的虚线框

(9) 右击左侧的 AppIcon，在弹出的菜单中选择 Show in Finder，如图 15-11 所示。

图 15-11　选择 Show in Finder

此时，可以查看刚才拖拽都做了哪些工作，如图 15-12 所示。

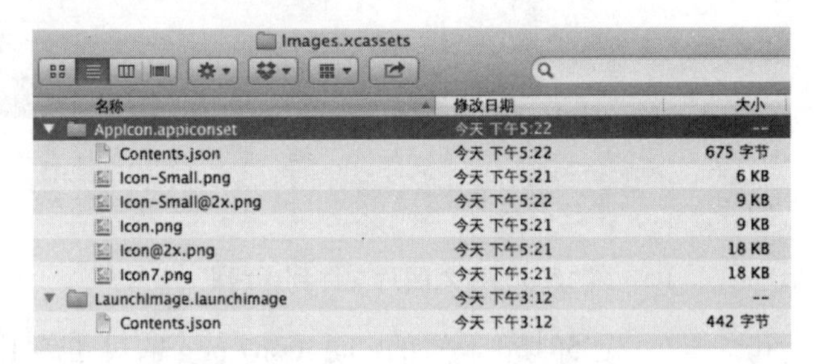

图 15-12　Finder 中的文件

由此可见，除了 Contents.json 是一个陌生文件外，其他文件都是刚刚拖拽进 Xcode 的，双击查看一下 Contents.json 文件内容：

```
{
 "images" : [
   {
    "size" : "29x29",
    "idiom" : "iphone",
    "filename" : "Icon-Small.png",
    "scale" : "1x"
   },
   {
    "size" : "29x29",
    "idiom" : "iphone",
    "filename" : "Icon-Small@2x.png",
    "scale" : "2x"
   },
   {
    "size" : "57x57",
```

```
    "idiom" : "iphone",
    "filename" : "Icon.png",
    "scale" : "1x"
  },
  {
    "size" : "57x57",
    "idiom" : "iphone",
    "filename" : "Icon@2x.png",
    "scale" : "2x"
  },
  {
    "size" : "60x60",
    "idiom" : "iphone",
    "filename" : "Icon7.png",
    "scale" : "2x"
  }
 ],
 "info" : {
   "version" : 1,
   "author" : "xcode"
 }
}
```

从上述代码可以看出，能够根据不同的 iOS 设备设置图片的显示大小。

(10) 设置素材图标工作完成后，设置启动图片的工作就变得十分简单了，具体操作步骤差别不大，完成后的界面如图 15-13 所示。

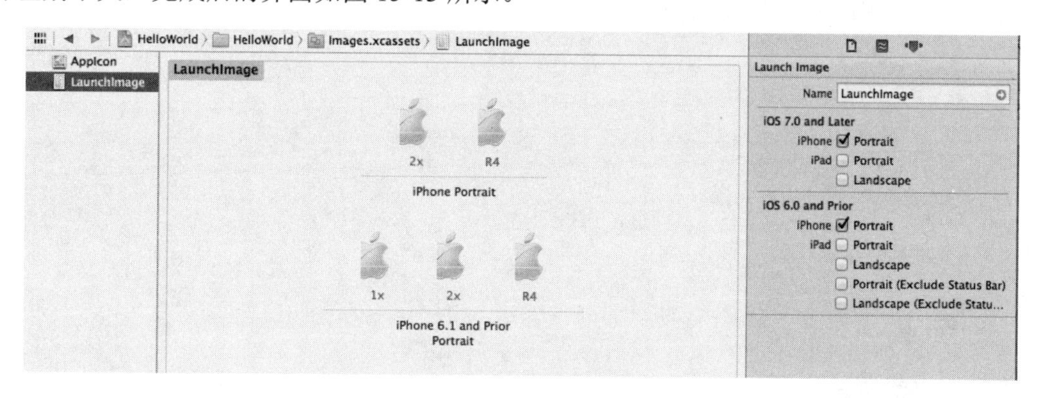

图 15-13　设置启动图片

(11) 再次在 Finder 中查看具体内容，如图 15-14 所示。

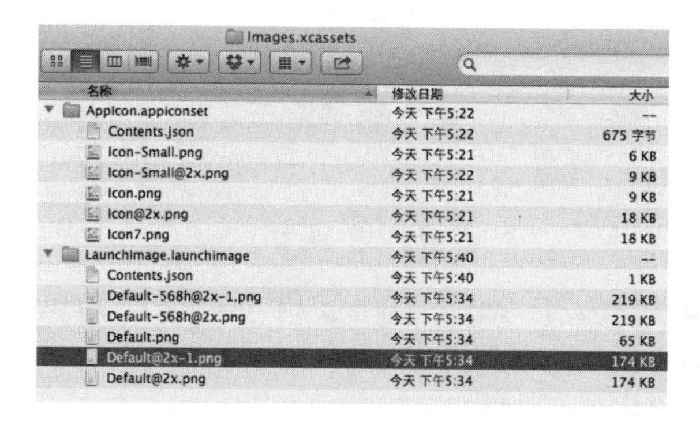

图 15-14　在 Finder 中查看具体内容

在 Finder 中会发现多出两个文件，分别是 Default@2x-1.png 和 Default-568h@2x-1.png，双击打开对应的 Contents.json 文件，具体内容如下所示：

```
{
 "images" : [

   {
    "orientation" : "portrait",
    "idiom" : "iphone",
    "extent" : "full-screen",
    "minimum-system-version" : "7.0",
    "filename" : "Default@2x.png",
    "scale" : "2x"
   },
   {
    "extent" : "full-screen",
    "idiom" : "iphone",
    "subtype" : "retina4",
    "filename" : "Default-568h@2x.png",
    "minimum-system-version" : "7.0",
    "orientation" : "portrait",
    "scale" : "2x"
   },
   {
    "orientation" : "portrait",
     "idiom" : "iphone",
    "extent" : "full-screen",
    "filename" : "Default.png",
    "scale" : "1x"
   },
   {
    "orientation" : "portrait",
    "idiom" : "iphone",
    "extent" : "full-screen",
    "filename" : "Default@2x-1.png",
     "scale" : "2x"
   },
   {
    "orientation" : "portrait",
    "idiom" : "iphone",
    "extent" : "full-screen",
    "filename" : "Default-568h@2x-1.png",
    "subtype" : "retina4",
    "scale" : "2x"
   }
 ],

 "info" : {
  "version" : 1,
  "author" : "xcode"
 }

}
```

(12) 将其中的“filename”: “Default@2x-1.png”和“filename”: “Default-568h@2x-1.png”分别改为“filename”: “Default@2x.png”和“filename”: “Default-568h@2x.png”，保存并返回到 Xcode 界面后，效果如图 15-15 所示。

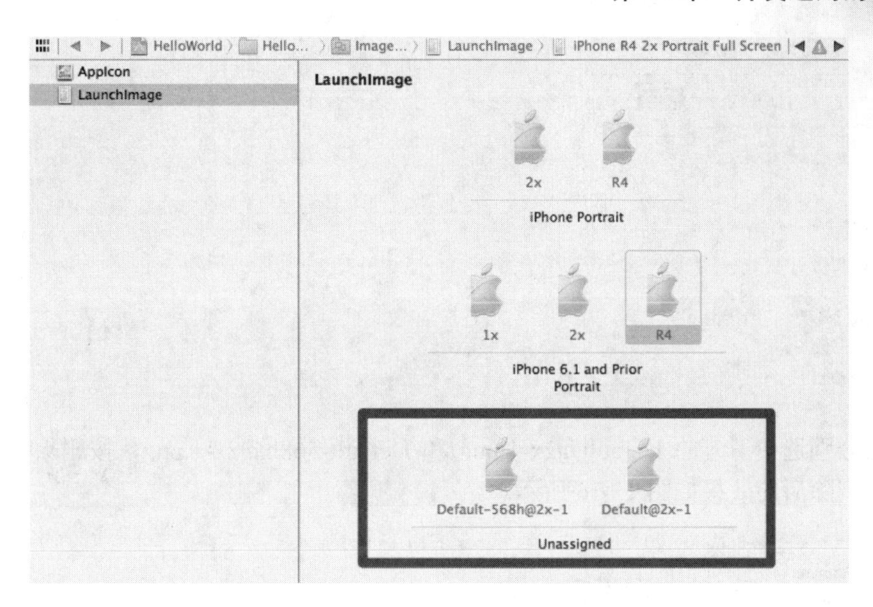

图 15-15　返回到 Xcode 界面后的效果

修改后的 Contents.json 文件的内容如下所示：

```
{
 "images" : [

   {
    "orientation" : "portrait",
    "idiom" : "iphone",
    "extent" : "full-screen",
    "minimum-system-version" : "7.0",
    "filename" : "Default@2x.png",
    "scale" : "2x"
  },
   {
    "extent" : "full-screen",
    "idiom" : "iphone",
    "subtype" : "retina4",
    "filename" : "Default-568h@2x.png",
    "minimum-system-version" : "7.0",
    "orientation" : "portrait",
    "scale" : "2x"
  },
   {
    "orientation" : "portrait",
     "idiom" : "iphone",
    "extent" : "full-screen",
    "filename" : "Default.png",
    "scale" : "1x"
  },
   {
    "orientation" : "portrait",
    "idiom" : "iphone",
    "extent" : "full-screen",
    "filename" : "Default@2x.png",
     "scale" : "2x"
  },
   {
    "orientation" : "portrait",
```

```
    "idiom" : "iphone",
    "extent" : "full-screen",
    "filename" : "Default-568h@2x.png",
    "subtype" : "retina4",
    "scale" : "2x"
   }
  ],

 "info" : {
  "version" : 1,
  "author" : "xcode"
 }

}
```

(13) 分别选中下方的 Default@2x-1.png 和 Default-568h@2x-1.png，按删除键删除这两个文件，删除后的效果如图 15-16 所示。

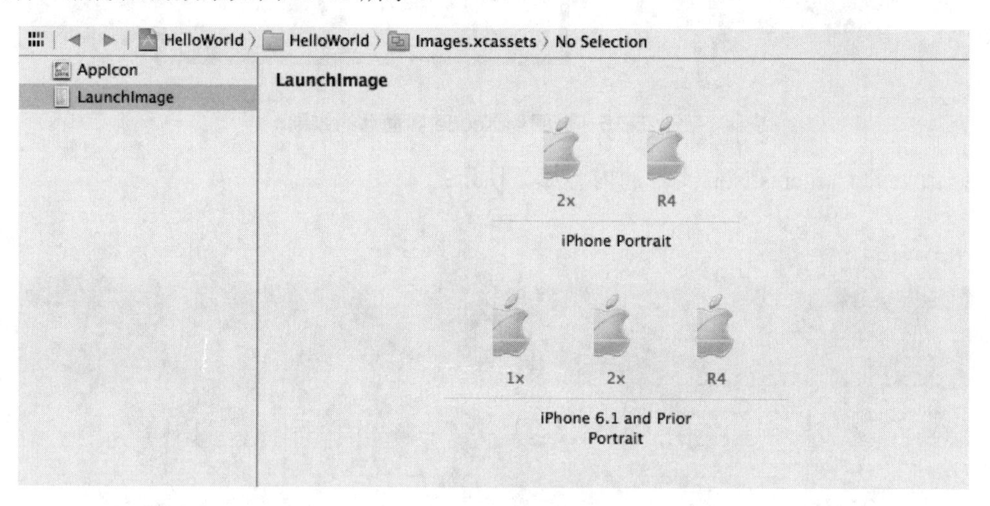

图 15-16　删除文件

(14) 新建一个图像作为素材文件，如图 15-17 所示。为了方便在运行时看出不同分辨率的设备使用的背景图片不同，我们在素材图片中增加了文字标示。

图 15-17　素材文件

(15) 将准备好的三个 Background 直接拖拽到 Xcode 中，完成后如图 15-18 所示。

(16) 单击右侧 Devices 中的 Universal，并选择 Device Specific，然后在下方勾选 iPhone 和 Retina 4-inch，同时取消勾选 iPad，完成后如图 15-19 所示。

(17) 将下方 Unassigned 中的图片直接拖拽到右上角 R4 位置，设置视网膜屏使用的背景图片，如图 15-20 所示。

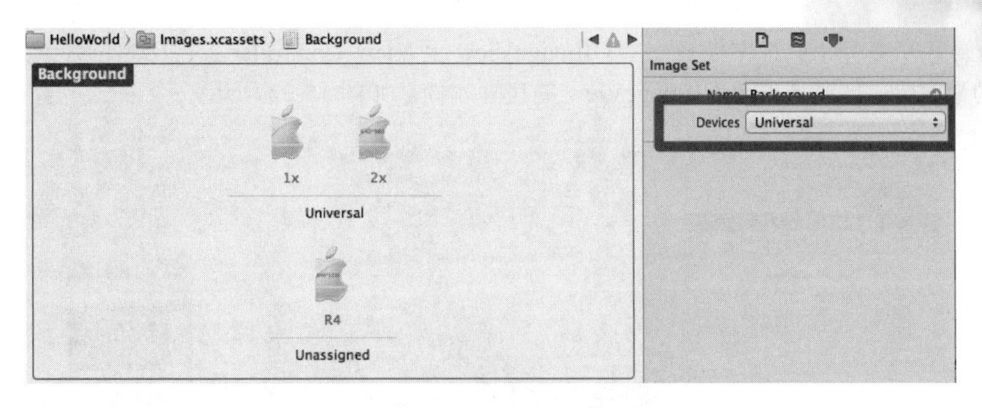

图 15-18　将 Background 直接拖拽到 Xcode 中

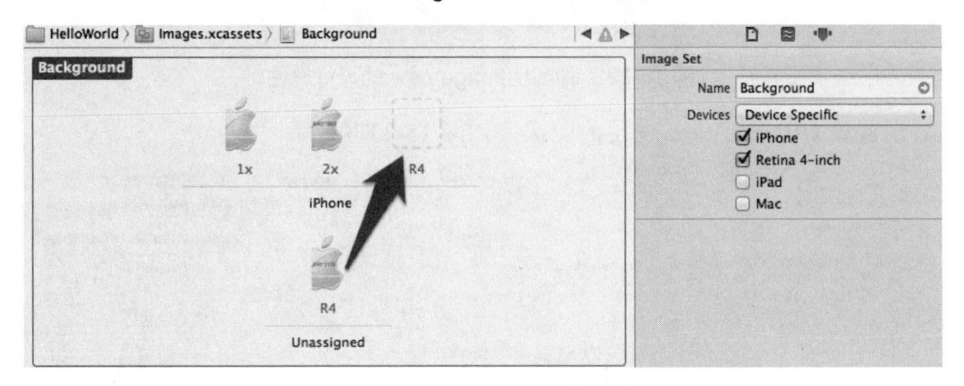

图 15-19　Devices 中的 Universal

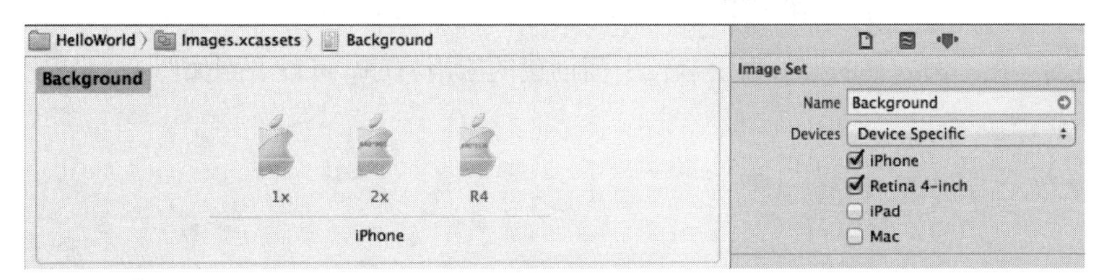

图 15-20　设置视网膜屏使用的背景图片

(18) 单击并打开 Main.storyboard，选中左侧的 View Controller，在右侧的 File Inspector 中，取消勾选 Use Autolayout 选项，如图 15-21 所示。

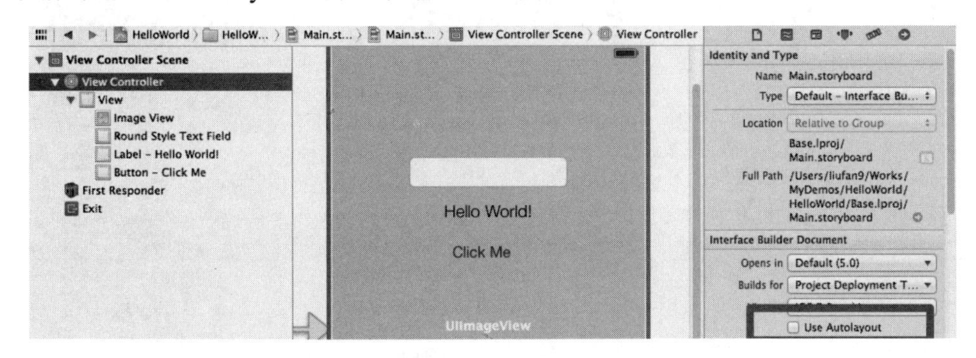

图 15-21　取消勾选 Use Autolayout 选项

(19) 从右侧工具栏中拖拽一个 UIImageView 至 View Controller 主视图中，处于其他控件的最底层。同时调整该 UIImageView 的尺寸属性，如图 15-22 所示。

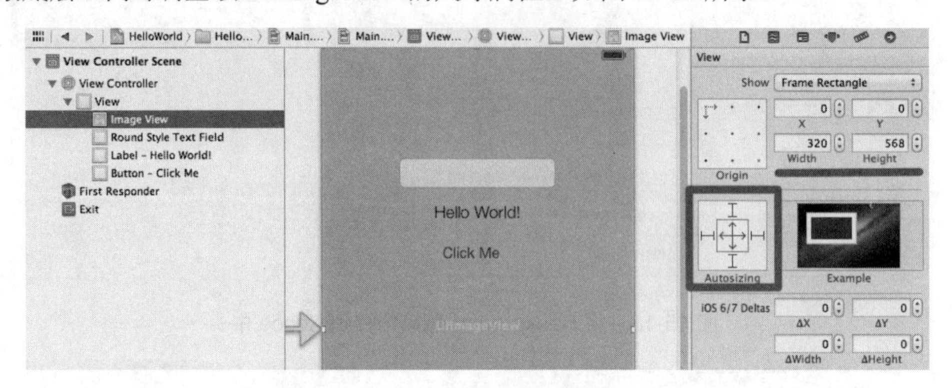

图 15-22　调整 UIImageView 的尺寸属性

然后设置该 UIImageView 使用的图像，如图 15-23 所示。

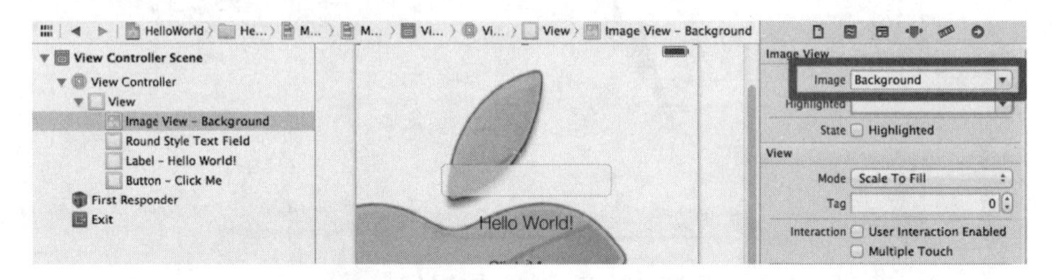

图 15-23　设置该 UIImageView 使用的图像

此时，在不同屏幕的模拟器上运行上面创建的应用程序，可以看到如图 15-24 所示的三种效果。

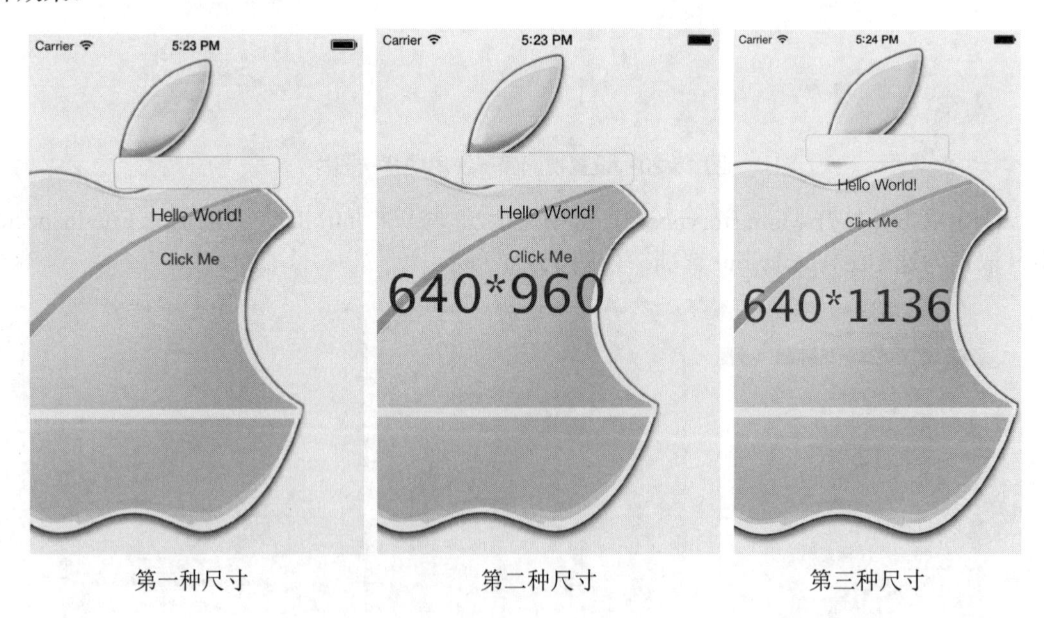

第一种尺寸　　第二种尺寸　　第三种尺寸

图 15-24　执行效果

由此可见，从 iOS 7 开始，开发通用程序的方法更加简洁方便。

并非所有开发人员都认为开发通用应用程序是最佳的选择。很多开发人员创建应用程序的 HD 或 XL 版本，其售价比 iPhone 版稍高。如果我们的应用程序在这两种平台上差别很大，可能应采取这种方式。即便如此，也可只开发一个项目，但生成两个不同的可执行文件，这些文件称为目标文件(Target)。

对于跨 iPhone 和 iPad 平台的项目，在如何处理它们方面没有对错之分。作为开发人员的我们来说，应该根据需要编写的代码、营销计划和目标用户来判断什么样的处理方式是合适的。

如果预先知道应用程序需要能够在任何设备上运行，开始开发时，就应将 Device Family 设置为 Universal 而不是 iPhone 或 iPad。本章将使用 SingleView Application 模板来创建通用的应用程序，但使用其他模板时，方法完全相同。

注意： 怎样检测当前设备的类型？

要想检测当前运行应用程序的设备，可使用 UIDevice 类的 currentDevice 方法获取指向当前设备的对象，再访问其 model 属性。model 属性是一个描述当前设备的 NSString(如 iPhone、Pad Simulator 等)。返回该字符串的代码如下：

```
[UIDevice currentDevice].model
```

由此可见，无须执行任何实例化和配置工作，只需检查 model 属性的内容即可。如果它包含 iPhone，则说明当前设备为 iPhone；如果是 iPod，则说明当前设备为 iPod Touch；如果为 iPad，则说明当前设备为 iPad。

通用项目的设置信息也有一些不同。如果查看通用项目的 Summary 选项卡，将发现其中包含 iPhone 和 iPad 部署信息，在其中，每个部分都可设置相应设备的故事板文件。当启动应用程序时，将根据当前平台打开相应的故事板文件，并实例化初始场景中的每个对象。

15.1.3　图标文件

在通用项目的 Summary 选项卡中，可设置 iPhone 和 iPad 应用程序图标，如图 15-25 所示。

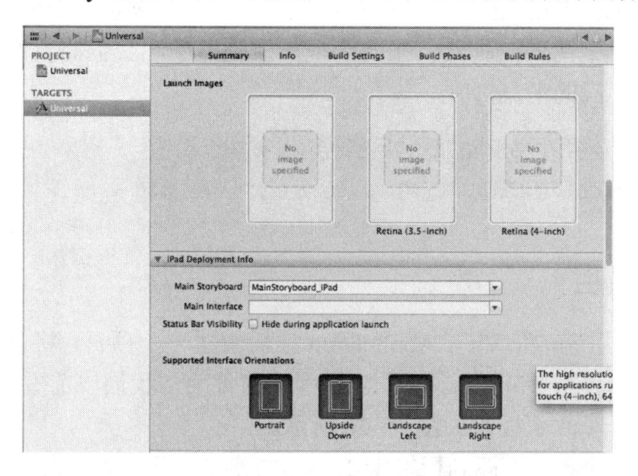

图 15-25　在 Summary 选项卡中添加 iPhone 和 iPad 应用程序图标

iPhone 应用程序图标为 57×57 像素；对于使用 Retina 屏幕的 iPhone 为 114×114 像素。然而，iPad 图标为 72×72 像素。要配置应用程序图标，可将大小合适的图标拖放到相应的图像区域。对于 iPhone 来说，启动图像的尺寸应为 320×480 像素(iPhone 4 为 640×960 像素)。如果设备只会处于横向状态，则启动图像尺寸应为 480×320 像素和 960×640 像素。如果要让状态栏可见，应将垂直尺寸减去 20 像素。鉴于在任何情况下都不应隐藏 iPad 状态栏，因此其启动图像的垂直尺寸应减去 20 像素，即 768×1024 像素(纵向)或 1024×768 像素(横向)。

注意：当将图像拖放到 Xcode 图像区域(如添加图标)时，该图像文件将被复制到项目文件夹中，并出现在项目导航器中。为保持整洁，应将其拖放到项目编组 Supporting Files 中。

15.1.4　启动图像

启动图像的目的，是作为应用程序加载时显示的图像。因为 iPhone 和 iPad 的屏幕尺寸不同，所以需要使用不同的启动图像。我们可以像指定图标一样，使用 Summary 选项卡中的图像区域设置每个平台的启动图像。

完成这些细微的修改后，通用应用程序模板就完成了。接下来需要充分发挥模板 Single View Application 的通用版本的作用，使用它创建一个应用程序，该应用程序在 iPad 和 iPhone 平台上显示不同的视图，且只执行一行代码。

15.2　使用模板创建通用的应用程序

在本节的内容中，将通过一个具体实例来讲解用通用程序模板创建通用应用程序的过程。在本实例中，将实例化一个视图控制器，根据当前设备加载相应的视图，然后显示一个字符串，它指出了当前设备的类型。

在本实例中使用 Apple 通用模板，使用单个视图控制器管理 iPhone 和 iPad 视图。这种方法比较简单，但对于 iPhone 和 iPad 界面差别很大的大型项目，可能不可行。在实例中创建了两个(除尺寸外)完全相同的视图——每种设备一个，它包含一个内容可修改的标签。这些标签将连接到同一个视图控制器。在这个视图控制器中，我们将判断当前设备为 iPhone 还是 iPad，并显示相应的消息。

实例15-1　使用通用程序模板创建通用的应用程序
源码路径　下载资源\daima\30\first

15.2.1　创建项目

打开 Xcode，使用 Single View Application 模板新建一个项目，将 Device Family 设置为 Universal，并将其命名为“first”。这个应用程序的骨架与我们以前看到的完全相同，但给每种设备都提供了一个故事板，如图 15-26 所示。

本实例只需要一个连接，即到标签(UILabel)的连接，把它命名为 deviceType，在加载视图时将使用它动态地指出当前设备的类型。

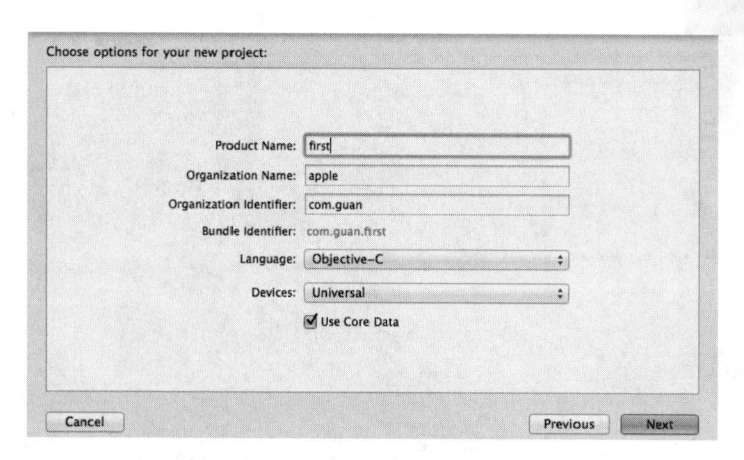

图 15-26　创建工程

15.2.2　设计界面

在本实例中需要处理两个故事板：MainStoryboard_iPad.storyboard 和 MainStoryboard_iPhone.storyboard。依次打开每个故事板文件，添加一个静态标签，它指出应用程序的类型。也就是说，在 iPhone 视图中，将文本设置为“这是一个 iPhone 程序”，在 iPad 视图中，将文本设置为“这是一个 iPad 程序”。

这样就做好了准备工作，可以在 iOS 模拟器中运行该应用程序，再通过菜单 Hardware → Device 项在 iPad 和 iPhone 实现之间切换。作为 iPad 应用程序运行时，将看到在 iPad 故事板中创建的视图；当以 iPhone 应用程序运行时，将看到在 iPhone 故事板中创建的视图。但是，这里显示的是静态文本，需要让一个视图控制器能够控制这两个视图。为此，修改每个视图，在显示静态文本的标签下方添加一个 UILabel，并将其默认文本设置为 Device。此时的 UI 视图界面分别如图 15-27 和 15-28 所示。

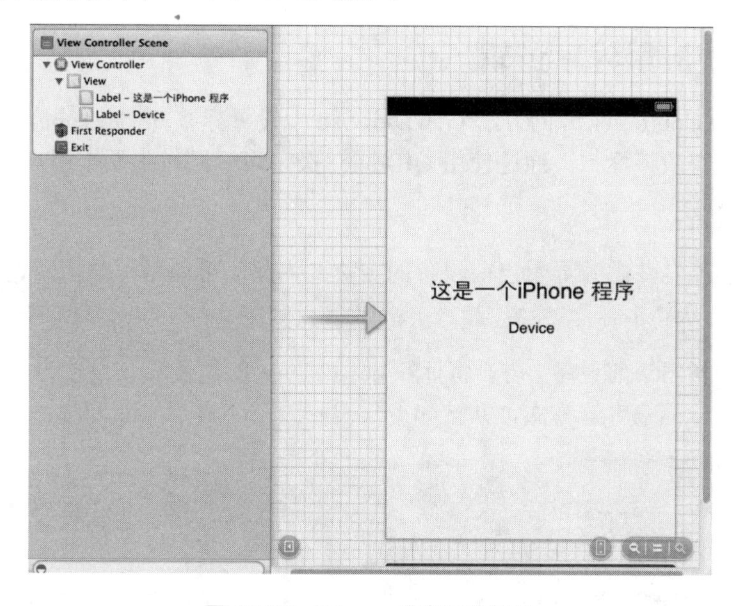

图 15-27　iPhone 故事板的视图

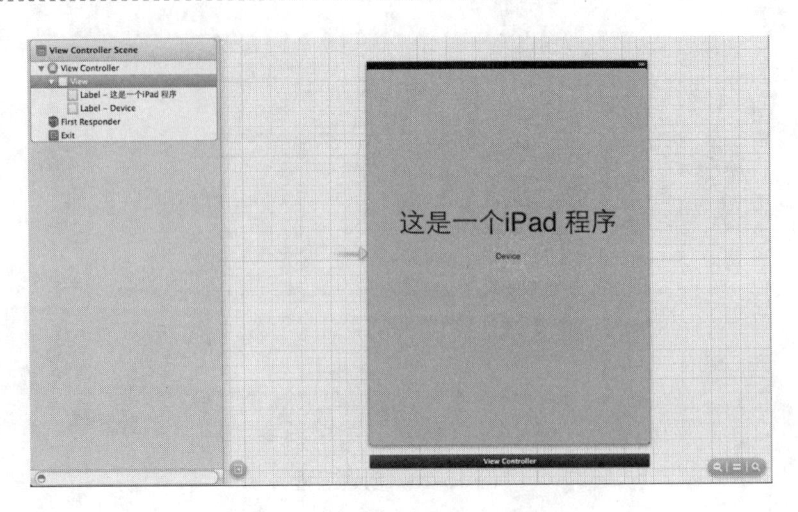

图 15-28　iPad 故事板的视图

15.2.3　创建并连接输出口

在我们创建的视图中包含了一个动态元素，此时，需要将其连接到输出口 deviceType。两个视图连接到视图控制器中的同一个输出口，它们共享一个输出口。首先切换到助手编辑器模式，如果需要更多的空间，可隐藏导航器区域和 Utilities 区域。在 ViewController.h 文件显示在右边的情况下按住 Control 键，并从 Device 标签拖曳到@interface 代码行的下方，在 Xcode 提示时将输出口命名为“deviceType”。然后为另一个视图创建连接，但由于输出口 deviceType 已创建好，因此不需要新建输出口。打开第二个故事板，按住 Control 键，并从 Device 标签拖曳到 ViewController.h 中 deviceType 的编译指令@property 上。到此为止，就创建好了两个视图，它们由同一个视图控制器管理。

15.2.4　实现应用程序逻辑

在文件 ViewController.m 的方法 viewDidLoad 中设置标签 deviceType，难点是如何根据当前的设备类型修改该标签。通过使用 UIDevice 类，可以同时为两个用户界面提供服务。

检测当前设备

此模块的功能是获悉并显示当前设备的名称，为此，可使用下述代码返回的字符串：

```
[UIDevice currentDevice].model
```

要在视图中指出当前设备，需要将标签 deviceType 的属性 text 设置为 model 属性的值。所以需要切换到标准编辑器模式，并按如下代码修改 viewDidLoad 方法：

```
- (void)viewDidUnload
{
    [self setDeviceType:nil];
    [super viewDidUnload];
    // Release any retained subviews of the main view.
    // e.g. self.myOutlet = nil;
}
```

此时，每个视图都将显示 UIDevice 提供的 model 属性的值。通过使用该属性，可以根据当前设备，有条件地执行代码，甚至修改应用程序的运行方式——如果在 iOS 模拟器上执行它。

到此为止，整个实例设计完毕，此时，可以在 iPhone 或 iPad 上运行该应用程序，并查看结果。执行效果分别如图 15-29 和 15-30 所示。

图 15-29　iPad 设备上的执行效果

图 15-30　iPhone 设备上的执行效果

> **注意：** 要使用模拟器模拟不同的平台，最简单的方法是使用 Xcode 工具栏右边的 Scheme 下拉列表。选择 iPad Simulator 将模拟在 iPad 中运行应用程序，而选择 iPhone Simulator 将模拟在 iPhone 上运行应用程序。遗憾的是，通用应用程序的 iPhone 界面和 iPad 界面差别很大时，就不适合使用这种方法了。在这种情况下，使用不同的视图控制器来管理每个界面可能更合适。

15.3　使用视图控制器

在本节的实例中，将创建一个与上一节实例功能一样的应用程序，但是，两者有一个重要的差别：本实例不是原封不动地使用通用应用程序模板，而是添加了一个名为 iPadViewController 的视图控制器，它专门负责管理 iPad 视图，并使用默认的 ViewControler 管理 iPhone 视图。这样，整个项目将包含两个视图控制器，这让我们能够根据需要实现类似或截然不同的效果。本实例无须检查当前的设备类型，因为应用程序启动时将选择故事板，从而自动实例化用于当前设备的视图控制器。

实例 15-2　使用视图控制器
源码路径　下载资源\daima\30\second

15.3.1 创建项目

打开 Xcode，使用 Single View Application 模板新建一个应用程序，将应用程序命名为“second”。接下来需要创建 iPad 视图控制器类，它将负责所有的 iPad 用户界面管理工作。

1. 添加 iPad 视图控制器

该应用程序已经包含了一个视图控制器子类(ViewController)，还需要新建 UIViewController 子类，首先选择 File → New File 菜单命令，然后在出现的对话框中选择 Cocoa Touch，再选择 Objective-C class 图标，单击 Next 按钮，如图 15-31 所示。

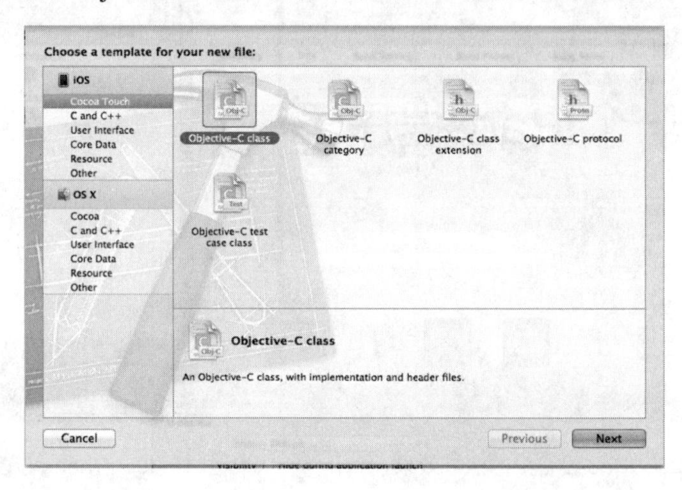

图 15-31　新建 UIViewController 子类

将新类命名为“iPadViewController”，并选择复选框 Targeted for iPad，如图 15-32 所示。然后单击 Next 按钮，在新界面中指定要在什么地方创建类文件。

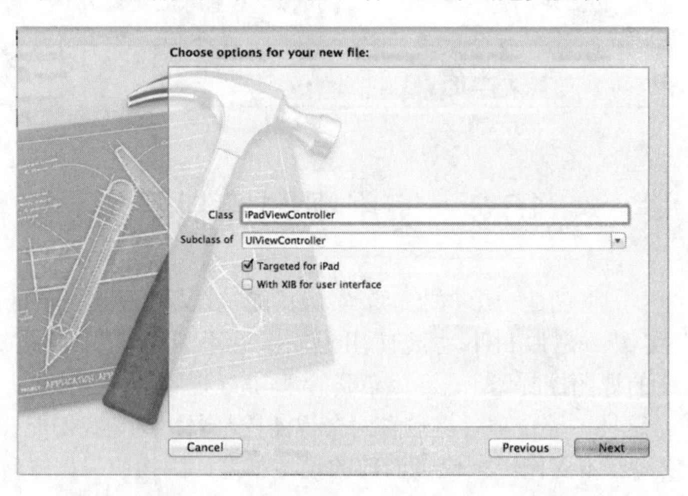

图 15-32　将新类命名为“iPadViewController”

最后指定新视图控制器类文件的存储位置。应将其存储到文件 ViewController.h 和 ViewController.m 所在的位置，再单击 Create 按钮。此时，在项目导航器中，会看到类

iPadViewController 的实现文件和接口文件。为让项目组织有序，将它们拖曳到项目的代码编组中。

2．将 iPadViewController 关联到 iPad 视图

此时，在项目中有一个用于 iPad 的视图控制器类，但是，文件 Main Storyboard_iPad.storyboard 中的初始视图仍由 ViewController 管理。为了修复这种问题，必须设置 iPad 故事板中初始场景的视图控制器对象的身份。

为此，单击项目导航器中的 MainStoryboard_iPad.storyboard 文件，选择文档大纲中的视图控制器对象，再打开 Identity Inspector(Option + Command + 3)。为将该视图控制器的身份设置为 iPadViewController，从检查器顶部的 Class 下拉列表中选择 iPadViewController，如图 15-33 所示。

图 15-33　设置初始视图的视图控制器类

在设置身份后，与通用应用程序相关的工作就完成了。接下来，就可以继续开发应用程序，就像它是两个独立的应用程序一样：视图和视图控制器都是分开的。

视图和视图控制器是分开的并不意味着不能共享代码。例如，可创建额外的工具类来实现应用程序逻辑和核心功能，并在 iPad 和 iPhone 之间共享它们。

15.3.2　设计界面

本实例也是创建了两个视图，一个在 MainStoryboard_iPhone.storyboard 中，另一个在 MainStoryboard_iP ad.storyboard 中。每个视图都包含一个指出当前应用程序类型的标签，还包含一个默认文本为 Device 的标签，该标签的内容将在代码中动态地设置。我们甚至可以打开前一个通用应用程序示例中的故事板，将其中的 UI 元素复制并粘贴到这个项目中。

15.3.3　创建并连接输出口

在此需要为 iPad 和 iPhone 视图中的 Device 标签建立不同的连接。

首先，打开 MainStoryboard_iPhone.storyboard，按住 Control 键，并从 Device 标签拖曳

到 ViewController.h 中代码行@interface 的下方，将输出口命名为“deviceType”。切换到文件 MainStoryboard_iP ad.storyboard，核心助手编辑器加载的是文件 iPadViewController.h，而不是 ViewController.h。像前面那样做，将这个视图的 Device 标签连接到一个新的输出口，并将其命名为 deviceType。

15.3.4 实现应用程序逻辑

在本实例中，需要唯一实现的逻辑是在标签 deviceType 中显示当前设备的名称。可以像上一节实例中那样做，但是，需要同时在文件 ViewController.m 和 PadViewController.m 中都这样做。但文件 ViewController.m 将用于 iPhone，而文件 iPadViewController.m 将用于 iPad，因此，可在这些类的方法 viewDidLoad 中添加不同的代码行。

对于 iPhone，添加如下所示的代码行：

```
self.deviceType.text = @"iPhone";
```

对于 iPad，添加如下所示的代码行：

```
self.deviceType.text = @"iPad";
```

当采用这种方法时，可以将 iPad 和 iPhone 版本作为独立的应用程序进行开发：在合适时共享代码，但将其他部分分开。

在项目中添加新的 UIVIewController 子类(iPadViewController)时，不要指望其内容与 iOS 模板中的视图控制器文件相同。就 iPadViewController 而言，我们可能需要取消对方法 viewDidLoad 的注释，因为这个方法默认时被禁用。

15.3.5 生成应用程序

到此为止，整个实例介绍完毕，如果此时运行 second 应用程序，执行效果与上一节应用程序完全相同，分别如图 15-34 和 15-35 所示。

图 15-34 iPad 设备上的执行效果

图 15-35 iPhone 设备上的执行效果

综上所述，在现实中，有两种创建通用应用程序的方法，每种方法各自有其优点和缺点。当使用共享视图控制器方法时，编码和设置工作更少。一方面，iPad 和 iPhone 界面类似，这使得维护工作更简单；另一方面，如果 iPhone 和 iPad 版本的 UI 差别很大，实现的功能也不同，也许将代码分开是更明智的选择。在现实中具体采用哪一种方法，完全取决于开发人员自己的喜好。

15.4　使用多个目标

在本节，将讲解第三种创建通用项目的方法。虽然其结果并非单个通用应用程序，但是，可以针对 iPhone 或 iPad 平台进行编译。为此，必须在应用程序中包含多个目标(Target)。

目标定义了应用程序将针对哪种平台(iPhone 或 iPad)进行编译。在项目的 Summary 选项卡中，可指定应用程序启动时将加载的故事板。通过在项目中添加新目标，可以配置完全不同的设置，它指向新的故事板文件。而故事板文件可使用项目中现有的视图控制器，也可使用新的视图控制器，就像在本章的前面实例中所做的那样。

要在项目中添加目标，最简单的方法是复制现有的目标。为此，在 Xcode 中打开项目文件，并选择项目的顶级编组。在项目导航器右边，有一个目标列表；通常，其中只有一个目标：iPhone 或 iPad 目标。右击该目标并选择 Duplicate 菜单命令，如图 15-36 所示。

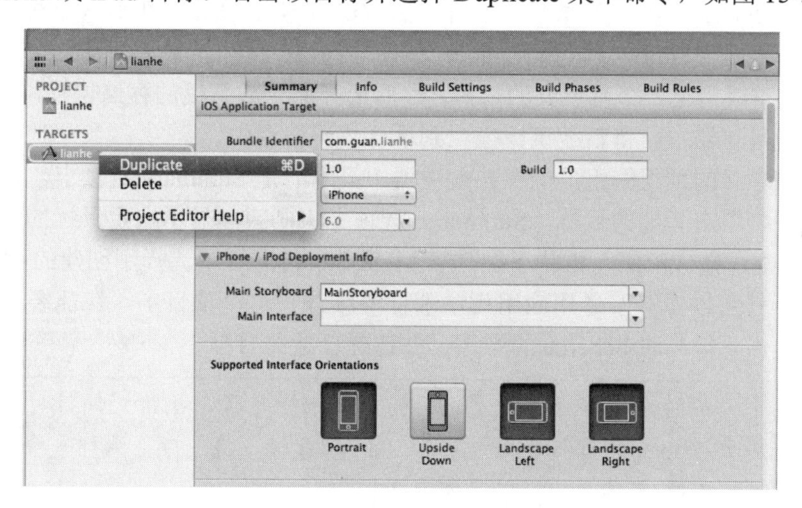

图 15-36　右击该目标并选择 Duplicate 命令

15.4.1　将 iPhone 目标转换为 iPad 目标

如果我们复制的是 iPhone 项目中的目标，Xcode 将询问是否要将其转换为 iPad 目标，如图 15-37 所示。

此时，只须单击 Duplicate and Transition to iPad 按钮，就大功告成了。Xcode 将为应用程序创建 iPad 资源，这些资源是与 iPhone 应用程序资源分开的。项目将包含两个目标：原来的 iPhone 目标和新建的 iPad 目标。虽然可共享资源和类，但生成应用程序时，需要选择目标，因此，将针对这两种平台创建不同的可执行文件。

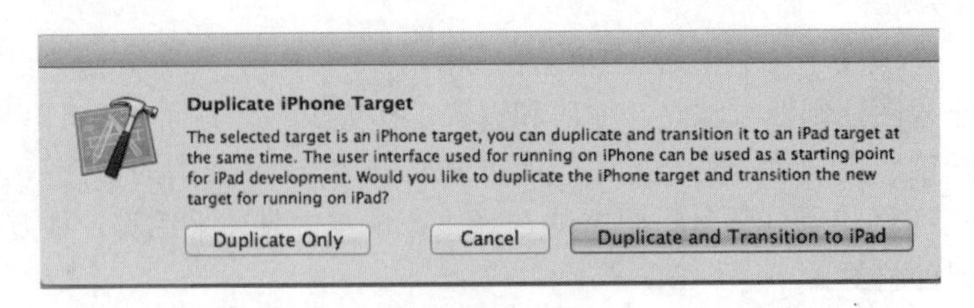

图 15-37　询问是否要将其转换为 iPad 目标

要在运行/生成应用程序时选择目标，可单击 Xcode 工具栏中 Scheme 下拉列表的左边。这将列出所有的目标，还可通过子菜单选择在设备还是 iOS 模拟器中运行应用程序。另外，需要注意的是，当单击 Duplicate and Transition to iPad 按钮时，将自动给新目标命名，它包含后缀 iPad，但复制注释时，将在现有目标名后面添加复制要重命名的目标，此时可单击它，就像在 Finder 中重命名图标那样。

15.4.2　将 iPad 目标转换为 iPhone 目标

如果复制 iPad 项目中的目标，复制命令将静悄悄地执行，创建另一个完全相同的 iPad 目标。要获得 Duplicate and Transition to iPad 带来的效果，我们必须做些工作。

首先新建一个用于 iPhone 的故事板。此时，可以选择 File → New File 菜单命令，然后再选择 User Interface 类别和故事板文件，然后单击 Next 按钮。在下一个对话框中，为新故事板设置 Device Family(默认为 iPhone)，再单击 Next 按钮。最后，在 File Creation 对话框中，为新故事板指定一个有意义的名称，然后选择原始故事板的存储位置，再单击 Create 按钮。在项目导航器中，将新故事板拖曳到项目代码编组中。

现在选择项目的顶级编组，确保在编辑器中显示的是 Summary 选项卡。在项目导航器右边的栏目中，单击新建的目标。Summary 选项卡将刷新，显示选定目标的配置。从下拉列表 Devices 中选择 iPhone，再从下拉列表 Main Storyboard 中选择刚创建的 iPhone 故事板文件。此时，就可以像开发通用应用程序那样继续开发这个项目了。在需要生成应用程序时，别忘了单击下拉列表 Scheme 的右边，并选择合适的目标。

注意： 包含多个目标的应用程序并不是通用的。目标指定了可执行文件针对的平台。如果有一个用于 iPhone 的目标和一个用于 iPad 的目标，要支持这两种平台，就必须创建两组可执行文件。

要想更加深入地了解通用应用程序，最佳方式是创建它们。要了解每种设备将如何显示应用程序的界面，可参阅 Apple 开发文档 iPad Human Interface Guidelines 和 iPhone Human Interface Guidelines。鉴于对于一个平台可接受的东西，另一个平台可能不能接受，因此，务必参阅这些文档。

例如，在 iPad 中不能在视图中直接显示诸如 UIPickerView 和 UIActionSheet 等 iPhone UI 类，而需要使用弹出窗口(UIPopoverController)，这样才符合 Apple 指导原则。事实上，这可能是这两种平台的界面开发之间最大的区别之一。在将界面转换为 iPad 版本之前，务必阅读有关 UIPopoverController 的文档。

第 16 章

iOS 8

游 戏 开 发

根据国外专业统计机构的数据显示，在苹果商店提供的众多应用产品中，游戏数量排名第一。

无论是 iPhone 还是 iPad，iOS 游戏为玩家提供了良好的用户体验。

在本章的内容中，将详细讲解使用 Sprite Kit 框架开发一个游戏项目的方法。希望读者仔细品味每一段代码，为自己以后的开发工作打好基础。

16.1 Sprite Kit 框架基础

Sprite Kit 是从 iOS 7 系统开始提供的一个 2D 游戏框架，在发布时被内置于 iOS SDK 中。Sprite Kit 中的对象被称为“材质精灵(通常简称为 Sprite)”，支持很酷的特效，比如视频、滤镜、遮罩等，并且内置了物理引擎库。

在本节的内容中，将详细讲解 Sprite Kit 的基本知识。

16.1.1 Sprite Kit 的优点和缺点

(1) 在 iOS 平台中，通过 Sprite Kit 制作 2D 游戏的主要优点如下所示。

内置于 iOS，因此不需要再额外下载类库，也不会产生外部依赖。它是苹果官方编写的，所以可以被良好支持和持续更新。

为纹理贴图集和粒子提供了内置的工具。

可以让我们做一些用其他框架很难甚至不可能做到的事情，比如把视频当作 Sprites 来使用，或者实现很炫的图片效果和遮罩。

(2) 在 iOS 平台中，通过 Sprite Kit 制作 2D 游戏的主要缺点如下所示。

如果使用了 Sprite Kit，那么游戏就会被限制在 iOS 系统上。可能永远也不会知道自己的游戏是否会在 Android 平台上变成热门。

因为 Sprite Kit 刚刚起步，所以现阶段可能没有像其他框架那么多的实用特性，比如 Cocos2D 的某些细节功能。

不能直接编写 OpenGL 代码。

16.1.2 Sprite Kit、Cocos2D、Cocos2D-X 和 Unity 的选择

在 iOS 平台中，主流的二维游戏开发框架有 Sprite Kit、Cocos2D、Cocos2D-X 和 Unity。读者在开发游戏项目时，可以根据如下原则来选择游戏框架。

(1) 如果是一个新手，或只专注于 iOS 平台，那么建议选择 Sprite Kit。因为 Sprite Kit 是 iOS 的内置框架，简单易学。

(2) 如果需要编写自己的 OpenGL 代码，则建议使用 Cocos2D 或者尝试其他的引擎，因为 Sprite Kit 当前并不支持 OpenGL。

(3) 如果想要制作跨平台的游戏，应选择 Cocos2D-X 或者 Unity。Cocos2D-X 的好处是几乎面面俱到，为 2D 游戏而构建，几乎可以用它做任何我们想做的事情。Unity 的好处是可以带来更大的灵活性，例如，可以为游戏添加一些 3D 元素，尽管我们在用它制作 2D 游戏时不得不经历一些小麻烦。

16.1.3 开发一个 Sprite Kit 游戏程序

在接下来的内容中，将通过一个具体实例的实现过程，详细讲解开发一个 Sprite Kit 游戏项目的过程。在本实例中，用到了 UIImageView 控件、Label 控件和 Toolbar 控件。

实例16-1　开发一个 Sprite Kit 游戏项目
源码路径　下载资源\codes\16\SpriteKitSimpleGame

(1)　打开 Xcode 6.1，单击 Create a new Xcode Project，新建一个工程文件，如图 16-1 所示。

图 16-1　新建一个工程文件

(2)　在弹出的界面中，在左侧栏目中选择 iOS 下的 Application 选项，在右侧选择 Game，然后单击 Next 按钮，如图 16-2 所示。

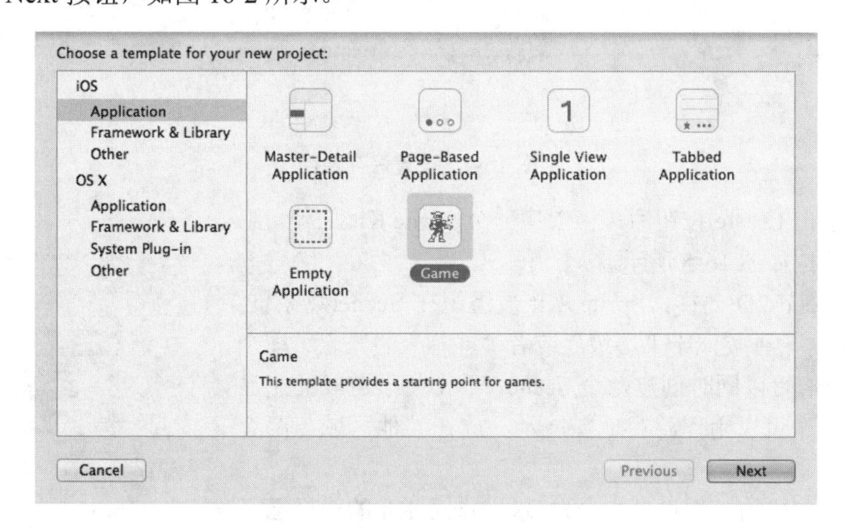

图 16-2　新建一个 Game 工程

(3)　在弹出的界面中设置各个选项值，在 Language 选项中设置编程语言为 Objective-C，设置 Game Technology 选项为 SpriteKit，然后单击 Next 按钮，如图 16-3 所示。

(4)　在弹出的界面中设置当前工程的保存路径，如图 16-4 所示。

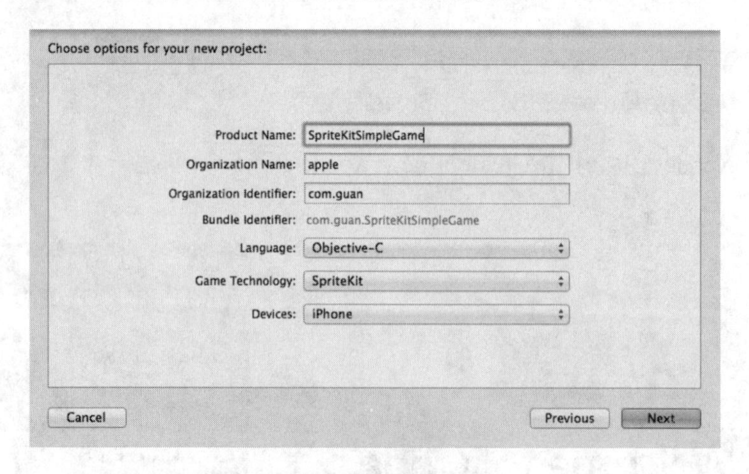

图 16-3 设置编程语言为 Objective-C

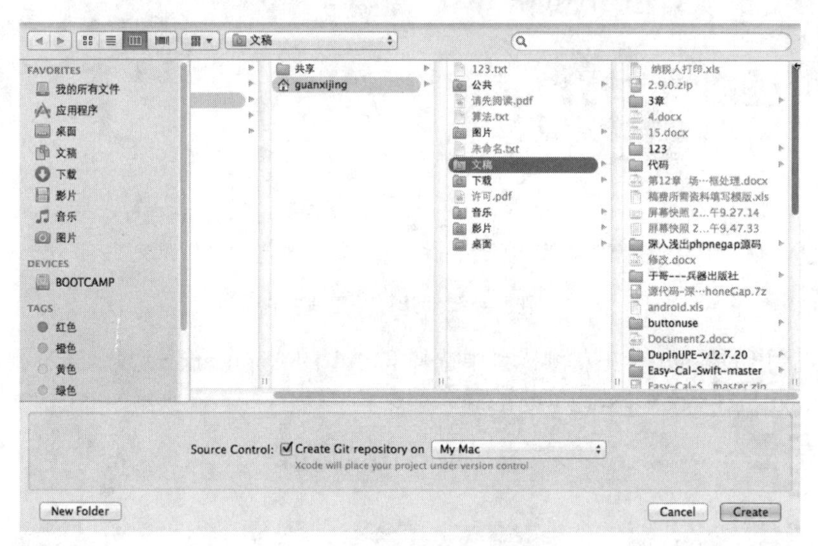

图 16-4 设置保存路径

(5) 单击 Create 按钮后，将创建一个 Sprite Kit 工程，工程的目录结构如图 16-5 所示。

就像 Cocos2D 一样，Sprite Kit 被组织在 Scene(场景)之上。Scene 是一种类似于“层级”或者“屏幕”的概念。举个例子说，我们可以同时创建两个 Scene，一个位于游戏的主显示区域，一个可以用作游戏地图展示，放在其他区域，两者是并列的关系。

在自动生成的工程目录中会发现，Sprite Kit 的模板已经默认地为我们新建了一个 Scene——MyScene。

打开文件 MyScene.m 后，会看到它包含了一些代码，这些代码实现了如下两个功能：

◎ 把一个 Label 放到屏幕上。

◎ 在屏幕上随意点按时，由忍者发射子弹打怪物。

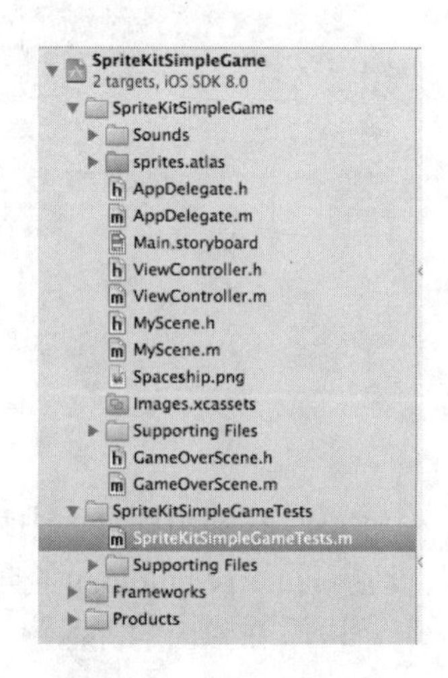

图 16-5 工程的目录结构

(6) 在项目导航栏中单击 SpriteKitSimpleGame 项目，选中对应的 Target。然后，在 Deployment Info 区域内取消 Orientation 中 Portrait(竖屏)的勾选，这样就只有 Landscape Left 和 Landscape Right 是被选中的了，如图 16-6 所示。

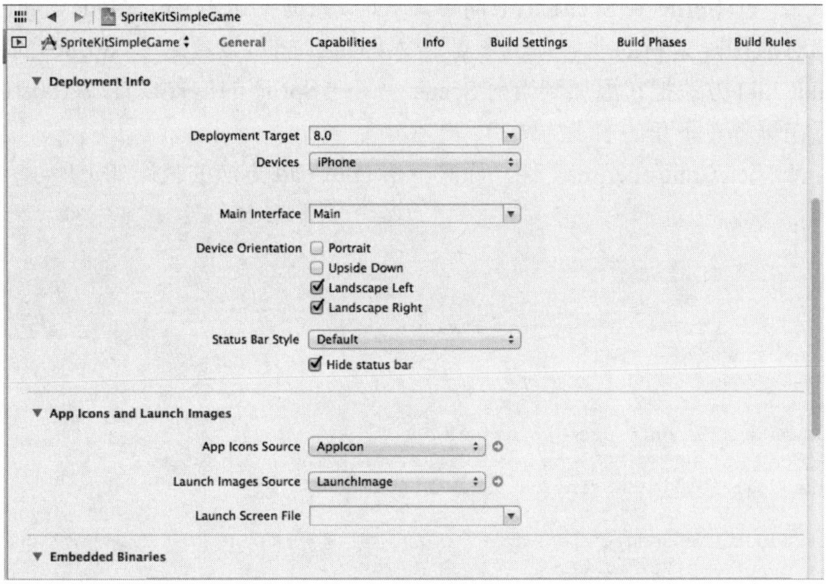

图 16-6　切换成竖屏方向运行

(7) 修改 MyScene.m 文件的内容，修改后的代码如下所示：

```
#import "MyScene.h"
// 1
@interface MyScene ()
@property (nonatomic) SKSpriteNode *player;
@end
@implementation MyScene
-(id)initWithSize:(CGSize)size {
    if (self = [super initWithSize:size]) {

        // 2
        NSLog(@"Size: %@", NSStringFromCGSize(size));

        // 3
        self.backgroundColor = [SKColor colorWithRed:1.0 green:1.0 blue:1.0 alpha:1.0];

        // 4
        self.player = [SKSpriteNode spriteNodeWithImageNamed:@"player"];
        self.player.position = CGPointMake(100, 100);
        [self addChild:self.player];

    }
    return self;
}
@end
```

对上述代码的具体说明如下所示。

◎ 创建一个当前类的 private(私有访问权限)声明，为 player 声明一个私有的变量(即忍者)，这就是即将要添加到 Scene 上的 Sprite 对象。

◎ 在控制台输出当前 Scene 的大小，这样做的原因稍后会看到。

◎ 设置当前 Scene 的背景颜色。在 Sprite Kit 中，只需要设置当前 Scene 的 backgroundColor 属性即可。这里设置成白色的。

◎ 添加一个 Sprite 到 Scene 上很简单，在此，只需要调用 spriteNodeWithImageNamed 把对应图片素材的名字作为参数传入即可。然后设置这个 Sprite 的位置，调用 addChild 方法把它添加到当前 Scene 上。把 Sprite 的位置设置成(100,100)，这一位置在屏幕左下角的右上方一点。

(8) 打开 ViewController.m 文件，原来 viewDidLoad 方法的代码如下所示：

```
- (void)viewDidLoad
{
   [super viewDidLoad];
   // Configure the view.
   SKView * skView = (SKView *)self.view;
   skView.showsFPS = YES;
   skView.showsNodeCount = YES;

   // Create and configure the scene.
   SKScene * scene = [MyScene sceneWithSize:skView.bounds.size];
   scene.scaleMode = SKSceneScaleModeAspectFill;

   // Present the scene.
   [skView presentScene:scene];
}
```

通过上述代码，从 skView 的 bounds 属性获取了 Size，创建了相应大小的 Scene。但是，当 viewDidLoad 方法被调用时，skView 还没有被加到 View 的层级结构上，因而它不能做相应方向以及布局的改变。所以 skView 的 bounds 属性此时还不是它横屏后的正确值，而是默认竖屏所对应的值。

由此可见，此时不是初始化 Scene 的好时机。

所以需要后移上述初始化方法的运行时机，通过如下所示的方法来替换 viewDidLoad:

```
- (void)viewWillLayoutSubviews
{
   [super viewWillLayoutSubviews];

   // Configure the view.
   SKView *skView = (SKView *)self.view;
   if (!skView.scene) {
     skView.showsFPS = YES;
     skView.showsNodeCount = YES;

     // Create and configure the scene.
     SKScene *scene = [MyScene sceneWithSize:skView.bounds.size];
     scene.scaleMode = SKSceneScaleModeAspectFill;

     // Present the scene.
     [skView presentScene:scene];
   }
}
```

此时，运行后，会在屏幕中显示一个忍者，如图 16-7 所示。

图 16-7　显示一个忍者

(9) 接下来，需要把一些怪物添加到 Scene 上，与现有的忍者形成战斗场景。为了使游戏更有意思，怪兽应该是移动的，否则游戏就毫无挑战性可言了！那么，让我们在屏幕的右侧一点创建怪兽们，然后为它们设置 action，使它们能够向左移动。

首先，在文件 MyScene.m 中添加如下所示的方法：

```
- (void)addMonster {
   // 创建怪物 Sprite
   SKSpriteNode *monster = [SKSpriteNode spriteNodeWithImageNamed:@"monster"];

   // 决定怪物在竖直方向上的出现位置
   int minY = monster.size.height / 2;
   int maxY = self.frame.size.height - monster.size.height / 2;
   int rangeY = maxY - minY;
   int actualY = (arc4random() % rangeY) + minY;

   // Create the monster slightly off-screen along the right edge,
   // and along a random position along the Y axis as calculated above
   monster.position = CGPointMake(self.frame.size.width + monster.size.width/2, actualY);
   [self addChild:monster];

   // 设置怪物的速度
   int minDuration = 2.0;
   int maxDuration = 4.0;
   int rangeDuration = maxDuration - minDuration;
   int actualDuration = (arc4random() % rangeDuration) + minDuration;

   // Create the actions
   SKAction *actionMove = [SKAction moveTo:CGPointMake(-monster.size.width/2, actualY)
     duration:actualDuration];
   SKAction * actionMoveDone = [SKAction removeFromParent];
   [monster runAction:[SKAction sequence:@[actionMove, actionMoveDone]]];
}
```

在上述代码中，首先做一些简单的计算来创建怪物对象，为它们设置合适的位置，并且用与忍者 Sprite(player)一样的方式把它们添加到 Scene 上，并在相应的位置出现，接下来添加 Action，Sprite Kit 提供了一些超级实用的内置 Action，比如移动、旋转、淡出、动画等。这里要在怪物身上添加如下所示的 3 种 Action。

◎ moveTo:duration：这个 action 用来让怪物对象从屏幕左侧直接移动到右侧。值得注意的是，可以自己定义移动持续的时间。在这里，怪物的移动速度会随机分布在2~4 秒之间。

◎ removeFromParent：Sprite Kit 有一个方便的 Action，能让一个 node 从它的父母节点上移除。当怪物不再可见时，可以用这个 Action 来把它从 Scene 上移除。移除操作很重要，因为如果不这样做，你会面对无穷无尽的怪物，而最终它们会耗尽 iOS 设备的所有资源。

◎ Sequence：Sequence(系列)Action 允许把很多 Action 连到一起，按顺序运行，同一时间仅仅会执行一个 Action。用这种方法，我们可以先运行 moveTo:这个 Action，让怪物先移动，当移动结束时，继续运行 removeFromParent:，这个 Action 把怪物从 Scene 上移除。

然后调用 addMonster 方法来创建怪物，为了让游戏更加有趣一点，设置让怪物们持续不断地涌现出来。Sprite Kit 不能像 Cocos2D 一样设置一个每几秒运行一次的回调方法。它也不能传递一个增量时间参数给 update 方法。然而，我们可以用一小段代码来模仿类似的定时刷新方法。首先，把这些属性添加到 MyScene.m 的私有声明中：

```
@property (nonatomic) NSTimeInterval lastSpawnTimeInterval;
@property (nonatomic) NSTimeInterval lastUpdateTimeInterval;
```

用 lastSpawnTimeInterval 属性来记录上一次生成怪物的时间，用 lastUpdateTimeInterval 属性来记录上一次更新的时间。

(10) 编写一个每帧都会调用的方法，这个方法的参数是上次更新后的时间增量。由于它不会被默认调用，所以需要在下一步编写另一个方法来调用它：

```
- (void)updateWithTimeSinceLastUpdate:(CFTimeInterval)timeSinceLast {
   self.lastSpawnTimeInterval += timeSinceLast;
   if (self.lastSpawnTimeInterval > 1) {
      self.lastSpawnTimeInterval = 0;
      [self addMonster];
   }
}
```

在这里，只是简单地把上次更新后的时间增量加给 lastSpawnTimeInterval，一旦它的值大于一秒，就要生成一个怪物，然后重置时间。

(11) 添加如下方法来调用上面的 updateWithTimeSinceLastUpdate 方法：

```
- (void)update:(NSTimeInterval)currentTime {
   // 获取时间增量
   // 如果我们运行的每秒帧数低于 60，我们依然希望一切与每秒 60 帧移动的位移相同
   CFTimeInterval timeSinceLast = currentTime - self.lastUpdateTimeInterval;
   self.lastUpdateTimeInterval = currentTime;
   if (timeSinceLast > 1) { // 如果上次更新后得时间增量大于 1 秒
      timeSinceLast = 1.0 / 60.0;
      self.lastUpdateTimeInterval = currentTime;
   }
   [self updateWithTimeSinceLastUpdate:timeSinceLast];

}
```

Sprite Kit 会在每帧自动调用这个 update 方法。

到此为止，所有的代码实际上源自苹果的 Adventure 范例。系统会传入当前的时间，我们可以据此来计算出上次更新后的时间增量。此处需要注意的是，这里做了一些必要的检查，如果出现意外，致使更新的时间间隔变得超过 1 秒，这里会把间隔重置为 1/60 秒来避免发生奇怪的情况。

如果此时编译运行，会看到怪物们在屏幕上移动着，如图 16-8 所示。

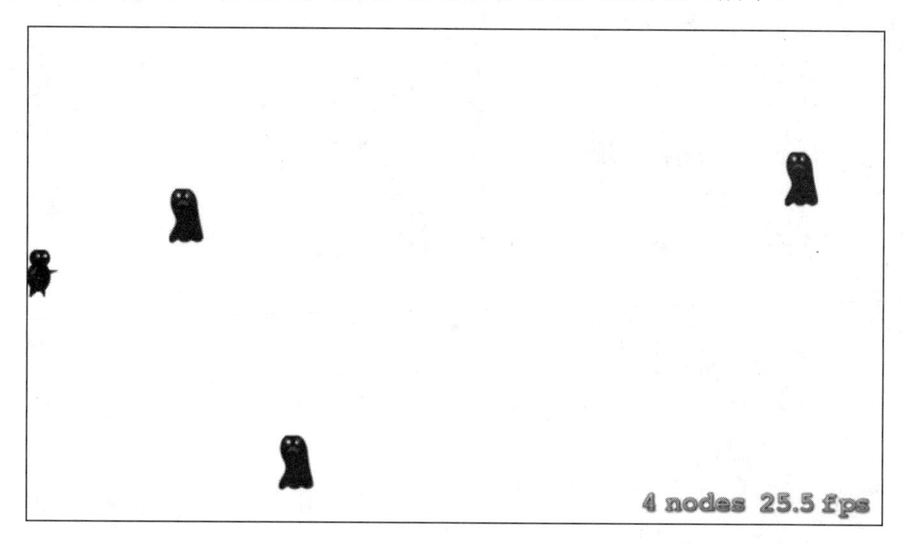

图 16-8　移动的 Sprite 对象

(12) 接下来，开始为这些忍者精灵添加一些动作，例如攻击动作。攻击的实现方式有很多种，但在这个游戏里，攻击会在玩家点击屏幕时触发，忍者会朝着点按的方向发射一颗子弹。本项目使用 moveTo:action 动作来实现子弹的前期运行动画，为了实现它，需要一些数学运算。这是因为 moveTo:需要传入子弹运行轨迹的终点，由于用户点按触发的位置仅仅代表了子弹射出的方向，显然，我们不能直接将其当作运行终点。这样，就算子弹超过了触摸点，也应该让子弹保持移动，直到子弹超出屏幕为止。

子弹向量运算方法的标准实现代码如下所示：

```
static inline CGPoint rwAdd(CGPoint a, CGPoint b) {
   return CGPointMake(a.x + b.x, a.y + b.y);
}
static inline CGPoint rwSub(CGPoint a, CGPoint b) {
   return CGPointMake(a.x - b.x, a.y - b.y);
}
static inline CGPoint rwMult(CGPoint a, float b) {
   return CGPointMake(a.x * b, a.y * b);
}
static inline float rwLength(CGPoint a) {
   return sqrtf(a.x * a.x + a.y * a.y);
}
// 让向量的长度(模)等于1
static inline CGPoint rwNormalize(CGPoint a) {
   float length = rwLength(a);
   return CGPointMake(a.x / length, a.y / length);
}
```

(13) 然后添加一个如下所示的新方法：

```
-(void)touchesEnded:(NSSet *)touches withEvent:(UIEvent *)event {

    // 1 - 选择其中的一个 touch 对象
    UITouch *touch = [touches anyObject];
    CGPoint location = [touch locationInNode:self];

    // 2 - 初始化子弹的位置
    SKSpriteNode *projectile = [SKSpriteNode spriteNodeWithImageNamed:@"projectile"];
    projectile.position = self.player.position;

    // 3 - 计算子弹移动的偏移量
    CGPoint offset = rwSub(location, projectile.position);

    // 4 - 如果子弹是向后射的，那就不做任何操作，直接返回
    if (offset.x <= 0) return;

    // 5 - 好了，把子弹添加上吧，我们已经检查两次位置了
    [self addChild:projectile];
    // 6 - 获取子弹射出的方向
    CGPoint direction = rwNormalize(offset);

    // 7 - 让子弹射得足够远，来确保它到达屏幕边缘
    CGPoint shootAmount = rwMult(direction, 1000);

    // 8 - 把子弹的位移加到它现在的位置上
    CGPoint realDest = rwAdd(shootAmount, projectile.position);

    // 9 - 创建子弹发射的动作
    float velocity = 480.0/1.0;
    float realMoveDuration = self.size.width / velocity;
    SKAction *actionMove = [SKAction moveTo:realDest duration:realMoveDuration];
    SKAction *actionMoveDone = [SKAction removeFromParent];
    [projectile runAction:[SKAction sequence:@[actionMove, actionMoveDone]]];
}
```

对上述代码的具体说明如下所示：

- Sprite Kit 包括了 UITouch 类的一个 category 扩展，有两个方法，即 locationInNode: 和 previousLocationInNode:，可以让我们获取到一次触摸操作相对于某个 SKNode 对象的坐标体系的坐标。
- 然后创建一颗子弹，并且把它放在忍者发射它的地方。此时，还没有把它添加到 Scene 上，原因是还需要做一些合理性检查工作，本游戏项目不允许玩家向后发射子弹。
- 把触摸的坐标和子弹当前的位置做减法，来获得相应的向量。
- 如果在 x 轴的偏移量小于零，则表示玩家在尝试向后发射子弹。这是游戏里不允许的，不做任何操作，直接返回。
- 如果没有向后发射，那么就把子弹添加到 Scene 上。
- 调用 rwNormalize 方法，把偏移量转换成一个单位的向量(即长度为 1)，这会使得在同一个方向上生成一个固定长度的向量更容易，因为 1 乘以它本身的长度还是等于它本身的长度。
- 把想要发射的方向上的单位向量乘以 1000，然后赋值给 shootAmount。
- 为了知道子弹从哪里飞出屏幕，需要把上一步计算好的 shootAmount 与当前的子弹位置做加法。

最后创建 moveTo:和 removeFromParent:这两个 Action。

(14) 接下来，把 Sprite Kit 的物理引擎引入到游戏中，目的是监测怪物和子弹的碰撞。在此之前，需要做如下所示的准备工作。

◎ 创建物理体系(Physics World)：一个物理体系是用来进行物理计算的模拟空间，它是被默认创建在 Scene 上的，我们可以配置一些它的属性，比如重力。

◎ 为每个 Sprite 创建物理上的外形：在 Sprite Kit 中，可以为每个 Sprite 关联一个物理形状，来实现碰撞监测功能，并且可以直接设置相关的属性值。这个“形状”就叫作“物理外形”(Physics Body)。注意，物理外形可以不必与 sprite 自身的形状(即显示图像)一致。相对于 Sprite 自身形状来说，通常，物理外形更简单，只需要差不多就可以，并不要精确到每个像素点，而这已经足可适用大多数游戏了。

◎ 为碰撞的两种 Sprite(即子弹和怪物)分别设置对应的种类(Category)。这个种类是我们需要设置的物理外形的一个属性，它是一个“位掩码”(Bitmask)，用来区分不同的物理对象组。在这个游戏中，将会有两个种类：一个是子弹的，另一个是怪物的。当这两种 Sprite 的物理外形发生碰撞时，我们可以根据 Category 很简单地区分出它们是子弹还是怪物，然后针对不同的 Sprite 做不同的处理。

◎ 设置一个关联的代理：可以为物理体系设置一个与之相关联的代理，当两个物体发生碰撞时来接收通知。这里将要添加一些有关于对象种类判断的代码，用来判断到底是子弹还是怪物，然后我们会为它们增加碰撞的声音等效果。

开始碰撞检测和物理特性的实现，首先添加两个常量，添加到文件 MyScene.m 中：

```
static const uint32_t projectileCategory     =  0x1 << 0;
static const uint32_t monsterCategory        =  0x1 << 1;
```

此处设置了两个种类，一个是子弹的，一个是怪物的。

然后在 initWithSize 方法中把忍者加到 Scene 的代码后面，再加入如下所示的两行代码：

```
self.physicsWorld.gravity = CGVectorMake(0,0);
self.physicsWorld.contactDelegate = self;
```

这样就设置了一个没有重力的物理体系，为了收到两个物体碰撞的消息，需要把当前的 Scene 设为它的代理。

在方法 addMonster 中创建完怪物后，添加如下所示的代码：

```
monster.physicsBody = [SKPhysicsBody bodyWithRectangleOfSize:monster.size]; // 1
monster.physicsBody.dynamic = YES; // 2
monster.physicsBody.categoryBitMask = monsterCategory; // 3
monster.physicsBody.contactTestBitMask = projectileCategory; // 4
monster.physicsBody.collisionBitMask = 0; // 5
```

对上述代码的具体说明如下所示：

◎ 为怪物 Sprite 创建物理外形。此处，这个外形被定义成与怪物 Sprite 大小一致的矩形，与怪物自身大致相匹配。

◎ 将怪物物理外形的 Dynamic(动态)属性置为 YES。表示怪物的移动不会被物理引擎控制。可以在这里不受影响而继续使用先前的代码(指先前怪物的移动 action)。

◎ 把怪物物理外形的种类掩码设为刚刚定义的 monsterCategory。

◎ 当发生碰撞时，当前怪物对象会通知它 contactTestBitMask 这个属性所代表的

category。这里，应该把子弹的种类掩码 projectileCategory 赋给它。

◎ 属性 collisionBitMask 表示哪些种类的对象与当前怪物对象相碰撞时，物理引擎要让其有所反应(比如回弹效果)。

(15) 添加一些如下所示的相似代码到 touchesEnded:withEvent:方法中，即在设置子弹位置的代码之后添加：

```
projectile.physicsBody = [SKPhysicsBody
bodyWithCircleOfRadius:projectile.size.width/2];
projectile.physicsBody.dynamic = YES;
projectile.physicsBody.categoryBitMask = projectileCategory;
projectile.physicsBody.contactTestBitMask = monsterCategory;
projectile.physicsBody.collisionBitMask = 0;
projectile.physicsBody.usesPreciseCollisionDetection = YES;
```

(16) 添加一个在子弹和怪物发生碰撞后会被调用的方法。这个方法不会被自动调用，将要在后面的步骤中调用它：

```
- (void)projectile:(SKSpriteNode *)projectile didCollideWithMonster:
  (SKSpriteNode *)monster {
   NSLog(@"Hit");
   [projectile removeFromParent];
   [monster removeFromParent];
}
```

上述代码是为了在子弹与怪物发生碰撞时，把它们从当前的 Scene 上移除。

(17) 开始实现接触后的代理方法，将下面的代码添加到文件中：

```
- (void)didBeginContact:(SKPhysicsContact *)contact
{
   // 1
   SKPhysicsBody *firstBody, *secondBody;

   if (contact.bodyA.categoryBitMask < contact.bodyB.categoryBitMask)
   {
      firstBody = contact.bodyA;
      secondBody = contact.bodyB;
   }
   else
   {
      firstBody = contact.bodyB;
      secondBody = contact.bodyA;
   }

   // 2
   if ((firstBody.categoryBitMask & projectileCategory) != 0
     && (secondBody.categoryBitMask & monsterCategory) != 0)
   {
      [self projectile:(SKSpriteNode *) firstBody.node
        didCollideWithMonster:(SKSpriteNode *) secondBody.node];
   }
}
```

因为将当前的 Scene 设为了物理体系发生碰撞后的代理(contactDelegate)，所以上述方法会在两个物理外形发生碰撞时被调用(调用的条件还有它们的 contactTestBitMasks 属性也要被正确设置)。上述方法分成如下所示的两个部分：

◎ 方法的前一部分传给发生碰撞的两个物理外形(子弹和怪物)，但是不能保证它们会按特定的顺序传给我们。所以，有一部分代码是用来把它们按各自的种类掩码进行排序的。这样，我们稍后才能针对对象种类进行操作。这部分代码来源于苹果官方的 Adventure 例子。

◎ 方法的后一部分，是用来检查这两个外形是否一个是子弹另一个是怪物，如果是，就调用刚刚写的方法(指把它们从 Scene 上移除的方法)。

(18) 通过如下代码替换文件 GameOverLayer.m 中的原有代码：

```
#import "GameOverScene.h"
#import "MyScene.h"
@implementation GameOverScene
- (id)initWithSize:(CGSize)size won:(BOOL)won {
   if (self = [super initWithSize:size]) {

      // 1
      self.backgroundColor = [SKColor colorWithRed:1.0 green:1.0 blue:1.0 alpha:1.0];

      // 2
      NSString *message;
      if (won) {
         message = @"You Won!";
      } else {
         message = @"You Lose :[";
      }

      // 3
      SKLabelNode *label = [SKLabelNode labelNodeWithFontNamed:@"Chalkduster"];
      label.text = message;
      label.fontSize = 40;
      label.fontColor = [SKColor blackColor];
      label.position = CGPointMake(self.size.width/2, self.size.height/2);
      [self addChild:label];

      // 4
      [self runAction:
         [SKAction sequence:@[
            [SKAction waitForDuration:3.0],
            [SKAction runBlock:^{
               // 5
               SKTransition *reveal = [SKTransition flipHorizontalWithDuration:0.5];
               SKScene *myScene = [[MyScene alloc] initWithSize:self.size];
               [self.view presentScene:myScene transition: reveal];
            }]
         ]]
      ];

   }
   return self;
}
@end
```

对上述代码的具体说明如下所示：

◎ 将背景颜色设置为白色，与主要的 Scene(MyScene)相同。

◎ 根据传入的输赢参数，设置弹出的消息字符串“You Won”或者“You Lose”。

◎ 演示在 Sprite Kit 下如何把文本标签显示到屏幕上，只需要选择字体，然后设置一些参数即可。

◎ 创建并且运行一个系列类型动作，它包含两个子动作。第一个 Action 仅仅是等待 3 秒钟，然后会执行 runBlock 中的第二个 Action，来做一些马上会执行的操作。

上述代码实现了在 Sprite Kit 下实现转场(从现有场景转到新的场景)的方法。

首先可以从多种转场特效动画中挑选一个自己喜欢的，用来展示，这里选了一个 0.5 秒的翻转特效。然后，创建即将要被显示的 Scene，使用 self.view 的 presentScene:transition: 方法进行转场即可。

(19) 把新的 Scene 引入到 MyScene.m 文件中，具体代码如下所示：

```
#import "GameOverScene.h"
```

然后在 addMonster 方法中，用下面的 Action 替换最后一行的 Action：

```
SKAction *loseAction = [SKAction runBlock:^{
   SKTransition *reveal = [SKTransition flipHorizontalWithDuration:0.5];
   SKScene *gameOverScene = [[GameOverScene alloc] initWithSize:self.size won:NO];
   [self.view presentScene:gameOverScene transition: reveal];
}];
[monster runAction:[SKAction sequence:@[actionMove, loseAction, actionMoveDone]]];
```

通过上述代码，创建了一个新的“失败 Action”，用来展示游戏结束的场景，当怪物移动到屏幕边缘时，游戏就结束运行。

到此为止，整个实例介绍完毕，执行后的效果如图 16-9 所示。

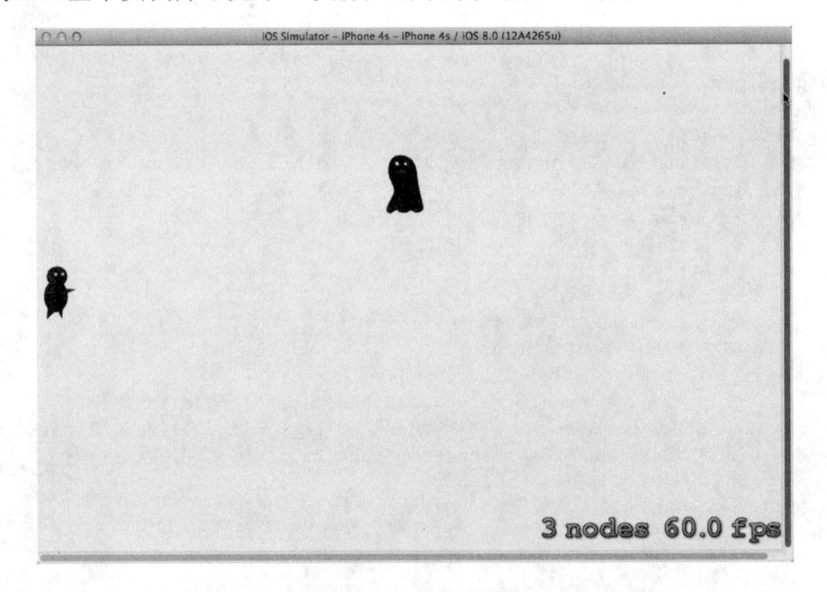

图 16-9　执行效果

16.2　基于 Swift 开发一个四子棋游戏

四子棋是一种益智的棋类游戏。黑白两方(也有其他颜色的棋子)在 8*8 的格子内依次落子。黑方为先手，白方为后手。落子规则为，每一列必须从最底下的一格开始。依此可向上一格落子。一方落子后，另一方才能落子。依此出棋，直到游戏结束为止。

在本节的内容中，将通过一个具体实例的实现过程，详细讲解使用 Xcode 6.1 + Sprite Kit 开发一个四子棋游戏项目的过程，本实例是基于 Swift 语言实现的。

实例 16-2　开发一个 ConnectFour(四子棋)游戏
源码路径　下载资源\codes\16\ConnectFour

(1) 打开 Xcode 6.1，单击 Create a new Xcode Project 新建一个工程文件。如图 16-10 所示。

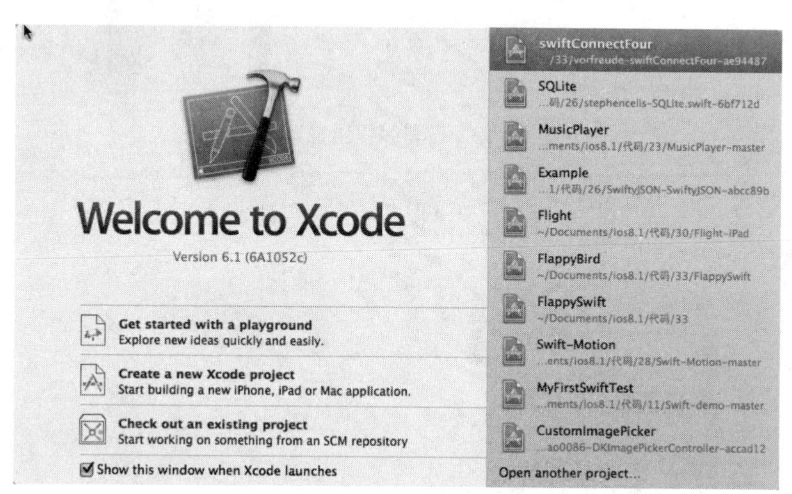

图 16-10　新建一个工程文件

(2) 在弹出的界面中，从左侧栏目中选择 iOS 下的 Application 选项，在右侧选择 Game，然后单击 Next 按钮，如图 16-11 所示。

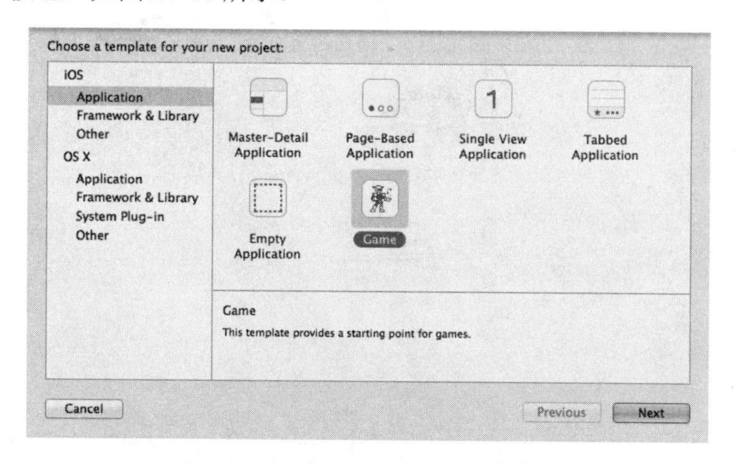

图 16-11　新建一个 Game 工程

(3) 在弹出的界面中设置各个选项值，在 Language 选项中设置编程语言为 Swift，设置 Game Technology 选项为 SpriteKit，然后单击 Next 按钮，如图 16-12 所示。

(4) 在弹出的界面中，设置当前工程的保存路径，如图 16-13 所示。

(5) 单击 Create 按钮后，将创建一个 Sprite Kit 工程，工程的目录结构如图 16-14 所示。

(6) 在项目中加入对 SpriteKit.framework 框架的引用，如图 16-15 所示。

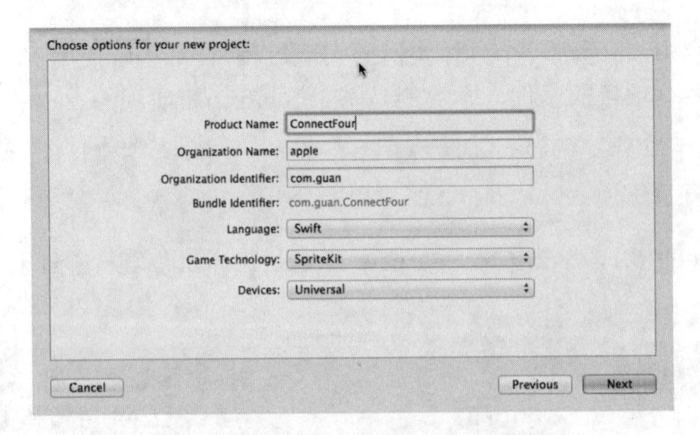

图 16-12　设置编程语言为 Swift

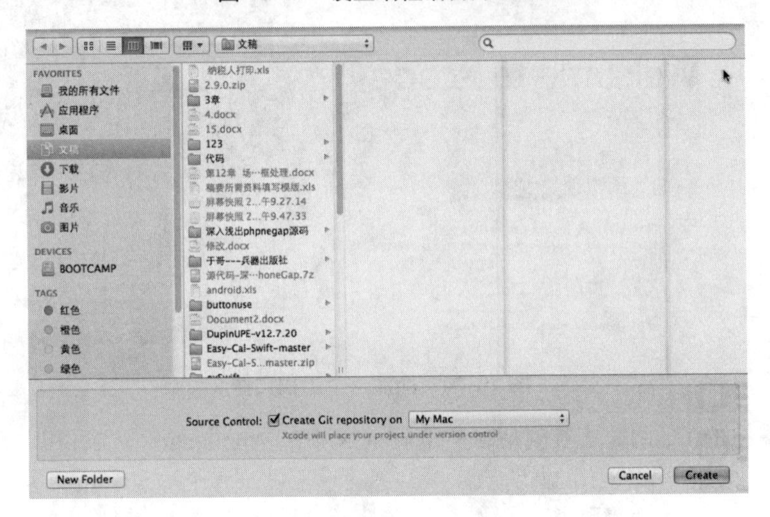

图 16-13　设置保存路径

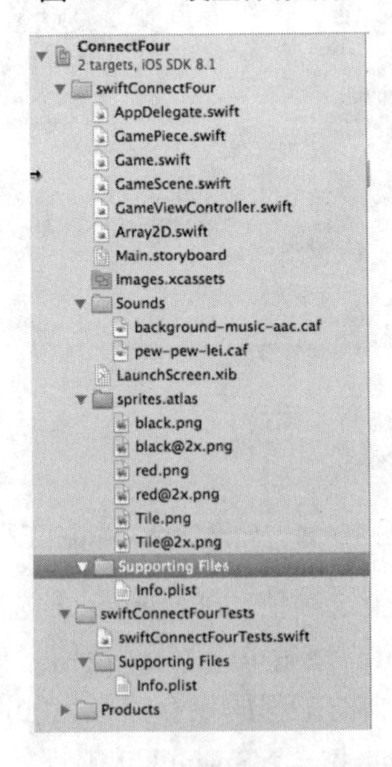

图 16-14　工程的目录结构

图 16-15 引用 SpriteKit.framework 框架

(7) 准备系统所需要的图片素材文件，保存在相应的目录下，图片素材文件在 Xcode 6 工程目录中的效果如图 16-16 所示。

图 16-16 Xcode 6 工程目录中的图片素材文件

(8) 打开 Main.storyboard，为本工程设计两个视图界面，在第一个视图中使用 Navigation Controller 控件作为游戏开始时的欢迎界面，如图 16-17 所示。

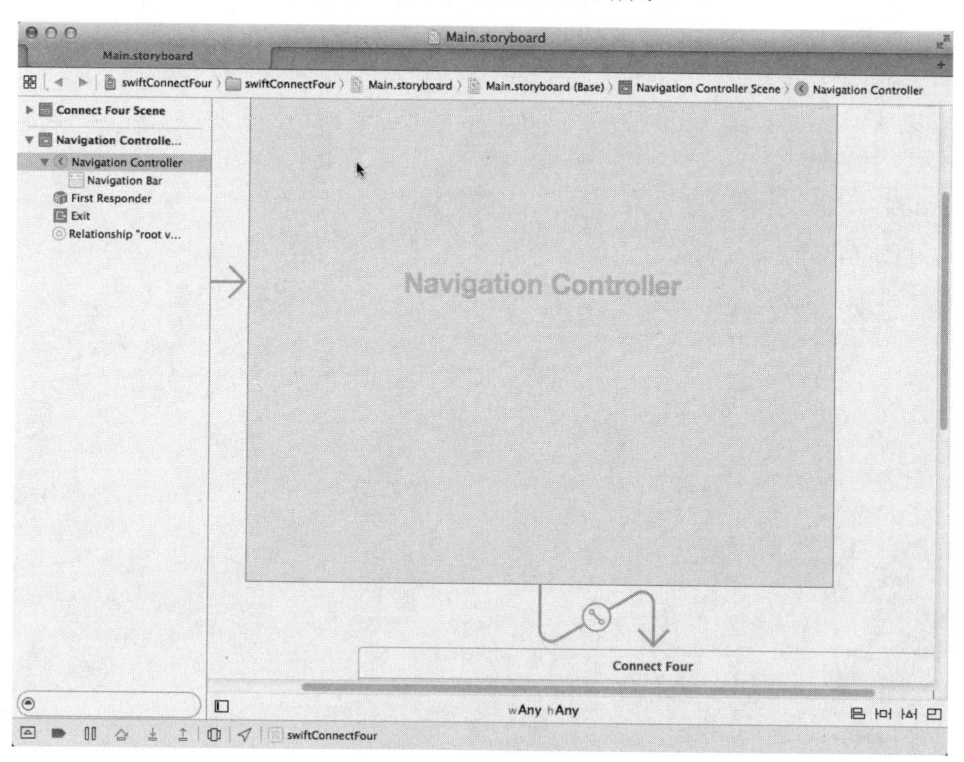

图 16-17 第一个视图

(9) 第二个视图作为游戏的主界面，玩家可以在此界面完成对游戏的所有“玩”操作，如图 16-18 所示。

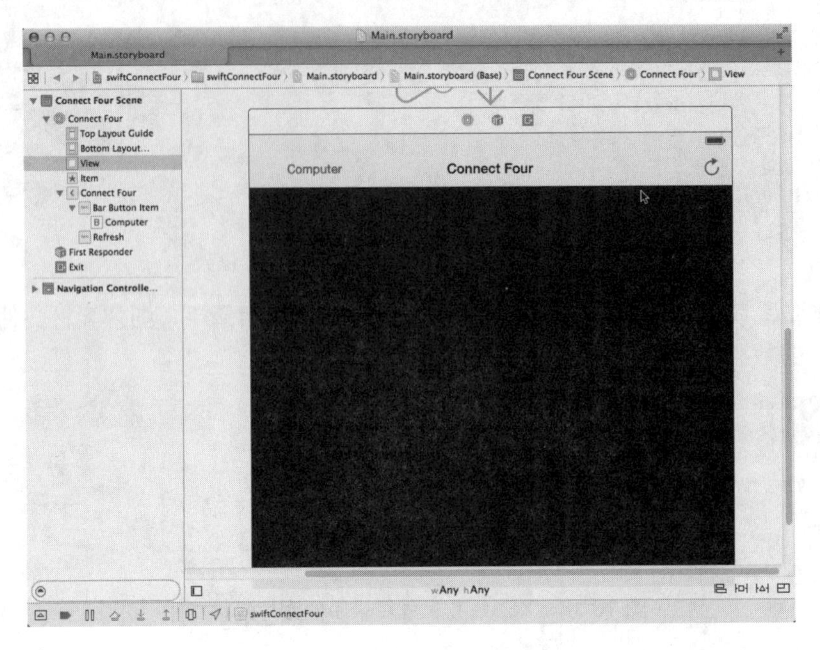

图 16-18　第二个视图

(10) 编写 GamePiece.swift 文件实现对游戏块图像的封装，本项目的游戏块就是棋子。此文件主要设置了游戏块的颜色和类型，就是红和黑两种颜色的棋子。文件 GamePiece.swift 的具体实现代码如下所示：

```
import Foundation
import SpriteKit

enum GamePieceType: Int {
    case
    Undefined,
    Red,
    Black
    func description() -> String {
        switch self {
            case Undefined:
                return "Undefined"
            case Red:
                return "Red"
            case Black:
                return "Black"
        }
    }
}

class GamePiece: Printable {
    var type: GamePieceType
    init(type: GamePieceType) {
        self.type = type
    }
    var description: String {
        return "type:" + type.description()
    }

}
```

(11) 编写 Game.swift 文件实现游戏算法，本游戏实例的规则如下所示：

◎　双方必须轮流把一枚己棋投入开口，让棋子因地心引力落在底部或其他棋子上。

◎　当己方四枚棋子以纵、横、斜方向连成一线时获胜。

◎　棋盘满棋，无任何连成四子时，则平手。

在文件中通过 findEmptyPositionInColumn 函数寻找空白的、未被放旗子的方块，通过 gamePieceTypeOnBoard 函数设置游戏棋盘中方块的类型，通过 checkWinCondition 函数检查验证获胜条件，通过 addGamePieceToBoard 函数向棋盘中添加棋子。文件 Game.swift 的具体实现代码如下所示：

```
import Foundation
import UIKit

let NumColumns = 15
let NumRows = 8

var redTurn = true
var isFinished = false

class Game {

   private var gameBoard = Array2D<GamePiece>(columns: NumColumns, rows: NumRows)

   func gamePieceOnBoard(#column: Int, row: Int) -> GamePiece? {
      return gameBoard[column, row]
   }

   func findEmptyPositionInColumn(#column: Int) -> Int? {
      //check if column is full
      if(gameBoard[column, NumRows-1] != nil){
         return nil
      }

      //find the first empty row
      for var row = 0; row < NumRows; ++row{
         if (gameBoard[column, row]) == nil {
            return row
         }
      }
      return nil
   }

   func gamePieceTypeOnBoard(#column: Int, row: Int) -> GamePieceType {

      if column < 0 || row < 0 || column > NumColumns - 1 || row > NumRows - 1 {
         return GamePieceType.Undefined
      }

      if gamePieceOnBoard(column: column, row: row) == nil {
         return GamePieceType.Undefined
      }
      else {
         return gamePieceOnBoard(column: column, row: row)!.type
      }
   }

   func isLinearMatch(#column: Int, row: Int, stepX: Int, stepY: Int)->Bool {
      var startGamePieceType = gamePieceTypeOnBoard(column: column, row: row)

         for var i=0; i<4; ++i {
```

```
        var newX = row + i * stepY
        var newY = column + i * stepX

        if(gamePieceTypeOnBoard(column: newY, row: newX) == GamePieceType.Undefined){
            return false
        }

        if (startGamePieceType != gamePieceTypeOnBoard(column: newY, row: newX)){
           return false
        }
    }
    return true
}

func checkWinCondition (column: Int, row: Int) {
    let alert = UIAlertView()
    alert.title = "Four In a Row! Game Over!"
    alert.addButtonWithTitle("OK")

    for row in 0..< gameBoard.rows {
        for column in 0..< gameBoard.columns {

            //水平
            if(isLinearMatch(column: column, row: row, stepX: 1, stepY: 0)) {
                isFinished = true
                alert.show()
            }

            //垂直
            if(isLinearMatch(column: column, row: row, stepX: 0, stepY: 1)) {
                isFinished = true
                alert.show()
            }

            //对角线
            if(isLinearMatch(column: column, row: row, stepX: 1, stepY: 1)) {
                isFinished = true
                alert.show()
            }

            //second diagonal
            if(isLinearMatch(column: column, row: row, stepX: 1, stepY: -1)) {
                isFinished = true
                alert.show()
            }
        }
    }
}

func addGamePieceToBoard(column: Int, row: Int) {
    //temporary switch
    if redTurn == true {
        redTurn = false
    }
    else {
        redTurn = true
    }

    assert(column>=0 && column<NumColumns)
    assert(row>=0 && row<NumRows)

    var newGamePieceType:GamePieceType!
    if redTurn {
        newGamePieceType = GamePieceType.Red
```

```
        }
        else {
            newGamePieceType = GamePieceType.Black
        }

        let newGamePiece = GamePiece(type: newGamePieceType)

        gameBoard[column, row] = newGamePiece
    }
}
```

(12) 编写 GameScene.swift 文件实现游戏场景类，绘制游戏棋盘和棋子的完整视图界面。文件 GameScene.swift 中的各个函数可以望名知意，不再解释，具体实现代码如下所示：

```
import SpriteKit

class GameScene: SKScene {

    var game: Game!

    let TileWidth: CGFloat = 32.0
    let TileHeight: CGFloat = 36.0

    let boardLayer = SKNode()

    required init?(coder aDecoder: NSCoder) {
        fatalError("init(coder) is not used in this app")
    }

    override init(size: CGSize){
        super.init(size: size)
        anchorPoint = CGPoint(x: 0.5, y: 0.5)
        let background = SKSpriteNode(imageNamed: "background")
        background.yScale = 2.0
        background.xScale = 2.0
        addChild(background)

        //
        let layerPosition = CGPoint(
            x: -TileWidth * CGFloat(NumColumns) / 2,
            y: -TileHeight * CGFloat(NumRows) / 2)
        let tilesLayer = SKNode()
        boardLayer.position = layerPosition
        addChild(boardLayer)
    }

    func addTiles() {
        for row in 0.. < NumRows {
            for column in 0..<NumColumns {
                let tileNode = SKSpriteNode(imageNamed: "Tile")
                tileNode.position = pointForColumn(column, row: row)
                boardLayer.addChild(tileNode)
            }
        }
    }

    func addSpriteForGamePiece(#column: Int, row: Int, type: GamePieceType) {
        let addedGamePiece = GamePiece(type: type)

        var pieceNode = SKSpriteNode(imageNamed: "Red")
        if (type == GamePieceType.Black){
            pieceNode = SKSpriteNode(imageNamed: "Black")
        }
```

```
        pieceNode.position = pointForColumn(column, row:NumRows)

        boardLayer.addChild(pieceNode)
        //animation
        let actualDuration = CGFloat(2.0)
        // Create the actions
        let actionMove = SKAction.moveTo(pointForColumn(column, row: row),
          duration: NSTimeInterval(actualDuration))

        pieceNode.runAction(SKAction.sequence([actionMove]))
    }

    override func touchesBegan(touches: NSSet, withEvent event: UIEvent) {

        // 1
        let touch = touches.anyObject() as UITouch
        let location = touch.locationInNode(boardLayer)
        // 2
        let (success, column, row) = convertPoint(location)
        if success {
            // 3
            if isFinished {
                return
            }
            if let emptyRow = game.findEmptyPositionInColumn(column: column) {

                game.addGamePieceToBoard(column, row: emptyRow)
                if(game.gamePieceOnBoard(column: column, row: emptyRow)!.type
                  == GamePieceType.Red) {
                    addSpriteForGamePiece(column: column, row: emptyRow, type: GamePieceType.Red)
                }
                else {
                    addSpriteForGamePiece(column: column, row: emptyRow,
                      type: GamePieceType.Black)
                }
                game.checkWinCondition(column, row: emptyRow)
            }
        }
    }

    func pointForColumn(column: Int, row: Int) -> CGPoint {
        return CGPoint(
            x: CGFloat(column)*TileWidth + TileWidth/2,
            y: CGFloat(row)*TileHeight + TileHeight/2)
    }

    func convertPoint(point: CGPoint) -> (success: Bool, column: Int, row: Int) {
        if point.x >= 0 && point.x < CGFloat(NumColumns)*TileWidth &&
            point.y >= 0 && point.y < CGFloat(NumRows)*TileHeight {
                return (true, Int(point.x / TileWidth), Int(point.y / TileHeight))
        } else {
            return (false, 0, 0)  // invalid location
        }
    }

    override func update(currentTime: CFTimeInterval) {
        /* Called before each frame is rendered */
    }
}
```

(13) 文件 GameViewController.swift 实现游戏主界面，调用前面编写的类进入游戏入口，具体实现代码如下所示：

```
import UIKit
```

```
import SpriteKit

extension SKNode {
   class func unarchiveFromFile(file : NSString) -> SKNode? {
      if let path = NSBundle.mainBundle().pathForResource(file, ofType: "sks") {
         var sceneData =
           NSData(contentsOfFile: path, options: .DataReadingMappedIfSafe, error: nil)!
         var archiver = NSKeyedUnarchiver(forReadingWithData: sceneData)

         archiver.setClass(self.classForKeyedUnarchiver(), forClassName: "SKScene")
         let scene = archiver.decodeObjectForKey(NSKeyedArchiveRootObjectKey) as GameScene
         archiver.finishDecoding()
         return scene
      } else {
         return nil
      }
   }
}

class GameViewController: UIViewController {

   //properties
   var scene: GameScene!
   var game: Game!

   override func viewDidLoad() {
      super.viewDidLoad()
      let scene = GameScene(size: view.bounds.size)
      let skView = view as SKView
      skView.multipleTouchEnabled = true
      skView.showsFPS = false
      skView.showsNodeCount = false
      skView.ignoresSiblingOrder = true
      scene.scaleMode = .AspectFill

      game = Game()
      scene.game = game
      scene.addTiles()
      skView.presentScene(scene)
   }

   @IBAction func newGame(sender: AnyObject) {
      viewDidLoad()
      isFinished = false

   }

   override func shouldAutorotate() -> Bool {
      return true
   }

   override func supportedInterfaceOrientations() -> Int {
      if UIDevice.currentDevice().userInterfaceIdiom == .Phone {
         return Int(UIInterfaceOrientationMask.AllButUpsideDown.rawValue)
      } else {
         return Int(UIInterfaceOrientationMask.All.rawValue)
      }
   }

   override func prefersStatusBarHidden() -> Bool {
      return true
   }
}
```

(14) 编写 Array2D.swift 文件实现棋盘方框变量的初始化设置，分别实现横线和竖线处理，绘制一个 2D 棋盘。文件 Array2D.swift 的具体实现代码如下所示：

```
import Foundation

struct Array2D<T> {
   let columns: Int
   let rows: Int
   private var array: Array<T?>

   init(columns: Int, rows: Int) {
      self.columns = columns
      self.rows = rows
      array = Array<T?>(count: rows*columns, repeatedValue: nil)
   }

   subscript(column: Int, row: Int) -> T? {
      get {
         return array[row*columns + column]
      }
      set {
         array[row*columns + column] = newValue
      }
   }
}
```

本游戏项目执行后，效果如图 16-19 所示。

图 16-19　执行效果

第 17 章

iOS 8

读写应用程序的数据

无论是在计算机中，还是在移动设备中，大多数重要的应用程序都允许用户根据其需求和愿望来定制操作。我们可以删除某个应用程序中的某些内容，也可以对喜欢的应用程序根据需要进行定制。

在本章的内容中，将详细介绍 iOS 应用程序使用首选项(首选项是 Apple 使用的术语，与用户默认设置、用户首选项或选项是同一个意思)进行定制的方法，并介绍应用程序如何在 iOS 设备中存储数据的知识。

17.1 iOS 应用程序和数据存储

在 iOS 系统中，对数据做持久性存储一般有 5 种方式，分别是文件写入、对象归档、SQLite 数据库、CoreData、NSUserDefaults。

iPhone/iPad 设备上包含闪存(Flash Memory)，它的功能与一个硬盘的功能等价。当设备断电后，数据还能被保存下来。应用程序可以将文件保存到闪存上，并能从闪存中读取它们。我们的应用程序不能访问整个闪存。闪存上的一部分是专门为我们的应用程序保留的，这就是我们应用程序的沙箱(Sandbox)。每个应用程序只能看到自己的 Sandbox，这样就可以防止对其他应用程序的文件进行读取活动。我们的应用程序也能看见一些系统拥有的高级别目录，但不能对它们进行写操作。

可以在 Sandbox 中创建目录(文件夹)。此外，Sandbox 包含一些标准目录。例如，可以访问 Documents 目录，可以在 Documents 目录下存放文件，也可以在 Application Support 目录下存放。在配置了应用程序后，用户可通过 iTunes 看见和修改我们应用程序的 Documents 目录。因此，推荐使用 Application Support 目录。在 iOS 上，每个应用程序在它自己的 Sandbox 中有其自己私有的 Application Support 目录，因此，我们可以安全地直接将文件放入其中。该目录也许还不存在，因此，可以同时创建并得到它。

然后，如果需要一个文件路径引用(一个 NSString)，只要调用[suppurl path]就可得到。另外，在 Apple 的 Settings(设置)应用程序中已经提供了应用程序首选项，如图 17-1 所示。Settings 应用程序是 iOS 内置的，让用户能够在单个地方定制设备。在 Settings 应用程序中可定制一切：从硬件和 Apple 内置应用程序到第三方应用程序。

图 17-1　应用程序 Settings

设置束(Settings Bundle)能够让我们对应用程序首选项进行声明，让 Settings 应用程序提供用于编辑这些首选项的用户界面。如果让 Settings 处理应用程序首选项，需要编写的代码将更少，但这并非总是主要的考虑因素。对于设置后就很少修改的首选项，如用于访问 Web 服务的用户名和密码，非常适合在 Settings 中配置；而对于用户每次使用应用程序时都可能修改的选项，如游戏的难易等级，则并不适合在 Settings 中设置。

如果用户不得不反复退出应用程序才能启动 Settings 以修改首选项，然后重新启动应用程序，应确定将每个首选项放在 Settings 中还是放在自己的应用程序中。但是，将它们放在这两者中通常是不好的做法。另外，应记住 Settings 提供的用于编辑应用程序首选项的用户界面有限。如果首选项要求使用自定义界面组件或自定义有效验证代码，将无法在 Settings 中设置，而必须在应用程序中设置。

17.2 用户默认设置

Apple 将整个首选项系统称为应用程序首选项，用户可通过它定制应用程序。应用程序首选项系统负责如下低级任务：将首选项持久化到设备中；将各个应用程序的首选项彼此分开；通过 iTune 将应用程序首选项备份到计算机，以免在需要恢复设备时用户丢失其首选项。通过易于使用的一个 API 与应用程序首选项交互，该 API 主要由单例(Singleton)类 NSUserDefaults 组成。

类 NSUserDefaults 的工作原理类似于 NSDirectionary，主要差别在于 NSUserDefault 是单例类，且在它可存储的对象类型方面受到更多的限制。应用程序的所有首选项都以“键-值”对的方式存储在 NSUserDefaults 单例中。

注意： 单例是单例模式的一个实例，而模式单例是一种常见的编程方式。在 iOS 中，单例模式很常见，它用于确保特定类只有一个实例(对象)。单例最常用于表示硬件或操作系统向应用程序提供的服务。

要访问应用程序首选项，首先必须获取指向应用程序 NSUserDefaults 单例的引用：

```
NSUserDefaults *userDefaults = [NSUserDefaults standardUserDefaults];
```

然后便可以读写默认的设置数据库了，方法是指定要写入的数据类型以及以后用于访问该数据的键(任意字符串)。要指定类型，必须使用以下 6 个函数之一：

- setBool:forKey。
- setFloat:forKey。
- setlnteger:forKey。
- setObject:forKey。
- setDouble:forKey。
- setURL:forKey。

具体使用哪一个函数，取决于要存储的数据类型。函数 setObject:forKey 可以存储 NSString、NSDate、NSArray 以及其他常见的对象类型。例如，使用键 age 存储一个整数，并使用键 name 存储一个字符串，可以使用类似于下面的代码实现：

```
[userDefaults setInteger:10 forKey:@"age"];
[userDefaults setObject:@"John"  forKey:@"name"];
```

当我们将数据写入默认设置数据库时，并不一定会立即保存这些数据。如果认为已经存储了首选项，而 iOS 还没有抽出时间完成这项工作，这将会导致问题。为了确保所有数据都写入了用户默认设置，可以使用 synchronize 方法来实现：

```
[userDefaults synchronize];
```

要将这些值读入应用程序，可使用根据键读取并返回相应值或对象的函数，例如：

```
float myAge = [userDefaults integerForKey:@"age"];
NSString *myName = [userDefaults stringForKey:@"name"];
```

不同于 set 函数，要想读取值，必须使用专门用于字符串、数组等的方法，这让我们能够轻松地将存储的对象赋给特定类型的变量。应根据要读取的数据的类型，选择 arrayForKey、boolForKey、dataforKey、dictionaryForKey、floatForKey、integerForKey、objectForKeyitringArrayForKey、doubleForKey 或 URLForKey。

17.3 设置束

另一种处理应用程序首选项的方法是使用设置束。从开发的角度来看，设置束的优点在于它们完全是通过 Xcode plist 编辑器创建的，无须设计 UI 或编写代码，而只须定义要存储的数据及其键即可。

在默认情况下，应用程序没有设置束。要在项目中添加它们，可选择 File → New File 菜单命令，然后在 iOS → Resource 类别中选择 Setting Bundle，如图 17-2 所示。

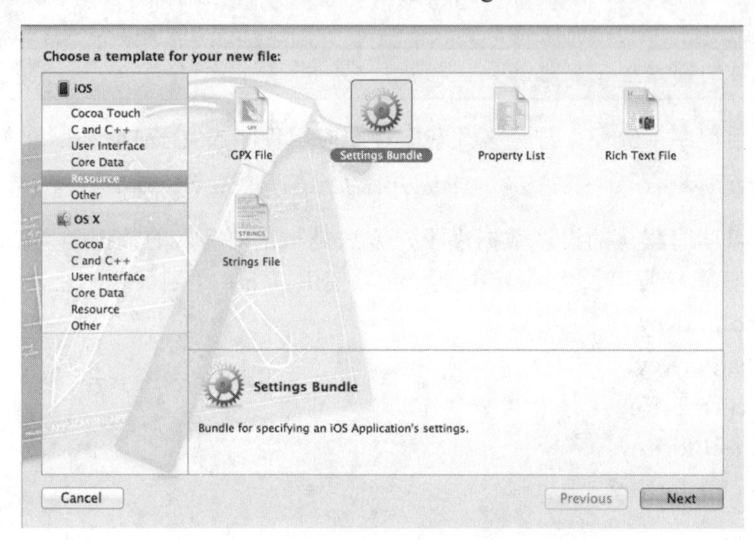

图 17-2 以手工方式在项目中添加设置束

设置束中的 Root.plist 文件决定了应用程序首选项如何出现在应用程序 Settings 中。有 7 种类型的首选项，如表 17-1 所示。Settings 应用程序可读取并解释它们，以便向用户提供用于设置应用程序首选项的 UI。

表 17-1 首选项的类型

类 型	键	描 述
Text Field(文本框)	PSTextFieldSpecifier	可以编辑的文本字符串
Toggle Switch(开关)	PSToggleSwitchSpecifier	开关按钮
Slide(滑块)	PSSliderSpecifier	取值位于特定范围内的滑块
Multivalue(多值)	PSMultiValueSpecifier	下拉式列表
Title(标题)	PSTitleValueSpecifier	只读文本字符串
Group(编组)	PSGroupSpecifier	首选项逻辑编组的标题
Child Pane(子窗格)	PSChildPaneSpecifier	子首选项页

要想创建自定义设置束，只需要在文件 Root.plist 的 Preference Items 键下添加新行即可。我们只要遵循 iOS Reference Library(参考库)中的 Settings Application Schema Reference(应用程序“设置”架构指南)中的简单架构来设置每个首选项的必须属性和一些可选属性，如

图 17-3 所示。

Key	Type	Value
▼PreferenceSpecifiers	Array	(4 items)
▼Item 0 (Group - 基本信息)	Diction...	(2 items)
Title	String	基本信息
Type	String	PSGroupSpecifier
▼Item 1 (Text Field - 姓名:)	Diction...	(5 items)
Type	String	PSTextFieldSpecifier
Title	String	姓名:
Key	String	username
AutocapitalizationType	String	None
AutocorrectionType	String	No
▼Item 2 (Text Field - 密码:)	Diction...	(6 items)
Type	String	PSTextFieldSpecifier
Title	String	密码:
Key	String	password
AutocapitalizationType	String	None
AutocorrectionType	String	No
IsSecure	Boolean	YES
▼Item 3 (Multi Value - 性别:)	Diction...	(6 items)
Type	String	PSMultiValueSpecifier
Title	String	性别:
Key	String	gender
DefaultValue	String	
▼Titles	Array	(2 items)
Item 0	String	男
Item 1	String	女
▼Values	Array	(2 items)
Item 0	String	男
Item 1	String	女
StringsTable	String	Root

图 17-3　在 Root.plist 文件中定义 UI

创建好设置束后，就可以通过应用程序 Settings 修改用户默认的设置了。

17.4　iCloud 存储

从 iOS 5.0 开始，用户可以选择将程序备份到 iCloud，这对沙盒内的数据存储有了新的要求。当开启 iCloud 备份后，程序内容可以备份到云端，这样，用户数据可以在其他设备上使用。所以，开发人员在沙盒中存储数据就有讲究了。

iCloud 和 iTunes 对以下三个文件夹不会备份：

```
<Application_Home>/AppName.app
<Application_Home>/Library/Caches
<Application_Home>/tmp
```

下面是 iCloud 数据存储的几条规则。

(1) 关键数据存储在<Application_Home>/Documents。所谓关键数据(Critical Data)，是指不能由程序生成的(如用户生成的)文档或其他数据。

(2) 辅助文件(Support Files)指程序使用中通过下载获得或者用户可以重新创建的文件，它们的存放取决于 iOS 版本：

◎ 从 iOS 5.1 版本及以后，存储在<Application_Home>/Library/Application Support，并设置 NSURLIsExcludedFromBackupKey 属性。

◎ iOS 5 以及之前的系统，存储在<Application_Home>/Library/Caches 就可以避免被备份。对于 5.0.1 系统，也是存储在同样位置。但是，还可以设置不备份的属性。

其中，缓存数据存储在<Application_Home>/Library/Caches。缓存数据指的是数据库文件和可以下载的文件，比如杂志/新闻/地图导航类应用需要用到的数据。缓存文件在存储空间不够的情况下会被系统删除。而临时数据<Application_Home>/tmp 指一段时间内不需要保存的数据，开发人员要注意随时清理此文件夹。

下面再介绍一下程序下载更新后，系统如何处理沙盒数据。下载更新并安装后，系统会新建一个文件夹来安装程序，再把原有程序中的用户数据拷贝到新地址，再删除原有程序。用户数据指的就是以下两个文件夹的内容：

```
<Application_Home>/Documents
<Application_Home>/Library
```

另外，对于备份来说，需要了解下面两个概念：

◎ 以上备份到远端，指的是程序内的用户数据备份到 iCloud 云服务器上。但是用户可以设置关闭对此应用的备份。

◎ 程序中使用 iCloud 功能将文件存储到 iCloud 云服务器，这是由程序功能决定的，而不是可以由用户左右的。

17.5 使用 SQLite 3 存储和读取数据

SQLite 3 是嵌入在 iOS 中的关系型数据库，对于存储大规模的数据很有效。

SQLite 3 使得不必将每个对象都加到内存中。在 iOS 应用中，与 SQLite 3 存储相关的基本操作如下所示。

① 打开或者创建数据库：

```
sqlite3 *database;
int result = sqlite3_open("/path/databaseFile", &database);
```

如果/path/databaseFile 不存在，则创建它，否则打开它。如果 result 的值是 SQLITE_OK，则表明我们的操作成功。在此需要注意，在上述语句中，数据库文件的地址字符串前面没有@字符，它是一个 C 字符串。将 NSString 字符串转成 C 字符串的方法是：

```
const char *cString = [nsString UTF8String];
```

② 关闭数据库：

```
sqlite3_close(database);
```

③ 创建一个表格：

```
char *errorMsg;
const char *createSQL = "CREATE TABLE IF NOT EXISTS PEOPLE (ID INTEGER PRIMARY KEY
  AUTOINCREMENT, FIELD_DATA TEXT)";
int result = sqlite3_exec(database, createSQL, NULL, NULL, &errorMsg);
```

执行之后，如果 result 的值是 SQLITE_OK，则表明执行成功；否则，错误信息存储在 errorMsg 中。

sqlite3_exec 这个方法可以执行那些没有返回结果的操作，例如创建、插入、删除等。

④ 查询操作：

```
NSString *query = @"SELECT ID, FIELD_DATA FROM FIELDS ORDER BY ROW";
sqlite3_stmt *statement;
int result = sqlite3_prepare_v2(database, [query UTF8String], -1, &statement, nil);
```

如果 result 的值是 SQLITE_OK，则表明准备好 statement，接下来执行查询：

```
while (sqlite3_step(statement) == SQLITE_ROW) {
   int rowNum = sqlite3_column_int(statement, 0);
   char *rowData = (char *)sqlite3_column_text(statement, 1);
   NSString *fieldValue = [[NSString alloc] initWithUTF8String:rowData];
   // Do something with the data here
}
sqlite3_finalize(statement);
```

使用过其他数据库的话，应该很好理解这段语句，这就是依次将每行的数据存在 statement 中，然后根据每行的字段取出数据。

⑤　使用约束变量。

实际操作时，经常使用叫作约束变量的东西，来构造 SQL 字符串，从而进行插入、查询或者删除等。例如，要执行带两个约束变量的插入操作，第一个变量是 int 类型，第二个是 C 字符串：

```
char *sql = "insert into oneTable values (?, ?);";
sqlite3_stmt *stmt;
if (sqlite3_prepare_v2(database, sql, -1, &stmt, nil) == SQLITE_OK) {
   sqlite3_bind_int(stmt, 1, 235);
   sqlite3_bind_text(stmt, 2, "valueString", -1, NULL);
}
if (sqlite3_step(stmt) != SQLITE_DONE)
   NSLog(@"Something is Wrong!");
sqlite3_finalize(stmt);
```

这里的 sqlite3_bind_int(stmt, 1, 235)有如下所示的三个参数：

- 第一个是 sqlite3_stmt 类型的变量，在先前的 sqlite3_prepare_v2 中使用的。
- 第二个是所约束变量的标签 index。
- 第三个参数是要加的值。

其中有一些函数多出两个变量，例如：

```
sqlite3_bind_text(stmt, 2, "valueString", -1, NULL);
```

上述代码的第 4 个参数代表第三个参数中需要传递的长度。对于 C 字符串来说，-1 表示传递全部字符串。第 5 个参数是一个回调函数，比如执行后做内存清除工作。

接下来，通过一个简单的小例子，来说明使用 SQLite 3 实现存储的基本方法。

(1)　运行 Xcode，新建一个 Single View Application，名称为“SQLite3 Test”，如图 17-4 所示。

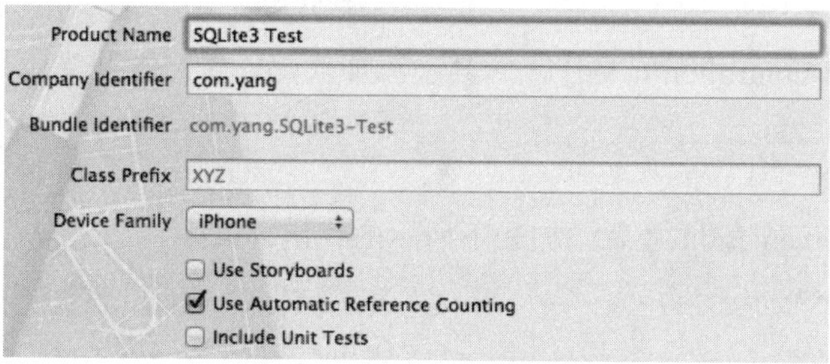

图 17-4　新建工程

(2) 开始连接 SQLite 3 库，按照图 17-5 中编号数字的顺序找到加号。

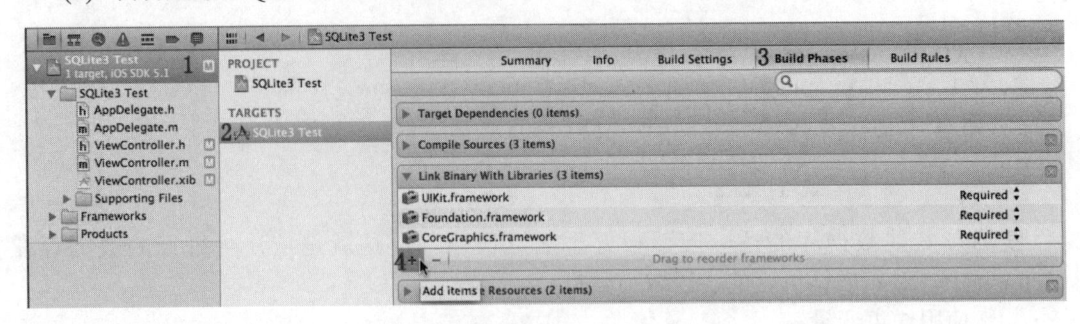

图 17-5 点击“+”

点击这个加号，打开窗口，在搜索栏中输入“sqlite3”，如图 17-6 所示。

选择 libsqlite3.dylib，单击 Add 按钮，添加到工程。

(3) 开始界面设计。打开 ViewController.xib，使用 Interface Builder 设计界面，如图 17-7 所示。

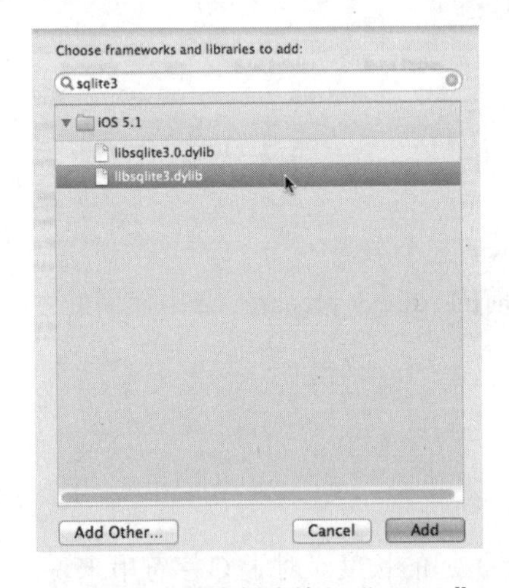

图 17-6 在搜索栏中输入“sqlite3”

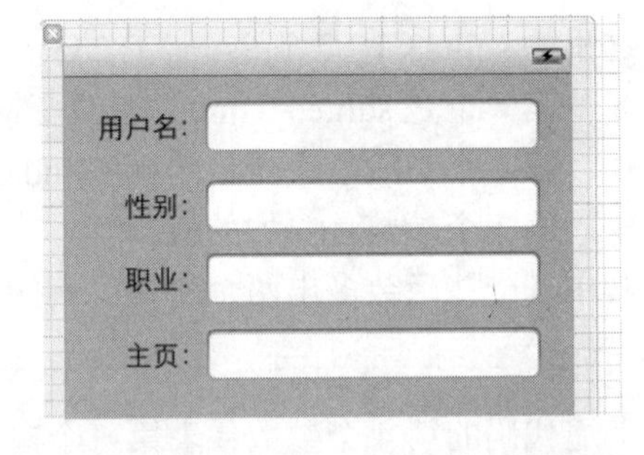

图 17-7 使用 Interface Builder 设计界面

设置 4 个文本框的 tag 分别是 1、2、3、4。

(4) 在 ViewController.h 中添加属性和方法：

```
@property (copy, nonatomic) NSString *databaseFilePath;
- (void)applicationWillResignActive:(NSNotification *)notification;
```

(5) 打开 ViewController.m 文件，向其中添加代码。首先在开头添加如下代码：

```
#import "sqlite3.h"
#define kDatabaseName @"database.sqlite3"
```

然后在@implementation 之后添加如下所示的代码：

```
@synthesize databaseFilePath;
```

然后在 viewDidLoad 方法中添加如下所示的代码：

```
- (void)viewDidLoad
{
```

```
    [super viewDidLoad];
    // Do any additional setup after loading the view, typically from a nib.
    //获取数据库文件路径
    NSArray *paths = NSSearchPathForDirectoriesInDomains(NSDocumentDirectory,
      NSUserDomainMask, YES);
    NSString *documentsDirectory = [paths objectAtIndex:0];
    self.databaseFilePath =
      [documentsDirectory stringByAppendingPathComponent:kDatabaseName];
    //打开或创建数据库
    sqlite3 *database;
    if (sqlite3_open([self.databaseFilePath UTF8String], &database) != SQLITE_OK) {
        sqlite3_close(database);
        NSAssert(0, @"打开数据库失败! ");
    }
    //创建数据库表
    NSString *createSQL =
      @"CREATE TABLE IF NOT EXISTS FIELDS (TAG INTEGER PRIMARY KEY, FIELD_DATA TEXT);";
    char *errorMsg;
    if (sqlite3_exec(database, [createSQL UTF8String], NULL, NULL, &errorMsg) != SQLITE_OK) {
        sqlite3_close(database);
        NSAssert(0, @"创建数据库表错误: %s", errorMsg);
    }
    //执行查询
    NSString *query = @"SELECT TAG, FIELD_DATA FROM FIELDS ORDER BY TAG";
    sqlite3_stmt *statement;
    if (sqlite3_prepare_v2(database, [query UTF8String], -1, &statement, nil) == SQLITE_OK) {
        //依次读取数据库表格 FIELDS 中每行的内容，并显示在对应的 TextField
        while (sqlite3_step(statement) == SQLITE_ROW) {
            //获得数据
            int tag = sqlite3_column_int(statement, 0);
            char *rowData = (char *)sqlite3_column_text(statement, 1);
            //根据 tag 获得 TextField
            UITextField *textField = (UITextField *)[self.view viewWithTag:tag];
            //设置文本
            textField.text = [[NSString alloc] initWithUTF8String:rowData];
        }
        sqlite3_finalize(statement);
    }
    //关闭数据库
    sqlite3_close(database);
    //当程序进入后台时执行写入数据库操作
    UIApplication *app = [UIApplication sharedApplication];
    [[NSNotificationCenter defaultCenter]
     addObserver:self
     selector:@selector(applicationWillResignActive:)
     name:UIApplicationWillResignActiveNotification
     object:app];
}
```

接下来，在@end 之前实现方法 applicationWillResignActive，具体代码如下所示：

```
//程序进入后台时的操作，实现将当前显示的数据写入数据库
- (void)applicationWillResignActive:(NSNotification *)notification {
    //打开数据库
    sqlite3 *database;
    if (sqlite3_open([self.databaseFilePath UTF8String], &database) != SQLITE_OK) {
        sqlite3_close(database);
        NSAssert(0, @"打开数据库失败! ");
    }
    //向表格插入 4 行数据
    for (int i=1; i<=4; i++) {
```

```
        //根据 tag 获得 TextField
        UITextField *textField = (UITextField *)[self.view viewWithTag:i];
        //使用约束变量插入数据
        char *update = "INSERT OR REPLACE INTO FIELDS (TAG, FIELD_DATA) VALUES (?, ?);";
        sqlite3_stmt *stmt;
        if (sqlite3_prepare_v2(database, update, -1, &stmt, nil) == SQLITE_OK) {
            sqlite3_bind_int(stmt, 1, i);
            sqlite3_bind_text(stmt, 2, [textField.text UTF8String], -1, NULL);
        }
        char *errorMsg = NULL;
        if (sqlite3_step(stmt) != SQLITE_DONE)
            NSAssert(0, @"更新数据库表 FIELDS 出错: %s", errorMsg);
        sqlite3_finalize(stmt);
    }

    //关闭数据库
    sqlite3_close(database);
}
```

(6) 实现关闭键盘工作，backgroundTap 方法的代码如下所示：

```
//关闭键盘
- (IBAction)backgroundTap:(id)sender {
    for (int i=1; i<=4; i++) {
        UITextField *textField = (UITextField *)[self.view viewWithTag:i];
        [textField resignFirstResponder];
    }
}
```

(7) 运行程序。

刚开始运行时，显示如图 17-8 所示，在各个文本框中输入内容，如图 17-9 所示。然后按 Home 键，这样就执行了写入数据的操作。

图 17-8　初始效果

图 17-9　在各文本框中输入内容

第一次运行程序时，在 Sandbox 的 Documents 目录下出现数据库文件 database.sqlite3，如图 17-10 所示。

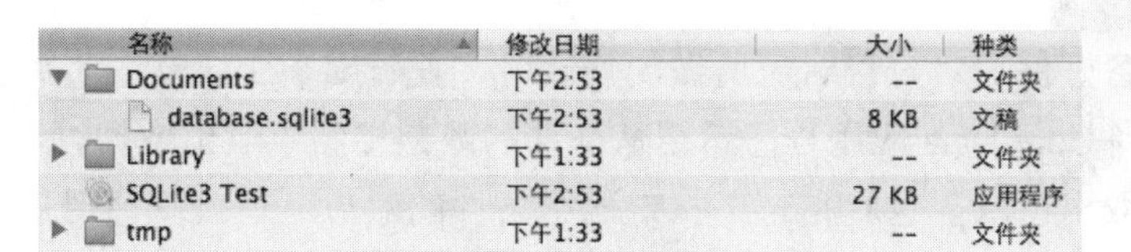

名称	修改日期	大小	种类
▼ Documents	下午2:53	--	文件夹
database.sqlite3	下午2:53	8 KB	文稿
▶ Library	下午1:33	--	文件夹
SQLite3 Test	下午2:53	27 KB	应用程序
▶ tmp	下午1:33	--	文件夹

图 17-10　出现数据库文件 database.sqlite3

此时退出程序，如果再次运行，则显示的就是上次退出时的值。

17.6　核心数据

核心数据(Core Data)框架也使用 SQLite 作为一种存储格式。我们可以把应用程序数据放在手机的核心数据库上。然后，可以使用 NSFetchedResultsController 来访问核心数据库，并在表视图上显示。下面是它的常用方法。

- fetchedResultsController objectAtIndexPathl：返回指定位置的数据。
- fetchedResultsController sections：获取 section 数据，返回的是 NSFetchedResults-SectionInfo 数据。
- NSFetchedResultsSectionInfo：是一个协议，定义了下列方法。

  numberOfSectionsInTableView：返回表视图上的 section 数目。

  tableView:numbero fRowslnSection：返回一个 section 的行数目。

  tableView:cellForRowAtlndexPath：返回 cell 信息。

  NSEntityDescription 类：用于往核心数据库上存放数据。

17.6.1　Core Data 基础

Core Data 是一个 Cocoa 框架，用于为管理对象图提供基础实现，并为多种文件格式的持久化提供支持。管理对象图包含的工作有撤消(Undo)和重做(Redo)、有效性检查，以及保证对象关系的完整性等。对象的持久化意味着 Core Data 可以将模型对象保存到持久化存储中，并在需要的时候将它们取出。Core Data 应用程序的持久化存储(也就是对象数据的最终归档形式)的范围可以从 XML 文件到 SQL 数据库。Core Data 用于关系数据库的前端应用程序是很理想的，但是，所有的 Cocoa 应用程序都可以利用它的能力。

Core Data 的核心概念是托管对象。托管对象是由 Core Data 管理的简单模型对象，但必须是 NSManagedObject 类或其子类的实例。可以用一个称为托管对象模型的结构(Schema)来描述 Core Data 应用程序的托管对象(Xcode 中包含一个数据建模工具，可以帮助我们创建这些结构)。托管对象模型包含一些应用程序托管对象(也称为实体)的描述。每个描述负责指定一个实体的属性、它与其他实体的关系，以及像实体名称和实体表示类这样的元数据。

在一个运行着的 Core Data 程序中，有一个称为托管对象上下文的对象，负责管理托管对象图。图中所有的托管对象都需要通过托管对象上下文来注册。该上下文对象允许在图中加入或删除对象，以及跟踪图中对象的变化，并因此可以提供撤消(Undo)和重做(Redo)

的支持。当准备好保存对托管对象所做的修改时，托管对象上下文负责确保那些对象处于正确的状态。当 Core Data 应用程序希望从外部的数据存储中取出数据时，就向托管对象上下文发出一个取出请求，也就是一个指定一组条件的对象。在自动注册后，上下文对象会从存储中返回与请求相匹配的对象。

托管对象上下文还作为访问潜在 Core Data 对象集合的网关，这个集合称为持久化堆栈。持久化堆栈处于应用程序对象和外部数据存储之间，由两种不同类型的对象组成，即持久化存储和持久化存储协调器对象。持久化存储位于栈的底部，负责外部存储(比如 XML 文件)的数据和托管对象上下文的相应对象之间的映射，但是，它们不直接与托管对象上下文进行交互。在栈的持久化存储上面是持久化存储协调器，这种对象为一或多个托管对象上下文提供一个访问接口，使其下层的多个持久化存储可以表现为单一一个聚合存储。

图 17-11 显示了 Core Data 架构中各种对象之间的关系。

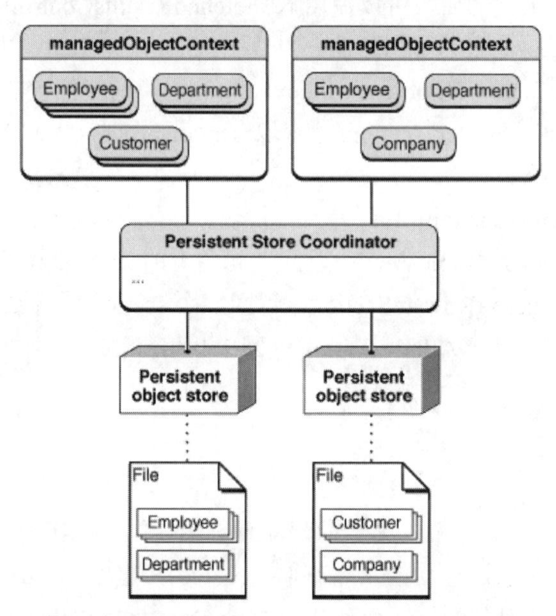

图 17-11　Core Data 架构中各种对象之间的关系

Core Data 中包含一个 NSPersistentDocument 类，它是 NSDocument 的子类，用于协助 Core Data 和文档架构之间的集成。持久化文档对象创建自己的持久化堆栈和托管对象上下文，将文档映射到一个外部的数据存储；NSPersistentDocument 对象则为 NSDocument 中读写文档数据的方法提供默认的实现。

通过 Core Data 管理应用程序的数据模型，可以极大程度地减少需编写的代码数量。

Core Data 还具有下述特征：

◎ 将对象数据存储在 SQLite 数据库以获得性能优化。

◎ 提供 NSFetchedResultsController 类，用于管理表视图的数据。即把 Core Data 的持久化存储显示在表视图中，并对这些数据进行管理，包括增、删、改。

◎ 管理 Undo/Redo 操作。

◎ 检查托管对象的属性值是否正确。

17.6.2　Core Data 的基本架构

在大多数应用中，需要打开一个文件，此文件包含一个有多个对象的归档，或者包含一个对至少一个根对象的引用。还需要能够归档所有对象到一个文件，并跟踪对象的变化。例如，在一个员工管理应用中，需要一种方法来打开一个文件，其中包含员工和部门对象的归档，并包含一个对至少一个根对象的引用——例如，含有全体员工的数组，如图 17-12 所示。还需要能够归档所有员工和所有部门到一个文件。

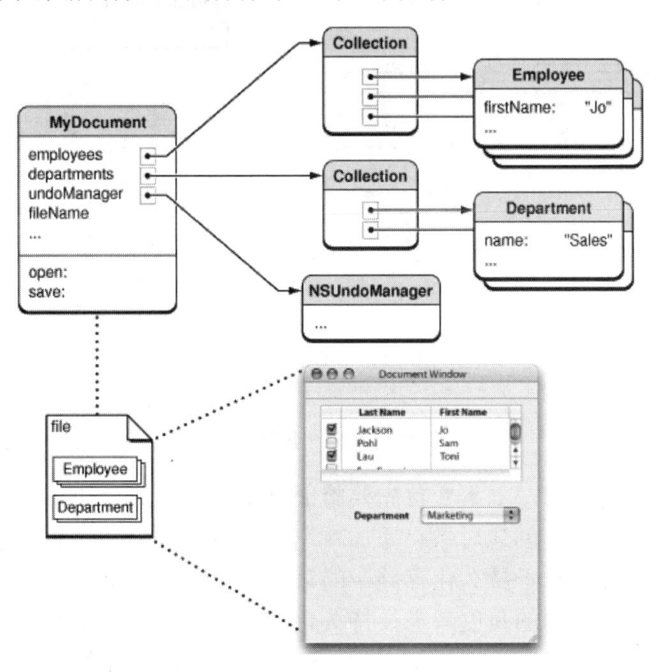

图 17-12　全体员工

使用的 Core Data 框架，大多数功能可以自动提供，主要通过托管对象上下文(Managed Object Context，或只是“上下文”，类 NSManagedObjectContext 的实例)来实现。

托管对象的上下文就像一个网关，通过它，可以访问底层的框架对象集合——这些对象集合统称为持久化堆栈(Persistence Stack)——它在应用程序和外部数据存储的对象之间提供访问通道。在堆栈的底部是持久化对象存储(Persistent Object Stores)，如图 17-13 所示。

Core Data 不局限于基于文档的应用程序，也能创建基于 Core Data 的无用户界面的 Utility 应用。当然，其他应用程序也能使用 Core Data。

1. 托管对象和上下文(Managed Objects and Contexts)

可以把托管对象上下文作为一个智能便笺。当从持久化存储中获取对象时，这些对象的临时副本会在便笺上形成一个对象图(或者对象图的集合。对象图即对象+对象之间的联系)，然后便可以任意修改这些对象。除非保存这些修改，否则持久化存储是不会受影响的。

Core Data 框架中的模型对象(Model Objects，它是一种含有应用程序数据的对象类型，提供对数据的访问并实现逻辑来处理数据)称为托管对象。所有托管对象都必须通过托管对象上下文进行注册。该上下文对象允许在图中加入或删除对象，以及跟踪图中对象的变化，

并因此可以提供撤消(Undo)和重做(Redo)的支持。当准备好保存对托管对象所做的修改时，托管对象上下文负责确保那些对象处于正确的状态。

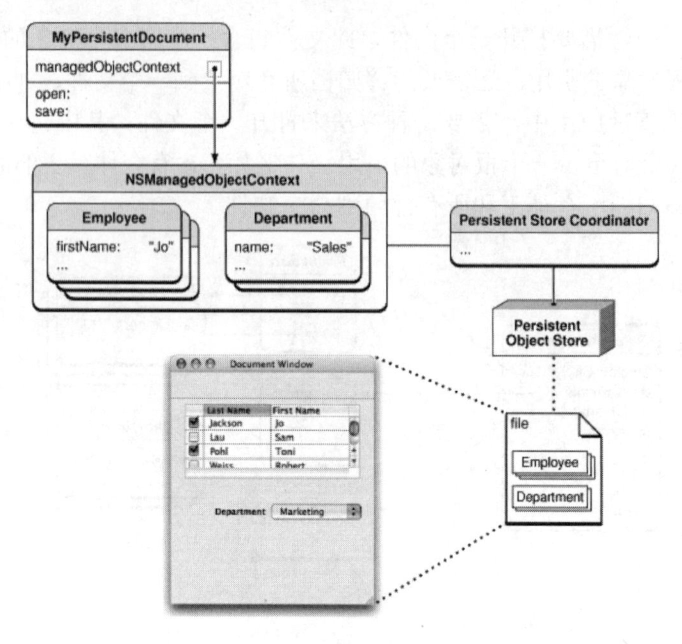

图 17-13　堆栈

如果要保存所做的更改，上下文首先要验证对象是有效的。如果对象有效，所做的更改会被写到持久化存储中，创建对象会添加新记录，删除对象则会删除记录。可以在应用程序中使用多个上下文。对于持久化存储中的每一个对象，只有唯一的一个托管对象与给定的上下文相关联。从不同的角度考虑，持久化存储中的一个给定的对象，可在多个上下文中同时被编辑。然而，每个上下文都有它自己的对应着源对象的托管对象，每个托管对象都单独编辑。这样保存时，就会导致数据不一致。Core Data 提供了一些方法来处理这个问题，比如使用- (void)refreshObject:(NSManagedObject *)object mergeChanges: (BOOL)flag 方法，从持久化存储中获取最新的值，来更新托管对象的持久化属性。

2. 获取数据请求(Fetch Requests)

使用托管对象上下文检索数据时，会创建一个获取请求(Fetch Request，NSFetchRequest 类的实例)。所有员工按照工资最高到最低排序。获取请求由三部分组成。最简单的获取请求必须指定一个实体的名称，这暗示每次只能取一种实体类型。获取请求也可能包含一个谓词对象，指定对象必须符合的条件，比如“市场部的所有员工”。获取请求还包含一个排序描述方式对象的数组，指定对象应该出现的顺序，比如“按照工资最高到最低排序”，如图 17-14 所示。

发送获取请求给托管对象上下文时，从与持久化存储相关联的数据源中返回匹配的请求对象(也可能没有返回)。所有托管对象必须在托管对象上下文中注册，从获取请求返回的对象自动注册在用来获取的上下文中。上面说到，对于持久化存储中的每一个对象，只有唯一的一个托管对象与给定的上下文相关联。如果上下文中已经包含了一个托管对象作为获取请求返回的对象，那么，这个托管对象则作为获取请求结果返回。

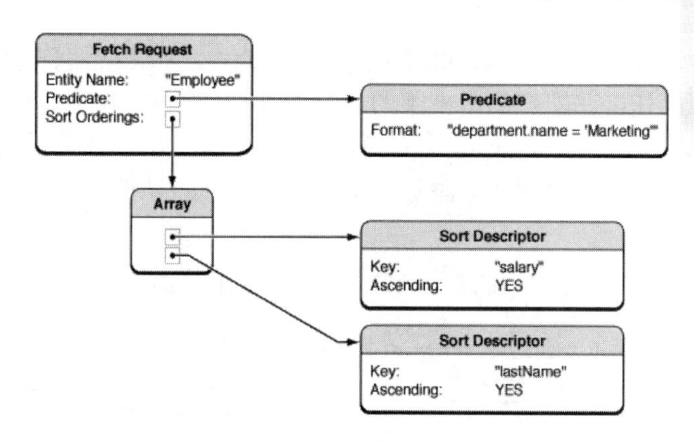

图 17-14　排序

Core Data 框架试图尽可能地高效。Core Data 是需求驱动的，因此，它只会创建实际需要的对象，不会额外创建更多的对象。对象图并不代表持久化存储中的所有对象。仅指定一个持久化存储并不会把任何数据对象注册到托管对象上下文中。当从持久化存储中获取对象的一个子集时，只能得到请求的对象。如果不再需要一个对象，默认情况下，它会被释放(这当然与从对象图中删除对象不一样)。

3. 持久化存储协调器

如上所述，在应用程序和外部数据存储的对象之间提供访问通道的框架对象集合统称为持久化堆栈(Persistence Stack)。在堆栈顶部的是托管对象上下文，在堆栈底部的是持久化对象存储(Persistent Object Stores)。在托管对象上下文和持久化对象存储之间便是持久化存储协调器(Persistent Store Coordinator)。应用程序通过 NSPersistentStoreCoordinator 类的实例访问持久化对象存储。

持久化存储协调器为一个或多个托管对象上下文提供一个访问接口，使其下层的多个持久化存储可以表现为单一一个聚合存储。一个托管对象上下文可以基于持久化存储协调器下的所有数据存储来创建一个对象图。持久化存储协调器只能与一个托管对象模型相关联。如果想把不同的实体放到不同存储中，必须依据托管对象模型中定义的配置，把模型实体分区(Partition)。

图 17-15 显示了一个例子，把员工和部门存储在一个文件中，并把客户和公司存储在另一个文件中。当获取对象时，它们会自动地从相应的文件中返回；当保存更改时，会自动地归档到相应的文件。

4. 持久化存储(Persistent Stores)

一个特定的持久化对象存储是与单个文件或其他外部数据存储关联的，负责存储中的数据和托管对象上下文中的对象之间的映射。通常情况下，我们与持久化对象存储之间只有一个交互，就是在应用程序中为一个新的外部数据存储指定位置(例如，当用户打开或保存文档时)。Core Data 的大多数交互则通过托管对象上下文来实现。

应用程序代码中——特别是应用程序中托管对象的相关逻辑——不应该为持久化存储中的数据存储做出任何假设(即由 Core Data 自行处理)。Core Data 为几种文件格式提供原生支持，选择使用哪一个，取决于应用程序的需求。应用程序体系架构保持不变，也应该能在应用程序的某个阶段，选择一个不同的文件格式。此外，如果应用程序经过适当的抽象，那么，不增加任何操作，就能够利用框架的后续增强功能。例如，即使在刚开始时只能从本地文件系统获取数据，如果一个应用程序没有假设从哪里获取数据，同时后面的某个阶段又想为一种新的远程持久化存储类型添加支持，它也应该能够使用这种新类型，而不用修改代码。

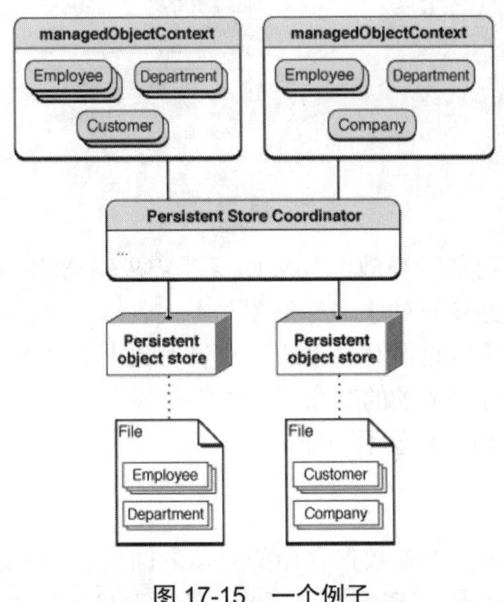

图 17-15　一个例子

注意：尽管 Core Data 支持 SQLite 作为其持久化存储类型之一，Core Data 也无法管理任意的 SQLite 数据库。要使用 SQLite 数据库，Core Data 必须自行创建和管理数据库。

5. 持久化文件(Persistent Documents)

可以通过程序创建和配置持久化堆栈。然而，在许多情况下，只是想创建一个基于文档的应用程序来读写文件。使用类 NSDocument 的子类 NSPersistentDocument，便可轻松地利用 Core Data 完成此事。默认情况下，NSPersistentDocument 实例便已经创建了自己的即用型持久化堆栈，包括一个托管对象上下文和单个持久化对象存储。在这种情况下，文档和外部数据存储之间便建立起一个“一对一”映射。

NSPersistentDocument 类提供了方法，来访问文档的托管对象上下文，并提供 NSDocument 方法的标准实现来读写文件，这些操作都是在 Core Data 框架内进行的。

默认情况下，不必编写任何额外的代码来处理对象的持久化。持久化文档的撤消(Undo)功能也被集成在托管对象上下文中。

17.6.3　托管对象和托管对象模型

为了既管理的对象图，也支持对象持久化，Core Data 需要对它操作的对象进行详尽的描述。托管对象模型(Managed Object Model)是一个结构(Schema)，用来描述应用程序中的托管对象，或实体，如图 17-16 所示。通常使用 Xcode 的数据模型设计工具来创建托管对象模型(也可以在运行时使用代码来建模)。它是 NSManagedObjectModel 类的一个实例。

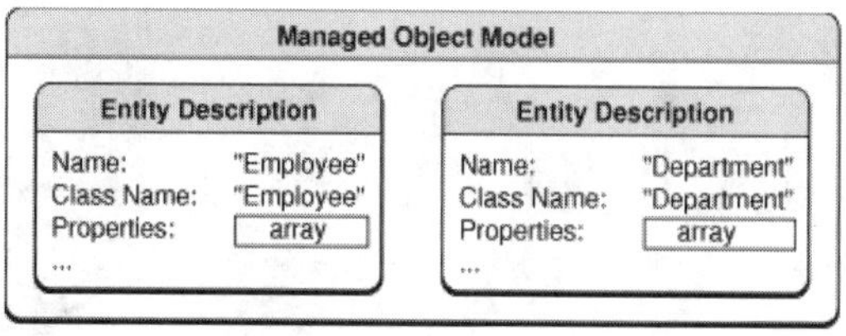

Managed Object Model
Entity Description
Name: "Employee"
Class Name: "Employee"
Properties: array
...
Entity Description
Name: "Department"
Class Name: "Department"
Properties: array
...

图 17-16 托管对象模型

该模型由一个实体描述对象(类 NSEntityDescription 实例)的集合组成，每个对象提供一个实体的元数据(Metadata)，包括实体名、实体在应用程序中的类名(类名不必与实体名称一样)、实体的属性和实体之间关系。实体的属性和关系依次由属性和关系描述对象表示出来，如图 17-17 所示。

Entity Description
Name: "Employee"
Class Name: "Employee"
Properties:
...
Collection
Attribute Description
Name: "firstName"
Type: string
Value Class: NSString
...
Attribute Description
Name: "salary"
Type: decimal number
Value Class: NSDecimalNumber
...
Relationship Description
Name: "department"
Max Count: 1
Destination Entity: Department
...

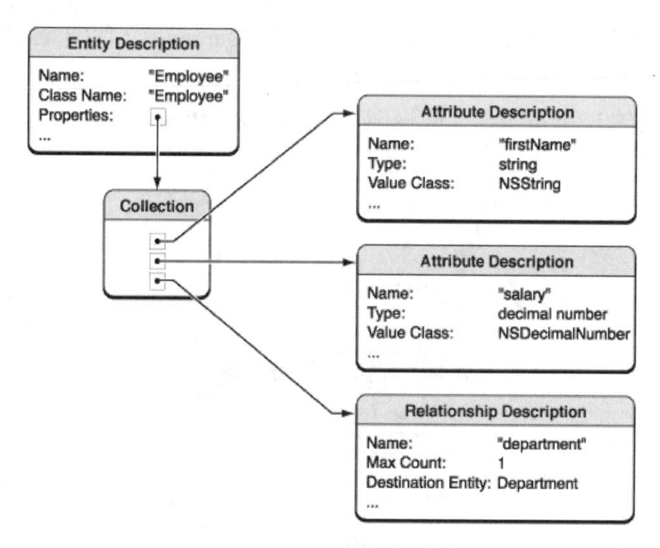

图 17-17 实体的属性和关系

托管对象必须是 NSManagedObject 或者 NSManagedObject 子类的任一实例。

NSManagedObject 能够表述任何实体。它使用一个私有的内部存储，以维护其属性，并实现托管对象所需的所有基本行为。

托管对象有一个指向实体描述的引用。实体描述表述了实体的元数据，包括实体的名称、实体的属性和实体间的关系。可以创建 NSManagedObject 子类来实现实体的其他行为。

17.6.4 在 iOS 中使用 Core Data

在 iOS 应用程序中，使用 Core Data 的基本流程如下所示。

(1) 创建 iOS 项目

直接用 Xcode 工具向导创建项目，可以自动集成 Core Data 的支持，如图 17-18 所示。

注意： 不一定硬要创建 Window-based 项目，Split View-based 也可以，用于 iPad 项目，或者对于 iPhone 来说，Navigation-based 项目亦可。

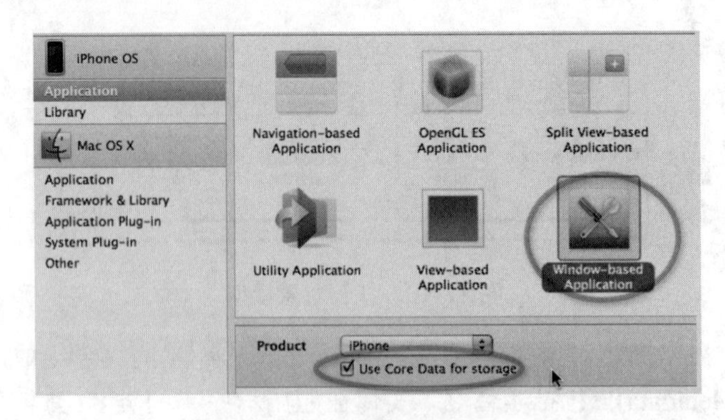

图 17-18　创建 iOS 项目

(2) 创建实体

比如 Java 中的实例，需要编写 Java 类和对应的 Mapping 文件(也可能是注解)。

在 iOS 里需要两步：以图形界面设计工具设计实体、实体属性和实体的关系；生成实体的类，也就是对应的.h 和.m 文件。假设创建的项目名为“aaa”，那么找到 aaa.xcdatamodel，如图 17-19 所示。

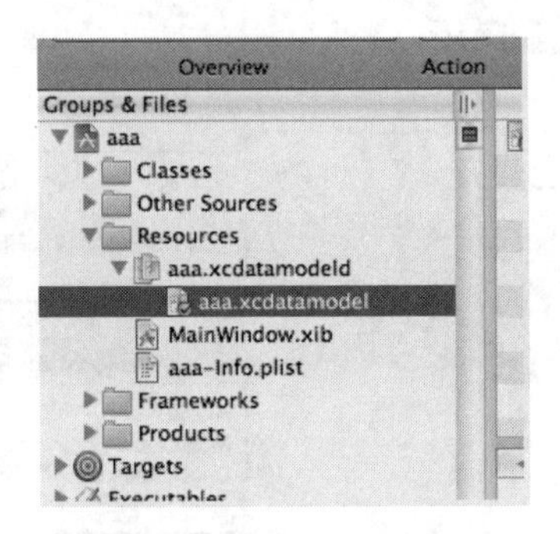

图 17-19　工程目录

双击后，可以调出模型编辑器，然后创建一个 Person 实体，如图 17-20 所示。

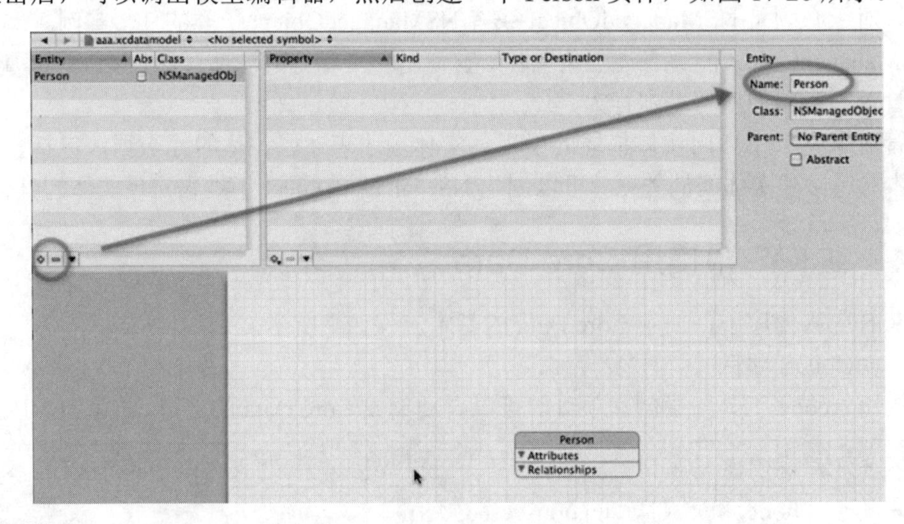

图 17-20　创建一个 Person 实体

点击图 17-20 中的加号，创建一个新的实体(Entity)，然后在 Entity 文本框中填写实体名称。按 Enter 键后，就可以看到下面类似 UML 类图的图形名称变为 Person。然后创建属性，如图 17-21 所示。

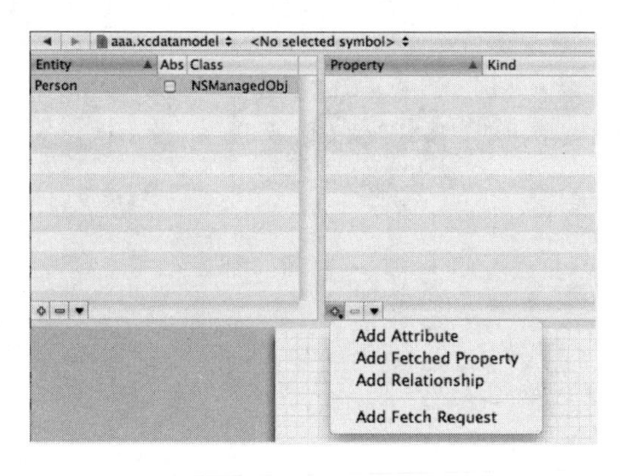

图 17-21　创建属性

点击属性部分的加号，选择 Add Attribute，增加一个 id，如图 17-22 所示。

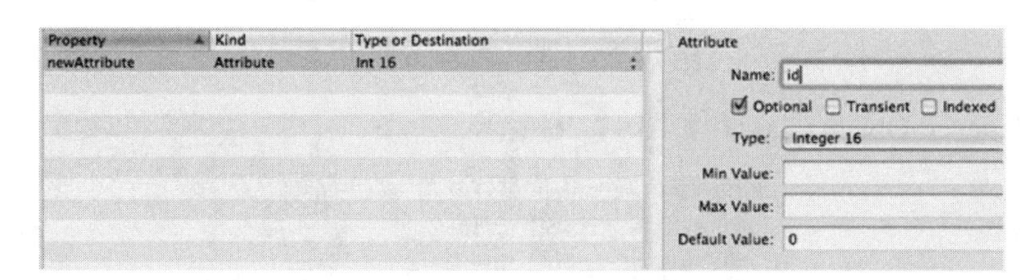

图 17-22　增加一个 id

然后设置为自增列，如图 17-23 所示。

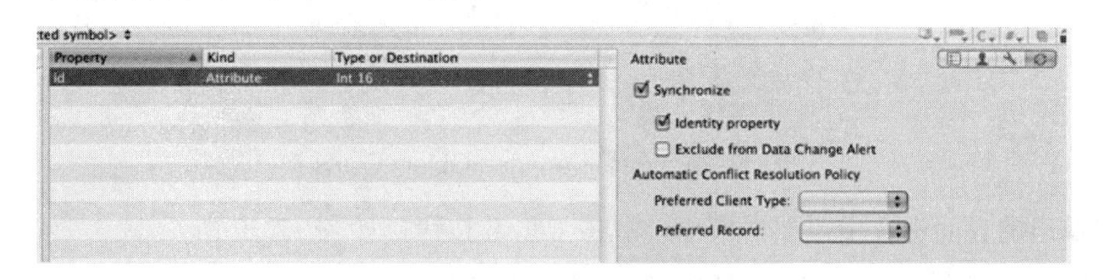

图 17-23　设置为自增列

然后设置一个 name 属性，如图 17-24 所示。

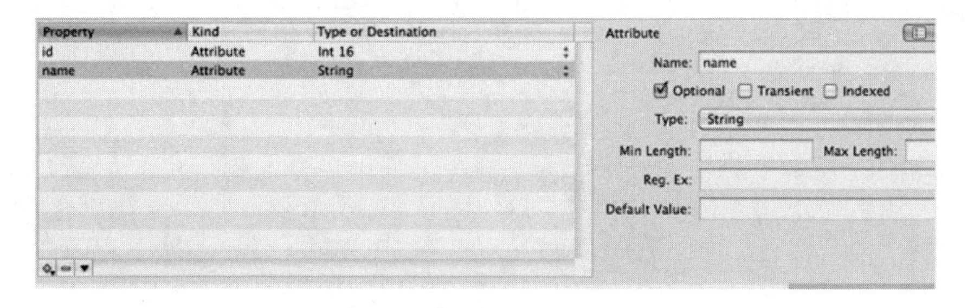

图 17-24　设置一个 name 属性

如果有多个实体，则继续创建，或者创建它们之间的关系。然后生成实体类，供编写程序时调用。

创建新文件时，注意要在实体编辑器界面选中 Person 实体，这样，生成的文件名就是 Person，如图 17-25 所示。

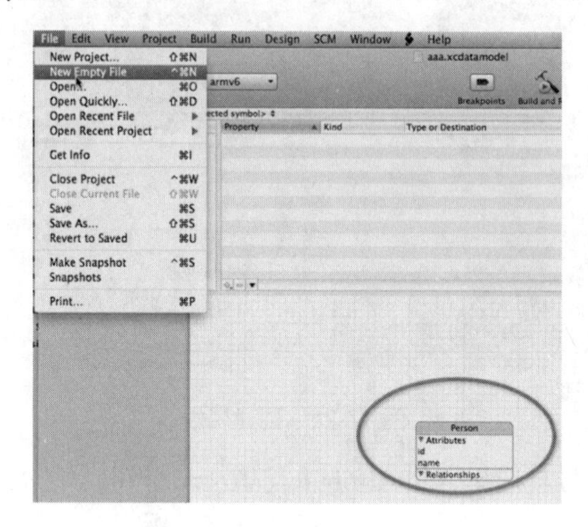

图 17-25　选中 Person 实体

选择 Managed Object Class，如图 17-26 所示。

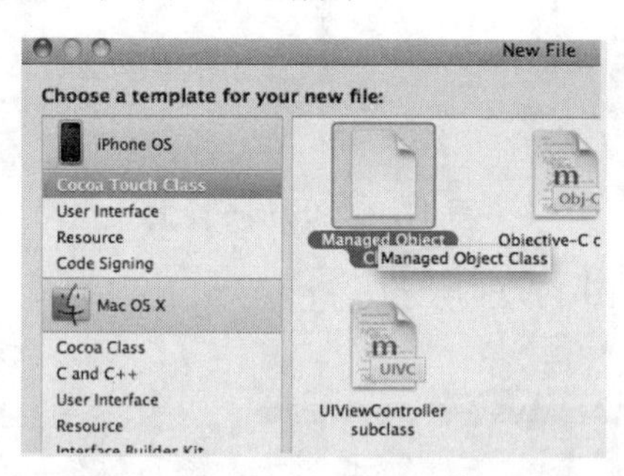

图 17-26　选择 Managed Object Class

在弹出的界面中选中需要的实体，单击 Finish 按钮，如图 17-27 所示。

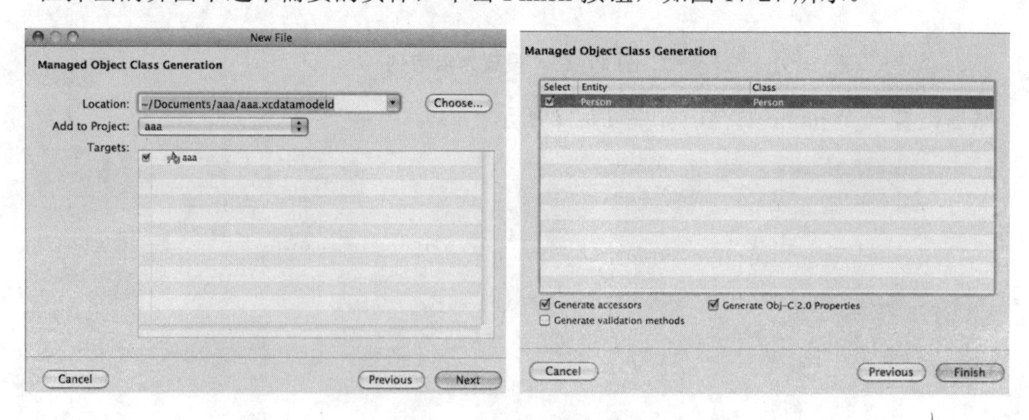

图 17-27　选中需要的实体

这样，便在项目中生成了实体类，如图 17-28 所示。

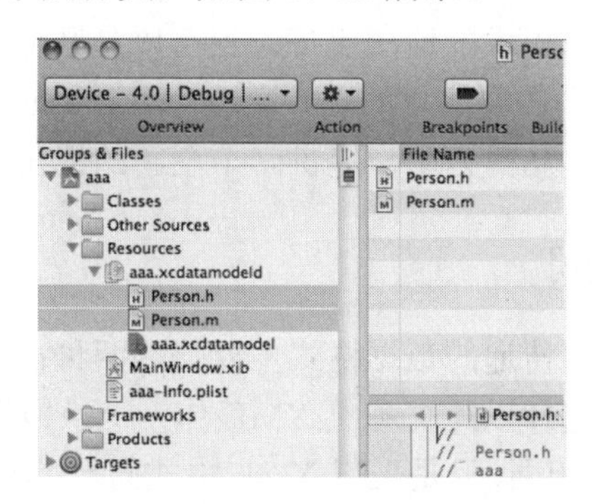

图 17-28　生成了实体类

接下来，在代码中使用上面生成的实体。首先，需要在使用 Person 实例类的代码头文件中加入下面的代码：

```
#import <UIKit/UIKit.h>
#import <CoreData/CoreData.h>
#import "Person.h"
```

使用 Core Data 的简单代码，创建一个 Person 实体实例，保存它，然后遍历数据，相当于 select * from persons：

```
NSLog(@">>start app ");
Person *person =
  (Person *)[NSEntityDescription insertNewObjectForEntityForName:@"Person"
   inManagedObjectContext:[self managedObjectContext]];
person.name = @"张三";
NSError *error;
if (![[self managedObjectContext] save:&error]) {
   NSLog(@"error!");
} else {
   NSLog(@"save person ok.");
}
NSFetchRequest *request = [[NSFetchRequest alloc] init];
NSEntityDescription *entity =
  [NSEntityDescription entityForName:@"Person"
  inManagedObjectContext: [self managedObjectContext]];
[request setEntity:entity];
NSArray *results = [[[self managedObjectContext] executeFetchRequest:request error:&error] copy];
for (Person *p in results) {
   NSLog(@">> p.id: %i p.name: %@", p.id, p.name);
}
```

如果需要删除，也很简单，通过如下代码即可实现：

```
[managedObjectContext deleteObject:person];
```

17.7　互联网数据

“手机加云计算”是未来软件的大方向。手机作为数据的输入终端和显示终端，而云计算作为数据存储和处理的后台。云计算平台提供了众多的 Web 服务，这些 Web 服务首先为手机应用提供了很多远程数据，其次，手机应用也往往调用 Web 服务来保存数据。

云计算平台可以是谷歌所提供的地图服务，也可以是其他公司所提供的云文件服务(如 www.yunwenjian.com)。另外，需要注意的是，通过使用 Mashup，手机应用程序可以综合多个云计算平台所提供的数据，从而为用户提供一个全新的视角。

17.7.1 XML 和 JSON

在手机和云计算平台之间传递的数据格式主要分为两种：XML 和 JSON。在程序中发送和接收信息时，我们可以选择以纯文本或 XML 作为交换数据的格式。其实，XML 格式与 HTML 格式的纯文本数据相同，只是采用 XML 格式而已。有两种方法来操作 XML 数据，一种是使用 libxm12，另一种是使用 NSXMLParser。XML 格式采用名称/值的格式。与 XML 类似，JSON(JavaScript Object Notation)也是使用名称/值的格式。JSON 数据颇像字典数据。例如{"name": "liudehua")。前一个是名称(键)，后一个是值。等效的纯文本名称/值对为 name=liudehua。

当把多对名称/值组合在一起时，JSON 就创建了包含多对名称/值的记录。当需要表示一组值时，JSON 不但能够提高可读性，而且可以减少复杂性。例如，假设你想表示一个人名列表，在 XML 中，需要许多开始标记和结束标记。如果使用 JSON，则只须将多个带花括号的记录组合在一起。

简单地说，JSON 可以将一组数据转换为字符串，然后，就可以在函数之间轻松地传递这个字符串，或者在异步应用程序中将字符串从 Web 服务器传递给客户端程序。JSON 可以表示比名称/值对更复杂的结构。例如，可以表示数组和复杂的对象，而不仅仅是键和值的简单列表。下面我们总结 JSON 的语法格式。

- 对象：{属性:值, 属性:值, 属性:值}。
- 数组是有顺序的值的集合：一个数组开始于“f”，结束于“1”，值之间用“,”分隔。
- 值可以是字符串、数字、true、false、null，也可以是对象或数组。

在 iPhone/iPad 手机应用程序中可以直接读取 JSON 数据，并放入 NSDictionary 或 NSArray 中。也可以将 NSDictionary 转化为 JSON 数据，并上载到云计算平台。

json-framework 提供了相关的类和方法，来完成 JSON 数据的解析。

作为一种轻量级的数据交换格式，JSON 正在逐步取代 XML，成为网络数据的通用格式。从 iOS 5 开始，Apple 提供了对 JSON 的原生支持，但是，为了兼容以前的 iOS 版本，我们仍然需要使用第三方库来解析。常用的 iOS JSON 库有 json-framework、JSONKit、TouchJSON 等，这里说的是 JSONKit。

JSONKit 的使用相当简单，可以从 github.com 下载，添加到我们自己的 iOS 项目中，然后在要使用 JSON 的地方#import “JSONKit.h”，这样，JSON 相关的方法就会自动添加到 NSString、NSData 下，常用的方法有下面几个：

- - (id)objectFromJSONString。
- - (id)objectFromJSONStringWithParseOptions:(JKParseOptionFlags)parseOptionFlags。
- - (id)objectFromJSONData。
- - (id)objectFromJSONDataWithParseOptions:(JKParseOptionFlags)parseOptionFlags。

如果 JSON 是“单层”的，即 value 都是字符串、数字，可以使用 objectFromJSONString：

```
NSString *json = @"{\"a\":123, \"b\":\"abc\"}";
NSDictionary *data = [json objectFromJSONString];
NSLog(@"json.a:%@", [data objectForKey:@"a"]);
NSLog(@"json.b:%@", [data objectForKey:@"b"]);
[json release];
```

如果 JSON 有嵌套，即 value 里有 array、object，这时若使用 objectFromJSONString，程序可能会报错(经测试，使用由网络得到的 php/json_encode 生成 JSON 时报错，但使用 NSString 定义的 JSON 字符串时解析成功)。

最好使用 objectFromJSONStringWithParseOptions：

```
NSString *json = @"{\"a\":123, \"b\":\"abc\", \"c\":[134, \"hello\"],
      \"d\":{\"name\":\"张三\",\"age\":23}}";
NSLog(@"json:%@", json);
NSDictionary *data =
  [json objectFromJSONStringWithParseOptions:JKParseOptionLooseUnicode];
NSLog(@"json.c:%@", [data objectForKey:@"c"]);
NSLog(@"json.d:%@", [[data objectForKey:@"d"]objectForKey:@"name"]);
[json release];
```

运行后，会输出如下结果：

```
2012-09-09 18:48:07.255 Ate-Goods[17113:207] json.c:(134,Hello)
2012-09-09 18:48:07.256 Ate-Goods[17113:207] json.d:张三
```

从上面的写法可以看出，JSON 与 Objective-C 的数据对应关系如下：Number → NSNumber String → NSString Array → NSArray Object → NSDictionary。

另外还有 null → NNSNull true and false → NNSNumber。

假如存在如下所示的 JSON 数据：

```
{
   "result": [
            {
            "meeting": {
            "addr": "203",
            "creator": "张一",
            "member": [
                     {
                     "name": "张二",
                     "age": "20"
                     },
                     {
                     "name": "张三",
                     "age": "21"
                     },
                     {
                     "name": "张四",
                     "age": "22"
                     }
                     ]
            }
            },

            {
            "meeting": {
            "addr": "204",
```

```
            "creator": "张二",
            "member": [
                    {
                    "name": "张二",
                    "age": "20"
                    },
                    {
                    "name": "张三",
                    "age": "21"
                    },
                    {
                    "name": "张四",
                    "age": "22"
                    }
                    ]
            }
            }
            ]
}
```

则 JSON 的解析过程如下。

(1) 获取 JSON 文件路径，根据路径来获取里面的数据：

```
NSString *path = [[NSBundle mainBundle] pathForResource:@"test" ofType:@"json"];
NSString *_jsonContent = [[NSString alloc] initWithContentsOfFile:path
  encoding:NSUTF8StringEncoding error:nil];
```

(2) 然后根据得到的_jsonContent 字符串对象来获取里面的键值对：

```
//不需要去定义获取的方法，只须使用系统定义好的 JSONValue 即可
NSMutableDictionary dict = [_jsonContent JSONValue];
```

(3) 然后，根据得到的键值对来进行 JSON 解析。根据上面 JSON 数据之间的逻辑关系，可以获知我们解析的顺序如下。

① 根据得到的字符串获取里面的键值对。

② 根据得到的键值对，通过 key 来得到对应的值，也就是值里面的数组。

③ 然后获取数组中的键值对。

④ 然后根据得到的键值对，通过 key 获取里面的键值对中的值：

```
     */
    //json 解析
     //2.
     NSArray *result = [_dict objectForKey:@"result"];
     //3.
     NSDictionary *dic = [result objectAtIndex:0];
     //4.
     NSDictionary *meeting = [dic objectForKey:@"meeting"];

     //得到 addr 值
     NSString *address = [meeting objectForKey:@"addr"];
     //得到 creator 值
     NSString *creator = [meeting objectForKey:@"creator"];
     //得到 member 里面的数据，因为这个键值中有数组，所以要重复上面的 2, 3, 4 的动作
     //2.
     NSArray *members = [meeting objectForKey:@"member"];
     //3.
     //这里用了 for 循环语句，
     for (NSDictionary * member in members) {
```

```
        //4.
        NSString *name = [member objectForKey:@"name"];
        NSString *age = [member objectForKey:@"age"];
    }
```

这样，就可以实现解析 JSON 数据了。

17.7.2　使用 JSON 获取网站中的照片信息

本实例的功能，是演示使用 JSON 获取 http://www.flickr.com 网站中济南照片的信息。

实例 17-1　使用 JSON 获取网站中的照片信息
源码路径　下载资源\codes\17\WebPhotoes

实例文件 PhotoTableViewController.m 的实现代码如下所示：

```
#import "PhotoTableViewController.h"
#import "JSON.h"
#import "FlickrAPIKey.h"

@implementation PhotoTableViewController
-(void) loadPhotos
{
    NSString *urlString = [NSString stringWithFormat:@"http://api.flickr.com/services/
       rest/?method=flickr.photos.search&api_key=%@&tags=%@&per_page=10
       &format=json&nojsoncallback=1", FlickrAPIKey, @"jinan"];
    NSURL *url = [NSURL URLWithString:urlString];

    // 得到的内容作为一个字符串的网址，并解析为基础的对象
    NSString *jsonString = [NSString stringWithContentsOfURL:url
      encoding:NSUTF8StringEncoding error:nil];
    NSDictionary *results = [jsonString JSONValue];

    NSLog(@"%@",[results description]);

    // 需要通过挖掘得到的对象
    NSArray *photos = [[results objectForKey:@"photos"] objectForKey:@"photo"];
    for (NSDictionary *photo in photos) {
        // 得到标题的每一张照片
        NSString *title = [photo objectForKey:@"title"];
        [photoNames addObject:(title.length > 0 ? title : @"Untitled")];

        // 为每个照片构建的网址
        NSString *photoURLString = [NSString stringWithFormat:
          @"http://farm%@.static.flickr.com/%@/%@_%@_s.jpg",
          [photo objectForKey:@"farm"], [photo objectForKey:@"server"],
          [photo objectForKey:@"id"], [photo objectForKey:@"secret"]];
        [photoURLs addObject:[NSURL URLWithString:photoURLString]];
    }
}

//初始化属性
-(id) initWithStyle:(UITableViewStyle)style
{
    self = [super initWithStyle:style];
    if (self)
    {
        photoURLs = [[NSMutableArray alloc] init];
        photoNames = [[NSMutableArray alloc] init];
```

```
        [self loadPhotos];
    }
    return self;
}

#pragma mark -
#pragma mark Table view data source
//返回行数
- (NSInteger)numberOfSectionsInTableView:(UITableView *)tableView {
    return 1;
}
- (NSInteger)tableView:(UITableView *)tableView
    numberOfRowsInSection:(NSInteger)section {
    return [photoNames count];
}

//  生成显示图片的单元格
- (UITableViewCell *)tableView:(UITableView *)tableView
  cellForRowAtIndexPath:(NSIndexPath *)indexPath {

    static NSString *CellIdentifier = @"Cell";

    UITableViewCell *cell =
      [tableView dequeueReusableCellWithIdentifier:CellIdentifier];
    if (cell == nil) { //不存在的话
      //创建一个单元格
       cell = [[UITableViewCell alloc] initWithStyle:UITableViewCellStyleDefault
         reuseIdentifier:CellIdentifier];
    }

    // 配置单元格，表单元的文本信息就是照片名字
    cell.textLabel.text = [photoNames objectAtIndex:indexPath.row];

    NSData *imageData =
      [NSData dataWithContentsOfURL:[photoURLs objectAtIndex:indexPath.row]];
    cell.imageView.image = [UIImage imageWithData:imageData];

    return cell;
}
```

运行后，会返回 Flickr 数据，具体如下所示：

```
2012-11-24 18:47:11.596 WebPhotoes[4774:c07] {
   photos =     {
      page = 1;
      pages = 1182;
      perpage = 10;
      photo =         (
                  {
              farm = 9;
              id = 8208104583;
              isfamily = 0;
              isfriend = 0;
              ispublic = 1;
              owner = "10782329@N03";
              secret = 88c0b691eb;
              server = 8346;
              title = "Baotu Spring Garden 02";
          },
                  {
              farm = 9;
```

```
        id = 8203273905;
        isfamily = 0;
        isfriend = 0;
        ispublic = 1;
        owner = "27823382@N03";
        secret = db7840cd14;
        server = 8197;
        title = "Jinan rush hour";
    },
            {
        farm = 9;
        id = 8199135645;
        isfamily = 0;
        isfriend = 0;
        ispublic = 1;
        owner = "43372673@N08";
        secret = f04ae46da7;
        server = 8487;
        title = P1020672;
    },
            {
        farm = 9;
        id = 8199141545;
        isfamily = 0;
        isfriend = 0;
        ispublic = 1;
        owner = "43372673@N08";
        secret = 048b1327d5;
        server = 8490;
        title = P1020670;
    },
            {
        farm = 9;
        id = 8200219032;
        isfamily = 0;
        isfriend = 0;
        ispublic = 1;
        owner = "43372673@N08";
        secret = 6c17d0778e;
        server = 8477;
        title = P1020675;
    },
            {
        farm = 9;
        id = 8200224534;
        isfamily = 0;
        isfriend = 0;
        ispublic = 1;
        owner = "43372673@N08";
        secret = 7e277b5e40;
        server = 8346;
        title = P1020673;
    },
            {
        farm = 9;
        id = 8200254180;
        isfamily = 0;
        isfriend = 0;
        ispublic = 1;
        owner = "43372673@N08";
        secret = 0f9c1de768;
```

```
            server = 8346;
            title = P1020676;
        },
                {
            farm = 9;
            id = 8200230700;
            isfamily = 0;
            isfriend = 0;
            ispublic = 1;
            owner = "43372673@N08";
            secret = 54ac24f7ab;
            server = 8483;
            title = P1020671;
        },
                {
            farm = 9;
            id = 8200236282;
            isfamily = 0;
            isfriend = 0;
            ispublic = 1;
            owner = "43372673@N08";
            secret = 1df4ed20fc;
            server = 8065;
            title = P1020669;
        },
                {
            farm = 9;
            id = 8199130717;
            isfamily = 0;
            isfriend = 0;
            ispublic = 1;
            owner = "43372673@N08";
            secret = c85fc492af;
            server = 8478;
            title = P1020674;
        }
    );
    total = 11814;
  };
  stat = ok;
}
2012-11-24 18:47:11.721 WebPhotoes[4774:c07] Application windows are expected to have a
root view controller at the end of application launch
```

第 18 章

iOS 8

HealthKit 开发详解

2014 年 6 月份，在苹果年度开发者大会上，发布了一款新的移动应用平台：HealthKit，这是苹果计划为其计算和移动软件推出的一系列新功能的一部分。HealthKit 可以收集和分析用户的健康数据，可以整合 iPhone 或 iPad 上其他健康应用收集的数据，如血压和体重等。

在本章的内容中，将详细讲解在 iOS 系统中开发 HealthKit 应用的基本知识，为读者步入本书后面知识的学习打下基础。

18.1 HealthKit 基础

HealthKit 被内置在 iOS 8 系统中，在以后的一段时间内，必将成为引发产业革命的重大事件。在本节的内容中，将详细讲解 HealthKit 的基本知识。

18.1.1 HealthKit 介绍

借助于 HealthKit，用户可以通过该平台汇总自己的健康数据。通过 HealthKit 这个平台，智能硬件厂商可以研发更多与之配套的产品，供用户选择，这样，既可以获得利润，也创建了一个全新的 HealthKit 生态圈。在厂商间互相竞争的环境下，用户也能够得到收获，粗制滥造的产品终将被“扼杀”，优胜劣汰的过程可以更加自然平和地让优秀产品脱颖而出。

在大多数情况下，HealthKit 的功能是收集并整合用户的健康数据。但是，HealthKit 并不只是为了数据而存在。众所周知，所有的健康指标都会互相影响，所以在 HealthKit 收集到用户数据后，会进行一个数据整合与数据分析。举例说，传统的智能手环可以记录用户的日常运动与睡眠状态，而智能水杯会通过一些简单的用户设定来提醒用户喝水，并且用户只能通过自己的 APP 来查看各自的数据，这都不能进行一个宏观的分析。而当这些产品都引入到 HealthKit 平台后，它们就会互相影响，HealthKit 得到运动手环的数据后，会根据用户的运动情况来调整用户的饮水频率与饮水量。HealthKit 更像一个终端，把所有智能健康产品融合到一起，让这些产品能够真正智能化起来。

18.1.2 市面中的 HealthKit 应用现状

根据国外媒体报道，MobilHealthNews 分析了苹果 HealthKit 的一些 APP，一共包含 137 款健康应用程序。在这 137 款健康应用中，有些仅仅是从 HealthKit 中获取数据，而有些则是为 HealthKit 提供数据以供其他相关应用使用。大约 20%的应用可以同时做这两项工作。

当然，本次分析列举的应用并不是一份极其详尽的名单，因为不断有新的应用加入到 HealthKit 中，而苹果也在逐渐地向这个平台中加入新的数据项目。在其中发现，虽然有两到三个应用宣称自己与 HealthKit 相连，但是，具体要从 HealthKit 中获取或者分享何种数据信息却不甚明了，这些应用因而没有加入到我们的分析中。

虽然 HealthKit 平台能共享各种各样的身体和健康数据，但是大部分 HealthKit 平台上的健康应用都只是使用了其中的一小部分同类数据。活动卡路里和体重数据是从 HealthKit 中获取和上传的最常用两项数据，心跳数据则紧随其后，位于第三位。

在发布的这些应用程序中，绝大多数 HealthKit 的健康应用都定位于健身跟踪应用。分析发现了 15 款与医疗服务提供者相关的应用，以及其他 3 款与医疗支付方和企业雇主相关的应用。例如医生 Drchrono 使用 HealthKit 来为它的患者个人健康记录(PHR)应用提供数据，这款应用可以从 HealthKit 中读取体重、血压、心率等数据。此外，还有个人健康记录应用 Hello Doctor。

截止到统计期末，有两家保险公司的应用加入了 HealthKit 平台，分别是 Humana 公司的 HumanaVitality 和 the Health Care Services Corporation (HCSC)的 Centered，两者都是为用户设计的基础健康追踪应用。此外，还有来自 Virgin Pulse(以前的 Virgin Healthmiles)，一个

用户健康信息数据的提供者。他们的应用与 Max activity tracker 以及 HealthKit 连接。

在当前公布的应用中，只有梅奥诊所是直接来自医疗服务机构的应用程序。由梅奥做后盾的 Axial Exchange 是为许多医院和医疗系统开发应用的科技公司，他们宣布所开发的应用均支持 HealthKit。Axial 称，其为患者开发的应用会从 HealthKit 中获取以下类别的信息：身高、步行数据(活动追踪)、体重(体重追踪)、血压(包括舒张压和收缩压)、心跳数据(有氧运动追踪)、血糖指数(血糖追踪)以及睡眠分析(睡眠跟踪)，同时，Axial 也将会增加对于用户的体重、血压、心跳以及血糖等数据的分享。

18.1.3　接入 HealthKit 的好处

在苹果公司发布的官方文档中，介绍了健康和健身应用接入 HealthKit 的好处，具体说明如下所示。

(1)　分离数据收集、数据处理和社交化

在现代社会中，健康和健身体验涉及许多不同的方面，例如收集和分析数据、为用户提供可操作的信息和有用的可视化信息，以及允许用户参与到社区讨论中。

现在由 HealthKit 负责实现这些方面，而开发者可以专注于实现其最感兴趣的方面，把其他的任务交给更专业的应用。

另外，这些责任的分离也可以让用户受益。每个用户都可以随意选择最喜爱的体重追踪应用、计步应用和健康挑战应用。这意味着用户可以选择一套应用，每个应用都能很好地满足用户的某个需求。但是，由于这些应用可以自由地交换数据，所以，这一整套应用比单个应用能提供更好的体验。

例如，一些朋友决定参加一个日常的计步挑战。每个人都可以使用他偏爱的硬件设备或应用来追踪计步数据，但是，他们都还可以使用相同的社交应用来挑战。

(2)　减少应用间分享的障碍

HealthKit 使应用间共享数据变得更容易。对于开发者来说，不再需要下载 API 并编写代码来与其他应用共享。当有新的 HealthKit 应用程序时，就通过 HealthKit 自动开始共享数据了。

由于不需要手动设置应用关联或者导入导出它们的数据，这对用户来说很有好处。用户仍然需要设置哪些应用可以读写 HealthKit 中的数据，还有，每个应用可以读取到哪些数据。一旦用户允许访问，应用就可以自由无阻地读取数据了。

(3)　提供更丰富的数据和更有意义的内容

应用可以读取到范围更广的数据，从而可以得到一个完整的关于用户健康和健身的需求。在许多情况下，应用可以基于 HealthKit 中的额外信息修改它的计量单位或者提示。例如，运动员训练应用不仅可以根据用户已经消耗的热量，而且还可以参考他今天已经吃的食物种类和数量，给出一个训练后吃什么的建议。

(4)　让应用参与到一个更大的生态系统中

应用通过共享它使用 HealthKit 收集的数据来获益。成为这个大生态系统的一部分，能帮助提高应用程序的曝光度和实用性。更为重要的是，接入 HealthKit 可以让应用与用户已经拥有和喜爱的应用一起工作。如果我们的应用程序不能与其他已经在使用的应用共享数据，那么用户很可能就去寻找别的应用了。

18.2 HealthKit 开发基础

HealthKit 作为苹果公司在将来力推的应用框架，公布的接口功能有限。在本节的内容中，将详细讲解开发 HealthKit 应用程序的基本知识。

18.2.1 开发要求

在苹果公司发布的官方开发文档中，对开发 HealthKit 应用程序提出了如下所示的要求。

(1) 在使用 HealthKit 框架的应用程序时，必须遵守其所在区域的适用法律，以及 iOS Developer Program License Agreement 中的 3.28 和 3.39 条款。

(2) 将虚假或者错误的数据写入 HealthKit 的应用程序将会被拒绝。

(3) 使用 HealthKit 框架在 iCloud 中储存用户健康信息的应用程序将会被拒绝。

(4) 在 iOS 应用程序中，不允许将通过 HealthKit API 收集的用户数据用作广告宣传或者基于使用的数据挖掘目的，当然，为改善健康、医疗、健康管理及医学研究的除外。

(5) 未经用户许可与第三方分享通过 HealthKit API 获得的用户数据的应用程序将会被拒绝。

(6) 使用 HealthKit 框架的应用程序，必须在营销文本中说明集成了 Health 应用程序，同时，必须在应用程序用户界面上清楚地阐释 HealthKit 功能。

(7) 使用 HealthKit 框架的应用程序必须提供隐私政策，否则将会被拒绝。

(8) 提供诊断、治疗建议或者控制硬件以诊断或者治疗疾病的应用，如果没有根据要求提供书面的监管审批，将会被拒绝。

18.2.2 HealthKit 开发思路

在现实开发应用的过程中，HealthKit 用来在应用间以一种有意义的方式共享数据。为了实现这一点，HealthKit 限制只能使用预先定义好的数据类型和单位。这些限制保证了其他应用能理解这些数据的含义和如何使用，但是，开发者不能创建自定义数据类型和单位。而 HealthKit 会尽量提供一个应该完整的数据类型和单位。

在 HealthKit 框架中大量使用了子类化，在相似的类间创建层级关系，通常，在这些类之间都有一些细微但是重要的差别。另外，还有一些相关的类，需要正确地区别开，才能一起工作。例如 HKObject 和 HKObjectType 抽象类有很多平行层级的子类，在使用 object 和 object type 时，必须确保使用匹配的子类。

HealthKit 中所有的对象都是 HKObject 的子类，大部分 HKObject 对象子类都是不可变的。每个对象都有如下所示的属性。

- UUID：每个对象的唯一标示符。
- Source：数据的来源。来源可以是直接把数据存进 HealthKit 的设备，或者是应用。当一个对象保存进 HealthKit 中时，HealthKit 会自动设置其来源。只有从 HealthKit 中获取的数据，Source 属性才可用。
- Metadata：一个包含关于该对象额外信息的字典。元数据包含预定义和自定义的键。

预定义的键用来帮助在应用间共享数据。自定义的键用来扩展 HealthKit 对象类型，为对象添加针对应用的数据。

在 iOS 应用程序中，HealthKit 对象主要分为两类：特征和样本。特征对象代表一些基本不变的数据。包括用户的生日、血型和生理性别。在应用中不能保存特征数据，用户必须通过健康应用来输入或者修改这些数据。

HealthKit 应用中的样本对象代表某个特定时间的数据，所有的样本对象都是 HKSample 的子类。它们都有如下所示的属性。

◎ Type：样本类型。例如，这可能包括一个睡眠分析样本、一个身高样本或者一个计步样本。
◎ Start date：样本的开始时间。
◎ End date：样本的结束时间。如果样本代表时间中的某一刻，结束时间和开始时间相同。如果样本代表一段时间内收集的数据，结束时间应该晚于开始时间。

在 HealthKit 应用程序中，样本可以进一步被细分为为如下 4 个样本类型。

(1) 类别样本：这种样本代表一些可以被分为有限种类的数据。在 iOS 8 中，只有一种类别样本，睡眠分析。

(2) 数量样本：这种样本代表一些可以存储为数值的数据。数量样本是 HealthKit 中最常见的数据类型。这些包括用户的身高和体重，还有一些其他数据，例如行走的步数、用户的体温和脉搏率。

(3) Correlation：这种样本代表复合数据，包含一个或多个样本。在 iOS 8 中，HealthKit 使用 Correlation 来代表食物和血压。在创建食物或者血压数据时，应该使用 Correlation。

(4) Workout：Workout 代表某些物理活动，如跑步、游泳，甚至游戏。Workout 通常有类型、时长、距离和消耗能量这些属性。开发者还可以为一个 Workout 关联许多详细的样本。不像 Correlation，这些样本是不包含在 Workout 里面的。但是，它们可以通过 Workout 获取到。更多信息，可以查阅 HKWorkout Class Reference。

18.3　实战演练——检测一天消耗掉的能量

本实例实现了一个基本的 HealthKit 演示应用程序，本实例是一个官方教程，是使用 Objective-C 语言开发的。通过本应用程序，可以检测个人的基本体征资料：体重、身高和年龄。可以及时了解每天饮食食物的热量状况，可以及时了解每天消耗掉的 Calories 能量。

实例 18-1　检测一天消耗掉的能量
源码路径　下载资源\daima\18\HealthKit1

本实例是苹果官方提供的一个简单的 HealthKit 快速入门，演示了 HealthKit 数据写入与 HealthKit 数据读取的过程。本实例使用查询来检索食物热量信息，并实现了一天的热量统计计算。实例中的基础类 nslengthformatter、nsmassformatter 和 nsenergyformatter 已经成为行业开发标杆，被世界各地的开发者广泛地应用于现实项目中。

本实例的具体实现流程如下所示。

(1) 打开 Xcode 6.1，新建一个名为“Fit”工程，在工程中引入 HealthKit.framework 框

架，工程的最终目录结构如图 18-1 所示。

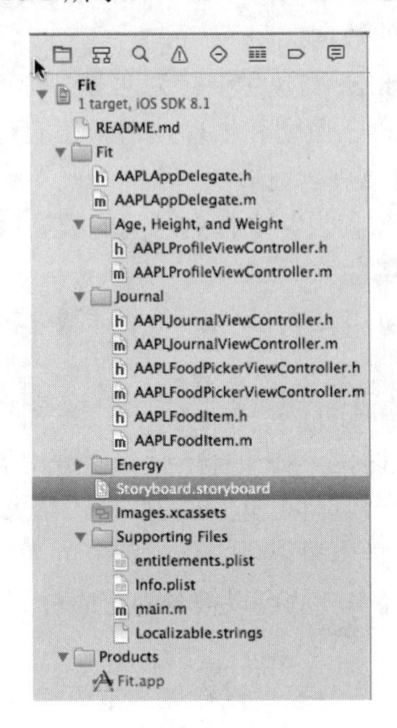

图 18-1　工程的最终目录结构

(2)　打开 Main.storyboard 设计面板，在里面设置整个工程需要的 UI 视图界面，在项目中设置三个子视图，如图 18-2 所示。

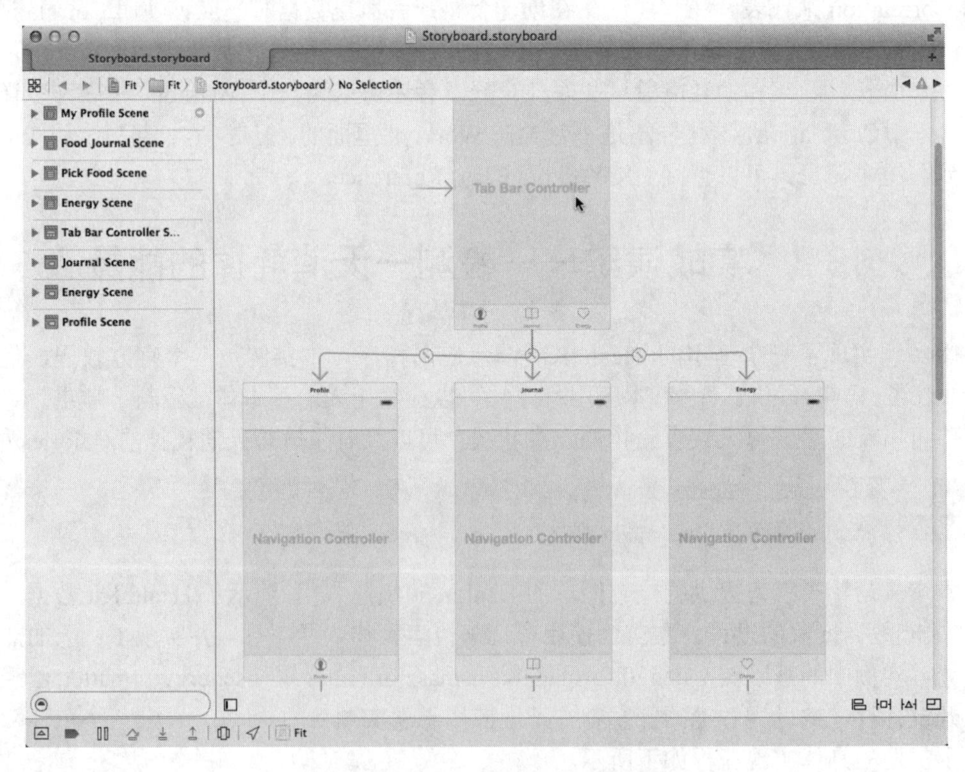

图 18-2　Main.storyboard 设计面板

(3) 编写文件 AAPLProfileViewController.m，通过 aaplprofileviewcontroller 对象检索 HealthKit，显示用户的年龄、身高、体重信息。这是一个特征数据类型实例，演示了如何查询 hkhealthstore 对象中这些特征数据的值。文件 AAPLProfileViewController.m 的具体实现代码如下所示：

```
#import "AAPLProfileViewController.h"
@import HealthKit;

@interface AAPLProfileViewController ()<UITextFieldDelegate>

@property (nonatomic, weak) IBOutlet UILabel *ageHeightValueLabel;

@property (nonatomic, weak) IBOutlet UITextField *heightValueTextField;
@property (nonatomic, weak) IBOutlet UILabel *heightUnitLabel;

@property (nonatomic, weak) IBOutlet UITextField *weightValueTextField;
@property (nonatomic, weak) IBOutlet UILabel *weightUnitLabel;

@end

@implementation AAPLProfileViewController

- (void)viewWillAppear:(BOOL)animated {
   [super viewWillAppear:animated];
   [self updateUsersAge];
   [self updateUsersHeight];
   [self updateUsersWeight];
}

#pragma mark - Using HealthKit API

- (void)updateUsersAge {
   NSError *error;
   NSDate *dateOfBirth = [self.healthStore dateOfBirthWithError:&error];

   if (error) {
      NSLog(@"An error occured fetching the user's age information. In your app, try to
handle this gracefully. The error was: %@.", error);
      abort();
   }

   if (!dateOfBirth) {
      return;
   }

   // 计算用户的年龄.
   NSDate *now = [NSDate date];

   NSDateComponents *ageComponents = [[NSCalendar currentCalendar]
     components:NSCalendarUnitYear fromDate:dateOfBirth toDate:now
     options:NSCalendarWrapComponents];

   NSUInteger usersAge = [ageComponents year];

   NSString *ageHeightValueString = [NSNumberFormatter
     localizedStringFromNumber:@(usersAge) numberStyle:NSNumberFormatterNoStyle];

   self.ageHeightValueLabel.text = [NSString stringWithFormat:NSLocalizedString(
     @"%@ years", nil), ageHeightValueString];
```

```
}

- (void)updateUsersHeight {
    //获取用户的默认高度，单位为英寸
    NSLengthFormatter *lengthFormatter = [[NSLengthFormatter alloc] init];
    lengthFormatter.unitStyle = NSFormattingUnitStyleLong;

    NSLengthFormatterUnit heightFormatterUnit = NSLengthFormatterUnitInch;
    self.heightUnitLabel.text =
      [lengthFormatter unitStringFromValue:10 unit:heightFormatterUnit];

    HKQuantityType *heightType =
      [HKQuantityType quantityTypeForIdentifier:HKQuantityTypeIdentifierHeight];

    //查询到用户的新的高度，如果它存在的话
    [self fetchMostRecentDataOfQuantityType:heightType
      withCompletion:^(HKQuantity *mostRecentQuantity, NSError *error) {
        if (error) {
            NSLog(@"An error occured fetching the user's height information. In your app,
try to handle this gracefully. The error was: %@.", error);
            abort();
        }

        //确定所需的单元高度
        double usersHeight = 0.0;

        if (mostRecentQuantity) {
            HKUnit *heightUnit = [HKUnit inchUnit];
            usersHeight = [mostRecentQuantity doubleValueForUnit:heightUnit];

            //更新UI界面
            dispatch_async(dispatch_get_main_queue(), ^{
                self.heightValueTextField.text = [NSNumberFormatter localizedStringFromNumber:
                  @(usersHeight) numberStyle:NSNumberFormatterNoStyle];
            });
        }
    }];
}

- (void)updateUsersWeight {
    // 获取用户体重，单位为磅
    NSMassFormatter *massFormatter = [[NSMassFormatter alloc] init];
    massFormatter.unitStyle = NSFormattingUnitStyleLong;

    NSMassFormatterUnit weightFormatterUnit = NSMassFormatterUnitPound;
    self.weightUnitLabel.text =
      [massFormatter unitStringFromValue:10 unit:weightFormatterUnit];

    //查询到用户的新的重量，如果它存在的话
    HKQuantityType *weightType =
      [HKQuantityType quantityTypeForIdentifier:HKQuantityTypeIdentifierBodyMass];
    [self fetchMostRecentDataOfQuantityType:weightType withCompletion:^(
      HKQuantity *mostRecentQuantity, NSError *error) {
        if (error) {
            NSLog(@"An error occured fetching the user's weight information. In your app,
try to handle this gracefully. The error was: %@.", error);
            abort();
        }

        // Determine the weight in the required unit
        double usersWeight = 0.0;
```

```
        if (mostRecentQuantity) {
            HKUnit *weightUnit = [HKUnit poundUnit];
            usersWeight = [mostRecentQuantity doubleValueForUnit:weightUnit];

            dispatch_async(dispatch_get_main_queue(), ^{
                self.weightValueTextField.text =
                  [NSNumberFormatter localizedStringFromNumber:@(usersWeight)
                  numberStyle:NSNumberFormatterNoStyle];
            });
        }
    }];
}

// 从苹果商店获取食品清单
- (void)fetchMostRecentDataOfQuantityType:(HKQuantityType *)quantityType
  withCompletion:(void (^)(HKQuantity *mostRecentQuantity, NSError *error))completion {
    NSSortDescriptor *timeSortDescriptor = [[NSSortDescriptor alloc]
      initWithKey:HKSampleSortIdentifierEndDate ascending:NO];

    HKSampleQuery *query = [[HKSampleQuery alloc] initWithSampleType:quantityType
      predicate:nil limit:1 sortDescriptors:@[timeSortDescriptor]
      resultsHandler:^(HKSampleQuery *query, NSArray *results, NSError *error) {
        if (completion && error) {
            completion(nil, error);
            return;
        }

        // If quantity isn't in the database, return nil in the completion block
        HKQuantitySample *quantitySample = results.firstObject;
        HKQuantity *quantity = quantitySample.quantity;

        if (completion) completion(quantity, error);
    }];

    [self.healthStore executeQuery:query];
}

#pragma mark - UITextFieldDelegate

- (BOOL)textFieldShouldReturn:(UITextField *)textField {
    [textField resignFirstResponder];

    if (textField == self.heightValueTextField) {
        [self saveHeightIntoHealthStore];
    } else if (textField == self.weightValueTextField) {
        [self saveWeightIntoHealthStore];
    }

    return YES;
}

- (void)saveHeightIntoHealthStore {
    NSNumberFormatter *formatter = [self numberFormatter];
    NSNumber *height = [formatter numberFromString:self.heightValueTextField.text];

    if (!height && [self.heightValueTextField.text length]) {
        NSLog(@"The height entered is not numeric. In your app, try to handle this
gracefully.");
        abort();
    }
```

```
    if (height) {
        // 保存用户身高到 HealthKit
        HKQuantityType *heightType =
          [HKQuantityType quantityTypeForIdentifier:HKQuantityTypeIdentifierHeight];
        HKQuantity *heightQuantity = [HKQuantity quantityWithUnit:[HKUnit inchUnit]
          doubleValue:[height doubleValue]];
        HKQuantitySample *heightSample =
          [HKQuantitySample quantitySampleWithType: heightType quantity:heightQuantity
            startDate:[NSDate date] endDate:[NSDate date]];

        [self.healthStore saveObject:heightSample withCompletion:^(BOOL success,
          NSError *error) {
            if (!success) {
                NSLog(@"An error occured saving the height sample %@. In your app, try to
handle this gracefully. The error was: %@.", heightSample, error);
                abort();
            }
        }];
    }
}

- (void)saveWeightIntoHealthStore {
    NSNumberFormatter *formatter = [self numberFormatter];
    NSNumber *weight = [formatter numberFromString:self.weightValueTextField.text];

    if (!weight && [self.weightValueTextField.text length]) {
        NSLog(@"The weight entered is not numeric. In your app, try to handle this
gracefully.");
        abort();
    }

    if (weight) {
        // 保存用户体重到 HealthKit
        HKQuantityType *weightType =
          [HKQuantityType quantityTypeForIdentifier:HKQuantityTypeIdentifierBodyMass];
        HKQuantity *weightQuantity = [HKQuantity quantityWithUnit:[HKUnit poundUnit]
          doubleValue:[weight doubleValue]];
        HKQuantitySample *weightSample =
          [HKQuantitySample quantitySampleWithType: weightType quantity:weightQuantity
            startDate:[NSDate date] endDate:[NSDate date]];

        [self.healthStore saveObject:weightSample withCompletion:^(
          BOOL success, NSError *error) {
            if (!success) {
                NSLog(@"An error occured saving the weight sample %@. In your app, try to
handle this gracefully. The error was: %@.", weightSample, error);
                abort();
            }
        }];
    }
}

#pragma mark - Convenience

- (NSNumberFormatter *)numberFormatter {
    static NSNumberFormatter *numberFormatter;
    static dispatch_once_t onceToken;

    dispatch_once(&onceToken, ^{
        numberFormatter = [[NSNumberFormatter alloc] init];
```

```
    });
    return numberFormatter;
}
@end
```

(4) 编写 AAPLJournalViewController.m 文件，功能是通过 aapljournalviewcontroller 跟踪用户一天的食品消费明细。将用户消耗的食品保存到 HealthKit 中，可以定期查看食品的热量。文件 AAPLJournalViewController.m 的具体实现代码如下所示：

```
#import "AAPLJournalViewController.h"
#import "AAPLFoodPickerViewController.h"
#import "AAPLFoodItem.h"
@import HealthKit;

NSString *const AAPLJournalViewControllerTableViewCellReuseIdentifier = @"cell";
@interface AAPLJournalViewController()

@property (nonatomic) NSMutableArray *foodItems;

@end
@implementation AAPLJournalViewController

- (void)viewDidLoad {
    [super viewDidLoad];
    self.foodItems = [[NSMutableArray alloc] init];

    [self updateJournal];
    [[NSNotificationCenter defaultCenter] addObserver:self selector:@selector(updateJournal)
      name:UIApplicationDidBecomeActiveNotification object:nil];
}

- (void)dealloc {
    [[NSNotificationCenter defaultCenter] removeObserver:self
      name: UIApplicationDidBecomeActiveNotification object:nil];
}

#pragma mark - Using HealthKit APIs

- (void)updateJournal {
    NSCalendar *calendar = [NSCalendar currentCalendar];

    NSDate *now = [NSDate date];

    NSDateComponents *components = [calendar
      components:NSCalendarUnitYear|NSCalendarUnitMonth|NSCalendarUnitDay
      fromDate:now];

    NSDate *startDate = [calendar dateFromComponents:components];

    NSDate *endDate =
      [calendar dateByAddingUnit:NSCalendarUnitDay value:1 toDate:startDate options:0];

    HKSampleType *sampleType =
      [HKSampleType quantityTypeForIdentifier:HKQuantityTypeIdentifierDietaryChloride];
    NSPredicate *predicate = [HKQuery predicateForSamplesWithStartDate:startDate
      endDate:endDate options:HKQueryOptionNone];

    HKSampleQuery *query = [[HKSampleQuery alloc] initWithSampleType:sampleType
      predicate:predicate limit:0 sortDescriptors:nil resultsHandler:^(
      HKSampleQuery *query, NSArray *results, NSError *error) {
```

```
      if (error) {
          NSLog(@"An error occured fetching the user's tracked food. In your app, try to
handle this gracefully. The error was: %@.", error);
          abort();
      }

      dispatch_async(dispatch_get_main_queue(), ^{
          [self.foodItems removeAllObjects];

          for (HKQuantitySample *sample in results) {
             NSString *foodName = sample.metadata[HKMetadataKeyFoodType];
             double joules = [sample.quantity doubleValueForUnit:[HKUnit jouleUnit]];

             AAPLFoodItem *foodItem = [AAPLFoodItem foodItemWithName:foodName joules:joules];

             [self.foodItems addObject:foodItem];
          }
          [self.tableView reloadData];
      });
   }];

   [self.healthStore executeQuery:query];
}

- (void)addFoodItem:(AAPLFoodItem *)foodItem {
   HKQuantityType *quantityType = [HKQuantityType
     quantityTypeForIdentifier: HKQuantityTypeIdentifierDietaryChloride];

   HKQuantity *quantity =
     [HKQuantity quantityWithUnit:[HKUnit jouleUnit] doubleValue:foodItem.joules];

   NSDate *now = [NSDate date];

   NSDictionary *metadata = @{ HKMetadataKeyFoodType:foodItem.name };

   HKQuantitySample *calorieSample = [HKQuantitySample
     quantitySampleWithType:quantityType quantity:quantity startDate:now
     endDate:now metadata:metadata];

   [self.healthStore saveObject:calorieSample withCompletion:^(BOOL success, NSError *error) {
      dispatch_async(dispatch_get_main_queue(), ^{
          if (success) {
             [self.foodItems insertObject:foodItem atIndex:0];

             NSIndexPath *indexPathForInsertedFoodItem =
              [NSIndexPath indexPathForRow:0 inSection:0];

             [self.tableView insertRowsAtIndexPaths:@[indexPathForInsertedFoodItem]
               withRowAnimation:UITableViewRowAnimationAutomatic];
          }
          else {
             NSLog(@"An error occured saving the food %@. In your app, try to handle this
gracefully. The error was: %@.", foodItem.name, error);
             abort();
          }
      });
   }];
}
#pragma mark - UITableViewDelegate
- (NSInteger)tableView:(UITableView *)tableView
  numberOfRowsInSection:(NSInteger)section {
```

```
    return self.foodItems.count;
}
- (UITableViewCell *)tableView:(UITableView *)tableView
  cellForRowAtIndexPath:(NSIndexPath *)indexPath {
    UITableViewCell *cell = [tableView dequeueReusableCellWithIdentifier:
    AAPLJournalViewControllerTableViewCellReuseIdentifier forIndexPath:indexPath];

    AAPLFoodItem *foodItem = self.foodItems[indexPath.row];
    cell.textLabel.text = foodItem.name;
    NSEnergyFormatter *energyFormatter = [self energyFormatter];
    cell.detailTextLabel.text = [energyFormatter stringFromJoules:foodItem.joules];
    return cell;
}
#pragma mark - Segue Interaction
- (IBAction)performUnwindSegue:(UIStoryboardSegue *)segue {
    AAPLFoodPickerViewController *foodPickerViewController = [segue sourceViewController];

    AAPLFoodItem *selectedFoodItem = foodPickerViewController.selectedFoodItem;

    [self addFoodItem:selectedFoodItem];
}
#pragma mark - Convenience

- (NSEnergyFormatter *)energyFormatter {
    static NSEnergyFormatter *energyFormatter;
    static dispatch_once_t onceToken;

    dispatch_once(&onceToken, ^{
        energyFormatter = [[NSEnergyFormatter alloc] init];
        energyFormatter.unitStyle = NSFormattingUnitStyleLong;
        energyFormatter.forFoodEnergyUse = YES;
        energyFormatter.numberFormatter.maximumFractionDigits = 2;
    });
    return energyFormatter;
}
@end
```

(5) 编写 AAPLFoodPickerViewController.m 文件，功能是列表显示系统中的食物能量清单，具体实现代码如下所示：

```
#import "AAPLFoodPickerViewController.h"
#import "AAPLFoodItem.h"

NSString *const AAPLFoodPickerViewControllerTableViewCellIdentifier = @"cell";
NSString *const AAPLFoodPickerViewControllerUnwindSegueIdentifier =
  @"AAPLFoodPickerViewControllerUnwindSegueIdentifier";
@interface AAPLFoodPickerViewController()
@property (nonatomic, strong) NSArray *foodItems;

@end
@implementation AAPLFoodPickerViewController

- (void)viewDidLoad {
    [super viewDidLoad];

    // A hard-coded list of possible food items. In your application,
    // you can decide how these should be represented / created
    self.foodItems = @[
        [AAPLFoodItem foodItemWithName:@"Wheat Bagel" joules:240000.0],
        [AAPLFoodItem foodItemWithName:@"Bran with Raisins" joules:190000.0],
        [AAPLFoodItem foodItemWithName:@"Regular Instant Coffee" joules:1000.0],
```

```
        [AAPLFoodItem foodItemWithName:@"Banana" joules:439320.0],
        [AAPLFoodItem foodItemWithName:@"Cranberry Bagel" joules:416000.0],
        [AAPLFoodItem foodItemWithName:@"Oatmeal" joules:150000.0],
        [AAPLFoodItem foodItemWithName:@"Fruits Salad" joules:60000.0],
        [AAPLFoodItem foodItemWithName:@"Fried Sea Bass" joules:200000.0],
        [AAPLFoodItem foodItemWithName:@"Chips" joules:190000.0],
        [AAPLFoodItem foodItemWithName:@"Chicken Taco" joules:170000.0]
    ];
}

#pragma mark - UITableViewDataSource

- (NSInteger)tableView:(UITableView *)tableView
numberOfRowsInSection:(NSInteger)section {
    return self.foodItems.count;
}

- (UITableViewCell *)tableView:(UITableView *)tableView
  cellForRowAtIndexPath:(NSIndexPath *)indexPath {
    UITableViewCell *cell = [tableView dequeueReusableCellWithIdentifier:
      AAPLFoodPickerViewControllerTableViewCellIdentifier forIndexPath:indexPath];

    AAPLFoodItem *foodItem = self.foodItems[indexPath.row];

    cell.textLabel.text = foodItem.name;

    NSEnergyFormatter *energyFormatter = [self energyFormatter];
    cell.detailTextLabel.text = [energyFormatter stringFromJoules:foodItem.joules];

    return cell;
}

#pragma mark - Convenience

- (void)prepareForSegue:(UIStoryboardSegue *)segue sender:(id)sender {
    if ([segue.identifier isEqualToString:AAPLFoodPickerViewControllerUnwindSegueIdentifier]) {
        NSIndexPath *indexPathForSelectedRow = self.tableView.indexPathForSelectedRow;

        self.selectedFoodItem = self.foodItems[indexPathForSelectedRow.row];
    }
}

- (NSEnergyFormatter *)energyFormatter {
    static NSEnergyFormatter *energyFormatter;
    static dispatch_once_t onceToken;

    dispatch_once(&onceToken, ^{
        energyFormatter = [[NSEnergyFormatter alloc] init];
        energyFormatter.unitStyle = NSFormattingUnitStyleLong;
        energyFormatter.forFoodEnergyUse = YES;
        energyFormatter.numberFormatter.maximumFractionDigits = 2;
    });
    return energyFormatter;
}
@end
```

(6) 编写 AAPLFoodItem.m 文件，这是一个编程模式文件，构建了食物热量编程模型，具体实现代码如下所示：

```
#import "AAPLFoodItem.h"
@implementation AAPLFoodItem
```

```
+ (instancetype)foodItemWithName:(NSString *)name joules:(double)joules {
    AAPLFoodItem *foodItem = [[self alloc] init];

    foodItem.name = name;
    foodItem.joules = joules;
    return foodItem;
}
- (BOOL)isEqual:(id)object {
    if ([object isKindOfClass:[AAPLFoodItem class]]) {
        return [object joules] == self.joules && [self.name isEqualToString:[object name]];
    }
    return NO;
}

- (NSString *)description {
    return [@{
        @"name": self.name,
        @"joules": @(self.joules)
    } description];
}
@end
```

(7) 编写 AAPLEnergyViewController.m 文件，功能是显示使用统计实例查询，使用这个统计查询来检索所有的食品样品在 aapljournalviewcontroller 对象中的热量累积。

AAPLEnergyViewController.m 文件的具体实现代码如下所示：

```
#import "AAPLEnergyViewController.h"
@import HealthKit;

@interface AAPLEnergyViewController()

@property (nonatomic, weak) IBOutlet UILabel *simulatedBurntEnergyValueLabel;
@property (nonatomic, weak) IBOutlet UILabel *consumedEnergyValueLabel;
@property (nonatomic, weak) IBOutlet UILabel *netEnergyValueLabel;

@property (nonatomic) double simulatedBurntEnergy;
@property (nonatomic) double consumedEnergy;
@property (nonatomic) double netEnergy;

@end

@implementation AAPLEnergyViewController

- (void)viewWillAppear:(BOOL)animated {
    [super viewWillAppear:animated];

    [self.refreshControl addTarget:self action:@selector(refreshStatistics)
      forControlEvents: UIControlEventValueChanged];

    [self refreshStatistics];

    [[NSNotificationCenter defaultCenter] addObserver:self selector:@selector(refreshStatistics)
      name:UIApplicationDidBecomeActiveNotification object:nil];
}

- (void)dealloc {
    [[NSNotificationCenter defaultCenter] removeObserver:self
      name:UIApplicationDidBecomeActiveNotification object:nil];
}
```

```
#pragma mark - HealthKit APIs

- (void)refreshStatistics {
    [self.refreshControl beginRefreshing];

    [self fetchTotalJoulesConsumedWithCompletionHandler:^(double totalJoulesConsumed,
     NSError *error) {
      dispatch_async(dispatch_get_main_queue(), ^{
         // Simulate a random burnt amount of energy provided by another device, etc
         self.simulatedBurntEnergy = arc4random_uniform(300000);

         self.consumedEnergy = totalJoulesConsumed;

         self.netEnergy = self.consumedEnergy - self.simulatedBurntEnergy;

         [self.refreshControl endRefreshing];
      });
   }];
}

- (void)fetchTotalJoulesConsumedWithCompletionHandler:(void (^)(double,
  NSError *))completionHandler {
   NSCalendar *calendar = [NSCalendar currentCalendar];

   NSDate *now = [NSDate date];

   NSDateComponents *components = [calendar components:NSCalendarUnitYear
     |NSCalendarUnitMonth|NSCalendarUnitDay fromDate:now];

   NSDate *startDate = [calendar dateFromComponents:components];

   NSDate *endDate =
     [calendar dateByAddingUnit:NSCalendarUnitDay value:1 toDate:startDate options:0];

   HKQuantityType *sampleType = [HKQuantityType
     quantityTypeForIdentifier:HKQuantityTypeIdentifierDietaryChloride];
   NSPredicate *predicate = [HKQuery predicateForSamplesWithStartDate:startDate
     endDate:endDate options:HKQueryOptionStrictStartDate];

   HKStatisticsQuery *query = [[HKStatisticsQuery alloc] initWithQuantityType:sampleType
     quantitySamplePredicate:predicate options:HKStatisticsOptionCumulativeSum
     completionHandler:^(HKStatisticsQuery *query, HKStatistics *result,
     NSError *error) {
      if (completionHandler && error) {
         completionHandler(0.0f, error);
         return;
      }

      double totalCalories = [result.sumQuantity doubleValueForUnit:[HKUnit jouleUnit]];
      if (completionHandler) {
         completionHandler(totalCalories, error);
      }
   }];

   [self.healthStore executeQuery:query];
}

#pragma mark - NSEnergyFormatter

- (NSEnergyFormatter *)energyFormatter {
   static NSEnergyFormatter *energyFormatter;
```

```
    static dispatch_once_t onceToken;

    dispatch_once(&onceToken, ^{
        energyFormatter = [[NSEnergyFormatter alloc] init];
        energyFormatter.unitStyle = NSFormattingUnitStyleLong;
        energyFormatter.forFoodEnergyUse = YES;
        energyFormatter.numberFormatter.maximumFractionDigits = 2;
    });

    return energyFormatter;
}

#pragma mark - Setter Overrides

- (void)setSimulatedBurntEnergy:(double)simulatedBurntEnergy {
    _simulatedBurntEnergy = simulatedBurntEnergy;

    NSEnergyFormatter *energyFormatter = [self energyFormatter];
    self.simulatedBurntEnergyValueLabel.text =
      [energyFormatter stringFromJoules: simulatedBurntEnergy];
}

- (void)setConsumedEnergy:(double)consumedEnergy {
    _consumedEnergy = consumedEnergy;

    NSEnergyFormatter *energyFormatter = [self energyFormatter];
    self.consumedEnergyValueLabel.text =
      [energyFormatter stringFromJoules:consumedEnergy];
}

- (void)setNetEnergy:(double)netEnergy {
    _netEnergy = netEnergy;

    NSEnergyFormatter *energyFormatter = [self energyFormatter];
    self.netEnergyValueLabel.text = [energyFormatter stringFromJoules:netEnergy];
}
@end
```

(8) 编写 AAPLAppDelegate.m 文件，这是本实例的主应用程序，调用前面的开发模式文件和视图文件，实现主界面和子界面的数据交换处理。文件 AAPLAppDelegate.m 的具体实现代码如下所示：

```
#import "AAPLAppDelegate.h"
#import "AAPLProfileViewController.h"
#import "AAPLJournalViewController.h"
#import "AAPLEnergyViewController.h"
@import HealthKit;

@interface AAPLAppDelegate()

@property (nonatomic, readwrite) HKHealthStore *healthStore;

@end
@implementation AAPLAppDelegate

- (BOOL)application:(UIApplication *)application
  didFinishLaunchingWithOptions:(NSDictionary *)launchOptions {
    // Set up an HKHealthStore, asking the user for read/write permissions
    if ([HKHealthStore isHealthDataAvailable]) {
        self.healthStore = [[HKHealthStore alloc] init];
```

```
        NSSet *writeDataTypes = [self dataTypesToWrite];
        NSSet *readDataTypes = [self dataTypesToRead];

        [self.healthStore requestAuthorizationToShareTypes:writeDataTypes
         readTypes:readDataTypes completion:^(BOOL success, NSError *error) {

            if (!success) {
                NSLog(@"You didn't allow HealthKit to access these read/write data types.
In your app, try to handle this error gracefully when a user decides not to provide access.
The error was: %@. If you're using a simulator, try it on a device.", error);
                return;
            }
            [self setupHealthStoreForTabBarControllers];
        }];
    }
    return YES;
}

// Returns the types of data that Fit wishes to write to HealthKit
- (NSSet *)dataTypesToWrite {
    HKQuantityType *dietaryCalorieEnergyType = [HKQuantityType
     quantityTypeForIdentifier:HKQuantityTypeIdentifierDietaryChloride];
    HKQuantityType *activeEnergyBurnType = [HKQuantityType
     quantityTypeForIdentifier:HKQuantityTypeIdentifierActiveEnergyBurned];
    HKQuantityType *heightType = [HKQuantityType
     quantityTypeForIdentifier:HKQuantityTypeIdentifierHeight];
    HKQuantityType *weightType = [HKQuantityType
     quantityTypeForIdentifier:HKQuantityTypeIdentifierBodyMass];

    return [NSSet setWithObjects:dietaryCalorieEnergyType, activeEnergyBurnType, heightType,
     weightType, nil];
}

//返回读取 HealthKit 的数据类型
- (NSSet *)dataTypesToRead {
    HKQuantityType *dietaryCalorieEnergyType = [HKQuantityType
     quantityTypeForIdentifier:HKQuantityTypeIdentifierDietaryChloride];
    HKQuantityType *activeEnergyBurnType = [HKQuantityType
     quantityTypeForIdentifier:HKQuantityTypeIdentifierActiveEnergyBurned];
    HKQuantityType *heightType = [HKQuantityType
     quantityTypeForIdentifier:HKQuantityTypeIdentifierHeight];
    HKQuantityType *weightType = [HKQuantityType
     quantityTypeForIdentifier:HKQuantityTypeIdentifierBodyMass];
    HKCharacteristicType *birthdayType = [HKCharacteristicType
     characteristicTypeForIdentifier:HKCharacteristicTypeIdentifierDateOfBirth];

    return [NSSet setWithObjects:dietaryCalorieEnergyType, activeEnergyBurnType, heightType,
     weightType, birthdayType, nil];
}

#pragma mark - Convenience
- (void)setupHealthStoreForTabBarControllers {
    UITabBarController *tabBarController = (UITabBarController *)[self.window rootViewController];
    for (UINavigationController *navigationController in tabBarController.viewControllers) {
        id viewController = navigationController.topViewController;

        if ([viewController isKindOfClass:[AAPLProfileViewController class]]) {
            AAPLProfileViewController *profileViewController = viewController;
            profileViewController.healthStore = self.healthStore;
        }
        else if ([viewController isKindOfClass:[AAPLJournalViewController class]]) {
```

```
            AAPLJournalViewController *journalViewController = viewController;
            journalViewController.healthStore = self.healthStore;
        }
        else if ([viewController isKindOfClass:[AAPLEnergyViewController class]]) {
            AAPLEnergyViewController *energyViewController = viewController;
            energyViewController.healthStore = self.healthStore;
        }
    }
}
@end
```

到此为止，整个实例介绍完毕。本实例需要在 iOS 真机设备上运行调试，需要最少使用 Xcode 6 和 iOS 8 SDK 工具调试，需要 iOS 8 或更高版本系统进行调试。在设备上运行本项目时，需要先创建一个有效的 AppID HealthKit 并启用，然后生成相应的配置文件，并从开发门户下载链接适配这个配置文件，这一步不要忘记更换包的标识符以匹配新的 AppID Entitle。执行后的初始效果如图 18-3 所示。

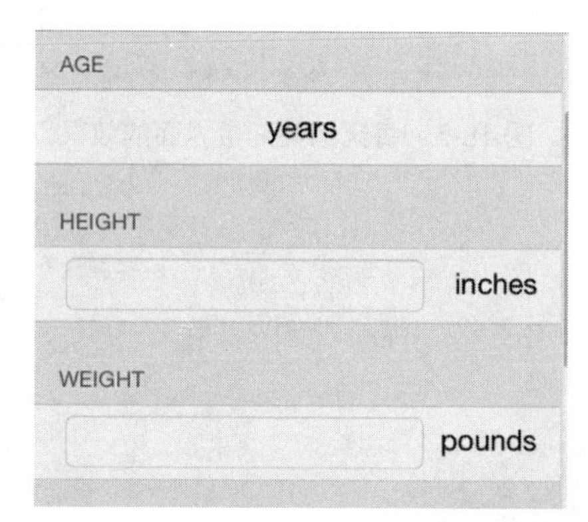

图 18-3　初始执行效果

食物列表界面的效果如图 18-4 所示。

图 18-4　食物列表界面的效果

每天消耗能量界面的效果如图 18-5 所示。

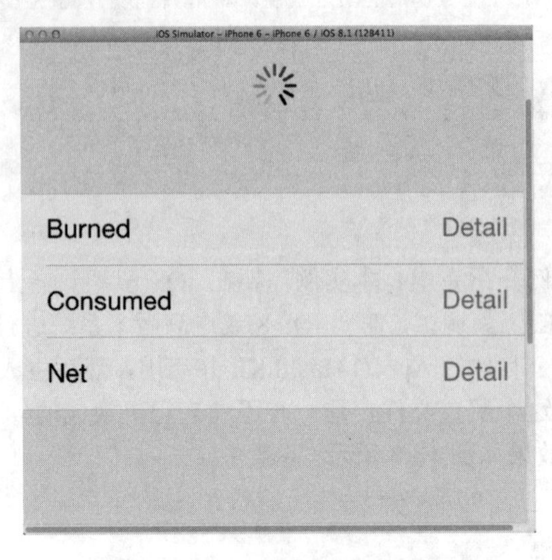

图 18-5　每天消耗能量界面的效果

第 19 章

iOS 8

HomeKit 开发详解

在 2014 年 6 月份举行的 WWDC 开发者大会上，苹果公司发布了智能家居开发框架：HomeKit，这主要是针对当前火热的国内外智能家居市场而推出的。

在本章的内容中，将详细讲解 HomeKit 框架的基本知识和具体用法，详细介绍在 iOS 系统中开发 HomeKit 应用程序的具体流程，为读者步入本书后面知识的学习打下基础。

19.1 HomeKit 基础

在 WWDC 2014 大会还未到来之前，很多分析师和果粉就预测，苹果公司将在智能家居方面整合进 iOS 8 系统的功能。

在 WWDC 2014 大会之后，苹果公司正式更新了智能家居的新平台 HomeKit。

HomeKit 将完美整合进 iOS 8 系统。HomeKit 通过接口，与物联网中的一切连接，苹果公司将为该平台开发提供授权认证，任何厂商都可以与苹果合作，帮助用户摆脱安装各种不同智能家电控制应用的“碎片化”烦恼。

简单地说，该平台提供了一款让 iPhone 和 iPad 变身家居中央控制系统的应用，通过应用，用户可以控制各种家用电器或智能家居，比如电灯、家电、家庭安全警报系统等。

19.1.1 HomeKit 对格局的作用

HomeKit 到底是什么？简单地说，HomeKit 要打破现在各个智能硬件厂家各自为政、用户体验参差不齐的混乱市场格局，让各个厂家的智能家居设备能在 iOS 层面互动协作，而无需这些厂家直接对接。仔细研究这个架构后，我们发现 HomeKit 是一套协议，是一个 iOS 上的数据库，更是智能家居产品互联互通的新思维模式。苹果公司留给智能硬件开发商以及第三方开发者很多的发展空间。

在通信协议方面，HomeKit 规范了智能家居产品如何与 iOS 终端连接和通信。苹果软件高级副总裁 Craig Federighi 在 WWDC Keynote 里轻描淡写地说，通过 HomeKit 协议的绑定功能(Secure Pairing)，能确保“只有你的 iPhone 能够开你的车库门”。当然，软硬件通信协议学问大了。在宣布的芯片合作伙伴里有 Broadcom、Marvell 和 Ti，这几家都是植入式 Wi-Fi 芯片的主流供应商，所以，可以确认 HomeKit 前期主要支持 Wi-Fi 或者直连以太网的设备。目前，Wi-Fi 智能硬件开发上有不少难点要克服，包括设备如何与手机配对，如何得到 Wi-Fi 密码并且加入家里的热点，如何保证稳定和安全的远程连接等。

在数据库层面，苹果推出了一个有利于行业发展的基础设施：在 iOS 上建立了一个可以供第三方 App 查询和编辑的智能家居数据库。这个数据库包含几个非常重要的概念，是对现在的智能硬件开发商有借鉴意义的：家庭、房间、区域、设备、服务、动作和触发。

HomeKit 把家庭看作一个智能家居设备的集合，通过家庭、房间、区域，把这些设备有机地组合起来。设备和服务这两个概念很有意思。这里，苹果公司引入了一个对于硬件产业相对陌生，但是相当“互联网”的概念：面向服务设计(Service Oriented Architecture)。硬件设备被定义成一个提供一个或者多个服务的单元，而这些服务可以被第三方应用发现和调用。例如，飞利浦的 Hue LED 灯就可以被理解成为一个提供照明服务的设备，其中的开关控制、颜色和亮度的控制都是属于这个服务的具体功能。同样，海尔的天尊空调可以理解为一个能提供制冷、制热、空气净化等多个与空气质量相关的服务的设备。

家庭里所有的支持 HomeKit 标准的智能设备把支持的服务发布出来，通过 iOS 的发现机制，被收录到一个统一的数据库里。在设备和服务这些基本单位之上，HomeKit 定义了家、房间、区域(多个房间的组合)等场景单元，来让家里的多台设备形成有机的组合。例如睡房里的电器(例如灯和窗帘)可以被组织成一个场景，统一控制。区域可以把多个房间的设备组合起来一起控制。

19.1.2　市场策略和发展机遇

在目前市场环境下，主要有如下几种智能家居产品的市场策略。

(1)　第一类是像海尔 uHome 或者美国的 Control4 这样的整体智能家居系统，通过物理布线或 Zigbee 等无线通信方式把兼容的照明、影音、安防电子设备连接到一个中控系统，实现统一控制。这种整体方案功能完整，用户体验统一，但需要专业的安装，而且价格不菲。国内厂家一般选择跟房地产开发商合作，主打前装市场，但是普及速度比较慢。

(2)　第二类是国际一线的家电企业先制定一套软件协议，并把自家产品连接起来成为一个平台，然后通过协议的开放，让其他厂家的产品加入其生态系统。三星的 Smart Home 和海尔的 U+智慧家庭操作系统都是这个理念。三星是从强势的电视和手机方面切入，海尔则凭着白色家电的领先优势入场。

(3)　第三类是以路由器/网关方式切入，通过取代路由器这样的普及性产品来降低进入家庭的门槛，占领家庭的数据入口，然后逐渐整合其他产品。最近，市面上智能路由器的玩家不少。小米更是高调地用小米智能家居样板间来展示小米路由器的整合能力。

上述三类策略走的是平台思维之路，特点是门槛高而且周期长。大多数创业团队和厂家选择的是第 4 种策略：把单一功能的产品做到极致，单点突破进入家庭，然后逐渐扩展产品线，尝试整合其他产品。例如 Dropcam、Belkin WeMo、Smartthings、Hue、墨迹天气等大多数的家电企业和智能硬件创客都是走这个产品方向的。

显然，HomeKit 的定位对第 4 类的玩家更为友好，而前三类玩家将在未来受到较大的冲击。苹果公司希望通过一个比较开放的模式来吸引这些单品硬件厂家与其对接。除了提供完善的协议、通用数据库和庞大的 iOS 用户群，还引入了第三方开发者，使其为厂家产品所用，给不同场景的应用提供软件支持。于是，有能力和野心操作前三种平台模式的玩家局面就有点尴尬。那些在硬件产品上与苹果公司没有直接竞争产品的企业，倒是可以尽量与苹果的 HomeKit 兼容。而三星，小米这些定位与苹果类似的平台的发展，必然会使市场形成多个具有规模的智能家居平台同时存在的群雄割据局面，给希望能与这些平台同时兼容的硬件厂家带来非常高的研发和维护成本。

对于苹果公司来说，帮助这些硬件厂家克服这些智能家居平台之间的兼容性问题，也给物联网技术和云端服务的供应商带来了新的机遇。可以通过提供硬件产品的跨平台的接入能力，而被更多的智能家居厂家接受。

总地来说，苹果公司 HomeKit 的推出，对整个智能家居产业的发展是个利好。iOS 8 推出后，大大地提升了消费者对相关智能硬件的关注度。在手机操作系统上搭建了合理的架构，留出来给各路玩家的机会也相当巨大。Google 召开的 Google IO 开发者大会也有相应的动作，让智能家居市场的热度继续升温。

19.1.3　HomeKit 硬件标准

在 2014 年 10 月，苹果公司已经正式完成了其 HomeKit 硬件规格标准的定制工作，并将通过 MFi(Made-For-iPhone/iPad/iPod)授权计划，向智能家居设备合作商全面开放。通过MFi，设备制造商将可以为苹果 i 系列设备推出可兼容于 iOS 8 系统的智能家居产品。

苹果公司已于 2014 年 11 月 12 日至 14 日在中国举行了首届 MFi 峰会，众多厂商携兼容 iOS 8 系统和 HomeKit 平台的外部设备出席并展示。

事实上，在苹果公司首次公布 HomeKit 平台时，就已经有一批大型设备生产商拿出了兼容的智能家居设备。但苹果公司当时并未完善 HomeKit 的硬件规格，该标准一直处于 Beta 测试阶段，直到上周，苹果公司才最终完成，并通过 MFi 计划向所有合作伙伴提供。

苹果公司如今要求所有生产 HomeKit 兼容的设备商都必须参加 MFi 授权计划，并遵守最终版硬件规格要求。这些要求覆盖了蓝牙(BLE)配对、安全及通信等方面，也对基于 WiFi 连接的 HomeKit 外设做出相应的规定。此外，苹果公司的 HomeKit 外设协议(HomeKit Accessory Protocol)也包含了诸多智能家居设备的配置文件信息，这包括风扇、车库门、电灯、锁、电源插座、数字开关及恒温器等。

19.2 HomeKit 开发基础

到目前为止，在苹果已经发布了 HomeKit.framework 框架。在 iOS 应用程序中，通过引入 HomeKit.framework 框架的方式，可以开发智能家居应用程序。在本节的内容中，将详细讲解 HomeKit 开发的基础知识。

19.2.1 HomeKit 应用程序的层次模型

通过使用 HomeKit，在支持苹果 Home Automation Protocol 和 iOS 设备的附属配件之间实现了无缝集成和融合，从而推进家庭自动化的发展和革新。

通过一个通用的家庭自动化设备协议，以及一个可以配置这些设备并与之通信的公开 API，HomeKit 使得 App 用户控制自己的 home 成为可能，而不需要由生产家庭自动化配件的厂商创建。HomeKit 也使得来自多个厂商的家庭自动化配件集成为一体，而无须厂商之间彼此直接协调。

具体地说，HomeKit 允许第三方应用执行如下三大主要功能：

- ◎ 发现附属设备，并把它们添加到一个持久的、跨设备的 Home 配置数据库中。
- ◎ 在 Home 配置数据库中展示、编辑以及操作数据。
- ◎ 与配置的附属设备和服务进行通信，从而使之执行相关的操作，比如关掉起居室的灯。

Home 配置数据库并不仅仅适用于第三方应用，也适用于 Siri。用户可用 Siri 发出指令，比如“Siri，关掉起居室的灯。”如果用户通过合逻辑的分组配件、服务以及命令创建了家居配置，那么，Siri 可通过声音控制，来完成一系列复杂精细的操作。

HomeKit 将 Home 看作一个家庭自动化配件的集合。家居配置的目的，是允许终端用户为他们购买和安装的家庭自动化配件提供有意义的标签和分组。应用程序可以提供建议，来帮助用户创建有意义的标签和分组，但不能把它们自己的偏好设定强加给用户。用户的意愿是最重要的。

作为一个基本的 HomeKit 应用程序，应该包含如下所示的层级模型。

(1)　Homes(HMHome)

Homes(HMHome)是最顶层的容器，展示了用户一般都会认为是单个家庭单位的结构。用户可能有多个离得较远的住所，比如一个经常使用的住所和一个度假别墅。或者，他们可能有两个离得比较近的住所，比如一个主要住宅和一个别墅。

(2)　Rooms(HMRoom)

Rooms(HMRoom)是 Home 的可选部分，并且代表 Home 中单独的 Room。Room 并没有任何物理特性——大小、位置等。对用户来说，它们是简单的、有意义的命名，比如“起居室”或者“厨房”。有意义的 room 名称可以启用类似“Siri，打开厨房的灯”的指令。

(3)　Accessories(HMAccessory)

Accessories 表示附属设备，被安装在 home 中，并且被分配给每个 Room。它们是实际的物理家庭自动化设备，比如一个车库门遥控开关。如果用户没有配置任何 Room，那么，HomeKit 将会把附属设备分配给 Home 中特殊的默认 Room。

(4)　Services(HMService)

Services(HMService)是由附属配件提供的实际服务。附属配件有用户可控制的服务，比如灯光；也有它们自用的服务，比如框架更新服务。HomeKit 更多关注用户可以控制的服务。单个附属配件可能有多个用户可控制的服务。比如大部分车库遥控开关有打开或者关闭车库门的服务，并且在车库门上还有控制灯光的服务。

(5)　Zones (HMZone)

Zones(HMZone)是 Home 中可选择的 Room 分组。Upstairs 和 Downstairs 可以由 Zones 代表。Zones 是完全可选择的，Room 不需要处于 Zone 中。通过把 Room 添加到 Zone 中，用户可以给 Siri 发命令，比如“Siri，打开楼下所有的灯。”

19.2.2　HomeKit 程序架构模式

HomeKit 应用程序将遵循 MVC 模式进行开发，实现了界面视图、数据存储和操作的分离。通过使用 HomeKit 框架，开发者能够利用他们 iOS 设备上的家庭自动化应用程序，来控制和配置家里已连接的配件设备，而不管制造商是谁。通常，一个家庭自动化应用程序需要帮助用户完成如下所示的任务：

◎　设置一个 Home。
◎　管理用户。
◎　添加和移除配件。
◎　定义场景。

另外，一个家庭自动化应用程序还应该具备易于使用的特点，并且能给用户愉悦感。下面是一些用来创建卓越体验的方式：

◎　集成 Siri。
◎　自动寻找配件。
◎　使用平易近人的语句。

在接下来的内容中，将详细讲解实现上述任务的架构方法。

(1)　设置一个 Home

HomeKit 系统以三种类型的位置为中心：房间(Rooms)、区域(Zones)和住宅(Homes)。

房间有客厅和卧室之类的选项类型，这是基本的组成概念，并且可能包含任意数量的配件。区域是房间的集合，如“楼上”。

在应用程序中，用户必须选定至少一个住宅来放置他们的智能配件。每一个住宅包括不同的房间，并且可能包括区域。房间和区域使用户能方便地寻找和控制配件。Apps(应用程序)应该提供一个创建、命名、修改和删除住宅、房间和区域的方法。如果一个人有多个住宅，允许他们选择一个默认的首选住宅，来更快地设置和配置新配件。

(2) 管理用户

HomeKit 应用程序应当提供允许用户管理住宅中配件的方法，当一个 iCloud 账户被添加到住宅时，账号的拥有者将能够调整配件的特性。当一个账户拥有者被指定为管理员时，他们也将能够添加新配件、管理用户、设置住宅和创建场景。

(3) 添加和移除配件

在 HomeKit 应用程序中，让添加新配件的操作简单快捷十分重要。家庭自动化 Apps 应当能自动寻找新配件，并且在用户界面中突出显示。因为用户需要用特定方法来识别调整中的配件，所以，要确保能快速接入控件。比如，在电灯泡控制应用中，应该让用户能使用 App 来打开灯泡，以确认其位于 Home 中。

另外，配置还应当包括给一个配件分配名称、住宅、房间，以及可选的区域。管理员需要输入配件的安装码(包含在硬件的说明文档或包装盒里)，来将它与住宅联接起来。

苹果的无线配件配置(WAC)被用来添加支持 WiFi 的配件到住宅网络中。用户能够从 Settings 或我们的 App 里面连接到 WAC。使用 ExternalAccessory 框架 API 来显示一个系统提供的 UI，在这个 UI 中，用户能使用 WAC 来发现和配置配件，而无须离开我们的 App。在使用 WAC 配置完配件后，用户能将它加到住宅里，并且给它分配名字和房间。在此需要注意的是，应该始终让用户通过在前台运行 App 来初始化配件的发现和配置。

(4) 寻找配件

在 HomeKit 应用程序中，需要确保给用户不同的方式来快速找到配件。每天、每个季节以及一个人的位置都能影响哪个配件，在当时是重要的，所以用户应该能够以类型、名称或住宅里的位置来寻找配件。

(5) 定义场景

在 HomeKit 应用程序中，场景是同时调整多个配件特性的重要方式。每个场景都有自己的名称，并且能包含任意数量的动作，这些动作与不同的配件和它们的特性相联。如果可能，可以提供一些建议的场景，这样，用户能基于它们来配置配件。比如，一个“离开”的场景，应该调低房子里的温度、关掉灯泡，并且锁上所有的门。

当用户创建它们自己的场景时，考虑按照选中的房间和区域来推荐配件，给用户提供选择，让他们能更快、更方便地进行配置。

(6) 集成 Siri

在 HomeKit 应用程序中，通过 Siri，能够让复杂操作的执行简单到只需要一句命令。Siri 能识别住宅、房间和区域的名字，并且支持这样的表述：“Siri, lock up my house in Tahoe”，“Siri, turn off the upstairs lights”以及“Siri, make it warmer in the media room”。Siri 也能识别配件的名字和特性，因此，用户能发布这样的命令：“Siri, dim the desk lamp”。

为了识别场景，给 Siri 的命令里应该包含单词“模式”(mode)或“场景”(scene)，比如如下的命令："Siri, set the Movie Scene"、"Siri, enable Movie mode"或者"Siri, set up for Movie"。最好让用户在配置动作的时候知道哪些动作能被 Siri 触发。比如，在确认 Movie 场景已经设置好的时候，显示推荐用户向 Siri 说的语句，如"你能够使用 Siri 来激活这个场景，命令是'Siri, set the house to Movie mode'"。

(7) 通知

在 HomeKit 应用程序中，不适当的家庭自动化可能会吓到用户。开发的应用程序应该是平易近人的、易于使用的、具有交谈式语言的，以及对用户友好型的。避免使用用户可能不理解的缩略词和科技术语。HomeKit 是一个关于 API 的术语，不应该在 App 里使用它。如果读者是一名拥有 MFi 执照的开发者，可以参照 MFi Portal 里的指南，来规范配件包装的命名和通知。

19.2.3 HomeKit 中的类

在 HomeKit 应用框架中，为开发者提供了如下所示的接口类。

- NSObject：是大部分 Objective-C 类层次的基类。
- HMAccessory：一个 HMAccessory 对象代表一个家庭自动化配件，比如车库门遥控开关，或者一个恒温器。
- HMAccessoryBrowser：一个 HMAccessoryBrowser 对象是一个用来发现新附属配件的网络浏览器。
- HMAction：HMAction 是 Home Kit 中行为操作的抽象基类。
- HMCharacteristicWriteAction：一个 HMCharacteristicMetadata 对象，代表操作集中的一个操作。
- HMActionSet：一个 HMActionSet 对象，代表应用于单个设置的一组操作(HMAction 的实例)。
- HMCharacteristic：一个 HMCharacteristic 对象，代表某个服务的特性，比如灯是打开的还是关闭的，或者温度调节器设定了什么温度。
- HMCharacteristicMetadata：一个 HMCharacteristicMetadata 对象，代表某个特性的元数据。
- HMHome：允许在 Home 中与不同附属设备进行通信并安装配件。
- HMHomeManager：管理一个或者多个 Home 集合。
- HMRoom：被用来代表 Home 中的一个 Room。
- HMService：代表附属配件提供的服务。
- HMServiceGroup：代表配件提供的服务的集合，简化了把服务当作单一实体处理的过程。
- HMTrigger：代表触发事件，在满足触发条件的时候，触发一个或者多个操作集(HMActionSet 的实例)。
- HMTimerTrigger：代表基于计时器的触发器。
- HMZone：代表一个 Room 的集合(用户认为是单个区域或者 Zone)，比如"起居室"和"厨房"可能会被分在一个叫作 Downstairs 的 Zone 中。
- HMAccessoryBrowserDelegate：是一个协议，定义了 HMAccessoryBrowser 对象的

接口，以通知委托发现了新的附属配件。

◎ HMAccessoryDelegate：这是一个协议，它定义了从附属配件到委托状态更新的通信方法。

◎ HMHomeDelegate：是一个协议，定义了 home 中配置改变和在 home 中执行操作集的状态的通信方法。

◎ HMHomeManagerDelegate：是一个协议，定义了 home manager 对象如何把改变传达给它们的委托。

19.3 实战演练——实现一个 HomeKit 控制程序

本实例实现了一个基本的 HomeKit 控制应用程序，通过本应用程序，可以添加和设置不同的房间，并且使用者可以选择要控制的 Home。例如，用户可能有多个离得较远的住所，比如一个经常使用的住所和一个度假别墅；或者可能有两个离得比较近的住所，比如一个主要住宅和一个别墅。

实例 19-1 实现一个 HomeKit 控制程序
源码路径 光盘:\daima\19\HomeKit1

本实例的具体实现流程如下所示。

(1) 打开 Xcode 6.1，新建一个名为“HomeKitty”的工程，在工程中，需要引入 HomeKit.framework 框架，工程的最终目录结构如图 19-1 所示。

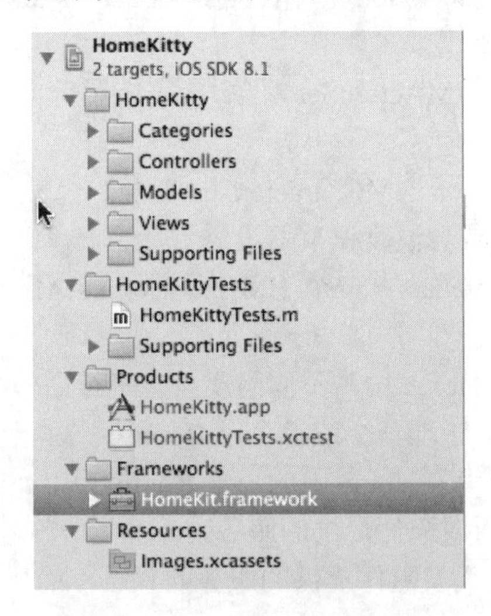

图 19-1 工程的最终目录结构

(2) Categories 目录下有两个核心文件，在 NSLayoutConstraint+BNRQuickConstraints.m 文件中，通过使用 NSLayoutConstraint 实现 UI 界面的自动布局，具体实现代码如下所示：

```
#import "NSLayoutConstraint+BNRQuickConstraints.h"
@implementation NSLayoutConstraint (BNRQuickConstraints)
+ (NSArray *)bnr_constraintsWithCommaDelimitedFormat:(NSString *)format
  views:(NSDictionary *)views {
    NSMutableArray *constraints = [NSMutableArray array];
```

```
    NSArray *formats = [format componentsSeparatedByString:@","];
    for (NSString *aFormat in formats) {
        [constraints addObjectsFromArray:[self constraintsWithVisualFormat:aFormat
           options:0 metrics:nil views:views]];
    }
    return [constraints copy];
}
@end
```

文件 UIColor+BNRAppColors.m 的功能是设置 UI 界面中的颜色属性，具体实现代码如下所示：

```
#import "UIColor+BNRAppColors.h"
@implementation UIColor (BNRAppColors)
+ (UIColor *)bnr_backgroundColor {
    return [self colorWithRed:0.2 green:0.7 blue:1 alpha:1];
}
@end
```

(3)　在 Controllers 目录下有 3 个核心文件，其中，文件 HomeRoomsVC.m 的功能是设置 Home 中的房间，如图 19-2 所示。单击“+”，可以在提醒框中添加一个新的房间信息，如图 19-3 所示。

图 19-2　设置 Home 中的房间

图 19-3　添加新的房间信息

HomeRoomsVC.m 文件的具体实现代码如下所示：

```
#import "HomeRoomsVC.h"
#import "HomeDataSource.h"
#import "RoomDataSource.h"
#import "AccessoriesVC.h"
#import "BNRFancyTableView.h"
#import "NSLayoutConstraint+BNRQuickConstraints.h"
#import "UIColor+BNRAppColors.h"
@import HomeKit;

static NSInteger const HomeRoomsAddHomeTextFieldTag = -100;
static NSInteger const HomeRoomsAddRoomTextFieldTag = -101;

@interface HomeRoomsVC () <UITextFieldDelegate>
```

```
@property (nonatomic, weak) BNRFancyTableView *homeList;
@property (nonatomic, weak) BNRFancyTableView *roomList;
@property (nonatomic) HomeDataSource *homeDataSource;
@property (nonatomic) RoomDataSource *roomDataSource;
@property (nonatomic) id<NSObject> homeChangeObserver;
@property (nonatomic) id<NSObject> roomChangeObserver;
@property (nonatomic, weak) UIBarButtonItem *addHomeButton;
@property (nonatomic, weak) UIBarButtonItem *addRoomButton;
@property (nonatomic) NSString *addedHomeText;
@property (nonatomic) NSString *addedRoomText;

@end

@implementation HomeRoomsVC

#pragma mark - Initializers

- (instancetype)init {
    return [super initWithNibName:nil bundle:nil];
}

- (instancetype)initWithNibName:(NSString *)nibNameOrNil
  bundle:(NSBundle *)nibBundleOrNil {
    NSAssert(NO, @"Use the no argument -init method instead");
    return nil;
}

#pragma mark - View Lifecycle

- (void)loadView {
    UIView *view = [[UIView alloc] initWithFrame:CGRectZero];

    BNRFancyTableView *homeList = [[BNRFancyTableView alloc]
      initWithFrame:CGRectZero style:BNRFancyTableStyleRounded];
    [view addSubview:homeList];
    self.homeList = homeList;

    BNRFancyTableView *roomList = [[BNRFancyTableView alloc]
      initWithFrame:CGRectZero style:BNRFancyTableStyleRounded];
    [view addSubview:roomList];
    self.roomList = roomList;

    [self setView:view];
}

- (void)viewDidLoad {
    [super viewDidLoad];

    self.navigationItem.title = @"Homes";

    //配置数据源
    self.homeDataSource = [[HomeDataSource alloc] init];
    self.roomDataSource = [[RoomDataSource alloc] init];

    //配置 Home 名单列表
    BNRFancyTableView *homeList = self.homeList;
    homeList.dataSource = self.homeDataSource;
    homeList.translatesAutoresizingMaskIntoConstraints = NO;
    [homeList setTitle:@"Homes" withTextAttributes:nil];
    UIBarButtonItem *addHomeButton = [[UIBarButtonItem alloc]
      initWithBarButtonSystemItem:UIBarButtonSystemItemAdd
```

```
      target:self
      action:@selector(didPressAddHomeButton:)];
    [homeList addToolbarItem:addHomeButton];
    self.addHomeButton = addHomeButton;

    // 设置 Room 列表
    BNRFancyTableView *roomList = self.roomList;
    roomList.dataSource = self.roomDataSource;
    roomList.translatesAutoresizingMaskIntoConstraints = NO;
    UIBarButtonItem *addRoomButton = [[UIBarButtonItem alloc]
      initWithBarButtonSystemItem:UIBarButtonSystemItemAdd
      target:self
      action:@selector(didPressAddRoomButton:)];
    [roomList addToolbarItem:addRoomButton];
    self.addRoomButton = addRoomButton;
    [self roomListEnabled:NO];

    //添加约束
    UINavigationBar *navBar = self.navigationController.navigationBar;
    NSNumber *hPad = @12;
    NSNumber *vPad = @12;
    NSNumber *navPad =
      @(navBar.frame.origin.y + navBar.frame.size.height + [vPad floatValue]);

    NSString *format = [NSString stringWithFormat:@"H:|-%@-[homeList]-%@-|,H:|
      -%@-[roomList]-%@-|,V:|-%@-[homeList]-%@-[roomList(==homeList)]-%@-|",
      hPad, hPad, hPad, hPad, navPad, vPad, vPad];
    NSDictionary *views = NSDictionaryOfVariableBindings(homeList, roomList);
    [self.view addConstraints:[NSLayoutConstraint
      bnr_constraintsWithCommaDelimitedFormat:format views:views]];

    self.view.backgroundColor = [UIColor bnr_backgroundColor];
}

- (void)viewDidAppear:(BOOL)animated {
    [super viewDidAppear:animated];

    __weak __typeof(self) weakSelf = self;

    self.homeChangeObserver = [[NSNotificationCenter defaultCenter]
      addObserverForName:HomeDataSourceDidChangeNotification
      object:nil
      queue:[NSOperationQueue mainQueue]
      usingBlock:^(NSNotification *note) {

          [weakSelf.homeList reloadData];
          weakSelf.roomDataSource.home = nil;
          [weakSelf roomListEnabled:NO];

     }];

    self.roomChangeObserver = [[NSNotificationCenter defaultCenter]
      addObserverForName:RoomDataSourceDidChangeNotification
      object:nil
      queue:[NSOperationQueue mainQueue]
      usingBlock:^(NSNotification *note) {
          [weakSelf.roomList reloadData];
     }];

    self.homeList.didSelectBlock = ^(NSIndexPath *indexPath) {
      weakSelf.roomDataSource.home = [weakSelf.homeDataSource homeForRow:indexPath.row];
```

```
        [weakSelf roomListEnabled:YES];
    };

    self.homeList.didDeselectBlock = ^(NSIndexPath *indexPath) {
        weakSelf.roomDataSource.home = nil;
        [weakSelf roomListEnabled:NO];
    };

    self.roomList.didSelectBlock = ^(NSIndexPath *indexPath) {
        HMHome *home = weakSelf.roomDataSource.home;
        HMRoom *room = [weakSelf.roomDataSource roomForRow:indexPath.row];
        AccessoriesVC *accessoriesVC = [[AccessoriesVC alloc] init];
        [accessoriesVC setRoom:room inHome:home];
        [self showViewController:accessoriesVC sender:self];
    };
}

- (void)viewDidDisappear:(BOOL)animated {
    [super viewDidDisappear:animated];

    if (self.homeChangeObserver) {
        [[NSNotificationCenter defaultCenter] removeObserver:self.homeChangeObserver];
        self.homeChangeObserver = nil;
    }

    if (self.roomChangeObserver) {
        [[NSNotificationCenter defaultCenter] removeObserver:self.roomChangeObserver];
        self.roomChangeObserver = nil;
    }
}

#pragma mark - Title Management

- (void)roomListEnabled:(BOOL)enabled {

    NSDictionary *attributes;
    NSString *title;

    if (enabled) {
        self.addRoomButton.enabled = YES;
        title = [NSString stringWithFormat:@"Rooms for home: %@",
          self.roomDataSource.home.name];
    } else {
        attributes = @{ NSForegroundColorAttributeName : [UIColor grayColor] };
        self.addRoomButton.enabled = NO;
        title = @"Please select a home";
    }

    [self.roomList setTitle:title withTextAttributes:attributes];
    [self.roomList reloadData];
}

#pragma mark - Actions

- (void)didPressAddHomeButton:(id)sender {
    __weak __typeof(self) weakSelf = self;

    UIAlertController *alert = [UIAlertController alertControllerWithTitle:@"Name your Home"
                message:@"Each home must have a unique name. Please give your home a name."
                preferredStyle:UIAlertControllerStyleAlert];
```

```
    [alert addTextFieldWithConfigurationHandler:^(UITextField *textField) {
        textField.delegate = self;
        textField.placeholder = @"Home Sweet Home";
        textField.tag = HomeRoomsAddHomeTextFieldTag;
    }];

    [alert addAction:[UIAlertAction actionWithTitle:@"Add"
      style:UIAlertActionStyleDefault handler:^(UIAlertAction *action) {
         [weakSelf.homeDataSource addHomeWithName:weakSelf.addedHomeText];
         weakSelf.roomDataSource.home = nil;
         [weakSelf roomListEnabled:NO];
    }]];

    [alert addAction:[UIAlertAction actionWithTitle:@"Cancel"
      style:UIAlertActionStyleCancel handler:^(UIAlertAction *action) {
         weakSelf.addedHomeText = nil;
    }]];

    [self presentViewController:alert animated:YES completion:nil];
}

- (void)didPressAddRoomButton:(id)sender {
    __weak __typeof(self) weakSelf = self;

    UIAlertController *alert =
      [UIAlertController alertControllerWithTitle:@"Name your Room"
      message:@"Rooms within a home must be uniquely named. Please name yours."
      preferredStyle:UIAlertControllerStyleAlert];

    [alert addTextFieldWithConfigurationHandler:^(UITextField *textField) {
        textField.delegate = self;
        textField.placeholder = @"My Room";
        textField.tag = HomeRoomsAddRoomTextFieldTag;
    }];

    [alert addAction:[UIAlertAction actionWithTitle:@"Add"
      style:UIAlertActionStyleDefault handler:^(UIAlertAction *action) {
        [weakSelf.roomDataSource addRoomWithname:weakSelf.addedRoomText];
    }]];

    [alert addAction:[UIAlertAction actionWithTitle:@"Cancel"
      style:UIAlertActionStyleCancel handler:^(UIAlertAction *action) {
        weakSelf.addedRoomText = nil;
    }]];

    [self presentViewController:alert animated:YES completion:nil];
}

-   (void)textFieldDidEndEditing:(UITextField *)textField {

    if (textField.tag == HomeRoomsAddHomeTextFieldTag) {
        self.addedHomeText = textField.text;
    } else if (textField.tag == HomeRoomsAddRoomTextFieldTag) {
        self.addedRoomText = textField.text;
    }

}
@end
```

再看第二个核心文件 AccessoriesVC.m，功能是提供一个附属设备列表，供用户查看，如图 19-4 所示。选择后，会显示这个附属设备的详细信息。

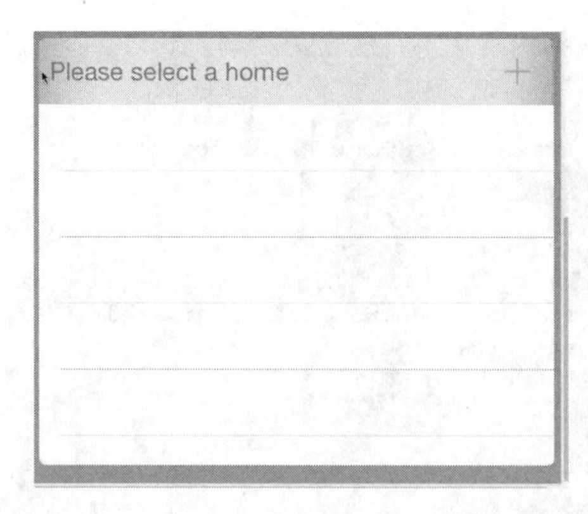

图 19-4　Room 列表

文件 AccessoriesVC.m 的具体实现代码如下所示：

```
#import "AccessoriesVC.h"
#import "AccessoriesInRoomDataSource.h"
#import "UnassignedAccessoriesDataSource.h"
#import "BNRFancyTableView.h"
#import "NSLayoutConstraint+BNRQuickConstraints.h"
#import "UIColor+BNRAppColors.h"
#import "AccessoryDetailVC.h"
@import HomeKit;

@interface AccessoriesVC()

@property (nonatomic) HMHome *home;
@property (nonatomic) HMRoom *room;
@property (nonatomic, weak) BNRFancyTableView *assignedList;
@property (nonatomic, weak) BNRFancyTableView *unassignedList;
@property (nonatomic) AccessoriesInRoomDataSource *assignedDataSource;
@property (nonatomic) UnassignedAccessoriesDataSource *unassignedDataSource;
@property (nonatomic) id<NSObject> unassignedAccessoriesChangeObserver;
@property (nonatomic, weak) UIBarButtonItem *assignToRoomButton;
@end

@implementation AccessoriesVC

#pragma mark - Initializers

- (instancetype)init {
   return [super initWithNibName:nil bundle:nil];
}

- (instancetype)initWithNibName:(NSString *)nibNameOrNil bundle:(NSBundle *)nibBundleOrNil {
   NSAssert(NO, @"Use the no argument -init method instead");
   return nil;
}

#pragma mark - View Lifecycle

- (void)loadView {
   UIView *view = [[UIView alloc] initWithFrame:CGRectZero];

   BNRFancyTableView *assignedList = [[BNRFancyTableView alloc]
     initWithFrame:CGRectZero style:BNRFancyTableStyleRounded];
   [view addSubview:assignedList];
   self.assignedList = assignedList;
```

```
    BNRFancyTableView *unassignedList = [[BNRFancyTableView alloc]
      initWithFrame:CGRectZero style:BNRFancyTableStyleRounded];
    [view addSubview:unassignedList];
    self.unassignedList = unassignedList;

    [self setView:view];
}

- (void)viewDidLoad {
    [super viewDidLoad];

    self.navigationItem.title = @"Accessories";

    // configure data sources
    self.assignedDataSource = [[AccessoriesInRoomDataSource alloc] init];
    [self.assignedDataSource setRoom:self.room inHome:self.home];
    self.unassignedDataSource = [[UnassignedAccessoriesDataSource alloc] init];

    // configure assigned list
    BNRFancyTableView *assignedList = self.assignedList;
    assignedList.dataSource = self.assignedDataSource;
    assignedList.translatesAutoresizingMaskIntoConstraints = NO;
    NSString *title = @"Please select a room";
    UIColor *color = [UIColor grayColor];
    if (self.room.name) {
        title = [NSString stringWithFormat:@"Assigned to %@", self.room.name];
        color = [UIColor blackColor];
    }
    NSDictionary *attributes = @{ NSForegroundColorAttributeName : color };
    [assignedList setTitle:title withTextAttributes:attributes];

    // configure unassigned list
    BNRFancyTableView *unassignedList = self.unassignedList;
    unassignedList.dataSource = self.unassignedDataSource;
    unassignedList.translatesAutoresizingMaskIntoConstraints = NO;
    [unassignedList setTitle:@"Unassigned" withTextAttributes:nil];
    UIBarButtonItem *assignButton = [[UIBarButtonItem alloc] initWithTitle:@"Assign to Room"
                                              style:UIBarButtonItemStylePlain
                                              target:self
                                              action:@selector(didPressAssignButton:)];
    assignButton.enabled = NO;
    [unassignedList addToolbarItem:assignButton];
    self.assignToRoomButton = assignButton;

    // add constraints
    UINavigationBar *navBar = self.navigationController.navigationBar;
    NSNumber *hPad = @12;
    NSNumber *vPad = @12;
    NSNumber *navPad = @(navBar.frame.origin.y + navBar.frame.size.height + [vPad floatValue]);

    NSString *format = [NSString stringWithFormat:@"H:|-%@-[assignedList]-%@-|,:|
      -%@- unassignedList]-%@-|,V:|-%@-[assignedList]-%@-
      [unassignedList(==assignedList)]-%@-|", hPad, hPad, hPad, hPad, navPad, vPad, vPad];
    NSDictionary *views = NSDictionaryOfVariableBindings(assignedList, unassignedList);
    [self.view addConstraints:[NSLayoutConstraint
      bnr_constraintsWithCommaDelimitedFormat:format views:views]];

    self.view.backgroundColor = [UIColor bnr_backgroundColor];
}
```

```
- (void)viewDidAppear:(BOOL)animated {
   [super viewDidAppear:animated];
   __weak __typeof(self) weakSelf = self;

   NSNotificationCenter *notary = [NSNotificationCenter defaultCenter];
   self.unassignedAccessoriesChangeObserver = [notary
     addObserverForName:UnassignedAccessoriesDataSourceDidChangeNotification
                                                   object:nil
                                                   queue:[NSOperationQueue mainQueue]
                                                   usingBlock:^(NSNotification *note) {
                                                     [weakSelf.unassignedList reloadData];
                                                   }];
   self.unassignedList.didSelectBlock = ^(NSIndexPath *indexPath) {
      weakSelf.assignToRoomButton.enabled = YES;
   };

   self.unassignedList.didDeselectBlock = ^(NSIndexPath *indexPath) {
      weakSelf.assignToRoomButton.enabled = NO;
   };

   self.unassignedList.didTapAccessoryBlock = ^(NSIndexPath *indexPath) {
      HMAccessory *accessory = [weakSelf.unassignedDataSource accessoryForRow:indexPath.row];
      AccessoryDetailVC *detailVC = [[AccessoryDetailVC alloc] initWithAccessory:accessory];
      [weakSelf showViewController:detailVC sender:self];
   };

   self.assignedList.didTapAccessoryBlock = ^(NSIndexPath *indexPath) {
      HMAccessory *accessory = [weakSelf.assignedDataSource accessoryForRow:indexPath.row];
      AccessoryDetailVC *detailVC = [[AccessoryDetailVC alloc] initWithAccessory:accessory];
      [weakSelf showViewController:detailVC sender:self];
   };

   [self.unassignedList reloadData];
}

- (void)viewDidDisappear:(BOOL)animated {
   [super viewDidDisappear:animated];

   if (self.unassignedAccessoriesChangeObserver) {
      [[NSNotificationCenter defaultCenter]
        removeObserver: elf.unassignedAccessoriesChangeObserver];
   }
}

#pragma mark - Room Management

- (void)setRoom:(HMRoom *)room inHome:(HMHome *)home {
   self.room = room;
   self.home = home;
}
#pragma mark - Actions
- (void)didPressAssignButton:(id)sender {
   __weak __typeof(self) weakSelf = self;

   NSIndexPath *indexPath = self.unassignedList.indexPathForSelectedRow;
   HMAccessory *accessory = [self.unassignedDataSource accessoryForRow:indexPath.row];
   [self.home addAccessory:accessory completionHandler:^(NSError *error) {
      if (!error) {
         [weakSelf.home assignAccessory:accessory
           toRoom:weakSelf.room completionHandler:^(NSError *error) {
             [weakSelf.assignedList reloadData];
```

```
            [weakSelf.unassignedList reloadData];
        }];
    }
  }];
}
@end
```

再看第三个核心文件 AccessoryDetailVC.m，功能是显示列表中被选中附属设备的详细信息，具体实现代码如下所示：

```
#import "AccessoryDetailVC.h"
#import "BNRFancyTableView.h"
#import "NSLayoutConstraint+BNRQuickConstraints.h"
#import "UIColor+BNRAppColors.h"
@import HomeKit;

@interface AccessoryDetailVC()

@property (nonatomic) HMAccessory *accessory;
@property (nonatomic, weak) UILabel *labelForName;
@property (nonatomic, weak) UILabel *labelForIdentifier;
@property (nonatomic, weak) UILabel *labelForBlocked;
@property (nonatomic, weak) UILabel *labelForBridged;
@property (nonatomic, weak) UILabel *labelForReachable;
@property (nonatomic, weak) BNRFancyTableView *tableForServices;

@end

@implementation AccessoryDetailVC

#pragma mark - Initializers

- (instancetype)initWithNibName:(NSString *)nibNameOrNil bundle:(NSBundle *)nibBundleOrNil {
   NSAssert(NO, @"Use -initWithAccessory: instead");
   return nil;
}

- (instancetype)initWithAccessory:(HMAccessory *)accessory {
   self = [super initWithNibName:nil bundle:nil];
   if (self) {
      _accessory = accessory;
   }
   return self;
}

#pragma mark - View Lifecycle

- (void)loadView {
   UIView *view = [[UIView alloc] initWithFrame:CGRectZero];

   UILabel *labelForName = [[UILabel alloc] initWithFrame:CGRectZero];
   [view addSubview:labelForName];
   self.labelForName = labelForName;

   UILabel *labelForIdentifier = [[UILabel alloc] initWithFrame:CGRectZero];
   [view addSubview:labelForIdentifier];
   self.labelForIdentifier = labelForIdentifier;

   UILabel *labelForBlocked = [[UILabel alloc] initWithFrame:CGRectZero];
   [view addSubview:labelForBlocked];
   self.labelForBlocked = labelForBlocked;
```

```
    UILabel *labelForBridged = [[UILabel alloc] initWithFrame:CGRectZero];
    [view addSubview:labelForBridged];
    self.labelForBridged = labelForBridged;

    UILabel *labelForReachable = [[UILabel alloc] initWithFrame:CGRectZero];
    [view addSubview:labelForReachable];
    self.labelForReachable = labelForReachable;

    BNRFancyTableView *tableForServices = [[BNRFancyTableView alloc]
      initWithFrame: GRectZero style:BNRFancyTableStyleRounded];
    [view addSubview:tableForServices];
    self.tableForServices = tableForServices;

    [self setView:view];
}
- (void)viewDidLoad {
    [super viewDidLoad];
    UIFont *labelFont = [UIFont fontWithName:@"HelveticaNeue" size:12];
    UILabel *labelForName = self.labelForName;
    labelForName.translatesAutoresizingMaskIntoConstraints = NO;
    labelForName.text = self.accessory.name;
    labelForName.font = [UIFont fontWithName:@"HelveticaNeue-Bold" size:12];
    UILabel *labelForIdentifier = self.labelForIdentifier;
    labelForIdentifier.translatesAutoresizingMaskIntoConstraints = NO;
    labelForIdentifier.text =
      [NSString stringWithFormat:@"ID: %@", [self.accessory.identifier UUIDString]];
    labelForIdentifier.font = labelFont;
    UILabel *labelForBlocked = self.labelForBlocked;
    labelForBlocked.translatesAutoresizingMaskIntoConstraints = NO;
    labelForBlocked.text =
      [NSString stringWithFormat:@"Blocked: %@", self.accessory.blocked ? @"YES" : @"NO"];
    labelForBlocked.font = labelFont;

    UILabel *labelForBridged = self.labelForBridged;
    labelForBridged.translatesAutoresizingMaskIntoConstraints = NO;
    labelForBridged.text =
      [NSString stringWithFormat:@"Bridged: %@", self.accessory.bridged ? @"YES" : @"NO"];
    labelForBridged.font = labelFont;
    UILabel *labelForReachable = self.labelForReachable;
    labelForReachable.translatesAutoresizingMaskIntoConstraints = NO;
    labelForReachable.text = [NSString stringWithFormat:@"Reachable: %@",
      self.accessory.reachable ? @"YES" : @"NO"];
    labelForReachable.font = labelFont;
    BNRFancyTableView *tableForServices = self.tableForServices;
    tableForServices.translatesAutoresizingMaskIntoConstraints = NO;
    [tableForServices setTitle:@"Services" withTextAttributes:nil];
    // 添加约束
    UINavigationBar *navBar = self.navigationController.navigationBar;
    NSNumber *hPad = @12;
    NSNumber *vPad = @12;
    NSNumber *navPad =
      @(navBar.frame.origin.y + navBar.frame.size.height + [vPad floatValue]);
    NSString *format = [NSString stringWithFormat:@"H:|-%@-[labelForName]-%@-|,H:|-%@-
labelForIdentifier]-%@-|,H:|-%@-[labelForBlocked]-%@-|,H:|-%@-[labelForBridged]-%@-|,
H:|-%@-[labelForReachable]-%@-|,H:|-%@-[tableForServices]-%@-|,V:|-%@-[labelForName(=
=16)]-%@-[labelForIdentifier(==labelForName)]-%@-[labelForBlocked(==labelForName)]-%@
-[labelForBridged(==labelForName)]-%@-[labelForReachable(==labelForName)]-%@-[tableFo
rServices]-%@-|", hPad, hPad, hPad, hPad, hPad, hPad, hPad, hPad, hPad, hPad, hPad, hPad,
navPad, vPad, vPad, vPad, vPad, vPad, vPad];
    NSDictionary *views = NSDictionaryOfVariableBindings(labelForName,
```

```
        labelForIdentifier, labelForBlocked, labelForBridged, labelForReachable,
        tableForServices);
    [self.view addConstraints:[NSLayoutConstraint
        bnr_constraintsWithCommaDelimitedFormat:format views:views]];
    self.view.layer.cornerRadius = 5;
    self.view.layer.masksToBounds = YES;
    self.view.backgroundColor = [UIColor bnr_backgroundColor];
}
@end
```

(4) Models 目录下有 4 个核心文件，其中 HomeDataSource.m 是一个用户数据源列表文件，如图 19-5 所示。

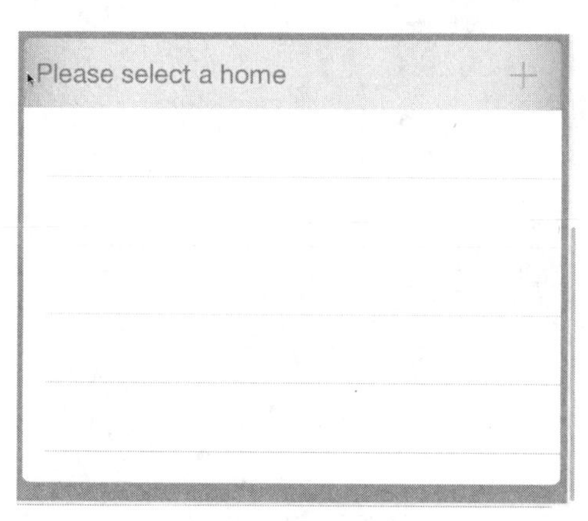

图 19-5　可以选择要控制的 Home

在此可以选择要控制的 Home 数据。文件 HomeDataSource.m 的具体实现代码如下所示：

```
#import "HomeDataSource.h"
@import HomeKit;
NSString * const HomeDataSourceDidChangeNotification = @"HomeDataSourceDidChangeNotification";

@interface HomeDataSource () <HMHomeManagerDelegate>
@property (nonatomic) HMHomeManager *homeManager;
@end

@implementation HomeDataSource

#pragma mark - Initializers

- (instancetype)init {
    HMHomeManager *homeManager = [[HMHomeManager alloc] init];
    return [self initWithHomeManager:homeManager];
}

- (instancetype)initWithHomeManager:(HMHomeManager *)homeManager {
    self = [super init];
    if (self) {
        _homeManager = homeManager;
        _homeManager.delegate = self;
    }
    return self;
}
#pragma mark - Table View Data Source

- (NSInteger)numberOfSectionsInTableView:(UITableView *)tableView {
```

```
    return 1;
}
- (NSInteger)tableView:(UITableView *)tableView
  numberOfRowsInSection:(NSInteger)section {
    return [self.homeManager.homes count];
}
- (UITableViewCell *)tableView:(UITableView *)tableView
  cellForRowAtIndexPath:(NSIndexPath *)indexPath {
    UITableViewCell *cell = [tableView dequeueReusableCellWithIdentifier:@"HomeCell"];
    if (!cell) {
        cell = [[UITableViewCell alloc] initWithStyle:UITableViewCellStyleDefault
          reuseIdentifier:@"HomeCell"];
    }
    HMHome *home = [self homeForRow:indexPath.row];
    cell.textLabel.text = home.name;

    return cell;
}
- (HMHome *)homeForRow:(NSInteger)row {
    return self.homeManager.homes[row];
}
- (BOOL)tableView:(UITableView *)tableView canEditRowAtIndexPath:(NSIndexPath *)indexPath {
    return YES;
}
- (void)tableView:(UITableView *)tableView
  commitEditingStyle:(UITableViewCellEditingStyle)editingStyle
  forRowAtIndexPath:(NSIndexPath *)indexPath {
    if (editingStyle == UITableViewCellEditingStyleDelete) {
        HMHome *home = self.homeManager.homes[indexPath.row];
        [self.homeManager removeHome:home completionHandler:^(NSError *error) {
            if (error) {
                NSLog(@"%@", error);
            } else {
                [tableView deleteRowsAtIndexPaths:@[indexPath]
                  withRowAnimation: ITableViewRowAnimationAutomatic];
                [[NSNotificationCenter defaultCenter] postNotificationName:
                  omeDataSourceDidChangeNotification object:nil];
            }
        }];
    }
}
#pragma mark - Home Manager Delegate
- (void)homeManagerDidUpdateHomes:(HMHomeManager *)manager {
    [[NSNotificationCenter defaultCenter]
      postNotificationName:HomeDataSourceDidChangeNotification object:nil];
}

#pragma mark - Home Management

- (void)addHomeWithName:(NSString *)name {
    [self.homeManager addHomeWithName:name completionHandler:^(HMHome *home, NSError *error) {
        if (error) {
            NSLog(@"%@", error);
        } else {
            [[NSNotificationCenter defaultCenter]
              postNotificationName:HomeDataSourceDidChangeNotification object:nil];
        }
    }];
}
@end
```

再看 RoomDataSource.m 文件，这是一个 Room 数据源列表文件，在此可以选择要控制的 Room。文件 RoomDataSource.m 的具体实现代码如下所示：

```
#import "RoomDataSource.h"
@import HomeKit;
NSString *const RoomDataSourceDidChangeNotification =
  @"RoomDataSourceDidChangeNotification";
@implementation RoomDataSource

#pragma mark - Customer Getters / Setters
- (void)setHome:(HMHome *)home {
    _home = home;
    [[NSNotificationCenter defaultCenter]
      postNotificationName: oomDataSourceDidChangeNotification object:nil];
}
#pragma mark - Table View Data Source

- (NSInteger)numberOfSectionsInTableView:(UITableView *)tableView {
    return 1;
}
- (NSInteger)tableView:(UITableView *)tableView
  numberOfRowsInSection:(NSInteger)section {
    return [self.home.rooms count];
}
- (UITableViewCell *)tableView:(UITableView *)tableView
  cellForRowAtIndexPath: NSIndexPath *)indexPath {
    UITableViewCell *cell = [tableView dequeueReusableCellWithIdentifier:@"RoomCell"];
    if (!cell) {
        cell = [[UITableViewCell alloc]
          initWithStyle:UITableViewCellStyleDefault reuseIdentifier:@"RoomCell"];
    }
    HMRoom *room = self.home.rooms[indexPath.row];
    cell.textLabel.text = room.name;

    return cell;
}
- (HMRoom *)roomForRow:(NSInteger)row {
    return self.home.rooms[row];
}

- (BOOL)tableView:(UITableView *)tableView canEditRowAtIndexPath:(NSIndexPath *)indexPath {
    return YES;
}

- (void)tableView:(UITableView *)tableView
  commitEditingStyle:(UITableViewCellEditingStyle)editingStyle
  forRowAtIndexPath:(NSIndexPath *)indexPath {
    if (editingStyle == UITableViewCellEditingStyleDelete) {
        HMRoom *room = self.home.rooms[indexPath.row];
        [self.home removeRoom:room completionHandler:^(NSError *error) {
            if (error) {
                NSLog(@"%@", error);
            } else {
                [tableView deleteRowsAtIndexPaths:@[indexPath]
                  withRowAnimation:UITableViewRowAnimationAutomatic];
            }
        }];
    }
}
```

```
#pragma mark - Room Management

- (void)addRoomWithname:(NSString *)name {
    [self.home addRoomWithName:name completionHandler:^(HMRoom *room, NSError *error) {
        if (error) {
            NSLog(@"%@", error);
        } else {
            [[NSNotificationCenter defaultCenter]
             postNotificationName: oomDataSourceDidChangeNotification object:nil];
        }
    }];
}
@end
```

再看文件 AccessoriesInRoomDataSource.m，功能是设置在某个 Room 中的附属配件信息，具体实现代码如下所示：

```
#import "AccessoriesInRoomDataSource.h"
@import HomeKit;

@interface AccessoriesInRoomDataSource()

@property (nonatomic) HMHome *home;
@property (nonatomic) HMRoom *room;

@end

@implementation AccessoriesInRoomDataSource

#pragma mark - Manage Room

- (void)setRoom:(HMRoom *)room inHome:(HMHome *)home {
    self.room = room;
    self.home = home;
}

#pragma mark - Table View Data Source

- (NSInteger)numberOfSectionsInTableView:(UITableView *)tableView {
    return 1;
}

- (NSInteger)tableView:(UITableView *)tableView
  numberOfRowsInSection:(NSInteger)section {
    return [self.room.accessories count];
}

- (UITableViewCell *)tableView:(UITableView *)tableView
  cellForRowAtIndexPath:(NSIndexPath *)indexPath {
    UITableViewCell *cell =
      [tableView dequeueReusableCellWithIdentifier:@"AccessoryCell"];
    if (!cell) {
        cell = [[UITableViewCell alloc] initWithStyle:UITableViewCellStyleDefault
          reuseIdentifier: @"AccessoryCell"];
    }

    HMAccessory *accessory = self.room.accessories[indexPath.row];
    cell.textLabel.text = accessory.name;
    cell.accessoryType = UITableViewCellAccessoryDetailDisclosureButton;

    return cell;
```

```
}

- (HMAccessory *)accessoryForRow:(NSInteger)row {
    return self.room.accessories[row];
}

- (BOOL)tableView:(UITableView *)tableView canEditRowAtIndexPath:(NSIndexPath *)indexPath {
    return YES;
}

- (void)tableView:(UITableView *)tableView
  commitEditingStyle:(UITableViewCellEditingStyle)editingStyle
  forRowAtIndexPath:(NSIndexPath *)indexPath {
    if (editingStyle == UITableViewCellEditingStyleDelete) {
        HMAccessory *accessory = self.room.accessories[indexPath.row];
        [self.home removeAccessory:accessory completionHandler:^(NSError *error) {
            if (error) {
                NSLog(@"%@", error);
            } else {
                [tableView deleteRowsAtIndexPaths:@[indexPath]
                  withRowAnimation: UITableViewRowAnimationAutomatic];
            }
        }];
    }
}
@end
```

再看 UnassignedAccessoriesDataSource.m 文件，功能是设置未指定的附件数据源信息，具体实现代码如下所示：

```
#import "UnassignedAccessoriesDataSource.h"
@import HomeKit;

NSString *const UnassignedAccessoriesDataSourceDidChangeNotification =
  @"UnassignedAccessoriesDataSourceDidChangeNotification";

@interface UnassignedAccessoriesDataSource() <HMAccessoryBrowserDelegate>

@property (nonatomic) HMAccessoryBrowser *accessoryBrowser;

@end

@implementation UnassignedAccessoriesDataSource

#pragma mark - Initializers

- (instancetype)init {
    HMAccessoryBrowser *accessoryBrowser = [[HMAccessoryBrowser alloc] init];
    return [self initWithAccessoryBrowser:accessoryBrowser];
}

- (instancetype)initWithAccessoryBrowser:(HMAccessoryBrowser *)accessoryBrowser {
    self = [super init];
    if (self) {
        _accessoryBrowser = accessoryBrowser;
        _accessoryBrowser.delegate = self;
        [_accessoryBrowser startSearchingForNewAccessories];
    }
    return self;
}

- (void)dealloc {
```

```
    [_accessoryBrowser stopSearchingForNewAccessories];
}

#pragma mark - Table View Data Source

- (NSInteger)numberOfSectionsInTableView:(UITableView *)tableView {
    return 1;
}

- (NSInteger)tableView:(UITableView *)tableView
  numberOfRowsInSection:(NSInteger)section {
    return [self.accessoryBrowser.discoveredAccessories count];
}

- (UITableViewCell *)tableView:(UITableView *)tableView
  cellForRowAtIndexPath: (NSIndexPath *)indexPath {
    UITableViewCell *cell = [tableView dequeueReusableCellWithIdentifier:@"AccessoryCell"];
    if (!cell) {
        cell = [[UITableViewCell alloc]
          initWithStyle:UITableViewCellStyleDefault reuseIdentifier:@"AccessoryCell"];
    }

    HMAccessory *accessory = self.accessoryBrowser.discoveredAccessories[indexPath.row];
    cell.textLabel.text = accessory.name;
    cell.accessoryType = UITableViewCellAccessoryDetailDisclosureButton;

    return cell;
}

- (HMAccessory *)accessoryForRow:(NSInteger)row {
    return self.accessoryBrowser.discoveredAccessories[row];
}

#pragma mark - Accessory Browser Delegate

- (void)accessoryBrowser:(HMAccessoryBrowser *)browser didFindNewAccessory:
  (HMAccessory *)accessory {
    [[NSNotificationCenter defaultCenter] postNotificationName:
      UnassignedAccessoriesDataSourceDidChangeNotification object:nil];
}

- (void)accessoryBrowser:(HMAccessoryBrowser *)browser
  didRemoveNewAccessory:(HMAccessory *)accessory {
    [[NSNotificationCenter defaultCenter] postNotificationName:
      UnassignedAccessoriesDataSourceDidChangeNotification object:nil];
}
@end
```

(5) 最后看 Views 目录下的 BNRFancyTableView.m 文件，这是一个 BNR 数据视图，显示系统主界面，功能是在屏幕视图中列表显示 Home 信息和 Room:

```
#import "BNRFancyTableView.h"
#import "NSLayoutConstraint+BNRQuickConstraints.h"
@interface BNRFancyTableView() <UITableViewDelegate>

@property (nonatomic, copy) NSString *title;
@property (nonatomic) NSDictionary *titleTextAttributes;
@property (nonatomic, weak) UIToolbar *toolbar;
@property (nonatomic, weak) UITableView *tableView;
@property (nonatomic) NSMutableArray *toolbarItems;

@end
```

```
@implementation BNRFancyTableView

#pragma mark - Initializers
- (instancetype)initWithFrame:(CGRect)frame style:(BNRFancyTableStyle)style {
   self = [super initWithFrame:frame];
   if (self) {
      self.translatesAutoresizingMaskIntoConstraints = NO;

      UIToolbar *toolbar = [[UIToolbar alloc] initWithFrame:CGRectZero];
      toolbar.translatesAutoresizingMaskIntoConstraints = NO;
      [self addSubview:toolbar];
      self.toolbar = toolbar;

      UITableView *tableView =
        [[UITableView alloc] initWithFrame:CGRectZero style: UITableViewStylePlain];
      tableView.delegate = self;
      tableView.translatesAutoresizingMaskIntoConstraints = NO;
      [self addSubview:tableView];
      self.tableView = tableView;

      self.toolbarItems = [NSMutableArray array];

      NSDictionary *views = NSDictionaryOfVariableBindings(toolbar, tableView);
      NSString *format = @"H:|[toolbar]|,H:|[tableView]|,V:|[toolbar(44)]-0-[tableView]|";
      [self addConstraints:[NSLayoutConstraint
        bnr_constraintsWithCommaDelimitedFormat: format views:views]];

      [self configureStyle:style];
   }
   return self;
}

- (instancetype)initWithFrame:(CGRect)frame {
   return [self initWithFrame:frame style:BNRFancyTableStylePlain];
}
#pragma mark - Style
- (void)configureStyle:(BNRFancyTableStyle)style {
   if (style == BNRFancyTableStyleRounded) {
      self.layer.cornerRadius = 5;
      self.layer.masksToBounds = YES;
   }
}
#pragma mark - Toolbar
- (void)addToolbarItem:(UIBarButtonItem *)item {
   [self.toolbarItems addObject:item];
   [self refreshToolbarItems];
}
- (void)refreshToolbarItems {
   NSMutableArray *items = [NSMutableArray array];
   if (self.title) {
      [items addObject:[self toolbarTitleItem]];
   }
   [items addObject:[self toolbarLeftSpaceItem]];
   [items addObjectsFromArray:self.toolbarItems];

   self.toolbar.items = items;
}

- (UIBarButtonItem *)toolbarTitleItem {
   UIBarButtonItem *titleItem = [[UIBarButtonItem alloc] initWithTitle:self.title
     style:UIBarButtonItemStylePlain target:nil action:nil];
   titleItem.enabled = NO;
   NSDictionary *textAttributes = self.titleTextAttributes ?:
     @{ NSForegroundColorAttributeName : [UIColor blackColor] };
```

```
    [titleItem setTitleTextAttributes:textAttributes forState:UIControlStateNormal];
    return titleItem;
}
- (UIBarButtonItem *)toolbarLeftSpaceItem {
    return [[UIBarButtonItem alloc] initWithBarButtonSystemItem:
      UIBarButtonSystemItemFlexibleSpace target:nil action:nil];
}

#pragma mark - Table View
- (void)setDataSource:(id<UITableViewDataSource>)dataSource {
    [self.tableView setDataSource:dataSource];
}
- (id<UITableViewDataSource>)dataSource {
    return self.tableView.dataSource;
}

- (void)setDelegate:(id<UITableViewDelegate>)delegate {
    [self.tableView setDelegate:delegate];
}

- (id<UITableViewDelegate>)delegate {
    return self.tableView.delegate;
}

- (void)reloadData {
    [self.tableView reloadData];
}

- (NSIndexPath *)indexPathForSelectedRow {
    return self.tableView.indexPathForSelectedRow;
}

#pragma mark - Table View Delegate

- (void)tableView:(UITableView *)tableView didSelectRowAtIndexPath:(NSIndexPath *)indexPath {
    if (self.didSelectBlock) {
        self.didSelectBlock(indexPath);
    }
}

- (void)tableView:(UITableView *)tableView didDeselectRowAtIndexPath:(NSIndexPath *)indexPath {
    if (self.didDeselectBlock) {
        self.didDeselectBlock(indexPath);
    }
}
- (void)tableView:(UITableView *)tableView
  accessoryButtonTappedForRowWithIndexPath:(NSIndexPath *)indexPath {
    if (self.didTapAccessoryBlock) {
        self.didTapAccessoryBlock(indexPath);
    }
}

#pragma mark - Title

- (void)setTitle:(NSString *)title withTextAttributes:(NSDictionary *)attributes {
    _title = [title copy];
    _titleTextAttributes = [attributes copy];
    [self refreshToolbarItems];
}
@end
```

第 20 章

iOS 8

WatchKit 开发详解

在 2015 年 3 月份，发生了一件令科技界振奋的消息，在苹果公司举行的新品发布会上，发布了 Apple Watch。这是苹果公司产品线中的一款全新产品，其对产业链的影响力是无与伦比的，Apple Watch 于 2015 年 4 月开始预售。其实，在 Apple Watch 上市之前，2014 年 11 月份，苹果公司针对开发者就推出了开发 Apple Watch 应用程序的平台 WatchKit。

在本章的内容中，将详细讲解 WatchKit 的基本知识。

20.1 Apple Watch 介绍

2015 年 3 月 10 日凌晨，苹果公司 2015 年春季发布会在美国旧金山芳草地艺术中心召开。此次亮相的 Apple Watch 中包含三个版本，其中，Apple Watch Edition 售价为 10,000 美元起。目前，Apple Watch 国内官网(http://store.apple.com/cn/buy-watch/apple-watch-edition)已经上线，最贵售价为 126,800 元。分为运动款、普通款和定制款三种，采用蓝宝石屏幕，有银色、金色、红色、绿色和白色等多种颜色可以选择。

在苹果公司的官方页面 http://www.apple.com/cn/watch/中介绍了 Apple Watch 的主要功能特点，如图 20-1 所示。

图 20-1 苹果官方对 Apple Watch 的介绍

在 Apple Watch 官网中，通过 Timekeeping、New Ways to Connect 和 Health&Fitness 三个独立的功能页面，分别对 Apple Watch 所有界面模式的命名、新交互方式和健康及健身等方面的细节进行详细介绍。此外，Apple 的市场营销团队还添加了新的动画，来展示 Apple Watch 将如何在屏幕之间自由切换，以及 Apple Watch 上的应用都是如何工作的。

(1) Timekeeping(计时)

进入 Timekeeping 页面后，可以了解到 Apple Watch 拥有着各种风格的所有时间显示界面信息，用户可以对界面颜色、样式及其他元素进行完全自定义。另外，Apple Watch 还具备了常见手表所不具备的功能，除了闹钟、计时器、日历、世界时间之外，使用者还可以获取月光照度、股票、天气、日出/日落时间、日常活动等信息。

(2) New Ways to Connect(全新的交互方式)

New Ways to Connect 详细地展示了 Apple Watch 简单有趣的“腕对腕”互动交流新方式。使用 Apple Watch，并不仅仅只是更简捷地收发信息、电话和邮件那么简单，用户可以用更个性化、更少文字的表达方式来与人交流，如图 20-2 所示。

其主打的三个功能：Sketch 允许用户直接在表盘上快速绘制简单的图形动画并发送，Tap(基于触觉反馈的无声交互)触碰功能，能让对方感受到含蓄的心意，而 Heartbeat(心率传感器)红艳艳的心跳真是让单身喵感受到苹果浓浓的“恶意”了。

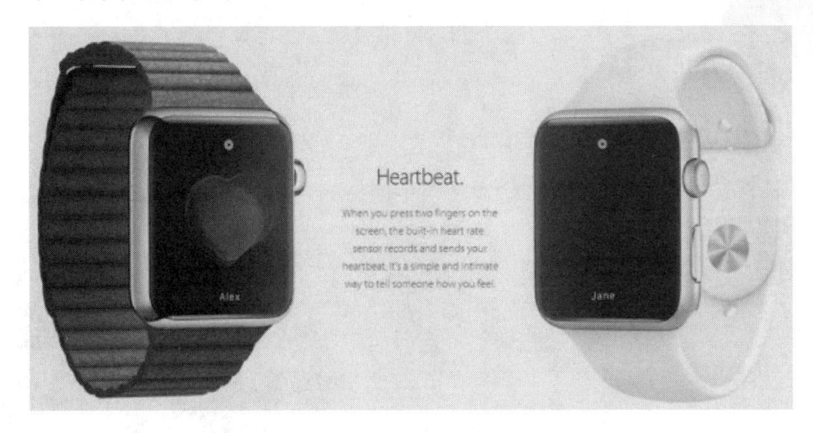

图 20-2　全新的交互方式

(3) Health&Fitness(健康&健身)

健康和健身一直是 Apple Watch 主打的功能项，不同于普通的智能腕带，Apple Watch 能够详细记录用户的所有运动量，从跑步、汽车、健身到遛狗、爬楼梯、抱孩子等皆涵盖在内，并以 Move(消耗卡路里)、Exercise(运动)、Stand(站立)三个彩色圆环进行直观显示，如图 20-3 所示。

图 20-3　健康&健身

Apple Watch 会针对用户的运动习惯，为其制定出合理的健身目标，并用加速计来计算运动量和卡路里燃烧量，心率感应器来测量运动心率，Wi-Fi 和 GPS 用来测量户外运动时的距离和速度。

除此之外，Apple Watch 内置的 Workout 应用能实时追踪包括时间、距离、卡路里燃烧量、速度、步行和骑行在内的运动状态，而 Fitness 应用则可以记录用户每天的运动量，并将所有数据共享到 Health，实现将健身和健康数据整合，帮助用户更好地进行健身锻炼。

20.2　WatchKit 开发基础

从苹果公司官方提供的开发文档中可以看出，Apple Watch 最终通过安装在 iPhone 上的 WatchKit 扩展包，以及安装在 Apple Watch 上的 UI 界面来实现两者的互联，如图 20-4 所示。

除了为 Apple Watch 提供单独的 App 之外，开发者还可以借助于 iPhone 的互联，单独地在 Apple Watch 上使用 Glances。

图 20-4　Apple WatchKit 向开发者发布

顾名思义，WatchKit 像许多已经诞生的智能手表一样，可以让用户通过滑动屏幕浏览卡片式信息及数据；此外，还可以单独地在 Apple Watch 上实现可操作的弹出式通知，比如当用户离开家时，智能家庭组件可以弹出消息，询问是否关闭室内的灯光，在手腕上即可实现关闭操作。苹果公司官方展示了 WatchKit 的几大核心功能，如图 20-5 所示。

图 20-5　WatchKit 核心功能的展示

20.2.1　搭建 WatchKit 开发环境

WatchKit 开发包最早随 Xcode 6.2 Beta 以及 iOS 8.2 的 SDK 一起发放，也就是说，从 iOS 8.2，便开始对 Apple Watch 提供支持。在接下来的内容中，将以 Xcode 6.3 Beta 为例，详细讲解搭建 WatchKit 开发环境的基本流程。

(1)　首先确保当前的系统上有 OS X 10.10 或以上版本，否则不能使用 Xcode 6.3。

(2) 登录苹果公司的官方网站，来到 https://developer.apple.com/xcode/downloads/界面，下载 Xcode 6.3，如图 20-6 所示。

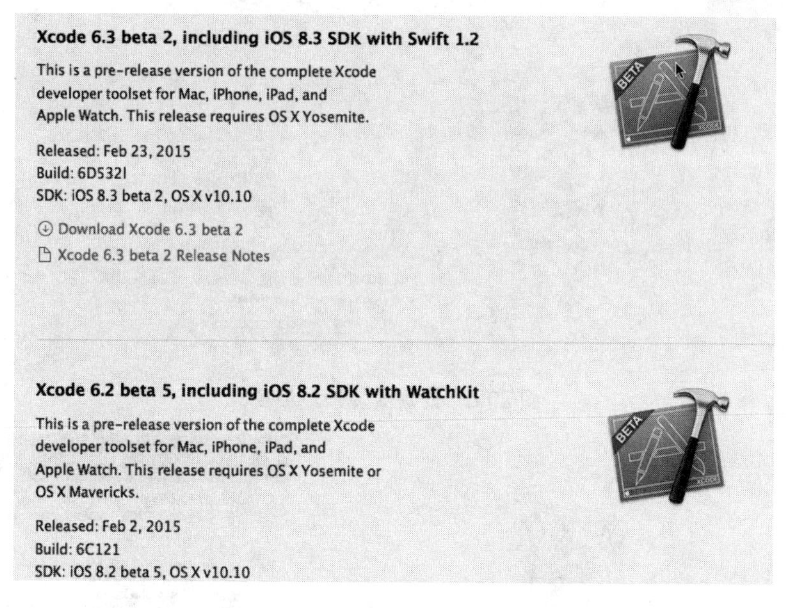

图 20-6　官方站点中的 Xcode 6.3

(3) 单击其中的 Download Xcode 6.3 beta 2...链接，开始下载 Xcode 6.3，实际下载界面如图 20-7 所示。

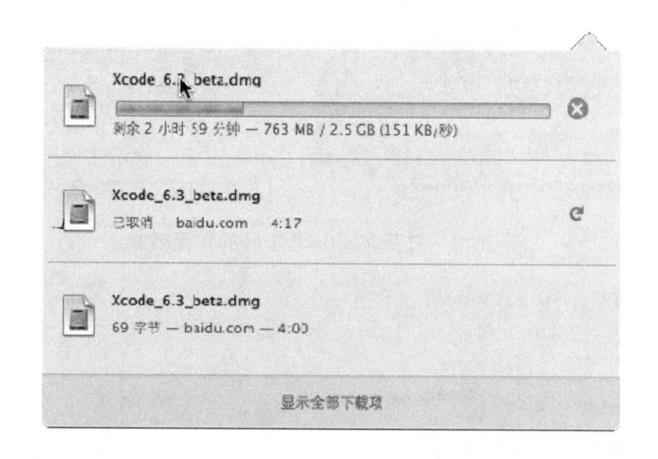

图 20-7　下载 Xcode 6.3

(4) 下载完成后，双击“.dmg”文件进行安装，如图 20-8 所示。具体安装过程与本书前面第 1 章中安装 Xcode 6.1 的方法一样，在此不再进行详细介绍。

(5) 安装成功后，打开 Xcode 6.3 后的界面效果如图 20-9 所示。

(6) 与以往版本相比，可以使用 Xcode 6.3 在当前的 iOS 项目中添加 Watch 应用对象，方法是打开现有的 iOS 应用项目，然后依次选择 File→New→Target，再选中 Apple Watch 即可，如图 20-10 所示。

图 20-8　开始安装 Xcode 6.3

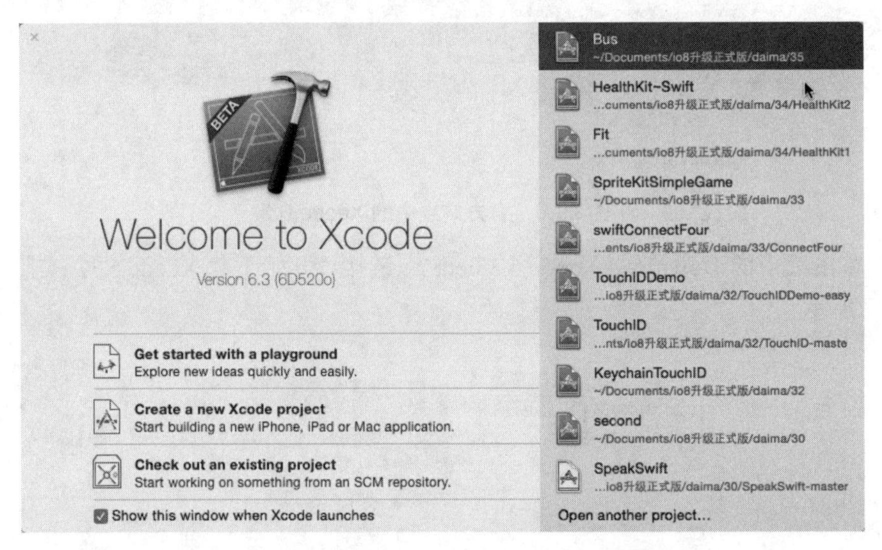

图 20-9　打开 Xcode 6.3 后的界面效果

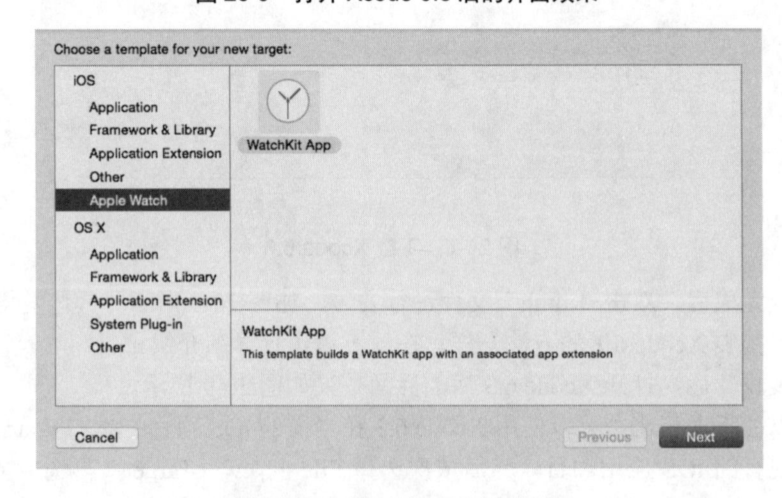

图 20-10　添加 Watch 应用对象

20.2.2　WatchKit 架构

通过使用 WatchKit，可以为 Watch App 创建一个全新的交互界面，而且可以通过 iOS App Extension 去控制它们。所以我们能做的，并不只是一个简单的 iOS Apple Watch Extension，而是有很多新的功能，需要我们去挖掘。目前提供的有特定的 UI 控制方式、Glance、可自定义的 Notification、与 Handoff 的深度结合、图片缓存等。

Apple Watch 应用程序包含两个部分，分别是 Watch 应用和 WatchKit 应用扩展。

Watch 应用驻留在用户的 Apple Watch 中，只含有故事板和资源文件，要注意，它并不包含任何代码。而 WatchKit 应用扩展驻留在用户的 iPhone 上(在关联的 iOS 应用中)，含有相应的代码和管理 Watch 应用界面的资源文件。

当用户开始与 Watch 应用互动时，Apple Watch 将会寻找一个合适的故事板场景来显示。它根据用户是否在查看应用的 glance 界面、是否在查看通知，或者是否在浏览应用的主界面等行为，来选择相应的场景。当选择完场景后，Watch OS 将通知配对的 iPhone 启动 WatchKit 应用扩展，并加载相应对象的运行界面，所有的消息交流工作都在后台进行。

Watch 应用和 WatchKit 应用扩展之间的信息交流过程如图 20-11 所示。

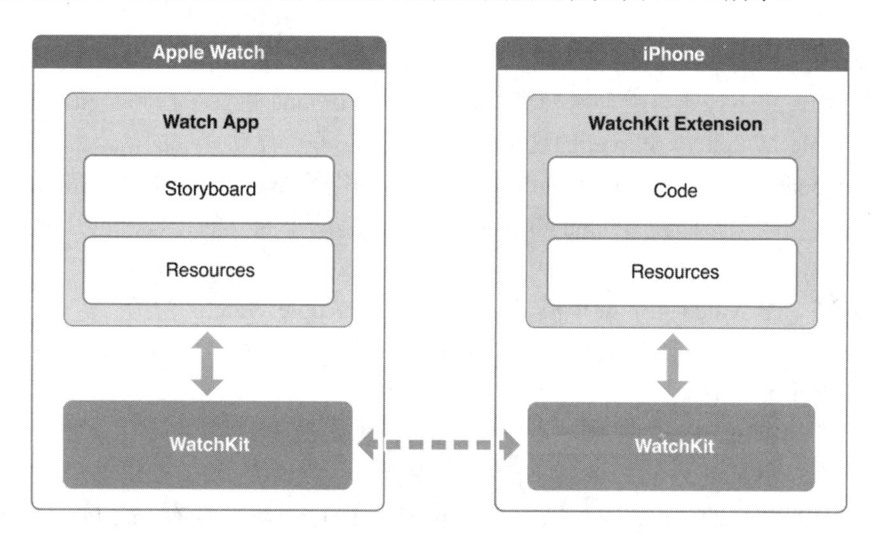

图 20-11　信息交流过程

Watch 应用的构建基础是界面控制器，这部分是由 WKInterfaceController 类的实例实现的。WatchKit 中的界面控制器用来模拟 iOS 中的视图控制器，功能是显示和管理屏幕上的内容，并且响应用户的交互工作。

如果用户直接启动应用程序，系统将从主故事板文件中加载初始界面控制器。根据用户的交互动作，可以显示其他界面控制器以让用户得到需要的信息。究竟如何显示额外的界面控制器，这取决于应用程序所使用的界面样式。WatchKit 支持基于页面的风格以及基于层次的风格。

注意：在图 20-11 所示的信息交流过程中，glance 和通知只会显示一个界面控制器，其中包含了相关的信息。与界面控制器的互动操作会直接进入应用程序的主界面中。

通过上面的描述可知，在运行 Watch App 时，是由两部分相互结合进行具体工作的，如图 20-12 所示。

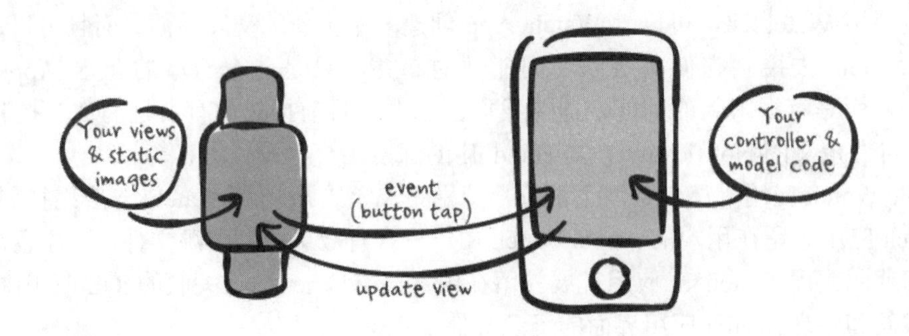

图 20-12　Watch App 运行组成部分

Watch App 运行组成部分的具体说明如下所示。

(1) Apple Watch 主要包含用户界面元素文件(Storyboard 文件和静态的图片文件)和处理用户输入的行为。这部分代码不会真正在 Apple Watch 中运行，也就是说，Apple Watch 仅是一个“视图”容器。

(2) 在 iPhone 中包含的所有逻辑代码，用于响应用户在 Apple Watch 上产生的行为，例如应用启动、点击按钮、滑动滑杆等。也就是说，iPhone 包含了控制器和模型。

上述 Apple Watch 和 iPhone 的这种交互操作是在幕后自动完成的，开发者要做的工作只是在 Storyboard 中设置好 UI 的 Outlet，其他的事都交给 WatchKit SDK 在幕后通过蓝牙技术自动进行交互即可。即使 iPhone 和 Apple Watch 是两个独立的设备，也只需要关注本地的代码以及 Outlet 的连接情况即可。

综上所述，在 Watch App 架构模式中，要想针对 Apple Watch 进行开发，首先需要建立一个传统的 iOS App，然后在其中添加 Watch App 的 target 对象。添加后，会在项目中发现多出了如下两个 target：

◎　一个是 WatchKit 的扩展。

◎　一个是 Watch App。

此时在项目相应的 group 下可以看到 WatchKit Extension 中含有 InterfaceController.h/m 之类的代码，而在 Watch App 中只包含了 Interface.storyboard，如图 20-13 所示。Apple 并没有像对 iPhone Extension 那样明确要求针对 Watch 开发的 App 必须还是以 iOS App 为核心。也就是说，将 iOS App 空壳化而专注提供 Watch 的 UI 和体验是被允许的。

在安装应用程序时，负责逻辑部分的 WatchKit Extension 将随 iOS App 的主 Target 被一同安装到 iPhone 中，而负责界面部分的 WatchKit App 将会在安装主程序后，由 iPhone 检测有没有配对的 Apple Watch，并提示安装到 Apple Watch 中。所以，在实际使用时，所有的运算、逻辑以及控制实际上都是在 iPhone 中完成的。当需要界面执行刷新操作时，由 iPhone 向 Watch 发送指令，并在手表盘面上显示。反过来，用户触摸手表进行交互时的信息也由手表传回给 iPhone 并进行处理。而这个过程 WatchKit 会在幕后完成，并不需要开发者操心。我们需要知道的就是，从原则上来说，应该将界面相关的内容放在 Watch App 的 Target 中，而将所有代码逻辑等放到 Extension 中。

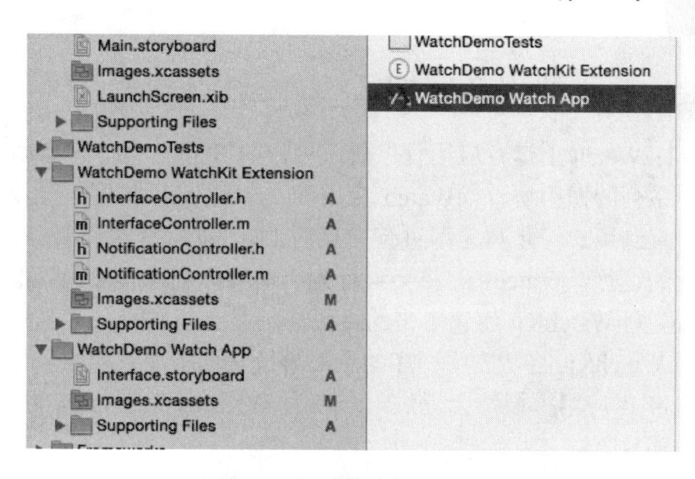

图 20-13　项目工程目录

由此可见，在整个 Watch App 中，当在手表上点击 App 图标运行 Watch App 时，手表将会负责唤醒手机上的 WatchKit Extension。而 WatchKit Extension 和 iOS App 之间的数据交互需求则由 App Groups 来完成，这与 Today Widget 以及其他一些 Extension 是同样的。

20.2.3　WatchKit 布局

Watch App 的 UI 布局方式不是用 AutoLayout 实现的，取而代之的是一种新的布局方式 Group。在这种方式中，需要将按钮和 Label 之类的界面元素添加到 Group 中，然后 Group 会自动为添加的界面元素在其内部进行布局。

在 Watch App 中，可以将一个 Group 嵌入到另一个 Group 中，用于实现较为复杂一点的界面布局，并且可以在 Group 中设置背景色、边距、圆角半径等属性。

20.2.4　Glances 和 Notifications

在 Apple Watch 应用中，最有用的功能之一就是能让用户很方便地(比如一抬手)就能看到自己感兴趣的事物的提醒通知，比如，有人在 Twitter 中提及到了用户，或者比特币的当前价位等。

Glances 和 Notifications 的具体作用是什么呢？具体说明如下所示。

◎ Glances 能让用户在应用中快速预览信息，这一点有点像 iOS 8 中的 Today Extension。

◎ Notifications 能让用户在 Apple Watch 中接收到各类通知。Apple Watch 中的通知分为两种级别。第一种是提示，只显示应用图标和简单的文本信息。当抬起手腕或者点击屏幕时，就会进入到第二种级别，此时，就可以看到该通知更多详细的信息，甚至有交互按钮。

在 Glance 和 Notification 这两种情形下，用户都可以点击屏幕进入到对应的 Watch App 中，并且使用 Handoff。用户甚至可以将特定的 View Controller 作为 Glance 或 Notification 的内容发送给用户。

20.2.5 Watch App 的生命周期

当用户在 Apple Watch 上运行应用程序时，用户的 iPhone 会自行启动相应的 WatchKit 应用扩展。通过一系列的握手协议，Watch 应用和 Watch 应用扩展将互相连接，消息能够在二者之间流通，直到用户停止与应用进行交互为止。此时，iOS 将暂停应用扩展的运行。

随着启动队列的运行，WatchKit 将会自行为当前界面创建相应的界面控制器。如果用户正在查看 Glance，则 WatchKit 创建出来的界面控制器会与 Glance 相连接。如果用户直接启动应用程序，则 WatchKit 将从应用程序的主故事板文件中加载初始界面控制器。无论是哪一种情况，WatchKit 应用扩展都会提供一个名为 WKInterfaceController 的子类，来管理相应的界面。

当初始化界面控制器对象后，就应该为其准备显示相应的界面。当启动应用程序时，WatchKit 框架会自行创建相应的 WKInterfaceController 对象，并调用 initWithContext:方法来初始化界面控制器，然后加载所需的数据，最后设置所有界面对象的值。对主界面控制器来说，初始化方法紧接着 willActivate 方法运行，以让用户知道界面已显示在屏幕上。

启动 Watch 应用程序的过程如图 20-14 所示。

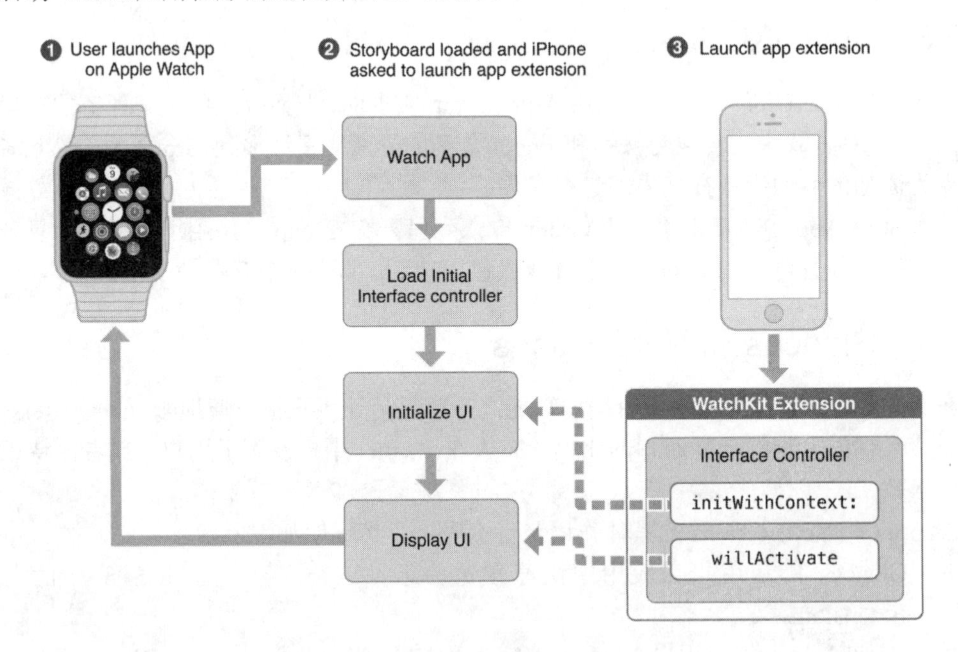

图 20-14 启动 Watch 应用程序的过程

当用户在 Apple Watch 上与应用程序进行交互时，WatchKit 应用扩展将保持运行。如果用户明确退出应用或者停止与 Apple Watch 进行交互，那么 iOS 将停用当前界面控制器，并暂停应用扩展的运行。

因为与 Apple Watch 的互动操作是非常短暂的，所以这几个步骤都有可能在数秒之间发生。所以，界面控制器应当尽可能简单，并且不要运行长时的任务。重点应当放在读取和显示用户想要的信息上来。

界面控制器的生命周期如图 20-15 所示。

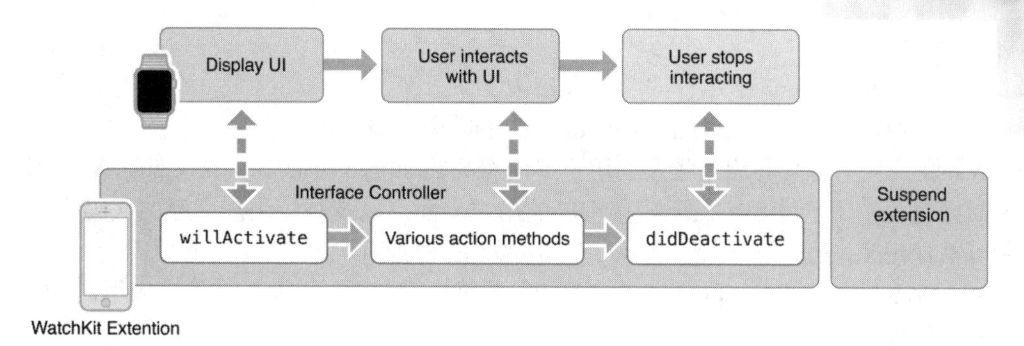

图 20-15 界面控制器的生命周期

在应用生命周期的不同阶段，iOS 将会调用 WKInterfaceController 对象的相关方法来让我们做出相应的操作。

在表 20-1 中，列出了大部分应当在界面控制器中声明的主要方法。

表 20-1 WKInterfaceController 的主要方法

方 法	要执行的任务
initWithContext:	这个方法用来准备显示界面，借助它来加载数据，以及更新标签、图像和其他在故事板场景上的界面对象
willActivate:	这个方法可以让我们知道该界面是否对用户可视，借助它来更新界面对象，以及完成相应的任务，完成任务只能在界面可视时使用
didDeactivate:	使用 didDeactivate 方法来执行所有的清理任务。例如，使用此方法来废止计时器、停止动画或者停止视频流内容的传输。但是，不能在这个方法中设置界面控制器对象的值，在本方法被调用之后到 willActivate 方法再次被调用之前，任何更改界面对象的企图都是被忽略的

除了在表 20-1 中列出的方法，WatchKit 同样也调用了界面控制器的自定义动作方法来响应用户操作。可以基于用户界面来定义这些动作方法，例如，可能会使用动作方法来响应单击按钮、跟踪开关或滑块值的变化，或者响应表视图中单元格的选择。对于表视图来说，同样也可以用 table:didSelectRowAtIndex:，而不是动作方法，来跟踪单元格的选择。使用这些动作方法来执行任务，并更新 Watch 应用的用户界面。

注意：Glance 不支持动作方法，单击应用时，Glance 始终会直接启动应用。

20.3 开发 Apple Watch 应用程序

Apple Watch 为用户提供了一个私人的，且不唐突的方式，来访问信息，用户只需瞥一眼 Apple Watch，就可以获得许多重要的消息，而不用从口袋中掏出他们的 iPhone。Apple Watch 专用应用程序应尽可能地以最直接的方式提供最最相关的信息来简化交互。Apple Watch 的正常运行需要 iPhone 运行相关的第三方应用，在创建第三方应用时，需要如下两个可执行文件。

(1) 在 Apple Watch 上运行的 Watch 应用。

(2) 在用户 iPhone 上运行的 WatchKit 应用扩展。

Watch 应用只包含与应用程序的用户界面有关的 storyboards 和资源文件。WatchKit 应用扩展则包含了用于管理、监听应用程序的用户界面，以及响应用户交互的代码。借助这两种可执行程序，可以在 Apple Watch 上运行如下几种不同类型的用户界面：

◎ Watch 应用拥有 iOS 应用的完整用户界面。用户从主界面启动手表应用，来查看或处理数据。

◎ 使用 Glance 界面以便在 Watch 应用上显示即时、相关的信息，该界面是可选的只读界面。并不是所有的 Watch 应用都需要使用 Glance 界面，但是，如果使用了它的话，就可以让用户方便地访问 iOS 应用的数据。

◎ 自定义通知界面可以让我们修改默认的本地或远程通知界面，并可以添加自定义图形、内容以及设置格式。自定义通知界面是可选的。

Watch 应用程序需要尽可能实现 Apple Watch 提供的所有交互动作。由于 Watch 应用目的在于扩展 iOS 应用的功能，因此，Watch 应用和 WatchKit 应用扩展将被捆绑在一起，并且都会被打包进 iOS 应用包。

如果用户有与 iOS 设备配对的 Apple Watch，那么，随着 iOS 应用程序的安装，系统将会提示用户安装相应的 Watch 应用。

20.3.1 创建 Watch 应用

Watch 应用程序是在 Apple Watch 上进行交互的主体，Watch 应用程序通常从 Apple Watch 的主屏幕上访问，并且能够提供一部分关联 iOS 应用的功能。

Watch 应用的目的，是让用户快速浏览相关的数据。Watch 应用程序与在用户 iPhone 上运行的 WatchKit 应用扩展协同工作，不会包含任何自定义代码，仅仅是存储了故事板以及和用户界面相关联的资源文件。

WatchKit 应用扩展是实现这些操作的核心所在，它包含了页面逻辑，以及用来管理内容的代码，实现用户操作响应并刷新用户界面。

由于应用扩展是在用户的 iPhone 上运行的，因此，它能轻易地与 iOS 应用协同工作，比如说，收集坐标位置，或者执行其他长期运行任务。

20.3.2 创建 Glance 界面

Glance 是一个展示即时重要信息的密集界面，Glance 中的内容应当言简意赅。

Glance 不支持滚动功能，因此，整个 Glance 界面只能在单个界面上显示，开发者需要保证它拥有合适的大小。Glance 允许只读，因此不能包含按钮、开关或其他交互动作。点击 Glance，会直接启动 Watch 应用。

开发者需要在 WatchKit 应用扩展中添加管理 Glance 的代码，用来管理 Glance 界面的类与 Watch 应用的类相同。

虽然如此，Glance 还是更容易实现，因为它无须响应用户交互动作。

20.3.3　自定义通知界面

Apple Watch 能够和与之配对的 iPhone 协同工作，来显示本地或者远程通知。

Apple Watch 首先使用一个小窗口来显示进来的通知，当用户移动手腕，希望看到更多的信息时，这个小窗口会显示出更详细的通知内容。应用程序可以提供详情界面的自定义版本，并且可以添加自定义图像，或者改变系统默认的通知信息。

Apple Watch 支持从 iOS 8 开始引入的交互式通知。在这种交互式通知应用中，通过在通知上添加按钮的方式，来让用户立即做出回应。比如说，一个日历时间通知可能会包含了接收或拒绝某个会议邀请的按钮。只要我们的 iOS 应用支持交互式通知，那么 Apple Watch 便会自行向自定义或默认通知界面上添加合适的按钮。开发者所需要做的，只是在 WatchKit 应用扩展中处理这些事件而已。

20.3.4　配置 Xcode 项目

通过使用 Xcode，可以将 Watch 应用和 WatchKit 应用扩展打包，然后放进现有的 iOS 应用包中。Xcode 提供了一个搭建 Watch 应用的模板，其中包含了创建应用、Glance，以及自定义通知界面所需的所有资源。该模板在现有的 iOS 应用中创建一个额外的 Watch 应用对象。

1. 向 iOS 应用中添加 Watch 应用

要向现有项目中添加 Watch 应用对象，需要执行如下所示的步骤。

(1)　打开现有的 iOS 应用项目。

(2)　选择 File → New → Target，然后选中 Apple Watch。

(3)　选择 Watch App，然后单击 Next 按钮，如图 20-16 所示。

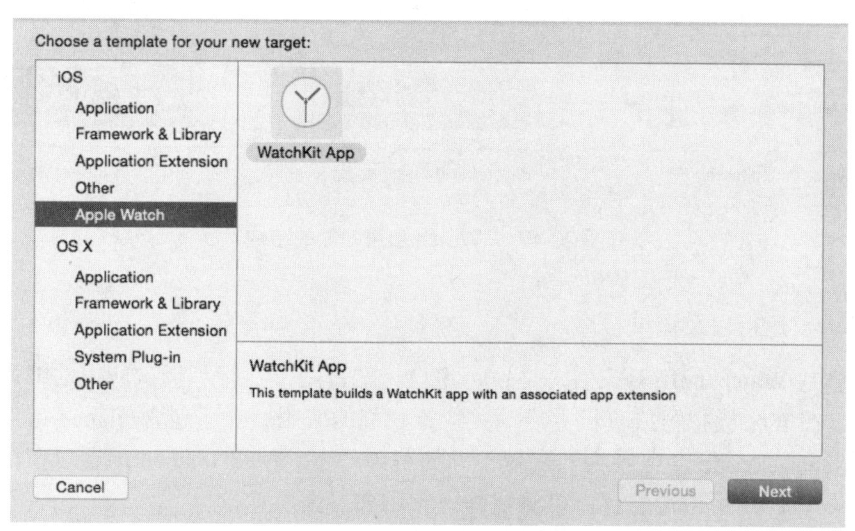

图 20-16　添加 Watch 应用对象

(4)　如果想要使用 Glance 或者自定义通知界面，可选择相应的选项。在此，建议激活应用通知选项。选中之后，就会创建一个新的文件，来调试该通知界面。如果没有选择这个选项，那么，之后只能手动创建这个文件了。

(5) 单击 Finish 按钮。

完成上述操作之后，Xcode 将 WatchKit 应用扩展所需的文件以及 Watch 应用添加到项目中，并自动配置相应的对象。Xcode 将基于 iOS 应用的 bundle ID 来为两个新对象设置它们的 bundle ID。

比如说，iOS 应用的 bundle ID 为 com.example.MyApp，那么 Watch 应用的 bundle ID 将被设置为 com.example.MyApp.watchapp，WatchKit 应用扩展的 bundle ID 被设置为 com.example.MyApp.watchkitextension。

这三个可执行对象的基本 ID(即 com.example.MyApp)必须相匹配，如果我们更改了 iOS 应用的 bundle ID，那么，就必须相应地更改另外两个对象的 bundle ID。

2. 应用对象的结构

通过 Xcode 中的 WatchKit 应用扩展模板，为 iOS 应用程序创建了两个新的可执行程序。Xcode 同时也配置了项目的编译依赖，从而让 Xcode 在编译 iOS 应用的同时，也编译这两个可执行对象。

在图 20-17 中说明了它们的依赖关系，并解释了 Xcode 是如何将它们打包在一起的。WatchKit 依赖于 iOS 应用，而其同时又被 Watch 应用依赖。编译 iOS 应用将会把这三个对象同时编译并打包。

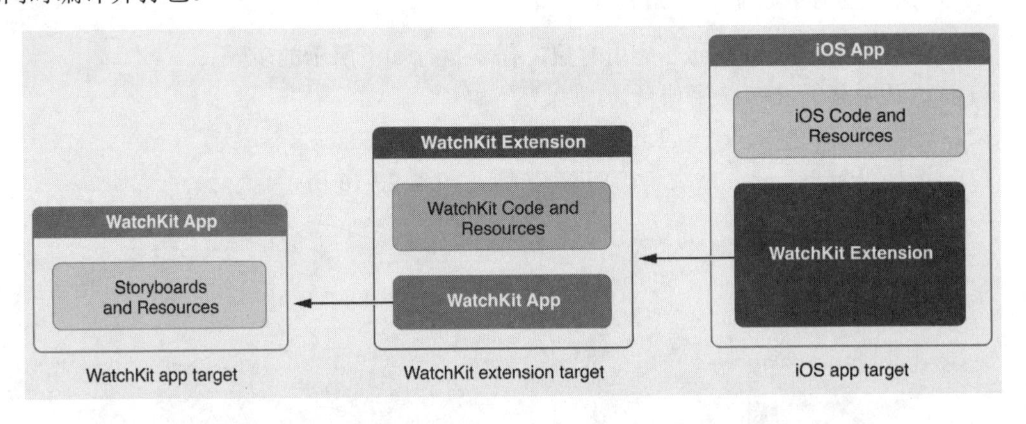

图 20-17　Watch 应用对象的结构

3. 编译、运行以及调试程序

当创建完 Watch 应用对象后，Xcode 将自行配置用于运行和调试应用的编译方案。使用该配置，在 iOS 模拟器或真机上启动并运行我们的应用。对于包含 glance 或者自定义通知的应用来说，Xcode 会分别为其配置不同的编译方案。使用 Glance 配置以在模拟器中调试 Glance 界面，使用通知配置，以测试静态和动态界面。

为 Glance 和通知配置自定义编译方案的步骤如下所示。

(1) 选择现有的 Watch 应用方案，然后，从方案菜单中选择 Edit Scheme 命令，具体如图 20-18 所示。

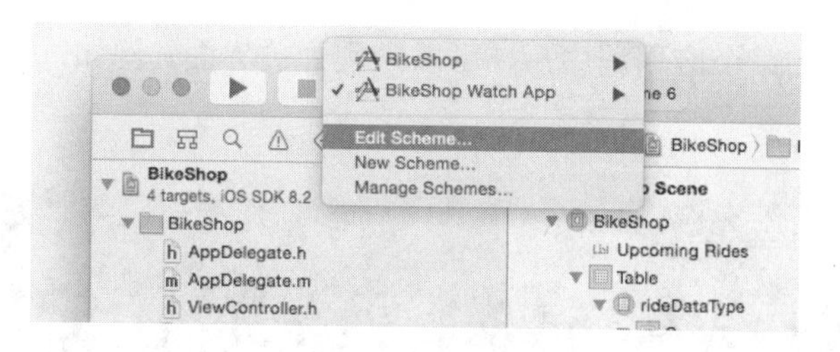

图 20-18　选择 Edit Scheme 命令

(2) 复制现有的 Watch 应用方案，然后给新方案取一个合适的名字。比如说，命名为“Glance - My Watch app”，表示该方案是专门用来运行和调试 Glance 的。

(3) 选择方案编辑器左侧栏的 Run 选项，然后在信息选项卡中选择合适的可执行对象。

(4) 关闭方案编辑器以保存更改。

当在 iOS 模拟器调试自定义通知界面的时候，可以指定一个 JSON 负载来模拟进来的通知。通知界面的 Xcode 模板包含一个 RemoteNotificationPayload.json 文件，可以用它来指定负载中的数据。这个文件位于 WatchKit 应用扩展的 Supporting Files 文件夹中。只有当在创建 Watch 应用时勾选了通知场景选项，这个文件才会被创建。如果这个文件不存在，可以用一个新的空文件手动创建它。

在模拟器中运行 Watch 应用程序的基本步骤如下所示。

(1) 与运行正常 iOS 应用程序一样，在 iPhone 模拟器中的执行效果如图 20-19 所示。

图 20-19　iPhone 模拟器

(2) 单击模拟器中的 Apple Watch，会在列表中显示当前 iPhone 设备中的手表应用程序列表，如图 20-20 所示。

图 20-20　手表应用程序列表

(3) 单击列表中的某个应用程序后，可以来到开关界面，例如，打开 Lister 后的效果如图 20-21 所示。

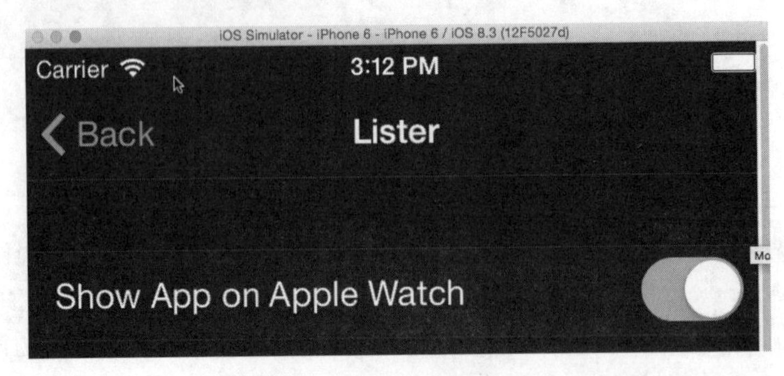

图 20-21 开关界面

(4) 通过图 20-21 中的开关，可以控制 Apple Watch 与 iPhone 实现互联，在模拟器中的执行效果如图 20-22 所示。

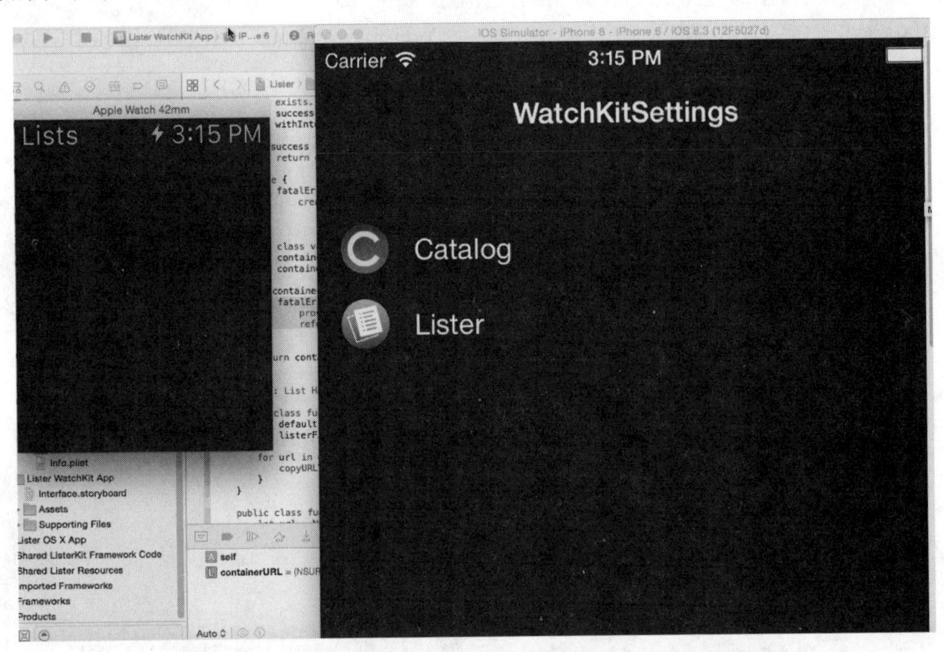

图 20-22 Apple Watch 模拟器与 iPhone 模拟器实现互联

20.4 实战演练——实现 AppleWatch 界面布局

本实例实现了一个基本的 WatchKit 演示应用程序，本实例是一个官方教程，使用 Objective-C 语言开发。通过本应用程序，演示 WatchKit 界面元素的使用和布局方法。

实例20-1 AppleWatch 界面布局
源码路径 下载资源\daima\20\InterfaceElements

本实例演示了在 WatchKit 框架中使用 UI 元素的方法，讲解了如何使用并配置每个 UI 元素的方法和相互之间的作用。该项目还展示了如何创建复杂界面布局的方法、如何在 iPhone 中加载显示图像的过程，以及如何从 Glance 或 Notification 中传递数据到 WatchKit 的方法。实例的具体实现流程如下所示。

(1) 打开 Xcode 6.3，新建一个名为“WatchKitInterfaceElements”工程，在工程中加入 WatchKit 扩展，工程的最终目录结构如图 20-23 所示。

图 20-23　工程的最终目录结构

(2) 实现 WatchKit Extension 部分，这部分位于用户的 iPhone 安装的对应 App 上，这里包括我们需要实现的代码逻辑和其他资源文件。这两个部分之间就是通过 WatchKit 进行连接通信的。WatchKit Extension 部分的代码比较多，具体来说，分为如下所示的几个部分。

◎ Initial Interface Controller：界面初始化控制器。
◎ Table Detail Controller：单元格详情控制器。
◎ Notifications：通知处理。
◎ Glance：界面控制器。

首先看 Initial Interface Controller 部分的具体实现，其中文件 AAPLInterfaceController.m 用于实现界面的整体配置。文件 AAPLInterfaceController.m 的具体实现代码如下所示：

```
#import "AAPLInterfaceController.h"
#import "AAPLElementRowController.h"
@interface AAPLInterfaceController()
@property (weak, nonatomic) IBOutlet WKInterfaceTable *interfaceTable;
@property (strong, nonatomic) NSArray *elementsList;
@end
@implementation AAPLInterfaceController
- (instancetype)init {
   self = [super init];
   if (self) {
      self.elementsList = [NSArray arrayWithContentsOfFile:[[NSBundle mainBundle]
       pathForResource:@"AppData" ofType:@"plist"]];

      [self loadTableRows];
   }
   return self;
}
- (void)willActivate {
   // This method is called when the controller is about to be visible to the wearer.
   NSLog(@"%@ will activate", self);
}
- (void)didDeactivate {
   NSLog(@"%@ did deactivate", self);
}
```

```
- (void)handleUserActivity:(NSDictionary *)userInfo {
    [self pushControllerWithName:userInfo[@"controllerName"] context:userInfo[@"detailInfo"]];
}
- (void)table:(WKInterfaceTable *)table didSelectRowAtIndex:(NSInteger)rowIndex {
   NSDictionary *rowData = self.elementsList[rowIndex];
   [self pushControllerWithName:rowData[@"controllerIdentifier"] context:nil];
}
- (void)loadTableRows {
    [self.interfaceTable setNumberOfRows:self.elementsList.count
      withRowType:@"default"];
    [self.elementsList enumerateObjectsUsingBlock:^(NSDictionary *rowData,
      NSUInteger idx, BOOL *stop) {
        AAPLElementRowController *elementRow =
          [self.interfaceTable rowControllerAtIndex:idx];
        [elementRow.elementLabel setText:rowData[@"label"]];
    }];
}
@end
```

而其余的文件的功能比较类似，都是实现界面中各个控件界面布局处理的。这些界面布局文件十分重要，因为在手表中呈现出的内容便是这部分推送过去的数据。

再看 Table Detail Controller 部分的具体实现，其中，文件 AAPLDeviceDetailController.m 用于实现设备详情控制器，具体实现代码如下所示：

```
#import "AAPLDeviceDetailController.h"
@interface AAPLDeviceDetailController()
@property (weak, nonatomic) IBOutlet WKInterfaceLabel *boundsLabel;
@property (weak, nonatomic) IBOutlet WKInterfaceLabel *scaleLabel;
@property (weak, nonatomic) IBOutlet WKInterfaceLabel *preferredContentSizeLabel;
@end
@implementation AAPLDeviceDetailController
- (instancetype)init {
    self = [super init];
    if (self) {
        CGRect bounds = [[WKInterfaceDevice currentDevice] screenBounds];
        CGFloat scale = [[WKInterfaceDevice currentDevice] screenScale];
        [self.boundsLabel setText:NSStringFromCGRect(bounds)];
        [self.scaleLabel setText:[NSString stringWithFormat:@"%f",scale]];
        [self.preferredContentSizeLabel setText:[[WKInterfaceDevice currentDevice]
          preferredContentSizeCategory]];
    }
    return self;
}
- (void)willActivate {
    NSLog(@"%@ will activate", self);
}
- (void)didDeactivate {
    // This method is called when the controller is no longer visible.
    NSLog(@"%@ did deactivate", self);
}
@end
```

再看 Notifications 部分的具体实现，其中，控制器文件 AAPLNotificationController.m 用于处理和显示一个自定义的或静态的通知，具体实现代码如下所示：

```
#import "AAPLNotificationController.h"
@implementation AAPLNotificationController
- (instancetype)init {
    self = [super init];
```

```
    if (self) {
    }
    return self;
}
- (void)willActivate {
    NSLog(@"%@ will activate", self);
}
- (void)didDeactivate {
    NSLog(@"%@ did deactivate", self);
}
- (void)didReceiveRemoteNotification:(NSDictionary *)remoteNotification
  withCompletion:(void (^)(WKUserNotificationInterfaceType))completionHandler {
    completionHandler(WKUserNotificationInterfaceTypeCustom);
}
@end
```

再看 Glance 部分的具体实现，其中 AAPLGlanceController.m 控制器展示了 Glance 的内容，实现了信息传递功能，通过 Handoff 切换到 WatchKit 佩戴者的应用程序路径，点击浏览，将发送出 WatchKit APP 应用数据。

文件 AAPLGlanceController.m 的具体实现代码如下所示：

```
#import "AAPLGlanceController.h"
@interface AAPLGlanceController()
@property (weak, nonatomic) IBOutlet WKInterfaceImage *glanceImage;
@end
@implementation AAPLGlanceController
- (void)awakeWithContext:(id)context {
    [self.glanceImage setImage:[UIImage imageNamed:@"Walkway"]];
}
- (void)willActivate {
    NSLog(@"%@ will activate", self);
    [self updateUserActivity:@"com.example.apple-samplecode.WatchKit-Catalog"
      userInfo:@{@"controllerName": @"imageDetailController",
      @"detailInfo": @"This is some more detailed information to pass."} webpageURL:nil];
}
- (void)didDeactivate {
    NSLog(@"%@ did deactivate", self);
}
@end
```

iPhone 端的执行效果如图 20-24 所示。

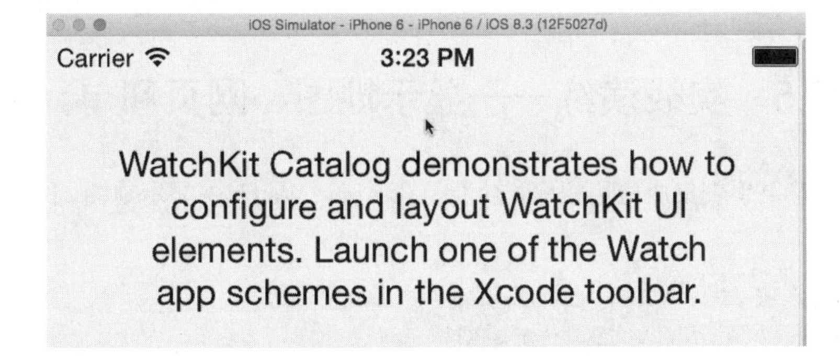

图 20-24　iPhone 端的执行效果

(3)　再看 WatchKit App 部分，此部分位于用户的 Apple Watch 上，它目前为止只允许包含 Storyboard 文件和 Resources 文件。在我们的项目里，这一部分不包括任何代码。故事板文件 Interface.storyboard 的设计效果如图 20-25 所示。

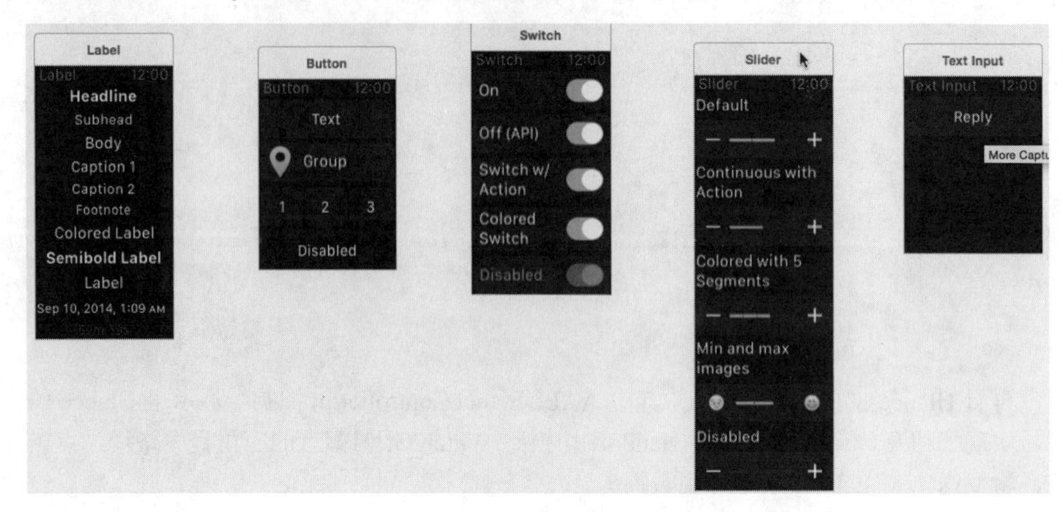

图 20-25　故事板文件的设计效果

手表端的界面执行效果如图 20-26 所示，单击列表中的某个选项，可以来到详情界面，例如单击 Button 后的效果，如图 20-27 所示。

图 20-26　手表端的界面执行效果

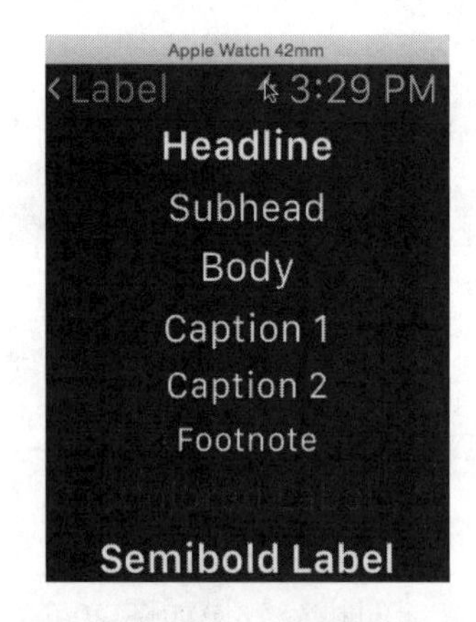

图 20-27　详情界面

20.5　实战演练——显示地图、网页和单元格

这是一个苹果手表集成应用程序，功能是在 Apple Watch 中显示地图、网页和单元格等元素。

实例20-2　在 Apple Watch 中显示地图、网页和单元格等元素
源码路径　下载资源\daima\20\hello-watchkit

本实例的具体实现流程如下所示。

(1)　打开 Xcode 6.3，新建一个名为“hello-watchkit”的工程，在工程中加入 WatchKit 扩展，工程的最终目录结构如图 20-28 所示。

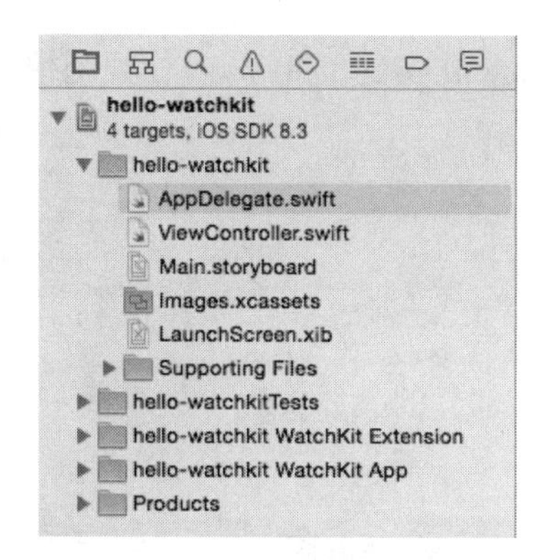

图 20-28　工程的最终目录结构

(2)　开始实现 WatchKit Extension 逻辑部分，其中的 InterfaceController.swift 文件是一个视图控制文件，具体实现代码如下所示：

```
import WatchKit
import Foundation
class InterfaceController: WKInterfaceController {
    let features = ["Glances", "Notifications", "Apps"]
    @IBAction func browseButtonTapped() {
        let controllers = [String](count: features.count,
          repeatedValue: "FeatureInterfaceController")
        presentControllerWithNames(controllers, contexts: features)
    }
    override func contextsForSegueWithIdentifier(
      segueIdentifier: String) -> [AnyObject]? {
        return features
    }
    override func awakeWithContext(context: AnyObject?) {
        super.awakeWithContext(context)
        NSLog("%@ awakeWithContext", self)
    }
    override func willActivate() {
        super.willActivate()
        NSLog("%@ will activate", self)
    }
    override func didDeactivate() {
        NSLog("%@ did deactivate", self)
        super.didDeactivate()
    }
}
```

文件 MapInterfaceController.swift 是一个地图界面视图文件，具体实现代码如下所示：

```
import Foundation
import WatchKit
class MapInterfaceController: WKInterfaceController {
    @IBOutlet weak var mapView: WKInterfaceMap!

    override func awakeWithContext(context: AnyObject!) {
        let location = CLLocationCoordinate2D(latitude: 37, longitude: -122)
        let coordinateSpan = MKCoordinateSpan(latitudeDelta: 10, longitudeDelta: 10)
        mapView.addAnnotation(location, withPinColor: .Purple)
        mapView.setRegion(MKCoordinateRegion(center: location, span: coordinateSpan))
    }
}
```

文件 MinionRowController.swift 实现了 Minion 行视图控制器，具体实现代码如下所示：

```
import Foundation
import WatchKit
class MinionRowController: NSObject {
    @IBOutlet weak var minionNameLabel: WKInterfaceLabel!
    @IBOutlet weak var image: WKInterfaceImage!
}
```

(3) 开始看 WatchKit App 部分的具体实现，故事板 Interface.storyboard 文件的设计效果如图 20-29 所示。

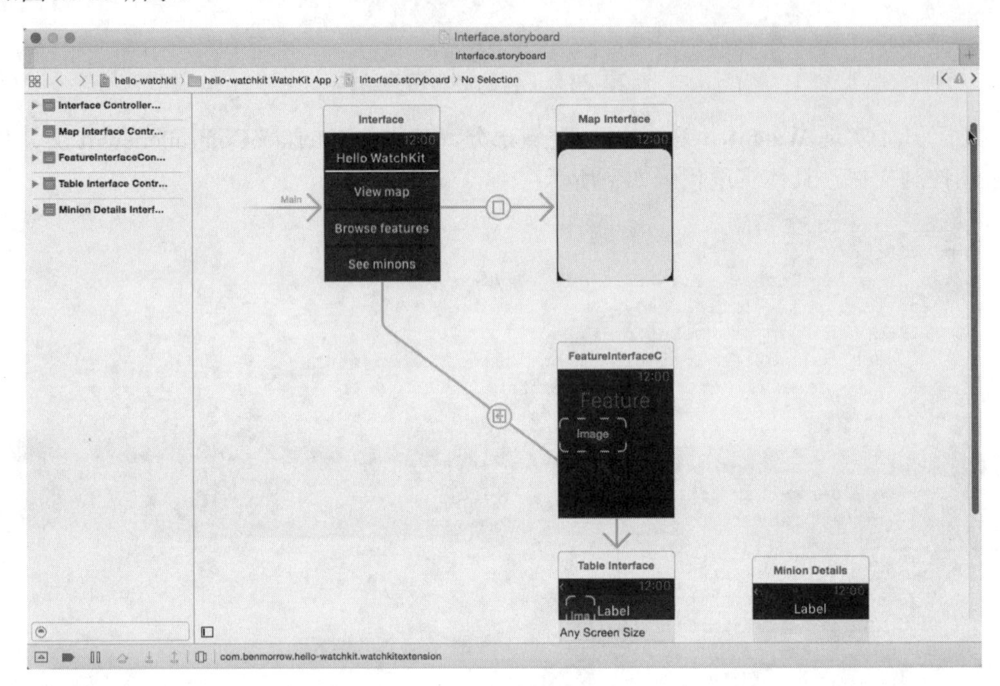

图 20-29　故事板的设计效果

手表端的初始执行效果如图 20-30 所示，单击某列表项后，会显示详情界面，例如单击 View map 项后，会显示一个地图界面，如图 20-31 所示。

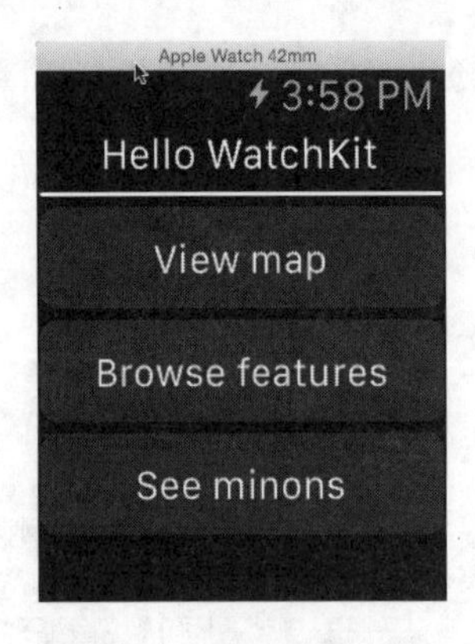

图 20-30　初始列表界面

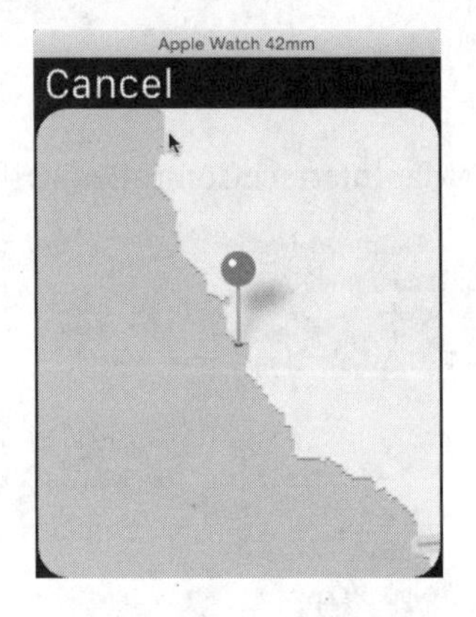

图 20-31　地图详情界面

第21章

iOS 8

多功能音乐盒系统

在本章的内容中，将通过一个多功能音乐盒系统的实现过程，详细讲解使用Xcode集成开发环境，并使用Objective-C语言开发多媒体项目的基本流程。

本视频播放器实例的功能更加强大，并且充分整合了网络资源，非常具有代表性。希望读者仔细品味其中的每一段代码，为自己以后的开发应用工作打好基础。

21.1 系统介绍

在具体编码之前，需要先了解本项目的基本功能，了解各个模块的具体结构，为后期的编码工作打好基础。

21.1.1 功能介绍

本章的音乐盒项目功能强大，具备如下所示的功能。

(1) 本地音乐播放

可以播放本地存储的音乐，以音乐盒库的形式列表显示，便于用户使用并触发。

(2) 音乐信息显示

详细显示某首音乐的信息，例如专辑名、歌曲名、时间长度、封面图片等。

(3) 在线歌词搜索显示

本项目基于千千静听服务器，可以在线搜索某首歌曲的歌词。

(4) MV 播放

本项目基于土豆服务器，能够列表显示热点 MV，并且可以快速搜索 MV。

(5) 在线音乐搜索播放

本项目基于百度 MP3 服务器，可以在线搜索 MP3，并且点击搜索结果后，可以实现播放功能。

21.1.2 模块划分

1. 正在播放

播放音频时，在此界面显示播放界面，并且显示与此歌曲有关的信息，例如专辑名、歌曲名、时间长度、封面图片等。

2. 音乐库

我们经常将喜爱的歌曲放在音乐库中，这样，可以方便我们收听音乐。此模块还分为如下 4 个部分：

◎ 所有音乐。

◎ 歌手。

◎ 专辑。

◎ CoverFlow。

3. MV

在此模块中，通过在线自动获取的方式，列表显示了土豆网的热点 MV，并且提供了搜索功能，供用户快速检索到自己喜欢的 MV。

4. 在线搜索

通过此模块，可以快速检索自己感兴趣关键字的 MP3，也可以检索歌手名字。在搜索结果中，可以用直接点击的方式播放这些音乐。

21.2　系统主界面

本章实例的功能是实现一个功能强大的音乐盒，不但可以播放音乐文件，而且可以播放 MV 视频。系统主界面非常简单，在 UI 视图文件 MainWindow.xib 中，定义了 4 个分视图界面。UI 视图文件如图 21-1 所示。

图 21-1　主视图

文件 AppDelegate.h 的实现代码如下所示：

```
#import <UIKit/UIKit.h>
#import "SwitchViewController.h"
@interface AppDelegate : UIResponder <UIApplicationDelegate,UITabBarControllerDelegate>
@property(strong, nonatomic) IBOutlet UIWindow *window;
@property(retain, nonatomic) IBOutlet SwitchViewController *switchViewController;
+(SwitchViewController*)switchViewController;
@end
```

文件 AppDelegate.m 的功能是载入预设的主视图界面，在底部分别显示 4 个指向不同界面的选项卡。具体代码如下所示：

```
#import "AppDelegate.h"
#import "Loading.h"
@implementation AppDelegate
@synthesize window;
@synthesize switchViewController;
- (void)dealloc
{
   [window release];
   [switchViewController release];
   [super dealloc];
}
- (BOOL)application:(UIApplication *)application
  didFinishLaunchingWithOptions:(NSDictionary *)launchOptions
{
```

```
    Loading *loading = [[Loading alloc]init];
    NSLog(@"Loading......");
    [loading query];
    [loading release];
    window = [[UIWindow alloc]initWithFrame:[[UIScreen mainScreen]bounds]];
    switchViewController = [[SwitchViewController alloc] init];
    switchViewController.delegate = self;
    //[switchViewController showMainView];
    self.window.rootViewController = switchViewController;
    [self.window makeKeyAndVisible];
    return YES;
}
-(void)applicationDidEnterBackground:(UIApplication *)application {
}
+(AppDelegate*)app {
    return (AppDelegate*)[[UIApplication sharedApplication]delegate];
}
+(SwitchViewController*)switchViewController {
    return ((AppDelegate*)
      [[UIApplication sharedApplication]delegate]).switchViewController;
}
@end
```

文件 SwitchViewController.h 定义了 4 个选项卡，分别代表“正在播放”、“音乐库”、“MV”和“在线搜索”，具体代码如下所示：

```
#import <UIKit/UIKit.h>
#import "LyricsViewController.h"
#import "IPodLibrarySwitchViewController.h"
#import "MVSwitchViewController.h"
#import "MusicSearchViewController.h"
@interface SwitchViewController : UITabBarController<UITabBarControllerDelegate>

@property(retain,nonatomic)LyricsViewController *lyricsViewController;
@property(retain,nonatomic)MVSwitchViewController *mvSwitchViewController;
@property(retain,nonatomic)IPodLibrarySwitchViewController
  *iPodLibrarySwitchViewController;
@property(retain,nonatomic)MusicSearchViewController *musicSearchViewController;
@end
```

文件 SwitchViewController.m 的功能是，使用 UITabBarItem 控件定义了 4 个选项卡，这 4 个选项分别是“正在播放”、“音乐库”、“MV”和“在线搜索”。

文件 SwitchViewController.m 的实现代码如下所示：

```
#import "SwitchViewController.h"
@implementation SwitchViewController
@synthesize lyricsViewController;
@synthesize iPodLibrarySwitchViewController;
@synthesize mvSwitchViewController;
@synthesize musicSearchViewController;

- (id)initWithNibName:(NSString *)nibNameOrNil bundle:(NSBundle *)nibBundleOrNil
{
    self = [[super initWithNibName:nibNameOrNil bundle:nibBundleOrNil]autorelease];
    if (self) {
        // Custom initialization
    }
    return self;
}
```

```
- (void)viewDidLoad
{
    [super viewDidLoad];
    lyricsViewController =
      [[LyricsViewController alloc] initWithNibName:@"LyricsView" bundle:nil];
    iPodLibrarySwitchViewController = [[IPodLibrarySwitchViewController alloc]init];
    mvSwitchViewController = [[MVSwitchViewController alloc]initWithNibName:
      @"MVSwitchViewController" bundle:nil];
    musicSearchViewController = [[MusicSearchViewController
      alloc]initWithNibName:@"MusicSearchViewController" bundle:nil];
    UITabBarItem *itemLibrary = [[UITabBarItem alloc]initWithTitle:@"音乐库"
      image:[UIImage imageNamed: @"MusicLibraryTabBarItem"] tag:2];
    UITabBarItem *itemPlaying = [[UITabBarItem alloc]initWithTitle:@"正在播放"
      image:[UIImage imageNamed:@"NowPlayingTabBarItem.png"] tag:1];
    UITabBarItem *itemMV = [[UITabBarItem alloc]initWithTitle:@"MV"
      image:[UIImage imageNamed:@"MVTabBarItem"] tag:3];
    UITabBarItem *itemSearch = [[UITabBarItem alloc]initWithTitle:@"在线搜索"
      image:[UIImage imageNamed:@"OnlineSearchTabBarIcon"] tag:4];
    iPodLibrarySwitchViewController.tabBarItem = itemLibrary;
    lyricsViewController.tabBarItem = itemPlaying;

    mvSwitchViewController.tabBarItem = itemMV;
    musicSearchViewController.tabBarItem = itemSearch;
    self.delegate = self;
    self.viewControllers = [NSArray arrayWithObjects:lyricsViewController,
      iPodLibrarySwitchViewController,mvSwitchViewController,
      musicSearchViewController,nil];
}
-(void)tabBar:(UITabBar *)tabBar didSelectItem:(UITabBarItem *)item {
    NSLog(@"%i",item.tag);
    if(item.tag == 3) { //tabBar的选中项，1开头
        if(mvSwitchViewController.firstLoaded == NO) {
            [mvSwitchViewController loadHotMVData];
        }
    }
}
- (void)viewDidUnload
{
    [super viewDidUnload];
    // Release any retained subviews of the main view.
}
- (BOOL)shouldAutorotateToInterfaceOrientation:(UIInterfaceOrientation)interfaceOrientation
{
    return (interfaceOrientation==UIInterfaceOrientationPortrait);
}
-(void)deallo {
    [lyricsViewController release];
    [super dealloc];
}
@end
```

21.3　音　乐　库

本实例的音乐库功能分为如下 4 个部分：所有音乐、歌手、专辑、CoverFlow。在本节下面的内容中，将详细讲解本实例中音乐库模块的实现过程。

21.3.1 音乐库主界面

音乐库的主界面 UI 视图如图 21-2 所示。

图 21-2 音乐库的 UI 视图

文件 IPodLibraryMainViewController.h 的实现代码如下所示：

```
#import <UIKit/UIKit.h>
#import "TKEmptyView.h"
@interface IPodLibraryMainViewController :
UIViewController<UITableViewDelegate,UITableViewDataSource> {
    IBOutlet UINavigationBar *navigationBar;

    UITableView *iPodLibraryTableView;
    TKEmptyView *emptyView;

    NSArray *tableViewItems;
}
@end
```

文件 IPodLibraryMainViewController.m 的功能是，如果系统内有音乐，则展示“所有音乐”、“歌手”、“专辑”、“CoverFlow”这 4 个列表选项；如果系统内没有音乐，则显示 No songs in your music library 的提示。

文件 IPodLibraryMainViewController.m 的具体实现代码如下所示：

```
#import "IPodLibraryMainViewController.h"
#import "AppDelegate.h"
@implementation IPodLibraryMainViewController
- (id)initWithNibName:(NSString *)nibNameOrNil bundle:(NSBundle *)nibBundleOrNil
{
    self = [super initWithNibName:nibNameOrNil bundle:nibBundleOrNil];
    if (self) {
        [self.view setFrame:CGRectMake(0, 0, 320, 480)];
    }
    return self;
}
- (void)viewDidLoad
{
```

```
    [super viewDidLoad];

    if([musicByTitle count] == 0) {
        //如果没有歌，就加载提示界面
        emptyView = [[TKEmptyView alloc]initWithFrame:self.view.frame emptyViewImage:
         TKEmptyViewImageMusicNote title:@"No Songs"
         subtitle:@"No songs in your music library"];
        [self.view insertSubview:emptyView atIndex:0];
    } else {
        iPodLibraryTableView = [[UITableView alloc]initWithFrame:CGRectMake(0, 44, 320,
         480-44) style:UITableViewStyleGrouped];
        iPodLibraryTableView.delegate = self;
        iPodLibraryTableView.dataSource = self;
        tableViewItems = [[NSMutableArray alloc]initWithObjects:@"所有歌曲",
         @"歌手",@"专辑",@"CoverFlow",nil];
        [self.view addSubview:iPodLibraryTableView];
    }
}
- (void)viewDidUnload
{
    [super viewDidUnload];
}
- (BOOL)shouldAutorotateToInterfaceOrientation:(UIInterfaceOrientation)interfaceOrientation
{
    return YES;
}
-(NSInteger)numberOfSectionsInTableView:(UITableView *)tableView
{
    return 1;
}
-(NSInteger)tableView:(UITableView *)tableView
 numberOfRowsInSection:(NSInteger)section
{
    return [tableViewItems count];
}
-(UITableViewCell *)tableView:(UITableView *)tableView
 cellForRowAtIndexPath:(NSIndexPath *)indexPath
{
    static NSString *cellIdentifier = @"Cell";
    UITableViewCell *cell =
      [tableView dequeueReusableCellWithIdentifier:cellIdentifier];
    if(cell == nil) {
        cell = [[[UITableViewCell alloc]initWithStyle:UITableViewCellStyleDefault
         reuseIdentifier:cellIdentifier]autorelease];
    }
    [cell.textLabel setText:[tableViewItems objectAtIndex:[indexPath row]]];
    return cell;
}
-(BOOL)tableView:(UITableView *)tableView
 canEditRowAtIndexPath:(NSIndexPath *)indexPath
{
    return NO;
}
- (BOOL)tableView:(UITableView *)tableView canMoveRowAtIndexPath:(NSIndexPath *)indexPath
{
    return NO;
}
- (void)tableView:(UITableView *)tableView didSelectRowAtIndexPath:(NSIndexPath *)indexPath
{
    if([indexPath row] == 0) {
        [[[AppDelegate switchViewController]
```

```
         iPodLibrarySwitchViewController]changeToAllSongsView];
   } else if([indexPath row] == 1) {
      [[[AppDelegate switchViewController]
         iPodLibrarySwitchViewController]changeToArtistView];
   } else if([indexPath row] == 2) {
      [[[AppDelegate switchViewController]
         iPodLibrarySwitchViewController]changeToAlbumController];
   } else if ([indexPath row] == 3) {
      [[[AppDelegate switchViewController]
         iPodLibrarySwitchViewController]changeToCoverFlowView];
   }
   [tableView deselectRowAtIndexPath:indexPath animated:YES];
}
@end
```

音乐库界面的执行效果如图 21-3 所示。

21.3.2　歌曲表视图控制器

此模块的视图比较简单，功能是以不同的形式显示系统内的歌曲。UI 视图界面的效果如图 21-4 所示。

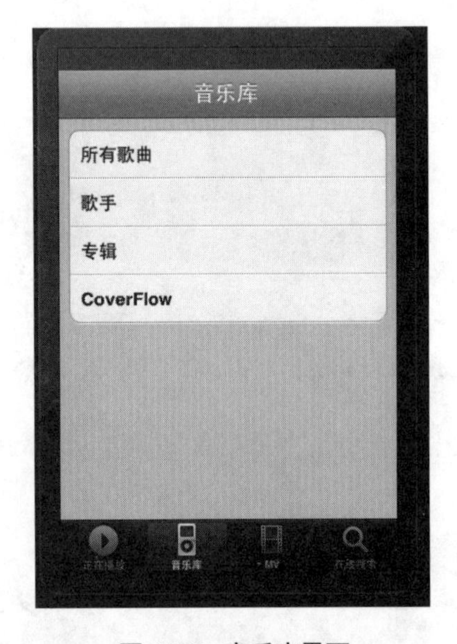

图 21-3　音乐库界面

图 21-4　歌曲表视图

在文件 SongsTableViewController.h 中，定义了歌曲菜单的类型，列表类型有单个歌手和专辑两种。具体代码如下所示：

```
#import <UIKit/UIKit.h>
typedef enum {
   DFMusicListTypeAllSongs,
   DFMusicListTypeArtistGroup,
   DFMusicListTypeArtistSongs,
   DFMusicListTypeAlbumGroup,
   DFMusicListTypeAlbumSongs
} DFMusicListType;

struct MusicListInformation {
   DFMusicListType listType; //歌曲菜单的类型
```

```
    int listSuperIdnex; //列表类型为单个歌手/专辑时，表示这个专辑或者歌手在组里面的索引
};

@interface SongsTableViewController :
UIViewController<UITableViewDelegate,UITableViewDataSource> {
    UITableView *songsTableView;
    struct MusicListInformation listInformation;

    IBOutlet UINavigationBar *navigationBar;
}

@property(retain,nonatomic)UITableView *songsTableView;
@property(readwrite,nonatomic)struct MusicListInformation listInformation;

-(id)initWithNibName:(NSString *)nibNameOrNil bundle:(NSBundle *)nibBundleOrNil
  listInformation:(struct MusicListInformation)information;

struct MusicListInformation MusicListInformationMake(DFMusicListType listType,
  int listSuperIdnex);
@end
```

文件 SongsTableViewController.m 的功能是，使用 switch 语句，根据用户的选择显示如下两个视图：

- DFMusicListTypeArtistSongs
- DFMusicListTypeAlbumSongs

文件 SongsTableViewController.m 的实现代码如下所示：

```
#import "SongsTableViewController.h"
#import "Constents.h"
#import "MediaPlayer/MediaPlayer.h"
#import "AppDelegate.h"
@implementation SongsTableViewController
@synthesize songsTableView;
@synthesize listInformation;
#pragma UIViewView Methods

-(id)initWithNibName:(NSString *)nibNameOrNil bundle:(NSBundle *)nibBundleOrNil
  listInformation:(struct MusicListInformation)information {
    self = [super initWithNibName:nibNameOrNil bundle:nibBundleOrNil];
    if(self) {
        [self.view setFrame:CGRectMake(0, 0, 320, 480)];

        UINavigationItem *item =
          [[[UINavigationItem alloc] initWithTitle:@"MusicList"]autorelease];
        UINavigationItem *back =
          [[[UINavigationItem alloc]initWithTitle:@"音乐库"]autorelease];
        NSArray *items = [[[NSArray alloc]initWithObjects:back,item,nil]autorelease];
        [navigationBar setItems:items];
        navigationBar.delegate = self;

        self.listInformation = MusicListInformationMake(information.listType,
          information.listSuperIdnex);

        if(!songsTableView) {
            songsTableView = [[UITableView alloc]initWithFrame:CGRectMake(0, 44, 320, 367)
              style:UITableViewStylePlain];

            songsTableView.delegate = self;
            songsTableView.dataSource = self;
```

```
            [self.view insertSubview:self.songsTableView atIndex:0];
        }
    }
    return self;
}

-(void)viewDidLoad {
    [super viewDidLoad];
}

-(void)dealloc {
    [songsTableView release];
    [navigationBar release];
    [super dealloc];
}

-(BOOL)navigationBar:(UINavigationBar *)navigationBar shouldPopItem:(UINavigationItem *)item {
    switch(listInformation.listType) {
        case DFMusicListTypeArtistSongs:
            [[[AppDelegate switchViewController]
              iPodLibrarySwitchViewController]changeBackToArtistController];
            break;
        case DFMusicListTypeAlbumSongs:
            [[[AppDelegate switchViewController]
              iPodLibrarySwitchViewController] changeBackToAlbumController];
            break;
        default:
            [[[AppDelegate switchViewController] iPodLibrarySwitchViewController]
              changeToIPodLibraryMainViewWithNowController:self];
            break;
    }
    return NO;
}

#pragma UITableViewDelegate & UITableViewDataSource

-(NSInteger)numberOfSectionsInTableView:(UITableView *)tableView {
    return 1;
}

-(NSInteger)tableView:(UITableView *)tableView numberOfRowsInSection:(NSInteger)section {
    switch(listInformation.listType) {
        case DFMusicListTypeAllSongs:
            return [musicByTitle count];
            break;
        case DFMusicListTypeAlbumGroup:
            return [musicByAlbum count];
            break;
        case DFMusicListTypeArtistGroup:
            return [musicByArtist count];
            break;
        case DFMusicListTypeAlbumSongs:
            return ((MPMediaItemCollection*)
              [musicByAlbum objectAtIndex:listInformation.listSuperIdnex]).items.count;
        case DFMusicListTypeArtistSongs:
            return ((MPMediaItemCollection*)
              [musicByArtist objectAtIndex:listInformation.listSuperIdnex]).items.count;
        default:
            return 0;
            break;
```

```
    }
}

-(UITableViewCell *)tableView:(UITableView *)tableView
  cellForRowAtIndexPath:(NSIndexPath *)indexPath {

    static NSString *cellIdentifier = @"songCell";

    UITableViewCell *cell = [tableView dequeueReusableCellWithIdentifier:cellIdentifier];

    if(!cell) {
        cell = [[[UITableViewCell alloc]initWithStyle:UITableViewCellStyleSubtitle
          reuseIdentifier:cellIdentifier]autorelease];
    }

    NSString *cellText = nil;
    NSString *smallText = nil;
    UIImage *artworkImage = nil;
    if(listInformation.listType == DFMusicListTypeArtistGroup) {
        NSArray *collection = [[musicByArtist objectAtIndex:indexPath.row]items];

        cellText = [[collection objectAtIndex:0]valueForProperty:MPMediaItemPropertyArtist];
        smallText = [NSString stringWithFormat:@"%i 首歌曲", [collection count]];

        artworkImage = [[[collection objectAtIndex:0]
          valueForProperty:MPMediaItemPropertyArtwork]
          imageWithSize:CGSizeMake(44, 44)];
        artworkImage =
          (!artworkImage)?[UIImage imageNamed:@"no_album.png"]:artworkImage;
    } else if(listInformation.listType == DFMusicListTypeAlbumGroup) {
        NSArray *collection = [[musicByAlbum objectAtIndex:indexPath.row]items];
        cellText = [[collection objectAtIndex:0]valueForProperty:MPMediaItemPropertyAlbumTitle];
        smallText = [[collection objectAtIndex:0]valueForProperty:MPMediaItemPropertyArtist];

        artworkImage = [[[collection objectAtIndex:0]
          valueForProperty:MPMediaItemPropertyArtwork]
          imageWithSize:CGSizeMake(44, 44)];
        artworkImage =
          (!artworkImage)?[UIImage imageNamed:@"no_album.png"]:artworkImage;
    } else {
        MPMediaItem *nowItem = nil;
        if(listInformation.listType == DFMusicListTypeAllSongs) {
            nowItem=[musicByTitle objectAtIndex:indexPath.row];
        } else if(listInformation.listType == DFMusicListTypeArtistSongs) {
            nowItem = [((MPMediaItemCollection*)
              [musicByArtist objectAtIndex:listInformation.listSuperIdnex]).items
              objectAtIndex:indexPath.row];
        } else if(listInformation.listType == DFMusicListTypeAlbumSongs) {
            nowItem = [((MPMediaItemCollection*)
               [musicByAlbum objectAtIndex:listInformation.listSuperIdnex]).items
               objectAtIndex:indexPath.row];
        }
        cellText = [nowItem valueForProperty:MPMediaItemPropertyTitle];
        smallText = [NSString stringWithFormat:@"%@-%@",[nowItem valueForProperty:
          MPMediaItemPropertyArtist],
          [nowItem valueForProperty: MPMediaItemPropertyAlbumTitle]];
    }

    [cell.textLabel setText:cellText];
    [cell.detailTextLabel setText:smallText];
    [cell.imageView setImage:artworkImage];
```

```
    return cell;
}

-(void)tableView:(UITableView *)tableView didSelectRowAtIndexPath:(NSIndexPath *)indexPath {

    switch(listInformation.listType) {
        case DFMusicListTypeArtistGroup:
            [[[AppDelegate switchViewController]iPodLibrarySwitchViewController]
              changeToArtistSongsViewWithIndex:indexPath.row];
            break;
        case DFMusicListTypeAlbumGroup:
            [[[AppDelegate switchViewController]iPodLibrarySwitchViewController]
              changeToAlbumSongsViewWithIndex:indexPath.row];
            break;
        case DFMusicListTypeAlbumSongs: {
            MPMediaItem *selectedItem = [((MPMediaItemCollection*)
              [musicByAlbum objectAtIndex:listInformation.listSuperIdnex]).items
              objectAtIndex:indexPath.row];
            NSString *theTitle = [selectedItem valueForProperty:MPMediaItemPropertyTitle];
            NSString *theArtist = [selectedItem valueForProperty:MPMediaItemPropertyArtist];
            [manager startPlayWithMusicCollection:[MPMediaItemCollection collectionWithItems:
              [NSArray arrayWithObject:selectedItem]] Artist:theArtist Title:theTitle];
            break;
        }
        case DFMusicListTypeAllSongs: {
            MPMediaItem *selectedItem = [musicByTitle objectAtIndex:indexPath.row];
            NSString *theTitle = [selectedItem valueForProperty:MPMediaItemPropertyTitle];
            NSString *theArtist = [selectedItem valueForProperty:MPMediaItemPropertyArtist];
            NSLog(@"%@", theArtist);
            [manager startPlayWithMusicCollection:[MPMediaItemCollection collectionWithItems:
              [NSArray arrayWithObject:selectedItem]] Artist:theArtist Title:theTitle];
            [songsTableView deselectRowAtIndexPath:indexPath animated:YES];
            break;
        }
        case DFMusicListTypeArtistSongs: {
            MPMediaItem *selectedItem = [((MPMediaItemCollection*)
              [musicByArtist objectAtIndex:listInformation.listSuperIdnex]).items
              objectAtIndex:indexPath.row];
            NSString *theTitle=[selectedItem valueForProperty:MPMediaItemPropertyTitle];
            NSString *theArtist =
              [selectedItem valueForProperty:MPMediaItemPropertyArtist];
            [manager startPlayWithMusicCollection:
              [MPMediaItemCollection collectionWithItems:[NSArray
              arrayWithObject:selectedItem]] Artist:theArtist Title:theTitle];
            break;
        }
    }
    [tableView deselectRowAtIndexPath:indexPath animated:YES];
}

#pragma Functions
struct MusicListInformation MusicListInformationMake(DFMusicListType listType,
  int listSuperIdnex) {
    struct MusicListInformation information = {listType,listSuperIdnex};
    return information;
}

@end
```

21.3.3　开关控制器

本实例开关控制器 SwitchViewController 的功能是，根据用户选择，来到对应的界面，例如所有音乐界面、返回到 Album 界面、返回到 Artist 界面等。

其中文件 IPodLibrarySwitchViewController.h 的实现代码如下所示：

```
#import <UIKit/UIKit.h>
#import "IPodLibraryMainViewController.h"
#import "CoverFlowViewController.h"
#import "SongsTableViewController.h"
#import "Constents.h"
extern BOOL musicSynced;
extern NSMutableArray *musicByTitle;
@interface IPodLibrarySwitchViewController: UIViewController {
   IPodLibraryMainViewController *mainViewController;
   SongsTableViewController *allSongsViewController;
   SongsTableViewController *albumController;
   CoverFlowViewController *coverFlowViewController;
   SongsTableViewController *albumSongsViewController;
   SongsTableViewController *artistViewController;
   SongsTableViewController *artistSongViewController;
   UIViewController *current;
   UIViewController *viewToRemove;
}

-(void)changeToAllSongsView;
-(void)changeToIPodLibraryMainViewWithNowController:(SongsTableViewController*)controller;
-(void)changeToAlbumController;
-(void)changeBackToAlbumController;
-(void)changeBackToArtistController;
-(void)changeToCoverFlowView;
-(void)changeToAlbumSongsViewWithIndex:(int)index;
-(void)changeToArtistView;
-(void)changeToArtistSongsViewWithIndex:(int)index;
@end
```

在文件 IPodLibrarySwitchViewController.m 中，设置不同界面之间转换时的动画效果，并且定义了各个不同界面转换和返回时的处理方法。具体代码如下所示：

```
#import "IPodLibrarySwitchViewController.h"
#import "DFMusicQuery.h"
@implementation IPodLibrarySwitchViewController

- (id)initWithNibName:(NSString *)nibNameOrNil bundle:(NSBundle *)nibBundleOrNil
{
   self = [super initWithNibName:nibNameOrNil bundle:nibBundleOrNil];
   if (self) {
      [self.view setFrame:CGRectMake(0, 0, 320, 480)];
      [self.view setBackgroundColor:[UIColor whiteColor]];
   }
   return self;
}
- (void)viewDidLoad
{
   [super viewDidLoad];
   mainViewController = [[IPodLibraryMainViewController alloc] init];
   musicSynced = NO;
```

```
    [self.view addSubview:mainViewController.view];
}
-(void)startMoveWithViewController:(UIViewController*)controller
PointStart:(CGPoint)pointStart PointTo:(CGPoint)pointTo UseSelector:(BOOL)useSelector {
    //动画效果
    controller.view.frame = CGRectMake(pointStart.x,pointStart.y,320,480);
    [UIView beginAnimations:nil context:nil];
    [UIView setAnimationDuration:0.4f];
    controller.view.frame = CGRectMake(pointTo.x,pointTo.y,320,480);
    if(useSelector) {
        [UIView setAnimationDelegate:self];
        [UIView setAnimationDidStopSelector:@selector(animationEnd)];
    }
    [UIView commitAnimations];
}
-(void)pushViewControllerWithLeftController:(UIViewController*)leftController
  RightController:(UIViewController*)rightController PushWay:(ViewPushWay)pushWay {
    if(pushWay == ViewPushWayLeft) {
        //如果界面往左推(进入)，那么把左边的界面移走，右边的界面初始化
        self.view.userInteractionEnabled = NO;
        [self startMoveWithViewController:leftController PointStart:CGPointMake(0, 0)
          PointTo:CGPointMake(-320, 0) UseSelector:NO];
        [self.view insertSubview:rightController.view atIndex:0];
        [self startMoveWithViewController:rightController PointStart:CGPointMake(320, 0)
          PointTo:CGPointMake(0, 0) UseSelector:YES];
        viewToRemove = leftController;
    } else if(pushWay == ViewPushWayRight) {
        //如果界面往右推(推出)，那么把右边的界面移走，左边的界面初始化
        self.view.userInteractionEnabled = NO;
        [self startMoveWithViewController:rightController PointStart:CGPointMake(0, 0)
          PointTo:CGPointMake(320, 0) UseSelector:NO];
        [self.view insertSubview:leftController.view atIndex:0];
        [self startMoveWithViewController:leftController PointStart:CGPointMake(-320, 0)
          PointTo:CGPointMake(0, 0) UseSelector:YES];
        viewToRemove = rightController;
    }
}

-(void)changeToAllSongsView {
    if(!allSongsViewController) {
        allSongsViewController = [[SongsTableViewController alloc]initWithNibName:
          @"SongsTableViewController" bundle:nil
          listInformation:MusicListInformationMake(DFMusicListTypeAllSongs, -1)];
    }
    [self pushViewControllerWithLeftController:mainViewController RightController:
      allSongsViewController PushWay:ViewPushWayLeft];
}

-(void)changeToArtistView {
    if(artistViewController == nil) {
        artistViewController = [[SongsTableViewController alloc]initWithNibName:
          @"SongsTableViewController" bundle:nil
          listInformation:MusicListInformationMake(DFMusicListTypeArtistGroup, -1)];
    }
    [self pushViewControllerWithLeftController:mainViewController
      RightController: artistViewController PushWay:ViewPushWayLeft];
}

-(void)changeToAlbumController {
    if(albumController == nil) {
        albumController = [[SongsTableViewController alloc]initWithNibName:
```

```
        @"SongsTableViewController" bundle:nil
        listInformation:MusicListInformationMake(DFMusicListTypeAlbumGroup, -1)];
    }
    [self pushViewControllerWithLeftController:mainViewController
      RightController: albumController PushWay:ViewPushWayLeft];
}

-(void)changeBackToAlbumController {
    [self pushViewControllerWithLeftController:albumController
      RightController: albumSongsViewController PushWay:ViewPushWayRight];
}

-(void)changeToAlbumSongsViewWithIndex:(int)index {
    if(albumSongsViewController == nil) {
        albumSongsViewController = [[SongsTableViewController alloc]initWithNibName:
          @"SongsTableViewController" bundle:nil
          listInformation:MusicListInformationMake(DFMusicListTypeAlbumSongs, index)];
    }
    [self pushViewControllerWithLeftController:albumController
      RightController: albumSongsViewController PushWay:ViewPushWayLeft];
}
-(void)changeToIPodLibraryMainViewWithNowController:(SongsTableViewController*)controller {
    [self pushViewControllerWithLeftController:mainViewController
      RightController:controller PushWay:ViewPushWayRight];
}
-(void)changeToCoverFlowView {
    if(coverFlowViewController == nil) {
        coverFlowViewController = [[CoverFlowViewController alloc]init];
        [coverFlowViewController.coverFlowView setUserInteractionEnabled:YES];
    }
    [coverFlowViewController.view setUserInteractionEnabled:YES];
    [self pushViewControllerWithLeftController:mainViewController
      RightController:coverFlowViewController PushWay:ViewPushWayLeft];
}
-(void)changeBackToArtistController {
    [self pushViewControllerWithLeftController:artistViewController RightController:
      artistSongViewController PushWay:ViewPushWayRight];
}
-(void)changeToArtistSongsViewWithIndex:(int)index {
    if(artistSongViewController == nil) {
        artistSongViewController = [[SongsTableViewController alloc]initWithNibName:
          @"SongsTableViewController" bundle:nil
          listInformation:MusicListInformationMake(DFMusicListTypeArtistSongs, index)];
    }
    [self pushViewControllerWithLeftController:artistViewController RightController:
      artistSongViewController PushWay:ViewPushWayLeft];
}
-(void)animationEnd {
    self.view.userInteractionEnabled = YES;
    if(viewToRemove) {
        [viewToRemove.view removeFromSuperview];
        if(viewToRemove == albumSongsViewController) {
            [albumSongsViewController release];
            albumSongsViewController = nil;
        }
        if(viewToRemove == artistSongViewController) {
            [artistSongViewController release];
            artistSongViewController = nil;
        }
        viewToRemove = nil;
    }
```

```
}
- (void)viewDidUnload
{
    [super viewDidUnload];
}
- (BOOL)shouldAutorotateToInterfaceOrientation:(UIInterfaceOrientation)interfaceOrientation
{
    return YES;
}
@end
```

21.3.4 专辑模块

专辑模块的功能是显示系统音乐库中的专辑信息。其中文件 CoverFlowViewController.h 的实现代码如下所示：

```
#import <UIKit/UIKit.h>
#import "TapkuCoverFlow.h"
#import "CoverflowSelectViewController.h"
extern NSMutableArray *musicByAlbum;

@interface CoverFlowViewController: UIViewController<TKCoverflowViewDelegate,
  TKCoverflowViewDataSource,CoverFlowSelectViewDelegate> {
    TKCoverflowView *coverFlowView;
    NSMutableArray *covers;
    NSMutableArray *coversAlbumTitle;
    CoverflowSelectViewController *controller;
}
@property(retain,nonatomic)TKCoverflowView *coverFlowView;
@property(retain,nonatomic)NSMutableArray *covers;
@end
```

文件 CoverFlowViewController.m 的代码如下所示：

```
#import "CoverFlowViewController.h"
#import "AppDelegate.h"
#import "DFMusicQuery.h"

@implementation CoverFlowViewController
@synthesize coverFlowView;
@synthesize covers;
UILabel *label;
- (void)viewDidLoad
{
    [super viewDidLoad];
    [[UIApplication sharedApplication]setStatusBarStyle:UIStatusBarStyleBlackOpaque];
    CGRect frame = CGRectMake(0, 0, 320, 480-44-20);
    UINavigationBar *navigationBar =
      [[UINavigationBar alloc]initWithFrame:CGRectMake(0, 0, 320, 44)];
    [navigationBar setBarStyle:UIBarStyleBlackOpaque];
    UINavigationItem *titleItem = [[UINavigationItem alloc]initWithTitle:@"Coverflow"];
    [navigationBar setDelegate:self];
    UINavigationItem *back = [[UINavigationItem alloc]initWithTitle:@"音乐库"];
    NSArray *items = [[NSArray alloc]initWithObjects:[back autorelease],
      [titleItem autorelease],nil];
    [navigationBar setItems:items];
    [items release];
    [self.view insertSubview:navigationBar atIndex:1];
```

```
    coverFlowView = [[TKCoverflowView alloc]initWithFrame:frame];
    coverFlowView.coverflowDelegate = self;
    coverFlowView.dataSource = self;
    [self.view insertSubview:coverFlowView atIndex:0];

    if(!musicByAlbum) {
        DFMusicQuery *query = [[DFMusicQuery alloc]init];
        [query albumQuery];
        [query release];
    }
    covers = [[NSMutableArray alloc]init];
    coversAlbumTitle = [[NSMutableArray alloc]init];
    if([musicByAlbum count] > 0) {
        for(MPMediaItemCollection *songs in musicByAlbum) {
            NSArray *songsArray = [songs items];

            MPMediaItem *theItem = [songsArray objectAtIndex:0];

            MPMediaItemArtwork *artWork =
              [theItem valueForProperty:MPMediaItemPropertyArtwork];
            UIImage *artworkImage = [artWork imageWithSize:CGSizeMake(224, 224)];
            if(artworkImage) {
                [covers addObject:artworkImage];
            } else {
                [covers addObject:[UIImage imageNamed:@"no_album.png"]];
            }
            NSString *albumText = [NSString stringWithFormat:@"%@-%@",
              [theItem valueForProperty: MPMediaItemPropertyAlbumTitle],
              [theItem valueForProperty:MPMediaItemPropertyArtist]];
            [coversAlbumTitle addObject:albumText];
        }
        [coverFlowView setNumberOfCovers:[musicByAlbum count]];
    } else {
        [covers addObject:[UIImage imageNamed:@"no_album.png"]];
        [coverFlowView setNumberOfCovers:1];
    }
    label = [[UILabel alloc]initWithFrame:CGRectMake(0, 370, 320, 21)];
    [label setText:@"0"];
    [label setTextColor:[UIColor whiteColor]];
    [label setTextAlignment:UITextAlignmentCenter];
    [label setBackgroundColor:[UIColor clearColor]];
    [self.view insertSubview:label atIndex:1];
    [label release];
}
-(BOOL)navigationBar:(UINavigationBar *)navigationBar shouldPopItem:(UINavigationItem *)item {
    [[[AppDelegate switchViewController] iPodLibrarySwitchViewController]
      changeToIPodLibraryMainViewWithNowController:@"CoverflowView"];
    [controller.view setFrame:CGRectMake(-224, -224, 224, 224)];
    return NO;
}
-(void)coverflowView:(TKCoverflowView *)coverflowView coverAtIndexWasBroughtToFront:(int)index {
    [label setText:[coversAlbumTitle objectAtIndex:index]];
}
-(void)backButtonClicked {
    coverFlowView.userInteractionEnabled = YES;
}
-(TKCoverflowCoverView*) coverflowView:(TKCoverflowView*)coverflowView
  coverAtIndex: (int)index {
    TKCoverflowCoverView *cover =[coverFlowView dequeueReusableCoverView];
    if(cover == nil) {
        CGRect rect = CGRectMake(0, 0, 224, 300);
```

```
        cover = [[TKCoverflowCoverView alloc] initWithFrame:rect];
        cover.baseline = 224;
    }

    cover.image = [covers objectAtIndex:index%[covers count]];
    return cover;
}
-(void)coverflowView:(TKCoverflowView*)coverflowView coverAtIndexWasDoubleTapped:(int)index {
    TKCoverflowCoverView *cover = [coverflowView coverAtIndex:index];
    if(cover == nil) {
        return;
    }
    if(!controller) {
      controller = [[CoverflowSelectViewController alloc]initWithNibName:
        @"CoverflowSelectViewController" bundle:nil];
      [self.view insertSubview:controller.view atIndex:1];
      [controller.view setFrame:CGRectMake(-224, -224, 224, 224)];
       controller.deleagte = self;
   }
   [controller setItemsWithIndex:index];
   coverFlowView.userInteractionEnabled = NO;
   [controller fallToPoint:CGPointMake(48,82)];
   coverflowView.userInteractionEnabled = NO;
   NSLog(@"Index: %d", index);
}
- (void)viewDidUnload
{
   [super viewDidUnload];
}
- (BOOL)shouldAutorotateToInterfaceOrientation:(UIInterfaceOrientation)interfaceOrientation
{
   return YES;
}
-(void)loadView {
   self.view = [[UIView alloc]initWithFrame:CGRectMake(0, 0, 320, 480)];
}
-(void)dealloc {
   [coverFlowView release];
   [covers release];
   [coversAlbumTitle release];
   [super dealloc];
}
@end
```

接下来开始看专辑选择视图控制器的实现过程。

其 UI 视图 CoverflowSelectViewController.xib 的界面效果如图 21-5 所示。

图 21-5　UI 视图界面

文件 CoverflowSelectViewController.h 的实现代码如下所示：

```
#import <UIKit/UIKit.h>
#import "MediaPlayer/MediaPlayer.h"
#import "Constents.h"
@protocol CoverFlowSelectViewDelegate <NSObject>
-(void)backButtonClicked;
@end

@interface CoverflowSelectViewController:
  UIViewController<UITableViewDelegate,UITableViewDataSource> {
    IBOutlet UITableView *songsTableView;
    NSMutableArray *tableViewItems;

    IBOutlet UINavigationBar *navigationBar;
    id<CoverFlowSelectViewDelegate>deleagte;
}
-(void)fallToPoint:(CGPoint)point;
-(void)setItemsWithIndex:(int)index;
@property(retain,nonatomic)id<CoverFlowSelectViewDelegate>deleagte;
@end
```

文件 CoverflowSelectViewController.m 的功能是显示专辑的详细信息，包括专辑的封面和包含的歌曲信息。具体代码如下所示：

```
#import "CoverflowSelectViewController.h"
#import "Constents.h"
#import "DFLyricsMusicPlayer.h"
@implementation CoverflowSelectViewController
@synthesize deleagte;
- (id)initWithNibName:(NSString *)nibNameOrNil bundle:(NSBundle *)nibBundleOrNil
{
    self = [super initWithNibName:nibNameOrNil bundle:nibBundleOrNil];
    if (self) {

    }
    return self;
}
-(void)fallToPoint:(CGPoint)point {
    self.view.frame = CGRectMake(point.x,-224,224,224);
    [UIView beginAnimations:nil context:nil];
    [UIView setAnimationDuration:0.4f];
    self.view.frame = CGRectMake(point.x,point.y,224,224);
    [UIView commitAnimations];
}
-(void)upToPoint:(CGPoint)point {
    [UIView beginAnimations:nil context:nil];
    [UIView setAnimationDuration:0.4f];
    self.view.frame = CGRectMake(point.x,point.y,224,224);
    [UIView commitAnimations];
}
- (void)viewDidLoad
{
    [super viewDidLoad];
    self.view.frame = CGRectMake(0, 0, 224, 224);
    UINavigationItem *titleItem = [[UINavigationItem alloc]initWithTitle:@"信息"];
    [navigationBar setDelegate:self];
    UINavigationItem *back = [[UINavigationItem alloc]initWithTitle:@"返回"];
    NSArray *items = [[NSArray alloc]initWithObjects:back,titleItem,nil];
    [navigationBar setItems:items];
```

```
    [items release];
    songsTableView.delegate = self;
    songsTableView.dataSource = self;
    tableViewItems =
      [[NSMutableArray alloc]initWithObjects:@"1",@"2",@"3",@"4",@"5",@"6",nil];
}
-(BOOL)navigationBar:(UINavigationBar *)navigationBar shouldPopItem:(UINavigationItem *)item {
    [self upToPoint:CGPointMake(self.view.frame.origin.x, -224)];
    if(deleagte) {
       [deleagte backButtonClicked];
    } else {
       NSLog(@"nil");
    }
    return NO;
}
- (void)viewDidUnload
{
    [super viewDidUnload];
}
- (BOOL)shouldAutorotateToInterfaceOrientation:(UIInterfaceOrientation)interfaceOrientation
{
    return YES;
}
-(NSInteger)numberOfSectionsInTableView:(UITableView *)tableView
{
    return 1;
}
-(NSInteger)tableView:(UITableView *)tableView
  numberOfRowsInSection:(NSInteger)section
{
    return [tableViewItems count];
}
-(UITableViewCell *)tableView:(UITableView *)tableView
  cellForRowAtIndexPath:(NSIndexPath *)indexPath
{
    static NSString *cellIdentifier = @"Cell";
    UITableViewCell *cell =
      [tableView dequeueReusableCellWithIdentifier:cellIdentifier];

    if(cell == nil) {
       cell = [[UITableViewCell alloc]initWithStyle:UITableViewCellStyleSubtitle
              reuseIdentifier: cellIdentifier];
    }
    [cell.textLabel setText:[[tableViewItems objectAtIndex:indexPath.row]
      valueForProperty:MPMediaItemPropertyTitle]];
    [cell.detailTextLabel setText:[[tableViewItems objectAtIndex:indexPath.row]
      valueForProperty:MPMediaItemPropertyArtist]];
    return cell;
}

-(BOOL)tableView:(UITableView *)tableView canEditRowAtIndexPath:(NSIndexPath *)indexPath
{
    return NO;
}

- (BOOL)tableView:(UITableView *)tableView canMoveRowAtIndexPath:(NSIndexPath *)indexPath
{
    return NO;
}

- (void)tableView:(UITableView *)tableView didSelectRowAtIndexPath:(NSIndexPath *)indexPath
{
```

```
    [tableView deselectRowAtIndexPath:indexPath animated:YES];
    MPMediaItem *selectedItem = [tableViewItems objectAtIndex:indexPath.row];
    NSString *theTitle = [selectedItem valueForProperty:MPMediaItemPropertyTitle];
    NSString *theArtist = [selectedItem valueForProperty:MPMediaItemPropertyArtist];
    NSLog(@"%@", theArtist);
    [manager startPlayWithMusicCollection:[MPMediaItemCollection collectionWithItems:
      [NSArray arrayWithObject:selectedItem]] Artist:theArtist Title:theTitle];
    [songsTableView deselectRowAtIndexPath:indexPath animated:YES];
}
-(void)setTableViewWithMusicArray:(NSMutableArray*)array {
    if(!songsTableView)songsTableView = [[UITableView alloc]initWithFrame:CGRectMake(0,
      44, 320, 367) style:UITableViewStylePlain];

    songsTableView.delegate = self;
    songsTableView.dataSource = self;

    [self.view insertSubview:songsTableView atIndex:0];

    tableViewItems = [array copy];
}
-(void)setItemsWithIndex:(int)index {
    MPMediaItemCollection *collection = [musicByAlbum objectAtIndex:index];
    NSMutableArray *array = [[NSMutableArray alloc]initWithArray:collection.items];
    [navigationBar.topItem setTitle:[[array objectAtIndex:0]valueForProperty:
      MPMediaItemPropertyAlbumTitle]];
    [self setTableViewWithMusicArray:array];
    [array release];
    [songsTableView reloadData];
}
@end
```

执行后的效果如图 21-6 所示。

图 21-6　专辑界面效果

21.3.5　歌曲信息模块

歌曲信息模块的功能是显示某首歌曲的详细信息，包括名字、歌手和专辑等。歌曲信息视图 SongInformationViewController.xib 的界面如图 21-7 所示。

图 21-7　歌曲信息视图

其中，文件 SongInformationViewController.h 定义了这首歌的名字、歌手和所属专辑，具体代码如下所示：

```
#import <UIKit/UIKit.h>
@class MPMediaItem;
@interface SongInformationViewController : UIViewController {
   IBOutlet UIImageView *artworkView;
   IBOutlet UILabel *songTitle;
   IBOutlet UILabel *songArtist;
   IBOutlet UILabel *songAlbum;
}
@property(retain,nonatomic)IBOutlet UIImageView *artworkView;
@property(retain,nonatomic)IBOutlet UILabel *songTitle;
@property(retain,nonatomic)IBOutlet UILabel *songArtist;
@property(retain,nonatomic)IBOutlet UILabel *songAlbum;
-(void)setInformationWithItem:(MPMediaItem*)theItem;
@end
```

文件 SongInformationViewController.m 是 SongInformationViewController.h 的实现，具体代码如下所示：

```
#import "SongInformationViewController.h"
#import <MediaPlayer/MediaPlayer.h>
@implementation SongInformationViewController
@synthesize artworkView;
@synthesize songTitle;
@synthesize songArtist;
@synthesize songAlbum;
- (id)initWithNibName:(NSString *)nibNameOrNil bundle:(NSBundle *)nibBundleOrNil
{
   self = [super initWithNibName:nibNameOrNil bundle:nibBundleOrNil];
   if (self) {
      // Custom initialization
   }
   return self;
}

- (void)viewDidLoad
{
   [super viewDidLoad];
   songTitle = [[UILabel alloc]init];
   songAlbum = [[UILabel alloc]init];
   songArtist = [[UILabel alloc]init];
   artworkView = [[UIImageView alloc]init];
}

-(void)setInformationWithItem:(MPMediaItem*)theItem {
   NSLog(@"%@",[theItem valueForProperty:MPMediaItemPropertyTitle]);

   [songTitle setText:[theItem valueForProperty:MPMediaItemPropertyTitle]];
   [songArtist setText:[theItem valueForProperty:MPMediaItemPropertyArtist]];
```

```
    [songAlbum setText:[theItem valueForProperty:MPMediaItemPropertyAlbumTitle]];

    MPMediaItemArtwork *artWork = [theItem valueForProperty:MPMediaItemPropertyArtwork];
    UIImage *artworkImage = [artWork imageWithSize:CGSizeMake(135, 135)];
    if(artworkImage) {
        [artworkView setImage:artworkImage];
    } else {
        [artworkView setImage:[UIImage imageNamed:@"no_album.png"]];
    }
}
- (void)viewDidUnload
{
    [super viewDidUnload];
    // Release any retained subviews of the main view.
    // e.g. self.myOutlet = nil;
}
-(void)dealloc {
    [songTitle release];
    [songArtist release];
    [songAlbum release];
    [super dealloc];
}
- (BOOL)shouldAutorotateToInterfaceOrientation:(UIInterfaceOrientation)interfaceOrientation
{
    return YES;
}
@end
```

21.3.6　正在播放模块

正在播放模块的功能是定制一个播放界面，在视图中显示播放歌曲时的界面效果。

1. 歌词查看控制器

在歌词查看控制器界面中，可以显示当前正在播放音乐的歌词，并且可以控制播放操作，例如暂停、停止等。UI 视图 LyricsView.xib 的效果如图 21-8 所示。

图 21-8　歌词查看控制器视图

在文件 LyricsViewController.h 中，添加了播放界面中需要的控件，例如播放进度、显示名字、歌手和专辑等信息标签。具体实现代码如下所示：

```
#import <UIKit/UIKit.h>
#import <MediaPlayer/MediaPlayer.h>
#import "DFLyricsReader.h"
#import "DFLyricsMusicPlayer.h"
#import "DFLyricsAlbumViewController.h"
#import "QQLyricsGetter.h"

@interface LyricsViewController : UIViewController<DFLyricsMusicPlayerDelegate,
 DFLyricsManagerDelegate> {
   IBOutlet UILabel *titleLabel;
   IBOutlet UILabel *artistLabel;
   IBOutlet UILabel *albumLabel;
   IBOutlet UISlider *slider;

   IBOutlet UILabel *goesTimeL;
   IBOutlet UILabel *readyTimeL;
   IBOutlet UINavigationBar *navigationBar;

   DFLyricsAlbumViewController *lyricsAlbumViewController;
}

-(IBAction)stopButtonClicked;
@end
```

文件 LyricsViewController.m 是文件 LyricsViewController.h 的实现，具体代码如下所示：

```
#import "LyricsViewController.h"
#import <AVFoundation/AVFoundation.h>
#import "DFDownloader.h"
#import "Constents.h"
#import "DFOnlinePlayer.h"
#import "UIImage+Reflection.h"

@implementation LyricsViewController
-(void)updateSliderWithValue:(float)value TimeGoes:(NSString *)goesTime
 readyTime:(NSString *)readyTime {
   slider.value = value;
   [goesTimeL setText:goesTime];
   [readyTimeL setText:readyTime];
}

- (id)initWithNibName:(NSString *)nibNameOrNil bundle:(NSBundle *)nibBundleOrNil
{
   self = [super initWithNibName:nibNameOrNil bundle:nibBundleOrNil];
   if (self) {
      // Custom initialization
   }
   return self;
}

-(void)musicChanged {
   MPMediaItem *item = manager.player.nowPlayingItem;
   [titleLabel setText:[item valueForKey:MPMediaItemPropertyTitle]];
   [artistLabel setText:[item valueForKey:MPMediaItemPropertyArtist]];
   [albumLabel setText:[item valueForKey:MPMediaItemPropertyAlbumTitle]];
   MPMediaItemArtwork *artwork = [item valueForProperty:MPMediaItemPropertyArtwork];
   UIImage *artworkImage = [artwork imageWithSize:CGSizeMake(135, 135)];
   if(artworkImage) {
```

```
        [lyricsAlbumViewController setAlbumArtwork:artworkImage];
    } else {
        [lyricsAlbumViewController setAlbumArtwork:[UIImage imageNamed:@"no_album.png"]];
    }
}

-(void)dealloc {
    [titleLabel release];
    [albumLabel release];
    [artistLabel release];
    [lyricsAlbumViewController release];
    [super dealloc];
}

-(void)updateLyrics:(NSMutableArray*)lyric {
    [lyricsAlbumViewController updateTheLyricsWithLyrics:lyric];
}

-(void)musicEnded {
    NSLog(@"音乐结束回调");
}

-(void)loadingFinished {
    NSLog(@"歌词处理结束回调");
}

-(IBAction)stopButtonClicked {
    [manager.player stop];

    [[navigationBar.items objectAtIndex:0]setTitle:@"正在播放"];
    [lyricsAlbumViewController setAlbumArtwork:[UIImage imageNamed:@"no_album.png"]];

    [onlinePlayer stop];
}

- (void)viewDidLoad
{
    [super viewDidLoad];
    manager = [[DFLyricsMusicPlayer alloc]init];
    manager.delegate = self;
    manager.lyricsManager.delegate = self;
    slider.enabled = NO;

    [[UIApplication sharedApplication] setStatusBarStyle:UIStatusBarStyleBlackOpaque];

    lyricsAlbumViewController = [[DFLyricsAlbumViewController alloc]initWithNibName:
      @"DFLyricsAlbumViewController" bundle:nil];
    [lyricsAlbumViewController.view setFrame:CGRectMake(0, 44, 320, 320)];
    [self.view addSubview:lyricsAlbumViewController.view];

    UIButton *pauseButton = [[UIButton alloc]initWithFrame:CGRectMake(140, 368, 40, 40)];
    [pauseButton setImage:[UIImage imageNamed:@"AudioPlayerPause.png"]
      forState: UIControlStateNormal];
    pauseButton.showsTouchWhenHighlighted = YES;
    [self.view addSubview:pauseButton];

    UIButton *lastButton = [[UIButton alloc]initWithFrame:CGRectMake(50, 368, 40, 40)];
    [lastButton setImage:[UIImage imageNamed:@"AudioPlayerPause.png"]
      forState: UIControlStateNormal];
    lastButton.showsTouchWhenHighlighted = YES;
    [self.view addSubview:lastButton];
```

```
    UIButton *stopButton = [[UIButton alloc]initWithFrame:CGRectMake(230, 368, 40, 40)];
    [stopButton setImage:[UIImage imageNamed:@"AudioPlayerPause.png"]
      forState:UIControlStateNormal];
    stopButton.showsTouchWhenHighlighted = YES;
    [self.view addSubview:stopButton];
}
- (void)viewDidUnload
{
    [super viewDidUnload];
}
- (BOOL)shouldAutorotateToInterfaceOrientation:(UIInterfaceOrientation)interfaceOrientation
{
    return (interfaceOrientation == UIInterfaceOrientationPortrait);
}
@end
```

2. 专辑歌词视图控制器

在专辑视图控制器界面中，可以显示当前正在播放音乐的歌词，其 UI 视图 DFLyrics-AlbumViewController.xib 的效果如图 21-9 所示。

图 21-9　专辑视图控制器

在文件 DFLyricsAlbumViewController.h 中，添加了一个专辑图片作为背景图片，具体实现代码如下所示：

```
#import <UIKit/UIKit.h>
#import "SYPaginator.h"
@interface DFLyricsAlbumViewController : SYPaginatorViewController {
    IBOutlet SYPageView *albumPageView;
    IBOutlet SYPageView *lyricsPageView;

    IBOutlet UIImageView *albumImageView;
    IBOutlet UIImageView *lyricsAlbumImageView;
    NSMutableArray *labelArray;
}
-(void)setAlbumArtwork:(UIImage*)albumArtwork;
-(void)updateTheLyricsWithLyrics:(NSMutableArray*)lyrics;
@end
```

文件 DFLyricsAlbumViewController.m 是 DFLyricsAlbumViewController.h 的实现，具体代码如下所示：

```
#import "DFLyricsAlbumViewController.h"
#import "GlowLabel.h"
@implementation DFLyricsAlbumViewController
- (id)initWithNibName:(NSString *)nibNameOrNil bundle:(NSBundle *)nibBundleOrNil
{
   self = [super initWithNibName:nibNameOrNil bundle:nibBundleOrNil];
   if (self) {
   }
   return self;
}
- (void)viewDidLoad
{
   [super viewDidLoad];
   self.paginatorView.pageGapWidth = 0.0f;
   self.paginatorView.currentPageIndex = 0;
   [self.paginatorView.pageControl.pageControl setHidden:YES];
   labelArray = [[NSMutableArray alloc] initWithCapacity:9];
   for(int i=0; i<7; i++){
      GlowLabel *lyricLabel = [[GlowLabel alloc]initWithFrame:CGRectMake(0,
        (20+40*i)- (100/2)+(20/2), 320, 100)];
      [lyricLabel setTextColor:[UIColor whiteColor]];
      [lyricLabel setFont:[UIFont systemFontOfSize:20]];
      [lyricLabel setBackgroundColor:[UIColor clearColor]];
      [lyricLabel setText:@"Hello"];
      [lyricLabel setTextAlignment:UITextAlignmentCenter];
      if(i == 3) {
         lyricLabel.redValue = 1;
         lyricLabel.greenValue = 0;
         lyricLabel.blueValue = 0;
         //lyricLabel.textColor = [UIColor colorWithRed:0 green:0 blue:0 alpha:1];
         [lyricLabel setNeedsDisplay];
      }

      [lyricsPageView addSubview:lyricLabel];
      [labelArray addObject:lyricLabel];
      //[lyricLabel autorelease];
   }
}

-(void)updateTheLyricsWithLyrics:(NSMutableArray*)lyrics {
   for(int i=0; i<[lyrics count]; i++) {
      [[labelArray objectAtIndex:i]setText:[lyrics objectAtIndex:i]];
   }
}

- (void)viewDidUnload
{
   [super viewDidUnload];
}

- (BOOL)shouldAutorotateToInterfaceOrientation:(UIInterfaceOrientation)interfaceOrientation
{
   return (interfaceOrientation == UIInterfaceOrientationPortrait);
}

-(void)dealloc {
   [labelArray release];
```

```
    [super dealloc];
}

#pragma mark -
#pragma mark SVPaginatorViewDataSource

-(NSInteger)numberOfPagesForPaginatorView:(SYPaginatorView *)paginatorView {
    return 2;
}

-(SYPageView*)paginatorView:(SYPaginatorView *)paginatorView
  viewForPageAtIndex:(NSInteger)pageIndex {
    if(pageIndex == 0) {
        return albumPageView;
    } else {
        return lyricsPageView;
    }
}

-(void)setAlbumArtwork:(UIImage *)albumArtwork {
    [albumImageView setImage:albumArtwork];
    [lyricsAlbumImageView setImage:albumArtwork];
}
@end
```

21.4 在线搜索

在线搜索模块的功能，是在表单中输入搜索关键字后，将显示符合条件的搜索结果。本模块的视图文件是MusicSearchViewController.xib，如图21-10所示。

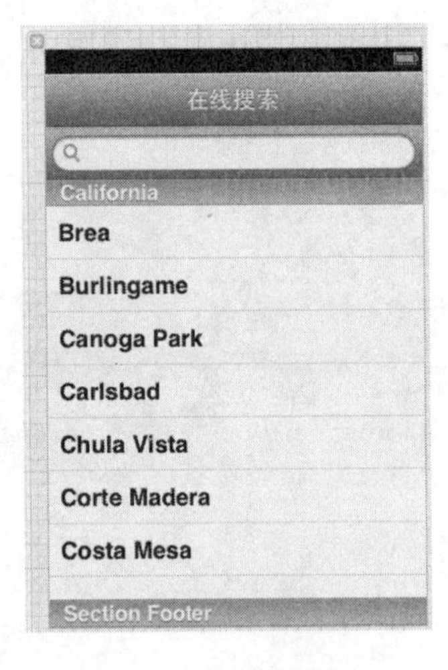

图21-10　在线搜索

文件MusicSearchViewController.h的功能是显示一个输入框和提示文字信息，具体代码如下所示：

```
#import <UIKit/UIKit.h>
#import "YCSearchController.h"
#import "BaiduMP3Searcher.h"
```

```
@interface MusicSearchViewController : UIViewController<YCSearchControllerDelegete,
  UITableViewDelegate,UITableViewDataSource,BaiduMP3SearcherDelegate> {
   YCSearchController *searchController;
   IBOutlet UITableView *searchTableView;
   NSMutableArray *tableViewItems;
   NSString *lastSearchString;
}
@end
```

文件 MusicSearchViewController.m 的功能是根据输入的关键字显示搜索结果，具体代码如下所示：

```
#import "MusicSearchViewController.h"
#import "Constents.h"
#import "DFOnlinePlayer.h"
@implementation MusicSearchViewController
- (id)initWithNibName:(NSString *)nibNameOrNil bundle:(NSBundle *)nibBundleOrNil
{
   self = [super initWithNibName:nibNameOrNil bundle:nibBundleOrNil];
   if (self) {
   }
   return self;
}
- (void)viewDidLoad
{
   [super viewDidLoad];
   searchTableView.delegate = self;
   searchTableView.dataSource = self;
   searchController = [[YCSearchController alloc] initWithDelegate:self
     searchDisplayController:self.searchDisplayController];
   searchController.delegate = self;
   tableViewItems = [[NSMutableArray alloc]init];

   lastSearchString = [NSString string];

   onlinePlayer = [[DFOnlinePlayer alloc]init];
}
- (void)viewDidUnload
{
   [super viewDidUnload];
}

-(void)dealloc {
   [searchController release];
   [tableViewItems release];
   [super dealloc];
}
- (BOOL)shouldAutorotateToInterfaceOrientation:(UIInterfaceOrientation)interfaceOrientation
{
   return YES;
}
-(NSInteger)tableView:(UITableView *)tableView
  numberOfRowsInSection:(NSInteger)section {
   if(tableViewItems.count > 0) {
      return tableViewItems.count;
   } else {
      return 1;
   }
}
-(NSInteger)numberOfSectionsInTableView:(UITableView *)tableView {
   return 1;
```

```
}
- (UITableViewCell *)tableView:(UITableView *)tableView
  cellForRowAtIndexPath:(NSIndexPath *)indexPath {
    static NSString *cellID = @"musicCell";
    UITableViewCell *cell = [tableView dequeueReusableCellWithIdentifier:cellID];
    if(!cell) {
        cell = [[[UITableViewCell alloc]initWithStyle:UITableViewCellStyleDefault
          reuseIdentifier:cellID]autorelease];
    }
    if(tableViewItems.count > 0) {
        [[cell textLabel] setText:lastSearchString];
    } else {
        [cell.textLabel setText:@"请点按上方的搜索框框来搜索"];
    }
    return cell;
}
-(void)tableView:(UITableView *)tableView didSelectRowAtIndexPath:(NSIndexPath *)indexPath {
    [tableView deselectRowAtIndexPath:indexPath animated:YES];
    if(tableViewItems.count > 0) {
        NSLog(@"%@",[tableViewItems objectAtIndex:indexPath.row]);
        [onlinePlayer stop];
        [onlinePlayer createStreamerWithURL:[tableViewItems
          objectAtIndex:indexPath.row]];
    }
}
-(NSArray*)searchController:(YCSearchController *)controller
  searchString:(NSString *)searchString {
    lastSearchString = searchString;
    BaiduMP3Searcher *searcher = [[[BaiduMP3Searcher alloc]init]autorelease];
    searcher.delegate = self;
    [searcher searchByString:searchString];
    return nil;
}
-(void)searchEndedWithNothing {
}
-(void)searchFinishedWithResult:(NSMutableArray *)result {
    [tableViewItems removeAllObjects];
    for(NSString *url in result) {
        [tableViewItems addObject:url];
    }
    [searchTableView reloadData];
}
@end
```

文件 YCSearchController.h 是搜索控制器文件，能够激活或退出搜索功能，具体代码如下所示：

```
#import <Foundation/Foundation.h>
@class YCSearchController;
@protocol YCSearchControllerDelegete
@required
- (NSArray*)searchController:(YCSearchController *)controller
  searchString:(NSString *)searchString;
- (void)searchEndedWithNothing;
@end
@interface YCSearchController: UIViewController
<UISearchDisplayDelegate, UISearchBarDelegate,UITableViewDelegate,
  UITableViewDataSource>
{
     id<YCSearchControllerDelegete> delegate;
     UISearchDisplayController *searchDisplayController;  //重新设置父类的这个属性
```

```
    //static NSMutableArray *listContent;  // The master content
    NSMutableArray *filteredListContent;    // The content filtered as a result of a search

    UIView *searchMaskView;
    UITableView *searchTableView;
    NSString *lastSearchString;
    NSString *originalPlaceholderString;
    BOOL originalSearchBarHidden;
}

@property(nonatomic,retain) id<YCSearchControllerDelegete> delegate;
@property(nonatomic,retain) UISearchDisplayController *searchDisplayController;

@property(nonatomic,retain,readonly) NSMutableArray *listContent;
@property(nonatomic,retain,readonly) NSMutableArray *filteredListContent;

@property(nonatomic,retain) UIView *searchMaskView;
@property(nonatomic,retain) UITableView *searchTableView;
@property(nonatomic,retain) NSString *lastSearchString;
@property(nonatomic,retain) NSString *originalPlaceholderString;

- (id) initWithDelegate:(id<YCSearchControllerDelegete>)theDelegate
  searchDisplayController:(UISearchDisplayController*) theSearchDisplayController;

//激活或退出搜索
- (void)setActive:(BOOL)visible animated:(BOOL)animated;
@end
```

文件 YCSearchController.m 是 YCSearchController.h 的实现，可以隐藏或显示搜索框，并且根据需要显示不同的搜索状态，隐藏或显示搜索框。文件 YCSearchController.m 的具体代码如下所示：

```
#import "YCSearchController.h"
#import "YCSearchBar.h"
#import <QuartzCore/QuartzCore.h>
@implementation YCSearchController

@synthesize delegate;
@synthesize searchDisplayController;
@synthesize searchMaskView;
@synthesize searchTableView;
@synthesize lastSearchString;
@synthesize originalPlaceholderString;

- (id)listContent
{
    static NSMutableArray  *listContent = nil; //所有实例共用
    if (listContent == nil)
    {
        listContent = [[NSMutableArray alloc] init];
    }
    return listContent;
}

- (id)filteredListContent
{
    if (self->filteredListContent == nil)
    {
        self->filteredListContent = [[NSMutableArray alloc] init];
```

```
    }
    return self->filteredListContent;
}
- (id) initWithDelegate:(id<YCSearchControllerDelegete>)theDelegate
 searchDisplayController:(UISearchDisplayController*) theSearchDisplayController
{
    if (self = [super init])
    {
        self.delegate = theDelegate;
        self.searchDisplayController = theSearchDisplayController;
        theSearchDisplayController.searchBar.delegate = self;
        theSearchDisplayController.delegate = self;
        theSearchDisplayController.searchResultsDataSource = self;
        theSearchDisplayController.searchResultsDelegate = self;
        self.originalPlaceholderString = theSearchDisplayController.searchBar.placeholder;
        self->originalSearchBarHidden = theSearchDisplayController.searchBar.hidden;
    }
    return self;
}

- (void)didReceiveMemoryWarning {
    // Releases the view if it doesn't have a superview.
    [super didReceiveMemoryWarning];

    [self.filteredListContent removeAllObjects];
    [self.listContent removeAllObjects];
}

- (void)dealloc
{

    [filteredListContent release];
    [searchMaskView release];
    [searchTableView release];

    [lastSearchString release];
    [originalPlaceholderString release];

    [super dealloc];
}

-(void)setSearchBar:(UISearchBar*)searchBar visible:(BOOL)visible animated:(BOOL)animated
{
    if (animated)
    {
        CATransition *animation = [CATransition animation];
        [animation setDelegate:self];
        [animation setDuration:0.3f];
        animation.timingFunction = [CAMediaTimingFunction functionWithName:
          kCAMediaTimingFunctionEaseInEaseOut];
        [animation setType:kCATransitionPush];
        [animation setFillMode:kCAFillModeForwards];
        [animation setRemovedOnCompletion:YES];
        NSString *subtype = visible ? kCATransitionFromBottom:kCATransitionFromTop;
        [animation setSubtype:subtype];

        searchBar.hidden = !visible;
        [[searchBar layer] addAnimation:animation forKey:@"showOrHideSearchBar"];
    } else {
        searchBar.hidden = !visible;
    }
```

```
}

- (void)setActive:(BOOL)visible animated:(BOOL)animated
{
    [self.searchDisplayController setActive:visible animated:animated];
    if (visible)
    {
        [self.searchDisplayController.searchBar becomeFirstResponder];
        ((YCSearchBar*)self.searchDisplayController.searchBar).canResignFirstResponder = NO;
        if (self->originalSearchBarHidden) //显示或隐藏 searchBar
        {
            [self setSearchBar:self.searchDisplayController.searchBar
              visible:visible animated:NO];
            //animated:NO
            //显示时候不用动画，maskView 遮盖不了 searchBar 的背后区域
        }
    } else {
        ((YCSearchBar*)self.searchDisplayController.searchBar).canResignFirstResponder = YES;
        [self.searchDisplayController.searchBar resignFirstResponder];
        if (self->originalSearchBarHidden) //显示或隐藏 searchBar
        {
            [self setSearchBar:self.searchDisplayController.searchBar
              visible:visible animated:animated];
        }
    }
}

#pragma mark -
#pragma mark UITableView data source and delegate methods

/*
- (CGFloat)tableView:(UITableView *)tableView heightForRowAtIndexPath:(NSIndexPath *)indexPath
{
    [tableView canBecomeFirstResponder]
    return 40.0;
}
*/
- (NSInteger)tableView:(UITableView *)tableView numberOfRowsInSection:(NSInteger)section
{
    /*
    If the requesting table view is the search display controller's table view,
    return the count of
    the filtered list, otherwise return the count of the main list.
    */
    NSInteger n = 0;
    if (tableView == self.searchDisplayController.searchResultsTableView)
    {
      n = [self.filteredListContent count];
    }
    else
    {
      n = [self.listContent count];
    }
    if (self.searchTableView)
    {
        [self searchDisplayController:self.searchDisplayController
          willShowSearchResultsTableView:self.searchTableView];
        [self searchDisplayController:self.searchDisplayController
          didShowSearchResultsTableView:self.searchTableView];
    }
    return n;
```

```
}
- (UITableViewCell *)tableView:(UITableView *)tableView cellForRowAtIndexPath:
  (NSIndexPath *)indexPath
{
    static NSString *kCellID = @"cellID";
    UITableViewCell *cell = [tableView dequeueReusableCellWithIdentifier:kCellID];
    if (cell == nil)
    {
        cell = [[[UITableViewCell alloc] initWithStyle:UITableViewCellStyleDefault
          reuseIdentifier:kCellID] autorelease];
        cell.textLabel.font = [UIFont boldSystemFontOfSize:14];
    }
    /*
     If the requesting table view is the search display controller's table view, configure
     the cell using the filtered content, otherwise use the main list.
     */
    NSString *searchString = nil;
    if (tableView == self.searchDisplayController.searchResultsTableView)
    {
       searchString = [self.filteredListContent objectAtIndex:indexPath.row];
    }
    else
    {
       searchString = [self.listContent objectAtIndex:indexPath.row];
    }

    cell.textLabel.text = searchString;
    return cell;
}
- (void)tableView:(UITableView *)tableView didSelectRowAtIndexPath:(NSIndexPath *)indexPath
{
    /*
     If the requesting table view is the search display controller's table view,
     configure the next view controller using the filtered content,
     otherwise use the main list.
    */
    NSString *searchString = nil;
    if (tableView == self.searchDisplayController.searchResultsTableView)
    {
       searchString = [self.filteredListContent objectAtIndex:indexPath.row];
    }
    else
    {
       searchString = [self.listContent objectAtIndex:indexPath.row];
    }
    //结束搜索状态
    [self.searchDisplayController setActive:NO animated:YES];
    //执行搜索
    [self.delegate searchController:self searchString:searchString];
}
#pragma mark -
#pragma mark Content Filtering
- (void)filterContentForSearchText:(NSString*)searchText scope:(NSString*)scope
{
    /*
     Update the filtered array based on the search text and scope.
     */
    [self.filteredListContent removeAllObjects]; // First clear the filtered array.
    /*
     Search the main list for products whose type matches the scope (if selected) and
     whose name matches searchText; add items that match to the filtered array.
```

```
     */
    for (NSString *product in self.listContent)
    {
        NSComparisonResult result = [product compare:searchText
                     options:(NSCaseInsensitiveSearch|NSDiacriticInsensitiveSearch)
                     range:NSMakeRange(0, [searchText length])];
        if (result == NSOrderedSame)
        {
            [self.filteredListContent addObject:product];
        }
    }
}

#pragma mark -
#pragma mark UISearchBarDelegate Delegate Methods

- (void)addListContentWithString:(NSString*)string
{
    BOOL result = NO;
    for (NSString *product in self.listContent)
    {
        if (result == [product isEqualToString:string])
        {
            break;
        }
    }
    if (!result)
    {
        [self.listContent addObject:string];
    }
}

- (void)searchBarSearchButtonClicked:(UISearchBar *)searchBar
{
    NSString *searchString = [self.searchDisplayController.searchBar.text copy];
                              //结束搜索状态，改变 searchBar.text，所以 copy

    //结束搜索状态
    [self.searchDisplayController setActive:NO animated:YES];
    //加数据到
    [self addListContentWithString:searchString];
    //[self performSelector:@selector(addListContentWithString:)
    //  withObject:searchString afterDelay:0.5];
    //执行搜索
    [self.delegate searchController:self searchString:searchString];
    [searchString release];
}

#pragma mark -
#pragma mark UISearchDisplayController Delegate Methods
- (BOOL)searchDisplayController:(UISearchDisplayController *)controller
 shouldReloadTableForSearchString:(NSString *)searchString
{
    [self filterContentForSearchText:searchString scope:
      [[self.searchDisplayController.searchBar scopeButtonTitles]
      objectAtIndex:[self.searchDisplayController.searchBar
      selectedScopeButtonIndex]]];

    // Return YES to cause the search result table view to be reloaded.
    return YES;
}
```

```
- (BOOL)searchDisplayController:(UISearchDisplayController *)controller
 shouldReloadTableForSearchScope:(NSInteger)searchOption
{
    [self filterContentForSearchText:[self.searchDisplayController.searchBar text] scope:
      [[self.searchDisplayController.searchBar scopeButtonTitles] objectAtIndex:searchOption]];

    // Return YES to cause the search result table view to be reloaded.
    return YES;
}
/*
- (void)searchDisplayControllerWillBeginSearch:(UISearchDisplayController *)controller
{
     self.searchDisplayController.searchBar.text = nil;
}
- (void)searchDisplayControllerDidBeginSearch:(UISearchDisplayController *)controller
{
     self.searchDisplayController.searchBar.text = self.lastSearchString;
}
*/
//////////////////////////////////////
//退出搜索时候，保持最后搜索字符串在 bar 上
- (void)searchDisplayControllerWillEndSearch:(UISearchDisplayController *)controller
{
     self.lastSearchString = controller.searchBar.text;
     if (self.lastSearchString !=nil && [self.lastSearchString length]>0)
     {
         controller.searchBar.placeholder = lastSearchString;
     } else {
         [delegate searchEndedWithNothing];
     }
}
- (void)searchDisplayControllerDidEndSearch:(UISearchDisplayController *)controller
{
     controller.searchBar.text = self.lastSearchString;
     controller.searchBar.placeholder = self.originalPlaceholderString;

     if (self->originalSearchBarHidden) //显示或隐藏 searchBar
     {
         [self setSearchBar:self.searchDisplayController.searchBar visible:NO animated:YES];
     }
}
//退出搜索时候，保持最后搜索字符串在bar上
//////////////////////////////////////
//////////////////////////////////////
//没有提示数据时候，隐藏搜索结果 tableview
- (void)searchDisplayController:(UISearchDisplayController *)controller
 willShowSearchResultsTableView:(UITableView *)tableView
{
     NSArray *array = self.searchDisplayController.searchContentsController.view.subviews;

     //////////////////////////////
     /////判断是否是 maskview
     UIView *maskTmp = [array objectAtIndex:array.count-1];
     if ([maskTmp respondsToSelector:@selector(allControlEvents)])
     {
         UIControlEvents allEvents = [(UIControl*)maskTmp allControlEvents];
         if ((allEvents & UIControlEventTouchUpInside) == UIControlEventTouchUpInside)
         {
             self.searchMaskView = maskTmp;
         }
     }
```

```
    ///////////////////////////////

    self.searchTableView = tableView;
    tableView.separatorStyle = UITableViewCellSeparatorStyleSingleLine;
}
- (void)searchDisplayController:(UISearchDisplayController *)controller
  didShowSearchResultsTableView:(UITableView *)tableView
{
    if (!self.searchDisplayController.active)
    {
        tableView.hidden = YES;
        //[self.searbarMaskView removeFromSuperview];
    } else {
        if (self.filteredListContent.count !=0)
        {
            tableView.hidden = NO;
            if (self.searchDisplayController.searchContentsController.view
              == self.searchMaskView.superview)
                [self.searchMaskView removeFromSuperview];
        } else {
            tableView.hidden = YES;
            if (self.searchDisplayController.searchContentsController.view
             != self.searchMaskView.superview)
            [self.searchDisplayController.searchContentsController
              .view addSubview:self.searchMaskView];
        }
    }

}

//没有提示数据的时候，隐藏搜索结果 View
////////////////////////////////////////
@end
```

在线搜索节目的效果如图 21-11 所示。

图 21-11　在线搜索

21.5　MV 播放

MV 功能是本实例的一大亮点，本实例基于土豆服务器，不但可以列表显示热点 MV，而且可以快速搜索 MV。在接下来的内容中，将详细讲解本模块的实现过程。

21.5.1　主界面

本实例的 MV 主界面默认列表显示土豆网的热点 MV。

UI 界面 MVSwitchViewController.xib 的效果如图 21-12 所示。

图 21-12　MV 主界面

文件 MVSwitchViewController.h 的功能，是使用 TableView 列表显示土豆网的特色 MV 信息，列表中显示的是 MV 的名字、截图和简介。具体代码如下所示：

```
#import <UIKit/UIKit.h>
#import "YCSearchController.h"
#import "PullToRefreshTableView.h"

#import "EGORefreshTableHeaderView.h"
#import "HotMVGetter.h"
#import "SVProgressHUD.h"
#import "MediaPlayer/MediaPlayer.h"

struct tableViewPagesArray {
   NSMutableArray *tableViewArray;
   int nowPageAt;
   int pagesCount;
};

@interface MVSwitchViewController : UIViewController<UITableViewDataSource,
```

```
  UITableViewDelegate, YCSearchControllerDelegete,EGORefreshTableHeaderDelegate,
  HotMVGetterDelegate> {
    PullToRefreshTableView *mvTableView;
    NSMutableArray *tableViewArray;
    NSMutableArray *searchArray;
    struct tableViewPagesArray hotMVResult;
    struct tableViewPagesArray searchResult;
    IBOutlet UINavigationBar *navigationBar;

    UISearchDisplayController *searchDisplayController;

    BOOL displaySearch;
    BOOL gettingMore;

    EGORefreshTableHeaderView *refreshHeaderView;
    EGORefreshTableHeaderView *refreshFooterView;

    YCSearchController *searchController;
    NSString *lastSearchString;
    BOOL firstLoaded;
}

@property(assign,nonatomic)BOOL firstLoaded;
-(void)segmentedControlChanged:(UISegmentedControl*)segmentedControl;
-(void)loadHotMVData;
@end
```

文件 MVSwitchViewController.m 是文件 MVSwitchViewController.h 的实现，具体代码如下所示：

```
#import "MVSwitchViewController.h"
#import "MVCell.h"
#import "MVInformation.h"

#import "SearchBarCell.h"
#import "Constents.h"
#import "DFLyricsMusicPlayer.h"
#import "DFOnlinePlayer.h"

@implementation MVSwitchViewController
@synthesize firstLoaded;

- (id)initWithNibName:(NSString *)nibNameOrNil bundle:(NSBundle *)nibBundleOrNil
{
    self = [super initWithNibName:nibNameOrNil bundle:nibBundleOrNil];
    if (self) {
       [self.view setFrame:CGRectMake(0, 0, 320, 480)];
    }
    return self;
}
- (void)viewDidLoad
{
    [super viewDidLoad];
    displaySearch = NO;

    if(!mvTableView)mvTableView = [[PullToRefreshTableView alloc]initWithFrame:
      CGRectMake(0, 44, 320, 367) style:UITableViewStylePlain];
    mvTableView.delegate = self;
    mvTableView.dataSource = self;
    [mvTableView addFooterRefreshViewWithDelegate:self];
    [self.view insertSubview:mvTableView atIndex:0];
```

```
    lastSearchString = [NSString string];
    firstLoaded = NO;
    [mvTableView.footerRefreshView setStringWithPullToRefreshString:@"上拉获取更多"
      ReleaseToRefreshString:@"松开获取更多" LoadingString:@"正在加载"];
}
-(void)loadHotMVData {
    if(!hotMVResult.tableViewArray)
        hotMVResult.tableViewArray = [[NSMutableArray alloc]init];
    hotMVResult.nowPageAt = 1;
    HotMVGetter *getter = [[[HotMVGetter alloc]init]autorelease];
    getter.delegate = self;
    [getter getHotMVWithPage:1];
    firstLoaded = YES;
    [SVProgressHUD showWithStatus:@"Getting Data..."];
    [mvTableView setUserInteractionEnabled:NO];
}
- (void)downloadFinishedWithResult:(struct mvInformation)result AndKey:(NSString *)
  key {
    static BOOL firstGetted = NO;
    if([key isEqualToString:@"hotMVXML"]) {
        for(MVInformation *inf in result.information) {
            [hotMVResult.tableViewArray addObject:inf];
        }
        hotMVResult.pagesCount = result.pagesCount;
        NSLog(@"%i", hotMVResult.pagesCount);
        [mvTableView reloadData];
        [mvTableView setFooterRefreshViewToCorrentFrame];
        if(gettingMore == YES) {
            [self performSelector:@selector(doneLoadingTableViewData)];
        }
        if(!firstGetted) {
            [mvTableView setUserInteractionEnabled:YES];
            [SVProgressHUD showSuccessWithStatus:@"Finished"];
        }
        firstGetted = YES;
    } else if([key isEqualToString:@"searchXML"]) {
        [searchResult.tableViewArray removeAllObjects];
        for(MVInformation *inf in result.information) {
            [searchResult.tableViewArray addObject:inf];
        }
        searchResult.pagesCount = result.pagesCount;
        [mvTableView reloadData];
        [mvTableView setFooterRefreshViewToCorrentFrame];
        [mvTableView setUserInteractionEnabled:YES];
        [SVProgressHUD showSuccessWithStatus:@"Finished"];
    } else if([key isEqualToString:@"searchMoreXML"]) {
        for(MVInformation *inf in result.information) {
            [searchResult.tableViewArray addObject:inf];
        }
        [mvTableView reloadData];
        [mvTableView setFooterRefreshViewToCorrentFrame];
        [self performSelector:@selector(doneLoadingTableViewData)];
    }
}
- (void)dealloc {
    if(mvTableView) [mvTableView release];
    if(searchDisplayController) [searchDisplayController release];
    if(searchResult.tableViewArray) [searchResult.tableViewArray release];
    if(hotMVResult.tableViewArray) [hotMVResult.tableViewArray release];
    [super dealloc];
```

```
}
- (BOOL)shouldAutorotateToInterfaceOrientation:(UIInterfaceOrientation)interfaceOrientation
{
   return YES;
}
#pragma mark -
#pragma mark UITableViewDelegate
- (void)tableView:(UITableView *)tableView didSelectRowAtIndexPath:(NSIndexPath *)indexPath
{
   if(indexPath.row > 0) {
       [tableView deselectRowAtIndexPath:indexPath animated:YES];
       //[manager stopMusic];
       //[onlinePlayer stop];
       MVInformation *information = nil;
       if(displaySearch == NO) {
          information = [hotMVResult.tableViewArray objectAtIndex:indexPath.row-1];
       } else {
          information = [searchResult.tableViewArray objectAtIndex:indexPath.row-1];
       }
       NSString *url = [[NSBundle mainBundle] pathForResource:@"video" ofType:@"mp4"];
       MPMoviePlayerViewController *playerViewController =
         [[MPMoviePlayerViewController
           alloc]initWithContentURL:[NSURL URLWithString:url]];
       [[NSNotificationCenter defaultCenter] addObserver:self
         selector:@selector(movieFinishedCallback:)  name:
         MPMoviePlayerPlaybackDidFinishNotification
         object:[playerViewController moviePlayer]];

       [playerViewController.view setFrame:CGRectMake(0, -20, 320, 480)];
       MPMoviePlayerController *player = [playerViewController moviePlayer];
       NSURL *tempUrl = [NSURL URLWithString:information.playURL];
       [player play];
       [player stop];
       [player setContentURL:tempUrl];
       [player play];
       [self presentModalViewController:playerViewController animated:YES];
   }
}
#pragma mark -
#pragma mark UITableViewDataSource
- (NSInteger)numberOfSectionsInTableView:(UITableView *)tableView
{
   return 1;
}
- (NSInteger)tableView:(UITableView *)tableView
  numberOfRowsInSection:(NSInteger)section
{
   if(displaySearch == NO) {
      return [hotMVResult.tableViewArray count]+1;
   } else {
      return [searchResult.tableViewArray count]+1;
   }
}
- (CGFloat)tableView:(UITableView *)tableView
  heightForRowAtIndexPath:(NSIndexPath *)indexPath {
   if(indexPath.row == 0) {
      return 88.0f;
   } else {
      return 121.0f;
   }
}
```

```
- (UITableViewCell *)tableView:(UITableView *)tableView
 cellForRowAtIndexPath:(NSIndexPath *)indexPath
{
   NSString *cellIdentifier = nil;
   static BOOL nibRegistered = NO;
   if(!nibRegistered) {
      UINib *nib = [UINib nibWithNibName:@"MVCell" bundle:nil];
      [tableView registerNib:nib forCellReuseIdentifier:@"MVCellIdentifier"];
      nib = [UINib nibWithNibName:@"SearchBarCell" bundle:nil];
      [tableView registerNib:nib forCellReuseIdentifier:@"SearchBarCellIdentifier"];
      nibRegistered = YES;
   }
   if(indexPath.row == 0) {
      cellIdentifier = @"SearchBarCellIdentifier";
      SearchBarCell *cell = [tableView dequeueReusableCellWithIdentifier:cellIdentifier];
      searchDisplayController = [[UISearchDisplayController alloc]initWithSearchBar:
        cell.searchBar contentsController:self];
      [cell.segmentedControl addTarget:self action:@selector(segmentedControlChanged:)
        forControlEvents:UIControlEventValueChanged];
      searchController = [[YCSearchController alloc] initWithDelegate:self
                         searchDisplayController:searchDisplayController];
      return cell;
   } else {
      cellIdentifier = @"MVCellIdentifier";
      MVCell *cell = [tableView dequeueReusableCellWithIdentifier:cellIdentifier];
      if(displaySearch == NO) {
         MVInformation *information =
           [hotMVResult.tableViewArray objectAtIndex: indexPath.row-1];
         [cell setTitle:[information title]];
         [cell setInformation:[information information]];
         [cell setPicture:[information picture]];
      } else {
         MVInformation *information =
          [searchResult.tableViewArray objectAtIndex: indexPath.row-1];
         [cell setTitle:[information title]];
         [cell setInformation:[information information]];
         [cell setPicture:[information picture]];
      }
      return cell;
   }
}
#pragma mark -
#pragma mark MPMoviePlayerViewController CallBack
-(void)movieFinishedCallback:(MPMoviePlayerViewController*)controller {
}
#pragma mark -
#pragma mark UISegmentedControl CallBack
- (void)segmentedControlChanged:(UISegmentedControl*)segmentedControl {
   int index = segmentedControl.selectedSegmentIndex;
   if(index == 1) {
      if([searchResult.tableViewArray count] == 0) {
         [searchController setActive:YES animated:YES];
      } else {
         displaySearch = YES;
         [mvTableView setFooterRefreshViewHidden:YES];
         [mvTableView reloadData];
      }
   } else {
      [searchController setActive:NO animated:YES];
      displaySearch = NO;
      [mvTableView setFooterRefreshViewHidden:NO];
```

```
        [mvTableView reloadData];
    }
}
#pragma mark -
#pragma mark YCSearchControllerDelegate
- (NSArray*)searchController:(YCSearchController *)controller searchString:(NSString *)
  searchString {
    NSIndexPath *myIndexPath = [NSIndexPath indexPathForRow:0 inSection:0];
    SearchBarCell *cell = (SearchBarCell*)[mvTableView cellForRowAtIndexPath:myIndexPath];
    cell.segmentedControl.selectedSegmentIndex = 1;
    lastSearchString = [NSString stringWithString:searchString];
    if(!searchResult.tableViewArray)searchResult.tableViewArray = [[NSMutableArray alloc]init];
    searchResult.nowPageAt = 1;
    HotMVGetter *getter = [[[HotMVGetter alloc]init]autorelease];
    getter.delegate = self;
    [getter searchByString:searchString AndPage:1];
    displaySearch = YES;
    [cell.searchBar resignFirstResponder];
    [mvTableView setUserInteractionEnabled:NO];
    [SVProgressHUD showWithStatus:@"Getting Data..."];
    return nil;
}
- (void)searchEndedWithNothing {
    NSIndexPath *myIndexPath = [NSIndexPath indexPathForRow:0 inSection:0];
    SearchBarCell *cell =
      (SearchBarCell*)[mvTableView cellForRowAtIndexPath:myIndexPath];
    cell.segmentedControl.selectedSegmentIndex = 0;
    displaySearch = NO;
    [mvTableView setFooterRefreshViewHidden:NO];
    [mvTableView reloadData];
}
#pragma mark -
#pragma mark UIScrollViewDelegate
- (void)scrollViewDidScroll:(UIScrollView *)scrollView {
    if (scrollView.contentOffset.y > -1) {
        if(mvTableView.footerRefreshViewShowed)
            [mvTableView.footerRefreshView egoRefreshScrollViewDidScroll:scrollView];
    }
}
- (void)scrollViewDidEndDragging:(UIScrollView *)scrollView willDecelerate:(BOOL)decelerate {
    if (scrollView.contentOffset.y>-1) {
        if(mvTableView.footerRefreshViewShowed)
            [mvTableView.footerRefreshView
              egoRefreshScrollViewDidEndDragging:scrollView];
    }
}
#pragma mark -
#pragma mark Refresh Methods
- (void)doneLoadingTableViewData {
     gettingMore = NO;
    [mvTableView.footerRefreshView
      egoRefreshScrollViewDataSourceDidFinishedLoading: mvTableView];
}
- (void)getMoreData {
    if(!displaySearch){
        if(!hotMVResult.tableViewArray)hotMVResult.tableViewArray = [[NSMutableArray alloc]init];
        if(hotMVResult.nowPageAt < hotMVResult.pagesCount) {
            hotMVResult.nowPageAt += 1;
            HotMVGetter *getter = [[[HotMVGetter alloc]init]autorelease];
            getter.delegate = self;
            [getter getHotMVWithPage:hotMVResult.nowPageAt];
```

```
        } else {
            [self performSelector:@selector(doneLoadingTableViewData)
              withObject:nil afterDelay:2.0];
        }
    } else {
        if(!searchResult.tableViewArray)
            searchResult.tableViewArray = [[NSMutableArray alloc]init];
        if(searchResult.nowPageAt < searchResult.pagesCount) {
            searchResult.nowPageAt += 1;
            HotMVGetter *getter = [[[HotMVGetter alloc]init]autorelease];
            getter.delegate = self;
            [getter searchByString:lastSearchString AndPage:searchResult.nowPageAt];
        } else {
            [self performSelector:@selector(doneLoadingTableViewData)
              withObject:nil afterDelay:2.0];
        }
    }
}
#pragma mark -
#pragma mark EGORefreshTableHeaderViewDelegade
- (void)egoRefreshTableHeaderDidTriggerRefresh:(EGORefreshTableHeaderView*)view {
    if(view == mvTableView.footerRefreshView) {
        [self getMoreData];
        gettingMore = YES;
    }
}
-(BOOL)egoRefreshTableHeaderDataSourceIsLoading:(EGORefreshTableHeaderView *)view {
    return gettingMore;
}
- (NSDate*)egoRefreshTableHeaderDataSourceLastUpdated:(EGORefreshTableHeaderView*)
  view {
    return [NSDate date];
}
@end
```

MV 主界面的效果如图 21-13 所示。

图 21-13　MV 列表界面

21.5.2　视图刷新

为了体现本系统信息的及时性和新颖性，每当来到 MV 界面时，都会刷新显示热点 MV 的视图信息。在文件 PullToRefreshTableView.h 中，通过 EGORefreshTableHeaderView 对象实现视图刷新功能，具体实现代码如下所示：

```
#import <UIKit/UIKit.h>
#import "EGORefreshTableHeaderView.h"
@interface PullToRefreshTableView : UITableView
//@property(retain,nonatomic)EGORefreshTableHeaderView *headerRefreshView;
@property(retain,nonatomic)EGORefreshTableHeaderView *footerRefreshView;
@property(assign,nonatomic)BOOL footerRefreshViewShowed;

-(void)addFooterRefreshViewWithDelegate:(id<EGORefreshTableHeaderDelegate>)delegate;
-(void)setFooterRefreshViewHidden:(BOOL)hidden;
-(void)setFooterRefreshViewToCorrentFrame;
@end
```

文件 PullToRefreshTableView.m 是文件 PullToRefreshTableView.h 的实现，具体代码如下所示：

```
#import "PullToRefreshTableView.h"
@implementation PullToRefreshTableView
@synthesize footerRefreshView;
@synthesize footerRefreshViewShowed;
- (id)initWithFrame:(CGRect)frame
{
   self = [super initWithFrame:frame];
   if (self) {
      // Initialization code
   }
   return self;
}
-(void)reloadData {
   [super reloadData];

   if(self.frame.size.height < self.contentSize.height) {
      [self setFooterRefreshViewHidden:NO];
   } else {
      [self setFooterRefreshViewHidden:YES];
   }
}
-(void)setFooterRefreshViewToCorrentFrame {
   [self.footerRefreshView setFrame:CGRectMake(0, self.contentSize.height+10, 320, 65)];
}
-(void)setFooterRefreshViewHidden:(BOOL)hidden {
   if(footerRefreshView) {
      if(hidden) {
         [self.footerRefreshView removeFromSuperview];
         self.footerRefreshViewShowed = NO;
      } else {
         [self addSubview:footerRefreshView];
         self.footerRefreshViewShowed = YES;
      }
   }
}
-(void)addFooterRefreshViewWithDelegate:(id<EGORefreshTableHeaderDelegate>)delegate {
   footerRefreshView = [[EGORefreshTableHeaderView alloc]initWithFrame:CGRectMake(0,
```

```
    self.contentSize.height+10, 320, 65) AndIsFooterView:YES];
   footerRefreshView.delegate = delegate;
   footerRefreshView.backgroundColor = [UIColor clearColor];
   [footerRefreshView setPromptWithString:@""];
   if(self.frame.size.height < self.contentSize.height) {
      self.footerRefreshViewShowed = YES;
      [self addSubview:footerRefreshView];
   } else {
      self.footerRefreshViewShowed = NO;
   }
}
-(void)dealloc {
   [super dealloc];
   if(footerRefreshView)[footerRefreshView release];
}
@end
```

21.5.3 MV 信息

在 Hot MV 列表中显示每一个 MV 的三类信息：标题、简介和图片。

UI 视图 MVCell.xib 如图 21-14 所示。

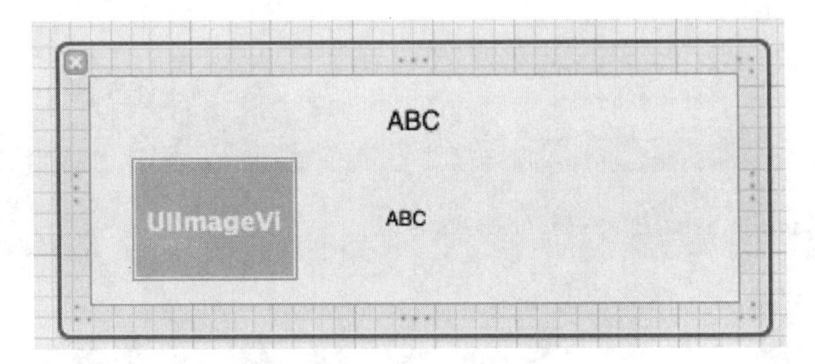

图 21-14 MV 信息视图

文件 MVCell.h 的实现代码如下所示：

```
#import <UIKit/UIKit.h>
@interface MVCell : UITableViewCell
@property(retain,nonatomic)IBOutlet UILabel *titleLabel;
@property(retain,nonatomic)IBOutlet UILabel *informationLabel;
@property(retain,nonatomic)IBOutlet UIImageView *imageView;
@property (copy, nonatomic) NSString *title;
@property (copy, nonatomic) NSString *information;
@property(copy,nonatomic)UIImage *picture;
-(void)setTitle:(NSString *)tit;
-(void)setInformation:(NSString *)inf;
-(void)setPicture:(UIImage *)pic;
@end
```

文件 MVCell.m 的实现代码如下所示：

```
#import "MVCell.h"
@implementation MVCell
@synthesize titleLabel;
@synthesize informationLabel;
@synthesize title;
@synthesize information;
@synthesize imageView;
```

```
@synthesize picture;

- (id)initWithStyle:(UITableViewCellStyle)style reuseIdentifier:(NSString *)reuseIdentifier
{
    self = [super initWithStyle:style reuseIdentifier:reuseIdentifier];
    if (self) {
        // Initialization code
    }
    return self;
}
- (void)setSelected:(BOOL)selected animated:(BOOL)animated
{
    [super setSelected:selected animated:animated];
    // Configure the view for the selected state
}
-(void)setTitle:(NSString *)tit {
    if (![tit isEqualToString:title]) {
        title = [tit copy];
        self.titleLabel.text = title;
    }
}
-(void)setInformation:(NSString *)inf {
    if (![inf isEqualToString:information]) {
        information = [inf copy];
        self.informationLabel.text = information;
    }
}
-(void)setPicture:(UIImage *)pic {
    if(![pic isEqual:picture]) {
        picture = [pic copy];
        [self.imageView setImage:picture];
    }
}
@end
```

21.5.4　MV 搜索

在 Search Results 界面中，可以快速检索感兴趣的 MV 信息。UI 视图 SearchBarCell.xib 如图 21-15 所示。

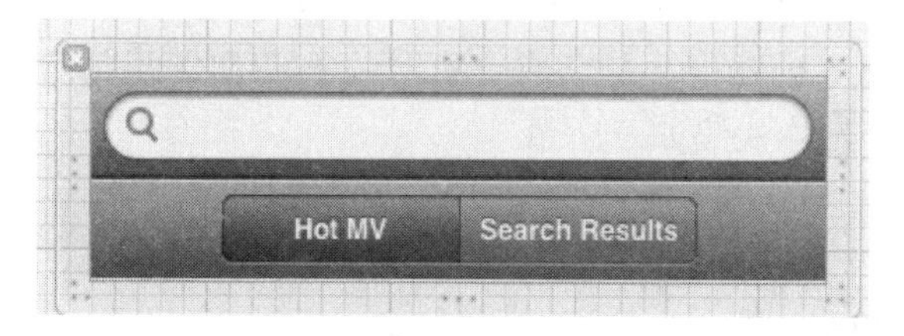

图 21-15　MV 检索视图

文件 SearchBarCell.h 的实现代码如下所示：

```
#import <UIKit/UIKit.h>
#import "YCSearchBar.h"
@interface SearchBarCell: UITableViewCell
@property(retain,nonatomic)IBOutlet YCSearchBar *searchBar;
@property(retain,nonatomic)IBOutlet UISegmentedControl *segmentedControl;
@end
```

文件 MVCell.m 的实现代码如下所示：

```
#import "SearchBarCell.h"
@implementation SearchBarCell
@synthesize searchBar;
@synthesize segmentedControl;
- (id)initWithStyle:(UITableViewCellStyle)style
  reuseIdentifier:(NSString *)reuseIdentifier
{
    self = [super initWithStyle:style reuseIdentifier:reuseIdentifier];
    if (self) {
    }
    return self;
}
- (void)setSelected:(BOOL)selected animated:(BOOL)animated
{
    [super setSelected:selected animated:animated];
    // Configure the view for the selected state
}
@end
```

21.5.5 Hot MV

Hot MV 是本项目的核心，功能是获取土豆网的热点 MV 信息，列表显示 MV 视频。其中，文件 HotMVGetter.h 的实现代码如下所示：

```
#import <Foundation/Foundation.h>
#import "DFDownloader.h"
struct mvInformation {
    NSMutableArray *information;
    int pagesCount;
};
@protocol HotMVGetterDelegate <NSObject>
-(void)downloadFinishedWithResult:(struct mvInformation)result AndKey:(NSString*)key;
@end
@interface HotMVGetter: NSObject<DFDownloaderDelegate>
-(void)getHotMVWithPage:(int)page;
-(void)searchByString:(NSString *)theString AndPage:(int)page;
@property(retain,nonatomic)id<HotMVGetterDelegate>delegate;
@end
```

文件 HotMVGetter.m 的功能，是获取土豆网的热点 MV 视频信息，列表显示每个视频的标题、描述和图片。具体代码如下所示：

```
#import "HotMVGetter.h"
#import "MVInformation.h"
@implementation HotMVGetter
@synthesize delegate;
-(void)getHotMVWithPage:(int)page {
    NSString *urlString = [NSString stringWithFormat:@"http://api.tudou.com/v3/gw?method=item.
      ranking&format=xml&appKey=1952e9844c5283d5&pageNo=%i&pageSize=20&channelId=14&sort=v",
      page];

    DFDownloader *downloader = [[DFDownloader alloc]init];
    downloader.delegate = self;
    [downloader startDownloadWithURLString:urlString Key:@"hotMVXML"
      Encoding: NSUTF8StringEncoding];
    [downloader release];
}
```

```
-(void)downloadFinishedWithResult:(NSString *)result Key:(NSString *)theKey {
   NSMutableArray *resultArray = [NSMutableArray array];
   int pages = 0;
   NSArray *r = [result componentsSeparatedByString:@"<ItemInfo>"];
   for(int i=1; i<[r count]; i++) {
      MVInformation *information = [[MVInformation alloc]init];
      //视频信息
      NSString *itemInformation = [r objectAtIndex:i];
      itemInformation = [[itemInformation
        componentsSeparatedByString:@"</ItemInfo>"] objectAtIndex:0];
      //视频标题
      NSString *title = [[itemInformation componentsSeparatedByString:@"<title>"]
        objectAtIndex:1];
      title = [[title componentsSeparatedByString:@"</title>"]objectAtIndex:0];
      information.title = title;
      //视频描述
      NSString *description = nil;
      description = [[itemInformation
        componentsSeparatedByString:@"<description>"] objectAtIndex:1];
      description = [[description
        componentsSeparatedByString:@"</description>"] objectAtIndex:0];
      description = [description
        stringByTrimmingCharactersInSet:[NSCharacterSet whitespaceCharacterSet]];
      if(!description||[description isEqualToString:@""]) {
         description = @"没有描述";
      } else {
         description = [NSString stringWithFormat:@"    %@", description];
      }
      information.information = description;
      //图片 URL
      NSString *picURL =
        [[itemInformation componentsSeparatedByString:@"<picUrl>"] objectAtIndex:1];
      picURL = [[picURL componentsSeparatedByString:@"</picUrl>"]objectAtIndex:0];
      //UIImage 图片
      NSURL *picDownloadURL = [[NSURL alloc]initWithString:picURL];
      NSData *imageData = [[NSData alloc] initWithContentsOfURL:picDownloadURL];
      UIImage *horBigPic = [UIImage imageWithData:imageData];
      [picDownloadURL release];
      [imageData release];
      information.picture = horBigPic;
      //播放 URL
      //土豆视频的 m3u8 播放 URL 要从图片 URL 中提取
      NSArray *playURLArray = [picURL componentsSeparatedByString:@"/"];
      NSString *playURl = [NSString string];
      for(int i=3; i<[playURLArray count]-1; i++) {
         playURl =
           [playURl stringByAppendingFormat:@"%@/", [playURLArray objectAtIndex:i]];
      }
      playURl = [NSString stringWithFormat:@"http://m3u8.tdimg.com/%@2.m3u8",playURl];
      information.playURL = playURl;
      //储存结果
      [resultArray addObject:[information autorelease]];
   }
   //总页数
   if([theKey isEqualToString:@"searchXML"]||[theKey isEqualToString:@"hotMVXML"]) {
      NSString *count =
        [[result componentsSeparatedByString:@"<page>"]objectAtIndex:1];
      count = [[count componentsSeparatedByString:@"<totalCount>"]objectAtIndex:1];
      count = [[count componentsSeparatedByString:@"</totalCount>"]objectAtIndex:0];
      if([count intValue] > 0) {
         pages = [count intValue]/20;
```

```
        }
    }
    if(delegate) {
        struct mvInformation information;
        information.pagesCount = pages;
        information.information = resultArray;
        [delegate downloadFinishedWithResult:information AndKey:theKey];
    }
    [self autorelease];
}

-(void)searchByString:(NSString *)theString AndPage:(int)page {
    NSString *urlString = [NSString stringWithFormat:@"http://api.tudou.com/v3/
      gw?method= item.search&appKey=1952e9844c5283d5&format=xml&kw=%@&pageNo=%i
      &pageSize=20&channelId=14&sort=v", theString, page];
    urlString =
      [urlString stringByAddingPercentEscapesUsingEncoding:NSUTF8StringEncoding];
    DFDownloader *downloader = [[DFDownloader alloc]init];
    downloader.delegate = self;
    NSLog(@"%i", page);
    NSString *theKey = (page==1)? @"searchXML" : @"searchMoreXML";
    [downloader startDownloadWithURLString:urlString
      Key:theKey Encoding:NSUTF8StringEncoding];
    [downloader release];
}
@end
```

播放 MV 视频的界面效果如图 21-16 所示。

图 21-16　播放 MV 视频的界面